科学出版社"十四五"普通高等教育本科规划教材

园艺植物生物技术

（第二版）

巩振辉　主编

科学出版社

北京

内 容 简 介

本书根据教育部建设"四新"学科的培养要求，融合了园艺学、园艺植物育种学、植物组织培养、基因工程、分子生物学、生物化学、遗传学、细胞生物学、胚胎学、免疫学、生物安全、信息学及计算机科学等多学科的理论与技术，全面、系统地介绍了园艺植物生物技术的概念、原理、方法与技术。全书包括绪论、园艺植物组织培养的理论基础与基本技术、园艺植物细胞工程、园艺植物染色体工程、植物基因工程基础知识与技术、园艺植物基因的分离与克隆、园艺植物遗传转化载体的构建、园艺植物遗传转化、园艺植物基因组编辑技术、园艺植物遗传标记、蛋白质的分离纯化和鉴定、蛋白质结构与功能、蛋白质翻译后修饰及分子改造与表达、园艺植物生物信息学、园艺植物生物技术的安全性评价与管理等内容。本书为新形态教材，扫描书中二维码可查看彩图、视频、拓展资料等内容。

本书概念准确、内容丰富、条理清晰、图文并茂、实用性强，适合作为高等院校园艺、茶学及相关专业的本科生教材，也可作为相关专业研究生和科研人员的参考用书。

图书在版编目（CIP）数据

园艺植物生物技术/巩振辉主编. —2 版. —北京：科学出版社，2023.6
科学出版社"十四五"普通高等教育本科规划教材
ISBN 978-7-03-075507-0

Ⅰ. ①园… Ⅱ. ①巩… Ⅲ. ①园林植物-生物技术-高等学校-教材
Ⅳ. ①S68

中国国家版本馆 CIP 数据核字（2023）第 080612 号

责任编辑：张静秋　马程迪/责任校对：严　娜
责任印制：张　伟/封面设计：无极书装

科 学 出 版 社 出版
北京东黄城根北街 16 号
邮政编码：100717
http://www.sciencep.com
北京凌奇印刷有限责任公司印刷
科学出版社发行　各地新华书店经销
*
2009 年 1 月第　一　版　开本：787×1092　1/16
2023 年 6 月第　二　版　印张：20
2025 年 1 月第十九次印刷　字数：506 000

定价：69.80 元
（如有印装质量问题，我社负责调换）

《园艺植物生物技术》（第二版）编委会

主　　编　巩振辉

副 主 编　张忠华　卢　钢

编　　委　（按姓氏笔画排序）

王　勇（东北农业大学）

王彦华（河北农业大学）

王晓敏（宁夏大学）

卢　钢（浙江大学）

巩　彪（山东农业大学）

巩振辉（西北农林科技大学）

成善汉（海南大学）

杜　羽（西北农林科技大学）

杨路明（河南农业大学）

张忠华（青岛农业大学）

张菊平（河南科技大学）

武　涛（湖南农业大学）

徐记迪（西北农林科技大学）

第二版前言

园艺植物生物技术是园艺科学与生物技术、生物信息学交叉融合的一门新兴学科，是园艺及其相关专业大学生创新创业项目应用最多、最受学生喜爱的重要的专业基础课程。《园艺植物生物技术》第一版自 2009 年 1 月出版以来，得到国内各高等院校广大师生的高度评价，至今已多次重印以满足广大师生、科研与技术人员在教学、科研与应用技术活动中的需求，尤其在教学中发挥了重要的纽带作用，并已成为许多高校园艺、茶学、设施农业科学与工程等相关专业的骨干教材。然而，本书已出版 14 年，在这十余年的时间里，以分子生物学为基础的生物技术发展迅猛，对生命科学研究起到了巨大的推动作用，无论是理论知识还是技术手段都有了划时代、颠覆性的新进展，如高通量技术推动的基因组学与生物信息学的算法与技术，以及以 CRISPR 为代表的基因组编辑技术等，这些理论知识和技术手段的快速发展极大地推动了园艺植物领域的研究。因此，本书内容也亟须"升级换代"，使其能与最新的研究成果与应用技术接轨。为了及时总结学科发展理论与应用技术，培养大学生创新能力，以适应园艺植物生物技术教学与科研的需要，我们组织了全国 11 所高校 13 位在一线从事教学工作的教授编写了《园艺植物生物技术》（第二版）。

《园艺植物生物技术》（第二版）编写过程中，在结构与内容的处理上有保留也有新增。在结构方面：一是基本保持了第一版的内容体系与章节安排；二是保留了每章的小结与思考题，以及推荐读物等内容，便于同学自学。在修订更新方面：一是适当删减了植物组织培养有关内容，增加了基因组编辑、蛋白质工程，以及最新科技成果介绍等内容，更加突出园艺专业应用学科的特点，结合课程教学内容的衔接性及生物技术的飞速发展，形成以细胞工程、染色体工程、基因工程、生物信息学与基因组学、分子标记、基因组编辑、遗传转化、蛋白质工程、生物技术产业及其生物技术安全为核心的教学内容。二是根据学科发展及新形态教材的要求，在书中添加大量二维码，扫码可查看彩图、视频、拓展资料等内容，可丰富教材内容，增加实验场景、实验方法与技术、试材处理、仪器设备使用的可视性与直观性。三是在编写过程中，更加重视多接口的自学内容和研究生进一步学习的空间。总之，《园艺植物生物技术》（第二版）全面、系统地介绍了园艺植物生物技术的概念、原理、方法与应用技术，反映了国内外最新研究成果与技术。

全书共十五章，书末附有参考文献。前言和第一章由巩振辉修订编写，第二章和第十一章由杜羽修订编写，第三章和第四章由张菊平修订编写，第五章由王勇修订编写，第六章由杨路明修订编写，第七章由王彦华修订编写，第八章由成善汉修订编写，第九章由卢钢编写，第十章由武涛修订编写，第十二章由王晓敏编写，第十三章由徐记迪编写，第十四章由张忠华修订编写，第十五章由巩彪修订编写。张忠华和卢钢两位副主编对编写大纲与书稿提出了建设性的修改意见，最后由巩振辉对全书统稿和定稿。

园艺植物生物技术是园艺学中最活跃的学科，新技术、新方法发展迅猛。由于编者教学与科研的局限性，遗漏和不妥之处在所难免，恳切希望使用本书的师生和读者不吝赐教，提出宝贵意见，以便再版时修正。

巩振辉

2023 年 5 月

第一版前言

国际科技界和各国政府普遍认为，21世纪是生物学世纪。生物技术在解决人类面临的重大问题，如人类与健康、资源与环境、粮食安全、生物安全、能源安全及国家安全等方面具有极为重要和不可替代的作用，越来越为各国政府和科学家所关注。世界各国，特别是一些发达国家投巨资进行生物技术的研究与开发，发展势头强劲，硕果累累。生物技术、信息技术、新材料和新能源技术并列为影响社会发展的四大科技支柱，是21世纪高新技术产业的先导。无可置疑，生命科学的新发现、生物技术的新突破、生物技术产业与生物经济的新发展必将对经济和人类社会发展产生巨大而深远的影响。

生物技术发展的重点领域是基础生物学、医药生物技术、农业生物技术、环境生物技术、生物多样性和生物安全等。生物技术的研究、开发与应用的主要内容包括动植物基因工程、细胞工程、酶工程及发酵工程等。园艺植物生物技术是农业生物技术的重要领域，它是以农业生物，尤其是园艺植物为主要研究对象，以应用为目的，如培育无毒苗木、优良种苗快速繁殖、人工种子研究与应用、园艺种质资源的研究与利用、培育园艺植物新品种等，是以植物组织培养、植物细胞工程、植物染色体工程、植物基因工程、植物分子标记和生物信息学等现代生物技术为主体的综合性技术体系。大量生产实践证明，园艺科学在我国产业结构调整、增加农民收入、实现可持续发展、加速经济社会发展、全面建成小康社会的发展战略中发挥着重要作用。大力发展园艺植物生物技术对于改造和提升园艺科学、全面推进我国农业生物技术及其产业的发展、抢占生物经济的制高点具有极为重要的战略意义。

生物技术及其产业的迅猛发展极大地促进了园艺植物生物技术的教学与研究。自20世纪80年代以来，国内外出版了不少有关生物技术的图书，这些出版物无疑对推动园艺植物生物技术的教学、科研与产业发挥了重要作用。但是，由于生物技术应用领域十分广泛，分支学科非常多。目前真正能适应园艺及其相关专业教学的优秀教材却很少。此外，近十年来，园艺植物生物技术，尤其是以基因工程为核心的现代生物技术在园艺学科上的应用理论不断完善和创新，应用范围迅速扩大，应用技术不断发展，各校园艺专业及相关专业都先后开设了"园艺植物生物技术"课程。基于此，在科学出版社的统一规划和指导下，我们在西北农林科技大学、四川农业大学、福建农林大学、安徽科技学院、海南大学、河南农业大学、河北农业大学、东北农业大学、河南科技大学、北京农学院等院校组织了长期从事园艺植物生物技术教学与科研的14位专家、教授，在深入分析国内外优秀生物技术教材的基础上编写了本教材，作为适应新时期教育教学改革的一次尝试。

2007年9月，我们在接受《园艺植物生物技术》教材编写任务后，广泛征求了参加编写的各位专家、教授，以及长期从事生物技术教学和科研的专家的意见和建议，对编写大纲进行了补充、修改；2007年11月，在科学出版社的主持下，在杨凌召开了编写会议，与会专家、教授对编写大纲进行了深入研讨与交流，统一了编写思想，修改、完善了编写大纲，确定了编写的指导思想、编写体系与基本原则。园艺植物生物技术是园艺科学与生物技术、生物信息学交叉融合的一门新兴学科。基于此，本教材的指导思想是突出交叉学科特点、强化理论、注重应用、提高能力、适用专业特点、编成精品教材。在编写体系上，我们注意保持学科的知识性、系统性、实用性和前瞻性。从基本概念、基本原理入手，强调基本方法与技能，突出园艺植物特点，系统介绍园艺植物生物技术的知识体系与方法技术。在内容安排上，力求突出园艺专业应用学科特点，结合课程教学内容的衔接性及生物技术的飞速发展，形成以脱毒与快繁、种质保存与突变系筛选、细胞工程、染色体工程、基因工程、遗传转化、分子标记、生物信息学、生物技术产业及其生物技术安全为核心的教学内容，充分体现本学科的新技术与新方法。为了便于同学自学，在内容安排上，每章有小结、复习思考题与推荐读物，书后附有参考文献。同时，在编写过程中，体现了多接口的自学内容和研究生进一步学习的空间。总之，全书概念准确，内容丰富，资料翔实，条理清晰，结构合理，逻辑性强，图文并茂，实用性强，通俗易懂。

全书共14章，各章的编写人员如下：第一章巩振辉，第二章陈淑芳、王永清、巩振辉，第三章张菊平、孙守如、巩振辉，第四章邓群仙、王永清、巩振辉，第五章张喜春、巩振辉，第六章王永清，第七章王西平、巩振辉，第八章王彦华、王西平，第九章王勇、成善汉、巩振辉，第十章成善汉、王勇、巩振辉，第十一章孙守如、张菊平、巩振辉，第十二章逯明辉、巩振辉，第十三章赖钟雄、巩振辉，第十四章陈儒钢、巩振辉。全书初稿经巩振辉、王永清、赖钟雄多次讨论、修改后，由巩振辉进行统一定稿和图表绘制。全书大多数章节示意图由西北农林科技大学吕元红同志绘制。在编写和审改过程中，得到了中国科学院上海生命科学研究院植物生理生态研究所著名生物技术专家何玉科研究员、西北农林科技大学崔鸿文教授、福建农林大学王家福研究员的关心与帮助，崔鸿文教授和王家福研究员对本书进行了细致审阅，并提出了宝贵的修改意见，何玉科研究员赐序，逯明辉博士和陈儒钢博士对全书进行了校对。在本书出版之际，我们对为本书面世做出贡献的所有人员表示衷心感谢。

本教材内容新、起点高、覆盖面广、涉及学科多、知识丰富。作为编者，深感责任重大。虽然在编审人员的共同努力下完成了这一艰巨任务，但由于时间紧、任务重，书中不妥之处在所难免。恳请读者提出宝贵意见，以供再版时采用。

巩振辉

2008 年 8 月 28 日

目　　录

第一章 绪 论

生物技术（biotechnology）是指人们以现代生命科学为基础，结合其他基础科学的科学原理，利用生物（或生物组织、细胞、器官、染色体、基因、核酸片段等）的特性和功能，采用先进的科学技术手段，设计、构建具有预期性能的新物质或新品系，加工生产产品或提供服务的综合性技术。目前，生物技术已广泛应用于农林牧渔、医药食品、轻工业、化学工业和能源等领域，与人民生活息息相关。它是一门新兴的、综合性的学科，更是 21 世纪最重要、最活跃、最有生命力的一项高新技术。现代生物技术研究所涉及的方面非常广，其发展与创新也是日新月异的，它的研究综合了基因工程、分子生物学、生物化学、遗传学、细胞生物学、胚胎学、免疫学、有机化学、无机化学、物理化学、物理学、信息学及计算机科学等多学科技术。随着社会的成熟与发展，生物技术的发展使人们的需求得到越来越多的满足，为很多与人们生活切实相关的问题找到解决的方法。生物技术的发展，意味着人类科学各领域技术水平的综合发展；生物技术的发达程度与安全程度，也意味着人类文明的发达程度。

生物技术包括传统生物技术与现代生物技术。传统生物技术是指通过微生物的初级发酵来生产产品，如酱油、醋、酒、面包、奶酪、酸奶等食品的制作技术。现代生物技术是指以现代生物学理论为基础，以细胞工程、基因工程和蛋白质工程为核心的一系列技术的总称。本书重点介绍园艺植物现代生物技术，包括植物组织培养的理论基础与基本技术、细胞工程、染色体工程、基因工程、基因编辑技术、分子标记、蛋白质工程、生物信息学等在园艺科学上应用的原理、方法与技术。园艺是社会进步与文明程度的标志之一。作为园艺学和生物技术交叉学科的园艺植物生物技术，将会全面提升园艺科技与产业发展。

第一节 园艺植物生物技术的主要内容

园艺植物生物技术（biotechnology in horticultural plant）是以园艺植物为材料，利用生物技术创造或改良种质或生产生物制品的一门技术，它是园艺学和生物技术的交叉学科，是在植物组织培养、植物细胞工程、植物染色体工程、植物基因工程、植物基因编辑、植物分子标记、蛋白质工程和生物信息学等现代生物技术手段基础上产生和发展起来的。这些先进的现代生物技术手段构成了园艺植物生物技术的主要内容。

一、园艺植物组织培养

园艺植物组织培养（tissue culture in horticultural plant）是指在无菌和人工控制的环境条件下，利用人工培养基，对园艺植物的胚胎（成熟和未成熟的胚、胚乳、胚珠、子房等）、器官（根、茎、叶、花、果实、种子等）、组织（分生组织、形成层、韧皮部、表皮、皮层、薄壁组织、髓部等）、细胞（体细胞、生殖细胞等）、原生质体等进行离体培养，使其再生发育成完整植株的过程。用于培养的园艺植物胚胎、器官、组织、细胞和原生质体通常称为外植体（explant）。由于外植体已脱离母体，因此园艺植物组织培养又称为园艺植物离体培养

（horticaltural plant culture *in vitro*）。

植物细胞全能性（cell totipotency）是植物组织培养的理论基础。它是指任何具有完整细胞核的植物细胞（性细胞或体细胞）都拥有形成一个完整植株所必需的全部遗传信息，在特定的环境下可表达该细胞的所有遗传信息，产生一个独立完整的个体。植物细胞能够分裂、增殖和分化出不同形态、执行不同功能的组织和器官，从而使种族不断繁衍。外植体经过脱分化和再分化过程才能发育成一个完整的植株。脱分化也称为去分化（dedifferentiation），是指离体培养条件下生长的细胞、组织或器官经过细胞分裂或不分裂，逐渐失去原来的结构和功能而恢复分生状态，形成无组织结构的细胞团或愈伤组织或成为未分化特性细胞的过程。这些脱分化的细胞或细胞团在适宜的环境条件下可进行重新分化，形成另一种或几种类型的细胞、组织、器官，甚至形成完整植株，这个过程称为再分化（redifferentiation）。

园艺植物组织培养的基础与技术主要包括离体条件下园艺植物细胞、组织、器官的形态发生和代谢规律，园艺植物细胞、组织、器官培养所需的营养条件、环境条件及培养技术，园艺植物组织培养在园艺科学与技术上的应用等。

二、园艺植物细胞工程

园艺植物细胞工程（cell engineering in horticultural plant）是指应用细胞生物学和分子生物学的原理和方法，通过某种工程学手段，以园艺植物细胞为基本单位，在离体条件下进行培养、增殖，或人为地使细胞某些生物学特性按人们的意愿发生改变，从而达到改良园艺植物品种或创造新品种，加速园艺植物繁殖或获得某种有用物质的过程。园艺植物细胞工程的目的在于改良园艺植物品种和创造新品种，以及加速园艺植物繁殖。其核心内容主要包括细胞培养、原生质体培养、细胞遗传操作（包括细胞融合）等技术。

细胞培养是进行遗传操作、细胞繁殖与保藏的基础。分离细胞是细胞培养的第一步，常用的方法有机械法和酶解法，也可由离体培养的愈伤组织分离单细胞。细胞培养可分为悬浮细胞培养、平板培养、看护培养和双层滤纸植板等方法，它们都是将选定的植物细胞置于适宜的条件下进行培养，以获得大量基本同步化的细胞。

原生质体培养是利用原生质体进行遗传操作、细胞融合及植物体细胞杂交的基础，它是将取得的植物细胞去除细胞壁形成原生质体后进行培养，其方法与细胞培养有一定的相似之处。作为后继操作的基础，培养技术的选择是非常重要的。采用适当的培养方法可以更好地进行遗传操作、细胞融合和保存细胞，而培养不当可能影响结果甚至导致试验和生产失败，造成时间和金钱的浪费。

遗传操作技术的内容十分广泛，包括运用各种手段对生物进行遗传干预的技术措施。遗传操作技术在群体、个体、器官、组织、细胞、染色体及分子水平等均可实施。但就细胞遗传操作技术而言，其主要是指转基因技术与细胞融合技术等。将外源 DNA 导入靶细胞，除了使用质粒载体、病毒载体、转座因子和 APC（酵母人工染色体）等途径外，外源裸露 DNA 通过化学诱导转化法、电穿孔转化法、基因枪转化法、激光微束穿孔转化法、脂质体介导转化法、超声波转化法等非生物方式进行遗传转化被大量地成功应用。细胞融合（cell fusion）又称为体细胞杂交（somatic cell hybridization），是细胞工程的核心基础技术之一，在细胞遗传学、细胞核质关系、质核互作雄性不育及远缘杂交育种等方面的研究具有重要意义。随着细胞融合技术的不断改进，融合率增大，细胞融合展示出了良好的发展前景。此外，细胞诱变也取得了较大的进展，诱变方法与技术不断完善，体细胞诱变育种已受到高度关注与广泛应用。这些理论和技术的发展都为更好地改造细胞创造了条件。

三、园艺植物染色体工程

广义染色体工程（chromosome engineering）包括染色体组工程和狭义染色体工程，前者的主要内容是增加或削减染色体组，以改造植物的遗传基础，达到人类利用的目的。增加染色体组（chromosome complement）使细胞中的染色体多倍化，即变成同源多倍体（autopolyploid）或异源多倍体（allopolyploid）。狭义染色体工程又称为个别染色体工程，是指按人们的需要来添加或削减一种植物的染色体，或用其他植物的染色体来替换。植物染色体工程技术目前主要是利用包括远缘杂交在内的一系列细胞遗传技术和分子标记技术，实现染色体的附加、易位、交换，将存在于野生近缘种中的大量有益基因转移到受体植物中，丰富其遗传基础，创造新物种、新种质，育成新品种。园艺植物染色体工程（chromosome engineering in horticultural plant）的主要内容包括：①培养获得单倍体，通过染色体加倍，迅速获得纯系，聚集有益园艺性状基因，加速亲本纯系的选育。园艺植物获得单倍体的主要途径有雄配子体途径（包括花药培养、花粉培养和小孢子培养）与雌配子体途径（包括未受精子房培养和未受精胚珠培养）。②诱导多倍体，通过选育直接获得多倍体品种，或与杂交及杂优利用相结合，培育多倍体品种。诱导获得园艺植物多倍体的有效方法是采用秋水仙素溶液处理单倍体、二倍体或其他倍性的植株、组织、器官或细胞。也可通过与多倍体杂交的方法获得多倍体。③通过染色体的交换、附加或易位，获得染色体代换系、附加系或易位系。这主要通过远缘杂交、细胞遗传技术及分子标记技术来实现。

四、园艺植物基因工程

园艺植物基因工程（genetic engineering of horticultural plant）是以分子遗传学为理论基础，以分子生物学和微生物学的现代方法为手段，将不同来源的基因（或 DNA 分子），按预先设计的蓝图，在体外构建杂种 DNA 分子，然后导入园艺植物细胞，以改良园艺植物原有的遗传特性，获得新种质或新品种。其基本操作步骤及内容包括：①利用各种基因克隆技术，如转座子标签技术、图位克隆技术、文库筛选技术（基因组文库的构建与筛选、cDNA 文库的构建与筛选）、基因差异表达技术［mRNA 差异显示技术、抑制性减法杂交技术、代表性差异分析法、基因表达序列分析和 cDNA-AFLP（扩增片段长度多态性）］、同源序列法及基因芯片技术等从植物、动物、微生物等生物中分离目的基因。②生物信息学研究与基因表达载体的构建。生物信息学是分子生物学与计算机科学的交叉学科，它借助于计算机及网络技术进行核酸序列分析、蛋白质序列分析、核酸序列的酶切位点分析、PCR 反应中的引物设计、核酸和蛋白质序列的同源性分析、新基因的功能预测及分子进化分析等。基因表达载体的构建是进行基因表达与功能研究的前提，是基因工程的核心。它是将克隆获得的目的基因连接在能使其在植物细胞中表达的各种载体，构建成不同类型的遗传转化载体，如正义表达载体、反义表达载体、RNA 干涉载体、基因打靶载体等，用于园艺植物的遗传转化研究。③园艺植物遗传转化方法的研究与目的基因的遗传转化。目前用于植物遗传转化的方法有多种，不同的园艺植物适宜的遗传转化方法可能不同。建立与优化具体园艺植物的遗传转化体系是园艺植物基因工程的重要内容。除了借鉴已有的植物遗传转化方法外，也可根据园艺植物的特点创建新的遗传转化体系，在此基础上将目的基因导入受体植物细胞。④目的基因导入受体植物细胞后，是否可以稳定维持和表达其遗传特性，只有通过检测与鉴定才能确定。转基因植株的检测与鉴定包括分子检测与遗传特性鉴定。分子检测主要包括 PCR 技术鉴定、Southern 杂交技术鉴定、Northern 杂交技术鉴定（包括点杂交）、RT-PCR 技术鉴定、Western blot 技术鉴定、蛋白质免疫测定技术鉴定等；遗传特性鉴定主要研究外源目的基因的表达、表达水平、遗传稳定性，以及与其他重要园艺性状基因表达的关系等。

五、园艺植物基因编辑

植物基因编辑（gene editing），又称为植物基因组编辑（genome editing）或植物基因组工程（genome engineering），是一种较为精确的能对植物基因组特定目的基因进行修饰的基因工程技术。植物基因编辑技术主要有同源重组（homologous recombination）技术与核酸酶（nucleases）技术，前者是在 DNA 的两条相似（同源）链之间进行遗传信息的交换（重组），其主要缺点是效率极低，且出错率高；后者中已开发的核酸酶主要有巨型核酸酶（meganuclease）、锌指核酸酶（ZFN）、转录激活子样效应因子核酸酶（TALEN）和规律性重复短回文序列簇（CRISPR/Cas9）等。权衡这些核酸酶的精确度和效率，CRISPR 有望获得广泛的研究和应用，尤其是科学家近年开发的与 CRISPR 相关的工具，如碱基编辑和 prime 编辑，极大地扩大了基因组编辑的范围，允许创建精确的核苷酸替换和有针对性的 DNA 删除和插入。

到目前为止，基因组编辑已被用于在植物中产生各种可遗传的基因组修饰，主要包括：①同源重组修复（homology-directed repair，HDR）介导的基因组编辑可以产生精确的基因替换、点突变及 DNA 插入和删除，但 HDR 在植物细胞中的效率极低；②碱基编辑器；③先导编辑器（prime editor）；④小随机插入/缺失；⑤点突变或核苷酸替换；⑥DNA 片段插入；⑦DNA 片段缺失；⑧有针对性的染色体重排。因此，植物基因的靶向修饰是基因编辑应用最广泛的领域。首先，可以通过修饰内源基因来帮助设计所需的植物性状。例如，可以通过基因编辑将重要的性状基因添加到园艺植物的特定位点，通过物理连接确保它们在育种过程中的共分离，这又称为"性状堆积"。其次，可以产生耐除草剂作物。例如，使用 ZFN 辅助的基因打靶，将两种除草剂抗性基因（烟草乙酰乳酸合酶基因 SuRA 和 SuRB）引入植物。再次，可以用来防治各种病害如香蕉的条纹病毒。最后，基因编辑技术还被应用于改良园艺产品质量，如增加马铃薯的贮藏保鲜性。

六、园艺植物分子标记

植物分子标记（molecular marker of plant）的概念有广义与狭义之分。广义的分子标记是指可遗传的并可检测的 DNA 序列或蛋白质。蛋白质标记包括种子贮藏蛋白和同工酶（指由不同基因位点编码的酶的不同分子形式）及等位酶（指由同一基因位点的不同等位基因编码的酶的不同分子形式）标记。狭义的分子标记是指能反映园艺植物个体或种群间基因组中某种差异特征的 DNA 片段，它直接反映基因组 DNA 间的差异。与其他遗传标记，如形态标记（morphological marker）、细胞学标记（cytological marker）和生化标记（biochemical marker）等相比较，分子标记具有无比的优越性，具体表现为：①直接以 DNA 形式出现，在植物体的各个组织、各发育时期均可检测到，不受季节、环境的限制，不存在表达与否的问题；②数量极多，遍及整个基因组；③多态性高，利用大量引物、探针可完成覆盖基因组的分析；④表现为中性，即不影响目标性状的表达，与不良性状无必然的连锁；⑤许多标记为共显性，能够鉴别出纯合的基因型与杂合的基因型，提供完整的遗传信息。

园艺植物分子标记种类较多。目前常用的有：①基于 PCR 的 DNA 标记，如简单序列重复（simple sequence repeat，SSR）标记；②基于单个核苷酸多态性的 DNA 标记，如单核苷酸多态性（single nucleotide polymorphism，SNP）标记；③基于基因组学的 InDel（insertion-deletion）标记等。

分子标记已广泛用于园艺植物分子遗传图谱的构建；植物遗传多样性分析与种质鉴定；杂种优势鉴定；杂种种子纯度分析；重要农艺性状基因定位、克隆和核酸分析；突变体和重组体的构建及基因表达调控研究；转基因植物鉴定；遗传分析及分子设计育种等方面。

七、园艺植物蛋白质工程

蛋白质工程（protein engineering）是指利用基因工程手段，包括基因的定点突变和基因表达对蛋白质进行改造，以期获得性质和功能更加完善的蛋白质分子。园艺植物蛋白质工程就是根据人们对园艺性状（蛋白质功能）的特定需求，对蛋白质的结构进行分子设计。由于基因决定蛋白质，因此要对蛋白质的结构进行设计改造，最终还必须通过基因来完成。天然蛋白质合成的过程是按照中心法则进行的，即基因→表达（转录和翻译）→形成氨基酸序列的多肽链→形成具有高级结构的蛋白质→行使生物功能；而蛋白质工程却与之相反，它的基本途径是从预期的蛋白质功能出发→设计预期的蛋白质结构→推测应有的氨基酸序列→找到相对应的脱氧核苷酸序列。

蛋白质工程的主要技术分为理性进化和非理性进化，前者是利用定点诱变技术，通过在已知 DNA 序列中取代、插入或缺失一定长度的核苷酸片段达到定点突变氨基酸残基的目的；后者又称定向进化或者体外分子进化，即在实验室中模拟自然进化过程，利用分子生物学手段在分子水平增加分子多样性，结合高通量筛选技术，使在自然界中需要千百万年才能完成的进化过程大大缩短，在短期内得到理想的变异。

园艺植物蛋白质工程主要介绍蛋白质的分离、纯化和鉴定，蛋白质结构与功能，以及蛋白质的分子改造及修饰与表达，尤其是蛋白质的修饰技术、改造与重组技术及蛋白质互作研究技术。蛋白质工程作为分子生物学水平上对蛋白质结构和功能进行改造的手段已经受到越来越多研究人员的关注，并且已经在蛋白质药物、工业酶制剂、农业生物技术、生物代谢途径等研究领域取得很大进步。随着分子生物学的日益发展，新的蛋白质工程技术不断面世，对于蛋白质分子的改造将会起到极其重要的推动作用。相信园艺植物蛋白质工程将会为提高园艺植物（蛋白质）抗热性、耐盐碱性，以及改良重要园艺性状带来广阔前景。

八、园艺植物生物信息技术

生物信息技术（bioinformatics technology）是生物技术与信息科学的交叉学科，涉及植物生物学、微生物学、基础生物化学、生物信息学、遗传学、数据库、计算机操作系统、生物统计学、分子生物学、发育生物学及计算机模拟、生物芯片技术、基因工程、软件工程、信息论、计算机图形学等多学科的理论与技术，是综合利用计算机科学、信息技术、数学理论、统计方法等多学科理论与知识来解释生命现象的科学。它伴随基因组学的研究而产生，研究内容紧随着基因组研究而发展。园艺植物生物信息学是指对园艺植物多"组学"大数据（表型组、变异组、转录组、代谢组、蛋白质组）研究相关生物信息的获取、加工、储存、分配、分析和解释的科学。本书主要介绍测序技术（一、二、三代）、园艺植物常用数据库，以及生物信息学在园艺植物上的应用，包括单一组学分析、多组学关联分析、园艺植物新基因的鉴定、基因组演化历史解析、园艺植物基因功能预测，以及园艺植物系统进化关系分析等。伴随着测序技术的发展，园艺植物生物数据呈指数级增长，传统的分析方法已无法满足海量数据分析的要求。大数据时代的云计算、数据挖掘等技术将会广泛应用于园艺植物生物信息学。

第二节　园艺植物生物技术的发展简史

园艺植物生物技术是伴随植物生物技术的诞生与发展而发展起来的。事实上，植物生物技术发展的大多数典例是以园艺植物为试材的。因此，只有认真学习植物生物技术的发展历史，才能更深刻地了解与理解园艺植物生物技术的发展史。

生物技术起源于传统的酿造技术，已有几千年的历史。植物生物技术的研究历史则可以追溯到 19 世纪中期。因此，生物技术的发展通常分为传统生物技术、近代生物技术和现代生物技术。传统生物技术是以酿造技术为核心，近代生物技术是以细胞工程为核心，现代生物技术是以基因工程为中心。园艺植物生物技术是在植物生物技术的基础上发展起来的，也可分为近代生物技术，即细胞、组织和器官水平的生物技术，以及现代生物技术，即碱基、基因和蛋白质水平的生物技术。

一、近代生物技术的诞生与发展

园艺植物近代生物技术诞生于 19 世纪中期，至 20 世纪 50 年代末期为细胞、组织和器官水平生物技术理论的探索与完善阶段。从 20 世纪 60 年代至今，植物细胞、组织和器官水平的生物技术得到了迅速发展，并开始大规模应用于产业。

（一）植物细胞、组织和器官水平生物技术理论的探索与完善

从 19 世纪中期至 20 世纪 50 年代末期，细胞学说的产生和细胞全能性的提出为近代生物技术的产生奠定了理论基础。与近代生物技术有关的重要模式（培养基模式与激素调控模式）的提出则完善了植物细胞、组织和器官水平生物技术的理论。

1838～1839 年，德国的植物学家施莱登（Schleiden）提出了细胞概念（cell concept）。其主要观点是：细胞是生物体的基本结构单位，由它构成整个生物个体；植物细胞是在生理上、发育上具有潜在功能的单位。1858 年，德国的细胞病理学家魏尔肖（Virchow）提出"一切细胞来自细胞"的观点，并进一步提出细胞学说（cell theory）。他认为"细胞是生命单位"，他说："每个生物是许多生命单位的总和，每个生命单位本身带有生命的全部特性"。1901 年，摩尔根（Morgan）首次使用"totipotency"（全能性）一词，不过，并未做出定义。在这一学说的基础上，1902 年，德国著名植物生理学家哈伯兰特（Haberlandt）提出了"高等植物的器官和组织可以不断分割，直至单个细胞"的观点，这种单个细胞是具有潜在全能性的功能单位。他最早进行了植物细胞培养试验，被誉为"植物组织培养之父"。

1922 年，美国的克努森（Knudson）采用胚培养法获得兰花幼苗，克服了兰花种子发芽困难的问题。1925 年和 1929 年，莱巴赫（Laibach）将由亚麻种间杂交形成的幼胚在人工培养基上培养，成功获得了种间杂种，从而证明了胚培养在植物远缘杂交中利用的可能性。1933年，中国的李继侗和沈同首次报道了利用天然提取物进行植物组织培养的研究，他们利用加有银杏胚乳提取物的培养基，成功地培养了银杏的胚（巩振辉，2009）。

1934 年，美国的怀特（White）利用包含无机盐、酵母浸出液（yeast extract, YE）和蔗糖的培养基进行番茄根的离体培养，建立了第一个活跃生长并能继代增殖的无性繁殖系，使根的离体培养首次获得成功；法国学者高特里特（Gautheret）在山毛榉和黑杨等形成层组织的培养中发现，虽然在含有葡萄糖和盐酸半胱氨酸的 Knop 溶液中，这些组织可以不断增殖几个月，但只有在培养基中加入了 B 族维生素和吲哚乙酸（IAA）后，形成层组织的生长才能显著增加；克格尔（Kogl）等鉴定了第一个植物激素——IAA，它能使细胞增大生长。

1937 年，White 利用 3 种 B 族维生素，即吡哆醇（维生素 B_6）、硫胺素（维生素 B_1）和烟酸（维生素 B_5），取代酵母浸出液获得成功；诺贝库特（Nobecourt）培养了胡萝卜根的外植体并使细胞增殖获得成功。

1939 年，Gautheret 采用连续培养的方法，在胡萝卜根形成层培养上获得首次成功。同年，White 由烟草种间杂种的瘤组织、Nobecourt 由胡萝卜都相继建立了上述连续生长的组织培养物。因此，Gautheret、White 和 Nobecourt 一起被誉为"植物组织培养的奠基人"（巩振辉，2009）。现在植物组织培养中所用的若干培养方法和培养基，基本上都是在这 3 位科学家建立的方法和培养基基础上的演变。当时这 3 位科学家所使用的组织都包含了分生细胞。诱导成熟和已高度分化的细胞发生分裂和分化的研究直到后来发现了细胞分裂素才成为可能。

1941 年，奥贝克（Overbeek）等首次把椰子汁作为添加物引入培养基中，使心形期曼陀罗幼胚离体培养至成熟。1951 年，斯图尔德（Steward）等在胡萝卜组织培养中也使用了这一物质，从而使椰子汁在组织培养的各个领域中得到了广泛应用。

1942 年，Gautheret 在植物愈伤组织培养中观察到次级代谢产物。

1943 年，由 White 编写的第一本专著《植物组织培养手册》出版。

1944 年，中国的罗士韦研究菟丝子的茎尖培养，于 1946 年发表了茎尖分化成花芽的报告，开创了用组织培养方法研究植物成花生理学的先河。

1951 年，斯库格（Skoog）等发现腺嘌呤或腺苷不但可以促进愈伤组织的生长，而且能解除培养基中 IAA 对芽形成的抑制作用，诱导芽的形成，从而确定了腺嘌呤与生长素的比例是控制芽和根形成的主要条件之一。

1952 年，莫雷尔（Morel）和马丁（Martin）首次证实通过茎尖分生组织的离体培养，由已受病毒侵染的大丽花中获得去病毒（virus-free）植株。

1953 年，达利克（Tulecke）利用银杏花粉粒进行培养获得单倍体愈伤组织。同年，缪尔（Muir）进行单细胞培养获得初步成功。方法是把万寿菊和烟草的愈伤组织转移到液体培养基中，放在摇床上振荡，使组织破碎，形成由单细胞或细胞聚集体组成的细胞悬浮液，然后通过继代培养进行繁殖。Muir 等还用机械方法从细胞悬浮液和容易散碎的愈伤组织中分离得到单细胞，把它们置于一张铺在愈伤组织上面的滤纸上培养，使细胞发生了分裂。这种"看护培养"技术揭示了实现 Haberlandt 培养单细胞设想的可能性。

1955 年，米勒（Miller）等从鲱鱼精子 DNA 热压水解产物中，发现了有高度活力的促进细胞分裂和芽形成的物质，鉴定了结构式，并把它定名为激动素。现在，具有与激动素类似活性的合成的或天然的化合物已有多种，它们总称为细胞分裂素。

1957 年，Skoog 和 Miller 提出了植物激素控制器官形成的概念，指出在烟草髓组织培养中，根和芽的分化是生长素与细胞分裂素比例的函数，通过改变培养基中生长素和细胞分裂素的比例，可以控制器官的分化，即生长素和细胞分裂素比例高时促进生根，低时促进芽的分化，相等时倾向于愈伤组织生长。后来证明，激素可调控器官发生的概念对于多数物种都可适用，只是由于在不同组织中这些激素的内源水平不同，因而对于某一具体的形态发生过程来说，它们所要求的外源激素的水平也会有所不同。

　　1958 年，Steward 等成功地从胡萝卜根愈伤组织的单细胞悬浮培养液中诱导出胚状体，并长成完整植株，首次通过实验证实了 Haberlandt 关于细胞全能性的设想，成为植物组织培养研究历史中的一个里程碑。同年，赖纳特（Reinert）和 Steward 分别报道，由胡萝卜直根髓的愈伤组织制备的单细胞，经悬浮培养产生了大量的体细胞胚（somatic embryo）。这是一种不同于通过芽和根的分化而形成植株的再生方式。现在已知有很多物种都能形成体细胞胚。有些植物如胡萝卜，由植物体的任何部分都可以获得体细胞胚。

　　在这一发展阶段中，通过对培养条件和培养基成分的广泛研究，特别是对 B 族维生素、生长素和细胞分裂素在组织培养中作用的研究，已经实现对离体细胞生长和分化的控制，从而初步确立了植物细胞、组织和器官培养的技术体系，为其迅速发展奠定了坚实的基础。

（二）植物细胞、组织和器官水平生物技术的迅速发展

　　20 世纪 60 年代至现在，植物细胞、组织和器官培养技术得到了迅速发展：一是由于有了前 60 年建立的理论和技术基础；二是由于这项技术开始走出了植物学家和植物生理学家的实验室，通过与常规育种、良种繁育和遗传工程技术相结合，在植物改良中发挥了重要作用，并且在很多方面已经取得可观的经济效益。植物细胞、组织和器官培养技术研究工作更加深入和扎实，并开始走向大规模应用阶段。

　　1962 年，村重（Murashige）和斯库格（Skoog）发表了促进烟草组织快速生长的培养基的成分，此培养基就是目前广泛使用、卓有成效的 MS 培养基。

　　1964 年，古哈（Guha）和马哈希瓦里（Maheshwari）在曼陀罗花药培养中，首次由花粉诱导得到了单倍体植株，开创了花粉培育单倍体植物的新途径。

　　1967 年，尼兹（Nitsch）通过花药培养获得了烟草的单倍体植株。由于单倍体在突变选择和加速杂合体纯合化过程中的重要作用，这一领域的研究在整个 20 世纪 70 年代得到了迅速发展，获得成功的物种数目增加到 160 余种。

　　1970 年，卡尔森（Carlson）通过离体培养筛选得到烟草生化突变体；鲍尔（Power）等首次成功实现原生质体融合；卡沙（Kasha）和高（Kao）通过大麦杂种胚培养及消除染色体技术获得大麦单倍体植株。

　　1971 年，塔克伯（Takebe）等首次利用烟草叶肉原生质体培养出再生植株，这不但在理论上证明了除体细胞和生殖细胞以外，无细胞壁的原生质体同样具有全能性，而且在实践上为外源基因的导入提供了理想的受体材料。

　　1972 年，Carlson 等利用硝酸钠进行了烟草种间原生质体的融合实验，获得了第一个体细胞杂种。

　　1973 年，古屋（Furuya）等发现，人参培养细胞可以产生人参皂苷。在小鼠身上的药学实验表明，愈伤组织提取物的作用与人参根提取物的作用基本相同，开辟了植物体内有效成分生产的新途径。目前利用组织培养途径生产的次级代谢产物有皂苷类、甾醇类、生物碱、醌类、氨基酸和蛋白质等。

　　1974 年，Kao 等建立了高 Ca^{2+}、高 pH 的聚乙二醇（polyethylene glycol，PEG）融合法，把植物体细胞杂交技术推向新阶段；宾丁（Binding）从矮牵牛原生质体获得单倍体植株。

　　1975 年，Kao 和米查鲁克（Michayluk）研发了专门用于植物原生质体培养的 KM8p 培

养基；根根巴赫（Gengenbach）和格林（Green）利用玉米愈伤组织培养筛选抗病突变体。

1976 年，塞伯特（Seibert）从超低温保存的康乃馨茎尖中诱导出不定芽；Power 等实现了矮牵牛属间（*Petunia hybrida×P. parodii*）杂种的原生质体融合。

1977 年，野口（Noguchi）等在 20 000L 生物反应器中培养烟草细胞；岑克（Zenk）等建立了悬浮细胞培养的两步培养基。

1978 年，梅尔彻斯（Melchers）等将番茄与马铃薯进行体细胞杂交获得成功。

1979 年，布雷德柳斯（Brodelius）等利用藻酸盐固定植物细胞应用于植物转化和次级代谢产物的生产。

1987 年，矢崎（Yazaki）等利用植物细胞工业化发酵生产次级代谢产物紫草素获得成功。

从植物组织培养的发展历史可以看到，像任何其他科学一样，植物组织培养在开始时也只是一种纯学术性的研究，用以回答有关植物生长和发育的某些理论问题。但其深入发展的结果，却显示出巨大的应用价值，某些技术已经在生产中直接或间接地产生了显著的社会和经济效益，并将产生更大的社会和经济效益。

二、现代生物技术的诞生与发展

现代生物技术是以基因工程为核心，其诞生最早可追溯到 19 世纪孟德尔"遗传因子"概念的提出，理论建立始于克里克（Crick）提出"中心法则"，首次成功实现基因工程是贝克威思（Beckwith）和赛纳（Signer）将大肠杆菌的 lac 区转入其他微生物。基因工程迅速发展并大面积应用于产业始于 20 世纪末。目前，现代生物技术无论是理论研究还是产业应用都在进一步发展深化，尤其是测序技术与基因编辑技术的诞生与发展，无疑极大地加速了现代生物技术的发展。

（一）以基因工程为核心的生物技术的诞生与发展

基因工程的诞生可追溯到"遗传因子"概念的提出。1860～1870 年，奥地利学者孟德尔根据豌豆杂交实验提出了"遗传因子"概念，并总结出孟德尔遗传定律。1909 年，丹麦植物学家和遗传学家约翰逊（Johnson）首次提出"基因"这一名词，用以表达孟德尔的"遗传因子"概念。1917 年，匈牙利农业工程师埃赖基（Ereky）首次使用"biotechnology"这一名词。1941 年，丹麦微生物学家约斯特（Jost）首次使用"genetic engineering"（遗传工程）这一名词。1944 年，埃弗里（Avery）以其著名的细菌转化试验证明 DNA 是"遗传因子"。同年，Avery、麦克劳德（MacLeod）和麦卡蒂（McCarty）3 位美国科学家分离出细菌的 DNA，并发现 DNA 是携带生命遗传物质的分子。

1946 年，莱德伯格（Lederberg）与塔特姆（Tatum）发现两种细菌混合培养时发生了"杂交"现象，实现了基因重组。这是最早发现基因重组的事例。

1947 年，麦克林托克（McClintock）发现转座子。1949 年，鲍林（Pauling）论证镰刀形红细胞贫血症为分子疾病，是由血红蛋白的一个氨基酸突变造成的。

1953 年，美国人沃森（Watson）和英国人 Crick 通过实验提出了 DNA 分子的双螺旋模型，这标示着分子遗传学时代的开始。同年，贝尔塔尼（Bertani）和威格尔（Weigle）发现大肠杆菌存在一种限制修饰现象。

1955 年，格兰伯格（Granberg）等从细菌中分离得到一种合成核糖核酸的酶——多核苷酸磷酸化酶。他们发现此酶可以利用磷酸核苷酸，将核苷酸连接成与天然核糖核酸相似的多核苷酸分子。1956 年，贝斯曼（Bessman）等从大肠杆菌中纯化出能够帮助 DNA 完成复制的酶，并将其命名为 DNA 聚合酶。

1957 年，Crick 提出"中心法则"，指出遗传信息只能从核酸传递到核酸或从核酸传递到蛋白质，而不能从蛋白质传递到核酸，核酸的碱基序列决定蛋白质的氨基酸序列。

1961 年，雅各布（Jacob）和莫诺（Monod）等发现染色体上存在控制基因的结构，阐明了细菌的基因调控机理，提出"操纵子学说"。Crick 等在 T4 噬菌体中用遗传学方法证明了蛋白质中 1 个氨基酸由 3 个碱基编码。尼伦伯格（Nirenberg）和马太（Matthaei）破解了第一个遗传密码子 UUU（编码苯丙氨酸）。Brenner 等（1961）证明核糖体是合成蛋白质的细胞器，并证明信使 RNA 的存在。

1962 年，内森（Nathans）等在细胞外用噬菌体 f2 的 RNA 合成该病毒的壳蛋白。钱伯林（Chamberlin）和伯格（Berg）从大肠杆菌发现以 DNA 为模板合成 RNA 的聚合酶。

1966 年，Beckwith 和 Signer 将大肠杆菌的 lac 区转入其他微生物，首次进行基因工程操作。

1967 年，萨默斯（Summers）和希巴尔斯基（Szybalski）证明 DNA 双链中只有一条是合成信使 RNA 的模板（有意义链）。第一台蛋白质自动测序仪研制成功。同年，Beckwith 首次分离出一个细菌基因。

1969 年，特拉弗斯（Travers）和伯吉斯（Burgess）鉴定调控细菌转录的西格马（∑）因子。布罗克（Brock）在温泉中发现能在 85℃下生长的耐热菌水生栖热菌（*Thermus aquaticus*），该菌的 DNA 聚合酶后来被用于 PCR 技术。

1970 年，史密斯（Smith）和威尔科克斯（Wilcox）分离出限制性内切酶，证明它能够识别并切割特定的 DNA 序列，限制性内切酶后来成为基因重组的重要工具。

1972 年，科恩（Cohen）等发现质粒能够用作克隆的载体，将病毒基因转入细菌中大量扩增。这是 DNA 重组技术的重大突破。库利（Khoury）等用限制性内切酶将病毒 SV40 的 DNA 切成片段，并构建出完整的物理图谱。

1975 年，格伦斯坦（Grunstein）和霍格内斯（Hogness）发明菌落杂交技术，成为克隆基因的重要工具。同年，萨瑟恩（Southern）发明 DNA 印迹技术，可用于鉴别特定的 DNA 序列，成为克隆基因的重要工具。科勒（Kohler）和米尔斯坦（Milstein）发明单克隆抗体技术。

1976 年，波霍夫（Bomhoff）等提出章鱼碱和胭脂碱的合成和降解是由 Ti 质粒调控的。

1977 年，内斯特（Nester）等用质粒将外源基因转入植物细胞，首次实现了植物的基因工程。

1979 年，马顿（Marton）等完善了农杆菌介导的原生质体转化的共培养程序。

1982 年，齐默尔曼（Zimmermann）开发了原生质体电击融合法，这是原生质体融合技术的新方法。目前已在多个物种间诱导了不同种间、属间甚至科间及界间的细胞融合，获得了一些具有优良特性或抗性的种间或属间杂种。同年，克伦思（Krens）等实现了原生质体的裸露 DNA 转化。

1983 年，扎木布赖斯基（Zambryski）等采用根癌农杆菌介导转化烟草，在世界上首次获得转基因植物。目前，农杆菌介导法已成为双子叶植物遗传转化的主要方法。

1985 年，霍施（Horsch）等建立了农杆菌介导的叶盘法，此法操作简单、效果理想，开辟了植物遗传转化的新途径，但所利用的农杆菌主要是感染双子叶植物，对单子叶植物的转化未能成功。

1991 年，美国的桑福德（Sanford）等发明了基因枪法用于单子叶植物的遗传转化，后来此技术广泛应用于水稻、小麦、玉米等主要单子叶植物的遗传转化。

1991 年，古尔德（Gould）等利用农杆菌转化玉米茎尖分生组织获得转基因植株。

1993 年，陈（Chan）等利用农杆菌介导法转化水稻的未成熟胚获得转基因植株。

1994 年和 1996 年，江井（Hiei）等和伊希达（Ishida）等分别用农杆菌介导法高效转化水稻和玉米获得成功。1997 年，程（Cheng）等在小麦、廷盖（Tingay）等在大麦等单子叶植物上利用农杆菌介导法高效转化相继获得成功。

2000 年 12 月 14 日，多国科学家联合宣布绘出拟南芥基因组的完整图谱，这是人类首次全部破译出一种植物的基因序列。

2001 年，人类完成了首个粮食作物——水稻的基因组图谱绘制。

2002 年，全球转基因作物种植面积约 5870 万公顷。

2005 年，全球转基因作物种植面积达 9000 万公顷。

2006 年，全球 22 个国家 1030 万农户种植了 1.02 亿公顷转基因农作物。

2007 年，全球 23 个国家 1200 万农户种植了 1.143 亿公顷转基因农作物。

2011 年，全球 29 个国家 1670 万户农民种植转基因作物，总面积达 $1.6 \times 10^9 hm^2$，种植面积比 2010 年增加 8%。

2018 年，全球共有 26 个国家/地区种植转基因作物，种植面积达到 $1.917 \times 10^9 hm^2$，较 2017 年的 $1.898 \times 10^9 hm^2$ 增加 1900 万公顷，约是 1996 年的 113 倍；另有 44 个国家/地区进口转基因农产品。

到目前为止，已有 200 余种植物获得转基因植株，其中 80% 是通过农杆菌介导法实现的。转基因抗虫棉花、抗虫玉米、抗虫油菜、抗除草剂大豆等一批植物新品种（系）已在生产上大面积推广种植。据国际农业生物技术应用服务组织发布的《2019 年全球生物技术/转基因作物商业化发展态势》报道，全球共有 29 个国家/地区种植了转基因作物，种植面积略有下降，仍达 $1.904 \times 10^9 hm^2$，另有 42 个国家/地区进口了用于食品、饲料和加工的转基因作物。这些表明全球转基因作物种植面积趋于减缓，但普及性正在增加。

（二）测序技术与基因编辑技术的发展

1977 年，桑格（Sanger）等通过引入双脱氧核苷三磷酸，实现了 DNA 的测序（Sanger 法），基于 Sanger 法的测序技术也被称作第一代测序技术。第一代测序技术的读长可达 800～1000bp，测序准确率高达 99.999%，但该方法通量较低，成本较高，限制了大规模、高通量的应用。此后，以大规模平行信号（Brenner et al.，2000）、焦磷酸测序法（也称 454 测序；Margulies et al.，2005；Langaee and Ronaghi，2005）和可逆链终止物和合成测序法（Turcatti et al.，2008）等技术为标志的第二代测序技术的兴起，使基因测序进入了高通量时代。第二代测序技术降低了测序成本，大幅提高了测序速度，并且保持了 99% 的准确性。随着测序技术的不断发展，三代测序技术应运而生，目前比较知名的是 Oxford Naropore 公司的单纳米孔测序和 Pacific Biosciences 公司的单分子实时测序两种平台。三代测序的优势主要表现在：①真正实现了单分子测序，无 PCR 扩增偏好性和 GC 偏好性；②超长的测序读长，平均测序读长达到 10～15kb，最长读长 40kb；③可直接检测碱基修饰，如 DNA 甲基化。测序技术的发展，为园艺植物全基因组测序奠定了基础。目前，完成全基因组测序的主要园艺植物包括苹果、葡萄、梨、枣、香蕉、猕猴桃、甜橙、番木瓜、菠萝、桃、草莓等果树植物，大白菜、甘蓝、辣椒、番茄、西瓜、黄瓜、花椰菜、大蒜等蔬菜作物，以及梅花、丁香、蝴蝶兰、石斛、矮牵牛、牵牛花、报春花、向日葵等观赏植物。

基因编辑技术通过插入和敲除基因、定点突变和碱基替换等对基因组靶位点进行一系列的人工修饰，已先后发展三代技术：一代的植物锌指核酸酶（ZFN）基因编辑技术、二代的类转录激活因子效应物核酸酶（TALEN）基因编辑技术和三代的 CRISPR/Cas9 基因编辑技术。在格雷斯曼（Greisman）和帕博（Pabo）提出了 ZFN 基因编辑策略后，Miller 等（2007）优化了锌指核酸酶体系，标志着一代基因编辑技术的应用与发展。比德尔（Bedell）等（2012）在斑马鱼基因组编辑创制高效的 TALEN 新体系，推动了二代基因编辑技术的应用。较一代、二代基因编辑技术设计更加简单、更容易操作的三代技术 CRISPR/Cas9 可以对基因组的特定位点进行基因打靶、基因定点插入、基因修复等各种遗传操作。2012 年，伊内克（Jinek）等利用人工设计的 crRNA 形成的切割复合体，完成了对体外 DNA 的精确切割，是首次报道该系统可以用于目标 DNA 的切割。目前，CRISPR/Cas9 基因编辑及其相关衍生技术已被广泛应用于作物的遗传改良，包括对作物与产量、质量、抗病、抗除草剂、抗非生物胁迫相关的基因定点编辑，能够高效且精确地改良现有作物的农业性状。例如，通过番茄 *CRTISO* 和 *ANT1* 基因的编辑分别提高番茄果实胡萝卜素和花青素含量；通过 *SlMlo1* 基因的敲除提高番茄对白粉病的抗性；对西瓜 *ClALS* 基因进行编辑使其对除草剂产生抗性等。在园艺植物分子设计育种方面具有广阔前景。

第三节　园艺植物生物技术的发展前景与趋势

21 世纪以来，现代生物技术在基因工程、脑科学与神经科学、合成生物学等领域不断取得里程碑式进步，与人工智能、大数据等颠覆性技术加速融合发展，给全球经济和人类生产生活方式带来翻天覆地的变化。园艺植物生物技术是现代生物技术重要细分领域之一。各国纷纷将园艺植物生物技术确定为推动经济发展、建设生态文明的重点创新领域。

一、产业化步伐加快

目前，园艺植物生物技术作为一项高新技术产业在发达国家已经形成，并处于高速发展阶段。欧洲各国及美国、韩国、日本、以色列等国都十分重视生物技术、数字技术在农业领域的全方位应用，以保持其国际领先地位。我国近年来在生物技术领域发展迅猛，一大批突破性、颠覆性和引领性的新技术应运而生，如合成生物、基因操作等，为我国产业发展做出重要贡献，使我国由生物技术"大国"跨入"强国"行业，其中园艺植物生物技术产业占有重要位置。未来园艺植物生物技术产业发展趋势主要表现在以下几个方面：①利用现代生物技术，可以获得各种有害生物或逆境的抗性基因，明确其基因功能与调控机理，通过遗传转化或基因编辑的手段，培育出适宜不同地区不同环境条件下生产的高产、优质园艺植物品种；利用生物技术可改变植物形态结构，降低植物的能量需求，增加产量，或通过转化优良园艺性状基因，提高产量、改善营养品质；也可以通过遗传转化在表达载体中插入抗原生产出可食用的园艺植物疫苗等。这些基因工程品种可有效控制病虫害，显著降低生产成本及产品中的农药和除草剂残留，加速产业化进程。②脱毒培养，恢复园艺植物种性。几乎所有果树、绝大多数的观赏植物和部分蔬菜（如大蒜、生姜、马铃薯、石刁柏等）属于无性繁殖植物，这些植物长期生长在自然条件下，会感染并在体内积累各种病毒。通过茎尖分生组织培养或微嫁接技术可脱除病毒与类病毒，获得无病毒的原种，恢复种性。脱毒品种一般可提高产量

10%～30%。③离体快速繁殖。常用于脱毒种苗及珍贵园艺植物种苗的扩繁，如香蕉、草莓、马铃薯、红掌、兰花、非洲菊、马蹄莲、牡丹、百合、郁金香、大岩桐、矮牵牛、长寿花、凤仙、杜鹃、月季、丽格秋海棠等的快速繁殖。毫无疑问，随着技术的完善，能进行快繁的园艺植物种类将会迅速增加，其产业化程度会进一步提高。④园艺种业及其人工种子的研究与产业化会进一步加快。

二、园艺植物育种正在向设计育种或智能化育种发展

育种技术发展已经历三个主要阶段。①原始驯化选育：1.0 时代，通过人工选择、优中选优，将野生种驯化为栽培种并进一步选育为优良品种与种质。②常规育种：2.0 时代，包括杂交育种、诱变育种、杂种优势利用等育种方法，杂交育种是通过父母本杂交并对杂交后代进一步筛选，获得具有父母本优良性状的新品种、新种质；诱变育种是人为利用物理、化学等因素，诱发亲本材料产生突变，从中选育具有优良性状的新品种、新种质。③分子育种：3.0 时代，将分子生物学技术手段应用于育种中，通常包括分子标记辅助育种、转基因育种和分子模块育种等。现在正在向设计育种或智能化育种（4.0 时代：将基因编辑、生物育种、人工智能等技术融合发展，实现性状的精准定向改良）发展。近几年，我国先后启动了多个分子设计育种相关的项目，如"十三五"国家重点研发计划"七大农作物育种"专项"主要经济作物分子设计育种"等，通过项目实施，包括番茄、辣椒、大白菜、黄瓜等重要园艺植物在内的农作物，在基因组学、分子标记、基因组编辑和分子改良等方面均取得一系列突破性成果，在部分研究领域已经处于世界引领地位。分子设计育种就是在解析园艺重要农艺性状形成的分子机理的基础上，通过理论设计和选择，对多基因复杂性状进行定向改良，获得综合性状优异的新品种，它包括宏观水平的个体设计、群体设计和物种设计，微观水平的基因设计、代谢设计和网络设计等。相信随着国家科技投入的强化及多学科的融合发展，必将加速园艺植物分子设计育种的步伐，将会有一大批突破性分子设计育种新品种助力园艺产业的腾飞。

三、大数据科学在遗传研究和育种决策中的重要性不断提升

大数据（big data），或称巨量资料，是一个很大的数据的集合体，具体指无法在可承受的时间范围内用常规软件工具进行撷取、管理和处理的数据集合。随着组学和生物信息技术的发展，以生物信息学为平台，对基因组学、表观组学、转录组学、蛋白质组学、代谢组学等产生的巨量生物信息大数据，综合植物育种流程中的遗传、生理、生化、农艺、生物统计等所有学科的技术和信息，使得根据育种目标和环境设计最佳方案即分子设计育种成为可能。

园艺植物遗传育种的本质是发现植物基因型与其表型的关联性。传统杂交育种主要依靠表型观察和育种家经验进行选择，不仅周期长，也难以形成标准化、高效的育种体系。近年来，大数据科学向育种领域呈现出快速渗透和融入的趋势。基因型大数据、表型大数据、环境大数据等多维大数据将驱动设计育种向智能、高效、定向育种发展。大数据科学在遗传研究和育种决策的重要性主要表现为：①在遗传变异检测方面，大数据科学提升了变异检测的效率和准确性，并在筛选功能变异中起到巨大作用；②在植物表型采集方面，随着基因型鉴定技术的发展，植物表型采集迅速成为遗传研究的瓶颈，因此高通量自动化表型采集技术成为未来作物科学发展的必然趋势；③在利用基因型-表型预测模型育种方面，呈现出单基因模型向多基因模型、线性模型向非线性模型、低维数据向高维数据转变的特点。园艺植物大多数重要农艺性状都是多基因控制的复杂性状，可以通过全基因组选择技术（genomic selection）利用个体间亲缘关系

矩阵进行高效的性状预测和个体选择。可以预见，随着大数据的发展，作物数量遗传学、全基因组关联分析、作物基因组编辑技术将不断突破和改进，通过定点编辑、定点修饰顺式调控序列、定点激活基因表达实现对数量性状的精准操控，必将引领新一轮的育种技术革命。

四、性状改良由单一抗性向综合优良性状发展

自从 Zambryski（1983）等首次采用根癌农杆菌介导方法获得转基因烟草以来，已有 100 多种植物通过基因工程技术获得了转基因植株，包括一批园艺植物、粮食作物和其他经济作物。所转移的基因从最初细菌来源的标记基因（如 *npt II*、*gus* 等）到抗病、抗虫、抗除草剂等抗性基因。进入 21 世纪，转基因由单一抗性向多抗、广抗谱发展。向同一作物导入多个抗性基因，是扩大抗谱范围和延长抗性时间的有效途径之一。可采用的方法有两种：一是向同一作物导入多种不同抗性机理的基因，以增强作物的抗性。例如，对杀虫性来说，可用 *Bt* 杀虫晶体蛋白基因与其他不同杀虫机理的杀虫蛋白基因（如蛋白酶抑制剂、昆虫特异性神经毒素、淀粉酶抑制剂、外源凝集素等）组合，同时或分别导入同一受体，以避免昆虫产生抗性。二是同时可将抗病、抗虫、抗草等不同抗性基因导入同一作物，产生多抗性作物品种，以延长其使用年限，降低生产成本。随着基因工程技术的发展与完善，转基因的另一个趋势是由抗病、抗虫、抗除草剂等抗性向超高产生物技术育种、抗逆性生物技术育种（抗寒、耐热、抗旱、耐涝、耐盐碱、耐光照、耐瘠薄等）和品质改良的基因工程发展，如强化果实着色、调控花卉植物色泽、提高番茄红素含量及甘蓝类蔬菜抗癌物质——异硫代氰酸盐的含量、降低黄瓜的苦味素含量、增加蔬菜作物维生素含量与固形物含量等。选育出适宜不同地区不同类型的高产、优质、高效益、超级园艺植物新品种，满足人们对园艺植物需求不断增长的多样性，以及园艺产业发展的需求。

五、园艺植物育种和病害防治更加精准与绿色

1）园艺植物基因组学研究和优异基因挖掘是分子设计育种的基础，已成为园艺植物育种领域的前沿与热点。主要园艺植物基因组测序与重测序取得重要进展，从而为后续园艺植物重要性状分子机理解析奠定了基础。

2）在育种技术开发方面，以 CRISPR 为代表的基因编辑技术不断升级改造，进一步提高了园艺植物育种的精准度和效率。此外，基因编辑技术与无融合生殖、单倍体诱导等其他传统育种技术的结合，进一步丰富了育种工具的类型。

3）单倍体在快速选育纯系、提高选择效果等方面具有独特的、无法替代的优势。花药培养、花粉培养、小孢子培养、未受精子房培养是获得单倍体的主要途径。花药培养、花粉培养与小孢子培养已成为大白菜、甘蓝、萝卜等十字花科蔬菜亲本纯系选育的有效途径。黄瓜未受精子房培养技术也已成熟。因此，随着离体培养技术的不断完善，将会有更多园艺植物通过单倍体培养途径提高现代育种水平，加速育种进程与效率。

4）应用细胞突变体的离体筛选技术，可克服外部环境的不利影响，大大提高选择效果，目前利用培养细胞与组织进行离体筛选的研究主要集中在抗病、抗逆境胁迫等突变体的筛选方面。通过突变体的离体筛选已得到分属于 20 多种不同植物和 50 多种表型的 145 个变异细胞系，如番茄抗青枯病和抗枯萎病突变体、辣椒抗疫病和抗枯萎病突变体、芹菜抗枯萎病突变体等。体细胞无性系变异与筛选技术是现代育种技术的重要组成部分。毫无疑问，其应用前景极为广阔。

5）核果类果树育种及远缘杂交育种常会遇到胚败育问题，利用组织培养技术进行幼胚抢救，彻底解决了这一问题。这一技术已经成为果树育种及远缘杂交育种的一个重要辅助手

段。扩大幼胚抢救植物种类、完善不同幼胚培养技术将会成为这一领域研究的核心。

6）细胞融合技术在植物育种中具有独特的作用：①获得新品种。应用原生质体融合技术，可获得双亲两套染色体的体细胞杂种植株，它们往往稳定可育，可直接作为育种材料，同时原生质体融合不仅包括核基因重组，也涉及核外遗传的线粒体和叶绿体重组。②创造新种质。通过原生质体融合，可获得常规有性杂交得不到的无性远缘杂种植株，创造新型物种。③转移有利性状和克服远缘杂交的障碍，如将亲缘关系较远的一些有利性状如雄性不育性等转移到栽培种中。④作为基因工程的良好受体及进行突变体筛选的优良原始材料。细胞融合的这些特点决定其在现代育种中应用前景广阔。

六、园艺植物功能基因的挖掘与研究更加深入

从2000年12月人类首次破译拟南芥基因组的完整图谱开始，20多年来，科学家先后完成了数十种主要园艺植物的全基因组测序，重测序的物种和品种（系）更是不计其数，也克隆获得了一些园艺植物重要性状基因，这些植物基因图谱的完成、新基因的发现，为人们进一步认识基因的功能、基因调控的关系奠定了基础。然而，挖掘园艺植物性状的功能基因，尤其是重要园艺性状的功能基因仍任重道远。大量研究表明，不同园艺植物绝大多数重要的园艺性状，如产量、品质、抗逆性和其他重要经济性状等是由多基因调控的。至今，完全解析的园艺植物性状的基因调控关系，尤其是多基因调控的网络关系仍是极少数。因此，在未来相当长的时间内，新的功能基因发掘、基因的表达、基因的功能、基因调控网络解析将会成为这一领域研究的难点、核心与热点。

小 结

园艺植物生物技术是现代生物技术在园艺科学上的应用与发展，其研究的主要内容包括园艺植物组织培养的基础与技术、园艺植物细胞工程、园艺植物染色体工程、园艺植物基因工程、园艺植物基因编辑技术、园艺植物分子标记、园艺植物蛋白质工程和园艺植物生物信息技术。园艺植物生物技术是伴随植物生物技术的诞生与发展而发展起来的，其发展历史可概括分为近代生物技术和现代生物技术，前者即细胞、组织和器官水平的生物技术，后者即碱基、基因和蛋白质水平的生物技术。园艺植物生物技术发展前景与趋势可概括为以下几点：①产业化步伐加快；②园艺植物育种正在向设计育种或智能化育种发展；③大数据科学在遗传研究和育种决策的重要性不断提升；④性状改良由单一抗性向综合优良性状发展；⑤园艺植物育种和病害防治更加精准与绿色；⑥园艺植物功能基因的挖掘与研究更加深入。

思考题

1. 什么是生物技术？园艺植物生物技术包括哪些主要内容？
2. 简述植物生物技术发展简史。
3. 论述园艺植物生物技术的发展趋势。

推荐读物

1. 巩振辉，申书兴. 2022. 植物组织培养. 北京：化学工业出版社
2. 景海春，田志喜，种康，等. 2021. 分子设计育种的科技问题及其展望概论. 中国科学：生命科学，51（10）：1356-1365

园艺植物组织培养是园艺植物生物技术的重要内容之一，它是研究园艺植物组织培养原理和方法的科学，是现代园艺学不可或缺的一个重要组成部分，为园艺学科的研究和发展提供了强有力的手段，在园艺学的基础理论研究中占有重要的地位，在园艺产业中具有广泛的应用前景。园艺植物组织培养技术及理论研究的发展对提高园艺植物生产水平和技术水平、加速园艺科学现代化的进程具有重要作用。

<h1 style="text-align:center">第一节　概　　述</h1>

园艺植物组织培养以细胞全能性（cell totipotency）为理论基础。离体条件下，细胞全能性的表达是通过细胞脱分化（dedifferentiation）和再分化（redifferentiation）实现的，即在适宜条件下诱导培养材料先进行脱分化、再分化，然后经过器官发生途径或体细胞胚胎发生途径形成完整植株。

一、园艺植物组织培养的概念和类型

植物组织培养（plant tissue culture）是指在无菌条件下，将植物的离体器官、组织、细胞、胚胎及原生质体，接种到人工配制的培养基上，在人工控制的条件下进行培养，使其生长、分化并长成完整植株的过程。由于培养物（常称为外植体）是在离体条件下进行培养的，也称为离体培养（in vitro culture）。园艺植物组织培养是以园艺植物的器官、组织、细胞等作外植体进行组织培养的过程。

按照外植体类型的不同，植物组织培养可分为：①胚胎培养（embryo culture），包括未成熟胚和成熟胚培养、胚乳培养、胚珠和子房培养及离体受精的胚胎培养等。②器官培养（organ culture），是指植物某一器官的全部或部分或器官原基的培养，包括茎段、茎尖、块茎、球茎、叶片、花序、花瓣、花药、花托、果实、种子等。③组织培养（tissue culture），包括形成层组织、分生组织、表皮组织、薄壁组织和各种器官组织，以及愈伤组织的培养。④细胞培养（cell culture），单细胞、多细胞或悬浮细胞和细胞遗传转化体的培养。⑤原生质体培养（protoplast culture），原生质体及以原生质体为基础的培养技术，包括原生质融合体和原生质体遗传转化体的培养。

按照培养基的性质不同，植物组织培养可分为：①固体培养（solid medium culture），是指培养液中加入一定的凝固剂（如琼脂）使培养基固化，然后将外植体直接接入此培养基中培养，一般用于组织块、愈伤组织、短枝、茎尖等材料的培养。固体培养的优点是操作简便、通气良好、培养物得到支持和固定；缺点是外植体仅有一部分与培养基接触，营养吸收不均匀，有毒物质易积累。②液体培养（liquid medium culture），是指在液体培养基中直接接入外植体的培养，一般用于细胞、原生质体的培养，也可用于愈伤组织、胚状体等材料的继代培养。液体培养的优点是外植体接触培养基营养充分；缺点是通气不良，大规模培养易造成细胞聚集，影响生长。

按照培养方法的不同，植物组织培养可分为：①静置培养（static culture），是指把外植体接入液体培养基中在静置条件下培养。②振荡培养（shaking culture），是指把外植体接入液体培养基中，放在摇床上振荡培养。振荡器一般分为往复式和旋转式两种。③看护培养（nurse culture），是指在培养器皿中先加入一定体积的固体培养基，在其上放一块几毫米大小的愈伤组织，再在其上放一张无菌滤纸，最后把外植体放在滤纸上。这样，培养基营养通过愈伤组织和滤纸供给培养物。④饲喂培养（feeder layer culture），作饲喂层的细胞经射线照射后，核失活但细胞存活，再将这种细胞制成琼脂（糖）平板，即饲喂层，然后将离体培养物以液体浅层或平板技术铺在饲喂层上进行培养。⑤微室培养（microchamber culture），是用条件培养代替看护培养，将细胞置于微室中进行培养，当细胞团长到一定大小后再转入适当的培养基上培养。

二、园艺植物组织培养的理论基础

植物是由细胞构成的，细胞是生命活动的基本单位，无数不同功能的细胞构成了不同生理生化特性和不同形态的植物组织和器官。植物组织培养要使具有特殊功能的细胞恢复分裂能力，如同合子胚一样，能形成完整的植株，其理论基础是细胞全能性。离体培养条件下，细胞全能性的表达是通过细胞脱分化和再分化实现的，细胞再分化后经过器官发生、体细胞胚胎发生或原球茎发生途径形成完整植株。

（一）植物细胞全能性

植物细胞的全能性是指植物体的每一个细胞都携带有一套完整的基因组，并具有发育成为完整植株的潜在能力。1902年，德国著名植物学家Haberlandt在进行植物细胞离体培养试验后认为，高等植物的器官和组织基本单位的细胞有可能在离体培养条件下实现分裂分化，乃至形成胚胎和植株，这就是细胞全能性学说雏形。1958年，Steward培养来自胡萝卜根的悬浮细胞，成功地诱导单个的悬浮细胞发育为成熟的胚胎，完全证明了细胞全能性学说。这一学说经过不断发展，已逐步完善，并对其理论实质及实现途径有了更加清晰的认识，也得到了广泛的证实。

植物经受精以后形成的合子细胞及早期胚胎细胞均是胚性细胞，这些细胞在培养条件下容易实现细胞全能性表达。植物的分生组织细胞也是一种胚性细胞或胚胎干细胞。种胚萌发成苗后，在整个生活史中不断形成新的器官，直到生命终结。多年生植物的器官发生还可以年复一年地反复进行，延续数十年乃至百年。植物连续的器官分化是由顶端分生组织细胞发育完成的，可见植物顶端分生组织细胞具有较强的表达全能性的能力。此外，有些植物的成熟器官和组织中仍保留有胚性细胞，如在柑橘属（Citrus）、杧果属（Mangifera）、仙人掌属（Opuntia）的一些物种中观察到珠心胚，是由珠心细胞发育而成的。

植物离体培养显示，大多数已分化的植物细胞也具有恢复分生状态的潜力，如叶肉细胞、表皮细胞乃至花粉细胞等，只有极少数完全失去分裂能力的细胞不能恢复其全能性，如细胞核已开始解体的筛管和木质部成分，细胞壁厚于2μm的纤维细胞，以及细胞壁达7μm的管胞。

一个植物细胞向分生状态回复过程所能进行的程度，取决于它在自然部位上所处的位置和生理状态，离生长中心越远，即分化程度越高的细胞，其向分生状态回复的可能性就越小。也就是说，高度分化的细胞表现细胞全能性的能力降低或丧失，这种能力降低或丧失的程度与分化细胞的类型和其所处的位置有关。

（二）植物细胞分化

植物细胞分化（differentiation）是指在个体发育过程中，细胞在形态、结构和功能上的特化过程。一个细胞在不同的发育阶段上可以有不同的形态和机能，这是在时间上的分化；同一种细胞后代，由于所处的环境不同而可以有相异的形态和机能，这是空间上的分化。只有通过细胞分化，才能形成各种不同的细胞，进而形成不同的各具功能的器官，使之成为一个个体。从分化的遗传控制角度来讲，细胞分化是各个处于不同时空条件下的细胞基因表达与修饰差异的反应，所以分化也是相同基因型的细胞由于基因选择性表达所反映的各种不同的表现型。

离体培养条件下，植物细胞全能性的表达是通过细胞脱分化和再分化实现的。在大多数情况下，脱分化是细胞全能性表达的前提，再分化是细胞全能性表达的最终体现。脱分化是指植物离体的器官、组织、细胞在培养条件下，经过多次细胞分裂而失去原来的分化状态，形成无结构的愈伤组织或细胞团，并使其回复到胚性细胞状态的过程。再分化是指离体培养的植物组织或细胞可以由脱分化状态再度分化成另一种或几种类型的细胞、组织、器官，甚至最终再生成完整植株的过程。

根据细胞脱分化过程中细胞结构发生变化的时空顺序，细胞脱分化过程可分为 3 个阶段：第一阶段为启动阶段，表现为细胞质增生，并开始向细胞中央伸出细胞质丝，液泡蛋白体出现；第二阶段为演变阶段，此时细胞核开始向中央移动，质体演变成原质体；第三阶段为脱分化终结期，回复到分生细胞状态，细胞分裂即将开始。

导管分子的分化过程已成为研究植物组织培养中细胞分化的模式系统。离体培养条件下，导管分子是由愈伤组织薄壁细胞分化形成，这也是愈伤组织细胞分化器官的前提。如果愈伤组织一直保持薄壁细胞状态，导管分子分化受阻，器官发生则不正常。只有愈伤组织的某些细胞分化形成导管分子，进而才能形成维管系统，器官才能进一步分化形成。因此，人们通常把离体培养中导管分子细胞的出现作为组织分化的标志。

（三）植株再生途径

细胞脱分化和再分化是离体培养过程中细胞全能性表现的基本过程。植物个体形成是通过形态发生实现的，建立在离体培养基础上的形态发生称为体细胞形态发生。与个体水平上的形态发生不同，培养条件下的形态发生不是起源于合子，而是起源于培养细胞。在培养条件下，植物细胞经过再分化形成完整植株，包括器官发生（organogenesis）途径、体细胞胚胎发生（somatic embryogenesis）途径及原球茎（protocorm like body）发生途径。

1. 器官发生　　离体器官发生是指培养条件下植物的组织或细胞团（愈伤组织）分化形成不定根（adventitious root）、不定芽（adventitious bud）等器官的过程。通过器官发生形成再生植株通常有 3 种方式：第一种方式是先芽后根，即芽分化形成后，在芽的基部长出根，进而形成完整植株，这是植物离体培养中较为普遍的一种植株再生方式。第二种方式为先根后芽，即先分化根，再在根上产生不定芽进而形成完整植株。许多研究证明，培养物中如果先形成根则往往抑制芽的形成，因此在多数培养中，通常通过分化培养基的调控来促进先形成芽。第三种方式是在愈伤组织上独立地产生芽和根，再通过维管组织的联系形成完整植株。

大多数植物细胞的器官发生是通过间接发生途径进行的，即先诱导外植体形成愈伤组织，然后通过再分化形成不定芽和不定根。愈伤组织实质上就是一团无序生长的细胞，这些细胞大多处于随机分裂状态。在愈伤组织若干部位成簇出现的类似形成层的细胞群,通常称为拟分生组织(meristemoid),也称为分生中心(meristematic center),它们是愈伤组织中形成器官的部位,其特点是:细胞体积小、细胞质稠密、蛋白质合成丰富、液泡逐渐消失。分生中心形成后,按照其已确立的极性,某些细胞开始分化形成管状细胞,进而形成维管组织。分生中心部位开始形成不同的器官原基,进而分化出相应的组织和器官。

在有些情况下,外植体可以不经过典型的愈伤组织而直接形成器官原基。这一途径有两种情况:一种情况是外植体中已存在器官原基,进一步培养即形成相应的组织、器官进而再生植株,如茎尖、根尖分生组织培养;另一种情况是外植体某些部位的细胞,在重新分裂后直接形成分生细胞团,然后由分生细胞团形成器官原基。Lo 等(1997)在非洲紫罗兰的一个杂交品种 'Virginia' 的叶片培养中,详细观察了由叶肉细胞直接再生芽的过程。

2.体细胞胚胎发生 体细胞胚胎发生是指外植体中体细胞诱发并形成胚胎的过程。体细胞胚胎或胚状体发育与合子胚一样,经历球形、心形、鱼雷形和子叶形的胚胎发育时期,具有与合子胚相同的形态结构,最后萌发成苗。

离体培养下的胚胎发生也可归纳为直接途径与间接途径两种。直接途径是从外植体某些部位直接诱导分化出体细胞胚。间接途径是体细胞胚从愈伤组织或悬浮细胞,有时也从已形成体细胞胚的组织细胞中发育而成。一般认为,直接方式发生体细胞胚是由于外植体细胞中存在预定胚胎发生细胞(preembryogenic determined cell,PEDC),培养中这种细胞直接进入胚胎发生阶段而形成胚状体。在胚状组织中能够观察到这些细胞,在一些体外生长的幼苗幼嫩组织中也能观察到。在间接体细胞胚发生中,外植体细胞没有预定胚胎发生细胞,通过脱分化并重新发育而形成胚性细胞,称为诱导决定的胚胎发生细胞(induced embryogenic determined cell,IEDC),它们进一步发育成体细胞胚。

与器官发生形成个体的途径相比,体细胞胚发育再生植株有三个明显的特点:一是体细胞胚具有两极性,即在发育的早期阶段,从其方向相反的两端分化出茎端和根端。二是体细胞胚的维管组织与外植体的维管束系统无解剖结构上的联系,即出现所谓的生理隔离现象。细胞学观察显示,胚性细胞在发育过程中,出现细胞壁加厚,胞间连丝消失等变化。随着体细胞胚的发育,周围细胞似乎处于解体状态,因而很容易与原组织分离。在悬浮培养中,到后期可见许多体细胞胚漂浮在液体培养基中。在固体培养中,也可观察到体细胞胚从外植体或愈伤组织上脱落的现象。三是体细胞胚的维管组织分布呈独立的"Y"形,因此很容易明确地鉴定出体细胞胚结构。

3.原球茎发生 在兰科等园艺植物的组织培养中,常从茎尖或侧芽的培养中产生一些原球茎,原球茎本身可以增殖,以后能萌发出小植株。原球茎最初是兰花种子发芽过程中的一种形态,兰花种子萌发初期并不出现胚根,只是胚逐渐膨大,以后种皮的一端破裂,膨大的胚呈小圆锥状,称作原球茎。在组织培养中,原球茎为缩短的、呈珠粒状的、由胚性细胞形成的、类似嫩茎的器官。从顶芽和侧芽的培养中产生的和种子萌发产生的都是这样的原球茎。从一个芽的周围能产生几十个原球茎,培养一段时间以后,原球茎逐渐转绿,相继可长出毛状假根,叶原基发育成幼叶,转移至培养基生根,形成完整的再生植株。扩大繁殖时应在原球茎转绿前,将原球茎切割成小块或给予针刺等损伤,转移到新鲜的增殖培养基上,可以增殖出更多的原球茎。一些兰科植物种类还可在慢速旋转的液体培养基中增殖。使用这一技术,可以使 1 个健康的兰花茎尖在一年内产出 400 万株在遗传上相同的健康兰花植株。目前,这一技术已成为兰花繁殖的标准方法。

第二节　园艺植物组织培养所需的仪器及设备

植物组织培养实验室是进行植物组织培养的最基本的设施。实验室设置通常按自然工作程序先后安排成一条连续的生产线，一般规划必备的有准备室（培养基制备室）、无菌操作室（接种室）、培养室。植物组织培养是在严格无菌的条件下进行的，而且外植体诱导生长需要一定的温度、光照、湿度等培养条件，要做到无菌和适宜的培养条件，需要一定的仪器和设备。

一、灭菌设备

维持相对的无菌环境是植物组织培养的基本要求，因此与消毒灭菌有关的设备是必不可少的。灭菌设备主要包括高压灭菌锅、干燥箱、过滤灭菌装置、喷雾消毒器和紫外灯等。

1）高压灭菌锅是常用的灭菌设备，主要用于培养基、蒸馏水和器械用具的湿热灭菌，有小型手提式或大型立式或卧式几种。热源可以用蒸汽、煤气、电等。灭菌锅上装有温度计和压力表，此外还有排气口，其作用是在密闭之前，利用蒸汽将锅内的冷空气排尽。在灭菌锅上还装有安全阀，如果压力超过一定限度，阀门即能自动打开，放出多余的蒸汽。

2）干燥箱用于一些金属工具如镊子、剪刀、解剖刀等的干热灭菌，也可用于玻璃器皿的干热灭菌。进行干热灭菌需 150℃ 以上的温度保持 1～3h。常用的是鼓风式电热干燥箱，优点是温度均匀、效果好，缺点是升温过程较慢。

3）过滤灭菌装置用于一些酶制品、激素（如 GA_3、ZT、IAA、ABA）及某些维生素等的灭菌。因为这些物质遇热时容易分解，不能进行高压灭菌，应采用孔径为 0.45μm 或更小的滤膜过滤灭菌。所有大于过滤器孔径的颗粒、微生物和病毒均可以被过滤掉，从而达到灭菌的目的。滤膜在使用前必须灭菌，将滤膜安在适当大小的支座上，以铝箔包裹起来，或装入一个大小合适的有螺丝盖的玻璃瓶内，进行高压灭菌。

4）喷雾消毒器盛装消毒液，用于接种空间、接种器材、外植体和操作人员手部等的表面灭菌。

5）紫外灯是方便、经济的控制无菌环境的装置，一般安装在植物组织培养室的各个房间，特别是接种室和培养室必须安装，缓冲区一般也应安装紫外灯。

二、无菌接种设备

超净工作台是现在植物组织培养中最常用的无菌接种设备。植物组织培养实验室多使用两种超净工作台：一种是侧流式或称为垂直式；另一种为外流式或称为水平式，两者的工作原理基本相同。超净工作台内部都装有一个小电动机，它带动风扇鼓动空气先穿过一个粗过滤器，把大的尘埃滤掉，再穿过一个高效过滤器，把大于 0.3μm 的颗粒滤掉，然后这种不带真菌和细菌的超净气流吹过台面上的整个工作区域。由高效过滤器吹出来的空气的速度是（27±3）m/min，所有的污染物都会被这种超净气流吹跑。只要超净工作台不停地运转，在台面上即可保持一个无菌的环境，而且这种气流不会吹灭在台面上使用的酒精灯。

三、可调控人工培养设备

植物材料接种后，移入培养室诱导培养，所以培养设备既要提供材料培养的场所，又要为培养物创造适宜的光、温、水、气等条件。常用的可调控人工培养设备包括培养架、空调机、调湿机、培养箱、转床或摇床等。

　　培养材料通常摆在培养架上。制作培养架时应考虑使用方便、节能、充分利用空间及安全可靠。培养架骨架为金属、铝合金或木制品，隔板可用玻璃板、木板、纤维板、金属板等，最好使用玻璃板或铁丝网，既透光，上层培养物又不易受热。为使用方便，培养架通常设计为 5～7 层，高 1.7～2.3m，最低一层离地面高约 50cm，以上每层间隔 30cm 左右。一般在每层上方装置 2～4 支日光灯以供补充光照，培养架长度通常根据日光灯的长度设计，宽度为40～50cm。日光灯最好使用专门为组织培养设计的节能冷光源，其光谱与日光相近且省电。每日照明时间根据培养物的特性不同而有所区别，一般为 10～16h，最好用自动计时器控制光照时间。

　　培养物的培养温度大多数情况下要求常年保持在 20～27℃，夏季高温和冬季低温都不利于组培苗生长繁殖，常常造成生长不良或引起玻璃化现象。为使温度恒定和均匀一致，需要空调机来调节温度，如果温度变动太大，易使培养材料遭受菌类污染。

　　在培养过程中，室内湿度要求恒定，为防止培养基的干燥和菌类污染，相对湿度保持在70%～80%为好。湿度的保持可用调湿机等来控制。

　　对于一些要求精确控制温度和湿度的培养实验如细胞培养、原生质体培养等，可在培养箱中培养，以便于温度、光照等条件的精确控制。植物培养箱一般采用人工气候箱、光照培养箱或生化培养箱，其光照强度和时间可按实验需要设置并能自动控制。

　　液体培养时，培养材料浸入溶液中，会引起氧供应不足。为改进通气条件，常用转床、摇床等培养装置。转床是将培养容器固定在缓慢垂直旋转的转盘上，进行 360° 旋转，通常每分钟转一周。随着旋转，培养材料时而浸入培养液里，时而露于空气中。摇床做水平往复式振荡，通过振荡促进空气的溶解，同时使培养材料上下翻动，消除植物的向重力性。

四、其他仪器设备

　　除了上述主要仪器设备外，组织培养过程中还需要如下的一些设备：①水槽，用于洗涤器具。②工作台，作为药品和培养基配制操作的平台。③玻璃橱，内有搁架，用以放置药品、培养瓶等物品。④电子分析天平，用于称取大量元素、微量元素、维生素、激素等微量药品，精确度为 0.0001g。⑤托盘天平，用于称取用量较大的糖和琼脂等，其精确度为 0.1g。⑥电炉、电磁炉、微波炉或恒湿水浴锅，用于熔化琼脂。⑦冰箱，用以贮存化学药品、培养基母液的保存、细胞组织和试验材料的冷冻保藏，以及某些材料的预处理。⑧酸度计（pH 计），用于测试调整培养基的 pH，生产实践中也常用精密 pH 试纸来代替。⑨离心机，用于制备细胞悬浮液、调整细胞密度、洗涤和收集细胞等，有低速离心机和高速冷冻离心机。⑩血细胞计数板，用于细胞计数。⑪切片机，用于培养组织的显微观察超薄切片。⑫显微观察设备，包括立体显微镜、高倍显微镜、倒置显微镜及其相应的显微照相设备，用于观察、记录培养材料的细胞学和形态解剖学的变化。

第三节　园艺植物组织培养的基本技术

　　植物组织培养是一项技术性很强的工作。为了确保组织培养工作的顺利进行，除了具备基本实验设备外，还要求熟练掌握植物离体培养的基本技术。

一、培养基配制技术

在植物组织培养中，外植体的生长、分化和植株再生都是在培养基中进行的，因此选择和配制培养基是组织培养的重要的环节。

（一）培养基的成分

1. 无机营养 植物组织细胞和整体植株一样，生长时需要一定的无机元素，这些元素过多或过少，都会影响细胞的生长和分化。无机物中有 16 种元素是植物必需的，即碳（C）、氢（H）、氧（O）、氮（N）、磷（P）、钾（K）、钙（Ca）、镁（Mg）、硫（S）、铁（Fe）、硼（B）、锰（Mn）、铜（Cu）、Zn（锌）、钼（Mo）、氯（Cl），其中前 9 种是大量元素，植物所需浓度大于 0.5mmol/L，后 7 种属微量元素，植物所需浓度小于 0.5mmol/L。碘（I）虽然不是植物必需元素，但几乎所有的培养基中都添加 I，有些培养基中还加入钴（Co）、镍（Ni）、钛（Ti）、铍（Be）、甚至铝（Al）等，这些元素加入培养基有利于植物组织细胞在离体条件下的生长和发育。

2. 有机营养

（1）糖类 糖是离体培养中培养物生长与发育不可缺少的有机成分，在培养基中加入一定浓度的糖，既可作为碳源，又可使培养基维持一定的渗透压（一般在 1.5~4.1MPa）。植物组织培养中常使用蔗糖，浓度为 2%~5%，也可选择使用葡萄糖或果糖等。培养基的渗透压对细胞的增殖和胚状体的形成都有十分明显的影响。

（2）维生素类 维生素能够以辅酶的形式参与多种酶促反应，直接影响蛋白质、糖、脂肪等物质的代谢活动，对生长、分化等有很好的促进作用。在离体培养条件下，大多数培养的细胞都能合成所有必需的维生素，但数量较少，不足以维持自身的生长。离体培养中常用的维生素是盐酸硫胺素（维生素 B_1）、盐酸吡哆醇（维生素 B_6）、烟酸（维生素 B_3，又称维生素 PP），其中硫胺素一般认为是必需的成分，此外其他维生素，如泛酸（维生素 B_5）、生物素（维生素 H）、钴胺素（维生素 B_{12}）、叶酸（维生素 B_{11}）、抗坏血酸（维生素 C）等均能改善培养组织的生长状况。

（3）肌醇 肌醇又名环己六醇，其本身并没有促进生长的作用，但它在糖类的相互转化、维生素和激素的利用方面具有重要的促进作用，因而能使培养物快速生长，对胚状体和芽的形成有良好的影响。用量一般为 50~100mg/L。

（4）氨基酸 氨基酸是蛋白质的组成成分，也是一种有机氮化合物，对植物外植体的芽、根、胚状体的生长、分化均有良好的促进作用。植物组织培养中常用的氨基酸有丙氨酸、甘氨酸、谷氨酰胺、丝氨酸、酪氨酸、天冬酰胺及多种氨基酸的混合物，如水解酪蛋白（CH）、水解乳蛋白（LH）等。

（5）有机附加物 在某些植物组织培养中还加入一些天然提取物，如椰乳、香蕉汁、番茄汁、酵母提取液、麦芽糖等，这些物质对培养物生长具有较好的辅助作用，但由于成分复杂，容易受环境影响而不稳定，造成实验的重复性差。

3. 植物生长调节物质 植物生长调节物质对细胞分裂和分化、器官形成与植株再生具有重要的调节作用，是培养基中的关键物质，主要包括生长素和细胞分裂素，有些培养中也使用赤霉素或脱落酸。

（1）生长素 离体培养中，生长素的主要生理作用是促进外植体脱分化并启动细胞分裂和生长，有利于形成愈伤组织。同时，生长素与细胞分裂素的协调作用，对于培养物的形态建成是十分必要的。在离体培养的分化调节中，生长素促进不定根的形成而抑制不定芽的发生。常用的生长素有吲哚乙酸（IAA）、吲哚丁酸（IBA）、萘乙酸（NAA）、2,4-二氯苯氧乙酸（2,4-D），它们的活性强弱顺序为 2,4-D＞NAA＞IBA＞IAA。此外，萘氧乙酸（NOA）、对氯苯氧乙酸（PCPA）、三氯苯氧乙酸（2,4,5-T）也用于离体培养中。

（2）细胞分裂素　　细胞分裂素是腺嘌呤的衍生物，主要作用是促进细胞分裂、不定芽的分化，这类化合物有助于使腋芽从顶端优势的抑制下解放出来，因此也可用于茎的增殖。常用的细胞分裂素有玉米素（ZT）、6-苄基腺嘌呤（6-BA）、异戊烯基腺嘌呤（2iP）、激动素（KT），苯基噻二唑基脲（TDZ）作为一种新的细胞分裂素类似物在许多离体培养研究中使用，但一般用量较低。它们的活性强弱顺序为 TDZ＞ZT＞2iP＞6-BA＞KT。

（3）赤霉素　　目前已发现的天然赤霉素有 20 多种，组织培养中常用的是 GA_3。离体条件下，赤霉素的主要作用是促进细胞的伸长生长，与生长素协调作用对形成层的分化具有一定影响，同时还能刺激体细胞胚进一步发育成植株。在某些情况下，赤霉素对于生长素和细胞分裂素具有一定的增效作用。

（4）脱落酸　　脱落酸（ABA）是一种具有倍半萜结构的植物激素，在组织培养中对培养物有间接的抑制作用。

4. 琼脂　　琼脂是一种来自海藻的多糖类物质，是组织培养中最常用的培养基凝固剂和支持物，溶解于热水，成为溶胶，冷却后（40℃以下）即凝固为固体状的凝胶，一般的使用浓度是 0.7%～1.0%，若浓度太高，培养基会变硬，影响培养物对营养物质的吸收，若浓度太低，则因培养基凝固不好而影响操作，起不到支撑作用。

5. 水　　水是生物一切生命活动不可缺少的重要成分。离体培养中，水既是培养基营养成分的溶剂，又是培养基的重要组成部分。根据培养类型不同，可选择使用不同处理级别的水，原生质体培养、细胞培养及分生组织培养，一般应使用双蒸水或超纯水，以免水中残留的离子造成培养基成分的变化而影响效果。如果大批量地快速繁殖培养，可使用一般蒸馏水或纯净水，当然，在工厂化生产过程中，为降低生产成本，也可以用干净的井水、泉水或河水代替蒸馏水，其原则是无毒害、水质较软、配制培养基不会产生沉淀。

6. 活性炭　　活性炭加入培养基中的目的主要是利用其吸附能力，减少一些有害物质的影响，如防止酚类物质污染而引起组织褐化死亡，在兰花组织培养中效果更明显。活性炭使培养基变黑，有利于某些植物生根。但活性炭对物质吸附无选择性，既吸附有害物质，也吸附有益物质，因此使用时应慎重考虑，不宜过量，一般用量为 0.1%～0.5%。活性炭对形态发生和器官形成也有良好的效应，在失去胚状体发生能力的胡萝卜悬浮培养细胞中加入适量活性炭，可使胚状体的发生能力恢复。

（二）培养基的配制

配制培养基时通常有两种方法：一是直接称取法，即按照培养基的配方，逐一称取需要的量，加水溶解，由于每次配制时加入的微量元素和有机物质量少，容易出错；二是母液法，即将培养基的不同成分先配制成较高浓度的母液（浓缩贮备液），放入冰箱内保存，使用时按比例稀释成需要的浓度，此法简便，误差小，较为常用。现以 MS 培养基母液配制（二维码 2-1和 2-2）为例说明如下。

1. 培养基母液配制　　通常将培养基分成 5 类混合的母液分别配制。

2-1

2-2

（1）大量元素母液　可配成10或20倍的浓缩母液，配制时一方面要注意各种化合物必须充分溶解后才能混合，边搅拌边混合；另一方面要注意混合化合物的顺序，特别是要将 Ca^{2+} 与 SO_4^{2-}、HPO_4^{2-} 错开以免产生 $CaSO_4$ 和 $CaHPO_4$ 沉淀。

（2）微量元素母液　含除 Fe 以外的 B、Mn、Zn、Mo、Cl、I 等盐类的混合溶液，因含量低，一般配制成100或200倍的浓缩母液，配制时也要注意顺次溶解。

（3）铁盐母液　一般用硫酸亚铁（$FeSO_4·7H_2O$）和乙二胺四乙酸二钠盐（Na_2-EDTA）配成100或200倍的螯合铁盐，储存于棕色瓶中。

（4）有机化合物母液　主要是维生素和氨基酸类物质，可混合配制成100或200倍的浓缩母液，也可分别配制。

（5）植物生长调节物质　每种激素必须单独配成浓度为 0.1～1.0mg/mL 的母液，多数生长调节物质难溶于水，配制方法为：IAA、IBA、GA_3 先溶于少量95%乙醇，再加水定容；NAA 可溶于热水和少量95%乙醇中，再加水定容；2,4-D 可用 0.1mol/L 的 NaOH 溶解后，再加水定容；KT 和 6-BA 先溶于少量 1mol/L 的 HCl 中，再加水定容；ZT 先溶于少量95%乙醇，再加热水定容。

2. 培养基的配制　配制好母液后，培养基的配制按下列步骤进行：①称量琼脂和蔗糖，加水直到培养基最终容积的 3/4，加热溶解；②依次逐个加入混合母液，包括其他附加成分，加水定容到最终容积；③充分混合后，用 pH 计或 pH 试纸测定 pH，并用 0.1～1.0mol/L 的 NaOH 或 HCl 调整，一般以 5.6～6.0 为好；④将配好的培养基分装于培养容器内，然后用棉塞或封口材料封好瓶口，高压灭菌后备用。

（三）培养基的灭菌

组织培养的培养基由于含有高浓度的蔗糖，能供养很多微生物，如细菌和真菌的生长，它们的生长速度比培养的植物组织要快很多，最终会将植物组织全部杀死。这些污染微生物还可能排出对植物组织有毒的代谢废物，从而影响组织的生长。因此，必须保证培养容器内有一个完全无菌的环境。培养基一般采用湿热灭菌法。方法是将培养基置于高压灭菌锅中，在压力 0.105MPa、温度为 121℃时，维持 15～40min，即可达到灭菌的目的。灭菌效果取决于温度，而不是压力，所需时间随容积而变化（表 2-1）。若灭菌时间过长，会使培养基中的某些成分变性失效，但时间过短，不能保证灭菌效果，易引起培养基污染。培养基灭菌冷却后储藏在 4～10℃的条件下备用。

表 2-1　培养基湿热灭菌所需的时间

容器容积（mL）	在 121℃下所需的最少时间（min）
20～50	15
75	20
250～500	25
1000	30
1500	35
2000	40

某些生长调节物质（如 GA_3、ZT、IAA、ABA）、尿素及某些维生素等，遇热时容易分解，不能进行高压灭菌，需要通过滤膜灭菌。过滤灭菌后再将之加入经高压灭菌过的培养基中，如果是要制备固态培养基，须待培养基冷却到大约40℃时（恰在琼脂凝固之前）再加入这些遇热分解化合物；如果要制备的是液体培养基，则待培养基冷却至室温后加入。

二、外植体灭菌技术

外植体，包括植物体的各种器官、组织、细胞和原生质体等，常常暴露在自然环境中，带有各种微生物，故在接种前必须进行灭菌处理。常用的植物消毒灭菌剂种类及其使用方法、灭菌效果见表 2-2。

表 2-2　常用的植物消毒灭菌剂种类及其使用方法、灭菌效果

灭菌剂名称	使用浓度	灭菌时间（min）	灭菌效果
乙醇	70.0%～75.0%	0.1～5.0	好
升汞	0.1%～1.0%	2.0～10.0	最好
漂白粉	饱和溶液	5.0～30.0	很好
次氯酸钙	0.5%～10.0%	5.0～30.0	很好
次氯酸钠	2.0%（活性氧）	5.0～30.0	很好
过氧化氢	10.0%～12.0%	5.0～15.0	好
溴水	1.0%～2.0%	2.0～10.0	很好
硝酸银	1.0%	5.0～30.0	好
抗生素	4.0～50.0mg/L	30.0～60.0	较好

　　灭菌前，首先对植物材料进行预处理。方法是先对植物组织进行修整，去掉不需要的部分，将准备使用的植物材料在流水中冲洗干净。经过预处理的植物材料，其表面仍有很多细菌和真菌，因此还需进一步灭菌。常规的表面灭菌处理方法是把材料放进 70%乙醇中，10～30s后再在 0.1%的升汞（$HgCl_2$）中浸泡 5～10min，或在 10%的漂白粉上清液中浸泡 10～15min，然后用无菌水冲洗 3～5 次。灭菌时要不断搅动，使植物材料与灭菌剂有良好的接触。如果在灭菌剂里滴入数滴 0.1%的 Tween（吐温）20 或 Tween80 湿润剂，则灭菌效果更好。不同外植体灭菌方法有所不同。

　　1．茎尖、茎段及叶片等的消毒　　植物的茎、叶部分多暴露于空气中，有的具有茸毛、油脂、蜡质和刺等，在栽培上又受到泥土、肥中的杂菌污染，所以消毒前要经自来水较长时间的冲洗，特别是一些多年生的木本植株材料，冲洗后还要用软毛刷刷洗。消毒时要用 70%乙醇浸泡数秒，无菌水冲洗 2～3 次，然后按材料的成熟度和枝条的坚实程度，分别采用 2%～10%次氯酸钠溶液浸泡 10～25min，若材料有茸毛最好在消毒液中加入几滴吐温 80，消毒后用无菌水冲洗 3 次。常用灭菌剂使用浓度见表 2-2。

　　2．果实及种子的消毒　　根据果实及种子清洁度，用自来水冲洗 10～20min，甚至更长时间，再用 70%乙醇迅速漂洗一下。果实用 2%次氯酸钠溶液浸 10min 后，用无菌水冲洗 2～3次，即可取出果实内的种子或组织进行培养。种子则要先用 10%次氯酸钠浸泡 20～30min 甚至几小时，对难以消毒的种子还可用 0.1%升汞或 1%～2%溴水消毒 5min。

　　在胚或胚乳培养中，对种皮太硬的种子，可先去掉种皮，再用 4%～10%次氯酸钠溶液浸泡 8～10min，经无菌水冲洗后，即可取出接种。

　　3．花药的消毒　　用于培养的花药，实际上多未成熟，由于它的外面有花萼、花瓣或颖片保护，基本处于无菌状态，所以只要将整个花蕾或幼穗消毒就可以了。一般用 70%乙醇浸泡数秒，然后用无菌水冲洗 2～3 次，再在漂白粉清液中浸泡 10min，经无菌水冲洗 2～3 次即可接种。

　　4．根及地下部器官的消毒　　根及地下部器官生长于土壤中，消毒较为困难。一般可预先用自来水洗涤，再用软毛刷刷洗，用刀切去损伤及污染严重部位，吸水纸吸干后，再用消毒剂灭菌。可采用 0.1%～0.2%升汞浸 5～10min 或 2%次氯酸钠溶液浸 10～15min，然后以无菌水冲洗 3 次，用无菌滤纸吸干后可接种。

三、接种环境和接种设备灭菌技术

在植物材料接种进行之前，要对接种环境及接种过程所需的设备器械进行灭菌处理，以保证无菌操作的顺利进行。

植物接种环境污染的主要来源是空气中的细菌和真菌孢子，因此，要经常进行接种室的清洁卫生工作，一年中要定期用甲醛和高锰酸钾熏蒸，并用 70%乙醇喷雾使空气中的灰尘沉降。在实验前先打开紫外灯 20～30min，无菌操作前 10min 打开超净工作台，让过滤室空气吹拂工作台面和四周台壁；用 70%乙醇擦洗台面，对操作台的正面、顶部和左右壁用乙醇喷雾灭菌。培养皿、酒精灯和其他工具也事先放在超净工作台上，一起用紫外灯照射或用乙醇消毒。由于工作人员的头发、衣服、手指中都不同程度地带有杂菌，因此工作人员进入无菌室前要洗手，穿戴经过消毒的衣帽，操作前要用 70%乙醇擦拭双手，操作中还要经常用乙醇擦拭。

接种所用的器械包括镊子、解剖刀、解剖针和小铲子等，一般用火焰灭菌法，即把金属器械放在 95%乙醇中浸一下，然后放在火焰上灼烧，待冷却后使用。这些器械不但在每次操作开始前要这样消毒，在操作期间每当接触过有菌的材料之后，还要再次消毒，以避免材料之间的交叉感染。器械的消毒一般在超净工作台上进行，消毒过的工具可以摆放在无菌的玻璃或金属架上备用。

四、无菌接种技术

植物组织培养的接种是把经过表面消毒后的外植体在无菌条件下直接放在培养基表面或插入培养基中的过程，显然接种是无菌操作技术的关键环节。无菌接种技术有如下步骤。

1) 将初步洗涤及切割的材料放入烧杯，加入适当种类和浓度的消毒液，使材料完全浸没在消毒液中，盖上瓶盖，把烧杯带入超净工作台，在消毒期间不时摇动烧杯。

2) 消毒结束后，打开瓶盖，将消毒液倒出，注入适量的无菌蒸馏水，再盖上盖，摇动数次，将水倒掉，如此重复 3～5 次后沥去水分，将接种材料取出，放置在灭过菌的纱布上或滤纸上。

3) 切取材料。切取和接种较大的材料时，肉眼观察即可操作分离，较小的材料需在双筒解剖镜下操作。材料吸干后，一手拿镊子，另一手拿剪刀或解剖刀，对材料进行适当切割（如叶片切成 0.5cm² 的小块；茎切成含有一个节的小段；微茎尖要剥成只含 1～2 个叶原基的茎尖大小等）。在接种过程中要经常灼烧接种器械，防止交叉污染。

4) 用消过毒的器械将切割好的外植体插植或放置到培养基上。整个过程要在酒精灯旁进行。具体操作过程：左手拿试管或锥形瓶，将试管或锥形瓶的口靠近酒精灯火焰，瓶口倾斜，这时将管口外部在灯焰上烘烤数秒钟，将灰尘等固定在原处，然后用右手慢慢取出棉塞或封口材料，动作要慢，以免气流冲入瓶中造成污染。将瓶口在灯焰上旋转灼烧，然后用镊子将外植体送入瓶中，材料在培养容器内的分布要均匀，以保证必要的营养面积和光照条件。茎尖、茎段等基部插入固体培养基中，叶片通常将叶背接触培养基（保证生长的极性）。镊子灼烧后放回支架或浸入消毒酒精中，这时将棉塞或封口材料在火焰上旋转烘烤数秒钟，封瓶口。所有的材料接种完毕，做好标记，注明接种材料名称、接种日期。

五、组培苗继代技术

组织培养中培育出来的植株通常称为组培苗或试管苗。外植体接种到培养基上后，在人工控制的适宜环境条件下进行培养，以促进外植体细胞的分化和生长，这是组培苗的第一代，称为初代培养。将初代培养得到的培养物转移到新鲜培养基中，使其增殖，这种不断转接增殖的过程称为继代培养。组培苗能否不断增殖并进行继代培养，既是植物组织培养能否成功的关键，又是植物离体快速繁殖中的一个重要问题。

　　外植体的细胞经过启动、分裂和分化等一系列深刻变化过程，可形成无序结构的愈伤组织块。随着培养时间的延长，愈伤组织在增殖过程中会不断消耗其培养基中的营养物质，同时水分逐步散失，组织细胞生长过程中次级代谢产物则不断积累，这些情况必然严重影响培养基中组织细胞的进一步生长。因此，若要求愈伤组织继续生长增殖，必须定期将它们分成小块接种到新鲜的培养基上进行继代培养。第一次继代培养的时间取决于愈伤组织的生长速度，一般情况下，在愈伤组织生长到直径 2～3cm 时才将其与外植体分离，并将其打散或切成小块，单独继代培养。如果愈伤组织的大小或形状不规则，则可选取生长迅速的部位作为继代培养的初始材料。

　　一般在 25～28℃下固体培养时，每隔 4～6 周进行一次继代培养。由于代谢产物的积累会产生毒害作用，如果长时间不继代培养，就会使愈伤组织变成黑褐色，称为褐化。如果愈伤组织转移到液体培养基，可以通过不断摇动液体培养基进行悬浮振荡培养，这个过程同样需要反复地继代培养，以建立悬浮培养细胞系。

　　大多数继代培养基与原诱导培养基相同，但也有人通过改变培养基成分来保持继代培养，有的加活性炭，有的从 MS 培养基转入降低 NH_4^+-N、Ca 而增加 NO_3^--N、Mg、P 的培养基中，有的认为在继代培养基中用 KT 优于 2iP，有的认为可使用较低浓度的细胞分裂素。

　　愈伤组织长期继代培养往往容易引起其细胞的染色体变化，如出现多倍体、非整倍体、染色体丢失、染色体断裂或重组，随继代培养次数和时间的增加，愈伤组织的这些变化频率也随之增加，这对保持供体植物的遗传性很不利。因此，不宜盲目追求过高继代增殖代数，如香蕉芽继代以不超过 8 代为宜。

六、组培苗生根技术

　　当组培苗增殖到一定数量后，就可以诱导其生根，形成完整植株。植物离体培养根的发生都来自不定根。根的形成从形态上可分为两个阶段，即形成根原基及根原基的生长和伸长。前一阶段根原基的形成与生长素有关，包括第 1、2 次细胞横分裂和第 3 次细胞纵分裂，细胞横分裂能被生长素促进，而根原基的伸长和生长则可以在没有外源生长素的情况下实现。据测定，根原基的启动和形成约需 48h，细胞快速伸长需要 24～48h，一般从诱导至开始出现不定根的时间为 3d 至 4 周。

　　1. 壮苗　由于增殖培养中细胞分裂素含量高，组培苗在增殖阶段中生长速度快，导致无根苗比较纤细，加上组培苗内源细胞分裂素水平较高，诱导生根的效率低。因此，在诱导生根前需要转移到细胞分裂素含量比较低的壮苗培养基上，促进组培苗生长粗壮。

　　2. 诱导生根的条件　生根培养基中影响生根诱导的因素有无机营养、有机营养和植物生长调节剂。生根培养基要求较低浓度的大量元素，高浓度大量元素会抑制组培苗生根。因此将 MS 培养基中的大量元素含量降低至 1/2 或 1/4，适合生根诱导。培养基中矿物质元素对生根也有影响，NH_4^+ 多不利于发根，生根需要 P 和 K，但不宜过多；多数报道认为 Ca^{2+} 有利于根的形成和生长，降低培养基中蔗糖浓度有利于生根。此外，生根培养基中使用的激素多数为生长素，如吲哚丁酸、吲哚乙酸、萘乙酸单独使用或配合使用，或与低浓度激动素配合使用。脱落酸可能有助于生根，但通常赤霉素、细胞分裂素、乙烯不利于生根。

生根过程中，培养条件要有利于组培苗的移植，这也是使试管苗适应外部环境的一个重要因素。减少培养基中糖含量和提高光照强度，有利于提高组培苗移植成活率。降低碳源水平除了有利于诱导生根外，还使组培苗逐步减少对异养条件的依赖，恢复通过光合作用来为自己制造有机物的自养能力。光照强度的要求随植物种类不同而异，一般为 1000～5000lx。自然光照比灯光照明对幼苗生长的效果好。

2-3

3. 诱导生根的方法　用于生根的组培苗要求高 1～2cm。诱导生根（二维码 2-3）的一般方法包括：①将组培苗直接转移到生根培养基中诱导生根。②先用较高浓度生长素处理组培苗茎基部一段时间，再转移到无生长素的生根培养基中，如将猕猴桃试管苗茎基部浸泡在 50mg/L 的 IBA 中 1～2h 后，转移到 1/2 MS 培养基上可诱导生根。③将组培苗用生长素处理后转移到蛭石等介质中诱导生根，也称试管外生根。

一些木本园艺植物，如核桃的组培苗不易生根，通过嫁接的方法可绕开其生根问题。组培苗嫁接分试管内嫁接和试管外嫁接两种。试管内嫁接，又叫显微嫁接或试管微体嫁接，它是将 0.1～0.2mm 的接穗茎尖嫁接到由试管内培养出来的无菌砧木上，继续进行试管培养，愈合后再移入土中。在试管内嫁接中，接穗的大小、嫁接的方式和时间、砧木质量、植物激素、营养条件，以及嫁接后的管理等都会影响嫁接的成活率。试管外嫁接与大田嫁接相同。

七、组培苗驯化和移栽技术

组培苗的移栽过程比较复杂，从试管内移栽到试管外，由异养变成自养，由无菌变成有菌，由恒温、高湿、弱光向自然变温、低湿、强光过渡，环境条件变化十分剧烈。如果盲目移栽，往往会造成前功尽弃。

由于组培苗是在无菌、有营养供给，以及弱光、恒温和 100%的相对湿度环境条件下生长的，因此其形态、解剖和生理特性与自然条件下生长的正常小苗有着很大的差异。组培苗根系不发达，无根毛或根毛极少，吸收能力极低，吸收的水分难以满足小苗蒸腾作用的消耗，体内水分不平衡；叶表角质层、蜡质层不发达或叶组织间隙大，调节能力差；叶绿体发育不良，RuBP（核酮糖二磷酸羧化酶）活性低，光合作用能力弱；组织幼嫩，结构较松散，细胞含水率高，机械组织很不发达，容易发生机械损伤，对逆境的适应和抵抗能力差。为了适应移栽后的外界环境，必须要有一个逐步锻炼和适应的过程，这个过程叫作驯化或炼苗。

驯化应从温度、湿度、光照及有无菌状态等环境要素着手，驯化开始数天内，环境条件应与培养时的环境条件相似；驯化后期，则要与预计的栽培条件相似，从而达到逐步适应的目的。驯化一般在组培苗移栽前进行，将培养器皿的盖子打开或弄松，逐渐降低温度、增强光照，使新叶逐渐形成蜡质，产生表皮毛，降低气孔口的开度，逐步恢复气孔功能，减少水分丧失，促进新根发生，以适应新环境。湿度降低和光照增强进程依植物种类、品种、环境条件而异，其合理程度应使原有叶片缓慢衰退，新叶逐渐产生。如果湿度降低过快，光线增加过强，原有叶衰退过快，则使得叶片褪绿和灼伤，或使组培苗缓苗过长而不能成活。一般情况下初始光照强度应为自然日光的 1/10，其后每 3d 增加 10%，但一定要避免中午的强光。湿度开始 3d 内要求饱和，其后每 2～3d 降低 5%～8%，直到与大气相同。经过 2 周左右的锻炼，就可以移栽到土壤中。

组培苗移栽的方法：先从培养容器中取出驯化后的小苗，用自来水洗掉根部黏着的培养基，栽植时苗周围基质要压实，轻浇薄水，移入较高湿度（相对湿度 90%以上）环境。移栽后的管理应注意以下几点。

（1）保持小苗的水分供需平衡　　移栽后 5～7d 给予较高的空气湿度，可搭设小拱棚，初期可喷水雾增加棚内湿度，5～7d 后减少喷水次数，加强通风，逐渐降低湿度。15d 以后揭去拱棚的薄膜，并给予水分控制，逐渐减少浇水，促进小苗生长健壮。

（2）防止菌类滋生　　移栽基质在使用前应高压灭菌或烘烤灭菌。适当使用一定浓度的杀菌剂，如多菌灵和托布津 800～1000 倍液，每 7～10d 喷一次。喷药时可加入 0.1%的尿素作追肥，可加快缓苗及其生长。

（3）控制一定的温、光条件　　适宜的生根温度是 18～20℃，初期可用较弱的光照，如在小拱棚上加盖遮阳网或报纸等，以防阳光灼伤小苗和增加水分的蒸发。当小植株有新叶出现时，逐渐加强光照，后期可直接利用自然光照，以促进光合产物的积累，增强抗性，促其成活。

（4）保持基质适当的通气性　　土壤基质对移栽很重要，原则上要求土壤基质疏松通气，具有良好的保水性，容易灭菌处理，不易滋生杂菌。常用的有蛭石、珍珠岩、草炭、河沙等，为了增加基质的黏着力和一定的肥力，可加入一定量的草炭土或腐殖土。

第四节　影响园艺植物组织培养的因素

园艺植物组织培养中，除必需的仪器设备和熟练的操作技术外，许多因素，如园艺植物外植体的种类，培养基成分、pH 及激素配比，组织培养环境条件等都直接影响组织培养的成败。

一、外植体的种类

园艺植物种类不同、同一植物不同器官、同一器官不同生理状态，对外界诱导反应的能力及分化再生能力都是不同的。因此，选择适宜的外植体需要从园艺植物基因型、外植体来源、取材季节、外植体的生理状态和发育年龄、外植体大小等方面加以考虑。

（一）植物基因型

植物基因型不同，组织培养的难易程度不同。通常草本植物比木本植物易于通过组织培养获得再生植株，双子叶植物比单子叶植物易于组织培养。植物基因型不同，组织培养的再生途径也不同，如十字花科及伞形科中的胡萝卜、芥菜、芫荽易于诱导胚状体，茄科中的番茄、曼陀罗易于诱导愈伤组织。

（二）外植体来源

同一植物不同部位之间的再生能力差别较大，如同一种百合鳞茎的外层鳞片比内层鳞片再生能力强，下段比中段、上段再生能力强。因此，最好对所要培养的植物各部位的诱导及分化能力进行比较，从中筛选合适的、最易再生的部位作为外植体。对于大多数植物来说，茎尖是较好的外植体，由于其形态已基本建成，生长速度快，遗传性稳定，也是获得无病毒苗的重要材料，如月季（*Rosa chinensis*）、兰花（*Cymbidium* spp.）、大丽花（*Dahlia pinnata*）、非洲菊（*Gerbera jamesonii*）无病毒苗的生产可选用极小的茎尖或茎尖分生组织作为外植体。有些园艺植物，如各种观赏秋海棠（*Begonia* spp.）、黄花夹竹桃（*Thevetia peruviana*）等也可以采用茎段、叶片等作为外植体。此外，还可选择鳞茎、球茎、根茎、花茎或花梗、花瓣、花蕾、根尖、胚、无菌苗等作为外植体离体培养。

（三）取材季节

离体培养的外植体最好在植物生长的最适时期取材，即在其生长开始的季节采样，若在生长末期或已经进入休眠期取样，则外植体对诱导反应迟钝或无反应。例如，苹果芽在春季、夏季、冬季取材，其成活率分别为60%、10%和10%以下。百合鳞片外植体离体培养，春、秋季取材易形成小鳞茎，夏、冬季取材培养，则难形成小鳞茎。

（四）外植体的生理状态和发育年龄

同一种外植体在整体植株上所处的部位不同，其再生能力差异很大，这是生长年龄和生理年龄不同，导致细胞间分化程度的差异。一般认为，沿植物的主轴，越向上的部分所形成的器官，生理年龄越老，越接近发育上的成熟，越易形成花器官；反之，越向基部，其生理年龄越小。一般情况下，幼年组织比老年组织具有较高的形态发生能力，组织培养较易成功，如黄瓜子叶随着年龄的增长，其器官再生能力逐渐减弱甚至完全丧失。

（五）外植体大小

外植体大小应根据培养目的而定。如果是胚胎培养或脱毒，则外植体宜小；如果是快速繁殖，外植体宜大。但外植体过大，杀菌不彻底，易于污染；过小则难以成活。外植体大小还因外植体不同而异，如叶片、花瓣以 $5mm^2$ 左右为宜，茎段长约 0.5mm、茎尖分生组织带一两个叶原基（以茎尖大小 0.2~0.3mm）较适宜。

二、培养基成分、pH 及激素配比

（一）培养基成分

不同植物种类、不同外植体培养所要求的基本培养基均有差异。采用的基本培养基有 MS、B_5、1/2 MS 培养基等，不同培养基中盐浓度不同。培养基中的盐浓度对外植体褐变和试管苗玻璃化均有一定影响，盐浓度过高容易导致外植体褐变。

培养基中氮的状态和浓度影响培养物的生长和分化。在 KNO_3 作为唯一氮源的培养基上，野生型胡萝卜叶柄愈伤组织不能在除去生长素的培养基上形成胚；而在含有 55mmol/L KNO_3 的培养基中加入 5mmol/L NH_4NO_3 后，其愈伤组织能形成胚，说明还原氮在诱导培养上起关键作用。有机氮类型对体细胞胚发生的作用各不相同，多种氨基酸刺激胚胎发育的作用远远大于单一氨基酸。添加 3g/L 水解酪蛋白到分化培养基中可刺激体细胞胚的迅速发育，使其能够直接在液体培养基中成熟到萌发阶段，用单一的氨基酸代替水解酪蛋白，则无萌发胚胎产生。

由于植物细胞、组织和器官在离体培养条件下，不能合成碳水化合物或合成不足，在培养基中添加碳源是必不可少的。碳源不仅能给外植体提供能量，而且也能维持一定的渗透压。对于形态建成来说，碳源的种类和浓度影响较大。常用的碳源有果糖、葡萄糖、蔗糖、麦芽糖、山梨醇等，其中蔗糖能支持绝大多数植物离体培养物的旺盛生长，一直被作为植物组织培养的标准碳源而广泛应用。近来，其他糖类对植物组织培养的效应，引起广泛关注，许多研究表明蔗糖并不一定是最佳碳源，不同植物对不同糖类的反应不完全相同。山梨醇作为一种碳源可以支持苹果或其他蔷薇科植物愈伤组织的生长。在进行植物组织培养时，选用合适的糖浓度并且配以适当的激素，不仅会提高胚性愈伤组织的诱导率，改善愈伤组织的质量，还可以控制植株的再生途径，从而提高再生的频率。

琼脂在组织培养中作为凝固剂，它的主要作用是使培养基在常温下凝固，以做固体培养用。一般认为，琼脂含量低容易导致玻璃化现象发生。

（二）培养基 pH

培养基的 pH 因培养材料不同而异，大多数植物种类要求 pH 在 5.0～6.0。适当降低培养基 pH 可以降低多酚氧化酶的活性和底物利用率，从而抑制褐变。培养基的 pH 还可以通过影响培养物对营养元素的吸收过程来影响呼吸代谢、多胺代谢与 DNA 合成、植物激素进出细胞等作用，进而直接或间接地影响愈伤组织形成及形态建成。

在培养过程中，由于培养物对各种成分的吸收并不是同步和相同的，再加上培养物本身的代谢产物也会不断释放到培养基中，这些均会使培养基的 pH 发生改变。例如，番茄离体根培养，当使用以硝态氮为单一氮源的 White 培养基时，随着根的生长，NO_3^- 被大量吸收，在 7d 内 pH 从最初的 5.2 升高到 6.2；当以铵盐为单一氮源时，由于根对 NH_4^+ 的吸收会使 pH 逐渐降低。因此，现在一般使用多种含氮无机盐作为氮源，以免引起培养基 pH 在培养过程中变化过大而对培养物产生危害。还有一个引起 pH 变化的原因就是高温灭菌。经过高温灭菌后，培养基的 pH 一般要下降 0.2 个单位左右。同时，器皿质量对培养基 pH 的影响也不容忽视。当使用钠玻璃器皿时，高压灭菌后的培养基，pH 有时会升高 1 个单位以上。由于复合培养基成分具有一定的缓冲调节能力，一般高压灭菌后经过 1～2d 贮存的培养基 pH 会有一定程度的回复。

（三）培养基激素配比

基本培养基能保证培养物的生存与最低生理活动，但只有配合使用适当的外源激素才能诱导细胞分裂的启动、愈伤组织生长，以及根、芽的分化等。组织培养常用的植物激素有两大类，即生长素类和细胞分裂素类。

生长素类的主要作用是重新启动有丝分裂，使已停止分裂的植物细胞恢复分裂能力。常用的生长素有 2,4-D、NAA、IAA、IBA，植物生长素通常被用来诱导愈伤组织形成及其增殖。不同植物种类对生长素的浓度反应不同，对多数植物材料的培养而言，2,4-D 是生长素中诱导愈伤组织和实现细胞悬浮培养最有效的物质，常用浓度为 0.2～2.0mg/L。

细胞分裂素的主要作用是促进细胞的分裂和扩大，使茎增粗，而抑制茎的伸长，诱导芽的分化，促进侧芽萌发生长。常用的细胞分裂素有 KT、6-BA、ZT、TDZ 等。细胞分裂素在诱导愈伤组织的时候，一般要和生长素配合使用，增强生长素的诱导作用和效果。6-BA 对芽的增殖效果比其他细胞分裂素的效果要好。据分析，6-BA 诱导芽分化的机理是使植物体的代谢能力加强，进一步诱导组织内天然激素，如玉米素的产生，进而诱导器官发生。许多植物在附加 6-BA 的培养基上得到了较多的再生不定芽，建立了较为完善的组织培养再生体系。TDZ 是人工合成的苯基脲衍生物之一，具有很强的细胞分裂素活性，也能刺激试管内培养细胞的内源生长素形成，对植物芽的增殖和再生、体细胞胚胎发生等有着重要的作用。据报道，TDZ 对木本植物组织培养来说是最有效的，目前已经应用于多种木本植物组织培养体系的建立。另外，细胞分裂素对某些植物胚性细胞的诱导有抑制作用。因此，要根据需要选用适当的细胞分裂素种类。

生长素和细胞分裂素对于细胞生长与分化具有协同作用，它们的量与比值的不同配合，对细胞分化起着重要的调节作用。然而，由于本身内源激素水平的差异，不同外植体对外源添加生长素和细胞分裂素的培养反应不同，而且这两种激素处理的顺序不同，其作用也不一样。如果先用生长素处理，后用细胞分裂素处理，则有利于细胞分裂而不利于细胞分化；反之，则有利于细胞分化；如果两者同时处理，则可提高分化频率。在菊芋块茎培养中发现，细胞分裂素对细胞分化的作用在于它能提高生长素作用的敏感性。

近年研究认为，油菜素内酯（brassinosteroid，BR）可能在细胞分化中具有一定的作用，特别是在百日草（*Zinnia elegans*）维管细胞分化中，可检测到 BR 的大量增加。到目前为止，已在 60 种植物中鉴定出 40 种不同类型的 BR。然而，在许多植物外源施加 BR 的试验中发现，由于植物组织及培养条件的不同，各种类型 BR 所表现出的生理活性和功能有较大差异。

越来越多的研究显示，植物激素对细胞生长与分化的调控是一个复杂的级联调控过程。应注意到，植物细胞种类的不同或同一种细胞不同的发育状态，均会影响细胞对激素的反应。因此，在离体培养条件下，由于外植体细胞所处的生理状态不同，其内源激素水平也存在较大差异，试图寻找外源激素水平在分化中作用的共同模式可能是很困难的。

三、组织培养环境条件

植物组织培养是在一个密闭的无菌微环境条件下进行的，组培苗生长的好坏与其培养条件密切相关，主要的环境因素包括温度、光照、湿度和气体状况等。

（一）温度

温度是植物组织培养中的重要因素，不仅影响植物组织细胞的生长速度，也影响其分化增殖及器官建成等发育进程。植物组织培养常用的温度是 20～30℃，一般采用（25±2）℃，低于 15℃时，植物组织生长停止，高于 35℃时对植物生长不利。不同植物对于培养的温度要求不同，如马铃薯培养的最适温度是 20℃，月季 25～27℃，柑橘 27℃。在大多数情况下，适宜的温度有利于细胞分裂，即可提高细胞分裂速率；而适当提高温度，则有利于细胞伸长；在一定范围内降低温度，则有利于细胞质量提高，这与低温下细胞代谢降低，消耗减少有关。此外，预处理温度也会影响培养组织细胞的增殖和分化，如草莓的茎尖分生组织经 38℃处理 3～5d，能明显提高无病毒茎尖分生组织的成活率；桃胚在 2～5℃条件下进行一定时间的低温处理，有利于胚成活率的提高。

植物组织培养过程中温度的调节还与培养类型有关。一般来讲，组织、器官的培养温度控制可粗放一些，而细胞、原生质体培养温度的控制则要精细。值得注意的是，在可以忍耐的温度范围内，高温对培养物的影响比低温要严重得多。

（二）光照

在植物组织细胞离体培养中，光照的作用并不是提供光合作用的能源，因为培养基中已有足够的碳源供利用，这时的组织细胞是处在异养条件下的。光照对培养的植物组织细胞的作用是一种诱导效应，诱导植物组织细胞的脱分化和再分化。离体培养的光照调节包括光照强度、光质和光周期的控制。

1. 光照强度　　光照强度对培养细胞增殖和器官的分化有重要影响，尤其对外植体细胞的最初分裂有明显影响。培养初期，对于大多数培养类型来讲只需要散射光或弱光照，因为光照过强常常抑制培养物初期外植体的增殖：一方面由于强光照抑制外植体周缘细胞的分裂，使外植体的启动时间推迟；另一方面在强光下外植体伤口迅速褐化，从而影响增殖，有时甚至导致培养物死亡。当外植体细胞启动分裂后或进入分化培养阶段，则需要根据植物类型增强光照。许多试验证明，愈伤组织只有在光照条件下才能变绿并分化器官。目前，培养室使用的光源以日光灯管为主，光照强度的调节常通过增减单位面积的灯管数进行。

2. 光质　　光质是指不同波长的光波。光质对愈伤组织诱导、培养组织的增殖及器官的分化都有明显的影响。一般而言，红光常可引起细胞干物重的增加并利于根的形成；蓝光常可引起细胞中的质体转化为叶绿体，对促进腋芽、不定芽发生的数量有明显的作用。植物对不同光质反应不同，例如，百合珠芽在红光下培养 8 周后，不仅产生愈伤组织，同时也直接分化出苗，而在蓝光下培养，12 周后才出现愈伤组织，白光下则未见愈伤组织的形成。唐菖蒲（*Gladiolus gandavensis*）子球块接种 15d 后，在蓝光下培养首先出现芽，形成的幼苗生长旺盛，根系粗壮；在白光和红光下生长缓慢，幼苗纤细，侧芽少。在马铃薯试管块茎形成过程中也观察到，蓝光有利于试管块茎形成，而红光则抑制块茎的形成。目前，一般组培室多选用质量较好的白色荧光灯，能满足常规组织培养的需要。

3. 光周期　　通常选用一定的光暗周期来进行组织培养，大多数采用 16h 的光照、8h 的黑暗。一些植物组织培养中需要特殊的光周期，如 12h 的光周期对菊芋（*Helianthus tuberosus*）块茎培养成苗较适宜；对于天竺葵（*Pelargonium hortorum*）愈伤组织诱导芽形成，以 15~16h 的光照时芽产生最多；牵牛花（*Ipomoea nil*）茎尖分生组织在 16~24h 的光照下，能很好地生长和形成小植株，并不受全天光照的抑制；对短日照敏感的葡萄品种，其茎切段的组织培养物只有在短日照条件下才能形成根；反之，对日照长度不敏感的品种则在任何光周期下都能生根。

（三）湿度

植物组织培养中湿度的影响主要有两方面：一是培养容器内的湿度相对较高，在 95% 以上；二是培养环境的湿度，一般要求 70%~80% 的相对湿度。环境的相对湿度可以影响培养基的水分蒸发，湿度过低会使培养基丧失大量水分，导致培养基各种成分浓度的改变和渗透压升高，进而影响培养物的生长。湿度过高容易引发霉菌，造成污染。培养室可用加湿器、去湿机或经常洒水、通风等方法来调节湿度。

（四）氧气和其他气体

培养容器中的气体成分会影响培养物的生长和分化。外植体通过呼吸作用、物质交换、能量代谢等过程才能生长，这就需要氧气。增加可利用的氧，迅速除去组织呼吸释放出来的有害气体，有利于外植体外层细胞的分裂启动和培养物的继续生长。在固体培养时，如果组织完全浸入培养基中，与空气隔绝，生长就会停止。因此，一定要有部分组织和空气接触，在静止的液体培养基中宜架上滤纸桥，由滤纸的浸润提供水分和营养。振荡培养是常用的改善液体培养通气条件的培养方式。液体振荡培养时，培养液中溶氧量会影响培养物的生长和分化，因此要考虑振荡的次数、振幅等。普里尔等（1998）报道，当 O_2 浓度低于 10% 时，生物反应器中的一品红（*Euphorbia pulcherrima*）悬浮细胞生长停止，当 O_2 浓度提高到 80% 时，与 40% 时相比，细胞数从 $3.1×10^5$ 个/mL 上升到 $4.9×10^5$ 个/mL，78% 的 O_2 浓度最有利于体细胞胚的发生。培养容器的封闭性主要与封口方式和材料有关，比较早的封口材料多用脱脂棉和牛皮纸，透气性好，但吸潮后易引起微生物污染，现一般采用聚乙烯薄膜封口，其透气性与捆扎的松紧有关。

培养基经高压灭菌，瓶中可能有乙烯产生；培养物本身也会释放微量的乙烯和高浓度二氧化碳，而高浓度的乙烯对正常的形态发生是不利的。

第五节　园艺植物组织培养的应用

一、胚挽救

1. 胚挽救的概念　　胚挽救是指对由于营养或生理原因造成的难以播种成苗或在发育早期阶段就败育、退化的胚进行早期分离培养成苗的过程。

2. 胚挽救的意义　　在植物生产中，经常由于营养成分不足、种子自身生理原因而造成播种后难以成苗；或者远缘杂交中获得的合子胚在早期发育阶段败育或退化。为防止育种效率的降低，对植物胚离体培养进行胚挽救，可使植物胚在适宜的离体培养条件下获得再生植株。胚挽救技术在植物育种中具有十分重要的理论与实践意义。通过将远缘杂交获得的杂种幼胚进行离体培养，可以克服远缘杂交受精后的生殖隔离障碍。将胚挽救与试管授精技术相结合，大大提高了远缘杂交的成功率。胚挽救技术已被广泛地应用到茄科、十字花科和百合科植物，以及众多果树如桃、葡萄、樱桃、苹果、柿、李、柑橘等园艺植物中。

3. 胚挽救的技术应用

1）培育早熟品种。一些早熟品种果实发育期短，胚发育不成熟，导致常规播种很难成苗，胚挽救技术能够克服这一瓶颈，有效提高早熟品种的萌芽率和成苗率。我国近几十年内应用胚挽救技术培育出许多早熟和特早熟桃品种，如'春蕾''早花露''玫瑰露''丹墨''早红霞''早美''云露'等。

2）培育无核品种。在园艺植物育种中，通常会培育一些无核品种。然而，对种子败育型的无核品种，胚挽救技术可以使其在合子胚败育之前进行人工离体培养并继续发育，最终萌发成苗，形成完整的植株。例如，无籽葡萄品种'杨格尔'在开花后 27～33d，胚就开始败育，只有很少的胚能发育到球形胚或心形胚阶段，利用胚挽救技术能够克服胚的早期败育而获得正常植株。

3）克服远缘杂种不育。远缘杂种不育是远缘杂交种的两大障碍之一。受精后由于杂种胚、胚乳和子房组织之间缺乏协调性，幼胚不发育或败育，是远缘杂交工作的瓶颈。通过胚挽救，在杂交幼胚败育前进行离体培养可以避免远缘杂种胚败育，从而获得杂种植株。

4）培育三倍体及其他多倍体新种质。通常获得三倍体的有效方法是二倍体与四倍体杂交，由于二者间有生殖隔离，会使得杂种胚发生败育。胚挽救技术的应用有效克服了这一障碍。胚挽救技术已经在多种园艺植物中得以实现，如三倍体葡萄、柑橘和五倍体猕猴桃等。

5）克服多胚品种珠心胚的干扰。有些园艺植物具有多胚性特点，即在 1 个种子中有多个无性胚的现象，如柑橘、芒果等果树。这些植物除了正常的合子胚以外，还常常由珠心组织发生多个不定胚。这些不定胚可以侵入胚囊，使得合子胚发育受阻，从而影响杂交育种效率。为防止这种情况，在珠心胚侵入胚囊之前，将合子胚离体培养进行胚挽救，可排除珠心胚的干扰。

二、园艺植物的脱毒

（一）园艺植物脱毒的概念和意义

植物脱毒是指经过各种物理、化学或者生物学的方法将植物体内的有害病毒及类似病毒去除以获得无病毒植株的过程。通过脱毒处理不再含有已知的特定病毒的种苗称为脱毒种苗或者无毒种苗。植物病毒病是指由植物病毒和类病毒微生物等引起的一种植物病害。目前发现的植物病毒和类病毒病害已经超过 700 种：在园艺植物中，仁果类 30 余种，核果类 100 多种，草莓 20 多种，观赏园艺植物 100 多种。几乎每种园艺植物上均有一种至几种，甚至十几种病毒病害，这类病害每年给我国园艺植物的生产造成巨大的损失。在自然条件下，病毒一旦侵入植物体内，就很难清除。实践证明培育和栽培无病毒种苗是防治作物病毒病和类病毒病的根本措施。

（二）园艺植物脱毒方法

1. 热处理脱毒　　热处理（heat treatment）脱毒是将寄主植物放在高温下生长，以阻断病毒 ssRNA 和 dsRNA 的合成从而明显减少植物病毒的复制。该方法是植物脱毒方法中应用最早和最普遍的方法之一。由于高温能阻止病毒的复制和扩散，扩大处理茎尖的无毒区，因此热处理脱毒和茎尖培养的结合可在很大程度上提高脱毒率。此方法被用来培育无毒的康乃馨、水仙和菊花及其他的植物。

2. 组织培养脱毒　　组织培养脱毒有茎尖培养脱毒、愈伤组织培养脱毒、珠心培养脱毒和花药培养脱毒等类型。

（1）茎尖培养脱毒　　茎尖培养也称为分生组织培养或生长点培养。分生组织再生是脱毒的有效工具。由于病毒没有自己的新陈代谢和病毒复制途径，因此病毒的复制是依赖寄主细胞的蛋白质和核酸合成机制的路径进行的。茎尖培养脱毒的原理是 1934 年 White 提出的"植物体内病毒分布梯度学说"。大部分病毒不攻击芽的分生组织，因为分生组织细胞的增殖要比病毒的复制速度快，这就使茎尖培养脱毒成为可能。然而，要想能够分离出芽尖分生组织，而不是含病毒的细胞，最初的外植体就要取得尽可能小。

（2）愈伤组织培养脱毒　　愈伤组织培养脱毒是利用病毒在植物体内不同器官和组织分布不均匀来对植株进行脱毒的一种方法，一般认为病毒在愈伤组织内很难运转，这样未感染病毒的细胞通过增殖即可得到无毒组织，进而得到无毒的植株。将由感病外植体得到的愈伤组织分解为直径很小的颗粒，利用筛分技术筛选后放至培养基上培养，获得了脱辣椒轻斑驳病毒的烟草。这种方法在马铃薯、草莓、大蒜等园艺植物上也获得了应用。

（3）珠心培养脱毒　　病毒是通过维管束组织传播的，而珠心组织和维管束系统无直接联系，故可通过珠心组织离体培养获得无病毒植株。珠心培养在柑橘上已获得成功。珠心培养的受限因素是珠心材料不能随时获得。

（4）花药培养脱毒　　花药培养脱毒率可达 100%，且可省去病毒鉴定的程序，因此被认为是获得无病毒植株的最佳途径。花药培养脱毒已在草莓上获得成功，花药培养脱毒的程序与一般的组织培养程序大致相同：摘取外植体花蕾，消毒后剥离出花药接种在培养基上进行愈伤组织的诱导，最后得到植株。

3. 微体嫁接离体培养脱毒　　微体嫁接（micro-grafting）离体培养脱毒，也称为试管嫁接，是将组织培养与嫁接技术相结合而获得无病毒种苗的一种方法——将茎尖作为接穗嫁接至实生苗砧木（无菌种子培养获无菌苗，种子实生苗不带毒）上，连同砧木一起在培养基上培养。柑橘和苹果上已经实现这种脱毒方法。微体嫁接要求的剥离技术很高，嫁接成活率与接穗大小呈正相关，接穗的取材季节也会对嫁接产生影响。

4. 超低温冷冻脱毒　超低温冷冻脱毒是依据超低温对细胞的选择性破坏，同时结合组织培养技术从而达到脱除植物病毒、获得无病毒再生植株的目的。植物茎尖分生组织的细胞较小、细胞质浓度大、液泡小，在超低温冷冻过程中，这些细胞由于含自由水少，形成的冰晶也少，对细胞的破坏力小，因此抗冷冻能力强，不易被冻死，再经过培养容易成活而形成植株个体。离分生组织细胞越远，分化细胞的液泡也越大，水分含量较多，在低温过程中容易形成较多的冰晶，从而破坏细胞而使其致死。经过超低温处理后大多数细胞受到了损伤而死亡，能够存活下来的仅有生长点的分生组织细胞。采用该技术可以选取 2mm 长度的茎尖，超低温冷冻后再经过组织培养手段获得的完整再生植株就是不含病毒的植株，从而达到脱除病毒的目的。

三、园艺植物离体快速繁殖

（一）园艺植物离体快繁的概念

2-4

植物的离体快繁是指选择植物的特定器官、组织或者细胞，经过消毒后，在培养基上分化生长，最终形成完整植株的繁殖方式（二维码 2-4）。其特点是繁殖速率高；培养条件可以人为控制，进行周年生产；占地空间小，管理方便，利于自动化控制等。

（二）园艺植物离体快繁的应用

园艺植物的离体快繁已经被广泛应用，主要用途包括以下方面。

1. 繁殖稀缺或者急需的良种作物　例如，新选育或新引进的优良品种由于数量少而急需大量种苗时，可采用离体快繁的方式进行繁殖，如香蕉、苹果、马铃薯等。

2. 无病毒苗木的快速繁殖　利用茎尖分生组织培养并检测无病毒后，进行离体快繁，可以获得无病毒苗木，从而达到去除植物病毒病危害的目的。在园艺植物中，无病毒苗木的快速繁殖应用十分广泛，如苹果、葡萄、柑橘等。

3. 基因工程植株的快速繁殖　基因工程植株快速繁育主要包含转基因育种和基因敲除育种植物繁育。①转基因育种：目前，植物基因转化方法主要有通过农杆菌介导和基因枪法等。使用的转化受体均为离体培养的植物细胞，经转化后的植物细胞，需要借助植物组织培养试验体系进行植株再生。因此，植物组织培养技术为转基因植物提供了重要的技术平台，建立高效稳定的组织培养再生体系是转基因育种的重要前提。②基因敲除育种：基因组编辑是生命科学新兴的颠覆性技术，特别是基于 CRISPR/Cas9 系统的基因组编辑工具发展迅猛，植物组织培养技术则是基因编辑技术成功实施的基础。此外，园艺植物的离体快繁技术还可以用于繁殖自然界中无法用种子繁殖或者无法保持后代的三倍体、单倍体等。

4. 濒危植物的拯救　自然界中存在许多濒危植物，尤其是观赏园艺树木，如沙冬青、八角莲、白豆杉、南方铁杉等。通过离体快繁的方式可以快速获得这些濒危植物的植株，从而避免这些珍贵园艺植物的灭绝。

5. 种质保存和交换　人工种子（artificial seed）又称合成种子（synthetic seed）或体细胞

种子（somatic seed），是将植物离体培养产生的体细胞胚包埋在含有营养成分和保护功能的物质中，在适宜的条件下发芽出苗。人工种子的概念首先由穆拉希吉（Murashige）在第四届国际植物组织细胞培养大会上提出。他认为随着组织培养技术的不断发展，可以用少量的外植体同步培养出众多的胚状体。这些胚状体被包埋在某种胶囊内使其具有种子的功能，可以直接用于田间播种。基于离体快繁技术的人工种子对于园艺植物的种质保存和交换有重要意义。

小　结

园艺植物组织培养是指在无菌条件下，将园艺植物的离体器官、组织、细胞、胚胎及原生质体，接种到人工配制的培养基上，在人工控制的条件下进行培养，使其生长、分化并长成完整植株的过程。其理论基础是细胞全能性，即植物体的每一个细胞都携带有一套完整的基因组，并具有发育成为完整植株的潜在能力。离体培养条件下，细胞全能性的表达是通过细胞脱分化和再分化实现的，细胞再分化后经过器官发生、体细胞胚胎发生或原球茎发生途径形成完整植株。

园艺植物组织培养是一项技术性很强的工作。为了确保组织培养工作的顺利进行，需要配备一定的仪器设备，如灭菌设备、无菌接种设备、可调控人工培养设备等。同时还要求熟练掌握一系列的基本技术，包括培养基配制、外植体选择与处理、无菌操作、组培苗培养等技术。园艺植物组织培养受多种因素的影响，如外植体的种类，培养基成分、pH及激素配比，以及组织培养环境条件等。

 思考题

1. 试述园艺植物组织培养概念与主要类型。
2. 细胞全能性的内容是什么？植株再生途径有哪些？简述其特点。
3. 园艺植物组织培养所需的仪器设备有哪些？并说明其用途。
4. 培养基的组成成分有哪些？如何配制培养基？
5. 组织培养的灭菌技术包括哪些？简述无菌接种技术的具体过程。
6. 什么是继代培养？
7. 影响园艺植物组织培养的因素有哪些？

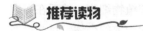 推荐读物

1. 潘瑞炽. 2006. 植物细胞工程. 广州：广东高等教育出版社
2. 肖尊安. 2005. 植物生物技术. 北京：化学工业出版社
3. 谢从华，柳俊. 2004. 植物细胞工程. 北京：高等教育出版社

园艺植物细胞工程是应用细胞生物学和分子生物学方法，借助工程学的试验方法和技术，在细胞水平上研究改造园艺植物遗传特性和生物学特性，以获得特定的细胞、细胞产品或园艺植物新品种的科学。广义的植物细胞工程包括植物组织和器官培养技术、细胞培养技术、原生质体培养和细胞融合技术，以及亚细胞水平的操作技术等。按照需要改造的遗传物质的不同层次，也可将细胞工程分为细胞融合、染色体工程、细胞核移植和细胞质工程等几个方面。狭义的植物细胞工程是指细胞培养（包括细胞规模化生产）、原生质体培养、细胞融合等内容。本章重点讨论狭义的植物细胞工程在园艺科学上应用的原理、技术与方法。

第一节 概　　述

一、园艺植物细胞工程的基本含义

园艺植物细胞工程是指通过细胞培养、融合等细胞水平的操作，以达到改良品种或生产生物产品目的的一种技术。植物细胞工程涉及的技术较多，包括细胞培养、原生质体培养、细胞融合、细胞转化技术等。其中细胞培养技术是细胞遗传操作和细胞保藏技术的基础；原生质体培养是单细胞研究的良好技术体系，已在植物细胞分裂、核质关系、基因表达、植物激素的作用机理、物质跨膜运输等领域得到广泛应用。

二、园艺植物细胞工程在园艺科学上的应用

（一）植株大规模快速繁殖

将来自优良植株的植物细胞进行离体培养，首先获得愈伤组织和植物细胞，然后在一定条件下进行培养，使植物细胞分化为植株。短期内获得大量遗传性状一致的个体。目前已在马铃薯、菠萝、甘蔗和苹果等植物上建立了植物快繁技术。随着植物快繁生物反应器的出现和应用，植物快繁发生了根本性变革。生物反应器具有生产规模大、便于自动化控制、降低成本、减少污染及节约人力资源等优点，通过对营养成分、空气流量、温度、光照时间和光量子流量等外在因素的调节与控制，可使培育的植株生理性状基本一致、无病虫害，并提高了观赏价值。利用生物反应器生产大量的繁殖体和制作人工种子，可实现人工种子的规模化，为植物快繁、杂种优势利用和种业发展带来革命性的变化。

（二）新品种选育

1. 单倍体细胞培养与抗逆作物育种　传统的杂交育种在自交 5 代以后可产生一些同质配子结合的纯合植株，经 6~8 代才可选育出新品系。而单倍体育种是通过单倍体培养迅速获得纯合二倍体，从而大大缩短育种年限，有些单倍体育种只需两年左右的时间。通过作物单倍体细胞培养并结合胁迫筛选的方法可进行单倍体抗逆作物育种，对培养的单倍体

细胞进行非生物胁迫（盐、水分、缺氧、高温和低温胁迫等）或生物胁迫（细菌和病毒素胁迫等），从中筛选出高度抗逆的单倍体细胞，运用单倍体细胞培养系统，单倍体植株经染色体加倍后就成为加倍单倍体（DH 株系）或纯合二倍体，单倍体细胞所携带的相关抗性基因一次性纯合，分化形成的 DH 株系或纯合二倍体再生植株再通过田间的一次性农艺综合性状鉴定，即可获得纯合的株系，这种抗逆的 DH 株系或纯合二倍体不仅可育，而且遗传上是高度稳定的。

2. 二倍体体细胞杂交获得杂交优势种　　利用原生质体融合技术获得体细胞杂种，克服植物有性杂交和远缘杂交的不亲和性，创造新的物种或类型，实现植物种间、属间或科间的体细胞杂交，如番茄×马铃薯、甘蓝×白菜、酸橙×甜橙、红橘×枳壳的杂种培育等。利用细胞融合技术，还获得了一些特异的新种质，如 1978 年 Melchers 将番茄叶肉细胞与马铃薯块茎组织细胞融合获得新的体细胞融合杂种，虽然这种植物不结果，但可形成薯块，说明通过细胞融合可创造新的体细胞杂种。应用原生质体电融合技术获得了茄子近缘野生种与栽培种的四倍体再生植株；利用原生质体融合技术获得了不结球白菜胞质杂种；采用原生质体非对称融合技术获得了胡萝卜种内胞质杂种等。由于原生质体还是不同遗传信息的良好受体，所以可以把细胞工程与分子生物学结合起来，在细胞水平上进行遗传修饰、重组 DNA、改良植物品种。

（三）种质保存

采用植物细胞继代培养或者冷冻保存的方法进行种质保存，不仅简单方便，还可使植物的遗传特性长期稳定得以保存，对于稀有植物品种、优良植物品种和新型植物品种的种质保存意义重大。

（四）生产植物来源生物产品

应用细胞培养生产次级代谢产物或其他有用物质的植物种类已超过 100 种，经鉴定有用物质成分达 300 多种，主要是天然药物（人参皂苷、紫草宁、地高辛、紫杉醇、长春碱、小檗碱等）、色素（辣椒素、花青素等）、食品添加剂（花青素、胡萝卜素、甜菊苷等）、酶制剂（超氧化物歧化酶、木瓜蛋白酶）、生物农药（鱼藤碱、除虫菊酯、印楝素等）等，可以通过细胞悬浮培养、固定化细胞培养及毛状根培养技术设计生物反应器，实现植物来源生物产品的规模化生产。目前人参皂苷、紫杉醇、紫草宁等产品在韩国、日本、德国等国家已实现商业化应用。我国的人参、丹参、西洋参、新疆紫草、甘草、黄连等药用植物的细胞培养十分成功，其中人参和新疆紫草的细胞培养达到国际先进水平。

第二节　园艺植物细胞培养

德国著名植物生理学家 Haberlandt 于 1902 年首次尝试了显花植物单个叶细胞的分离和培养。经过一个多世纪的发展，单细胞培养（single cell culture）技术已日趋完善。科学家不但能够培养游离的细胞或细胞团，还能使培养在完全隔离环境中的单个细胞进行分裂，最终获得完整的再生植株。植物细胞培养具有增殖速度快、群体大、实验室技术相对成熟、重复性好等特点，已广泛用于园艺植物突变体筛选、次级代谢产物生产、遗传转化和染色体数加倍等方面。

一、单细胞培养

（一）单细胞分离

1. 从叶片直接分离　　叶片组织的细胞排列松弛，是分离单细胞的极佳材料。分离方法有机械法与酶解法。

（1）机械法　　将叶片轻轻研碎，然后进行过滤和离心将细胞纯化。从成熟叶片分离叶肉细胞的步骤：①在研钵中放入 10g 叶片和 40mL 研磨介质（含 20µmol/L 蔗糖、10µmol/L MgCl$_2$、20µmol/L Tris-HCl 缓冲液，pH 7.8），轻轻研磨；②将匀浆用两层无菌过滤器（上层孔径 61µm，下层 38µm），或两层细纱布过滤；③滤液低速离心，将滤液中的小碎屑除去。离心后的游离细胞沉降于底层，弃去上清液，将细胞悬浮于一定容积的培养基中，使其达到所要求的细胞密度。

（2）酶解法　　利用果胶酶处理植物叶片，使细胞间的中胶层发生降解，分离出具有代谢活性的细胞。用于分离细胞的果胶酶不仅能降解细胞中胶层，还能软化细胞壁。在酶液中加入葡聚糖硫酸钾可作为原生质膜的稳定剂，其作用是降低酶液中核糖核酸酶的活力，保持质膜稳定，提高游离细胞的产量。此外，用酶解法分离细胞时，必须给予酶溶液渗透压保护，以防止细胞胀裂。常用的渗透压调节剂有甘露醇、山梨醇、蔗糖、葡萄糖、果糖和半乳糖等，其适宜浓度为 0.4～0.8mol/L。酶解法分离叶片叶肉细胞的步骤：①摘取充分展开的叶片，自来水冲洗后，表面消毒，无菌水冲洗 3 次；②在无菌条件下用镊子撕去下表皮，用解剖刀将撕去下表皮的叶片切成 4cm×4cm 的小块；③取 2g 切好的叶片放入经过滤灭菌的 20mL 酶液（含 0.5%果胶酶＋0.8%甘露醇＋1%葡聚糖硫酸钾）中，用真空泵抽气，使酶液渗入叶肉组织内；④在转速 120r/min 的摇床上保温培养，培养温度为 25℃，保温 2h，每 30min 更换一次酶液，将第一次换出的酶液弃掉，第二次的酶液中主要分离出海绵薄壁细胞，第三次和第四次以后主要分离出栅栏组织细胞。用培养基将分离得到的单细胞洗涤 2 次后即可进行培养。

2. 从愈伤组织分离　　由离体培养的组织或器官获得愈伤组织，再由愈伤组织分离植物细胞。把愈伤组织由外植体上切取下来，转移到成分相同的新鲜培养基上进行继代培养。通过反复的继代培养，不但可使愈伤组织不断增殖，扩大数量，而且还能提高愈伤组织的松散性，这对于在液体培养基中建立充分分散的细胞悬浮培养物是非常必要的。一般继代培养两个月后就能形成易散碎的愈伤组织。将未分化、易散碎的愈伤组织转移到装有适当液体培养基的 150mL 锥形瓶中，置水平摇床上以 80～110r/min 的速度振荡培养，培养温度为 25～28℃，获得悬浮细胞液；用孔径约 200µm 的无菌尼龙网或镍丝网过滤，以除去大块细胞团；再以 4000r/min 的速度离心，除去比单细胞小的残渣碎片，获得纯净的细胞悬浮液；然后用孔径 60～100µm 的无菌网筛过滤细胞悬浮液，再用孔径 20～30µm 的无菌网筛过滤；将滤液离心，除去细胞碎片；回收的单细胞用液体培养基洗净，即可获得很好的细胞悬浮液。

（二）单细胞培养方法

单细胞培养的方法主要有平板培养（plate culture）、看护培养（nurse culture）、微室培养（micro-chamber culture）、条件培养（conditional culture）和纸桥培养（paper wick culture）等。

1. 平板培养 平板培养是指将制备好的单细胞悬浮液按照一定的细胞密度（10^4 个/mL）接种在薄层固体培养基上进行培养的方法。具体做法：将单细胞悬浮液进行细胞计数后，离心收集已知数目的单细胞；用液体培养基将细胞密度调至最终培养时植板密度的 2 倍；在相同的新鲜液体培养基中加入 0.6%～1.0%琼脂，加热使琼脂熔化，然后冷却至 35～40℃，置恒温水浴中保温；将这种培养基与细胞悬浮培养液等体积混合均匀，迅速注入并使之平展于培养皿中（约 2mm 厚），然后用封口膜封闭培养皿，置 25～27℃下进行平板培养（图 3-1）。

用平板培养法培养单细胞或原生质体时，常用植板率来衡量细胞培养的效果。植板率是指形成的细胞团数占每个平板中接种的细胞总数的百分数，可用以下公式计算：

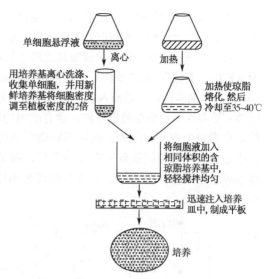

图 3-1　平板培养法示意图（吴殿星等，2004）

$$植板率（\%）=\frac{每个平板中形成的细胞团数}{每个平板中接种的细胞总数}\times100$$

其中，每个平板上接种的细胞总数，等于铺板时加入的细胞悬浮液的容积和每单位容积悬浮液中细胞数的乘积。每个平板上形成的细胞团数，须在实验末期直接测定。培养 5～7d 细胞开始分裂，3 周左右统计细胞植板率。待形成大细胞团后，转移到除去渗透压调节剂的新鲜固体培养基中继代培养。这种培养方法的优点是操作简便，细胞在培养基中分布较均匀，也便于定点观察和挑选，容易获得单细胞株系。缺点是通气不好，细胞易受热伤害、易破碎，细胞始终处在高渗透压胁迫下，生长发育较慢，植板率较低。

2. 看护培养 看护培养是指利用活跃生长的愈伤组织来看护单个细胞，使其持续分裂和增殖的培养方法。具体方法：向试管内加入一定量的固体培养基，培养基上放一块几毫米大小的愈伤组织，愈伤组织和所要培养的细胞可属于同一个物种，也可是不同的物种。在接种前一天，把一块灭菌滤纸在无菌条件下放在愈伤组织上，使其充分吸收组织上渗透出的培养基成分和组织块的代谢产物。这时将分离出来的单细胞放到润湿滤纸表面（图 3-2）。经 1 个月左右单细胞就可长出微小细胞团。2 个月左右将微小的细胞团转移到新的琼脂培养基上进一步培养。

看护愈伤组织不仅给单细胞提供了培养基的营养成分，还提供了促进细胞分裂的活性物质。此方法也可用于诱导花粉形成单细胞无性系。

3. 微室培养 微室培养是指人工制造无菌小室，将单细胞培养在微室中的少量培养基中，使其分裂增殖形成单细胞无性系的无菌培养方法。微室培养法所采用的培养基可分为固体或液体培养基。培养基里除含有无机盐、蔗糖和维生素等化合物外，还含有

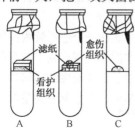

图 3-2　看护培养建立单细胞无性系（Muir et al.，1958）

A. 一个置于滤纸上的单细胞，滤纸铺在一大块愈伤组织（看护组织）的上面；B. 培养的细胞分裂形成一个小细胞团；C. 由滤纸上转移到培养基上进行直接培养之后，由单细胞起源的细胞团已长成一大块愈伤组织

泛酸钙和椰汁等附加物质。该法的优点是培养基用量少，可通过显微镜连续观察单个细胞的生长、分裂、分化和发育情况，有利于对细胞特性和单个细胞生长发育的全过程跟踪研究。

　　具体方法：先在一张无菌载玻片上滴 2 滴液体石蜡，在每滴液体石蜡上放一张盖玻片作为微室的"支柱"。在"支柱"左右两侧再各加 1 滴液体石蜡，构成微室的"围墙"。然后将 1 滴含有单细胞的培养基滴入，将第三张盖玻片架在两个支柱之间，构成微室的"屋顶"，因此微室培养法又称双层盖玻片法。含有细胞的培养液被覆盖于微室中，构成围墙的液体石蜡能阻止微室中水分的散失，而且不妨碍气体的交换，最后把有微室的整张载玻片放在培养皿中培养。当细胞团长到一定大小之后，揭掉盖玻片，将其转到新鲜的液体培养基或半固体培养基上培养（图 3-3）。此方法也可使用特制的凹穴载玻片与盖玻片做成单细胞培养的小室进行培养。

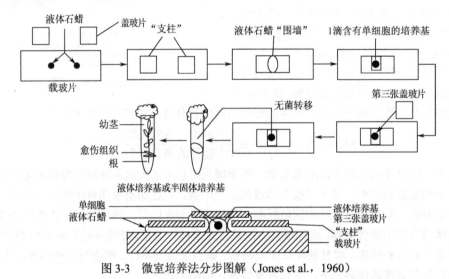

图 3-3　微室培养法分步图解（Jones et al.，1960）

　　4. 条件培养　　条件培养是指采用条件培养基进行培养的单细胞培养方法。所谓条件培养基是指在培养基中加入高密度的细胞进行培养，一定时间后这些细胞就会向培养基中分泌一些物质，使培养基条件化。其简便方法是把在液体培养基中培养了 4～6 周的高密度细胞滤掉，而把它的培养基制成液体培养基或固体培养基来培养单细胞或低密度细胞群体，这样可明显提高单细胞培养物的存活率和分裂能力。

　　在液体培养中，可把高密度细胞悬浮培养物（看护培养物）装在一个透析管内，用线悬挂在锥形瓶中，瓶内装有低密度细胞培养基。看护培养物产生的次级代谢产物扩散到低密度细胞培养基中以后，增加了后者促进细胞生长的活性。这样，由于在低密度细胞培养基中原先不存在的一些必需物质被看护细胞通过生物合成活动释放到其中，于是就可满足低密度细胞群体对生长条件的要求。

　　5. 纸桥培养　　纸桥培养是植物茎尖分生组织培养常用的方法，也可用于单细胞培养。具体方法：将滤纸的两端浸入液体培养基中，使滤纸的中央部分露出培养基表面，将所要培养的细胞放置于滤纸上进行培养。1976 年，比戈（Bigot）对该法进行了改进，制作了一个特制的锥形瓶，使其底部一部分向上突起，在突起处放上滤纸（图 3-4）。这种方法的优点是培养物不容易干燥。

（三）单细胞培养的影响因素

植物细胞生长和分裂具有群体性，单个细胞分裂困难，因此单细胞培养对培养条件的要求更加苛刻，其中主要影响因素有培养基、细胞密度与培养环境条件。

1. 培养基 不同种类的植物单细胞对营养成分的要求各不相同，要根据需要选择基本培养基和调整培养基组分。尤其是某些植物种类还要求培养基中含有某些特殊成分，如椰乳、酵母提取物、水解酪蛋白等。在采用条件培养基时，要求含有一定量的植物细胞培养上清液或静止植物细胞等，才能使单细胞生长、分裂和繁殖。

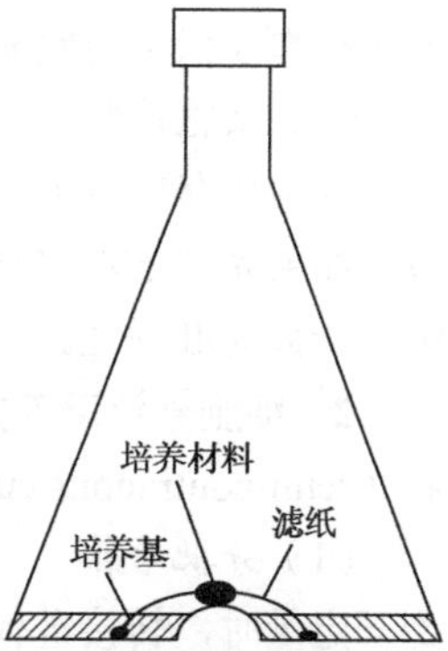

图 3-4 纸桥培养改进法

生长素和细胞分裂素的种类和浓度对单细胞的生长繁殖有重要作用，尤其在单细胞密度较低的情况下，适当补充植物激素，可显著提高植板率。通常单细胞培养的培养基 pH 为 5.2～6.0，根据情况适当调节培养基的 pH，有利于植板率的提高。

2. 细胞密度 细胞密度是指单位体积内的细胞数目，常以每毫升培养液中含有多少个细胞来表示。培养起始细胞密度对单细胞培养的成败有重要影响。起始细胞密度是指开始培养时，单位体积内的细胞数目。在细胞培养过程中，要保证细胞的最低有效密度，即能使细胞分裂、增殖的最低接种量。一般平板培养要求达到临界细胞密度（10^3 个/mL）以上。细胞密度过低，不利于细胞的生长繁殖；密度过高则形成的细胞团混杂在一起，难以获得单细胞系。

3. 培养环境条件 单细胞培养温度与细胞悬浮培养和愈伤组织培养的温度相似，因物种不同而有所不同，但一般控制在 25℃左右。在允许的范围内适当提高培养温度，可加快单细胞的生长速度。在单细胞培养系统中，CO_2 含量对细胞生长繁殖有一定的影响。大气中 CO_2 含量约 0.03%，如果将培养系统中的 CO_2 含量提高到 1%左右，对细胞的生长有促进作用，若继续提高到 2%，则对细胞生长有较明显的抑制作用。

二、细胞悬浮培养

细胞悬浮培养（cell suspension culture）是指将游离的植物单个细胞或小细胞团按一定的细胞密度，悬浮在液体培养基中进行增殖培养的技术。其主要优点是能大量提供比较均匀一致的细胞，为研究细胞的生长、分化提供方法和条件；细胞增殖的速度比愈伤组织更快，适宜大规模培养和工厂化生产。

（一）细胞悬浮培养方法

1. 细胞悬浮液的制备

（1）选择材料 选择分散性好的愈伤组织为材料，愈伤组织以质地疏松为好，愈伤组织越疏松，细胞的分散程度越大。反之，如果愈伤组织质地紧密，细胞的分散程度小，就不适合作为制作细胞悬浮液的起始材料。直接从叶肉、根尖、髓组织取材，需经酶处理后方可获得分散性好的细胞，也可选择易于分散的花粉为材料。

（2）制备细胞悬浮液 包括三步：①将分散性好或经酶处理过的组织，置于液体培养基中，在摇床上以 80～90r/min 的速度振荡培养，经过一段时间培养后，液体培养基中就会出现游离的单细胞和几个或十几个细胞的聚集体，以及大的细胞团和组织块；②用孔径200～300 目的不锈钢网过滤，除去大的细胞团和组织块；③再以 4000r/min 的速度离心沉降，除去比单细胞体积小的残渣碎片，获得纯净的细胞悬浮液。

（3）细胞计数　　　细胞计数就是计算悬浮细胞个数，通常采用血细胞计数板。由于在悬浮培养中总存在着大小不同的细胞团，因而通过在培养瓶中直接取样很难进行可靠的细胞计数。如果先用 5%～8%铬酸或 0.25%果胶酶对细胞和细胞团进行处理，使其分散，则可提高细胞计数的准确性。

2. 细胞悬浮培养方法分类　　　细胞悬浮培养可分为分批培养（batch culture）、半连续培养（semi-continuous culture）和连续培养（continuous culture）。

（1）分批培养　　　分批培养是指把细胞分散在一定容积的培养基中培养，当培养物增殖到一定量时，转接继代，建立起单细胞培养物。根据培养基在容器中的运动方式，分批培养可分为以下 4 种。①旋转培养：培养瓶呈 360°缓慢旋转，使细胞培养物保持均匀分布，并保证空气供应，旋转速度为 1～5r/min。②往复振荡培养：摇床带动培养瓶在直线方向往复振荡。③旋转振荡培养：机器带动培养瓶在平行面上做旋转振动，振荡频率为 40～120r/min。④搅动培养：利用搅拌棒不断搅动培养基进行培养。

在培养过程中，除了气体和挥发性代谢产物可以同外界环境交换外，其他都是密闭的。当培养基中的主要成分耗尽时，细胞停止分裂和生长。分批培养所用的培养容器一般是 100～250mL 的锥形瓶，每瓶中装有 20～75mL 培养基。为了使分批培养的细胞不断增殖，必须及时进行继代，方法是取出一小部分悬浮液，转移到成分相同的新鲜培养基中。在分批培养中，细胞数会不断发生变化，呈现出细胞生长周期。在整个生长周期中，细胞数目增加的过程大致呈"S"形曲线，分为以下 5 个时期。①滞后期（lag phase）：细胞很少分裂，细胞数目不增加。②对数增长期（exponential phase）：细胞分裂活跃，数目迅速增加，增长速率保持不变。③直线生长期（linear phase）：细胞增殖最快的时期，细胞数目达到最高峰。④缓慢期（progressive deceleration phase）：培养基中某些营养物耗尽，或有毒代谢物质积累，氧气减少，细胞增长逐渐缓慢。⑤静止期（stationary phase）：生长几乎趋于完全停止状态，细胞数目增加极少，甚至开始死亡。

（2）半连续培养　　　是利用培养罐进行细胞大量培养的一种方式。在半连续培养中，当培养罐内细胞数目增殖到一定量后，倒出一半细胞悬浮液于另一个培养罐内，再分别加入新鲜培养基继续进行培养，如此反复频繁地进行再培养。半连续培养能够重复获得大量均匀一致的培养细胞供研究之用。

（3）连续培养　　　是利用特制的培养容器进行大规模细胞培养的一种培养方式。在培养过程中不断注入新鲜培养基，同时排放相同体积的旧培养基，保持反应器内培养液的体积不变，使营养物质连续得到补充，细胞的生长和增殖得以连续进行。连续培养可在培养期间使细胞长久地保持在对数生长期中，细胞增殖速度快。连续培养有以下两种方式。①封闭式连续培养：在培养过程中，排出的旧培养基由加入的新鲜培养基进行补充，进出数量保持平衡，从而使培养系统中营养物质的含量总是超过细胞生长的需要。悬浮在排出液中的细胞经机械方法收集后再放回到培养系统中。在这种培养方式中，细胞密度会随着培养时间的延长不断地增加。②开放式连续培养：在连续培养期间，通过建立一套自动控制系统来调节注入培养基的数量和培养液的总体积，使新鲜培养液的注入速度等于细胞悬浮液的排出速度，其中细胞随悬浮液一同排出。当细胞生长达到稳定状态时，流出的细胞数相当于培养系统中新细胞的增加数，培养细胞的生长速度一直保持在一个稳定状态，在培养系统中细胞的密度保持不变。

（二）悬浮培养细胞的同步化

同步化培养是指在培养中大多数细胞能同时通过细胞周期的各个阶段。在细胞悬浮培养中，细胞分裂是随机发生的，因此培养物是处于不同发育时期或不同分裂时期（G_1、S、G_2和M）的细胞组成的。为了研究悬浮培养中细胞分裂和细胞代谢等，常常要使培养细胞同步化。用于实现悬浮培养细胞同步化主要有以下3种方法。

（1）饥饿法 先对细胞断绝供应一种进行细胞分裂所必需的营养成分或激素，使细胞停留在 G_1 期或 G_2 期。经过一段时间的饥饿之后，当重新在培养基中加入这种限制因子时，静止的细胞就会同步进入分裂。在长春花悬浮培养中，先使细胞磷酸盐饥饿 4d，然后再把它们转入含有磷酸盐的培养基中，结果获得了较高的同步性。

（2）抑制剂法 使用 DNA 合成抑制剂，如 5-氨基尿嘧啶、5-氟-2′-脱氧尿苷和胸腺嘧啶脱氧核苷等，也可使培养细胞同步化。当细胞受到这些化学药物处理后，由于这些核苷酸类似物的存在阻止了 DNA 的合成，细胞都滞留在 G_1 期和 S 期的边界上。当把这些抑制剂除去后，细胞就进入同步分裂。由于其细胞同步性只限于一个细胞周期，细胞的同步化程度更高。

（3）采用植物细胞连续培养的发酵器系统诱导同步分裂 具体方法：在 8～10psi[①]的压力下，充 80mL 氮气到细胞悬浮液中，每间隔 3～4s 充 0.1s，以 90min 为一个周期，每 30h 充 1 次，或一天充 8 次，以 30min 为一个周期，连续处理 4d。采用氮气处理会急剧降低细胞的有丝分裂活力，当恢复到普通的通气状态时，细胞再度恢复分裂，细胞群体在氮气波动停止后 2d 有丝分裂活力达到高峰，有丝分裂指数超过 25%。

（三）悬浮培养细胞的植株再生

由悬浮培养细胞再生植株的途径通常有两种：一种是由悬浮细胞直接形成体细胞胚，如在胡萝卜的细胞悬浮培养中，在含有 2,4-D 的 MS 液体培养基中悬浮振荡培养，悬浮培养的细胞团能高频率（80%）地直接形成体细胞胚。另一种是先将悬浮培养细胞（团）在半固体培养基上诱导形成愈伤组织，然后再由愈伤组织再生植株。在后一种情况下，对于单细胞、低密度悬浮细胞或过小的细胞团，则不宜直接把它们转到半固体培养基上培养，而是要参照单细胞培养方法，先对它们进行液体浅层培养或看护培养，待形成较大的细胞团后，再转到半固体培养基上诱导愈伤组织。

（四）影响细胞悬浮培养的因素

1. 培养基 适合愈伤组织培养的培养基，不一定完全适合悬浮细胞的培养，但能诱发愈伤组织的培养基可作为确定最适悬浮细胞培养基的依据。悬浮培养细胞往往比固体培养需要更高的硝态氮和铵态氮（达到 60mmol/L）。此外，在活跃生长的悬浮细胞培养中，无机磷酸盐的消耗很快，很容易成为细胞分裂生长的限制因素。因此，园艺植物细胞悬浮培养常用含磷量高的 B_5 培养基和 ER 培养基。

2. 细胞密度 不同的培养方式要求不同的细胞起始密度。悬浮培养的最低有效密度一般为 $0.5×10^5$～$1.0×10^5$ 个/mL。平板培养单细胞的起始密度越高，越容易诱导细胞的分裂，

---

① 1psi＝6.895kPa

细胞植板率越高。微室培养和看护培养起始细胞密度也很重要，如微室培养甘蓝×芥蓝的 F_1 花粉时，每个微室中花粉接种量需达到 50～80 个，才能形成细胞团。此外，不同植物也有差异，如茄子细胞培养的适宜起始密度为 $4×10^5$ 个/mL（花粉）。

3. 植物激素和其他附加成分　　添加适当的激素和一些氨基酸可大幅提高植板率。例如，在培养颠茄细胞时发现，细胞分散性与 KT 浓度有关。当加入 2mg/L NAA 时，培养细胞的分散性取决于 KT 的浓度，KT 为 0.5mg/L 时，分散性不好；KT 为 0.1mg/L 时，分散性最好。在培养基中加入 2,4-D、少量果胶酶或酵母提取物等物质，能增加细胞的分散度。

4. 培养基 pH　　在悬浮培养时，pH 有相当大的变动，如 pH 4.8～5.4 的培养基，在细胞培养时 pH 会迅速上升。pH 的变化会影响铁盐的稳定性，加入 EDTA 可防止铁和其他金属离子的沉淀和氧化，使其长期处于可利用状态。调整硝态氮和铵态氮的比例可作为稳定 pH 的一种方法，也可加入固态缓冲物，如磷酸氢钙（微溶性）、磷酸钙和碳酸钙来稳定培养液中的 pH。

5. 二氧化碳浓度　　在低密度细胞培养中，二氧化碳对于诱导细胞分裂可能具有重要的意义。在假挪威槭和其他一些植物的悬浮细胞培养中，培养瓶内的空气保持一定的二氧化碳分压，可使有效细胞密度由约 $1×10^4$ 个/mL 下降到 600 个/mL。

三、植物细胞的规模培养

植物不同的细胞在遗传、生理和生化上存在差异，造成差异的原因很复杂。通过植物细胞培养可生产许多有用的化合物，包括碳水化合物、蛋白质、糖、氨基酸、酶，以及生物碱、生长素、黄酮类、酚类、色素、皂苷、甾体类、萜类、香料、单宁等次级代谢产物，这些代谢物人工合成困难，价格昂贵。通过细胞培养技术生产次级代谢产物具有以下优点：①可周年生产，不受病虫危害和季节限制；②可在生物反应器中大规模培养；③可简化分离和纯化步骤。

（一）植物细胞规模化培养体系的建立

1. 从外植体获得植物细胞的方法　　从外植体获得植物细胞的方法有以下 3 种。①外植体直接分离法：采用机械切割、组织破碎的方法，从植物外植体中直接分离得到植物细胞。该法简单、易行，但分离效率较低，细胞易受到机械损伤。②愈伤组织分离法：先诱导获得愈伤组织，再将愈伤组织分离得到分散的细胞或小细胞团。该法可获得数量较多、质量较高的细胞，是目前最常使用的方法。③原生质体再生法：先从外植体或愈伤组织中分离得到植物原生质体，然后在再生培养基中培养，使原生质体的细胞壁再生而获得植物细胞。

2. 高产细胞系的建立和选择　　实现植物细胞次级代谢产物大规模工业化生产的首要条件是获得生长快、次级代谢产物合成能力强的高产细胞系。高产细胞系的建立主要包括以下步骤。

（1）高产基因型筛选　　要获得某种植物的目的代谢产物，首先要大量收集这种植物种质资源，以便从中筛选目的代谢产物含量最高的植株或基因型。

（2）外植体选择与处理　　一般认为次级代谢产物含量高的外植体诱导出的愈伤组织，其生产次级代谢产物的能力也高。因此，应选择无病虫害、生长力旺盛的植株中产生该次级代谢产物的组织部位，经过清洗后作为外植体。

（3）愈伤组织继代培养和选择　　得到愈伤组织后，最初的继代培养中有可能发生体细胞无性系变异，生产次级代谢产物的能力并不稳定，需要经过多代的继代培养，以获得遗传稳定的愈伤组织。

（4）培养条件优化　　包括培养基组成和培养环境条件等，如用于脱分化、再分化培养基的无机元素组成、碳源选择、激素配比等，以及培养条件（如温度、光照、通气）等。

（5）高产细胞系诱变与筛选　　突变诱导方法有物理诱导和化学诱导。物理诱导因素有 X 射线、γ 射线、中子、粒子、R 粒子、紫外线等；化学诱导剂主要有秋水仙素、5-甲基色氨酸、草甘膦和生物素等。高产细胞系筛选方法有目测法和测定法，前者是指从愈伤组织的颜色来初步判断目的代谢产物的含量高低，适用于目的产物为色素，或虽为无色物质但加入某种物质后能产生颜色反应的植物细胞；后者是指用植物化学或生物化学的方法如高效液相色谱法（HPLC）、放射免疫法（RIA）、酶联免疫法（ELISA）、流式细胞测定法（flow cytometry）和薄层色谱分析法（TLC）等测定次级代谢产物的含量，从而筛选高产突变细胞系的方法。

3. 高产细胞系的增殖培养与大规模培养体系的建立　　高产细胞系的增殖培养又称为"种子"培养，是指对高产细胞系进行多次扩大繁殖，以便获得足够多的细胞用作大量培养时的接种材料。增殖培养并不是要收获代谢产物，而是以获得足够多的细胞为目的，所以一般采用悬浮细胞培养的方法。

大规模培养体系的建立是指用生物反应器进行细胞培养，并对各项培养参数进行优化，为目的次级代谢产物的工业化生产做好准备。影响植物细胞大量培养与次级代谢产物生产的因素很多，主要有以下几种。

（1）植物细胞特性　　植物细胞生产次级代谢产物的能力不仅与基因型有关，还与培养细胞的分化程度存在正相关关系。在生长迅速、高度分散的细胞悬浮培养系统中，细胞所处的环境既无极性也无梯度，虽然可以获得迅速增长的生物量，但只有在细胞生长相对静止期才能积累较多产物，这说明只有慢速生长、分化或部分分化的组织或组织团块，才能生产较多的次级代谢产物。

（2）外植体和愈伤组织生理状态　　人们希望从高产的植株、组织或器官采集培养材料获得高产的目的细胞，但含量高的部位或组织并不一定是真正合成产物的地方，可能只是产物运输或积累的地方。所以在实际操作时，要多取几个部位或组织进行比较培养，最后选择产物合成部位的组织作为诱导愈伤组织的外植体。

在选择愈伤组织时，要考虑到细胞的分散性。一般采用颗粒细小、疏松易碎、外观湿润、亮白或淡黄色的愈伤组织，用于进一步的单细胞分离和大量培养。

（3）培养基　　在设计和配制培养基时，应当根据细胞的特性和要求，特别注意各种组分的种类和含量，以满足细胞生长、繁殖和新陈代谢的需要，并调节至适宜的 pH。有些细胞在生长繁殖阶段和生产代谢物阶段所要求的培养基有所不同，必须根据需要配制不同的生长培养基和生成培养基。培养基组分的种类和含量影响细胞的生长和次级代谢产物的生成。因此，为了取得最佳的培养效果，很有必要对培养基中的碳源种类及浓度、氮源种类及浓度、磷酸盐、磷元素的浓度、激素种类及配比，以及无机盐等培养基组分进行筛选优化。

（4）培养条件　　不同植物细胞的生长可能对温度、光质、光强、溶氧速度等培养条件有不同的要求，特定植物细胞在增殖生长阶段和生产次级代谢产物阶段所需的培养条件可能也不相同。所以，在培养和设计反应器时要为不同的植物细胞和细胞生长的不同阶段设定不同的培养条件，为细胞生长和次级代谢产物的合成创造最佳的环境条件。一般在细胞生长阶段控制在细胞生长的最适温度范围，而在生产阶段则控制在次级代谢产物合成的最适温度范围内；大多数植物细胞的生长及次级代谢产物的生产要求一定波长光的照射，并对光照强度和光照时间有一定的要求，而有些植物次级代谢产物的生物合成却受到光的抑制。例如，欧芹细胞在黑暗条件下可以生长，但是只有在光照的条件下，尤其是在紫外线的照射下，才能形成类黄酮化合物。此外，在细胞培养过程中，培养基中原有的溶解氧很快就会被细胞利用完。为了满足细胞生长繁殖和生产次级代谢产物的需要，在培养过程中必须不断供给氧，使培养基中的溶解氧保持在一定的水平。

（5）合成前体　　前体是指目的次级代谢产物合成途径的上游物质，可以在相关酶的催化下转化为目的产物。在培养体系中加入目的产物的前体物质，可大大增加酶促反应的速度，从而提高目的次级代谢产物的产量。

（6）诱导剂　　植物次级代谢产物在很多情况下是受诱导合成的，而在正常条件下的合成量很小。根据植物对外界刺激所产生的反应选用不同的诱导剂，诱导剂可分为生物诱导剂和非生物诱导剂两种，前者包括真菌菌丝体、酵母提取液和植物细胞壁片段等，后者有紫外线照射、金属离子等。

（7）抑制剂　　有些目的次级代谢产物在合成时存在支路，因此并不是所有的前体物质都会转化为目的产物。如果在培养基中添加支路的抑制剂，则可使代谢途径更多地通向目的次级代谢产物的合成。

（8）目的代谢产物　　当目的产物积累到一定程度后，就会对酶促反应过程产生反馈抑制作用，因此如何能及时将目的代谢产物从培养体系中移走，对于提高目的产物的产量是至关重要的。

（二）植物细胞规模化培养在园艺植物中的应用

园艺植物细胞规模化培养应用实例已有多种，现以辣椒素与花青素为例简要说明。

1. 辣椒素的生产　　辣椒素又称为辣椒碱，是从辣椒果实中提取出的一种极度辛辣的香草酰胺类生物碱。低纯度的辣椒素是优良的食品添加剂，与辣椒红色素混合后，可用作火锅底料、微波炉食品等的调味剂；高纯度的辣椒素可用于医药工业。辣椒素还可应用于饮食保健、生物农药、化工及军事等多个领域。辣椒的悬浮细胞可以将异丁子香酚、原儿茶醛和咖啡酸转化为辣椒素。

（1）培养基　　辣椒细胞培养可用 MS 培养基，在培养体系中加入腐胺可以促进辣椒悬浮细胞的生长和辣椒素的合成，加入多胺活性抑制剂 DFMA（二氟甲基精氨酸）则抑制细胞生长和辣椒素合成；加入前体物质如苯丙氨酸等可提高辣椒素的产量。辣椒素的合成与细胞的生长呈反比例关系，因而在培养体系中加入细胞生长抑制剂可促进辣椒素的合成。

（2）培养条件　　具有 PFP（对-氟苯丙氨酸）抗性的辣椒细胞系生产辣椒素的能力为不抗 PFP 细胞系的 8 倍以上，这是因为前者可以产生大量的辣椒素合成前体物苯丙氨酸或酚类复合物，从而促使辣椒素大量合成。

2. 花青素的生产　　花青素是自然界分布较广泛的天然色素之一，主要存在于植物的花瓣和果实中，用作食品添加剂中的色素。目前，玫瑰茄、草莓、葡萄等多种植物的培养细胞已被用来生产花青素。

（1）培养基　　通常使用 MS 培养基，不同植物可以根据各自的特点对培养基成分进行优化。一般来说，高磷能促进细胞生长，低磷能促进花青素的产生。降低氮源中 NO_3^- 与 NH_4^+ 的比例能够增加草莓悬浮细胞中产色素细胞的比例。碳源中，蔗糖和葡萄糖适合玫瑰茄悬浮细胞生长，而麦芽糖有利于花青素的积累。

（2）培养条件　　培养基 pH 对细胞生长影响不大，但较酸的环境更有利于花青素的形成；增加光照尤其是蓝光及其附近波长的光可以提高花青素的积累量；通过增加蔗糖浓度创造的高渗环境能够增加草莓悬浮细胞中产色素细胞的比例。葡萄悬浮细胞培养基中加入诱导剂茉莉酮酸甲酯（MJ）可提高花青素产量，如果同时添加 MJ 和合成前体苯丙氨酸或添加 MJ 时增加光照，花青素的增产效果会更好。

第三节　园艺植物原生质体培养

1892 年克莱若克（Klercker）采用机械法首次从植物细胞中分离获得原生质体。科金（Cocking）在 1960 年首先用酶解法从番茄幼苗的根分离原生质体获得成功。

一、园艺植物原生质体培养的意义

园艺植物原生质体培养不仅在生物技术等学科占有重要地位，而且在细胞生物学、生理学、遗传学、病理学与育种学等研究中得到了广泛应用。主要表现如下：①原生质体可作为细胞无性系变异和突变体筛选的重要材料。原生质体诱变具有群体大、变异多及无嵌合体等优点。因此，在细胞无性系诱变与突变体筛选中占有独特优势。②通过原生质体裸露的质膜摄入外源 DNA、细胞器、细菌或病毒颗粒等进行遗传饰变。原生质体由于没有细胞壁的障碍，可直接吸收外源 DNA，为有目的地引入特定基因，来定向地改造园艺植物的产量、品质性状提供了理想受体。③原生质体培养的理论和技术是细胞融合工作的基础。两个亲缘关系较远植物的有性杂交很难成功，而用细胞融合的方法却成为可能：两个原生质体融合形成异核体，异核体再生细胞壁，进行有丝分裂，发生核融合，产生杂种细胞，由此可培养新的杂种。④利用原生质体进行基础研究和应用研究。例如，利用刚游离出来的原生质体研究细胞壁的合成、膜的性质、病毒的侵染，以及有生命或无生命显微结构的导入等。在研究分化问题时，用一个均一的原生质体群体可以筛选数以千计的不同营养和激素条件，探索诱导单细胞的分化条件等。此外，原生质体培养可在遗传学方面进行基因互补、不亲和性、连锁群和基因鉴定，分析基因的激活和失活水平的研究。

二、园艺植物原生质体培养的基本技术

（一）园艺植物原生质体培养外植体的选择

外植体不仅影响原生质体分离效果，而且与培养效果有关，是影响原生质体培养成功与否的关键因素之一。一般来说，植物的根、茎（尖）、叶（叶肉细胞）、胚、胚芽鞘、子叶、下胚轴、块茎、花瓣、小孢子母细胞、果实组织、糊粉细胞和豆科植物的根瘤等器官组织，以及愈伤组织和悬浮培养细胞均可作为原生质体分离的材料。目前多采用叶片来分离原生质体，但分裂旺盛的、再分化能力强的愈伤组织或悬浮细胞系，尤其是胚性愈伤组织或胚性悬

浮细胞系才是最理想的原生质体分离材料。

（二）园艺植物原生质体的制备

1. 外植体材料的预处理　　分离原生质体前对外植体进行预处理，可提高原生质体的生活力和分裂频率。常采用的预处理方法如下。①低温处理：以叶片等外植体为试材时，将其置于 4℃下，黑暗中处理 1～2d，其原生质体的产量高，均匀一致，分裂频率高。②等渗溶液处理：把材料放在等渗溶液中（如 13%甘露醇）数小时，再放到酶液中分离原生质体，能提高其产量和活性，尤其是多酚化合物含量高的植物，如苹果、梨等，采用这种处理方法效果好。不同园艺植物、同一植物不同基因型及外植体类型预处理的方法不同。有些材料，如采用柑橘试管苗幼叶作为外植体，则不需要进行预处理。

2. 原生质体的分离

（1）分离原生质体的酶制剂　　①纤维素酶：用于降解植物细胞壁中的纤维素，常用的有 Cellulase Onozuka R-10、Cellulase Onozuka RS 和 GA3-867 等。Cellulase Onozuka R-10 在游离原生质体时经常采用，而 Cellulase Onozuka RS 的活性比 Cellulase Onozuka R-10 的活性高，常用浓度为 0.5%～2.0%。一般来说，酶的活性越高，对植物细胞的毒害也越大，因此酶液处理的时间必须相应缩短。②半纤维素酶：用于降解植物细胞壁中的半纤维素，常用的有 Rhozyme HP-150 和 Hemicellulase 等，常用浓度为 0.1%～0.5%。该酶主要用于细胞壁中具有半纤维素的植物种类。③果胶酶：用于降解植物细胞之间的果胶质（中胶层），主要的商品酶有离析酶（Maceozyme R-10）、离析软化酶（Pectolyase Y-23）和 Pectinase 等，其组分为解聚酶（又称多聚半乳糖醛酸酶）和果胶酯酶（又称果胶甲酯酶），二者均能催化果胶质水解。果胶酶的一般酶制剂含有一些有害的水解酶类，如核糖核酸酶、蛋白酶、过氧化物酶和酚等。使用前应进行离心，并尽量缩短酶解处理时间。其中，Pectolyase Y-23 活性最强，处理时间不宜过长，一般不应超过 8h，使用浓度为 0.1%～0.5%；Maceozyme R-10 的活性稍低，常用浓度为 0.2%～5.0%；Pectinase 使用浓度为 0.2%～2.0%，Pectinase 杂质较多，其酶液在过滤灭菌前必须离心去除沉淀，否则不易过滤灭菌。④崩溃酶：是一种粗制酶，主要含纤维素酶，也含果胶酶，还混有蛋白酶、地衣多糖酶、木聚糖酶和核酸酶。

（2）分离液组成　　在原生质体的分离过程中，还需要在酶液中加入渗透压稳定剂、无机盐类或一些其他化合物。渗透压稳定剂对原生质体具有保护作用，最常用的渗透压稳定剂是甘露醇和山梨醇，也可采用葡萄糖、果糖、半乳糖等，其使用浓度因植物器官而异，一般在 0.3～0.8mol/L。为了提高原生质体膜的稳定性，一般在酶液中添加 $CaCl_2 \cdot 2H_2O$（50～100mmol/L）、葡聚糖硫酸钾、$Ca(H_2PO_4)_2$、KH_2PO_4 等组分；在酶液中加入适量的聚乙烯吡咯烷酮（PVP）、脂肪醇醚磺基琥珀酸单酯二钠（MES）能稳定酶解过程中的 pH 变化。使用电解渗压剂（335mmol/L KCl 和 40mmol/L $MgSO_4 \cdot 7H_2O$）能够提高原生质体的活力和纯度。

（3）其他条件　　酶解时应根据不同的材料通过试验确定最佳的酶液组成、酶处理的时间和酶液浓度。酶活性与 pH 有关，通常植物原生质体的酶液 pH 调到 4.7～6.0，但不同基因型和材料有所不同。分离原生质体的最适宜酶解温度为 25～30℃。在低光照或黑暗条件下酶解，在酶解处理期间进行震动或放到低速摇床上有利于原生质体的游离。酶液体积和植物组织数量之间的比例关系对原生质体产量有一定影响，一般 1g 组织用 10mL 酶液可产生较好的效果。为了提高酶解效果，采用真空处理能够促进酶液充分渗入植物材料中。

（4）原生质体分离方法　　以葡萄实生苗为例，采用一步法获得原生质体的具体操作步骤如下。①取材：在无菌条件下，将种子用 0.1%升汞消毒 5min 或漂白粉饱和液消毒 30～40min，无菌水冲洗后接种在无激素培养基 MS 上，种子萌发子叶展开后取出，在培养皿内切割成 1mm² 小块或 1mm 切段。②酶液配制：称取纤维素酶、果胶酶及渗透压稳定剂等配成酶液（表 3-1），将酶液离心（2500～3000r/min）后，用 0.45μm 微孔滤膜过滤灭菌，分装后在−20℃条件下冷冻保存。为了提高原生质体膜的稳定性，一般在酶液中添加 CaCl₂·2H₂O 和葡聚糖硫酸钾。③酶解处理：将植物材料放入酶液中（每 10mL 酶液 0.5～1.0g 组织），真空泵抽吸渗透处理 5min，以促进酶液渗透。然后放到摇床上（30～40r/min），26℃酶解处理 2～8h。④使酶解后的混合物穿过一个尼龙网或镍丝网（50～70μm），用于清除未分解的植物材料和较大的碎屑（图3-5）。

表 3-1 葡萄叶片原生质体分离用酶液组合（王蒂，2004）

成分	含量	成分	含量
Maceozyme R-10	0.5%	CaCl₂·2H₂O	0.01mol/L
Cellulase Onozuka RS	1.0%	甘露醇	0.5mol/L
MES	3mmol/L		

注：pH 5.6 过滤灭菌

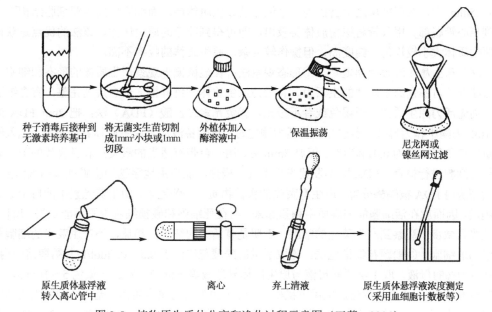

图 3-5 植物原生质体分离和净化过程示意图（王蒂，2004）

如果采用叶片作分离原生质体的材料，为了促使酶溶液充分渗入叶片的细胞间隙中，对于下表皮能够撕掉的材料，常撕掉下表皮，然后将无表皮的一面向下，让叶片漂浮在酶液上；对于柑橘等下表皮不易撕掉或很难撕掉的材料，则可把材料切成小块（1～2mm²），然后加入酶液酶解。代替撕表皮的另一种有效方法是用金刚砂（246目）摩擦叶的下表面来提高原生质体产量。

（5）原生质体的纯化 经过酶解过滤后的原生质体悬浮液中除了完整的原生质体之外，还含有亚细胞碎屑，尤其是叶绿体、维管成分、未被消化的细胞和碎裂的原生质体，所以必须把这些杂质去掉。常用的净化方法如下。①离心法（沉降法）：利用比重原理，低速离心使原生质体沉于底部。将镍丝网滤出液置于离心管中，在 100g 下离心 3～5min 后弃去含细胞碎片的上清液和酶液。再把沉淀物重新悬浮于用于清洗的液体培养基或甘露醇溶液中，在 50g 下离心 3～5min 后再悬浮，如此反复 3 次，最后将原生质体悬浮在 1～2mL 的液体培养基中备用。该法的优点是纯化收集简便，原生质体丢失少，但原生质体纯度不高。②漂浮法：根据原生质体与细胞碎片或细胞器比重不同来分离原生质体。原生质体的比重较小，在较高浓度的溶液中离心后会漂浮在液面上。在无菌条件下，把 5～6mL 20%～25% 的蔗糖溶液加入 10mL 的离心管中，其上轻轻滴入 1～2mL 酶和原生质体混合液，用锡箔纸封口，在 100～150g 下离心 5～10min，碎屑下沉到管底后，一个纯净的原生质体带出现在蔗糖溶液和原生质体悬浮培养基的界面上。用移液管小心地将原生质体吸出，转入另一个离心管中。一般采用液体培养基或含有 $CaCl_2 \cdot 2H_2O$ 的甘露醇溶液洗涤 3 次，经过 3 次离心和重新悬浮后，最后将纯化的原生质体悬浮于 1～2mL 的液体培养基中备用。该法的优点是获得的原生质体纯度高，缺点是原生质体的收率较低。③界面法：采用两种不同密度的溶液，离心后使完整的原生质体处在两液相的界面。其方法是在离心管中依次加入以下溶液，溶于液体培养基中的 171.2g/L 蔗糖溶液、溶于液体培养基中的 47.9g/L 蔗糖溶液、溶于液体培养基中的 65.6g/L 山梨醇溶液、悬浮在酶溶液中的原生质体（其中含有 54.7g/L 山梨醇和 11.1g/L $CaCl_2$）。经 400g 离心 5min 后，在蔗糖层之上会出现一个纯净的原生质体层，而细胞碎屑等亚细胞结构则沉降到离心管底部。用吸管将原生质体层吸出，即可得到纯净的原生质体。该法的优点是获得的原生质体大小较均匀，纯度高，但操作较复杂，原生质体的收率不高。

（6）原生质体活力的测定　①形态观察法：在显微镜下观察原生质体的形态和细胞质环流状况，可鉴别原生质体的生活力。有活力原生质体颜色鲜艳，形态规则完整，富含细胞质；而无活力原生质体呈现褐色或者不透光。②荧光素二乙酸（FDA）法：把 2mg FDA 溶于 1mL 丙酮中作为母液。当进行细胞活力测定时，将贮备液加到原生质体悬浮液中，加入的数量以使最终浓度为 0.01% 为准。保温 5min 后，用一台带有适当的激发片和吸收片的荧光显微镜对细胞进行检查。FDA 既不发荧光也不具有极性，能自由地穿越细胞膜进入细胞内部。在活细胞内 FDA 被酯酶分解，产生有荧光的极性物质——荧光素。由于荧光素不能自由穿越细胞膜，因而就在活细胞的细胞质中积累起来，而在死细胞和破损细胞中则不能积累。所以，在荧光显微镜下观察到产生荧光的细胞，表明是有活力的细胞；相反，不产生荧光的细胞是无活力的细胞。③酚藏花红染色法：称取适量的酚藏花红溶于 0.5～0.7mol/L 甘露醇溶液内，配成 0.01% 的母液。取 1 滴新鲜母液与原生质体悬浮液等量混匀，室温下染色 5～10min，在 527nm 和 588nm 波长的荧光显微镜下镜检，呈红色的为活的原生质体，无活性的原生质体因无吸收能力而无色。④伊文思蓝染色法：当用伊文思蓝（Evans blue）的稀溶液（0.025%）对细胞处理时，只有死细胞和活力受损伤的细胞能够吸收这种染料，而完整的活细胞不能摄取或积累这种染料。因此，凡是不染色的细胞为活细胞。但染色时间不宜过长，否则活细胞也会逐渐积累染料而染上色。

（7）影响原生质体产量和活力的主要因子　①材料来源：如果选用愈伤组织或悬浮细胞系，一定要选择快速生长期（对数生长期，一般在继代培养 3d 左右）的愈伤组织或悬浮培养细胞，愈伤组织同时要注意选择淡黄色、比较容易分散的材料。如果选用植株上的材料作为外植体，尽量选择幼嫩、生长发育良好、无病虫害的材料，一般选用温室或人工气候室内栽种的植物能产生较好的效果。如果采用从非无菌条件植株上取来的组织，必须先进行表面消毒。②酶处理：原生质体分离的收率在很大程度上取决于所用酶的种类、性质、浓度和作用时间；酶的活性与 pH 有关，酶溶液的 pH 经常被调节在 4.7~6.0；酶作用的最适温度是 40~50℃，但分离原生质体时以 25~30℃为宜，以免损伤原生质体。在酶溶液中保温处理的时间可以短至 30min 或长至 20h。③渗透压稳定剂：离体原生质体由于渗透压的作用而易破碎，因此需要在酶溶液、原生质体清洗培养基和原生质体培养基中加入一种适当的渗透压稳定剂。新分离出来的原生质体在显微镜下呈球形。原生质体在相对较高的渗透压溶液中比在等渗溶液中更为稳定，但可能会抑制原生质体的分裂。

（三）园艺植物原生质体的培养

1. 原生质体培养方法　　原生质体的培养方法和对培养条件的要求与单细胞培养相似。常用方法有平板培养法、看护培养法、微滴（室）培养法、液体浅层培养法和固-液体双层培养法等。前 3 种方法在上节已描述。下面讨论后两种方法。

（1）液体浅层培养法　　用加入渗透压稳定剂的液体培养基将纯化后的原生质体密度调整到 10^4 个/mL 以上，然后用吸管转移到培养皿中，使培养基厚 2~3mm，石蜡膜带密封，在培养室暗培养。培养 5~10d 后细胞开始分裂，此时开始降低培养基中的渗透压。每隔一周用刻度吸管吸取不含渗透压稳定剂的新鲜液体培养基来置换原液体培养基。当形成大细胞团后，转移至无渗透压稳定剂的固体培养基上增殖培养。此法的优点是操作简单，对原生质体伤害小；可微量培养；能及时降低渗透压并补加新鲜培养基，细胞植板率高。其不足是原生质体沉淀、分布不均匀；形成的细胞团聚集在一起，难以选出单细胞无性系。

（2）固-液体双层培养法　　在培养皿中先制备一层含有 1.5%琼脂的固体培养基，冷却凝固后，再在上面加入相同成分的液体培养基，用石蜡膜带密封后制成固-液双层平板培养基进行暗培养。当细胞开始分裂后，用新鲜液体培养基更换原液体培养基（至少每周定期更换 1 次），这样能够稀释和除去培养物所产生的有害物质。在更换用的液体培养基中添加 0.1%~0.3%的活性炭，效果尤佳。细胞壁再生后成为单细胞，再形成大细胞团后，转移至无渗透压稳定剂的固体培养基上培养。此法的优点是原生质体分布均匀，有利于分裂；容易获得单细胞株系；能除去抑制分裂的有害物质，细胞植板率高。其缺点是原生质体易受热伤害、易破碎。

2. 细胞壁、细胞分裂、愈伤组织的形成及植株再生

（1）细胞壁的形成　　影响原生质体再生细胞壁的主要因素有植物种类、基因型、供体细胞的分化状况及培养基成分等。例如，芸薹属植物的叶肉细胞原生质体在 24h 内即可形成新细胞壁，而豆科植物的叶肉细胞原生质体则不能形成细胞壁。培养基中渗透压稳定剂会一定程度地抑制细胞壁的发育，如蔗糖浓度超过 0.3mol/L 或山梨醇浓度超过 0.5mol/L，将抑制细胞壁形成。有些植物的细胞壁再生需要植物生长调节剂，如 2,4-D 等。对于胡萝卜细胞悬浮培养物的原生质体来说，若在培养基中加入 PEG1500，可促进细胞壁的发育。开始培养后，原生质体将失去它们所特有的球形外观，由球形逐渐变成椭圆形，1~2d 即可合成完整细胞壁。

再生细胞壁的存在与否可以用荧光染色法鉴定，常用的荧光素为卡氏白。具体方法是将卡氏白溶解在 91.1~109.3g/L 的甘露醇溶液中至终浓度为 0.1%，使其与原生质体悬浮液混合。染色 1~5min 后，在 410nm 或 420nm 下用滤光片镜检，如果有细胞壁存在，就能看到蓝光荧光；也可利用各种电镜技术来观察细胞壁的存在。

（2）细胞分裂和愈伤组织的形成　　细胞壁的存在是进行规则有丝分裂的前提，但并非所有的再生细胞都能进行分裂。在适宜条件下原生质体在培养 2~3d 后，细胞质变浓，DNA、

RNA、蛋白质及多聚糖开始合成，随后发生有丝分裂和细胞质分裂。凡能分裂的原生质体，可在培养 2~7d 后进行第一次分裂，如原生质体在培养 4~5d 后开始分裂。个别情况下，第一次分裂可发生在培养 7~25d 后。一般悬浮培养细胞的原生质体进入第一次有丝分裂的时间较高度分化的叶肉细胞原生质体要早。一般培养 2~3 周后即可长出细胞团，4~5 周后，愈伤组织已明显可见，此时可把愈伤组织转移到不含渗压剂的培养基中进行分化培养。

在原生质体培养过程中，植物材料来源、基本培养基种类、生长素和细胞分裂素的种类和浓度、渗压剂（包括甘露醇、蔗糖、葡萄糖或山梨醇等）、原生质体初始植板密度（一般在 $1×10^4$~$1×10^5$ 个细胞/mL）、预培养方式、培养条件（温度一般在 25~30℃、光线最初黑暗较好）等因素均影响原生质体细胞的分裂。

（3）植株再生　　当原生质体形成大细胞团或愈伤组织后，及时转移到分化培养基上，根据植物激素对器官发生的调控机理设计出适合的基本培养基和激素组成，先诱导出不定芽，再转移到生根培养基上诱导出根。另一植株再生途径是由原生质体再生细胞直接形成胚状体，由胚状体发育出完整植株。目前，许多的园艺植物，包括番茄、甜瓜、中华猕猴桃、洋葱、黄瓜、胡萝卜、芹菜、防风、甘蓝、芥菜、马铃薯、茄子、番茄、矮牵牛等，均已由原生质体获得再生植株。

第四节　园艺植物细胞融合

细胞融合是指不同种类的原生质体不经过有性阶段，在一定条件下诱导融合并培养形成杂种植株的过程。细胞融合可实现远缘基因的遗传重组，创造新的遗传类型；可转移抗逆性状，改良园艺植物品质；可转移细胞质基因控制的性状。香蕉、马铃薯和薯蓣等园艺植物，有性生殖能力很低或不具备，因此在这些作物的改良中，细胞融合具有特殊的意义。

一、园艺植物细胞融合前的准备

植物原生质体融合所需的器具包括必要数量的培养皿、移液器、离心管等，高压灭菌后，放到超净工作台内备用；细胞融合之前要进行两个亲本原生质体的分离、纯化和培养，并找出适合于原生质体培养和分化的最佳条件。细胞融合要采用新鲜的原生质体，在确定双亲植物材料后，分别制成原生质体悬浮液。将双亲原生质体以等体积、等密度（$1×10^4$~$1×10^5$ 个细胞/mL）混合，制备成混合亲本原生质体。原生质体的分离和纯化方法详见本章第三节"园艺植物原生质体培养"。

二、园艺植物细胞融合技术

（一）园艺植物细胞的化学诱导融合

1. 化学诱导融合方法　　化学诱导融合最成功和有效的方法如下。

（1）盐类融合法　　常用的盐有硝酸盐类如 $NaNO_3$、KNO_3、$Ca(NO_3)_2$ 等，氯化物如 $NaCl$、$CaCl_2$、$MgCl_2$、$BaCl_2$ 等，以及葡聚糖硫酸盐类如葡聚糖硫酸钾、葡聚糖硫酸钠等。利用低渗盐溶液如 $NaNO_3$ 溶液作为融合剂，Carlson 等（1972）进行粉蓝烟草与郎氏烟草细胞融合，在植物中获得了第一个体细胞杂种。

（2）高 pH-高钙离子法　　1973 年凯勒（Keller）和 Melchers 发现，用强碱（pH 10.5）

和高钙离子（50mmol/L CaCl₂·2H₂O）溶液在37℃下处理烟草原生质体，两个品系的叶肉原生质体容易彼此融合。对于各种矮牵牛的体细胞杂交来说，这种原生质体融合方法在杂种产量上优于其他方法。用高钙离子诱发融合，钙离子浓度因植物种类不同而有差异，当离子浓度达到0.05mol/L时，融合效果很好；pH也因植物种类的不同而异，较理想的pH为9.5～10.5。

（3）PEG法　　采用PEG作为融合剂时，异核体形成的频率较高，可重复性强，且对大多数细胞来说毒性很低。PEG为水溶性高分子化合物，pH为4.6～6.8，因聚合程度不同而分子量不同。一般先把两种刚游离出来的植物原生质体以适当比例混合，用15%～45%的PEG（分子量通常在1500以上）溶液处理，然后用培养基清洗原生质体，最后将原生质体悬浮于培养基中进行培养。影响PEG诱导原生质体融合的主要因素包括：PEG的分子量和浓度范围；酶溶液浓度不可过低；由幼叶和快速生长的愈伤组织制备的原生质体融合效果较好；PEG的洗涤应逐步进行，剧烈洗涤的结果只能形成少量的异核体；适当的高温（35～37℃）能提高融合频率；在PEG溶液中，加入钙离子可以提高由PEG诱导的融合频率；原生质体的群体密度也会影响融合频率。一般来说，4%～5%的原生质体悬浮液所能形成的异核体频率最高；制备原生质体时所用酶的种类和浓度是影响原生质体融合的另一个因子；虽然培养细胞的原生质体对酶、PEG及高pH-高钙离子处理有较强的忍耐力，但叶肉细胞对这些条件及细胞融合方法等相当敏感。

2. 化学诱导融合的机制　　原生质体的融合过程包括3个主要阶段：①凝聚作用阶段，其间2个或2个以上原生质体的质膜彼此靠近；②在很小的局部区域质膜紧密粘连，彼此融合，在2个原生质体之间细胞质呈现连续状态，或是出现桥；③细胞质桥进一步扩展，融合完成，形成球形的异核体或同核体。已知有很多种处理都可诱导原生质体粘连，但发生粘连以后并不一定就能导致膜的融合。即使是在最有效的融合剂如PEG和高pH-高钙离子的作用下，也不是所有发生了凝聚的原生质体最终都能融合。植物原生质体表面带有负电荷。不同物种的表面电荷变化通常在−30～−10mV。由于所带电荷性质相同，彼此凝聚的原生质体的质膜并不能靠近到足以融合的程度。高pH-高钙离子能够中和正常的表面电荷，因而可使凝聚原生质体的质膜紧密接触。

（二）园艺植物细胞的物理诱导融合

诱导原生质体融合的物理因素有显微操作、离心振荡、激光照射及电融合等，其中电融合应用最为普遍。在进行电融合时，需将一定密度的原生质体悬浮液置于一个融合小室中，小室两端装有电极。在不均匀的交变电场的作用下，原生质体彼此靠近，紧密接触，在2个电极间排列成串珠状。这时若施以强度足够的电脉冲，就可使质膜发生可逆性电击穿，从而导致融合。

对体细胞杂种细胞系的细胞学研究和体细胞杂种植株的核型分析表明，即使在有活力的杂种细胞中，两个来源不同的染色体组也常常不能完全结合在一起，双亲之一的染色体会逐渐消除。这一现象在爬山虎与矮牵牛及蚕豆与矮牵牛的体细胞杂种中就发现过。

三、园艺植物杂种细胞的筛选技术

杂种细胞的筛选通常采用显微镜观察、互补选择、遗传标记等方法，对再生植株可采用性状鉴定的方法。以育种为目的所获得的杂种植株，也可采用分子生物学技术鉴定。

（一）利用显微技术筛选

在显微镜下，双亲原生质体的形态特征可以作为异核体挑选的依据。在显微镜难以辨别的情况下，可以将 2 种原生质体群体分别用不同的荧光染料标记，然后通过荧光显微镜鉴别异核体。例如，用异硫氰酸荧光素（发绿色荧光）和碱性蕊香红荧光素（发红色荧光）分别标记了 2 种烟草的叶肉原生质体，标记方法是在 18h 的保温期间把染料（0.5mg/L）加到酶混合液中。由于在杂种细胞内存在这两种荧光染料，因此可以把它们鉴别出来。

（二）利用代谢互补法筛选

1. 激素自主型互补　杂种细胞具有生长激素自主性（杂种细胞在培养基中不加激素的情况下仍然能够生长），而双亲细胞只有在外供激素的情况下才能生长。

2. 白化互补选择　绿色野生型亲本和白化型亲本的原生质体杂交时，绿色野生型原生质体只能形成很小的细胞团，因此会遭到淘汰，只有白化型亲本的原生质体和杂种原生质体能够长成愈伤组织。具有杂种性质的愈伤组织由于表现绿色，可以很清楚地与亲本类型的组织区分开。

3. 抗性突变体互补选择　利用双亲原生质体对药物的抗性不同而进行的选择方法。例如，可以利用双亲对培养基中放线菌素-D 敏感性的差异来选择体细胞杂种。拟矮牵牛在限定性的培养基上能够形成小的细胞团，不受 1mg/L 放线菌素-D 的抑制，而矮牵牛的原生质体能分化成植株，但在含有上述浓度的放线菌素-D 培养基上不能够生长，二者的融合体则能在含有放线菌素-D 的培养基上分裂，发育成完整植株。

（三）利用遗传标记筛选

利用隐性非等位基因互补筛选体细胞杂种，由于每一个亲本细胞贡献一个正常的等位基因，掩盖了另一亲本的缺陷，从而使杂种细胞表现正常。例如，烟草的 S 和 V 两个光敏感突变体，它们对光的反应是由隐性非等位基因控制的。S 和 V 在 7000lx 正常光下，生长缓慢，叶片呈淡绿色；在 10 000lx 强光下，生长正常，叶片呈淡黄色。S 和 V 的原生质体融合后，在正常光 7000lx 下形成的愈伤组织为绿色，将这种愈伤组织置于 10 000lx 强光下，如果是细胞杂种，由于隐性非等位基因互补的结果，其愈伤组织呈暗绿色，而亲本愈伤组织则呈淡黄色，以此可区分杂种细胞。

（四）利用再生植株性状筛选

1. 生物学性状鉴定　以亲本为对照进行形态特征特性鉴定。杂种植株的表现型特征，如株高、株型、叶片大小、形状、气孔的大小与多少、花的形状、大小及颜色等，可作为体细胞杂种植株鉴定的标志。从已培养出的有性杂交的植物来看，它们在外表上往往是介于两个亲本之间的中间形态，且与有性杂交双倍体植物的表现相同。例如，矮牵牛的花是红色，拟矮牵牛的花是白色，它们的体细胞杂种的花为紫色。

2. 细胞学鉴定　细胞学鉴定包括以下几种。①染色体计数：是细胞学鉴定的常用方法，通过比较双亲和再生植株的倍性，可作为杂种植株鉴定的标志。②核型分析：对亲本和杂种植物的核型和带型进行分析，对细胞杂种的染色体数目、染色体长短、染色反应、减数分裂期染色体配对情况等进行观察和比较。采用核型分析较简单的染色体计数或形态学鉴定更为准确。③细胞器特征分析：例如，番茄和马铃薯培养细胞的原生质体融合，其产物必须同时存在番茄的叶绿体和马铃薯的前质体，才是双亲融合产生的异核体。④流式细胞仪鉴定：采用流式细胞仪进行染色体倍性的定量分析，具有操作简便的特点。该方法是在 DNA 水平上对大量染色细胞标记物的荧光强度进行检测，并通过与亲本材料进行比较以确定其倍性，具有快速、灵活、处理量大、灵敏和定量的特点。其缺点是仪器设备昂贵，对植株中的少量非整倍性细胞的检出存在难度。

3. 生化指标鉴定　　主要包括同工酶谱分析（酯酶、过氧化物酶、苹果酸脱氢酶、乙醇脱氢酶等）、色素、蛋白质和 1,5-二磷酸核酮糖羧化酶分析等。例如，采用 1,5-二磷酸核酮糖羧化酶来鉴定番茄与马铃薯的杂种细胞。杂种植株不仅具有双亲的谱带，还出现杂种植株的谱带。采用这个方法既可以鉴别杂种，又可以鉴别是体细胞杂种还是胞质杂种。此外，叶绿体 DNA 的限制性内切酶（酶切片段凝胶电泳法）也可用来鉴别体细胞杂种和胞质杂种。

4. 分子生物学方法鉴定　　现代分子标记方法，如随机扩增多态性 DNA（RAPD）、限制性片段长度多态性（RFLP）、扩增片段长度多态性（AFLP）、简单重复序列（SSR）、基因组原位杂交（GISH）和酶切扩增多态性序列（CAPS）等可用于体细胞杂种植株的鉴定。此外，叶绿体 DNA、线粒体 DNA 和 5S rDNA 间隔序列差异分析、Southern 杂交等在杂种植株的鉴定方面也具有广阔的应用前景。例如，马铃薯双单倍体（$2n=2x=24$）的 RAPD 条带，在各自的体细胞杂种中，均表现稳定的遗传，能将融合后的再生杂种及其亲本鉴别出来。

第五节　细胞工程技术在园艺植物上的应用

利用细胞工程技术可以进行园艺植物远缘杂交育种、体细胞变异与离体选择、单倍体育种、体细胞胚胎发生与人工种子生产，改良种质或创造园艺植物新品种及获得某些有用物质。

一、利用细胞工程技术进行园艺植物远缘杂交育种

利用体细胞融合技术可克服远缘杂交不亲和性，产生体细胞杂种。

1. 甘蓝与白菜的杂种　　李培夫（2000）利用自制的 DR-1 型多功能细胞融合仪，成功进行了细胞质雄性不育的甘蓝叶内原生质体与白菜悬浮细胞原生质体融合，异源融合率达到 46%。异核体经培养获得愈伤组织，并在分化培养基上再生了根系，育成体细胞杂交种。赤甘蓝的杂交选拔型 ER159S 与白菜的原生质体进行融合，获得双单倍体杂种（$2n=38$），该杂种能自交结实，与甘蓝及白菜回交，可获得大量种子。由种子发育的个体性状发生广泛分离。

2. 马铃薯与番茄属野生种的杂种　　将马铃薯栽培种和抗青枯病、抗软腐病、抗疫病、耐热的番茄属野生种 *S. pimpinellifolium* 的原生质体用 PEG、二甲基亚砜（DMSO）法或电融合法进行体细胞杂交，可培育出地上结番茄地下结马铃薯的"番茄马铃薯"杂种。杂种的块茎形状因系统不同而有大的差异，果实形状也因系统而异。同时，也获得了抗青枯病和软腐病的杂种。

3. 野生茄与栽培茄（野生茄）的杂种　　郭欢欢等（2018）以抗性较好、远缘杂交不亲和的野生茄子材料水茄（*Solanum torvum*）和蒜芥茄（*S. sisymbriifolium*）为试材，分别在 0.3%纤维素酶+0.1%离析酶+2% PVP+3mmol/L MES 中酶解 14～16h 和 11～13h，获得较高产量的原生质体，电融合过程中主要参数为交变电场（AC）90V/cm、AC 作用时间 9s、直流脉冲电压为（DC）1330V/cm、DC 脉冲时间 45μs、脉冲次数 1 次；融合后原生质体通过液

体浅层培养法在 KM 液体培养基中培养，一般 5～6 周后可见绿色愈伤组织颗粒，获 1480 块愈伤组织；愈伤组织颗粒转入再生培养基和生根培养基中获 580 株再生植株。

二、体细胞变异与离体选择

在植物细胞培养中常出现自发突变，即体细胞无性系变异（somaclonal variation）。植物体细胞无性系变异育种就是通过对可遗传的变异进行人工选择和培育，最终获得既具有亲本原来的优良性状，又带来一些新性状的新品种选育过程，是属于细胞水平上的生物技术育种。利用无性系变异进行园艺植物品种改良有以下特点：①可以在保持优良品种特性不变的情况下改进个别农艺性状，没有必要对目的性状的遗传基础进行详细了解；②与其他诱变处理（如辐射）相结合，可提高植物品种改良的效率；③体细胞无性系变异遗传稳定、后代稳定快，育种年限短，适合于观赏及果树等无性繁殖园艺植物品种嵌合体的分离和稳定突变体的获得；④可通过在培养基（环境）中加入一定的选择压力以定向选择，从而筛选到特定的突变体；⑤组织培养阶段既可改变遗传重组的频率，也可改变其分布，同时也存在细胞质突变，有异于常规育种和诱变育种，因此有可能选择到细胞质雄性不育系等新的变异；⑥采用的繁殖体小、增殖速度快，可以在有限的空间内大规模地检测和选择，相对于体细胞杂交和遗传转化，体细胞无性系变异是一种较为经济的生物技术。目前在园艺植物抗性育种与生理研究中，应用体细胞无性系变异最为成功的是抗病育种，其次是抗旱、抗盐、抗除草剂、抗氨基酸及氨基酸类似物等抗性育种。

1. 抗病细胞突变体的筛选　　病原对植物的毒害作用方式是多样的，而植物的抗性大多是由多基因控制的，因此在组织培养中很难观察到植物体细胞、组织对病原的抗性作用，从而难以进行有效、准确的筛选。但毒素是致病的唯一因素，且在对植物组织、细胞或原生质体的毒害作用与整体植株一致的情况下，则可以用毒素作为筛选剂筛选抗病的无性系突变细胞，而后再生植株，从而建立能稳定遗传的有性品系。邢宇俊等（2006）以马铃薯晚疫病粗毒素作为筛选压力，采用一步筛选和多步筛选法筛选马铃薯抗晚疫病细胞变异无性系，结果表明，不同品种的叶片、茎段、愈伤组织对毒素有不同的忍耐力；'费乌瑞它'忍耐的最大粗毒素浓度为 40%，'东农 303''早大白'均为 50%；随粗毒素浓度的增大，愈伤组织相对生长量降低，生长状态由健康的淡绿色逐渐转变为褐色。同品种的茎段愈伤组织比叶片愈伤组织耐粗毒素的能力强。

2. 抗逆细胞突变体的筛选　　用人工形成的低温、干旱、盐碱等作为选择压力，可筛选抗逆细胞突变体。采用这种方法，已在番茄、西瓜、马铃薯、柑橘等园艺植物中得到稳定的抗盐、耐低温体细胞系和再生植株。李娟（2004）以叶片和茎段诱导的愈伤组织为原始材料，进行马铃薯耐盐突变体筛选，结果表明，不同品种愈伤组织的耐盐性是有差异的，'东农303''鄂 1 号'两品种在细胞水平对 NaCl 的最大耐受浓度为 2.0%，'费乌瑞它'为 1.5%，'夏波帝'为 1.0%。

3. 高氨基酸细胞突变体的筛选　　植物细胞中氨基酸的合成受末端产物（氨基酸）的反馈抑制，如果一个突变体由于氨基酸激酶的基因位点发生突变，使得激酶对于氨基酸的反馈抑制不敏感，那么这个突变体中就会过量合成该种氨基酸，使它的含量高于野生型对照。在培养基中加入高浓度的某种氨基酸时，野生型的细胞由于激酶受到抑制而生长缓慢，突变体细胞则正常生长，从而被选择出来。用氨基酸类似物代替氨基酸作为筛选剂，筛选高氨基酸突变体效果更好。已分离出来的抗苯丙氨酸、脯氨酸、赖氨酸、甲硫氨酸或色氨酸类似物的细胞系中，很多都能过量生产和积累自由氨基酸。例如，尹延海和王敬驹（1991）以芦笋为试材，成功选育出抗 *S*-（2-氨乙基）-L-半胱氨酸（AEC）突变体。

4. 生物化学及分子生物学技术筛选无性系变异　生物化学及分子水平上分析与鉴定植物体细胞无性系变异主要包括同工酶酶谱分析及分子标记技术。常使用的同工酶酶谱分析有酯酶、过氧化物酶、淀粉酶、多酚氧化酶及其他一些可溶性蛋白等。但同工酶的改变只能解释一部分变异，有些情况下，同工酶的变化常与表型不一致，如有时候表型的变化极为明显，而同工酶却没有任何变化，并且同工酶的酶谱易受环境及个体发育的影响。分子生物学技术能直接对变异进行分析，比同工酶分析更能直接地反映无性系的变异。常用的分子生物学方法有 RFLP、RAPD、SSR、AFLP 和 SRAP 等。闫静（2005）采用 RT-PCR对西瓜愈伤组织分化耐冷体细胞无性系变异的植株进行分子鉴定，结果显示，外植体经过低温处理后再生的植株（包括直接再生和间接再生植株）经受冷害后 *DREBI* 基因表达明显增强，而对照植株（外植体未经低温处理直接再生的植株）的 *DREBI* 基因表达没有增强，或者增强不明显。

三、单倍体育种

采用单细胞培养技术，可以快速获得单倍体及自然加倍而来的双单倍体植株（double haploid plant，DH 株），实现材料的纯合，还可获得隐性基因表现单株，丰富材料类型，加速育种进程，提高育种效率。单倍体植株中具有突出的隐性基因性状，虽然经过了染色体的加倍改良，但是其缺少显性基因的有效掩盖，容易发生显现现象，这一特征对园艺植物诱变育种及突变研究具有非常重要的意义。当诱导的频率相对较高时，单倍体植株能够非常充分地表现出重组配子的基本类型，可为植物育种提供有效的选择信息及遗传资源。单倍体育种通常采用花药培养、花粉培养或小孢子培养（二维码 3-1 和 3-2）的途径来实现。我国在单倍体育种方面的研究处于世界领先水平，现已成功成辣椒、百合、甘蓝、大白菜、小白菜、结球甘蓝、花椰菜、萝卜、叶芥等一系列优良品种。

3-1

3-2

四、体细胞胚胎发生与人工种子生产

目前人工种子广泛使用的是体细胞胚。生产高质量的胚状体是制作人工种子的关键。胚状体是植物组织培养过程中所产生的与正常合子胚相似的结构，其发生过程也与合子胚相似。悬浮培养的单细胞可形成体细胞胚，如胡萝卜、芹菜等；原生质体培养也可形成体细胞胚，如黄瓜、玉米等。把细胞培养产生的体细胞胚包埋在含有营养物质和保护功能的物质中，形成能在适宜条件下发芽成苗的颗粒物，即人工种子（artificial seed），又称体细胞胚种子（somatic seed）。人工种子包括体细胞胚（最里面一层）、人工胚乳（中间层，含有胚状体所需的营养物质和某些植物激素）、人工种皮（最外一层，为有机的薄膜包裹，保护水分免于丧失和防止外部物理力量的冲击）。人工种子的制作包括体细胞胚的生产与包裹制作。

（1）**体细胞胚诱导和同步化**　人工种子生产的核心是体细胞胚的生产，高质量的体细胞胚需满足几点要求：胚芽、胚根同时生长，同步化程度高，分选后大小一致，迅速出芽，成苗整齐，抗逆性强。在培养中体细胞胚的发生往往不同步，控制体细胞胚的同步发育是人工种子生产的重要条件。当前，对体细胞胚的同步化处理和筛选的方法如下。①同步脱分化促进细胞的同步分裂：细胞培养初期加入 DNA 合成抑制剂，使细胞 DNA 合成暂时停止。一旦除去 DNA抑制剂，细胞开始进入同步分裂。②不同温度处理：低温处理抑制细胞分裂，然后再把温度提高到正常培养温度，也能使胚性细胞达到同步分裂的目的。③利用渗透压控制胚的同步生长：不同发育阶段的胚具有不同的渗透压要求，可用调节渗透压的方法来控制胚的发育，使其停留在某一阶段，然后同步发育。④分离过筛：用不同孔径的尼龙网过滤或采用密度离心法来选择不同发育阶段的胚，然后转入适宜发育的培养基上，使幼胚继续发育。⑤在悬浮培养中控制通气：乙烯的产生与细胞分裂关系密切，在细胞分裂达到高峰前，有一个乙烯合成高峰。

（2）人工种皮的制备　用于人工种皮的材料需要满足以下条件：一定的透气性，不能影响胚状体的呼吸；一定的硬度，播种后易于降解；含有其他有利于胚状体存活、生长的成分，对特殊植物还需加入共生微生物以利共生发芽。许多凝胶可作为体细胞胚的包裹材料，如琼脂、琼脂糖、藻酸盐-明胶、淀粉、动物胶、角叉胶等。人工种子包裹方法有干燥包埋法、凝胶包埋法、水凝胶法：干燥包埋法就是将胚状体置于23℃、相对湿度79%的黑暗条件下逐渐干燥，然后用聚氧乙烯包裹后贮藏；凝胶包埋法是将胚状体悬浮在一种黏滞的流体胶中，直接播入土壤；水凝胶法是用褐藻酸钙水性胶囊包埋胚状体，用以生产人工单胚种子。

（3）人工胚乳的制备　人工胚乳的基本成分仍是各种培养基的成分，只是根据使用者的目的可自由地向人工胚乳基质中加入不同物质，赋予人工种子比自然种子更加优越的特性。人工胚乳的制作方法有直接法和微型包裹法，直接法是在凝胶囊中直接加入大量元素、碳水化合物及防病用抗生素，微型包裹法是将碳水化合物和大量元素包裹在微型胶囊内，再把微型胶囊和种胚一起包裹在褐藻酸钙中，使人工胚乳的营养成分在人工种子内缓慢地释放，提高种子的存活时间。

小　结

　　本章以园艺植物细胞培养、原生质体培养和细胞融合（体细胞杂交）为主线，详细介绍了单细胞分离和培养的具体方法，以及影响单细胞培养的若干重要因素；重点阐述植物细胞悬浮培养方法、植物细胞培养同步化的方法和细胞活力测定方法等内容，以及利用细胞培养进行次级代谢产物生产的方法与技术。近年来，园艺植物原生质体培养再生植株和原生质体融合技术取得了较大进展，许多园艺植物已经建立起获得大量有活力原生质体的实验方法，并可实现种间、属间的细胞融合。利用细胞工程技术可以进行园艺植物远缘杂交育种、体细胞变异与离体选择、单倍体育种、体细胞胚胎发生与人工种子生产，改良种质或创造园艺植物新品种及获得某些有用物质。

思考题

1. 试述植物单细胞的分离方法与培养方法。
2. 植物悬浮细胞系的建立和悬浮细胞的培养方法有哪些？
3. 试述园艺植物细胞培养同步化的方法。
4. 如何建立园艺植物细胞规模化培养体系？
5. 园艺植物原生质体分离和培养方法有哪些？
6. 试述植物细胞融合的基本方法与植物杂种细胞的筛选技术。

推荐读物

1. 胡尚莲，尹静. 2018. 植物细胞工程. 北京：科学出版社
2. 陈劲枫. 2018. 植物组织培养与生物技术. 北京：科学出版社
3. 孙敬三，朱至清. 2005. 植物细胞工程实验技术. 北京：化学工业出版社

第四章　园艺植物染色体工程

园艺植物染色体工程包括园艺植物单倍体制备技术、多倍体制备技术和非整倍体制备技术，染色体工程在园艺植物上的应用主要在于创制园艺植物新种质、加速育种进程、园艺植物基因的染色体定位及基因功能研究。

第一节　概　　述

在长期的进化过程中，生物为了保持自己的遗传特性，形成了特定数目、结构和功能的染色体。染色体是生物细胞核中最重要而稳定的成分，具有特定的形态结构和一定的数目，具有自我复制能力，并积极参与细胞的代谢活动，能出现连续而有规律的变化，是决定物种繁衍的遗传物质的载体。生物的遗传性状由基因控制。基因主要位于染色体上，染色体是把基因从一代传到下一代的载体。当染色体在数量、结构、功能等方面发生变异时，会引起生物遗传特性的改变。

一、园艺植物染色体工程的基本含义

染色体工程（chromosome engineering）这一术语是 1966 年立克（Rick）在论述番茄单体、三体和缺体时首先提出的。染色体工程即采用一定的方法和步骤，通过染色体操纵（chromosome manipulation）改良生物染色体组成，利用染色体工艺（chromosome modification）改变染色体结构，进而改良生物遗传性，实现育种目标的技术。染色体操纵是对物种染色体组的完整或部分转移，如单倍体、同源多倍体、双二倍体、部分双二倍体等。染色体工艺是对染色体个体的操作，包括染色体的分离、微切割与移植，以及个别染色体的添加、消减和置换，将外源染色体片段移植插入受体染色体中创造异源移位系及其他染色体结构变异的诱发等。

园艺植物染色体工程是按照人们的预先设计，利用染色体工程基础材料（同源和异源的单倍体及多倍体），采用工程的方法有目的、有计划地进行染色体或染色体片段的附加、代换、削减和易位等染色体操作改变染色体组成，定向改变遗传特性，进而改良园艺植物品种，实现育种目标及研究基因定位和异源基因导入等。

二、园艺植物染色体工程与细胞工程和常规育种的关系

染色体工程的发展依赖于细胞工程、生物化学、分子生物学的进步，也和常规育种有着不可分割的联系。

（一）细胞工程与染色体工程

细胞工程就是在细胞水平上进行遗传操作以改良生物的遗传特性。植物细胞培养本身就是产生遗传变异的重要手段。在花药培养、幼胚培养、细胞培养和原生质体培养中都存在着染色体数目和结构变异现象，允许在较短时间内获得大量的单体、缺体、端体等非整倍体材料。属间杂交往往结实率低、杂种败育，如对杂种胚进行幼胚培养经过愈伤组织阶段，使两

种植株的染色体逐渐适应，获得大群体的杂种植株，并将其用于回交，有利于得到含有外源染色体的双二倍体、异附加系和代换系。同时，体细胞克隆可以增加远缘杂种中遗传物质交换的机会，促进外源基因的渗入。另外，利用远缘杂种的花药培养，也可产生染色体断裂和重排，提高预期的遗传交换频率，而且在花药培养条件下不同配子类型都可表现，在再生植株中能直接获得各种异附加系、代换系和易位系。近年来，园艺植物细胞工程技术发展迅速，单细胞和原生质体离体培养再生植株均有成功，有望通过原生质体融合技术获得更远缘物种的体细胞杂种，为园艺植物染色体工程开辟更广阔的前景。

（二）常规育种与染色体工程

常规育种通常指种内杂交育种和系统选择育种。常规育种已形成一套完整的理论体系和育种程式，并且选育出大批优良品种和品系。随着生活水平的提高和生产条件的不断改善，人们对园艺植物品种不断提出新的要求，单靠现有种内的遗传资源已很难满足育种工作的需要，必须开发新的基因资源。当前染色体工程创制的大批材料，绝大多数不能直接用于生产，只能用作常规杂交的亲本，通过杂交、筛选和田间鉴定，培育成遗传背景优良的特殊资源和新品种，为农业生产服务。随着生物化学、分子生物学的迅猛发展，同工酶、胚乳蛋白标记、原位杂交（in situ hybridization）技术等生化和分子标记系统可鉴定出园艺植物遗传背景下的外源染色体或其染色体片段，即能鉴定出异附加系、异代换系和异易位系的染色体组成。

第二节　园艺植物单倍体培养

单倍体（haploid）是指体细胞中含有本物种配子体（gametophyte）染色体数目的个体。在自然界，单倍体可自发产生，但频率极低，因此，一般采用人工诱导途径创制单倍体。迄今为止，制备园艺植物单倍体一般是采用离体诱导设法从具有单倍染色体数的性器官获得植株。其中，雄配子途径以雄性器官（花药、花粉或小孢子）为外植体，使其经历雄核发育（anthogenesis）获得单倍体植株；雌配子途径则以雌性器官（胚囊）及其相关结构为外植体，经雌核发育（gynogenesis）获得单倍体植株。

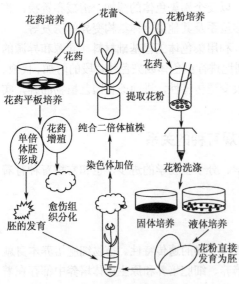

图 4-1　花药和花粉培养形成单倍体植株的全过程（谢从华和柳俊，2004）

一、园艺植物的花药培养

花药培养（anther culture）形成单倍体植株的基本程序包括外植体选择、表面灭菌、接种培养、再生植株、单倍体植株鉴定、染色体加倍及获得纯合二倍体等步骤（图4-1）。

1. 花药培养方法

（1）外植体选择　在健壮植株上选取一定大小的花蕾，用醋酸洋红压片镜检，观察确定花粉的发育时期，根据镜检结果采集适宜时期的花蕾作为接种材料。

（2）材料灭菌　在超净工作台上，先将花蕾用75%乙醇浸泡30s，再用10% NaClO消毒

15～20min，无菌水冲洗 3～5 次。

（3）接种培养 在超净工作台上，用镊子将花药从花蕾中取出，直接接种在诱导培养基上，操作要轻，避免损伤花药产生药壁愈伤组织。接种的花药先进行暗培养，待愈伤组织形成后转入光照条件下培养，促进器官分化。

2. 影响花药培养的主要因素

（1）供体植株基因型 花药培养很大程度上受供体植株基因型的影响。无论是愈伤组织的诱导和分化，还是胚状体直接发生，植物属间、种间、品种间的培养反应都可能存在很大差异。表 4-1 为枇杷的 3 个品种在花药培养时的不同反应。

表 4-1 3 个枇杷品种花药培养的不同反应（李俊强等，2016）

枇杷品种	接种花药数	形成愈伤组织的花药		分化成胚状体的愈伤组织	
		数量（个）	频率（%）	数量（个）	频率（%）
'龙泉 1 号'	300	151	50.33	0	0
'大五星'	300	159	53.00	15.9	10.00
'早钟 6 号'	300	224	74.67	0	0

（2）小孢子发育时期 选择适宜的小孢子发育时期是培养成功的关键因素之一，不同物种适合培养的最佳小孢子发育时期不同。一般来说，从减数分裂期到双核期的小孢子都对培养有反应，但是一旦淀粉粒在小孢子内开始积累，就很难发生孢子体的发育。对大多数园艺植物而言，小孢子发育到单核期左右是适宜培养的小孢子发育时期（表 4-2）。

表 4-2 一些园艺植物适宜的小孢子发育时期

适宜的小孢子发育时期	代表植物	适宜的小孢子发育时期	代表植物
减数分裂期	番茄、草莓	单核晚期	茄子、青椒、荔枝、楸子
四分孢子期	葡萄、天竺葵	单核早期至晚期	柑橘、龙眼
单核早期	油菜、苹果、芦笋	单核早期至双核期	甘蓝、梨

（3）供体植株的生理状态 供体植株的生理状态主要受植株生长环境、生理年龄等因素共同作用的影响，供体植株不同的生理状态可引起内源激素水平等不同，从而造成不一样的培养反应。

多年生木本植物中，幼年植株比老龄植株的诱导频率高，甚至始花期和盛花期的培养效果好于末花期。一、二年生草本植物中，生长健壮且处于生殖高峰的诱导频率高，徒长或者营养不足植株的诱导频率低。甚至对于同一母株而言，不同级次分枝的培养效果都可能表现出明显差异。从四季橘青壮树上取花蕾，花粉植株诱导率高；甜瓜刚开花两周的花药，其愈伤组织诱导率明显高于开花中后期。

（4）预处理 雄核发育的实质是改变小孢子在正常情况下发育成为雄配子的命运，而迫使其发育成为植株。预处理即通过在培养之前对花药或花蕾或整个花序进行某种处理。预处理主要有低温、热激、化学药剂、高渗透压等方法，以低温预处理最为常用和有效，一般将材料置于 3～8℃的黑暗条件下 3～15d，具体温度和时间长短视不同的物种而定（表 4-3）。

（5）培养基成分 培养基成分不但在很大程度上决定着花药培养能否成功，而且决定了其生长模式。培养基成分需要考虑的主要内容有基本培养基、碳源及其浓度、激素组合及其浓度、其他附加成分等。一般来说，MS 培养基很适合大多数双子叶植物，White 培养基、Nitsch 培养基和 N_6 培养基较适合茄属植物，B_5 培养基较适合十字花科和豆科植物。

表 4-3　一些园艺植物的低温处理条件

植物种类	冷处理温度（℃）	处理时间（d）	植物种类	冷处理温度（℃）	处理时间（d）
番茄	6~8	8~12	西瓜	4	2
辣椒	4~9	1~7	草莓	4	1~2
结球甘蓝	4	1~4	葡萄	4	3
大白菜	4	1~4	柑橘	3	5~10
马铃薯	4	2	梨	4	1~2
黄瓜	4	2~3	枇杷	4	2

培养基中常使用的碳源为蔗糖，葡萄糖、麦芽糖、果糖等也有使用。蔗糖浓度通常为 2%~4%，但有时较高浓度（6%~12%）能促进雄核发育，在柑橘和枇杷上，较高浓度的蔗糖能抑制花药壁、花丝等二倍体组织的愈伤组织发生。

花药培养需要适宜的生长调节物质（细胞分裂素和生长素配比）来达到诱导花粉细胞启动分化，同时抑制二倍体细胞分裂这一双重目的。一般来说，大多园艺植物花粉细胞分化的启动只需要较低的激素诱导，而花药壁等二倍体细胞是已经高度分化的终端细胞，其重新分裂则需要较高浓度激素才能启动。因此，诱导培养基中的激素浓度宜尽可能低，足够启动小孢子脱分化就行了。常用的生长调节物质有 2,4-D、NAA、BAP、KT、ZT、TDZ 等，其配比及浓度没有统一的规则，需通过预试验确定。

添加某些附加物质可提高培养效果，常用的有活性炭、各种氨基酸、腺嘌呤、水解乳蛋白、水解酪蛋白、天然提取物（如椰子乳、花药浸出液、伤流液等）、硝酸银、PVP 等。

（6）培养条件　　培养温度和光照对培养效果有很大影响。离体培养的花药对温度较敏感。对大多数园艺植物来说，25~28℃较适宜。低温（15~20℃）和高温（30~38℃）的促进作用因物种而异，如低温能促进枇杷花药胚状体的发生频率，高温可促进瓜类作物的愈伤组织诱导。光照条件对培养效果也有一定影响。通常在愈伤组织诱导阶段进行暗培养或弱光或散射光效果较好，当转移到分化培养基上后，光照有利于绿苗分化，小植株的生长也旺盛；光周期一般选择 16h 光照、8h 黑暗。

（7）接种方向　　不同接种方向则可能产生明显差异。例如，在枇杷花药培养中，愈伤组织诱导率由高到低依次为正面接触培养基、背面接触培养基、侧面接触培养基，当花药正面接触培养基时，愈伤组织发生较快，分化出的愈伤组织向上方空气中生长，愈伤组织后期生长慢；当花药以背面接触培养基时，愈伤组织发生较慢，分化的愈伤组织向下方培养基方向生长，愈伤组织后期生长快。

二、园艺植物的小孢子与花粉培养

在适宜的离体培养条件下，花粉（小孢子）的发育可偏离活体时的正常发育而转向孢子体发育，经胚状体途径或器官发生途径形成完整植株，称为雄核发育。根据小孢子最初几次分裂方式的不同，可将花药和花粉培养中雄核发育的途径归纳为小孢子发育途径（途径Ⅰ）、营养细胞发育途径（途径Ⅱ）、生殖细胞发育途径（途径Ⅲ）和生殖细胞与营养细胞共同发育途径（途径Ⅳ）4 种途径（图 4-2）。

1．花粉培养方法

（1）小孢子的分离　　小孢子培养需将小孢子从花药中分离出来，以单个小孢子为外植体进行离体培养，主要采用挤压法分离小孢子。具体做法是把消过毒的花蕾置于无菌研钵中研磨，或是用玻璃棒将消过毒的花药轻压，挤出小孢子，经级联过筛，除去组织碎片，低速离心使小孢子沉淀，清洗几次后，制成小孢子悬浮液用于培养。此法简便易行，也可对单花蕾或单花药进行少量分离，近年来在十字花科作物上广泛应用。

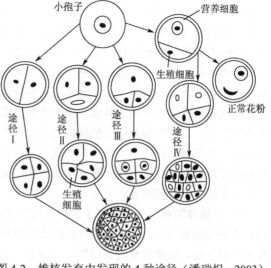

图 4-2　雄核发育中发现的 4 种途径（潘瑞炽，2003）

（2）小孢子的纯化　　小孢子分离出来以后，需经过纯化才能获得纯净的花粉。一般做法是将分离出的小孢子用一定孔径的尼龙网膜过滤到离心管里，500～1000r/min离心 2～3min，去掉上清液，将管底小孢子用清洗液重新悬浮后再次离心，倒出上清液，向离心管中加入液体培养基，用血细胞计数板计数，将小孢子调整到一定浓度，进行分装培养。

（3）小孢子的培养方式　　培养方式有平板培养、液体培养、双层培养、看护培养、微室培养及条件培养基培养。平板培养即花粉置固体培养基上进行培养，诱导产生胚状体，进而分化成植株（二维码 4-1）。液体培养即小孢子悬浮在液体培养基中进行培养，由于液体培养基易造成培养物通气不良，影响细胞分裂分化，需将培养物置摇床上振荡，使其处于良好通气状态。双层培养即将小孢子置于固体-液体双层培养基上培养，一般在培养皿中先加一层琼脂培养基，冷却后在其表面加入少量液体培养基。看护培养即配制好小孢子悬浮液和琼脂固体培养基后，将完整的花药或小孢子愈伤组织放在琼脂培养基上，将圆片滤纸放在花药或小孢子愈伤组织上，然后将小孢子置于滤纸的上方。微室培养即把悬浮小孢子的液体培养基用滴管取一滴滴在盖玻片上，然后翻过来放在凹穴载玻片上密封。条件培养基培养即将花药接种在培养基上一段时间后，取下花药并离心，用所得上清液（条件培养基）再接种小孢子进行培养，此法由于条件培养基和失活花药提取物中含有促进花粉发育的物质，所以有利于小孢子培养成功。

4-1

（4）移栽驯化　　花粉植株需采取逐步过渡方式使其适应从异养到自养的过程。移栽的关键是保持较高的空气湿度（80%～90%）1～2 周和较低的土壤湿度。

2．影响花粉（小孢子）培养的因素　　影响花粉（小孢子）培养的主要因素有供体植株基因型、小孢子发育时期、供体植株的生理状态、预处理、培养基成分、培养条件、培养密度等，基本与花药培养的影响因素相似，需要特别注意的是在花粉（小孢子）培养中可能表现出类似于细胞培养中的明显的密度效应。

三、园艺植物的子房（或大孢子）培养

未受精子房或胚珠培养指以未受精子房或胚珠为外植体诱导单倍体的方法。在甜菜、向日葵、黄瓜、洋葱、非洲菊、百合等园艺植物上都已通过未受精子房或胚珠培养成功获得了单倍体。园艺植物的胚囊中具有单倍性染色体构成的细胞，在适当的条件下也可以发育成单

倍体植株，这就是制备单倍体的雌配子途径。胚囊中具有单倍性染色体构成的细胞都可能通过离体雌核发育产生单倍体植株，包括：①助细胞或胚囊的无配子生殖产生单倍体；②卵细胞、助细胞和反足细胞发育产生单倍体；③非正常发育的大孢子四分体产生单倍体。

在雄性配子诱导反应较差的基因型中，未受精子房或胚珠培养能补充甚至代替花药和花粉培养。在下述几种情况下，未受精子房和胚珠培养具有独特的价值：①至今，有些植物的花药和花粉培养尚未成功或其诱导频率太低；②雄性不育植物的单倍体培养；③有些植物（如禾本科植物）花药培养分化的植株通常白化很严重，而未受精子房和胚珠培养再生出来的则是绿苗；④在某些材料中花粉植株表现明显的倍性变异和性状变异，而未受精子房和胚珠培养后代则较为稳定；⑤对雌雄异株植物来说，要想得到优良雌株的单倍体，未受精子房和胚珠培养是唯一可行的途径。

1. 外植体制备 未受精子房培养选用开花前 1～5d 的温室种植植株的花蕾，用饱和漂白粉溶液浸泡 15s，无菌水冲洗后除去花萼和花冠，将子房接种在培养基进行培养。未授粉胚珠培养时，胚囊发育的各时期均可诱导培养，尤以接近成熟的八核胚囊更易成功。由于胚囊的分离和观察比较困难，通常以开花的其他习性或形态指标与胚囊发育的相关性来确定取材时期。例如，在开花前两天摘取子房，在超净工作台上用70%乙醇表面消毒30s，5% NaClO 溶液灭菌 10min，无菌水冲洗4～5次，用解剖刀沿纵轴切开子房，取出一个个未受精胚珠，或将带有胎座部分的胚珠一起取下接种。

2. 培养基 基本培养基对未受精子房或胚珠培养中愈伤组织的诱导频率有很大影响，常用的有 MS 培养基、White 培养基、N_6培养基、B_5培养基、Miller 培养基等。未受精子房和胚珠培养一般都需加入适宜种类和浓度的外源激素，不同植物所需的激素种类和配比不同。在未受精子房或胚珠培养中，几乎都以蔗糖作为碳源，其浓度在 3%～10%，一般诱导阶段使用浓度较高，分化阶段浓度较低。

3. 影响雌核发育的主要因素

（1）基因型 未受精子房或胚珠培养的难易首先取决于基因型，园艺植物同一品种不同品系的诱导率和分化率都可能差异很大。

（2）供体植株的生理状态 供体植株的生理状态主要取决于环境状况和生理年龄等。来自适宜的营养水平、光强、光周期、温度、二氧化碳等环境条件的供体植株，其未受精子房或胚珠培养效果较好；生理年龄越小，培养效果越好。此外，不同季节取材也有很大影响。

（3）胚囊发育时期 胚囊的发育时期对未受精子房或胚珠培养中单倍体的诱导有很大影响，适宜的胚囊发育时期是获得成功的关键。通常接近成熟的子房作为外植体培养较容易成功，如在黄瓜上，雌花开放前 6h 的胚囊，其培养成功率最高。

（4）培养条件 诱导雌核发育时的温度一般保持在 25℃左右，但有时采用更高或更低的温度表现更好。在豌豆和甜菜的植株再生中适当的光照是必不可少的，黑暗培养则有利于向日葵雌核发育，主要表现在对孤雌生殖胚状体的发育有促进作用。

（5）接种方向 因为子房壁与花药壁不同，对营养物质的通透性较差，未受精子房或胚珠培养时的接种方向对雌核发育有显著影响，通常花柄插入培养基的接种方式比较好。

四、单倍体植株鉴定

单倍体植株鉴定一般先从外部形态加以判断，然后再进行细胞学方面的鉴定。

1. 形态学鉴定 外观形态上单倍体较二倍体和多倍体均显得弱小，如苗龄相同的单倍体枇杷植株较二倍体明显弱小（二维码4-2）。在西瓜上，单倍体西瓜植株的叶面积、茎长、茎粗、雌雄花大小显著低于二倍体，且单倍体雄花中没有花粉粒；黄瓜单倍体植株较二倍体植株具有长势较弱、叶片较小、花瓣裂片深、雄花败育、雌雄花花冠明显深裂等形态特征。

2. 细胞学鉴定　　常用方法有染色体计数法、流式细胞分析法、气孔大小及保卫细胞叶绿体数目鉴定法等：①染色体计数法通常以根尖、茎尖、幼叶、叶片愈伤组织或卷须为材料，采用压片法和去壁低渗法进行制片，用卡宝品红、醋酸洋红或铁矾苏木精等染色液染色，最后镜检和计数（二维码4-3）。其优点是准确、直接，缺点是对操作技术要求较高，费时较长，染色体数目多的物种染色体计数易出现误差。②流式细胞分析仪通过对大量处于分裂期间染色体的细胞DNA含量进行检测与自动统计分析，绘制出DNA含量（倍性）的分布曲线图。通过与已知倍性的同类试材对比，确定待测植株的倍性。与染色体计数法相比，此法对试样处理简单，测量较精确、快速，而且可以同时对许多样本的大量细胞核DNA含量进行测定。另外，这种方法对试材的需求量很少（50mg左右），这对于未受精子房获得的再生频率很低的物种具有更大的应用价值。缺点是流式细胞分析仪十分昂贵，测定费用高。③气孔大小及保卫细胞叶绿体数目鉴定法是通过比较植株叶片气孔大小或保卫细胞叶绿体数目来确定植株倍性的方法（二维码4-4）。

4-3

4-4

第三节　园艺植物的多倍体培养

体细胞含有3个或3个以上染色体组的生物体称为多倍体（polyploid）。多倍体在植物形态和细胞上都表现明显的巨大性；遗传性较丰富，遗传变异的范围广泛；对外界环境条件的适应性较强，一般抗病力、耐旱力、耐寒力均比二倍体强；虽然大多结实率有所下降，但可培育出极具商品价值的无籽品种。在园艺植物品种选育中，多倍体育种具有特殊意义。

人工诱导植物多倍体有多种方法，如利用未减数配子（2n配子），采用物理方法包括机械损伤（如摘心、反复断顶等）、各种射线、异常温度、高速离心力处理等促使染色体数目加倍，通过原生质体融合、胚乳培养等都可获得多倍体。此外，通过控制授粉，诱导产生未受精形成的小种子，再取出小种子进行离体培养，再生出的植株群体具有很好的遗传多样性，除二倍体和单倍体外，还存在着相当高频率的多倍体（主要是三倍体），为制备多倍体开创了一种简便易行的新方法。园艺植物多倍体育种常用的化学诱变剂是秋水仙素（colchicine），其诱导多倍体的机制是在细胞有丝分裂过程中，当秋水仙素与正在有丝分裂的细胞接触后，会阻碍纺锤丝的形成和赤道板的产生，染色体不向两极移动，而停止在细胞分裂中期，从而使复制后应分配于两个新细胞中的DNA仍保留于一个细胞中，从而导致染色体加倍。目前，秋水仙素是人工诱导植物多倍体使用最多、效果最好的化学诱变剂。此外，安磺灵（oryzalin）、氟乐灵（trifluralin）等也具有染色体加倍功能。

一、园艺植物多倍体的诱导

（一）活体诱导

活体诱导即通过处理完整植株的生长点来达到染色体加倍的方法。由于化学加倍剂对植物加倍的有效刺激作用只发生在细胞分裂活跃状态的组织，所以选材必须是植物组织细胞分裂最活跃和最旺盛的部分，如萌动种子、膨大中的芽和根尖等。对植物幼嫩部位的处理越早越好。处理早，植株幼嫩部位处于旺盛的分裂状态，获得加倍细胞的数目就多，有利于形成纯合多倍体；反之，处理时间越晚，越易形成嵌合体。

化学诱变剂浓度和处理时间是活体诱导多倍体成败的关键。如果所用的浓度太高、时间太长，就会引起植物的死亡；相反，浓度太低、时间太短，往往又不起作用。诱变多倍体频率最高，而致死和受害程度最低的浓度和时间组合最为理想。就秋水仙素而言，果树需要较高的浓度（1%左右），而蔬菜和草本花卉则需要较低的浓度（0.01%～0.20%），处理时间要根据细胞的分裂周期而定，一般为12～48h。处理时的温度对成功率影响很大，最适温度为25～30℃，温度过高常使植株受药害；温度过低，由于细胞分裂减缓甚至停止则药物不起作用。以秋水仙素为例，园艺植物活体诱导多倍体可采用以下方法（二维码4-5）。

4-5

（1）浸种法　　适合于处理种子。将所选干种子或萌动种子放于培养器内，倒入一定浓度（0.2%～1.5%）的秋水仙素溶液，处理24h左右后，及时用清水洗净残液，再将种子播种或沙培。

（2）浸芽法　　将幼苗顶尖或幼嫩枝条的生长点浸入一定浓度秋水仙素溶液中，一段时间后将残余秋水仙素溶液冲去。

（3）滴苗法　　对较大的植株，用滴管将秋水仙素溶液滴在子叶、幼苗的生长点上（顶芽或侧芽部位）。一般每6～8h滴一次，若气候干燥，蒸发快，中间可加滴蒸馏水一次，如此反复处理数日，使溶液透过表皮渗入组织内发挥作用。如溶液在芽上停不住时，可用小片脱脂棉包裹幼芽，再滴加溶液，浸润棉花。

（4）涂抹法　　把一定浓度的秋水仙素溶液或乳剂涂抹在幼苗或植株的顶端，为了减少蒸发和雨水的冲洗，可适当遮盖处理。

（5）套罩法　　保留新梢的顶芽，除去顶芽下面的几片叶，套上一个防水的胶囊，内盛有含一定浓度秋水仙素的0.65%琼脂，经24h即可去掉胶囊。

（6）毛细管法　　将植株的顶芽、腋芽用脱脂棉或纱巾包裹后，将脱脂棉与纱布的另一端浸在盛有秋水仙素溶液的小瓶中，小瓶置于植株近旁，利用毛细管吸水作用逐渐把芽浸透。

（二）组培苗诱导

组培苗诱导即把组培苗植株的茎尖、不定芽放在一定浓度秋水仙素或氟乐灵溶液中处理一段时间后接种于培养基中培养，或把组培苗接种于含有一定浓度秋水仙素的培养基中共培养达到染色体加倍的方法。

丁银媛（2019）以甜叶菊带腋芽茎段为外植体建立了再生体系，增殖培养基为 MS＋0.5mg/L 6-BA＋0.1mg/L NAA，壮苗与生根培养基为 MS＋0.5mg/L IBA＋0.5mg/L NAA。同时研究了秋水仙素和氟乐灵诱导甜叶菊不定芽同源四倍体的效果，0.1%秋水仙素浸泡处理不定芽24h，诱导率为23.1%；采用混培法诱导时，100mg/L 秋水仙素处理21d，诱导率达27.5%。30mg/L 氟乐灵溶液浸泡不定芽48h，诱导效果最好，诱导率达33.2%。

郑云飞等（2018）选生长旺盛、体型较一致的白掌组培苗，切取茎尖0.5cm左右，放入装有25mL 的 0.1%秋水仙素溶液的瓶中，90r/min 旋转培养96h，处理后接种于培养基 MS＋30g/L 蔗糖＋7g/L 卡拉胶＋1mg/L 6-BA＋0.1mg/L NAA 中，暗培养 7d，转到 MS＋4mg/L 6-BA＋0.2mg/L NAA 培养基，光照培养7d，记录其萌芽数和存活数，继续光照培养20d后，记录其增殖数和存活数。继代 3 次，继代培养基为 MS＋2mg/L 6-BA＋0.2mg/L NAA。结果表明不同白掌品种间萌芽率和增殖率都存在显著差异，成活率无显著性差异。同一秋水仙素浓度处理相同时间，不同品种的诱变率不同，都获得了四倍体植株。

（三）离体培养细胞诱导

在园艺植物离体培养中可自发产生染色体倍性变化而产生多倍体，利用这种现象，将化学诱导与离体培养相结合，可以大大提高多倍体诱导频率。离体诱导中影响染色体加倍效果的因素很多，主要有外植体、加倍剂的类型、加倍剂的浓度和处理时间、加倍剂的加入时间、助剂等（二维码 4-6）。

4-6

1. 外植体 尽管植株上任一器官作为外植体，均可获得变异的多倍体，但由于不同外植体的生理生化状态和内源激素不同，多倍体的诱导效果大不相同。因此，在多倍体诱导中，仍应对外植体进行选择。适宜的外植体有愈伤组织、种子、芽、胚状体、茎尖分生组织、叶片、原球茎等。另外，外植体的取材时期对诱导效果也有影响，通常以生长分裂旺盛的时期为好。除此之外，外植体的倍性水平对多倍体的获得也有影响，一般低倍性的材料比高倍性的材料更易获得多倍体。

2. 加倍剂的类型 秋水仙素是最为广泛采用的加倍剂。除秋水仙素外，一些除草剂和生物碱也可诱导染色体加倍，其中以安磺灵和氟乐灵的应用最为广泛。究竟选择哪种加倍剂效果好，因所用材料的基因型、生理状态等而异。

3. 加倍剂的浓度和处理时间 在现有研究中，对加倍剂浓度和处理时间的控制不尽相同。有的选择低浓度、长时间处理材料；有的选择高浓度、短时间对材料进行处理。用这两种方法处理都能取得一定的效果，但不同植物对加倍剂的适应性不同，因此应对所用的材料进行试验对比，以确定究竟应采取哪种方法。

4. 加倍剂的加入时间 根据加倍剂加入的时间不同，离体诱导有两种做法。一种做法是在接种前，将外植体放在灭过菌的加倍剂溶液中浸泡一段时间再进行接种；或者在外植体第一次离体培养时，直接将其接种在含加倍剂的诱导培养基上，诱发变异一段时间后再转入不含加倍剂的培养基上培养再生成变异植株。另一种做法是将外植体先在不含加倍剂的培养基中培养获得细胞、愈伤组织、胚状体、不定芽等，然后将其浸泡在含加倍剂的液体培养基或接种在含加倍剂的固体培养基中诱导一段时间，再转入不含加倍剂的分化培养基与成苗培养基培养成再生变异株。通常后一种方法的诱导频率更高。

5. 助剂 常用的助剂是 DMSO，它是运载加倍剂进入组织的一种载体，促进加倍剂快速浸透到植物组织中。

二、园艺植物多倍体植株的鉴定

园艺植物多倍体植株的鉴定可采用从形态到分子水平的多种鉴定方法。一般应先从外部形态加以判断，然后再进行细胞学、生理生化和分子生物学方面的鉴定。

1. 形态学鉴定 "巨大性"是多倍体植株的普遍表现。较明显形态变化有根茎变粗、叶片变大加厚、叶色加深、叶形指数变小、气孔数目减少而单个气孔变大、花器官变大、花粉粒变大或畸形、果实变大等。例如，三倍体枇杷和二倍体枇杷植株形态比较，三倍体茎干更粗，叶更大、更厚、更皱，质地更硬。

2. 细胞学鉴定 染色体计数法是目前认为鉴定倍性最直接、最准确的方法。二维码 4-7 中的彩图是二倍体牡丹和三倍体牡丹植株的染色体数目比较。DNA 含量与染色体倍性密切相关，可用流式细胞仪分析法迅速测定细胞核内 DNA 的含量和细胞核的大小来对园艺植物染色体工程产物进行快速有效的鉴定（图 4-3）。

4-7

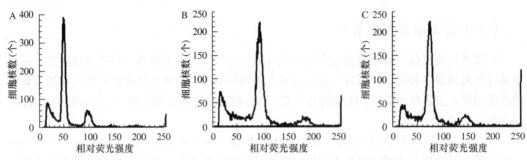

图 4-3　二倍体、四倍体、三倍体黄瓜的 DNA 相对含量

A. 二倍体 DNA 相对含量；B. 四倍体 DNA 相对含量；C. 三倍体 DNA 相对含量

核型是指每种生物染色体的数目、大小和形态等特征的总和。染色体核型分析是染色体研究中的一个基本方法。选取有丝分裂前中期和中期染色体分散良好，染色体形态和着丝点清晰的图像，每个株系至少选择 5 个较好的分裂相进行拍照，传入电脑中，确定各染色体的两端点和着丝点位置的坐标，根据坐标数据计算各染色体的相对长度、长短臂相对长度和臂比，按染色体相对长度由大到小排序，结合镜检时染色体形态观察结果进行核型分析，鉴定染色体类别。

比较植株叶片气孔大小或保卫细胞叶绿体数目来确定植株倍性的方法。例如，西葫芦双单倍体和四倍体叶片表皮保卫细胞的长度分别为（30.80±2.19）μm 和（41.78±1.03）μm，其比例约为 1.5∶2；黄瓜二倍体和同源四倍体的保卫细胞大小分别为 2.37μm×1.69μm、3.11μm×1.96μm，黄瓜二倍体和同源四倍体的气孔叶绿体数分别为 6.71 个和 13.60 个，可作为植株倍性鉴定的参照。气孔保卫细胞叶绿体数也可用于推断染色体倍性，如西葫芦、黄瓜、青花菜、甜菜、马铃薯、葡萄等的染色体倍性与气孔保卫细胞叶绿体数目均呈正相关。

3. 生理生化鉴定　　生理生化鉴定是指通过对各种营养物质的含量、各种酶活性等方面的测定来对园艺植物多倍体进行辅助鉴定。例如，多倍体由于基因剂量加大，一些生理生化过程也随之加强，某些代谢物的产量比二倍体增多，抗逆性也相对提高。多倍体的含水量较多，渗透压较低，呼吸、蒸腾和某些代谢作用强度降低，生长和发育比较缓慢，开花和成熟晚；组织内含有较多的碳水化合物、蛋白质、维生素、叶绿素等。

同工酶谱特征在物种中的遗传稳定性和多态性，可以清楚地显示出该同工酶基因所处染色体的存在和缺失。利用某一染色体上多个同工酶基因进行检测，可以提高鉴定的可靠性。由于各部分同源群的同工酶基因在不同染色体组之间常常有对应关系，因此同工酶不仅可以用来检测外源染色体的染色体组归属，还可以确定它的部分同源群归属。

4. 分子生物学鉴定　　分子原位杂交是一种将特定基因或 DNA 序列直接定位到染色体上的技术，利用分子原位杂交可根据该染色体组中各染色体间杂交信号位点的特异性，来检测导入受体系中的外源染色体是哪个染色体组的哪一条，常常将它与染色体分带技术相结合，这在检测异源易位系时特别有效。分子标记（RFLP、RAPD、AFLP 等）可以直接反映 DNA 水平上的变异，如碱基的改变、DNA 片段的插入、缺失等，这类标记的检测不受环境条件和发育阶段的限制，而且非等位分子标记之间互不干扰，能反映出 DNA 水平上较小的变异，因而为园艺植物染色体工程产物鉴定提供了新的检测方法。

第四节　园艺植物非整套染色体操作

生物体的核内染色体数不是染色体基数整倍数，而发生个别染色体数目增减的生物体称为非整倍体（aneuploid）。非整倍体虽无直接利用价值，但利用非整倍体可以有目的、有计划、按遗传设计去进行染色体添加、消减、代换和易位，将带有异源优良基因的染色体或染色体片段导入生物体中，从而达到定向改变遗传特性、创造新类型和选育新品种的目的。

一、染色体代换系的创制

生物体的染色体被异源种属染色体所代换的品系叫作代换系，如果被代换的是一条染色体称为单体代换系，如果被代换的是一对染色体叫作二体代换系，如果被代换的是整套染色体则称为整套染色体代换系。

人工创制染色体代换系的方法包括常规方法和生物技术方法，常规方法主要有单体法、缺体回交法和单端体法等。采用生物技术方法创制染色体代换系的方法目前主要有组织培养法，其中最常用的方法是花药（花粉）培养。花药（花粉）培养容易引起异常有丝分裂，导致染色体断裂、缺失、易位。因此花药培养本身就能作为一种诱变源，引起花粉（小孢子）无性系变异，产生染色体数目及其结构变化，能使植物染色体在传递过程中，自发产生结构变异（如形成端着丝粒染色体、易位染色体、异染色质 C-带的丢失和增多等），并在花粉单倍体植株上得到表达，经染色体加倍后，就能形成纯合状态的二倍体变异植株。因此，如果对远缘杂种的花药（花粉）进行培养，就有可能从再生植株中鉴定出染色体代换系。

二、染色体附加系的创制

将同种或异种的染色体导入受体，这种染色体在受体中增加的技术叫作染色体附加。具有附加染色体的品种或品系叫作附加系。为了利用某些具有特殊经济价值的性状，通常导入异种属的染色体。导入一条或几条异源种属染色体的品种称为异附加系；得到一条异源染色体的受体叫作单体异附加系；得到一对异源染色体的受体称为二体异附加系。另外，当把不同种属的整套成对染色体分别附加到受体种时，就可能创造出具有一套异种属染色体的异附加系。园艺植物染色体附加系的创制有以下几种方法。

1. 常规杂交法　　将需要改良的园艺植物与近缘物种的杂种 F_1 或 F_2 人工或自然加倍的双二倍体，用受体品种回交数代，从回交后代中选择的附加单体，经回交选育二体异附加系；或用已合成的园艺植物近缘种属的部分双倍体与园艺植物回交培育异附加系。例如，陈劲枫等（2003）将甜瓜属异源三倍体与栽培黄瓜 '北京截头' 杂交，经胚挽救获得了两个 $2n=15$（14C＋1H）的单体异附加系，编号分别为 02-17 和 02-39。细胞学研究发现，单体异附加系在终变期和中期 I 染色体构型主要是由 7 个二价体和 1 个单价体构成，出现三价体的频率为 4%～5%，中期 II 不均等分裂形成不同的两极，一极染色体为 8 条，另一极为 7 条。RAPD 分析证明它们分别附加了野生种 *Cucumis hystrix* 的染色体。

2. 桥梁亲本法　　当园艺植物和近缘种属杂交亲和性很差时，可选用桥梁亲本和近缘种属杂交，得到的杂种 F_1，用受体亲本回交数代，在回交后代中选择添加单体再自交得到二体异附加系。

3. 双重单体或多重单体附加法　　由于 $n+1$ 雄配子在选择受精过程中传递率很低，由附加单体自交产生的二体异附加系频率也很低。研究发现，双重单体或多重单体自交，产生二体异附加系的频率比附加单体高得多。因此，利用附加双重单体或多重单体自交产生二体异附加系是染色体附加系创制的一个很好途径。

4. 双二倍体回交法　　双二倍体是指染色体组来自两个及两个以上的物种，一般是由不同种、属的杂种经染色体加倍而来的。用不同倍性的相同种属的园艺植物杂交（如八倍体×七倍体）再经过自交可能产生二体异附加系。

5. 远缘杂种 F_1 花药（花粉）培养法　　通过对远源杂种 F_1 代进行花药（花粉）培养，可得到 $n+1$、$n+2$……单倍体，经染色体加倍成为二体异附加系、双重附加系及多重异附加系。

三、染色体易位系的创制

易位是指某染色体的一个区段移接在非同源的另一个染色体上。染色体相互发生片段交换的植株叫作相互易位系，染色体片段只从一方移接到另一方染色体上的植株叫作简单易位系。染色体易位系的人工诱导可采用常规方法和组织培养法。

1. 常规方法诱导易位　　包括辐射诱导易位和杂交诱导易位。电离辐射是人工诱发易位最常用的方法，辐射能使染色体随机断裂，断片常以新的方式重接，产生各种染色体结构变异，特别是易位。当对远缘杂交后代进行辐射诱变时，有可能将携带有目的基因的外源染色体片段转给园艺植物染色体，被转移的非目的基因可通过进一步辐射后被消除。关于射线类型，一般认为，热中子是产生易位数量最多、对生活力和育性损害最小和最为有效的辐射类型。辐射诱导易位的效果与照射材料的核型有着密切的关系，一般是辐射单体附加系较容易取得成功，但辐射诱发易位往往有很大随机性，得到的易位系遗传平衡性一般较差，能直接用于生产的并不多。

在园艺植物与近缘种属杂交、回交过程中，由于大量单价体的存在，减数分裂时着丝粒错分裂并融合，会自发地产生许多易位，这为人们定向诱导着丝点错分裂融合，产生易位提供可能。

2. 组织培养诱导易位　　组织培养常可引起染色体的不稳定性，再生植株常出现染色体的断裂、易位、缺失及染色体数目改变等现象。特别是在远缘杂交后代的培养中，亲本染色体间的遗传交换增加，常出现更多的染色体重组（易位、倒置和缺失），增加染色体交换频率，转入近缘种属的优良基因，从而获得改良的园艺植物。

种间杂种的组织培养可提高其再生植株中的染色体部分同源配对和交换频率，诱发染色体的易位，对于园艺植物与其他亲缘物种染色体间染色体片段的有利交换有益。在园艺植物易位系制备上，应用最广泛的组织培养技术有胚挽救、细胞培养和原生质体培养。胚挽救主要应用于抢救发育不良或早期退化的胚，获得三倍体杂交品种，克服远缘杂交不亲和等障碍，为获得附加系、代换系、易位系提供基础材料。在组织培养中最容易引起变异的是细胞培养和原生质体培养。通过细胞培养和多次继代，某些变异细胞可再生变异植株。原生质体融合技术为使园艺植物与其远缘物种，甚至与无亲缘关系物种的细胞融合成为可能，这种融合杂种将有利于园艺植物染色体小片段的互换。

第五节　染色体工程在园艺植物上的应用

一、创制园艺植物新种质

张琴（2001）利用西番莲种子实生苗各器官和三个西番莲品种（'紫果西番莲''黄果西番莲''台农一号'）的成熟茎段建立了高频的离体再生体系，通过培养成熟种子的胚乳获得了纯合的三倍体植株，利用秋水仙素处理种子、愈伤组织、不定芽诱导产生四倍体植株建立了西番莲高频的离体再生体系，为西番莲的快繁及诱变育种奠定了基础。西番莲种子实生苗以 20d 苗龄最适合，上胚轴和茎段的诱导频率均最高；诱导产生不定芽以培养基 MS＋3.0mg/L BA＋0.2mg/L NAA＋3.0%蔗糖为佳，上胚轴的诱导率达 96.7%；不定芽的增殖培养基为 1/2 MS＋2.0mg/L BA＋0.2mg/L IAA＋2.0%蔗糖，增殖系数高达 7.7，不定芽生长旺盛，芽形态正常；间隔 30～40d 继代一次，多次继代仍保持较高的增殖系数；诱导生根以培养基 1/2 MS＋2.0mg/L IBA＋2.0%蔗糖为好，生根率为 100%，且根系发达。对再生植株倍性鉴定，染色体数目均为 2n＝18，是二倍体。西番莲胚乳培养并再生出三倍体植株。胚乳愈伤组织诱导以 MS＋3.0mg/L BA＋1.0mg/L NAA＋3.0%蔗糖的效果好，诱导率为 94%；愈伤组织接种在 MS＋2.0mg/L BA＋0.2mg/L NAA＋3.0%蔗糖培养基上，先形成绿色芽点，进一步分化出不定芽，分化频率达 80%，且芽形态正常；细弱的胚乳植株在 1/2 MS＋2.0mg/L BA＋0.4mg/L IBA 上壮苗后，取茎尖、叶片和茎段在 1/2 MS＋2.0mg/L BA＋0.2mg/L NAA 上营养繁殖，短期内获得了大量的胚乳植株；选择生长健壮的胚乳再生植株诱导生根，用 50mg/L 的 IBA 处理植株基部 3.5h，然后转入 1/2 MS＋1.5%蔗糖培养基中形成了良好的根系，生根率为 85%；三倍体植株移栽成活率为 100%。胚乳植株经染色体倍性鉴定后，确认为三倍体，染色体数目为 2n＝3x＝27，无混倍体或非整倍体产生。胚乳培养直接获得三倍体植株，是西番莲三倍体育种的高效快捷的途径。以西番莲萌发种子、带绿色芽点的愈伤组织和不定芽作为材料，用秋水仙素浸泡、混培等方法诱导西番莲四倍体产生，以处理愈伤组织和不定芽的效果好，诱变频率高，嵌合体少，获得了纯合的四倍体植株，而处理种子获得的变异株均为嵌合体；其中以浸泡法最直接和有效，诱变率高达 63%。以含 200mg/L 秋水仙素的分化培养基处理不定芽获得了 67%的诱变频率。秋水仙素诱导产生的变异植株染色体数目为 2n＝36，证明是四倍体植株。取四倍体植株的茎尖、叶片和茎段培养在 MS＋3.0mg/L BA＋0.2mg/L NAA 上分化不定芽或诱导腋芽伸长，增殖效果好，分化频率达 82.5%，增殖系数达 4.6，短期内获得了较大数量的四倍体植株。对西番莲不同倍性的植株进行了形态观察与分析，发现多倍体植株叶色深绿，叶片卷曲，叶厚，茎粗，节间短，二倍体植株叶片平展，叶表面光滑，茎细长，茎节间长。三倍体植株形态介于二倍体与四倍体之间，叶片圆形、卷曲，植株矮小，生长缓慢；四倍体植株形态各异，株间差异大。

二、加快育种进程

单倍体虽然表现为高度不育、植株弱小，但单倍体的每个染色体都是单个的，如果被加倍则能由不育变为可育，快速纯合；单倍体的每一种基因都只有一个，在单倍体细胞内，每个基因都能发挥自己对性状发育的作用。利用单倍体植物可控制杂种分离，加快常规育种速度。常规杂交育种要获得一个稳定的纯系，通过不断的自交和选择使各个基因位点纯合需要较长时间，而将单倍体植株进行染色体加倍，就可获得纯合的二倍体，这种纯合二倍体在遗传上稳定，不会发生性状分离，从杂交到获得稳定的纯系只需 2 季，大大缩短育种年限，加快育种进程。常规杂交育种和单倍体育种的周期比较见图 4-4。

采用游离小孢子培养技术，可快速获得单倍体及自然加倍而来的双单倍体植株，实现材料的纯合，还可获得隐性基因表现单株，丰富材料类型，加速育种进程，提高育种效率。单倍体植株的染色体经过加倍后，能培植出纯合的二倍体植株，从这些二倍体植株中选择的后代植株不分离，整体表现一致，能在一定程度上缩短育种年限。我国在单倍体育种方面的研

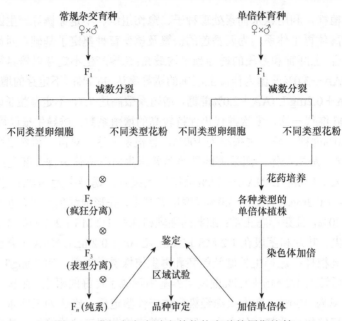

图 4-4　常规杂交育种和单倍体育种的周期比较

究处于世界领先水平，现已成功育成辣椒、百合、甘蓝、大白菜、小白菜、结球甘蓝、花椰菜、萝卜、叶芥等一系列优良品种。

以羽衣甘蓝双单倍体育种过程为例说明如下。①小孢子游离与培养。通过细胞核的 DAPI 荧光染色，显微镜检，确定小孢子的发育时期。取小孢子发育处于单核靠边期至双核早期的花蕾，按常规程序进行消毒、清洗，用研棒在研钵中轻挤悬浮在 B₅ 培养基中的花蕾来游离小孢子。将纯净小孢子悬浮于附加 0～0.5mg/L 的 6-BA、蔗糖浓度为 13%的 NLN-13（Nitsch & Nitsch 培养基，含 13%蔗糖）胚状体诱导培养基中，至终浓度为 1×10^5 个/mL，分装于直径 6cm 培养皿中，每皿 3.0mL，在 33℃、黑暗条件下高温胁迫 24h 后，转入 25℃、黑暗条件下培养，以诱导胚状体。②植株再生。将鱼雷期至子叶期胚状体在 25℃、2000lx、16h 光照/d 的条件下培养 7d，再将转绿的胚状体接种于植株再生培养基（含 1.0%琼脂的 MS 培养基）中，在相同条件下进行植株诱导。③继代与生根培养。将长出茎、叶的植株自胚状体残体上分离，转接入 MS 培养基，在 25℃、3000lx、16h 光照/d 的条件下培养，每 3 周继代 1 次。④染色体倍性分析。羽衣甘蓝再生植株的幼叶，利用流式细胞仪鉴定染色体倍性。⑤移栽、定植及性状调查。小心洗净双单倍体再生植株根部的琼脂，于当年 9 月移栽入温室花盆中，经 1 周保湿生长后，揭去覆盖的塑料膜，驯化生长约 15d，9 月底定植于日光温室。对再生株当代各单株进行颜色、株型、叶型、着色期早晚等观赏特性调查。自交留种。⑥DH 株系优选、组合配制及性状评价。第二年对各 DH 株系进行颜色、株型、叶型、着色期、开展度、抗冻性、抽薹性、抗病性等生物学性状的综合调查，选出优良株系，繁种并试配杂交组合。第三年对各杂交组合的性状进行评价，并对上一年度优良 DH 株系自交后代再次进行综合性状评价。

三、园艺植物基因定位

刘俊峰等（2015）以大白菜感病品种‘B120’和抗病品种‘黑 227’为亲本配组的杂种 F₁ 进行游离小孢子培养，获得了 99 个 DH 系为作图群体，基于所筛选出的 74 对 InDel 标记和 37 对 SSR 标记构建了一张覆盖基因组长度为 1004.7cM、平均图距为 9.30cM 的大白菜遗传连锁图，该图谱包含 12 个连锁群、108 个标记位点，能有效地用于大白菜干烧心的 QTL 定位。

梁宝萍等（2015）利用 SSR 分子标记方法，对大白菜 2 个 DH 系（双单倍体）小群体（Y360、YF05）内遗传多样性进行标记，结果发现大白菜 DH 系 Y360 群体在遗传距离 0.43cM 处分为 9 个类群，遗传距离在 0~0.71cM；YF05 群体在遗传距离 0.70cM 处分为 2 个类群，遗传距离在 0.08~0.81cM，第一类群材料叶面都有茸毛，第二类群都是光叶材料；大部分材料分布在聚类图的中上部，只有少数材料零星地散布在上部和中下部。该研究为杂交亲本的选择和配组提供了参考依据。

小　结

本章介绍了园艺植物染色体操作技术，包括单倍体制备技术、多倍体制备技术和非整倍体制备技术。园艺植物单倍体制备技术可分为雄配子途径（花药或花粉培养技术）和雌配子途径（主要是未受精子房或胚珠培养技术）。雄核发育和雌核发育形成单倍体植物受多种因素的影响。园艺植物多倍体制备技术常用的是以秋水仙素作为加倍剂的化学诱导方法，包括活体诱导、组培苗诱导和离体培养细胞诱导。园艺植物非整倍体制备迄今主要是创制易位系、代换系和附加系，本章对这些非整倍体的制备方法做了简要介绍。园艺植物单倍体和多倍体可采用多种方法进行鉴定，包括形态学鉴定、细胞学鉴定、生理生化鉴定和分子生物学鉴定。利用园艺植物染色体工程可以创制园艺植物新种质、加快育种进程、园艺植物基因的染色体定位及基因的功能研究。

思考题

1. 园艺植物单倍体制备有哪些途径？
2. 离体条件下，雄（雌）核发育有哪些发育途径？
3. 试述花药（花粉）培养的全过程及主要影响因素。
4. 采用秋水仙素诱导园艺植物多倍体有哪些方法？
5. 试述园艺植物单倍体、多倍体和非整倍体的主要鉴定方法。
6. 创制园艺植物易位系、代换系和附加系分别有哪些方法？
7. 染色体工程在园艺植物上有何应用？

推荐读物

1. 胡尚连，尹静. 2018. 植物细胞工程. 北京：科学出版社
2. 谢从华，柳俊. 2004. 植物细胞工程. 北京：高等教育出版社

基因工程（genetic engineering）又称为重组 DNA 技术（recombinant DNA technology），是将外源基因体外重组后导入受体细胞内，使这个基因能在受体细胞内复制、转录、翻译、表达的系列操作技术的总称。基因工程研究的主要内容包括基因的分离克隆、表达载体的构建、转基因技术、表达体系、表达产物的纯化与活性分析等。本章重点介绍核酸的结构与功能、遗传信息的传递、各种工具酶、载体的构建与特性，以及核酸操作等基因工程涉及的基础知识与技术。

第一节　植物遗传物质的基础知识

核酸（nucleic acid）是以核苷酸为基本组成单位的生物大分子，是遗传信息的物质载体。核酸分为两类：一类为脱氧核糖核酸（deoxyribonucleic acid，DNA），另一类为核糖核酸（ribonucleic acid，RNA）。DNA 是生物的主要遗传物质，而在缺乏 DNA 的某些病毒中，RNA 是遗传物质。核苷酸由碱基、戊糖、磷酸组成。构成核苷酸的碱基主要有腺嘌呤（adenine，A）、鸟嘌呤（guanine，G）、胞嘧啶（cytosine，C）、胸腺嘧啶（thymine，T）和尿嘧啶（uracil，U）。DNA 和 RNA 主要区别有两点：一是构成 DNA 的碱基为 A、T、G、C，而 RNA 的碱基为 A、U、G、C；二是构成 DNA 核苷酸的戊糖是 β-D-2-脱氧核糖，而构成 RNA 核苷酸的戊糖为 β-D-核糖。DNA 通常是双链，RNA 主要是单链；DNA 的分子链一般较长，而 RNA 分子链较短。

一、DNA 的结构与功能

DNA 的结构可分为一级、二级和三级结构。

（一）DNA 的一级结构与功能

DNA 的一级结构是指 DNA 分子中脱氧核苷酸（dAMP、dCMP、dGMP、dTMP）按照一定的排列顺序，通过磷酸二酯键连接形成的多核苷酸。由于核苷酸之间的差异仅仅是碱基的不同，故又称为碱基顺序。核苷酸之间的连接方式是一个核苷酸的 5′—P 与下一位核苷酸的 3′—OH 形成 3′,5′-磷酸二酯键，构成不分支的线性大分子，其中磷酸基和戊糖基构成 DNA 链的骨架（二维码 5-1），可变部分是碱基排列顺序，因此习惯上以碱基名称的简写形式作为核苷酸顺序的代表符号。核酸分子的大小常用碱基数目或碱基对数目表示。小的核酸片段（≤50bp）常被称为寡核苷酸。

生物的遗传信息储存于 DNA 的核苷酸序列中，生物界物种的多样性就在于 DNA 分子 4 种核苷酸千变万化的不同排列中。DNA 分子携带的遗传信息通过转录转变为 RNA（mRNA、tRNA、rRNA 等），mRNA 的序列中包含蛋白质多肽链的氨基酸序列信息及一些调控信息，以 mRNA 为模板通过翻译合成蛋白质。

（二）DNA 的二级结构与功能

DNA 的二级结构即双螺旋结构。1953 年，Watson 和 Crick 根据富兰克林（Franklin）和威尔金斯（Wilkins）用 X 射线衍射获得的 DNA 结构资料和 Chargaff 规律，提出了 DNA 二级结构的右手双螺旋结构模型（B-DNA）（二维码 5-2）。DNA 分子由两条反向平行的多聚核苷酸链围绕同一中心轴盘曲而成，两条链均为右手螺旋，链呈反平行走向，一条走向是 5'→3'，另一条是 3'→5'。DNA 链的骨架由脱氧核糖基和磷酸基构成，位于双螺旋的外侧，碱基配对位于双螺旋的内侧。两条多聚核苷酸链以碱基之间形成氢键配对而相连，即 A 与 T 配对，形成两个氢键，G 与 C 配对，形成三个氢键。碱基相互配对又叫碱基互补。碱基对平面与螺旋轴几乎垂直，相邻碱基对沿轴转 36°，上升 0.34nm。每个螺旋结构含 10bp，螺旋的距为 3.4nm。DNA 两股链之间的螺旋形成凹槽：一条浅的，叫小沟；另一条深的，叫大沟。大沟是蛋白质识别 DNA 碱基序列发生相互作用的基础，使蛋白质和 DNA 结合而发生作用。

5-2

　　DNA 双螺旋结构的稳定主要由互补碱基对之间的氢键和碱基堆积力来维持。碱基堆积力是碱基对之间在垂直方向上的相互作用，可以使 DNA 分子层层堆积，分子内部形成疏水核心，这对 DNA 结构的稳定是很有利的，碱基堆积力对维持 DNA 的二级结构起主要作用。

　　B-DNA 双螺旋结构是 DNA 分子在水性环境和生理条件下最稳定的结构，但当改变溶液的离子强度或相对湿度时，DNA 结构也会发生改变。高盐浓度下，DNA 以 A-DNA 形式存在。A-DNA 是 DNA 的脱水构型，它也是右手螺旋。在活体内 DNA 并不以 A 构型存在，但细胞内 DNA-RNA 或 RNA-RNA 双螺旋结构，却与 A-DNA 非常相似。现在还发现，某些 DNA 序列能以左手螺旋的形式存在，称为 Z-DNA。在一定条件下，右手双螺旋和左手双螺旋可以互相转换。虽然目前仍不清楚左手双螺旋 DNA 存在的确切意义，但认为可能和基因突变、致癌和基因的表达或遗传重组有关。

（三）DNA 的三级结构与功能

　　DNA 双螺旋进一步扭结、折叠形成更加复杂的结构称为 DNA 的三级结构，这种双螺旋结构可再次螺旋形成超螺旋结构。超螺旋分为两类：负超螺旋是由于 DNA 与轴的缠绕方向和右手螺旋的环绕方向相反形成的；正超螺旋 DNA 与轴的缠绕方向和右手螺旋的方向相同。DNA 超螺旋结构的存在可能具有两方面生物学意义：一方面，DNA 双链经过盘绕压缩使松弛性 DNA 更为紧密，体积变得更小，在细胞的生命活动中更能保持 DNA 结构稳定；另一方面，影响 DNA 双螺旋的解链过程，从而影响与其他大分子如蛋白质、酶的结合。

二、RNA 的结构与功能

　　与 DNA 相比，RNA 种类繁多，分子量相对较小，通常以单链形式存在，但也可以有局部的二级结构或三级结构。其碱基组成特点是含有尿嘧啶而不含胸腺嘧啶，碱基配对发生于 C 和 G 与 U 和 A 之间，RNA 碱基组成之间无一定的比例关系，且稀有碱基较多。RNA 根据结构和功能不同，可以分为三大类：信使 RNA（messenger RNA，mRNA）、转运 RNA（transfer RNA，tRNA）和核糖体 RNA（ribosomal RNA，rRNA）。此外，在真核细胞中还有少量不均一 RNA 和核内小 RNA 等。

（一）mRNA 的结构与功能

　　生物的遗传信息主要储存于 DNA 的碱基序列中。细胞中，DNA 主要存在于细胞核的染色体上，而蛋白质的合成中心却位于细胞质的核糖体上，因此它需要一种中介物质把遗传信息传递过去。这种起着传递遗传信息作用的中介物质就是一种特殊的 RNA，被称为信使 RNA （mRNA）。mRNA 的功能就是把 DNA 上的遗传信息精确无误地转录下来，然后，由 mRNA 的碱基顺序决定蛋白质的氨基酸残基顺序，从而完成基因表达过程中遗传信息传递中介的使命。

在真核生物中，最初转录生成的 RNA 称为不均一核 RNA（heterogeneous nuclear RNA，hnRNA），hnRNA 是 mRNA 的未成熟前体，含有大量非编码序列，大约只有 25% 的 RNA 经加工成为 mRNA。两者之间的差别主要有两点：一是 hnRNA 核苷酸链中的一些片段将不出现于相应的 mRNA 中，这些片段称为内含子，而那些保留于 mRNA 中的片段称为外显子；二是 mRNA 的 5′端被加上一个甲基化的鸟苷酸残基帽子，在 mRNA 3′端多了一段长 100～200 个腺苷酸（polyA）的尾巴结构。mRNA 从 5′端到 3′端的结构依次是 5′端帽子结构、5′端非编码区、决定多肽氨基酸序列的编码区、3′端非编码区和多聚腺苷酸尾巴。

目前认为这种 3′端（polyA）结构可能与增加转录活性及使 mRNA 趋于相对稳定有关。mRNA 的 5′端帽子结构主要有以下 3 方面的功能：①封闭 mRNA 的 5′端，使其没有游离的 5′端磷酸，这种结构有抗 5′-核酸外切酶降解的作用，使 mRNA 更稳定；②作为 mRNA 与核糖体结合的信号，无帽子结构的 mRNA 不能与核糖体的 40S 亚基结合；③可能与蛋白质合成的正确起始作用有关。

（二）tRNA 的结构与功能

tRNA 是细胞内分子量最小的一类核酸，由 70～90 个核苷酸构成。tRNA 能根据 mRNA 的遗传密码依次准确地将它携带的氨基酸连接成多肽链。每种氨基酸可与 1～4 种 tRNA 相结合，现在已知的 tRNA 种类在 40 种以上。各种 tRNA 无论在一级结构上，还是在二、三级结构上均有一些共同特点。tRNA 中含有 10%～20% 的稀有碱基，如甲基化的嘌呤、双氢尿嘧啶、次黄嘌呤和假尿嘧啶核苷。tRNA 约占细胞总 RNA 的 15%。tRNA 的作用是携带相应的氨基酸将其转运到核蛋白体上以供蛋白质合成。

tRNA 的二级结构呈三叶草形（clover leaf pattern）。所有 tRNA 3′端均有相同的 CCA—OH 结构，与氨基酸在此缩合成氨酰 tRNA，起到转运氨基的作用。通过 X 射线衍射等结构分析方法，发现 tRNA 的三级结构均呈倒"L"形，其中 3′端含 CCA—OH 的氨基酸臂位于一端，反密码子环位于另一端，DHU 环和 TΨC 环虽在二级结构上各处一方，但在三级结构上却相互邻近（二维码 5-3）。tRNA 三级结构的维系主要是依赖核苷酸之间形成的各种氢键。各种 tRNA 分子的核苷酸序列和长度相差较大，但其三级结构均相似，提示这种空间结构与 tRNA 的功能有密切关系。

5-3

（三）rRNA 的结构与功能

rRNA 是组成核糖体的主要成分，而核糖体则是合成蛋白质的中心。rRNA 是细胞内含量最多的 RNA，占 RNA 总量的 80% 以上。核糖体 RNA 分子是作为蛋白质合成工厂的核糖体的组分。翻译时，核糖体附着于 mRNA 分子上并沿着分子移动合成多肽。核糖体由 rRNA 分子和蛋白质组成，并在大部分细胞中大量存在。核糖体的大小可通过速度沉降离心测定。沉降系数表示为 S 值（1S＝1 个斯韦德贝里单位）。真核生物的核糖体很大，其总分子质量为 4 220 000Da，大小为 32nm×22nm。原核生物核糖体的沉降系数为 70S，而真核生物核糖体的沉降系数各不相同，平均约为 80S。典型的真核生物核糖体包含 40S 和 60S 两个亚基。大亚基包含 3 种 rRNA（28S、5.8S 和 5S）与 49 条多肽。小亚基只包含一个 18S rRNA 和 33 条多肽。各种生物核蛋白体小亚基中的 rRNA 具有相似的二级结构。

（四）其他

除了上述 3 种主要的 RNA 外，在生物体内还存在着一些非编码 RNA（noncoding RNA，ncRNA）。小核 RNA（small nuclear RNA，snRNA）就是一种非编码 RNA，它是真核生物转录加工过程中 RNA 剪接体的主要成分，与 40 种左右的核内蛋白质共同组成 RNA 连接体，在 RNA 转录后加工中起重要作用。另外，还有端粒酶 RNA（telomerase RNA），它与染色体末端的复制有关；反义 RNA（antisense RNA），它参与基因表达的调控。

三、遗传信息的传递

1954 年，Crick 提出了遗传信息传递的规律，即 DNA 通过复制把遗传信息由亲代传递给子代，在后代的生长发育过程中，DNA 通过转录将遗传信息转入 RNA 中，RNA 又通过翻译将遗传信息表达为特异的蛋白质，以执行各种生命功能（图 5-1）。此后，中心法则得到丰富，在某些情况下，RNA 也可作为遗传信息的携带者，进行自我复制，还有许

图 5-1　中心法则

多病毒包含由 RNA 分子构成的基因组反转录病毒，通过反转录的方式将遗传信息传递给DNA，单链 RNA 分子被转换为双链 DNA 拷贝，随后插入宿主细胞基因组。目前还没有发现从蛋白质起始指向其他方向的途径，即蛋白质不能进行自我复制，也不能由蛋白质的氨基酸序列指导合成 DNA 或 RNA。

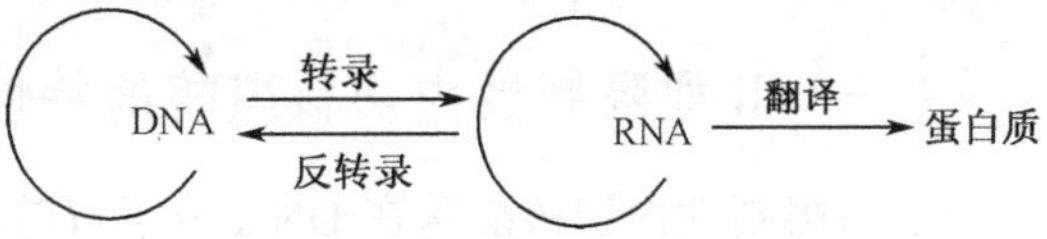

四、基因的概念与类型

（一）基因的概念

基因的物质基础是 DNA 或 RNA，它是遗传物质的最小功能单位，是具有一定遗传效应的 DNA 分子中特定的核苷酸序列，也是遗传信息传递和性状分化、发育的依据，在结构上基因是可分的。

（二）基因的类型

基因可分为以下几种类型。①结构基因（structural gene）：是指能够编码 RNA 或蛋白质的一段 DNA 序列，如生物体内的各种酶基因。②调控基因（regulatory gene）：是指其产物参与调控其他结构基因表达的基因，如转录因子基因。③重叠基因（overlapping gene）：是指同一段 DNA 的编码序列，由于开放阅读框的不同或终止早晚的不同，同时编码两个或两个以上多肽链的基因。④断裂基因（split gene）：是指一个结构基因内部有一个或多个不翻译的编码序列，如内含子所隔开的基因。⑤跳跃基因（jumping gene）：是指可作为插入因子或转座因子移动的 DNA 序列，有人将它作为转座子的同义词。⑥假基因（pseudogene）：与已知的基因相似，但位于不同位点，因缺失或突变而不能转录或翻译，是没有功能的基因。根据基因的来源，也可将其分为核基因、线粒体基因、叶绿体基因等。

第二节　植物基因工程常用的工具酶

20 世纪 60 年代末和 70 年代初，科学家相继发现了能在特定位置上切割 DNA 分子的限

制性内切酶和能将 DNA 片段连接在一起的 DNA 连接酶。重组 DNA 所涉及的工具酶，最主要的是限制性内切核酸酶和 DNA 连接酶，另外还涉及其他一些酶，如 DNA 聚合酶、反转录酶、SI 核酸酶、核酸酶 H 等。

一、限制性内切核酸酶

限制性内切核酸酶（restriction endonuclease）是一类能够识别双链 DNA 分子中某一特定核苷酸序列，并能对核酸内部的磷酸二酯键进行切割的核酸内切酶。目前已经鉴定出三种不同类型的限制性内切核酸酶，即 I 型酶、II 型酶、III 型酶。I 型酶能识别专一的核苷酸顺序，并在识别点附近切割双链，但切割序列没有专一性。II 型酶识别位点严格专一（回文序列），并在识别位点内将双链切断。III 型酶识别位点严格专一（不是回文序列），但切点不专一，往往不在识别位点内部。在基因工程中具有实用价值的是 II 型限制性内切核酸酶。

（一）II 型限制性内切核酸酶的特性与 DNA 的切割

II 型限制性内切核酸酶在 DNA 分子双链的特异性识别序列部位，切割 DNA 分子产生 3′—OH 和 5′—P。目前已经从 250 种不同的微生物中分离到约 400 种限制性内切酶，绝大多数的 II 型限制性内切核酸酶都能够识别由 4～8 个核苷酸组成的特定的核苷酸序列。限制酶从其识别序列内切割 DNA 分子，有些识别序列是连续的（如 GATC），有些识别序列则是间断的（如 GANTC），一个共同特点是，它们具有双重旋转对称的结构形式，即这些核苷酸对的顺序呈回文结构。

根据 II 型限制性内切核酸酶的识别位点的不同，可将其切割模式分为三类：第一类是能够识别回文结构并切割产生突出末端，包括形成 5′突出末端和 3′突出末端；能够切割产生突出黏性末端的限制性内切核酸酶在 II 型限制性内切核酸酶中占大多数，如 *Eco*R I、*Hind* III、*Bam*H I、*Pst* I 等。第二类是能够切割产生平末端的限制性内切核酸酶，比较典型的有 *Sma* I、*Xma* I、*Eco*R V、*Pvu* II 等。第三类 II 型限制性内切核酸酶，其识别位点两侧的序列比较固定，而中间的碱基可以变化，如 *Bst*E II、*Xmn* I 等（二维码 5-4）。

5-4

在已分离的限制性内切核酸酶中，有些酶具有相同的识别序列和相同的切点，称为同裂同工酶；有些酶具有共同的识别序列，但切点不同，称为同裂酶；有一些同裂酶对于切割位点上的甲基化碱基的敏感性有所差别，可用来研究 DNA 甲基化作用。

有些酶之间的识别序列相似，只差一个核苷酸，但切割后产生的黏性末端尾巴完全相同，称为同尾酶，如 *Sal* I 与 *Xho* I、*Spe* I 与 *Xba* I。由同尾酶所产生的 DNA 片段，是能够通过其黏性末端之间的互补作用而彼此连接起来的，因此在基因克隆实验中很有用处。由一对同尾酶分别产生的黏性末端共价结合形成的位点，称为"杂种位点"（hybrid site）。这类杂种位点的结构，一般是不能够再被原来的任何一种同尾酶所识别的。

（二）影响限制性内切核酸酶活性的因素

1. DNA 的纯度　　在 DNA 提取过程中，遗留的微量蛋白质、酚、氯仿、乙醇、EDTA（乙二胺四乙酸）、SDS（十二烷基硫酸钠）及高浓度的盐离子等都会影响酶切效率，可通过增加酶的用量、扩大酶催化反应体积、延长酶催化反应的保温时间及加入亚精胺等来提高酶切效率。

2. 酶切消化反应的温度　　不同的限制性内切核酸酶具有不同的最适反应温度。大多数限制性内切核酸酶的标准反应温度都是 37℃，但也有许多例外的情况。消化反应的温度低于或高于最适温度，都会影响限制性内切核酸酶的活性。

3. DNA 的分子结构　　某些限制性内切核酸酶切割超螺旋的质粒 DNA 或病毒 DNA 所需要的酶量，要比消化线性 DNA 的高出许多。此外，还有一些限制性内切核酸酶，当其识别序列位于 DNA 上不同位置时，切割效率也有明显的差别。据推测，这很可能是由识别位点侧翼序列的核苷酸成分差异造成的。例如，*Nar* Ⅰ、*Nae* Ⅰ、*Sac* Ⅱ 及 *Xma* Ⅲ 等，对不同位点的限制位点的切割活性会有很大的差异，其中有些位点是很难被切割的。

4. 限制性内切核酸酶的缓冲液　　所有的 Ⅱ 型限制性内切酶起作用都需要 Mg^{2+}，巯基乙醇或 DTT（二硫苏糖醇）对酶的活性有稳定作用。不同的限制性内切酶表达最大活力的条件是不同的，绝大多数限制性内切酶作用的 pH 在 7.5～8.0，Mg^{2+} 和 Tris 的浓度各是 10mmol/L。限制性内切核酸酶对 Na^+ 的要求则差别很大。

酶的识别序列和切点是在一定条件下成立的。在"非最适的"反应条件下，如高浓度的限制性内切核酸酶、高浓度的甘油、低离子强度、用 Mn^{2+} 取代 Mg^{2+} 及高 pH 等，都可以使某些限制性内切核酸酶的识别序列发生松动，在非特异位点发生切割，发生限制性内切核酸酶的所谓"星号反应"。例如，用双酶进行消化，应选择有利于此两种酶活性的共同缓冲液。当二者对缓冲液的要求差距比较大时，可分步进行消化。如果两个酶的反应温度不一样，一般情况下应先以最适温度低的酶进行消化，反应完成后，再添加另一个酶，并在其最适温度下消化 DNA。

二、DNA 连接酶

DNA 连接酶是 1967 年由三个实验室同时发现的。它是一种封闭 DNA 链上缺口的酶，借助 ATP 或 NAD^+ 水解提供的能量催化 DNA 链的 5′—P 与另一 DNA 链的 3′—OH 生成磷酸二酯键。

在 DNA 重组技术中使用的连接酶有两种，即 T4-DNA 连接酶和大肠杆菌 DNA 连接酶，前者是在 T4 噬菌体感染的大肠杆菌中发现和分离的，它是 λ 噬菌体基因编码的产物。这两种连接酶均可催化带匹配黏性末端的双链 DNA 分子之间的连接反应，不同的是 T4-DNA 连接酶还可以催化两个具有平末端的双链 DNA 片段之间的连接反应，而大肠杆菌 DNA 连接酶不具备此活性。因此，在分子克隆中 T4-DNA 连接酶更加有用。此外，两种连接酶还可以封闭 DNA 分子上相邻核苷酸之间的切口。但如果缺少一个或几个核苷酸的缺口，两种 DNA 连接酶均无法催化连接反应，而且都不能催化单链 DNA 之间的连接反应。

三、DNA 聚合酶

1. 大肠杆菌 DNA 聚合酶 Ⅰ　　大肠杆菌 DNA 聚合酶 Ⅰ 是大肠杆菌 *PolA* 基因编码的一条多肽链，主要有 3 种催化活性：①5′→3′ DNA 聚合酶活性。以单链 DNA 为模板催化单核苷酸结合到 DNA 引物的 3′—OH 端，沿 5′→3′ 的方向按模板顺序合成 DNA 链。②3′→5′ 的外切酶活性。从 3′—OH 端降解双链 DNA 或单链 DNA 分子成为单核苷酸，其对双链 DNA 的外切酶活性可被 5′→3′ DNA 聚合酶活性抑制，也可被带有 5′—P 的 dNTP 所抑制。③5′→3′ 外切酶活性。从 5′端降解双链 DNA 成单核苷酸。也可降解 DNA∶RNA 杂交中的 RNA 部分，即具有 RNA 酶 H 活性。大肠杆菌 DNA 聚合酶 Ⅰ 的外切活性和聚合活性可以同时进行，因此在分子克隆中的主要作用是采用缺口平移方法（nick translation）标记 DNA，制备放射性 DNA

探针，用于核酸杂交分析。

2. 大肠杆菌 DNA 聚合酶 I 的 Klenow 片段 大肠杆菌 DNA 聚合酶 I 的 Klenow 片段是大肠杆菌 DNA 聚合酶 I 经蛋白水解酶处理，去除全酶中的 $5' \rightarrow 3'$ 核酸外切酶活性，保留了 $5' \rightarrow 3'$ 聚合酶活性和 $3' \rightarrow 5'$ 外切酶活性的 76kb 的多肽。其主要用途有：①修补经限制酶消化的 DNA 所形成的 $3'$ 隐蔽末端；②标记 DNA 片段的末端；③cDNA 克隆中的第二链 cDNA 的合成；④DNA 序列测定。

3. T4-DNA 聚合酶 T4-DNA 聚合酶是从 T4 噬菌体感染的大肠杆菌中分离而来，由噬菌体基因 43 编码。同 Klenow 片段相似，具有 $5' \rightarrow 3'$ 聚合酶活性和 $3' \rightarrow 5'$ 外切酶活性，但它的外切酶活性比大肠杆菌的要高 200 倍。另外，T4-DNA 聚合酶有取代反应的酶活性。所谓取代反应是在反应混合物中仅存在一种 dNTP 底物的条件下，T4-DNA 聚合酶的 $3' \rightarrow 5'$ 外切酶活性将从 dsDNA 的 $3'$ 端降解直到互补于这个 dNTP 的碱基出现为止，然后在这个位置就会发生取代和合成反应。T4-DNA 聚合酶主要有以下三个方面的用途：①以填充反应标记带有延伸 $5'$ 端的 dsDNA；②以取代反应标记延伸黏性末端或平末端的 dsDNA；③借助其 $3' \rightarrow 5'$ 外切酶活性，以部分消化 dsDNA 法标记 DNA 片段作为杂交探针。

4. T7-DNA 聚合酶 T7-DNA 聚合酶是从 T7 噬菌体感染的大肠杆菌纯化出来的一种复合形式的核酸酶，由两种不同的蛋白质亚基构成，是已知 DNA 聚合酶中持续合成能力最强的一个。其催化合成的 DNA 片段平均长度比其他 DNA 聚合酶催化合成的 DNA 片段长很多。而且 T7-DNA 聚合酶也具有 $3' \rightarrow 5'$ 外切酶活性，其活性很强，约为大肠杆菌聚合酶 Klenow 片段的 1000 倍，用于以大分子量 DNA 为模板的引物延伸反应，可以用于补平或交换反应进行快速 $3'$ 端标记。使用 T7-DNA 聚合酶可将双链 DNA $3'$ 或 $5'$ 的突出末端转变成平末端。

5. 反转录酶 反转录酶（reverse transcriptase）是以 RNA 为模板指导三磷酸脱氧核苷酸合成互补 DNA 的酶。真核生物中分离出具有不同结构的反转录酶。这种酶需要 Mg^{2+} 或 Mn^{2+} 作为辅助因子，当以 mRNA 为模板时，先合成单链 DNA（ssDNA），再在反转录酶和 DNA 聚合酶 I 作用下，以单链 DNA 为模板合成发夹形的双链 DNA（dsDNA），最后由核酸酶 S1 切成两条单链的双链 DNA。因此，反转录酶可用来把任何基因的 mRNA 反转录成 cDNA 拷贝。

四、其他工具酶

1. 末端转移酶 末端转移酶是从小牛胸腺前体淋巴细胞内分离纯化的一种小分子量的碱基蛋白质。该酶能以具 $3'$—OH 的单链和双链的 DNA 为引物，在有底物 dNTP 和 Mg^{2+} 或 Co^{2+} 存在下，把脱氧核苷酸一个接一个地加到 DNA 的 $3'$ 端上。如果 $3'$—OH 端是突出的或者是单链的 DNA，则需要 Mg^{2+}；如果双链 DNA 的 $3'$ 端是缩进去的或是平齐的末端，则需要 Co^{2+}。在基因工程中，利用末端转移酶不需要模板，dNTP 中任何一个都可作为反应前体物的特性，给平末端 DNA 片段 $3'$—OH 加上同聚物 polyC 或 polyG，也可以加上 polyT 或 polyA，形成同聚物加尾结构是其在 DNA 重组技术中的广泛应用。

2. 碱性磷酸酶 常用的碱性磷酸酶包括细菌碱性磷酸酶（BAP）和小牛肠碱性磷酸酶（CIP）。其共同特点是在碱性条件下（pH 8.0 或 9.0），可除去 DNA、RNA 及脱氧核糖核苷酸和核糖核苷酸的 $5'$—P，使 $5'$—P RNA 或 $5'$—P DNA 变为 $5'$—OH RNA 或 $5'$—OH DNA，即核酸分子的脱磷酸化作用。产生的 $5'$—OH DNA 或 $5'$—OH RNA 可以通过核苷酸激酶的作用把放射性核苷酸加到 5′端进行标记。去除 5′—P 的另一作用是可以防止 DNA 自身连接,减少基因克隆过程中高背景克隆的干扰,有利于筛选到阳性重组体。由于 BAP 具有热稳定的特性,较难通过加热灭活而终止反应,因而在选择使用时,优先使用 CIP。

3. DNA 甲基化酶　　DNA 甲基化酶的主要特性是通过对 DNA 分子上的特定序列位点进行甲基化修饰,使该序列免受能识别和切割该序列的限制性内切酶的切割。甲基化酶使 DNA 分子的腺嘌呤或胞嘧啶碱基甲基化后,免受内源性限制性酶切割,从而与能被限制性内切酶识别的未甲基化的 DNA 分子和不可识别的甲基化方式的 DNA 分子区别开来,起保护 DNA 分子的作用。利用甲基化酶的特性,通过 DNA 的甲基化修饰限制性内切酶位点,在分子克隆中更有利于甲基化 DNA 的转化和克隆。

4. S1 核酸酶　　S1 核酸酶来源于稻谷曲霉,是一种单链特异的核酸内切酶,能降解单链 DNA 或 RNA,产生带 5′—P 的单核苷酸或寡核苷酸。该酶需要低水平的 Zn^{2+} 激活,最适 pH 为 4.0~4.3。一些螯合剂如 EDTA 和柠檬酸等能强烈地抑制 S1 核酸酶活性。磷酸缓冲液和 0.6%左右的 SDS 溶液也可以抑制它的活性。它对尿素及甲酰胺等试剂则是稳定的。

S1 核酸酶的单链水解功能可以作用于双链核酸分子的单链区,并从单链部位切断核酸分子,这种切割可以对双链 DNA 中的一个切口发生作用。应用 S1 核酸酶能够分析核酸杂交分子的结构,测定真核基因中内含子序列的位置,去除 DNA 片段中突出的单链末端及打开在双链 DNA 合成中形成的发夹结构等。

第三节　园艺植物基因工程常用的载体

载体的作用是把外源 DNA 带进宿主细胞,并使之在细胞内建立稳定的遗传状态,在细胞内繁殖、传代或进行表达。载体应当具备以下 5 个条件:①能自主复制,即使外源 DNA 插入后也如此;②载体应具备可供选择的遗传标记,可以借助于这些标记容易地把转化的细胞与未转化的细胞区别开来,把重组分子与非重组分子所转化的细胞相区别,便于进行重组体筛选和鉴定;③载体分子的合适位置上必须有供外源 DNA 插入的位点,即克隆位点;④载体本身应尽量小,不含或尽量少含多余的 DNA 部分,这样可以容纳较大的外源 DNA;⑤载体的特征应是充分掌握的,包括基因和酶切位点的准确位置,以及它的核苷酸序列。目前人们已经构建许多载体,其中主要有质粒、噬菌体、柯斯质粒和人工染色体。

一、质粒载体

质粒(plasmid)是存在于细胞质中的一类独立于染色体的自主复制的遗传成分,是一种裸露的 DNA 分子(或者 RNA 分子)。在不同的生物体中,包括细菌、藻类和酵母中都发现有质粒 DNA 分子的存在。质粒 DNA 分子在宿主细胞内通常以共价闭合环状的超螺旋形式存在,但也发现有开环的质粒 DNA 分子和线性的质粒 DNA 分子。例如,在眼虫、衣藻等真核生物中发现线性质粒 DNA 分子,在疏螺旋体和链霉菌中发现双链线状质粒,它们的分子结构上具有末端发夹环、末端反向重复序列及附着的蛋白质等。另外,在细菌和黏粒中还发现一类 5′端附着 RNA 多拷贝的单链 DNA 质粒,以及在酵母中存在的一种特殊的 RNA 质粒分子,如酵母的杀伤质粒(killer plasmid)。

质粒的大小各不相同,分子量为几千碱基对到几十万碱基对,它们编码着一些重要的非染色体控制的遗传性状,赋予寄主细菌抗性特征、代谢特征、修饰寄主生活方式等方面的特性。目前在基因工程中使用到的质粒 DNA 分子通常在 3kb 左右，并且在适宜的寄主细胞中具有很强的复制能力，拷贝数较高。

（一）质粒载体的生物学特性

1. 质粒载体的复制类型　　质粒 DNA 分子在宿主细胞内的复制，按照每个细菌质粒的拷贝数可以分为严紧型和松弛型两大类型。质粒的拷贝数是指生长在标准的培养基条件下，每个细菌细胞中所含有的质粒 DNA 分子的数目。严紧型质粒在每个细胞中的拷贝数通常在 10 个以下，而松弛型质粒在每个细胞中的拷贝数在 10 个以上。基因工程中所应用的质粒载体大多数为松弛型。

2. 质粒载体的不亲和性　　质粒载体的不亲和性也称为质粒的不相容性，是指在没有选择压力的情况下，两种亲缘关系密切的不同质粒不能够在同一个寄主细胞系中稳定共存的现象。在细胞的增殖过程中，其中必有一种会被逐渐地排斥掉，这样的两种质粒称为不相容质粒。而能够在同一个宿主细胞中共存的不同的质粒称为亲和性质粒。属于同一不亲和群的质粒在亲缘关系上比较密切，亲缘关系较远的质粒通常能够共存同一寄主细胞中。一种质粒与其衍生的质粒之间往往为不亲和性的质粒。

3. 质粒载体的接合转移　　接合型质粒又叫自我转移的质粒，它们除了具有自主复制所必需的遗传信息外，还带有一套控制细菌配对和质粒接合转移的基因。非接合型质粒也叫不能自我转移的质粒，它们虽然具有自主复制的遗传信息，但失去了控制细菌配对和接合转移的基因，因此不能从一个细胞自我转移到另一个细胞。非接合型质粒通常分子较小，拷贝数比较大，接合型质粒通常分子比较大，拷贝数比较小。此外，接合型质粒不仅能够自发地从一个细胞转移到另一个细胞，而且还能够转移染色体记号，并可以使与其共存的非接合型质粒发生迁移。使用接合型质粒作为载体，在理论上存在着使 DNA 跨越生物种间遗传屏障的潜在危险性，因此在基因克隆的操作中使用的是非接合型的质粒载体，这种质粒比较安全。

（二）质粒载体的分类

按照质粒载体的用途及构成特点，可将质粒载体分成以下几类。

1. 克隆质粒载体　　是指用于在受体细胞中进行目的基因扩增的载体。这类载体必须具有能使外源 DNA 片段插入的克隆位点或重组位点且能携带外源 DNA 进入受体细胞，能够游离在细胞质中进行自我复制，或整合到染色体 DNA 上随染色体 DNA 的复制而复制。此外，必须具有选择标记，承载外源 DNA 的载体进入受体细胞后，以便筛选克隆子。

2. 穿梭质粒　　穿梭质粒是指一类具有两种不同复制起点和选择标记，因而可以在两种不同类群宿主中存活和复制的质粒载体。分子克隆中最常用的是大肠杆菌，但有时也会用其他微生物或哺乳动物、高等植物作为宿主细胞，所以在构建载体时可以在其上构建第二个复制起始位点，使其在另一个宿主细胞中也能进行复制，实现物种间的穿梭。

3. 表达质粒载体　　表达质粒载体是适合在受体细胞中表达外源基因的载体，包括原核表达载体和真核表达载体。原核表达载体一般需有一个强的原核启动子及其两端的调控序列，外源基因上游应有 SD 序列，而 SD 序列与起始密码子 ATG 之间有合适的距离，外源基因插入后有正常的阅读框架，外源基因下游有不依赖于 ρ 因子的转录终止子。其主要目的是大量表达基因所指导的蛋白质，之后于体外纯化，一些疫苗质粒即属于此类。

质粒载体的界定并不是非常严格，如真核表达载体大多是穿梭载体，有两套复制原点和筛选标记，一套在大肠杆菌中使用，另一套在真核细胞中使用。此外，还有温敏质粒、探针质粒、测序质粒、整合质粒等。质粒类别的界定标准千差万别，但大部分基因工程所使用的质粒载体都可归为以上几类。

应用较为广泛的质粒载体有 pBR322、pUC 系列质粒，以及 pCAMBIA 系列植物双元载体等（二维码 5-5）。

5-5

二、噬菌体载体

噬菌体是感染细菌的病毒。它可以脱离寄主细胞保持自己的生命，但只有在寄主细胞内，利用寄主细胞的核糖体、合成蛋白质的因子、各种氨基酸及产能体系，才能进行自身的生长和增殖。在基因克隆中，经常使用 λ 噬菌体和 M13 噬菌体。

（一）λ 噬菌体载体

λ 噬菌体为线状双链 DNA 分子，长度为 48 502bp，在 λ 噬菌体 DNA 分子的两端各有 12bp 的单链互补黏性末端，当 λ 噬菌体进入细菌细胞后，其 DNA 可迅速通过黏性末端配对而成双链环状的 DNA 分子，这种由黏性末端结合形成的双链区域称为 COS 位点（cohesive-end site）。λ 噬菌体是一种温和噬菌体，也是迄今研究最为深入的一种大肠杆菌双链 DNA 噬菌体。λ 噬菌体载体根据其本身 DNA 缺失的多少分为插入型 λ 噬菌体载体和置换型 λ 噬菌体载体两种类型。

1. 插入型 λ 噬菌体载体　插入型 λ 噬菌体载体只有一个外源 DNA 插入限制性酶切位点，如 λgt-10、λgt-11、λBV2-10、λNM540 等。插入型载体承受的外源 DNA 片段较小，一般在 14kb 以下，适于 cDNA 及小片段 DNA 的克隆。外源 DNA 片段克隆到插入型载体上后会使噬菌体的某种生物功能丧失效力，即插入失活效应，这也为克隆基因的选择提供了表型差异。

常用的插入失活方法有大肠杆菌 β-半乳糖苷酶失活和免疫功能失活两种。利用 β-半乳糖苷酶插入失活的载体，在诱导物 IPTG 和 X-gal 存在时，与相应的 Lac- 宿主铺平板可形成深蓝色噬菌斑。用这种载体克隆时，β-半乳糖苷酶基因的大部分被外源 DNA 片段取代，所产生的重组噬菌体丧失 α 互补能力，在含有 IPTG 和 X-gal 的平板下形成无色噬菌斑。因此，对于这类 λ 噬菌体载体，可通过组织化学方法进行重组子的筛选。免疫功能失活的插入型载体在其基因组中有一段免疫区，此区段带有 1～2 种限制酶的单一切点。若外源基因插入这一位点时，就会使载体所具有的合成活性阻遏物的功能遭到破坏，而无法进入溶源周期。因此，凡带有外源 DNA 插入的 λ 重组体都只能形成清晰的噬菌斑，而没有外源 DNA 插入的亲本噬菌体就会形成浑浊的噬菌斑。不同噬菌斑形态可作为重组体的标记。

2. 置换型 λ 噬菌体载体　置换型载体的基因组中具有成对的限制性酶切位点，在这两个位点之间的 DNA 区段可以被插入的外源 DNA 片段取代，如 λEMBL4、Charon40、λgtwES 等。该类载体可以克隆较大的 DNA 片段，然而由于噬菌体 DNA 包装极限的限制，多数载体不用特殊的筛选标记。置换型载体需要先用内切酶切割 λ 噬菌体 DNA，然后回收特定的片段和外源 DNA 连接，所以使用较为烦琐。目前，许多商品化的载体直接提供回收后的噬菌体片段用于和外源 DNA 片段连接，为克隆试验提供了便利。

λ 噬菌体载体的主要用途是构建 cDNA 文库。某种生物体的某个组织的 cDNA 分子与 λ 噬菌体载体相连接，然后通过体外包装，直接转导受体细胞。通过体外转导作用，1μg 的 cDNA 分子可以获得 10^6 个以上的噬菌斑。这些不同的噬菌体中都携带有一条外源 cDNA 分子。这个噬菌体 cDNA 文库就可用于基因的克隆。此外，λ 噬菌体还可以用于基因组 DNA 文库的构建及大容量载体中增殖的大片段外源 DNA 序列的亚克隆等。

（二）M13 噬菌体载体

M13 是丝状噬菌体，颗粒内含有一个大约 6400 个核苷酸的单链闭环 DNA 分子。M13 感染寄主细胞是通过性纤毛注入其 DNA 分子。这条具有感染性的单链 DNA，即正链（＋），在寄主细胞内酶的作用下，转变为双链 DNA，称为复制型 DNA（RFDNA）。当噬菌体 DNA 在宿主细胞内复制时，复制叉绕负链（－）移动，进行滚环复制；复制叉每环绕负链整整一周时，被取代的正链被切除继而环化后，形成单位长度的噬菌体基因组。与大多数病毒不同的是，M13 噬菌体颗粒不是在宿主体内组装，而是在其以特殊的方式从宿主细胞中"溢出"的同时包入衣壳蛋白中。由于 M13 噬菌体的正链 DNA 不是被包装到一个预先形成的结构之中，因此 M13 噬菌体无包装限制。研究结果表明，M13 丝状颗粒的长度可随被包装的 DNA 量的多少而变化，这一点在基因克隆中十分有用。

M13 噬菌体的所有基因都是必需基因，它可构建成基因工程载体主要是在其基因组中存在着两个基因间隔区。目前，基因工程中使用的大多数单链噬菌体载体都是利用基因Ⅱ与基因Ⅳ之间的间隔区构建的。M13mp 系列载体是最重要的单链噬菌体载体，它们均含有 lacZ 基因，从而可以通过简单的颜色反应筛选重组子。目前已构建出一系列 M13 系列的衍生载体，如 M13mp7～M13mp11、M13mp18 及 M13mp19 等。其中，M13mp18 和 M13mp19 是目前最常用的单链噬菌体载体，这两个载体均含有 13 个不同的酶切位点，可适合多种克隆策略（如定向克隆等）。

三、柯斯质粒载体

柯斯质粒（cosmid）是 1978 年由柯林斯（Collins）和霍恩（Hohn）等发展起来的含有 λ 噬菌体 DNA 的 cos 序列和质粒复制子的特殊类型的质粒载体。构建的柯斯质粒载体是一种环形双链 DNA 分子，大小为 4～6kb。柯斯质粒载体 pHC79 由 3 部分组成：具有抗性标记和一个质粒的复制起点部位；一个或多个限制酶的单一切割位点；一个带有 λ 噬菌体的黏性末端片段（参见上页二维码 5-5）。在柯斯质粒载体 pHC79 的结构中，来自 pBR322 的部分是一个完整的复制子，编码一个复制起点和两个抗生素基因 Amp' 和 Tet'。来自 λ 噬菌体 DNA 的部分片段除了提供 cos 位点外，在 cos 的两侧还具有与噬菌体包装有关的 DNA 短序列，这样就能够包装成有感染性的噬菌体颗粒。很显然，柯斯质粒综合了质粒载体和噬菌体载体二者的优点，可将约 40kb 大小的外源 DNA 片段插入单克隆位点，形成一个长约 50kb 的线性 DNA 分子。这个 DNA 分子由于含有两个相距约 50kb 的 cos 位点，因此可以在体外包装进入空的噬菌体头部，没有插入 DNA 的空载体或插入片段大小不符合要求的重组分子则无法包装。重组噬菌体的 DNA 可以通过侵染大肠杆菌而传递，一旦进入大肠杆菌，由于进入头部时两个 cos 位点都已切割掉，它们通过碱基配对可以将整个 DNA 分子变成一个环状的质粒分子，复制起始位点的存在又可以保证其在宿主细胞中稳定复制保存，转化的细胞可以通过抗生素进行筛选。柯斯质粒适用于构建基因组文库和大基因的克隆。

四、人工染色体载体

（一）酵母人工染色体

目前能容纳最大外源 DNA 片段的载体是酵母人工染色体（yeast artificial chromosome,

YAC)。人们发现，真核生物的染色体有几个部分是最为关键的：一是着丝粒，它主管染色体在细胞分裂过程中正确地分配到各子细胞中；二是端粒，位于染色体的末端，它对于染色体末端的复制及防止染色体被核酸外切酶切断具有重要的意义；三是自主复制序列，即在染色体上多处 DNA 复制起始的位点，它与质粒的复制起始位点相类似。由于酵母染色体 DNA 有几百碱基长，因此人工染色体所能装进的外源 DNA 片段就要比其他类型载体装载得更多。简单地说，酵母人工染色体载体有两个臂，每个臂的末端有一个端粒，臂上则有着丝点等染色体必备元件，除此之外，还有供选择的标记基因；当外源 DNA 片段连接进两个臂中以后，通过选择标记人们可以从酵母宿主细胞中筛选出重组的人工染色体。为更好地进行重组染色体的选择，有人还在 YAC 的载体臂上加上了 tRNA 抑制子。也有人把 pBR322 的单克隆位点引入载体臂上，以便进行亚克隆构建和 YAC 克隆的限制性内切酶谱制订工作。后来又有人在 YAC 载体臂上加上了 T3 和 T7 RNA 聚合酶的启动子及更多的单克隆酶切位点，这样就使得亚克隆工作更加游刃有余。

实际上 YAC 载体是以质粒的形式出现的，它长约 8kb，带有人工染色体所需的一切元件，当要用它进行克隆时，先用 *BamH* I 和 *Sma* I 对它进行双酶解，回收两个臂，然后平末端的外源大片段 DNA 就可以同两个臂连接，形成真正意义上的人工染色体。试验结果证明，每个 YAC 都可以装进 100 万碱基以上的 DNA 片段，比柯斯质粒的装载能力要大数倍。YAC 既可以保证基因结构的完整性，又可以大大减少核基因库所需的克隆数目，从而使文库的操作难度减少。

（二）细菌人工染色体

细菌人工染色体（bacterial artificial chromosome，BAC）载体含有 50～300kb 的插入序列、F 质粒的复制起点（*oriS*）、控制质粒复制的 F 质粒基因（*repE*）、控制质粒拷贝数量的基因（*parA*、*parB*、*parC*）和质粒选择的氯霉素酰基转移酶基因（*CM'*）。

BAC 载体的构建完成极大地促进了基因组文库、物理图谱的构建和基因的图位克隆及基因组织结构分析。利用 BAC 载体所得到的克隆能稳定很多代，此外，BAC 能通过电转导转化进大肠杆菌（*Escherichia coli*）中，避免了包装过程。

利用人工染色体载体构建的高质量的大片段基因组文库极大地方便了基因组的研究工作。在大片段基因组文库基础上，目前开展了大规模的物理作图、测序、图位克隆等工作，并已取得相当的进展，如人类及拟南芥的基因组测序就是借助大片段基因组文库完成的。此外，由于人工染色体自身的特点，可使之应用于着丝粒的功能研究，从而了解染色体的行为。利用人工染色体还可以进行重要基因的定位并对近缘种进行比较分析，从而更多地获取生物发育及生物进化的信息。

第四节 植物基因工程的基本技术

一、核酸分离技术

（一）DNA 的分离

植物细胞中基因组 DNA（genomic DNA）主要存在于细胞核内，称为核 DNA 或染色体 DNA。细胞质中含有少量的 DNA，称为核外 DNA 或核外基因。主要分布在线粒体及叶绿体内，分别称为线粒体 DNA（mtDNA）及叶绿体 DNA（ctDNA）。核 DNA、线粒体 DNA、叶绿体 DNA 的提取一般是先分离细胞核或细胞器，然后再提取 DNA。总 DNA 的提取不必分离细胞核及细胞器，而是破碎细胞，让核蛋白体自然释放出来。目前植物总 DNA 提取主要有 CTAB 与 SDS 两种方法。

1. CTAB 法　　CTAB（cetyltriethylammonium bromide，十六烷基三乙基溴化胺）是一种去污剂，可与核酸形成复合物，能溶于高盐溶液（0.7mol/L NaCl）中，当溶液中盐浓度降低到一定程度（0.3mol/L NaCl）时该复合物从溶液中沉淀，通过离心就可将 CTAB-核酸的复合物同蛋白质、多糖类物质分开。然后用高盐溶液溶解 CTAB-核酸复合物，用乙醇沉淀核酸，CTAB 溶解于乙醇中。所得核酸 DNA 大小为 20～50kb，很少有 RNA 干扰。适用于多糖含量高的植物材料。

需要注意的是，CTAB 溶液在 15℃ 以下会发生沉淀，所以含 CTAB 的溶液不能在低温下离心。CTAB 与核酸的复合物发生沉淀时，多糖、色素、多酚类化合物不应发生沉淀，得到的 DNA 沉淀应为白色或灰色。提取的 DNA 带有颜色，是因为材料中含有较多的酚类物质，该类化合物氧化后易与 DNA 共价结合而使 DNA 呈褐色并抑制酶切反应，遇到这种情况时可以提高提取缓冲液中巯基乙醇的含量至 2%～5%，并尽可能选用幼嫩的材料。

2. SDS 法　　SDS 法是利用高浓度的 SDS，在较高温度（65℃）条件下裂解细胞，使染色体离析，蛋白质变性，释放出核酸，然后提高盐浓度，降低温度，使蛋白质及多糖杂质沉淀（最常用的是加入 5mol/L 的醋酸钾于冰上保温，在低温条件下醋酸钾与蛋白质及多糖结合成不溶物），离心除去沉淀后，用酚/氯仿进一步抽提上清液中残留的蛋白质，最后用乙醇沉淀水相中的 DNA。该方法较 CTAB 法温和，可获得大于 100kb 的大分子 DNA，可用作基因组克隆。

对于细胞破碎困难的植物材料，在使用 SDS 时辅以蛋白酶 K，使 SDS 与蛋白酶 K 在 EDTA 存在下共同破碎细胞。对于含多酚类物质较多的植物，如葡萄、番茄等，可在提取液中加入 6% 的 PVP（聚乙烯吡咯烷酮），PVP 可与多酚类物质结合形成复合物，经离心而被除去。还有的在提取缓冲液中加入 8mol/L 的尿素代替 SDS 等。SDS 法操作简单、温和，可获得分子量较高的 DNA，但所得产物含糖类杂质较多。用该法提取的 DNA 如果因后续试验在纯度上的要求，必须用氯化铯密度梯度离心纯化的话，那么提取时应用 Sarkosyl（十二烷基肌氨酸钠）代替 SDS。

植物细胞壁的有效破碎是获得完整 DNA 的前提。为此，在操作中应注意以下几点：在液氮冷冻前，植物材料表面的水分一定要用滤纸吸干；研磨使用的研钵等必须在液氮中预冷，且应在冷冻状态下进行研磨；样品研磨成粉状后，在加入提取缓冲液前必须保持其冷冻状态，否则内源 DNase 会引起 DNA 降解，影响提取效果。

DNA 降解主要来自提取过程中的物理因素及 DNase 活性。物理因素主要是机械切力，溶液在振荡、搅拌、转移、反复冻融、渗透压骤变及细胞急剧破裂内容物外泄时都会产生强的机械剪切力，因而提取时的各种操作均应温和地进行，避免剧烈振荡，转移 DNA 溶液的枪头要剪去尖部，吸取过程中避免产生气泡，不可用反复吸打的方法助溶 DNA 沉淀等。为防止 DNase 的降解作用，提取时使用的研钵、离心管、溶液等要经过高压灭菌。

（二）RNA 的分离

植物细胞内含有细胞质 RNA、细胞核 RNA 和细胞器 RNA。细胞质 RNA 包括 mRNA、

rRNA、tRNA。细胞核 RNA 主要有细胞质 RNA 的前体及小分子细胞核 RNA（snRNA）、染色质 RNA（chRNA）等。细胞器 RNA 主要指线粒体 RNA 及叶绿体 RNA。这些 RNA 统称细胞总 RNA，其中 rRNA 占 80% 左右，mRNA 占 1%～5%。由于真核细胞 mRNA 的 3′端都具有 20～200 个不同的多聚腺苷酸（polyA）结构，利用 polyA 可以把 mRNA 从总 RNA 中分离出来。

植物细胞 RNA 提取中的主要问题是防止 RNA 酶的降解作用。RNA 酶是一类水解核糖核酸的内切酶，不仅生物活性十分稳定，而且存在非常广泛，除细胞内含有丰富的 RNA 酶外，在实验环境中，如各种器皿、试剂、人的皮肤、汗液，甚至灰尘中都有 RNA 酶的存在。内源 RNA 酶来源于材料的组织细胞，提取开始时就必须除去。提取过程中有效抑制 RNase 活性的做法是将蛋白质变性剂，如酚、氯仿、SDS、Sarkosyl、盐酸胍、异硫氰酸胍、4-氨基水杨酸钠、三异丙基苯磺酸钠等与 RNase 抑制剂 RNasin、氧钒核糖核苷复合物等联合使用，效果比较理想。

外源 RNA 酶的抑制主要是用 DEPC（焦碳酸二乙酯），它能与 RNase 分子中的必需基团组氨酸残基上的咪唑环结合而抑制酶活性，用于水、试剂及玻璃器皿的 RNase 灭活。DEPC 与肝素合用效果增强，值得注意的是 DEPC 在 Tris 溶液中很不稳定，很快分解成 CO_2 及 C_2H_5OH，因而不能用于 Tris 溶液的 RNase 灭活。水及其他溶液的灭活一般使用 0.05%～0.10% 的 DEPC，37℃处理 12h 或室温处理过夜，DEPC 处理后的溶液还需高压灭菌去除残存的 DEPC。不能高压灭菌的试剂要使用经 DEPC 处理过的水配制，再经高压消毒。玻璃器皿可以在 200℃烘烤 3h 以上，不能烘烤的器皿用 0.1% 的 DEPC 处理过夜后再高压灭菌。

植物 RNA 提取的第二个问题是水溶性的细胞代谢物多糖等易与 RNA 结合成胶冻状的不溶物或有色的复合物，进而影响 RNA 的质量及产量。常用的解决方法为：加大离心力以去除多糖；采用低 pH 提取缓冲液抑制酚的解离及氧化；或用 α-巯基乙醇、PVP 来抑制酚类的干扰等。

1. 总 RNA 的提取　　目前植物总 RNA 提取主要有苯酚法、异硫氰酸胍法及氯化锂沉淀法。

（1）苯酚法　　该法利用苯酚协助破碎细胞；用酚/氯仿使蛋白质变性并反复抽提核酸；3mol/L 乙酸钠选择性沉淀 RNA；提取液中使用 4-氨基水杨酸及三异丙基苯硫酸盐抑制 RNase 活性。该方法操作简单、经济，可用于从植物叶、茎、根及萌发幼苗中提取总 RNA 或核 RNA。

（2）异硫氰酸胍法　　异硫氰酸胍是很强的蛋白质变性剂，它与 Sarkosyl 合用可使核蛋白体迅速解体；与还原剂 β-巯基乙醇合用可显著降低 RNase 活性。提取 RNA 时可将异硫氰酸胍、β-巯基乙醇、Sarkosyl 三者合用，既抑制了 RNA 降解，又增加了核蛋白体的解离，将大量的 RNA 释放到溶液中，然后用酸性酚（pH 3）进行抽提，使 DNA 与蛋白质一起沉淀，RNA 被抽提进入水相。用异丙醇沉淀 RNA 后，经酚/氯仿再次抽提进行纯化。

（3）氯化锂（LiCl）沉淀法　　其原理是在一定的 pH 条件下，Li^+ 使 RNA 发生特异性沉淀，通过多级沉淀可提高 RNA 的纯净度。利用 LiCl 选择性沉淀时，因提取缓冲体系不同有多种 LiCl 法，有的使用硼酸缓冲液，加入还原剂二硫苏糖醇抑制 RNase 活性，用 SDS 变性核蛋白；有的使用 Tris-HCl 缓冲体系，用苯酚及蛋白酶 K 处理蛋白；还有的使用高浓度尿素变性蛋白质同时抑制 RNase。氯化锂沉淀法虽有效，但沉淀过程较为烦琐，耗时较长，并存在着 Li^+ 的污染问题。

2. mRNA 的分离　　从总 RNA 中分离 mRNA 主要是利用亲和层析的原理。植物 mRNA

的 3′端具有 polyA 结构，可用多聚胸腺嘧啶-纤维素即 oligo dT-纤维素或多聚尿嘧啶（U）-琼脂糖亲和层析技术来纯化 mRNA。总 RNA 在流经 oligo dT-纤维素层析柱时，在高盐缓冲液作用下，mRNA 3′端 polyA 残基与连接在纤维素柱上的 oligo dT 残基间配对，形成氢键，使 mRNA 被吸附在柱上。不具 polyA 结构的 RNA，不能发生特异性结合而从柱中流出。结合在柱上的 mRNA 可以用低盐缓冲液或蒸馏水洗脱。因为在高盐溶液中碱基间的氢键稳定，在低盐状态下易解离，水打破 polyA 与 oligo dT 间的氢键，使 mRNA 洗脱。

　　层析中涉及的缓冲液有两种：一种是上样缓冲液，由 Tris-HCl、EDTA、氯化物盐类及去污剂组成。不同之处是有的使用 0.5mol/L 的 NaCl，有的使用 0.5mol/L 的 LiCl。不管使用哪种盐，都为高浓度，以促进 polyA 与 oligo dT 结合。另一种是洗脱缓冲液，除 Tris、去污剂的浓度减半外，最大的变化是不含氯化物或含低浓度的 LiCl，其作用是解除 polyA 与 oligo dT 的结合，使 mRNA 洗脱下来。

二、核酸电泳技术

（一）琼脂糖凝胶电泳技术

　　琼脂糖是从红色海藻产物琼脂中提取的一种线形多糖聚合物。在合适的缓冲液中，琼脂糖能溶化成透明溶液，待溶液冷却凝固后便会形成良好的电用介质，其密度是由琼脂糖浓度决定的。低熔点琼脂糖（LMP）在较低温度下便会熔化，可用于 DNA 小片段的制备。

　　琼脂糖凝胶电泳是分离、鉴定和纯化 DNA 和 RNA 片段的标准方法，它能分辨的片段大小为 0.2～50.0kb。进行 DNA 电泳时，带负电荷的 DNA 分子向阳极移动。DNA 迁移的速率取决于 DNA 分子的大小、琼脂糖浓度、DNA 构象和电泳缓冲液的成分。体积较大的 DNA 分子迁移速率要慢于体积小的 DNA 分子，因为大分子 DNA 更不易穿过凝胶孔径。凝胶浓度的高低影响凝胶介质空隙的大小，浓度越高，空隙越小，其分辨能力越强；反之，浓度越低，空隙越大，其分辨能力随之减弱。因此，通过使用不同浓度的凝胶可以在更大范围内分辨 DNA 分子。DNA 的电泳迁移率也受电泳缓冲液成分和离子强度的影响。离子强度弱时，导电性小、DNA 迁移慢；相反，缓冲液的离子强度大时，导电性高、DNA 迁移快。在 pH 7.5～7.8，常用的电泳缓冲液有 Tris-乙酸（TAE）、Tris-硼酸（TBE）和 Tris-磷酸（TPE）。最常用的缓冲液是 TAE，但它的缓冲当量低，长时间电泳会导致阳极呈碱性，阴极变成酸性，使其缓冲容量丧失，所以 TAE 需要经常更新。TPE 和 TBE 比 TAE 成本高，但它们缓冲能力明显较高。

　　核酸染料在核酸（DNA/RNA）检测中起重要作用。目前使用较为广泛的核酸染料有溴化乙锭（ethidium bromide，EB）、SYBRGreen、SYBRGold 等。EB 曾是琼脂糖凝胶电泳中最为常用的核酸染料，具有染色效果好、性质稳定、易储存、价格便宜和操作简便等优点，但是 EB 可诱发基因突变，具有潜在致癌性和中等毒性，实验结束后需进行特殊处理才能丢弃，为此，一些安全性染料如 SYBRGreen、SYBRGold、GelGreen、GoldView、GeneGreen 等被开发出来。这些染料较为安全，对环境相对友好，适于实验室操作人员使用。

（二）聚丙烯酰胺凝胶电泳技术

　　聚丙烯酰胺凝胶电泳（PAGE）也可用于分离 DNA 和 RNA 分子，但这种电泳技术更适合于小片段 DNA 分子的分离、低分子量蛋白质和 DNA 序列的分析。丙烯酰胺（Acr）单体在催化剂过硫酸铵和 TEMED（N,N,N′,N′-四甲基乙二胺）的存在下，产生聚合反应，形成长链，加入交联剂 N,N′-亚基双丙烯酰胺（Bis），聚丙烯酰胺链就会交叉连接而形成凝胶。丙烯酰胺和交联剂的浓度可以控制凝胶孔径的大小，丙烯酰胺浓度越大，凝胶孔径越小。

一个交叉连接的聚丙烯酰胺分子，最少包含 29 个丙烯酰胺单体。聚合链的长度取决于聚合反应中的单体丙烯酰胺浓度。聚丙烯酰胺凝胶通常铺于两块长 10～100cm 的垂直玻璃板之间，两块玻璃板由间隔片隔开并封以绝缘胶布，在封闭的双玻璃板夹层中灌胶后，仅有顶层的部分凝胶与空气中的氧气接触，从而大大降低了氧对聚合的抑制作用。

聚丙烯酰胺凝胶与琼脂糖凝胶相比有以下优点：①分辨力强，长度仅仅相差 0.2%（500bp 中的 1bp）的 DNA 分子即可分开；②比琼脂糖凝胶载样量大，在 1cm×1cm 的上样胶孔中能加样 10μg 的 DNA 样品，且不显著影响分辨率；③从聚丙烯酰胺凝胶中回收的 DNA 纯度很高，可用于要求很高的实验。

三、核酸体外扩增技术

（一）PCR 反应的原理

1983 年，美国科学家穆利斯（Mullis）发明了聚合酶链反应（polymerase chain reaction，PCR）技术。PCR 是利用酶促反应体外合成特异 DNA 片段的新方法，主要由高温变性、低温退火和适温延伸三个步骤反复的热循环构成，即在高温（94～95℃）下，将待扩增的靶 DNA 双链受热变性成为两条单链 DNA 模板；而后在低温（37～68℃）情况下，两条人工设计合成的寡核苷酸引物与互补的单链 DNA 模板退火结合，形成部分双链；最后，将反应混合物的温度上升到 72℃左右保温，以引物 3′端为合成的起点，以 4 种脱氧核苷酸（dNTPs）为原料，沿模板以 5′→3′方向延伸，合成新的 DNA 互补链。这样，每一条双链的 DNA 模板，经过一次变性、退火、延伸三个步骤的热循环后就成了两条双链 DNA 分子。如此反复进行，每一次循环所产生的 DNA 均能成为下一次循环的模板，每一次循环都使两条人工合成的引物间的 DNA 特异区拷贝数扩增一倍，PCR 产物得以 2^n 的指数形式迅速扩增，经过 25～30 个循环后，理论上可使模板 DNA 扩增 10^6～10^7 倍及以上。

（二）PCR 反应体系的组分及其作用

PCR 反应体系的组分主要由 PCR 反应缓冲液、模板 DNA、底物 dNTPs、引物、DNA 聚合酶等组成。

1. PCR 反应缓冲液　　标准的 PCR 反应缓冲液主要组分为 50mmol/L KCl，10～50mmol/L Tris-HCl（20℃，pH 8.4），1.5mmol/L $MgCl_2$，100μg/L 明胶或 BSA。其中 Mg^{2+} 能影响反应的特异性和扩增片段的产率，1.5～2.0mmol/L 的 Mg^{2+} 适合大多数 PCR 反应体系（对应 dNTP 浓度为 200μmol/L 左右）。Mg^{2+} 过量能增加非特异性扩增并影响产率。

2. 模板 DNA　　模板 DNA 可以是基因组 DNA、质粒 DNA、cDNA 或 RNA 等。当使用极高分子量的 DNA（如基因组 DNA）时，如用切点罕见的限制酶（如 *Not* I）先消化，则扩增效果较好。闭环靶 DNA 的扩增效率略低于线状 DNA，因此用质粒作模板时，最好先将其线状 DNA 化。模板用量为 ng～μg 级，用作模板的 DNA 应溶于 10mmol/L Tris-HCl（pH 7.6）、0.1mmol/L EDTA（pH 8.0）或双蒸水中。

3. 底物 dNTPs　　商业化的 dNTPs 是以 4 种核苷酸等量混配的形式存在的，储存温度为-20℃，避免多次冻融。PCR 反应中，dNTPs 浓度应在 20～200μmol/L，dNTPs 浓度过高可加快反应速度，同时增加错误掺入率和成本；反之，会导致反应速度下降，但可提高实验的精确度。此外，由于 dNTPs 可能与 Mg^{2+} 结合，因此应注意 Mg^{2+} 和 dNTPs 浓度之间的关系。

4. 引物　　PCR 引物是指与待扩增的模板 DNA 区段两端序列互补的人工合成的寡核苷酸片段，其长度通常在 15～30bp。它包括上游引物和下游引物，2 个引物在模板 DNA 上结合位点之间的距离决定了扩增片段的长度。引物浓度一般为 0.1～0.5μmol/L，引物浓度偏高会引起错配和非特异产物扩增，且可增加引物之间形成二聚体的概率，这两者还由于竞争使用酶、dNTP 和引物，使 DNA 合成产率下降。

5. DNA 聚合酶　　*Taq* DNA 聚合酶最初是埃尔利赫（Erlich）于 1986 年从一种生活在温度高达 75℃温泉中的栖热水生菌（*Thermus aquaticus*）中分离纯化出来的。该聚合酶具有耐高温的特性，其最适的活性温度是 72℃，连续保温 30min 仍具有相当的活性，一次加酶即可满足 PCR 反应过程的需求。

Taq DNA 聚合酶没有 3′→5′外切校正功能，所以在一次 PCR 反应中 *Taq* DNA 聚合酶造成的核苷酸错误掺入率是 $2×10^{-4}$，此外，聚合反应完成后，该酶还具有在 DNA 分子 3′端聚合一个腺嘌呤 A 的特性，基于此，人们开发了 5′端为 T 的 T-vector，与 PCR 产物进行连接，用于后续基因工程操作。

Pfu DNA 聚合酶是将高温嗜热菌 *Pyrococcus furiosus* DNA 聚合酶基因克隆，再转化到 *E. coli* 中表达获得表达产物，然后经分离纯化精制成高保真耐高温 DNA 聚合酶。由于其具有独特的 3′→5′外切酶活性，与传统的耐高温 DNA 聚合酶，如 *Taq* DNA 聚合酶、*Tth* DNA 聚合酶等相比，*Pfu* DNA 聚合酶具有超强纠错功能，且 PCR 产物为平端，如利用 T-vector 进行克隆，需与普通 *Taq* DNA 聚合酶联用以加上末端 A。科学家也开发了一些新的半衰期长、聚合效率高的 DNA 聚合酶，这里不再详述。

（三）PCR 类型

1. 简并 PCR　　简并 PCR 与一般 PCR 的不同之处在于，一般 PCR 中的引物是用给定的核苷酸序列设计的两条特定引物，而简并 PCR 中用的是由多条不同核苷酸序列组成的混合引物库。其基本原理就是根据氨基酸序列设计两组带有一定简并性的引物库，从不同生物物种中扩增出未知核苷酸序列的基因。简并引物库是由一组引物构成的，这些引物有很多相同碱基，在序列的多个位置也有很多不同的碱基，只有这样才会和多种同源序列退火进行 PCR。

2. RT-PCR　　以 mRNA 为模板，反应体系中加入反转录酶，RNA 经过反转录酶反转录为 cDNA，再以 cDNA 为模板进行的 PCR 反应称为 RT-PCR（reverse transcription PCR）。RT-PCR 可以用来分析不同的组织或是相同组织不同发育阶段中 mRNA 表达状况的相关性。

3. 反向 PCR　　反向 PCR（inverse PCR）的应用则可以对一个已知的靶 DNA 片段两侧的未知序列进行扩增和研究。选择已知序列内部没有识别位点的限制性内切核酸酶，从距靶 DNA 区段有一定距离的两侧位置酶切 DNA 分子，使带有靶序列的 DNA 片段不大于 3kb。然后将这些片段连接形成环状 DNA 分子，此时根据已知 DNA 序列按向外延伸的要求设计一对与靶序列两端互补的引物，经 PCR 后，可以得到未知序列的 DNA 片段。用此方法建立基因组步移文库，在分子生物研究上是非常有意义的。

4. 锚定 PCR　　锚定 PCR（anchored PCR）的基本原理：分离细胞总 RNA 或 mRNA，在反转录酶作用下合成 cDNA，通过 DNA 末端转移酶在 cDNA 3′端加上 polydG 尾。同时使用与同聚尾碱基互补配对的人工合成引物连接一段带限制性内切酶位点的锚引物上，在锚引物和基因另一侧特异引物作用下，使带有同聚物尾的序列被扩增。

5. 实时定量 PCR　　实时定量 PCR（real-time PCR）是一种在反应体系中加入荧光基团，运用 *Taq* 酶的 5′→3′外切酶活性和荧光能量传递技术，巧妙地把核酸扩增、杂交、光谱分析和实时检测技术结合在一起，借助于荧光信号的积累来实时监测整个 PCR 进程，最后通过标准曲线对未知核酸模板进行定量分析的方法。在 PCR 过程中，通过借助荧光信号来实时检测 PCR 产物，建立实时扩增曲线，准确地确定域值循环数（CT 值），计算起始核酸浓度，做到了真正意义上的定量。根据最终得到的数据不同，real-time PCR 可以分为相对定量和绝对定量两种。相对定量常见于比较两个或多个样品中基因表达水平的高低变化，得到的结果是比例。而绝对定量则需要使用标准曲线来确定样品中核酸的拷贝数或浓度。随着 real-time PCR 的荧光化学技术广泛应用，化学发光材料也不断被开发。目前 real-time PCR 所使用的荧光化学方法主要有 DNA 结合染料法、水解探针法、杂交探针法和荧光引物法。

Real-time PCR 可以应用于 mRNA 表达的研究、DNA 拷贝数的检测、单核苷酸多态性的测定及易位基因的检测、细胞因子的表达分析、免疫组化分析、病原体检测及病毒感染的定量监测。

四、分子杂交技术

（一）核酸分子杂交的原理

核酸分子杂交（nucleic acid hybridization）技术是分子生物学和基因诊断领域最为常用的基本技术之一，该技术于 1968 年由华盛顿卡内基学院的布里顿（Britten）及其同事发明。其基本原理是利用核酸变性和复性性质，使具有一定同源性的两条核酸单链在一定条件下按照碱基互补配对原则形成异质双链的过程。分子杂交可以发生在同源或异源的 DNA 链与 DNA 链之间，也可发生在 DNA 链与 RNA 链之间。

（二）探针的标记

为了检测杂交结果，必须用一定的标记物对探针分子进行标记。标记物可分为放射性核素和非放射性核素两大类。目前最常用的标记物是放射性核素，其灵敏度和特异性高，但存在半衰期短、检测时间长和污染环境等不足。非放射性核素标记物稳定、安全、经济、检测时间短，但灵敏度较低。

理想的探针标记物应具有以下特征：高灵敏度；标记物与探针结合后不影响碱基配对的特异性、杂交体的稳定性及退火温度；检测方法应灵敏度高、特异、假阳性率低；标记物与探针结合后稳定、保存时间长；标记物对环境无污染，对人体无损伤，价格低廉。

1. 放射性核素标记　　常用于标记核酸探针的放射性核素有 ^{32}P、^{35}S、^{3}H、^{125}I、^{131}I，标记方法常采用体外法，包括化学法和酶法。化学法是指利用标记物分子和探针分子上的活性基团间的化学反应，将标记物结合到探针分子上的标记方法。酶法则是预先将标记物标记在核苷酸分子上，经过酶促反应将标记好的核苷酸分子或标记基因掺入或交换到探针分子中的方法。采用酶法标记放射性探针的方法有切口平移法、随机引物法、末端标记法、PCR 标记法和体外转录法等。

2. 非放射性核素标记　　目前用于核酸分子杂交的非放射性标记物有生物素（biotin）、

地高辛（digoxigenin）、光敏生物素（photo-biotin）、荧光素（异硫氰酸荧光素、罗丹明）等。采用的方法主要是体外标记中的酶法和化学修饰法。酶促反应标记探针是用缺口平移法、随机引物法或末端加尾法等把修饰的核苷酸如生物素-11-dUTP 掺入探针 DNA 中，制成标记探针，敏感度高于化学修饰法，但操作程序复杂、产量低、成本高。化学修饰法是将不同标记物用化学方法连接到 DNA 分子上，方法简单，成本低，适用于大量制备（＞50μg），如光敏生物素标记核酸方法，不需昂贵的酶，只要光照 10～20min，生物素就结合在 DNA 或 RNA 分子上。

（三）Southern blotting

Southern blotting（DNA 印迹法）是指将经凝胶电泳分离的待测 DNA 片段转印并结合到一定支持物上（通常是尼龙膜或硝酸纤维素膜），然后用标记的探针 DNA 分子检测靶 DNA 的一种方法，由英国爱丁堡大学的萨瑟恩（Southern）在 1975 年建立，主要应用于基因组 DNA 的定性及定量分析、DNA 图谱分析、基因变异、限制性长度多态性分析及疾病诊断等。

Southern blotting 基本过程包括以下几个步骤：用适当的限制性内切酶消化待测 DNA；琼脂糖凝胶电泳分离 DNA 片段；将电泳后的 DNA 变性，并转印到固相支持物上；预杂交；杂交；洗膜；杂交结果的检测。Southern blotting 能否检出杂交信号取决于很多因素，包括目的 DNA 在总 DNA 中所占的比例、探针的大小和比活性、转移到滤膜上的 DNA 量及探针与目的 DNA 间的配对情况等。在最佳条件下，放射自显影曝光数天后，Southern blotting 能很灵敏地检测出低于 0.1pg 的与 ^{32}P 标记的高比活性探针（＞10^9cpm/μg）互补的 DNA。

（四）Northern blotting

Northern blotting（RNA 印迹法）是指将待测 RNA（主要是 mRNA）从凝胶转印到固相支持物上，与标记的 DNA 探针进行杂交的印迹技术。此项技术的原理和基本过程与 Southern blotting 相对应，故被称为 Northern blotting。与 Southern blotting 相比，Northern blotting 有几点需要注意：①RNA 极易被环境中存在的 RNA 酶所降解，在操作过程中需尽可能避免 RNA 酶的污染；②RNA 需在变性剂（甲醛、乙二醛、甲基氢氧化汞）存在的条件下进行凝胶电泳分离，保持其单链线性状态，防止 RNA 分子形成二级结构（不能用碱变性，因为碱会水解 RNA 分子中的 3′—OH）；③印迹前将含变性剂的凝胶用水浸泡除去变性剂后再印迹、杂交。

（五）Western blotting

Western blotting（蛋白质印迹法）的基本原理是通过特异性抗体对凝胶电泳处理过的细胞或生物组织样品进行着色，通过分析着色的位置和着色深度获得特定蛋白质在所分析细胞或组织中的表达情况的信息。Western blotting 与 Southern blotting 或 Northern blotting 方法类似，但 Western blotting 采用的是聚丙烯酰胺凝胶电泳，被检测物是蛋白质，"探针"是抗体，"显色"用标记的二抗。经过 PAGE 分离的蛋白质样品，转移到固相载体（如硝酸纤维素膜）上，固相载体以非共价键形式吸附蛋白质，且能保持电泳分离的多肽类型及其生物学活性不变。以固相载体上的蛋白质或多肽作为抗原，与对应的抗体起免疫反应，再与酶或同位素标记的第二抗体起反应，经过底物显色或放射自显影以检测电泳分离的特异性目的的基因表达的蛋白成分。该技术也广泛应用于检测蛋白水平的表达。

（六）菌落原位杂交

菌落原位杂交（colony *in situ* hybridization）是将细菌从培养平板转移到硝酸纤维素滤膜上，然后将滤膜上的菌落裂菌以释出 DNA。将 DNA 烘干固定于膜上与 ^{32}P 标记的探针杂交，放射自显影检测菌落杂交信号，并与平板上的菌落对位。对分散在若干个琼脂平板上的少数菌落（100～200 个）进行克隆筛选时，可采用此方法。将这些菌落归并到一个琼脂主平板及已置于第二个琼脂平板表面的一张硝酸纤维素滤膜上。经培养一段时间后，对菌落进行原位裂解。主平板应储存于 4℃直至得到筛选结果。

（七）原位杂交

原位杂交（*in situ* hybridization，ISH）又称原位杂交组织化学或原位核酸杂交。该技术是指运用 cRNA 或寡核苷酸等探针检测细胞和组织内 RNA 表达的一种原位杂交技术。其基本原理：在细胞或组织结构保持不变的条件下，用标记的已知 RNA 核苷酸片段，按核酸杂交中碱基配对的原则，与待测细胞或组织中相应的基因片段相结合（杂交），所形成的杂交体经显色反应后在光学显微镜或电子显微镜下观察其细胞内相应的 mRNA、rRNA 和 tRNA 分子。RNA 原位杂交技术经不断改进，其应用的领域已远超出 DNA 原位杂交技术。尤其在基因分析方面，能进行定性、定位和定量分析，已成为最有效的分子学技术，同时在分析低丰度和罕见的 mRNA 表达方面具有优势。

原位杂交的步骤包括探针的选择、玻片的准备和样品固定、细胞或组织的预渗透处理、靶 DNA 变性（DNA 原位杂交）、探针制备、原位杂交过程、杂交后洗涤、探针（显色）检测。原位杂交可以提供关于基因表达和染色体的详细空间和背景信息，应用于染色体、细胞和组织切片等样品中的核酸特异性检测，与免疫组化技术相结合，能将 DNA、mRNA 和蛋白质水平上的基因活性与样品的显微拓扑信息结合起来，是一种非常重要的分子操作技术。

小　结

生物的遗传信息储存于 DNA 的核苷酸序列中，DNA 分子 4 种核苷酸千变万化的不同排列决定了生物界物种的多样性。DNA 分子携带的遗传信息通过转录转变为 RNA（mRNA、tRNA、rRNA等），mRNA 的序列中包含蛋白质多肽链的氨基酸序列信息及一些调控信息，以 mRNA 为模板通过翻译将遗传信息表达为特异的蛋白质，以执行各种生命功能。限制性内切酶和 DNA 连接酶分别能在特定位置上切割 DNA 分子和将 DNA 片段连接，在体外可利用载体把外源 DNA 带进宿主细胞，并使之在细胞内建立稳定的遗传状态，从而繁殖、传代或进行表达。目前，DNA 分离主要采用 CTAB 法及 SDS 法，总 RNA 分离常采用苯酚法、异硫氰酸胍法及氯化锂沉淀法。通过核酸的琼脂糖凝胶电泳技术或聚丙烯酰胺凝胶电泳就可在琼脂糖凝胶和聚丙烯酰胺凝胶上将 DNA 和 RNA 分子分离。利用 PCR 技术可从基因组 DNA 中扩增目的基因的 DNA 序列。核酸分子杂交技术包括 Southern blotting、Northern blotting、Western blotting、菌落原位杂交和原位杂交等。Southern blotting 检测的对象是 DNA，Northern blotting 检测的对象是 RNA，而 Western blotting 检测的对象是蛋白质。

 思考题

1. 简述 DNA 双螺旋结构模式的要点及其与 DNA 生物学功能的关系。

2．比较 RNA 和 DNA 在结构上的异同点。

3．试述 RNA 的种类及其生物学作用。

4．基因工程常用的工具酶有哪些？其作用特点是什么？

5．质粒载体、柯斯质粒载体、噬菌体载体和人工染色体载体有何异同点？

6．简述 PCR 技术的基本原理。

7．核酸分离主要有哪些方法？

8．什么是分子杂交？分子杂交的主要技术有哪些？

推荐读物

1．朱军．2018．遗传学．北京：中国农业出版社

2．Cassidy A, Jones J. 2014. Developments in *in situ* hybridization. Methods, 70: 39-45

3．Diercks C S, Dik D A, Schultz P G. 2021. Adding new chemistries to the central dogma of molecular biology. Chem, 7(11): 2883-2895

第六章　园艺植物基因的分离与克隆

随着分子生物学的发展，基因的分离与克隆获得了快速发展，各种克隆方法应运而生，满足了不同研究的需要。基因克隆的方法从一些直接方法如化学合成法、PCR 扩增法、限制性内切核酸酶分离法等，发展到功能克隆法、转座子标签法、基因组文库法、抑制性差减杂交法、图位克隆法及基于重测序技术开发的基因克隆等方法。

第一节　利用化学合成法直接合成

化学合成法是依据基因的一级结构或者蛋白质的一级氨基酸序列推导出来核苷酸编码序列，将脱氧核糖核苷酸通过 3′,5′-磷酸二酯键合成多聚核苷酸链的方法。随着基因组时代的到来，越来越多物种的高质量基因组得以破译，为直接利用化学合成法合成全长目的基因提供了广阔的前景。通过直接合成目的基因，可以满足基因工程中各种各样重组载体构建的需要，尤其对一些由于具有复杂结构或者基因表达量较低而难以克隆的目的基因，利用化学合成法直接合成能够大大提高实验效率。此外，直接合成目的基因可以根据密码子的简并性消除基因内部多余的限制性酶切位点，来提高基因的利用度，还可根据宿主细胞的密码子偏好性来优化出在细胞内高表达的目的基因序列。

一、化学合成法的原理

目前多应用全自动核酸合成仪来合成目的基因，此方法是依据固相亚磷酸酰胺三酯合成法并由计算机控制的。首先将 DNA 固定在二氧化硅或者多孔玻璃珠等固相载体上，经过脱保护基、磷酸二酯键形成、封端反应、氧化反应 4 步反应获得短链 DNA 片段，再经过滤除去液相中多余的试剂，当链长增长到一定长度后，将寡核苷酸从固相上切除下来，分离纯化得到目的基因产物。利用此方法一次性可合成长度为 100~200bp 的 DNA 片段，是目前合成 PCR 引物和寡聚核苷酸探针的主要方法。对于序列较长的目的基因，完全从头合成成本较高，并且合成效果取决于仪器设备的性能，因此难度较大。实际上，对于长序列基因，常先合成短链寡核苷酸片段，再将片段组装成完整的基因。常用的短片段 DNA 组装方式是小片段互补连接法，这种方法适宜 40~60bp 短片段的连接，即预先设计合成的片段之间都有互补区域，不同片段之间的互补区域能形成有断点的完整双链。由于新合成的 DNA 单链的 5′端是—OH，所以需利用核苷酸激酶使寡核苷酸片段的 5′端磷酸化，然后互补的寡核苷酸退火连接形成带有黏性末端的双链，相邻片段之间有 4~6bp 的互补碱基序列，加入 T4-DNA 连接酶后可连接缺口，并组装成一个完整的基因或者较大的基因片段，如分子量较大的牛视紫红质基因、α 干扰素基因、热稳定性木聚糖酶等基因均采用该方法合成。

二、化学合成法的应用

（一）寡核苷酸链合成

长期以来，寡核苷酸链（oligo）被大量用于基因克隆、基因突变、靶标核酸捕获等实验；

同时，寡核苷酸链也是基因合成的基本单元，被广泛应用于 DNA 序列的从头合成。寡核苷酸链合成的历史可追溯到 20 世纪 50 年代，最早是用磷酸二酯法合成了寡聚二核苷酸。而到 20 世纪 80 年代，人们又开发了亚磷酰胺化学法（phosphoramidite chemistry）合成寡核苷酸链。目前，商品化 DNA 合成仪普遍采用柱式固相亚磷酰胺化学法来合成寡核苷酸链，其经过脱保护、偶联、封闭和氧化 4 步反应循环，使核苷酸单体不断添加到增长的寡核苷酸链上。然而，化学合成法无法保证每一步 100% 的反应效率，且在合成的过程中还会产生副反应（如脱嘌呤反应），因此，为保证合成寡核苷酸链的完整性和产量，一般的合成长度都不超过 200 个核苷酸。如果需要合成更长的 DNA 序列，可先合成短链寡核苷酸链，然后再拼成长链 DNA。随着合成生物学的快速发展，现有的柱式化学合成法无论在合成通量还是成本方面都无法满足整个产业日益增长的需求。因此，基于芯片技术的寡核苷酸链化学合成法越来越受到重视，并在合成质量、通量和成本等多方面取得了突破性进展。Affymetrix 公司最早尝试了芯片合成寡核苷酸链，并在 20 世纪 90 年代成功开发了掩模光刻技术（mask-based photolithographic），利用光对核苷亚磷酰胺进行选择性脱保护，以实现在芯片的特定位置进行化学反应以完成特定寡核苷酸链序列的合成。之后，无掩模程序的开发更是大大简化了光刻法合成技术。除了光激活外，还有 CustomArray 公司开发的基于半导体的电化学法，以及 Agilent 和 Twist Bio 公司开发的喷墨打印核苷酸技术等控制脱保护。相比于传统的柱式合成法，基于芯片的寡核苷酸链合成在价格上要便宜 2～4 个数量级。同时，芯片法还具备超高的合成通量，可一次性合成几千到几十万条寡核苷酸链。另外，芯片法还可以缩小反应体积，减少试剂使用量，实现更环保的寡核苷酸链合成，是未来合成生物学的重要发展方向之一（刘晓等，2019）。

（二）基因合成

异源基因的密码子优化、遗传通路/代谢途径等的人工构建、基因组的重新设计与合成及病毒疫苗的研制等都离不开基因合成。然而，受现有寡核苷酸链合成的技术原理所限制，无法直接合成所需长度的目标 DNA 序列。可行的方法是将目标序列分解为多条短链进行合成，再利用基因合成方法将短链拼接成所需的 DNA 序列；其中，主流的基因合成方法包括连接法和聚合酶循环组装（polymerase cycling assembly，PCA）法。连接法的准确率较高，且在合成复杂 DNA 序列时有优势，而 PCA 法使用的寡核苷酸链量更少，合成效率也更高。随着短链合成质量的逐步提升及各种除错技术的发明，大多数商业化公司都使用 PCA 法。当然，两种方法也可以联合使用，如在 ΦX174 噬菌体基因组的合成过程中便使用了 *Taq* 连接酶介导的连接反应和 PCA 反应。基因合成产物中的突变绝大多数来自寡核苷酸链自身，少部分来自 PCR 等过程引入的突变。为了提高基因合成的效率、降低后续的测序验证成本，需要提高寡核苷酸链（oligo）的合成质量以降低错误率。一般来说，柱法合成的 oligo 需经过 PAGE 甚至是 HPLC 纯化以去除不纯或大小不对的引物；而对于芯片法合成的 oligo 池，可利用高通量测序法来挑选正确的 oligo 用于后续的基因合成。在对基因合成产物进行克隆、测序验证之前，还可加入除错步骤。具体做法是通过"高温变性"让合成的双链 DNA 解链，然后进行"退火"以使每一条链随机地与另一条互补链结合形成双链，从而在突变碱基与正确碱基间形成错配，再利用识别错配的核酸酶（如 CEL 内切酶）将含有错配的双链切断或者用 MutS 蛋白特异结合错配的双链来除错。基于芯片 oligo 池的高通量基因合成方法是未来的发展方向之一。然而，芯片 oligo 池除了有 oligo 质量的问题外，成千上万条的 oligo 混在一起也给后续的基因合成工作带来很大挑战。一个解决思路是在每一组 oligo 两端添加不同的标签序列，然后经过多轮 PCR 将 oligo 池分成多个含有双链短 DNA 片段的亚组，再结合使用多酶混合物将标签序列切除并生成混合的单链 oligo 亚组，并最终利用各亚组 oligo 合成目标 DNA 序列。另一种选择是将 oligo 分组后利用 GoldenGate 的方法进行快速组装，再结合高通量测序法来挑选无错的序列。相比之下，GoldenGate 法在拼接复杂序列时更有优势，但是其要求待拼接序列中不能含有某些 Type II S 酶的切割位点，所以无法实现任意序列的合成。一般来说，如果想要获得较长的 DNA 片段，只能一步法合成较短的 DNA 片段，再在此基础上继续拼接获得更长的序列。

三、化学合成法的优缺点

化学合成法的优点：①可直接合成，方便快捷；②能够根据需要定制含特定突变形式的突变基因，且可以改变原始的基因序列，甚至可以合成自然界不存在的序列；③在合成过程中可以根据需要改变核苷酸的密码子，如将真核基因序列中不易在 *E. coli* 中利用的稀有密码子改成 *E. coli* 偏爱的密码子，有利于真核基因在 *E. coli* 中的表达。化学合成法的缺点：①价格昂贵；②需要已知核苷酸序列的目的基因；③基因不能过大，一方面测定核苷酸顺序比较困难，另一方面是因为每次仅能合成几百到 1000bp 的短片段，短片段越多，要连接成正确的基因顺序就越困难，得率越低。

第二节　功　能　克　隆

功能克隆即根据已知基因的蛋白质产物推断出其相应核苷酸序列，再根据此序列合成寡核苷酸探针，从 cDNA 文库或基因组文库中调取目的基因。文库筛选有两种方法：①根据蛋白质的氨基酸序列合成寡核苷酸探针从 cDNA 文库或基因组文库中筛选编码基因；②将编码蛋白制成相应抗体探针从 cDNA 重组载体表达文库中筛选相应克隆。

一、功能克隆的步骤

功能克隆的主要步骤是首先通过生物化学等研究手段分离纯化出有关基因编码的蛋白质产物，然后测定蛋白质氨基酸序列，推断出编码该蛋白质的部分基因序列，再通过抗体、寡聚核苷酸探针或 PCR 制备的探针杂交筛选基因组或 cDNA 文库最终克隆到目的基因。经典的功能克隆过程可大致总结为以下三条路线：①纯化蛋白→制备抗体→筛选 cDNA 文库；②纯化蛋白→部分测序→设计探针→筛选 cDNA 文库；③纯化蛋白→部分测序→设计引物→PCR→制备探针→筛选文库。

二、功能克隆的应用

功能克隆是一种经典的基因克隆策略，目前已成功地克隆得到许多基因。功能克隆的特点是利用基因表达的产物蛋白质来克隆基因，虽然某一性状的编码基因是未知的，但可根据其生理特性分离和纯化控制该性状的蛋白质。因此，功能克隆的关键是分离出高纯度的单一蛋白质，并用其来制备特异的探针。在多数物种的基因组未公布之前，很多基因尤其是没有任何核酸序列可利用的基因，在首次克隆时常采用这种方法达到目的。

近藤（Kondo）等（1989）对编码水稻巯基蛋白酶抑制剂的基因组 DNA 做了克隆和序列分析。舒群芳等（1995）构建了天麻 cDNA 文库，制备抗体探针成功地分离了编码天麻抗真菌蛋白基因的 cDNA 克隆，为抗真菌基因在农业、医药等方面的应用打下了基础。

生物种、属间基因编码区的同源性一般要高于非编码区，当其他种、属的同源基因被克隆后，并且核苷酸序列保守性较高时，也可直接用这些已知的基因片段作探针对未克隆到该基因的植物基因文库进行筛选，分离未知的新基因。海恩（Hain）等（1985）从葡萄中克隆了两个编码白藜芦醇合成的二苯乙烯合酶基因（*Vst1* 和 *Vst2*），葡萄中抗菌化合物白藜芦醇的存在可以提高对灰葡萄孢的抗性。茶油是优质的食用油，主要由油酸、亚油酸等不饱和脂肪酸组成，其含量一般在 90% 以上。在油脂合成过程中，乙酰辅酶 A 酰基转移酶（AACT）催化蛋白质的酰基化和去酰基化，而脂肪酸脱饱和酶 6（FAD6）则控制油酸脱氢形成亚油酸和亚麻酸等多不饱和脂肪酸。在油茶种子 cDNA 文库的基础上，通过比对其他植物中相关基因序列后，在保守区设计简并引物分离克隆了油茶 *AACT* 和 *FAD6* 基因的全长 cDNA，为揭示油茶油脂合成规律和油茶的分子育种提供了理论依据和科学基础（胡姣，2010）。

三、功能克隆的局限性

功能克隆只要知道目的基因表达的产物即可，属于表型克隆范畴。虽然采用功能克隆方法克隆了很多基因，但由于绝大多数基因的产物目前还不知道，即使知道了也不能纯化足够量的蛋白质供氨基酸测序或制备抗体用。同时由于在真核生物中遗传密码具有简并性，蛋白质表达过程的调控相当复杂，可变剪接、移码、U 碱基修饰等都严重地影响了基因序列推测的准确性，所以大多数基因难以用这一经典的方法来克隆。并且随着基因组时代的到来及生物信息学的发展，多数物种的基因序列被解析且功能被预测，利用功能克隆法分离和克隆基因在实际应用中已不常用。

第三节　利用限制性内切酶酶切法直接分离

利用限制性内切酶酶切法是最为传统、最为经典的基因克隆方法之一，能够通过特异性的限制性内切酶对酶切位点进行切割从而将目的基因进行直接分离，也是目前仍被广泛使用的克隆方法，特别是黏性末端克隆法。限制性内切酶酶切法分离目的基因是利用限制性内切酶能识别并酶切特异 DNA 序列的特性，使目的 DNA 片段和载体产生平末端或黏性末端，然后在 DNA 连接酶的作用下，将酶切后的目的 DNA 片段和载体连接成重组 DNA 分子。

一、限制性内切酶酶切法在分离目的基因中的应用

（一）在基因组文库构建中的应用

将酶切后的基因组 DNA 片段全部克隆入适当的载体中，制成基因组文库，再用特异性探针与基因组文库中的不同克隆进行杂交，如果出现阳性克隆即表示克隆到的 DNA 片段含有特异基因序列。将阳性克隆测序，用第一个克隆片段的末端分离下一个克隆片段，然后利用 DNA 片段间的重叠顺序来鉴定其他克隆。这样一步步走下去，最终可得到全部基因序列，这种技术叫作染色体步移。原核基因组相对较小，基因容易定位，用几种限制性内切酶分别消化原核基因组，或用某种限制性内切酶对所要研究的基因组进行部分降解消化，可以得到大小不等的各种片段，其中有些片段就会含有目的基因，将这些片段插入载体中进行克隆，经过筛选，可以得到所需的目的基因。真核基因组比较大，直接用限制性内切酶消化后需要

筛选的克隆数太多，不易操作。可以用一种限制性内切酶先消化基因组 DNA，产生连续的 DNA 片段，然后电泳分离这些 DNA 片段，再用一段特异探针与这些 DNA 片段进行杂交，在含有特异性模板的区域就会出现杂交带，可以初步鉴定基因组中是否含有目的基因。

（二）在含目的基因的重组载体构建过程中的应用

载体构建是基因克隆过程中的一种基本的操作方法。通过切割目的基因片段和相应载体，将检测正确的片段和载体连接，通过转化感受态细胞并进行扩大培养，从而达到富集含有目的基因的重组载体的目的。通过限制性内切酶进行双酶切是构建载体中常用的一种方法，这种方法利用限制性内切酶可以识别并切割特定的核苷酸的原理，用两种不同的限制性内切酶切割靶基因得到前后都带有黏性末端的靶基因片段，与同样经两种限制性内切酶切割得到的带有相同黏性末端的线性载体在 T4-DNA 连接酶作用下进行连接，从而实现基因克隆。限制性内切酶的选择非常重要，尽量选择产生黏性末端和酶切效率高的限制性内切酶。同时，进行双酶切操作时两种内切酶尽量保证具有相同的工作缓冲液和一致的反应条件。当两种酶切的条件不同时，分别进行两次酶切，一个切割完成的产物纯化后再切割另外一个。当两种酶反应温度要求不同，先酶切低温要求的，再酶切高温要求的；若缓冲液离子浓度要求不同，先酶切低浓度要求的，再酶切高浓度要求的。另外，反应体系中内切酶的用量，以及内切酶与切割底物之间的比例均影响切割效率，避免因内切酶用量或比例使用不当导致的底物切割不完全。

二、限制性内切酶酶切法的优缺点

限制性内切酶酶切法优点：①原理简单，操作简便，具有一定的应用范围；②对已测定核苷酸序列的 DNA 分子或较小的质粒和病毒等，用相应的内切酶进行一次或几次酶切即可获得目的片段；③对已克隆在载体中的目的基因，只要根据目的基因两侧的内切酶识别序列，一次酶切就可获得目的基因。限制性内切酶酶切法缺点：①在文库构建过程中存在随机性与盲目性，受限制性内切酶酶切位点的限制；②平末端克隆存在非定向性，会出现基因反向或正向插入两种可能；③黏性末端克隆需要在目的片段 5′端引入相对应的酶切位点，而且酶切效率会影响克隆效率；④对于长片段来说，片段越长克隆效率越低。

第四节　利用 PCR 技术扩增克隆

一、PCR 引物设计

如果知道目的基因的全序列或两侧序列，可以通过合成一对与模板 DNA 互补的引物，扩增出所需的 DNA 片段。模板可以是基因组 DNA，也可以是 mRNA 序列或是已克隆到某一载体上的基因片段。为了便于以后的克隆操作或者是保证克隆后基因的方向正确性，常常在设计引物时对引物的 5′端做修饰或添加一段序列，修饰或添加的序列中可以含限制性内切酶切点，也可以是启动子序列或起始或终止密码子序列，这样便于下一步的重组克隆和基因的表达调控研究。利用 PCR 扩增目的基因要求被扩增的 DNA 片段两端有长约 20bp 的序列是已知的，才能设计出有效的 5′端和 3′端引物，扩增才能进行。PCR 的引物设计有 3 条基本原则：①引物与模板的序列要紧密互补；②引物与引物之间避免形成稳定的二聚体或发夹结构；

③引物不能在模板的非目的位点引发 DNA 聚合反应（错配）。具体实现这 3 条基本原则需要考虑到诸多因素，如引物长度（primer length）、产物长度（product length）、序列 T_m 值（melting temperature）、引物与模板形成双链的内部稳定性（internal stability，用 ΔG 值反映）、形成引物二聚体（primer dimer）及发夹结构（duplex formation and hairpin）的能值、在错配位点（false priming site）的引发效率、引物及产物的 GC 含量等。必要时还需对引物进行修饰，如增加限制性内切酶位点、引进突变等。

二、利用 PCR 扩增目的基因

常规 PCR 技术相对简单，但也是最常用 PCR 技术之一。若是只扩增目的基因的 cDNA 序列，则需要在 PCR 之前，提取材料的总 RNA。通过反转录 PCR，即 RT-PCR（reverse transcription PCR）中反转录酶的作用合成 cDNA 第一链，再以此为模板进行 PCR 反应合成 cDNA 第二链。可根据目的基因编码区的两侧序列设计上下游引物，两个引物质量必须保证能正常扩增出基因的编码序列。

常规的 PCR 反应可以合成的 DNA 长度有限，扩增片段过长时扩增效果大为降低。如果要扩增未知序列的特异 DNA 片段或更长的 DNA 序列，往往可以通过选择特殊类型的 PCR 来完成。目前常用的特殊类型 PCR 主要有长程 PCR（long and accurate PCR）、反向 PCR（inverse PCR）、易错 PCR（error-prone PCR）、融合 PCR（fusion PCR）和 cDNA 末端快速扩增（rapid amplification of cDNA ends，RACE）技术等几种，反向 PCR 在第五章已介绍，这里不再赘述。

（一）长程 PCR

常规 PCR 只能扩增数百个至上千个碱基的 DNA 片段，这在许多研究中是不够的。最初有人选择不同的耐热 DNA 聚合酶，改进缓冲液成分及循环条件等，可以扩增长 10～15kb 的片段，但产量极低。直到 1994 年巴恩斯（Barnes）等解决了 DNA 合成中碱基错配现象和模板 DNA 损伤两个问题才正式建立了长程 PCR 技术，使其能正确扩增 10～40kb 长度的 DNA 片段。与传统 PCR 相比，长程 PCR 需要采用高温稳定性强、半衰期长的 LA *Taq* 聚合酶或者 EX *Taq* 聚合酶，这两类酶具有 3′→5′外切核酸酶活性，当新生链的 3′端发生错配时，能够识别并切除错配的核苷酸，而使得 DNA 能够正确延伸，比常规 PCR 的正确率提高了 6～7 倍。为了与长程 PCR 扩增的特异性相适应，在试验中常使用 30～35bp 的长引物。此外，还要保证所用模板 DNA 的纯度和完整性。它可使 PCR 扩增的 λ 噬菌体长达 42kb 和扩增复杂的人类基因组达 22kb。长程 PCR 的建立不仅能扩增出 DNA 片段，更重要的是可利用长程 PCR 来研究分析更长的基因片段甚至在合适的引物基础上可以一步扩增出较长的基因。

（二）易错 PCR

易错 PCR 是一种简单、快速获得突变基因的方法，主要利用保真度较低的 *Taq* DNA 聚合酶进行扩增。在易错 PCR 中，通过降低某种 dNTP 的含量（5%～10%），甚至以 dITP（次黄嘌呤）来代替某一种 dNTP，或者通过加入 Mn^{2+} 等其他改变 PCR 反应条件的试剂，使得碱基在一定程度上随机错配而引入较多的突变位点，从而提高突变谱的多样性，并获得随机突变的 DNA 群体。从扩增得到的一系列 DNA 群体内定向筛选出含有目的阳性突变的基因序列，但通常一次突变很难获得目的突变基因。随后，人们采用连续易错 PCR 技术进行扩增，可以将一次扩增得到的有益突变基因作为下一次扩增的模板，连续反复随机诱变，直至得到目的突变基因，但其局限性是存在较大的盲目性。

（三）融合 PCR

融合 PCR 常用于将 1 个基因的 2 个以上结构域连接在一起，或者将 2 个不同的基因连接在一起组成融合基因。具体步骤：利用引物 P1-F 和 P1-R 对基因的第一个 DNA 片段（结构域或者基因）进行扩增得到第一个 PCR 大片段；利用引物 P2-F 和 P2-R 对第二个 DNA 片段（结构域或者基因）进行扩增得到第二个 PCR 大片段；将具有部分同源互补区域的 2 个 PCR 片段在适当的退火温度下进行退火，并在聚合酶的作用下互为引物进行延伸，而获得全长的融合基因；以 P1-F 和 P2-R 为上、下游引物对融合基因进行扩增，增加融合基因的拷贝数。

（四）RACE

cDNA 末端快速扩增（RACE）技术是一种基于 PCR 技术，从低丰度的转录本中快速扩增 cDNA 的 5′端和 3′端的有效方法，以其简单、快速、廉价等优势而受到越来越多的重视。RACE 技术分为 3′-RACE 和 5′-RACE。

1. 3′-RACE 原理　　利用 mRNA 3′端的 polyA 尾巴作为一个引物结合位点，以连有寡核苷酸序列通用接头引物的 oligo dT 作为锁定引物反转录合成标准第一链 cDNA。然后用一个基因特异引物 GSP（gene specific primer）作为上游引物，用一个含有部分接头序列的通用引物 UPM（universal primer）作为下游引物，以 cDNA 第一链为模板，进行 PCR 循环，把目的基因 3′端的 DNA 片段扩增出来。

2. 5′-RACE 原理　　先利用 mRNA 3′端的 polyA 尾巴作为一个引物结合位点，以 oligo dT 作为锁定引物在特殊的反转录酶作用下，反转录合成标准第一链 cDNA。利用该反转录酶具有的末端转移酶活性，在反转录达到第一链的 5′端时自动加上 3～5 个 dC 残基，退火后 dC 残基与含有寡核苷酸序列 oligo dG 通用接头引物配对后，以其为模板继续延伸而连上通用接头。然后用一个含有部分接头序列的通用引物 UPM 作为上游引物，用一个基因特异引物 GSP 作为下游引物，以合成第一链 cDNA 为模板，进行 PCR 循环，把目的基因 5′端的 cDNA 片段扩增出来。

5′-RACE 和 3′-RACE 除了可以通过部分的已知序列获得基因的全长序列以外，还可以依据同源基因间的序列保守性，通过设计简并引物从而获得候选基因的全长，进而研究基因功能。例如，博罗夫斯基（Borovsky）等（2004）首先利用 F_2 分离群体将调控花青素合成的位点定位在第 10 染色体一个与矮牵牛 *PhAN2* 具有共线性的区间，随后根据基因的保守序列设计简并引物，并通过 5′-RACE 和 3′-RACE 技术获得候选基因的全长 cDNA。在随后的几年间，研究人员利用简并 PCR 及 5′-RACE 和 3′-RACE 技术相继从苹果、紫薯、山竹、梨、血橙等物种中克隆了控制花青素合成的关键 *R2R3-MYB* 转录因子，如 *MdMYB10*、*IBMYB1*、*GmMYB10*、*PyMYB10*、*Ruby* 等。

第五节　从园艺植物基因组文库或 cDNA 文库克隆

基因文库（gene library）是指某一生物体全部或部分基因的集合，某个生物的基因组 DNA 或 cDNA 片段与适当的载体在体外重组后，转化宿主细胞，并通过一定的选择机制筛选后得到大量的阳性菌落（或噬菌体），所有菌落（或噬菌体）的集合即该生物的基因文库。基因文库由外源 DNA 片段、载体和宿主 3 个部分组成。高等生物的基因组十分复杂，单个基因在基因组或某个特定发育阶段或特定的组织中所占比例很小。要想从庞大的基因组中分离某个特定的未知序列基因并进行遗传操作是很难的，必须构建基因文库对该基因进行体外扩增，利用一些文库筛选技术获得该基因的阳性克隆，然后对阳性克隆进行分析。通常所说的基因文库包括基因组文库（genomic library）和 cDNA 文库（cDNA library）。

一、基因组文库与 cDNA 文库的区别

常用的文库筛选方法有核酸探针杂交法、抗体免疫法和差异杂交法等，必须根据所研究基因的各种信息，如表达丰度、蛋白质特性和 DNA 序列等，以及基因文库的特点和类型选择适当的筛选方法。按照外源 DNA 片段的来源，可将基因文库分为基因组文库和 cDNA 文库。

基因组文库与 cDNA 文库的区别主要在于：基因组文库包含了基因的全部信息，如编码区及非编码区、内含子和外显子、启动子及其所包含的调控序列等。基因组文库有十分广泛的用途，如用于分离特定的基因片段、分析特定基因的结构、研究基因的起源与进化、基因的表达调控等，还可用于全基因组物理图谱构建和全基因组测序等。而 cDNA 文库具有时空特异性。cDNA 文库反映了特定组织（或器官）在某种特定环境条件下基因的表达谱，因此对研究基因的表达、调控及基因间互作是非常有用的。由于 mRNA 是基因转录加工后的产物，不包含基因间隔序列、内含子及基因的调控区。cDNA 文库可用于大规模基因测序、发现和寻找新基因、基因注释、基因图谱分析和基因功能研究等。

二、园艺植物基因组文库的构建

园艺植物基因组文库是指由园艺植物基因组全部 DNA 片段组成的基因文库。基因组文库反映基因组的全部遗传信息，可用于基因组物理图谱的构建、基因组序列分析、基因克隆、基因在染色体上的定位等。随着分子生物学技术的不断发展，大片段基因组文库的构建发挥着越来越重要的作用。一般要求所构建的基因组文库必须符合以下几个基本条件：①文库能够覆盖整个基因组；②插入的 DNA 片段比较大；③文库易于保存且较稳定。

（一）影响基因组文库构建的因素

大片段 DNA 克隆载体的制备主要包括载体 DNA 的分离、载体 DNA 的酶切、载体的脱磷酸化、载体 DNA 的纯化等步骤。载体质量的高低直接影响文库构建中后续的连接、转化步骤。酶切不足，会影响载体和目的 DNA 的连接，影响转化效率；酶切过度，则对载体造成损坏，造成假阳性的提高。如果载体脱磷不足，连接反应中载体会首先自连，也会大大降低转化效率。脱磷后的载体不能在 −80℃长期保存，否则会导致载体迅速降解。基因组文库中所有克隆所携带的 DNA 片段需要覆盖整个基因组，即包含了基因的全部信息，如编码区及非编码区、内含子和外显子、启动子及其所包含的调控序列等。因此，在基因组文库的构建过程中受以下因素的影响。

1. DNA 片段的制备　采用部分酶切或随机切割的方法来消化染色体 DNA，以保证克隆的随机性，使每段 DNA 在文库中出现的频率均等，有利于提高基因文库的代表性。

2. 重组克隆数　基因组文库总容量由外源片段的平均长度和重组克隆的数量共同决

定，外源片段的长度受所选用的载体系统所限。从经济的角度考虑，重组克隆的数量并不是越多越好，选择合适的重组克隆数量是十分重要的。预测一个完整基因组文库应包含克隆的数目的计算公式于 1975 年由克拉克（Clark）和卡尔邦（Carbon）提出：

$$N=\ln（1-p）/\ln（1-f）$$

式中，N 为一个完全基因组文库所应该包含的重组克隆个数；p 为所期望的目的基因在文库中出现的概率；f 为重组克隆平均插入片段的大小和基因组 DNA 大小的比值。

3. 载体的选择　　构建大片段基因组 DNA 文库常用的载体主要有 γ 噬菌体、黏粒载体、细菌人工染色体（BAC）、酵母人工染色体（YAC）、P1 人工染色体（PAC）等（李一琨，1998）。根据特征，这些载体可以分为两类：一类是基于噬菌体改建的，利用了噬菌体的包装效率高和杂交筛选背景低的优点；另一类经改造的质粒载体或人工染色体，其主要优点在于可容纳超过 100kb 的外源片段。在构建基因文库时，我们要根据实际需求选择合适的载体。

4. 载体与基因组 DNA 的比例　　在连接酶、载体和外源基因组 DNA 已经确定时，可通过调整载体与基因组 DNA 的比例来达到较好的效果。同样，在转化和包装侵染过程最好选择转化效率高的感受态细胞和最佳的转化条件或效价高且质量稳定的包装蛋白，也有利于基因组文库的构建。

（二）基因组文库的构建步骤

1. 载体的制备　　一个完整的基因组文库所需的重组子的数目是由基因组的大小和载体的容限共同决定的。能够插入载体中的基因组 DNA 片段越大，完整文库所需重组子的数目就越少。依据重组克隆数计算公式，对于番茄基因组（9.5×10^8bp）而言，为获得概率为 0.99、大小为 20kb 的插入片段，一个完整的基因组文库所需要筛选的重组子数目为：$N=\ln（1-0.99）/\ln[1-（2\times10^4/9.5\times10^8）]=2.2\times10^5$。

2. 大片段基因组 DNA 的制备　　构建基因组 DNA 文库的关键是制备高分子量的基因组 DNA。基因组 DNA 分子链越长、分子量越大，酶切产生有效末端的克隆片段越多，连接反应的效率越高。因此，在提取基因组 DNA 时，必须尽可能地避免机械切割，以便获得分子量大的基因组 DNA。同时要注意防止线粒体或叶绿体等细胞器 DNA 的污染。分离基因组 DNA 有多种方法，其中蛋白酶 K 法、SDS 法和 CTAB 法是最为常用的。

3. 片段 DNA 与载体的连接　　大片段核 DNA 是否能有效连接到载体上主要取决于插入 DNA 片段与载体的比例，不同生物采用的比例不同。因此，在大量的连接反应之前一定要设置一些不同的比例，摸索出最佳连接条件。实践经验表明，BAC 文库的构建过程中，载体与外源片段的比例为 1∶（5～15）时，大片段 DNA 与载体的连接效率最高。

4. 载体的遗传转化　　目前，对于转化大肠杆菌而言，电转化是使用最普遍、最有效的方法。

5. 克隆的挑取与验证　　根据不同用途，对文库插入片段长度的要求有很大的差别。库容也应根据研究的需要有所差异。从文库中随机挑选一定量的克隆，摇菌，提取质粒 DNA 酶切后，脉冲电泳检查插入片段的大小，并根据数目计算空载率。细胞器 DNA 的污染会降低文库的实际容载量，一般用线粒体和叶绿体的探针通过杂交的方法对文库进行检测。

6. 文库的扩增和分装及保存　　构建基因组文库是一项较为烦琐的工作，文库建成后，为了能够多次使用，一般需要将其培养扩增。基因组文库扩增的最大问题是克隆的不均衡生长，导致部分克隆的丢失。一般来讲，扩增的次数越多，丢失的克隆也就越多，基因组文库的代表性就越差。扩增基因组文库的常用方法主要有液体培养法和影印滤膜培养法，前者简便，但是该法容易引起基因组文库成分的改变；后者是失真最小的基因组文库扩增方法，但是需要保存大量的滤膜，因此也是非常烦琐的一种方法。基因组文库的保存以小包装为宜。对于基因组较小的植物，其文库可以用单克隆保存。但是，对于基因组较大的园艺植物，用单克隆的形式对阳性克隆进行保存既费时又费力，并要占用大量的空间，此时混合克隆池方法可作为一个更好的选择。

三、园艺植物 cDNA 文库的构建

cDNA 文库是将某一特定组织表达的 mRNA 反转录形成与之互补的 cDNA，再将其和载体 DNA 重组，并转化到细菌中或包装成噬菌体颗粒，得到一系列克隆群体。每个克隆只含一种 mRNA 的信息，足够数目克隆的总和则包含细胞全部 mRNA 的信息，这样的克隆群体叫作 cDNA 文库。cDNA 文库的构建是克隆、分离目的基因和发现新基因的重要途径之一。cDNA 便于克隆和大量扩增，不像基因组 DNA 含有内含子很难表达。园艺植物的 cDNA 文库构建主要集中在酵母 cDNA 文库，用于互作蛋白的筛选。

（一）cDNA 文库的特点

真核生物基因组结构复杂，含有大量的非编码区、基因间间隔序列和重复序列等，直接利用基因组文库很难分离到目的基因片段。即使分离到 DNA 片段，也必须同其 cDNA 序列进行比较，从而确定该基因的编码区、非编码区、翻译产物和调控序列。mRNA 是基因转录加工后的产物，不含内含子和其他调控序列，结构相对简单，且只在特定的组织器官、发育时期表达。基因的表达具有时空性和表达量上的差异。时空性取决于 cDNA 文库的取材，构建 cDNA 文库时最好选择基因表达最高的发育时期或这一时期的特殊组织。表达量的差异决定了构建的 cDNA 文库具有合适的容量。

（二）cDNA 文库的构建步骤

cDNA 文库构建包括以下步骤。①高质量 mRNA 的制备：真核生物 mRNA 仅占总 mRNA 含量的 2%～5%。利用亲和层析法分离出 mRNA 再对 mRNA 按大小分级，使 mRNA 具有适当的长度，接下来对 mRNA 的翻译活性进行检验。②反转录生成 cDNA：以有翻译活性的 mRNA 为模板在反转录酶的作用下进行反转录形成 RNA-DNA 杂交分子。用核酸酶使 RNA-DNA 杂交分子中的 RNA 降解使之变成单链 DNA。以单链 DNA 为模板在 DNA 聚合酶的作用下合成另一条互补的 DNA 链形成双链 DNA 分子，即 cDNA。③cDNA 与载体连接：将 cDNA 的两端加上人工化学方法合成的人工接头，它是其序列中含有限制酶识别位点的寡核苷酸片段。用连接酶把接头和双链 cDNA 相互连接再用限制酶切割使原来的平末端的 cDNA 变成黏性末端插入已用限制酶处理的载体中并用 DNA 连接酶连接起来。④重组 DNA 的转化和克隆：将 cDNA 与载体连接成的重组 DNA 导入受体菌菌群中储存，每个受体菌都含有一段不同的 cDNA。如果用到的载体为噬菌体，含有 cDNA 的重组噬菌体还需要经过体外蛋白质外壳包装反应才能成为具有侵染和复制能力的成熟噬菌体。⑤筛选鉴定 cDNA：当获得了含重组 DNA 的宿主细胞时，即完成了基因的克隆。利用适当的鉴定和筛选方法就可以从中找到携带所需要的目的基因片段的重组克隆体。

（三）cDNA 的均一化处理

在一定时期的单个细胞中，约有 50 万个 mRNA 分子，可能代表了 1 万～2 万个基因。根据基因表达的丰度可以将这些 mRNA 分为高丰度、中等丰度和低丰度 3 类。高丰度的 mRNA 有几十种，每个细胞中可能含有 5000 个拷贝；中等丰度的 mRNA 可能有 1000～2000 种，每个细胞含有 200～300 个拷贝；低丰度的 mRNA 种类最多，但每个细胞仅含有 1～15 个拷贝。不加修饰的 cDNA 文库中的基因拷贝数与其 mRNA 相似，高丰度 mRNA 在文库中出现的频率较高，低丰度 mRNA 在文库中出现的频率较低。如果通过对 cDNA 进行均一化处理，降低高丰度和中等丰度基因在文库中的冗余度，同时提高低丰度基因在文库中的代表性，可大大降低高丰度和中等丰度基因在表达序列标签（expressed sequence tag，EST）中的重复次数，提高发现新基因的效率，从而大大降低 cDNA 测序的成本。

1. 基因组 DNA 饱和杂交法 首先，将基因组 DNA 用限制酶消化固定，消化后的基因组 DNA 变性为相对较短的单链且最大可能地覆盖基因组；然后，分离纯化独立 cDNA 文库的混合质粒；最后，文库 DNA 与固定的基因组 DNA 充分饱和杂交，固定住相应的 cDNA，并将它洗脱重新转化受体菌。通过 cDNA 与基因组 DNA 的饱和杂交，基因组 DNA 上结合的 cDNA 克隆的数目是一致的，重新转化后，它们在文库中出现的频率基本相近。

2. 基于复性动力学原理的均一化方法 从 DNA 的复性动力学可知，DNA 浓度越小，复性所需的时间越长。cDNA 文库中高丰度 cDNA 复性所需的时间较短，低丰度 cDNA 复性所需的时间较长，通过控制复性时间，可以使高丰度 cDNA 复性成双链 DNA 状态，低丰度 cDNA 仍保持单链状态，利用羟基磷灰石柱层析很容易将单链和双链 cDNA 分开，再用得到的单链 cDNA 转化宿主细菌，即可得到均一化 cDNA 文库。

（四）扣除杂交 cDNA 文库

扣除杂交技术是将含目的基因的组织和器官的 mRNA 群体作为待测样本，将基因表达谱相似或相近但不含目的基因的组织或器官的 mRNA 群体作为对照样本，将这两个样本的 cDNA 进行多次杂交，去掉在两者之间都表达的基因，而保留二者之间差异表达的基因，使低丰度基因在文库中的比例大大提高，筛选到差异表达基因的可能性也大大提高。

（五）全长 cDNA 文库构建

用置换合成法、引导合成法、引物-衔接头法构建的 cDNA 文库中，全长 cDNA 克隆的比例比较低，因此提高 cDNA 文库中全长 cDNA 的比例，即构建全长 cDNA 文库就显得非常重要。

1. SMART 法 在第一链 cDNA 合成时，由于反转录酶带有末端转移酶的活性，当其到达 mRNA 5′端时会自动在第一链 cDNA 的 3′端加上几个 dC。加入带有 3 个 dG 的特异性引物，该引物会与全长 cDNA 第一链互补结合，然后继续以该引物为模板合成互补链。

2. Oligo-Capping 法 该方法是菅野纯男（Sumio Sugano）实验室于 1994 年开发的（Maruyama et al.，1994），即利用一个寡聚核苷酸链替换 mRNA 的帽子结构，达到标记 mRNA 5′端的目的。首先，以 mRNA 为起始材料，利用细菌碱性磷酸酶（BAP）水解 5′端不完整 mRNA 上的 5′磷酸基团，防止截短的 mRNA 与寡聚核苷酸链连接；再用烟草酸焦磷酸酶（TAP）除去 mRNA 5′端的帽子结构，在原 mRNA 的 5′端帽子处只留下一个磷酸基团；通过用 T4-RNA

连接酶在 mRNA 的 5′端连上一个寡聚核糖核酸，作为引发二链合成的引物，再经过反转录，PCR 扩增，这样只有完整的 mRNA 才能够被合成 cDNA，即全长 cDNA。

四、从基因文库筛选目的基因克隆的方法

（一）根据目的基因的核苷酸序列筛选

根据基因序列设计引物，以基因组 DNA 或 mRNA 反转录的 cDNA 为模板进行 PCR 扩增。如果得到的只是基因部分序列，可将其克隆至载体，作为探针筛选 cDNA 文库和基因组文库获得全长基因。用探针直接筛选文库，若能得到其他植物已分离的相关基因，则可以直接用作探针筛选 cDNA 文库和基因组文库，获得研究植物的目的基因。

（二）根据目的基因的表达特性筛选

如果已知基因表达产物（蛋白质或多肽），根据相应的氨基酸序列反推出原来基因的核苷酸序列，然后设计探针或引物从基因组文库或 cDNA 文库中筛选出相应的基因。一般从 N 端对 10 多个连续的氨基酸进行序列测定，选择连续 6 个以上简并程度最低的氨基酸，按各种可能的序列结构合成寡核苷酸探针库，从 cDNA 文库和基因组文库中筛选全长的基因。在实际实验中，该方法很难得到数量多、纯度高的目的基因表达产物（蛋白质），且蛋白质测序技术也花费较高、难度较大。

（三）PCR 法筛选基因文库

将基因文库分装 96 孔培养板，培养一段时间后分别从同一行或同一列孔中吸取少量培养物合并，以此混合物为模板进行 PCR 扩增。根据凝胶电泳的结果判定相应行或列混合孔中是否含有阳性克隆，对含有阳性克隆的行或列孔中的培养物再次分装。分装后的阳性克隆经培养后进行第二轮 PCR 扩增。如此反复操作，直至获得阳性克隆。

第六节　利用转座子标签法获取目的基因

转座子（transposon）又称为转座因子或移动因子，最早是 1951 年美国遗传学家 McClintock 在研究玉米的籽粒色斑不稳定现象时提出来的，但这个概念一直到 1967 年在大肠杆菌中发现插入序列这类转座因子后才被普遍认可和接受。它是染色体上一段可以移动的 DNA 序列，可以从一个基因座位转移到另一个基因座位，当转座子插入某个功能基因内部或邻近位点时，就会使插入位置的基因失活并诱导产生突变型；而当转座子切离时，又使目的基因恢复活性。如今，已经证实转座子在生物界中是普遍存在的一种现象。

一、可用于克隆植物基因的转座子种类

依据基因的结构和转座的机制，可以将转座子的类型分为转座子和逆转座子（retroposon）两类。转座子是一种 DNA-DNA 的转座过程，是最早发现的一类转座因子，包括有细菌的插入序列（insertion sequence）、复合转座子（composite transposon）、TnA 转座子家族（TnA family）、可转移噬菌体（transposable phage）等类型，除此之外还包括真核生物中的果蝇 P 成分、FB（foldback）成分、玉米 Ac/Ds（activator/dissociation）成分、En/Spm（enhancer/suppressor mutator）系统等。目前研究深入且应用较多的是玉米的 Ac/Ds 成分、En/Spm 成分和金鱼草的 Tam3 转座子成分等。

依据转座子分离植物基因的种类范围的不同，可以将转座子标签法大致分为两大类。一类是利用植物内部的转座子来分离同源植物的基因，这种方法被称为同源转座子标签法（homologous transposon tagging）。另一类是利用玉米中的 Ac/Ds 成分、En/Spm 成分及金鱼草中的 Tam3 成分等成分来分离异源植物的基因，这个方法被称为异源转座子标签法（heterologous transposon tagging）。

二、转座子标签法克隆植物基因的原理

通过遗传分析可以确定某基因的突变是否是由转座子引起的变异，假如是转座子引起的突变，可以用转座子 DNA 作为探针，从突变株的基因组文库中获取含有该转座子的 DNA 片段，从而获得含有部分突变株 DNA 序列的克隆，并进一步以该 DNA 序列作为探针，来筛选野生型植株的基因组文库，从而最终得到完整的目的基因。当转座子被作为外源基因通过农杆菌介导等方法导入植物时，T-DNA 由于整合到基因组中而引起插入突变，因此可以以同样的原理来克隆目的基因，这样就可以大大提高基因分离的效率。

三、转座子标签法克隆植物基因的方法

（一）利用异源转座子分离植物基因的操作步骤

利用异源转座子分离植物基因的一般操作步骤：①采取农杆菌介导等适当的转化方法把转座子导入目标植物，设法将转座子插入目的基因内部或邻近位点，引起表型突变；②通过表型筛选获得纯合突变株；③构建纯合突变株的核基因组文库；④以转座子片段作为探针，从该基因组文库中筛选含转座子片段的克隆；⑤以该克隆作为探针，筛选另一正常植株的核基因组文库，获得完整的正常目的基因。此外，还可利用反向 PCR 及热不对称交错 PCR 等方法获得转座子插入位点侧翼区特异性片段，并进一步将其作为探针筛选分离基因。

（二）转座子标签法的应用范围

克隆未知植物基因的有效方法之一就是转座子标签法。假如某种植物的转座子已经研究得很透彻，用这种方法克隆就能获得目的基因。对于那些转座子的特性还不清楚的植物，可以通过导入异源转座子，从而引起插入突变的方法来进行植物基因的克隆（Fedoroff et al.，1984）。利用转座子标签法可在不了解基因产物的理化性质和表达模式的情况下分离植物基因，因此该技术已被广泛应用于植物功能基因的克隆研究。但该技术的前提条件是要筛选出转座子插入的突变体。在实际操作中，由于转座频率往往很低，因此需要筛选的突变体群体较大。而且，对于那些需在特定环境或特定发育阶段才有突变表型的基因，往往由于看不到明显的突变表型而被忽略。另外，由于基因的功能补偿等机制的作用，即使有些基因产生了插入突变，也可能看不到突变表型，因而不能运用该方法获得突变基因。

从理论上来看，只要是能通过遗传转化而导入转座子的植物都是可以用这种方法来进行基因的克隆。目前，可供利用的转座子的种类不是很多，同时转座频率在物种间的差异也存在很大的变化。较为复杂的转化、突变鉴定的筛选方法进一步限制了转座子标签法的应用范围。但是随着可供利用的转座子的种类不断在提高，转座子标签法也在不断改进和完善。可

以相信，采用转座子标签技术，将会分离到更多的基因类型，尤其是那些和植物生长发育相关的基因。

第七节　利用同源序列法获取目的基因

不同物种间基因和基因顺序具有保守性。因此，利用现有的研究结果，可分离具有同源序列的目的基因。由于不同物种间基因编码区序列的同源性大大高于非编码区，在克隆异源基因时，往往从转录产物入手。分离此类基因的方法主要是基于同源序列的候选基因法（homology-based candidate gene method）。随着园艺植物基因组测序的陆续完成及生物信息学的发展，研究者对基因组信息及基因的预测也越来越准确，利用已知功能的基因序列来克隆同源候选基因并进行功能验证，已经变得越发普遍。

一、同源序列法克隆园艺植物基因的原理和方法

同源序列法是获取目的基因的一种新策略。它是根据基因家族的保守氨基酸序列来设计简并引物，然后用简并引物在含有目的基因的 DNA 文库钓取目的基因，再对钓取的产物进行扩增、克隆和鉴定的一种方法。针对已知功能和核苷酸序列的同源基因，利用植物基因序列相似性设计引物，来获得基因类似物（RGA），进而挖掘相似功能的候选基因。其技术路线包括以下几步：首先是分析已经克隆的功能基因，确定目的基因后分析目的基因的保守区域，依据保守区域内的氨基酸序列来设计上、下游引物；再就是利用该特异引物对植物 DNA 或反转录获得的 cDNA 作为模板进行 PCR 扩增；接着对扩增产物进行克隆、测序，通过测序结果的比较分析确定候选基因；最后对候选基因进行功能验证。

二、同源序列法在克隆园艺植物基因中的应用

近些年，随着测序技术的发展，越来越多的园艺植物基因组得到破译。结合生物信息学的分析，利用同源序列法克隆基因已经成为一种简单有效的方法。例如，提高植物的抗病持久性可通过对感病基因（S gene）的失活处理来实现，鉴定并破坏 S 基因是实现作物广谱和持久抗病性的更快、更简单的策略。托梅泽拉（Thomazella）等（2021）通过在基因组数据库中进行同源序列比对，获得了番茄中已知感病基因 DMR6 的直系同源基因 SlDMR6-1，并结合 CRISPR/Cas9 技术敲除同源基因 SlDMR6-1，使植株获得了广谱抗病性。在玉米中解析了控制玉米单倍体诱导的基因 MTL/ZmPLA1 和 ZmDMP。钟（Zhong）等（2022）研究发现 ZmDMP 在番茄中存在 1 个同源基因。敲除该基因后在产生败育种子的同时，可以在杂交和自交后代中形成一定比例的母本单倍体，证明了番茄中 SlDMR 基因突变同样具备独立的单倍体诱导的能力。该研究验证了番茄 DMP 基因单倍体诱导的功能，解决了番茄单倍体产生的关键技术瓶颈，创制了国际上首个番茄单倍体诱导系及其配套的诱导鉴别技术。另外一个比较典型的例子是在植物花青素合成中发挥关键作用的 MYB 转录因子家族成员。2000 年，拟南芥基因组测序完成，通过对基因组 R2R3-MYB 转录因子及已克隆的花青素合成调控基因的系统进化分析，研究人员发现调控植物花青素合成的 R2R3-MYB 大多属于 MYB 基因家族中的第 6 亚家族。红色甘蓝是一种可以积累大量花青素的蔬菜，其具有极强的抗氧化能力。2009 年，Yuan 等通过同源克隆法分离了红色甘蓝中可能调控花青素合成的 4 个 MYB 转录因子，并进一步通过表达分析发现，BoMYB2 基因的表达模式与甘蓝花青素积累模式一致，说明该

基因可能是花青素积累的调控基因。与此类似，2010 年，Chiu 等通过图位克隆及同源克隆法，克隆了调控紫色花椰菜花青素合成的关键基因 *Pr-D*。之后，利用基因组信息在基因组水平上陆续分离拟南芥 *AtPAP1*、苹果 *MdMYB10* 等的同源基因，以及在杨梅、甘蓝、苹果、樱桃、猕猴桃、梨、血橙、番茄和生菜等植物中的花青素合成调控基因，包括 *MrMYB1*、*BoPAP1*、*MdMYB110a*、*PavMYB10.1*、*AcMYB75*、*PyMYB114*、*Ruby2*、*SlAN2-like*、*RLL2* 等基因。2019 年，Jian 等克隆了番茄 *MYB* 家族的同源基因 *SlMYB75*，过表达后发现可以显著诱导花青素在观赏番茄 'Micro-Tom' 果实中的积累，大大增加了其营养价值。

三、同源序列法克隆植物基因的优缺点

同源序列法的优势在于，通过对克隆出来的功能基因蛋白序列进行分析，会发现相似功能的蛋白质存在一定的序列保守性，如富含亮氨酸的重复区域（LRR）、核苷酸的结合位点（NBS）、蛋白激酶（PK）等。若目的基因具有抗性基因的同源序列，这样就可以利用这部分区域来合成引物筛选基因组文库的目的基因，以获得想要的候选基因。其局限性在于：一是由于密码子具有简并性且不同的同源序列间一致性的差异，简并引物的特异性设计要合适；二是由于某些同源序列并不只存在于某一个基因家族，扩增产物不一定是某一基因家族成员。例如，植物基因组中有许多与 LRR 或者 NBS 同源的区域，其功能并不一定都和抗病相关。总之，对 PCR 扩增的产物，需进行基因与性状共分离分析、插入失活或者遗传转化等一系列的试验进行功能鉴定，最终筛选到目的基因。

第八节 利用图位克隆获取目的基因

图位克隆（map-based cloning）又称定位克隆（positional cloning），是根据目的基因在染色体上的位置进行基因克隆的一种方法。目前，应用图位克隆技术已经在不同的物种中克隆了许多有价值的基因。

一、基因图位克隆的原理

图位克隆的基本原理是目的基因和标记的距离越大，它们之间发生重组交换的概率就越高，因此通过计算重组率可以进一步推测目的基因和标记的远近，进而将目的基因确定在与其最相近的两侧标记之间。在利用分子标记技术对目的基因进行精确定位的基础上，使用与目的基因紧密连锁的分子标记筛选 DNA 文库，从而构建目的基因区域的物理图谱，再利用此物理图谱通过染色体步移法逼近目的基因，或通过染色体登陆的方法找到包含该目的基因的克隆，最后通过遗传转化和功能互补验证确定目的基因的碱基序列。

二、基因图位克隆的程序

（一）构建遗传作图群体

用于作图群体的类型可有多种。一般来说，在这类群体中，异花授粉植物分子标记的检出率较自花授粉植物的高。但是就基因的图位克隆而言，培育特殊的遗传群体是筛选与目的基因紧密连锁的分子标记的关键环节。这些遗传材料应该满足这样的条件，即除了目的基因所在的局部区域外，基因组 DNA 序列的其余部分都是相同的，在这样的材料间找到的多态

性标记才可能与目的基因紧密连锁。

目的基因的近等基因系（near iso-genic lines，NIL）是符合条件的一类群体。近等基因系（NIL）是指一组遗传背景相同或相近，而某个特定性状或其遗传基础有差异的一组品系。由于 NIL 的遗传组成特点，一般凡是能在近等基因系间揭示多态性的分子标记就极有可能位于目的基因的两翼附近。Martin 等（1993）就是用 RAPD 技术分析番茄 *PTO* 基因的近等基因系而获得了与该基因表型共分离的分子标记，以该分子标记为探针筛选基因组文库而实现了染色体登陆。

一般来说，当标记为显性遗传时，欲获得最大遗传信息量的 F_2 群体，须借助于进一步的子代测验，以分辨 F_2 中的杂合体。为此，米歇尔莫尔（Michelmore）等（1991）发明了分离群体分组分析法（bulked segregant analysis，BSA）以筛选目的基因所在局部区域的分子标记。其原理是将目的基因的 F_2（或 BC_1）代分离体的各个体仅以目的基因所控制的性状按双亲的表型分为两群，每一群中的各个体 DNA 等量混合，形成两个 DNA 混合池（如抗病和感病、不育和可育）。由于分组时仅对目标性状进行选择，因此两个 DNA 混合池之间理论上主要在目的基因所在局部区域的差异，这类似于 NIL，故也称作近等基因池法。研究表明，近等基因系法、分离群体分组分析法再结合 AFLP 等强有力的分子标记技术，使人们能够在短时间内从数量众多的分子标记中筛选出与目的基因紧密连锁的标记。

（二）筛选与目的基因连锁的分子标记

筛选与目的基因连锁的分子标记是图位克隆技术的关键，常用的分子标记有 RFLP、RAPD、SSR 和 AFLP 等。这些技术与最初的形态标记、细胞学标记和生化标记不同，其具有稳定、可靠的特点，并且使用成本也相对较低，特别适用于筛选与目的基因紧密连锁的标记，尤其是与目的基因共分离的标记。研究者可依据不同的研究目标、对象、条件等，选择使用这些技术，可加快克隆基因的进程。值得提及的是随着分子标记技术的发展，一些植物的遗传图谱构建和比较基因组的研究也有了长足的进步，它们相得益彰，相互促进，为基因的图位克隆提供了有益的借鉴。

（三）借助连锁图谱筛选分子标记

在基因图位克隆策略刚刚提出的时候，植物分子连锁图谱的构建尚处于萌芽阶段，当时找到一个与目的基因连锁的分子标记通常要花费数月甚至数年的时间。在过去的几十年里，这种状况有了显著改善，由于可以很方便地建立和维持建图所必需的较大的分离群体，因而植物分子连锁图构建工作发展很快。现在已建图的植物已多达几十种，其中包括了许多重要的园艺植物，如番茄、黄瓜、马铃薯等的遗传图谱已相当精细，含有数百甚至数千个标记。高密度分子连锁图的绘制为筛选与目的基因紧密连锁的分子标记提供了良好的开端。

（四）局部区域的精细定位与作图

一旦把目的基因定位在某染色体的特定区域后，接下来就要对其进行精细的作图及筛选与目的基因紧密连锁的分子标记。目前的作图类型分为两类，分别是遗传图谱和物理图谱。

1. 遗传图谱的构建　　染色体的交换与重组是遗传图谱构建的理论基础，通过作图群体的分析，如果一个基因与两侧最近的分子标记距离均在 2cM 以上，就需要作精细的遗传图谱（Silver et al.，1983）。因为即使是在小基因组作物水稻中，平均 1cM 也相当于 250kb 左右的物理距离，如果在着丝粒附近就可能相当于 1000kb 左右，需要进行若干步的染色体步移，非常费时费力。因此，精细的遗传图谱对图位克隆显得非常重要。目前，已有越来越多生物的遗传图谱趋于饱和，这就为生物的物理图谱的构建奠定了基础。

2. 物理图谱的构建 由于分子标记与目的基因之间的实际距离是按碱基数（bp）来计算的，它会因不同染色体区域基因重组值不同而造成与遗传距离的差别，所以物理图谱是真正意义上的基因图谱。物理图谱的种类很多，从简单的染色体分布图到精细的碱基全序列图都是物理图谱。最为常用的物理图谱有限制性酶切图谱、跨叠克隆群和 DNA 序列图谱等。

（五）染色体步移和染色体登陆

染色体步移是通过逐一克隆来自染色体基因组 DNA 的彼此重复的序列，而慢慢地靠近目的基因，开始步移的克隆可以是已知的基因、RFLP、RAPD 或其他已鉴定的分子标记，用它来杂交筛选大片段 DNA 文库中的阳性克隆，找到与目的基因紧密连锁的分子标记（最好分布在基因两侧）和鉴定出分子标记所在的大片段克隆以后，接着是以该克隆为起点进行染色体步移，逐渐靠近目的基因，以该克隆的末端作为探针筛选基因组文库，鉴定和分离出邻近的基因组片段的克隆，再将这个克隆的远端末端作为探针重新筛选基因组文库。重复这一过程，直到获得具有目的基因两侧分子标记的大片段克隆或重叠群。如果目的基因所在区域已经完成分子作图，就有一套现成的顺序排列的大片段克隆可以利用。当遗传连锁图谱指出基因所在的特定区域时，即可取回需要的克隆，获得目的基因。

染色体步移在实际运用中的主要困难是当在克隆的一端遇到大量重复的 DNA 序列时，步移的方向会被打乱；另外如果步移必须经过一个无法克隆的区域时，步移的过程就会被打断，这样都会造成图位克隆的失败。为了克服这些困难，科学家提出了染色体登陆方法。染色体登陆是找出与目的基因的物理距离小于比基因组文库插入片段的平均距离还小的分子标记，一般找到与目的基因共分离的分子标记，通过这样的分子标记筛选文库可直接获得含有目的基因的克隆，完全避开染色体步移的过程。

（六）鉴定目的基因

筛选和鉴定目的基因是图位克隆技术的最后环节，找到与目的基因紧密连锁的分子标记并鉴定出分子标记所在的大片段克隆后，接着以该克隆为起点进行染色体步移，逐渐靠近目的基因。当遗传连锁图谱指出基因所在的特定区域时，即可取回需要的克隆，获得目的基因。在与目的基因紧密连锁的分子标记及插入大片段基因组文库都具备的情况下，就可以以该分子标记为探针，通过菌落杂交、蓝白斑挑选的方式筛选基因组文库而获得可能含有目的基因的阳性克隆。

随着测序技术的发展，多数园艺植物基因组已被解析，从而省去了构建基因文库的过程，可以直接通过对候选区间内序列进行序列比对、生信分析等工作预测候选区间基因的功能，同时结合候选区间序列测序、表达分析、遗传转化等手段确定最终的候选基因。侯（Hou）等（2017）针对由单隐性基因控制的黄瓜超紧凑突变体中 *scp-2* 基因的图位克隆（二维码 6-1），首先使用全基因组 SSR 标记的连锁分析在 F_2 群体中将 *scp-2* 位点置于标记 UW040671 和 UW040452 间的 2.0cM 区间，标记 SSR16667 与 190 个 F_2 单株中的位点共分离。在扩大的分离群体中，*scp-2* 很好地定位到黄瓜'Gy14'基因组草图上 Scaffold01225 的 UW040598 和

6-1

UW040503 两标记间的基因组区域，并且 5 个标记与 *scp-2* 基因位点共分离。Scaffold01225 的局部物理图谱帮助确定了 7 个在 'Gy14' 和 *scp-2* 突变体（'AM204M'）之间具有多态性的 SSR 标记。序列比对和生物信息学分析发现其中含有 6 个预测基因，包括参与油菜素内酯 BR 合成的基因 *CsDET2*。进一步的序列鉴定确认了在 'AM204' 突变体（'AM204M'）中 *CsDET2* 序列相对于 'AM204' 野生型（'AM204W'）多了一个 1bp 的插入，序列翻译异常，造成突变表型。

三、图位克隆在园艺植物中的应用

通过图位克隆获得了许多在园艺植物生长发育过程起关键作用的基因。例如，谢（Xie）等（2018）的研究发现 *NUMEROUS SPINES*（*NS*）基因参与调控黄瓜果刺稀密，通过两个黄瓜品种 'NCG122'（多果刺）和 'NCG121'（少果刺）杂交筛选得到 ns 群体后代，图位克隆将 *NS* 基因定位于黄瓜第 2 号染色体，候选基因 *Csa2M264590* 编码生长素转运蛋白。通过表达模式分析发现 'NCG122' 与 'NCG121' 中生长素信号通路上游基因（包括 *Csa2M264590*）表达下调，而下游基因表达上调，这也暗示 *NS* 是决定黄瓜果刺密度的负调控因子，可能是通过调节生长素信号通路来调节果刺的发育。黄瓜软刺突变体 ts 是野生型（WT）硬果刺黄瓜和其自发突变体 'NC073' 杂交获得，由单隐性核基因控制。图位克隆发现 *TS*（*Csa1G056960*）基因编码 receptor-like 激酶（Guo et al., 2018）。杨森等（2020）以收集的甜瓜短蔓矮化种质资源 'M406' 为试材，利用图位克隆技术，确定类受体激酶基因 *MELO3C016916* 为突变基因 *Cmsi* 的候选基因。该基因表达量在 'M406' 植株各器官中均显著下降，拟南芥和黄瓜中异源过表达该基因均使植株株高提升。研究发现 Cmsi 能够通过与生长素转运蛋白 CmPIN2 直接互作进而调控甜瓜茎蔓处生长素含量最终影响甜瓜茎蔓的发育。

来源于野生番茄的 *Sm* 是目前所知的唯一一个高抗灰叶斑的抗病基因，研究人员使用抗病品种 'Motelle' 和易感品系 'Moneymaker' 杂交的 F$_2$ 群体，将 *Sm* 定位在番茄第 11 号染色体的一个 160kb 的基因组区间内。该区间内鉴定出一个 NBS-ARC 类型的抗病基因 *NBS-Sm*（*Solyc11g020100*），394 位氨基酸（AA394）是影响 NBS-Sm 蛋白发挥抗病作用中关键位点，确证了 *NBS-Sm* 就是赋予 'Motelle' 高抗灰叶斑病的抗病基因。李（Li）等（2022）利用近等基因系将主效位点 *qLTG1.1* 精细定位至 46.3kb 的物理区间内，通过序列比对和表达分析确定 *Csa1G408720* 为候选基因，该基因为 GRAS 家族的 DELLA 转录因子 GAI。CsGAI 通过 GA 和 ABA 信号途径调控低温下种子萌发。宋（Song）等（2020）利用短日照敏感的野生醋栗番茄和日中性的栽培番茄构建的重组自交系群体，通过关联分析获得了一个调控番茄短日照开花的主效 QTL 位点 *qFON10*。通过图位克隆发现，该位点是由于番茄中 *FT* 同源基因 *FTL1* 的突变造成的。栽培番茄中 *FTL1* 突变导致其在短日照下开花延迟。进一步研究发现，FTL1 通过调控 *SFT* 表达进而控制番茄短日照开花，加深了对番茄的光周期调控的理解。

张（Zhang）等（2021）通过遗传分析表明 *Se18* 不育性状由单隐性基因 *Clatm1* 控制。基于图位克隆策略，将 *Clatm1* 定位于 Chr06 染色体上 54.01kb 的区间内。序列分析表明，*Se18* 中该基因的第二个外显子存在 10bp 缺失，导致其重要结构域 BIF 缺失，从而使 *Se18* 植株表现出雄性不育表型。

四、图位克隆法的优缺点

图位克隆的优点是无须预先知道基因的 DNA 顺序，也无须预先知道其表达产物的有关信息，简单来说，利用基因的图位克隆法获取目的基因不依赖于对基因产物的了解。图位克隆技术对于基因组较小、重复序列少且已经构建高密度 RFLP 或 RAPD 等标记图谱植物的效率较高，如番茄等。然而，对于基因组较大而且重复序列高的园艺植物，图位克隆法要步移大量的 DNA 片段，投资大，效率低；而且 DNA 大片段插入文库含有许多嵌套克隆或克隆后的重排现象等原因，使得染色体步移十分困难。对于这些植物，可以通过构建高密度的遗传图谱和寻找物理距离目的基因很近的分子标记，使得染色体的步移距离大大缩短。

第九节　基于基因组重测序技术开发的基因克隆

在作物重要性状数量性状位点（quantitative trait locus，QTL）定位和突变体研究中，利用传统的遗传标记对目的基因或 QTL 进行定位，往往工作量大、周期长，难以精确定位。随着测序技术的不断发展，拥有参考基因组的物种越来越多，全基因组重测序（whole genome resequencing，WGR）技术在发掘与植物表型相关的单核苷酸多态性（single nucleotide polymorphism，SNP）位点方面发挥着重要作用。全基因组重测序为从基因组水平开发 SNP 标记提供了新的技术条件。利用基于 WGR 的 SNP 识别、验证和基因型分析与传统分子标记相结合的方法，能很快挖掘到候选基因和获得导致表型的 SNP 位点，初步定位和鉴定差异位点，为从分子水平研究植物基因调控提供了依据。目前，通过基于 WGR 的群体驯化和全基因组关联分析及对杂交后代进行全基因组 SNP 基因型分析，已经成功定位了若干作物的 QTL 及突变基因。

一、MutMap 法定位基因

（一）MutMap 法的原理

在传统的图位克隆中，一般先利用 BSA 原理进行粗定位，寻找和突变表型连锁的标记，再在附近设计新的标记，利用作图群体进行精细定位，一步步缩小与突变表型连锁的染色体区段，直到鉴定出突变基因。MutMap 的原理和图位克隆类似，由于高通量测序技术的出现，从而使常规使用的标记换成了 SNP，把通过 PCR 和酶切进行多态性鉴定，换成了用重测序的方法直接对 SNP 的多态性进行分析（Abe et al.，2012）。实际上，MutMap 及类似的方法都是利用了 BSA 的原理。

MutMap 适合对 EMS 诱变的隐性突变基因进行分析（二维码 6-2）。通过 EMS 诱变和自交得到纯合矮化突变体后将突变体和其亲本回交得到 F_1，F_1 自交得到的 F_2 后代会出现表型的分离，得到野生型表型群体和突变表型群体。对这两个群体的 DNA 分别进行等量混合，得到野生型 DNA 混池和突变体 DNA 混池。将两个混池分别进行 DNA 测序，得到野生型和突变型混池的测序变异 SNP 信息。突变类型为隐性，根据遗传学定律，在 F_2 群体中与突变表型不相关的序列变异会随机分布在 F_2 群体的个体中。因此，与目标性状无关联的 SNP 会以野生型类型和突变体类型的比例接近 $1:1$ 进行分离；而导致突变体表型的 SNP 由于受到了人为选择，在突变体混池中所有的个体都是纯合的（Takagi et al.，2015）。所以，当对测序结果进行分析后，在突变体混池中只有突变位点 SNP 及其紧密连锁的 SNP 会出现 100% 的突变体类型，并且离突变位点 SNP 越近的突变体类型的 SNP 纯合度越高，而其他的无关位点，突变体类型

6-2

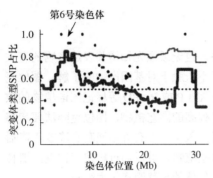

图 6-1 利用 SNP-index 锁定候选基因
区域（Abe et al.，2012）

图中的点代表此 SNP 位点上突变体类型 SNP 在总
SNP 类型中的占比；粗线代表突变体和野生型的
F2 后代里，突变表型群体的 DNA 等量混合后得到
的突变体 DNA 混池中，染色体不同位点上的突变
体类型 SNP 占所有 SNP 类型的比值；细线代表突
变体亲本中染色体不同位点上的突变体类型 SNP
占此位点所有 SNP 的比值

的 SNP 和野生型类型的 SNP 的比例接近 1∶1。

为了方便分析，一般会定义一个参数 SNP-index，即突变体类型的 SNP 所占的比例，因此在突变位点的 SNP-index 为 1，如图 6-1 所示，越往两侧，SNP-index 越小，并最终接近于 0.5。对 SNP-index 进行滑窗作图后，就会出现一个峰，该处就是连锁区域。在附近进行候选基因的筛选和排查，可以比较容易找到调控株高位点的突变基因。

（二）MutMap 法的应用

花青素是植物体内的天然色素，参与自然界中植物器官的色泽形成和植物应对逆境胁迫等重要生物过程。Aft（anthocyanin fruit）番茄品系'LA1996'的果皮在光照下可以积累大量的花青素。陈（Chen）等（2022）利用 EMS 诱变方法筛选到 Aft 型番茄果皮花青素合成缺失型突变体，通过遗传群体构建、基于高通量测序的 MutMap 法及分子标记辅助克隆分析，最终确定果皮花青素缺失突变体的候选基因 SlJAF13，并借助相关实验技术，解析了 SlJAF13 调控番茄花青素合成的分子机制。

大白菜结球性是决定其产量和品质的首要性状。黄（Huang）等（2022）在结球白菜 DH 系'FT'的 EMS 诱变群体中，筛选到 2 份不能结球的等位基因突变体 nhm3-1 和 nhm3-2。整个生育期突变体 nhm3-1 和 nhm3-2 表现为叶片塌地而生，不能形成叶球。遗传分析表明突变性状由单隐性核基因控制。利用 MutMap 法确定 BraA05g012440.3C 为候选基因，其编码赤霉素合成关键酶基因 BrKAO2。nhm3-1 在 BrKAO2 基因第 2 外显子上发生一个由 C 到 T 的单碱基替换，导致编码的氨基酸由甘氨酸变成谷氨酸；nhm3-2 在第 2 外显子不同位点上发生一个由 G 到 A 的单碱基替换，导致编码的氨基酸由丝氨酸变成亮氨酸。两个突变体叶片中的赤霉素含量均显著低于野生型，外源喷施 GA₃ 能使突变体恢复野生型表型，证明了 BrKAO2 通过赤霉素合成途径参与大白菜叶球形成过程。

二、QTL-seq 法定位基因

大多数作物的重要性状都是数量性状，即由多个基因控制（数量性状位点，QTL）。QTL 的定位和分离对于利用标记辅助选择（MAS）进行高效作物育种和更好地理解性状的分子机制具有重要意义。然而，由于连锁分析需要开发和选择 DNA 标记，所以 QTL 分析既耗时又费力。遗传图谱结合 QTL 定位是目前方案最成熟、效果最好的复杂数量性状定位方法之一。利用高通量测序，可以获得海量的分子标记，利用分子标记进行高精度的遗传图谱构建，精确定位控制目标性状的基因（Takagi et al.，2013）。利用基因组信息，可以直接筛选与性状相关联的分子标记和基因，从而省去复杂的图位克隆过程。

（一）QTL-seq 原理

QTL-seq 将 BSA 及全基因组测序进行结合，识别与目标性状相关联的 QTLs。要达到这一目的，首先需要构建一个包含极端目标表型的定位群体。根据性状的不同，可以采取不同的群体构建方法，其中重组自交系（RIL）和双单倍体（DH）具有较高的纯合性，每个品系中的个体都具有表型的可重复性，可用于检测具有较小效应的 QTL。两个品系杂交后自交所得的 F₂ 群体也可以用于进行 QTL-seq 分析，优点是获得群体所需时间短，但是由于基因型的不可重复性，因此该法适合于检测效应较大的 QTL。

例如，分析与作物株高相关的 QTL（二维码 6-3），如果有多个 QTL 影响株高，不同株高的频数分布图将近似于正态分布。将具有极端表型的个体组成两个极端群（highest bulk 与 lowest bulk），每个极端群中的个体均取等量 DNA 组成混池 DNA，对混池的 DNA 样品进行全基因组重测序，以识别其中起主要作用的 QTL。与此同时，还需对其中一个亲本群体进行测序，以获得参考亲本基因组的信息。由于两个极端群体只在株高这个表型上有差异，理论上，可以认为基因组上的绝大区域，在两个群体之间并没有区别，均等量来源于两个亲本基因组。而只有与株高相关的 QTL 所在区域在两个极端群中存在区别。这些区域就是基因组中决定目标性状的候选区域。

6-3

（二）SNP-index 指标

指标 SNP-index 可表示子代群体与亲本之间的序列差异程度。SNP-index 是指在特定位点上，携带有不同于参考亲本的 SNP 的 reads 数与到同一位点的所有 reads 数的比值，如 SNP-index 为 0 说明比对到这一位点的所有 reads 都来源于参考亲本；SNP-index 为 1，说明这些 reads 都来源于非参考亲本；SNP-index 为 0.5 说明这一位点的信息等量来源于两个亲本。如果某一 SNP 在两个极端群中的 SNP-index 均小于 0.3，可认为这样的 SNP 是由于测序或比对错误所致，建议舍弃。将两个极端群的 SNP-index 相减，所得的 Delta（SNP-index）可以更直观地显示两个极端群在基因组上的差异情况。Delta 为 1 或 −1 说明相对应的 SNP 来源于其中一个亲本，这一位点及其周边很可能是参与目标性状形成的区域（Sugihara et al.，2020）。

（三）QTL-seq 法的应用

极端的干旱条件是一种主要限制鹰嘴豆产量的因素。两个响应产量下降的因素包括种子大小的缩小和根长/根密度。辛格（Singh）等（2016）用 QTL-seq 来鉴定百粒重及在旱作条件下根干重和整个植株干重的比值（RTR）的候选遗传区间。首先对 'ICC 4958' × 'ICC 1882' 群体的极端性状混池的全基因组 SNP 位点的识别发现两个显著关联的遗传区间。其中百粒重 QTL 一个在 CaLG01（1.08Mb）连锁群上，另一个在 CaLG04（2.7Mb）连锁群上。同时在 CaLG04（2.7Mb）连锁群上鉴定到一个和 RTR 相关的区间。综合分析后，最终共识别 4 个百粒重和 5 个 RTR QTL。随后对两个百粒重基因（*Ca_04364*，*Ca_04607*）和一个 RTR 基因（*Ca_04586*）都进行了 CAPS/dCAPS 标记的验证。鉴定到的候选区间及基因对鹰嘴豆改良的分子育种工作提供了帮助。

魏（Wei）等（2020）利用紫红线茄与短圆果型茄子配制的分离群体，对控制果实长度性状基因进行了预测。利用 QTL-seq 定位技术，将控制果实长度性状的主效 QTL 位点初步定位在 3 号染色体 71.29～78.26Mb 区间；结合前期利用遗传图谱定位到的与果形相关的 QTL 位点 *fs3.1*（77.62～79.77Mb），同时利用茄子参考基因组和 210 个分子标记锚定的 QTL 热点区域，从而获得调控果实长度的候选基因 *Smechr0301963*。

　　徐（Xu）等（2020）以短果把黄瓜自交系'YN'和长果把自交系'JIN5-508'为亲本构建的 F$_2$ 分离群体为材料，利用果把表型极端单株混池测序法（QTL-seq）快速鉴定到一个位于 Chr7 上的主效 QTL*fnl7.1*。通过遗传图谱构建及对 F$_{2:3}$ 群体三个季节果把长的常规 QTL 定位分析，主效 QTL*fnl7.1* 遗传稳定。进一步利用双亲重测序、多态性标记开发、重组株基因型及表型鉴定，最终将 *fnl7.1* 精细定位至 14.1kb 区间内，该区间内预测到 2 个候选基因。在此基础上，结合双亲序列比对、qRT-PCR、启动子特征分析、黄瓜转基因等一系列工作，明确了其中一个编码胚胎晚育蛋白（late embryogenesis abundant protein）的基因 *Csfnl7.1* 为主效 QTL*fnl7.1* 的关键候选基因。

　　山川（Yamakawa）等（2021）提出多倍体 QTL-seq 方法是快速开发紧密连锁的 DNA 标记的一个通用工具。并以马铃薯囊肿线虫抗性基因（*H1*）和甘薯中花青素含量相关基因（*AN*）为对象，分别通过构建 *H1* 与 *h1*，高 *AN* 与低 *AN* 的 F$_1$ 代，建立混池，然后对亲本和 F$_1$ 后代进行高深度的重测序，重测序结果比对后通过计算在 95% 的置信区间里面的 SNP index，在全基因组上鉴定相关的 QTL。后续在鉴定 QTL 附近寻找具有多态性的 SNP 标记，并在 F$_1$ 后代中进行验证，确定了这种多倍体 QTL-seq 法具有准确性和通用性，且不需要专门构建精细的连锁图，有利于在马铃薯和甘薯等多倍体作物中快速开发紧密联系的 DNA 标记。

小　　结

　　随着分子生物学研究的深入，基因的分离和克隆的策略不断完善，新的策略不断创新与发展。本章主要介绍了几种目前常用的基因分离与克隆策略和方法，包括化学合成法、限制性内切酶分离法、PCR 扩增法等直接方法，以及功能克隆法、基因文库法、转座子标签法、同源克隆法、图位克隆法和基于重测序技术开发的基因克隆等更为复杂的方法。在实际操作过程中，不同的克隆方法具有不同的特点，能够满足不同研究场合的需要。园艺植物蕴涵着丰富且特殊的基因资源，不同植物、不同研究背景可能需要采取的基因分离与克隆的策略和方法不尽相同。

思考题

1. 简述 PCR 主要类型及特点。
2. 简述图位克隆技术的原理及其流程。
3. 简述转座子标签法的基本步骤及其优缺点。
4. 差异表达基因分离法主要包括哪几种方法？各有何优缺点？
5. 简述 RACE 技术的应用及其优缺点。
6. 简述利用重测序克隆基因的主要方法及差异。
7. 什么是基因组文库？简述基因组文库在克隆目的基因中的应用。

推荐读物

1. 王关林，方宏筠. 2014. 植物基因工程. 2 版. 北京：科学出版社
2. 文铁桥. 2014. 基因工程原理. 北京：科学出版社
3. 萨姆布鲁克 J，格林 M R. 2017. 分子克隆实验指南. 4 版. 贺福初，译. 北京：科学出版社

第七章 园艺植物遗传转化载体的构建

植物遗传转化的目的是将外源基因导入受体植物中，使之稳定遗传和表达，而载体构建（vector construction）是植物遗传转化的重要前提。将外源基因导入植物的生物载体主要有两类：病毒载体（viral vector）和质粒载体（plasmid vector）。病毒载体介导的遗传转化属于瞬时表达转化（transient expression transformation），不能将外源基因整合到受体植物染色体上，一般只用于基因功能研究。在生物载体介导的稳定遗传转化（stable genetic transformation）系统中，农杆菌中的 Ti 质粒（tumor-inducing plasmid）是应用最多的转化载体，在已获得的转基因植物中，约 80%是由农杆菌 Ti 质粒介导完成的。

第一节 根癌农杆菌 Ti 质粒基因转化载体的构建

根癌农杆菌（*Agrobacterium tumefaciens*）能在自然条件下侵染 140 多种双子叶植物的受伤部位，并诱导产生冠瘿瘤。1971 年，美国科学家通过研究推断致瘤基因存在于质粒上；1974年，比利时根特大学遗传学实验室的泽恩（Zeanen）观察到农杆菌中的巨型质粒，明确了其致瘤作用是由农杆菌中的 Ti 质粒引起的。

一、Ti 质粒的改造

（一）Ti 质粒的结构与功能

Ti 质粒是根癌农杆菌染色体外的环状双链 DNA 分子，其大小为 150～200kb。根据 Ti 质粒诱导合成的冠瘿碱种类不同，Ti 质粒可分为 4 种类型，即章鱼碱型（octopine）、胭脂碱型（nopaline）、农杆碱型（agropine）、农杆菌素碱型（agrocinopine）或称琥珀碱型（succinamopine）。其中章鱼碱型和胭脂碱型 Ti 质粒较为常见。

通过 Ti 质粒 DNA 限制性内切核酸酶图谱和基因图谱，目前已经明确 Ti 质粒上的基因分布。根据功能的不同可以把 Ti 质粒划分为 4 个区段：①与基因转移相关的 T-DNA 区（transferred DNA region）；②激活 T-DNA 转移、使农杆菌对植物表现出侵染毒性的 Vir 区（virulence region）；③调控 Ti 质粒在农杆菌间发生接合转移的 Con 区（region encoding conjugation）；④调控 Ti 质粒自我复制的 Ori 区（origin of replication）（图 7-1），其中 T-DNA 区和 Vir 区对基因的转移至关重要。

1. T-DNA 区 T-DNA 区是农杆菌侵染植物细胞时，从 Ti 质粒中切割下来整合到受体植物染色体上的一段 DNA，其长度在 15～30kb。

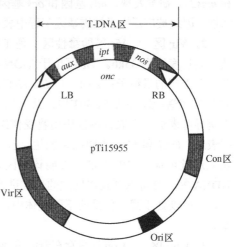

图 7-1 Ti 质粒结构示意图（张献龙，2012）

T-DNA 区由致癌基因（*onc*）和两端的边界序列（border sequence）组成。左边界（left border，LB）和右边界（right border，RB）是长为 25bp 的末端重复序列，这两个边界序列是 T-DNA 转移所必需的。研究发现，Ti 质粒 LB 序列缺失仍然可以致瘤，但是 RB 序列的缺失将极大地降低 DNA 的转移效率，甚至不发生 T-DNA 的转移，说明右边界在 T-DNA 转移中比左边界更为重要。

T-DNA 的 LB 序列和 RB 序列均属于保守序列。胭脂碱型 Ti 质粒上为单一的 T-DNA 片段，只有一个 LB 序列和 RB 序列，其 LB 序列为 TGGCAGGATATT-GTGCTGTAAAC，RB 序列为 TGACAGGATATATTGGCGGGTAAC。章鱼碱型 Ti 质粒通常由两条分离的 T-DNA 片段组成（TL-DNA 和 TR-DNA），分别带有相应的 LB 序列和 RB 序列，其中 TL-DNA 的 LB 序列为 CGGCAGGATATA-TTCAATTGTAAAT，TL-DNA 的 RB 序列为 TGGCAGGAATAT ACCGTTGTAATT。在章鱼碱型 T-DNA 右边约 17bp 处有一个 24bp 的超驱动序列（overdrive sequence，OD 序列）TAAGTCGCTGTGTATGTTTGTTT，为有效转移 TL-DNA 和 TR-DNA 所必需，如果去除 OD 序列，章鱼碱型 Ti 质粒致瘤能力会降低，因此 OD 序列也被称为增强子（enhancer），如果将其置于 25bp 边界序列 6kb 的上游，仍有促进 T-DNA 转移的作用。

章鱼碱型和胭脂碱型 Ti 质粒的 T-DNA 区均有一段核心区，其长度为 8～9kb，主要包含三类基因：第一类基因为生长素基因（*aux*），也称为肿瘤形态茎芽基因（tumer morphology shoot，*tms*），*tms* 包括两个基因，分别是 *tms1*（*iaaM*）和 *tms2*（*iaaH*），控制合成植物生长素吲哚乙酸。第二类基因为异戊烯基转移酶基因（isopentenyl transferase gene，*ipt*），编码异戊烯基转移酶，催化合成细胞分裂素，也被称为肿瘤形态茎根基因（tumer morphology root，*tmr*）。T-DNA 通过上述两类基因同时控制生长素与细胞分裂素合成，促使植物创伤组织无限制生长与分裂，形成冠瘿瘤。第三类基因是冠瘿碱合成基因，这些基因在不同类型的 Ti 质粒中分布不同。胭脂碱型 Ti 质粒含有 2 个冠瘿碱合成相关基因：一个位于 T-DNA 右端，为编码胭脂碱合酶基因（nopaline synthase，*nos*）；另一个位于 T-DNA 左端，为编码农杆菌素碱合酶基因（agrocinopine synthase，*acs*）。章鱼碱型含有 4 个冠瘿碱合成基因：1 个位于 TL-DNA 右端，为编码章鱼碱合酶基因（octopine synthase，*ocs*），另外 3 个位于 TR-DNA 右端，为编码农杆碱合酶基因（agropine synthase，*ags*）及甘露碱合酶基因（mannopine synthase，*mas1* 和 *mas2*）。研究发现，*nos* 基因和 *ocs* 基因的启动子（promoter）在各种不同植物细胞中均有活性，因此被广泛用于植物基因工程中表达载体的构建。

2. Vir 区　　Vir 区即毒性区，是 T-DNA 区以外涉及诱发肿瘤的区域，又称为致瘤区域，其长度约为 35kb。Vir 区位于 T-DNA 左侧，是 T-DNA 转移所必需的区域，该区域包含 8 个主要的操纵子：*VirA*、*VirB*、*VirC*、*VirD*、*VirE*、*VirF*、*VirG* 和 *VirH*（二维码 7-1），共有 24 个基因，它们协同作用，共同调控 T-DNA 的转移。其中 *VirB*、*VirC*、*VirD* 和 *VirE* 为诱导型表达，即农杆菌侵染植物受伤组织时，在植物细胞分泌的信号分子作用下启动基因表达。*VirA* 和 *VirG* 为组成型表达，但 *VirG* 在受到植物受伤组织分泌的信号分子诱导下，其表达量可提高 10 多倍，说明该基因也具有诱导表达的特征。这些基因的编码产物对 T-DNA 的转移可以顺式或反式的形式进行。因此，*Vir* 基因既可以与 T-DNA 位于同一载体上，也可以处于同一体系的不同载体中，这一特点对 Ti 质粒的改造和相关载体的构建非常重要。

7-1

3. Con 区　　Con 区段存在着细菌间接合转移（conjugation transfer）的相关基因 *tra*，调控 Ti 质粒在农杆菌间的转移。T-DNA 产生的冠瘿碱能够激活 *tra* 基因，诱导 Ti 质粒的转移。

4. Ori 区　　Ori 区域调控 Ti 质粒的自我复制，故称为复制起始区。

（二）天然 Ti 质粒存在的缺点

野生型 Ti 质粒并不能直接用于外源基因的转化载体，主要原因在于其存在以下缺点：①野生型 Ti 质粒分子巨大，不利于进行基因工程的操作。②野生型 Ti 质粒上分布着各种限制性内切核酸酶的多个酶切位点，难以找到可利用的单一限制性酶切位点，不利于外源基因的体外 DNA 重组。③T-DNA 区段内含有许多编码植物激素的基因。T-DNA 上的激素合成基因 *Aux* 及 *ipt* 在植物转化细胞中表达，会干扰受体植物激素的平衡，使转化细胞形成冠瘿瘤，严重影响转化植物细胞的分化和植株再生。④野生型 Ti 质粒在大肠杆菌（*E. coli*）中不能复制，只能在根癌农杆菌中扩增，而农杆菌的接合转化率仅为 10%。⑤野生型 Ti 质粒没有选择标记基因（selectable marker gene），不利于转基因植株的选择。

（三）Ti 质粒的改造

Ti 质粒的 T-DNA 区除了保守的左、右边界序列外，T-DNA 区的其他基因和序列均与 T-DNA 转移无关，利用这一特点，可以对野生型 Ti 质粒中的致瘤基因及其他非必需序列进行改造，使其成为有效的外源基因导入载体。

1）构建卸甲载体。野生型 Ti 质粒作载体时，影响植株再生的直接原因是 T-DNA 中 *onc* 基因的致瘤作用。因此，必须删除 T-DNA 中 *onc* 基因，构建无毒的（non-oncogenic）Ti 质粒载体，即卸甲载体（disarmed vector）。在卸甲载体中，缺失 *onc* 基因的 T-DNA 部分通常被大肠杆菌质粒 pBR322 取代，任何适于克隆在 pBR322 质粒中的外源基因片段，均可通过 pBR322 质粒 DNA 与卸甲载体的同源重组（homologous recombination）而被整合到卸甲载体上。

2）引入大肠杆菌的复制起点和选择标记基因，或将 Ti 质粒的 T-DNA 片段克隆到大肠杆菌质粒中，形成植物基因转化载体系统。研究表明，大肠杆菌具有与农杆菌高效接合转移的特性，因此，可将 T-DNA 的片段克隆到大肠杆菌的质粒中，并插入外源基因，通过接合转移把外源基因导入到农杆菌的 Ti 质粒上。

3）插入人工多克隆位点（multiple cloning site，MCS），以利于外源基因的克隆和操作。

4）引入植物基因的启动子和 polyA 信号序列，以确保外源基因在植物细胞内能高效表达。

5）除去 Ti 质粒上的其他非必需序列，最大限度缩短载体的长度。

二、Ti 中间表达载体的构建

中间载体（intermediate vector）是指在一个普通大肠杆菌质粒中插入了一段去除 *onc* 基因的 T-DNA 片段而构成的小型质粒。构建中间载体是解决 Ti 质粒不能直接导入外源基因的有效方法。中间载体一般需要具备以下特征：①具有一个或者几个细菌选择标记，利于筛选共整合质粒（cointegrating plasmid）；②含有植物选择标记，以利于植物转化细胞的筛选；③含有多克隆位点，以利于外源基因的插入；④具有 *bom* 位点，在有诱导质粒存在的情况下，可以使中间载体在不同细菌细胞间进行转移。

中间载体从功能上可分为两大类，即中间克隆载体（intermediate cloning vector）和中间表达载体（intermediate expression vector）。中间克隆载体的主要功能是复制和扩增基因；中间表达载体是含有植物特异启动子和终止子（terminator）的中间载体，其功能是作为构建遗传转化载体的质粒。

（一）启动子的选择

植物基因工程中常用的启动子有三类，分别是组成型启动子（constitutive promoter）、诱导型启动子（inducible promoter）和组织特异性启动子（tissue-specific promoter）。组成型启动子是指在该类启动子控制下，基因的表达大体恒定在一定水平，没有时空表达的明显差异。目前在双子叶植物中使用最广泛的组成型启动子是花椰菜花叶病毒（CaMV）35S 启动子，以及来自农杆菌 Ti 质粒 T-DNA 区的胭脂碱合酶基因 *nos* 启动子。单子叶植物中常用的组成型启动子为玉米泛素（ubiquitin）启动子。

由于组成型启动子驱动的外源基因在转基因植物所有组织和所有发育阶段均会表达，产生的大量异源蛋白质或代谢产物在植物体内积累，打破了植物原有的代谢平衡，阻碍植物的正常生长发育，甚至导致死亡。另外，重复使用同一种启动子驱动两个或两个以上的外源基因可能引起基因沉默（gene silencing）现象，因此有必要寻找更为有效的组织器官特异性启动子，以更好地调控植物外源基因的表达。

组织特异性启动子又称为器官特异性启动子。在这类启动子调控下，基因往往只在某些特定的器官或组织部位表达，并表现出发育调节的特性。例如，大豆种子特异性启动子 pED（Zhao et al.，2017），马铃薯块茎储藏蛋白（patatin）基因块茎特异启动子，月季花瓣特异性启动子 *Rh*OOMT2（王焕等，2020）等。

诱导型启动子是指在某些特定的物理或化学信号的刺激下，该种类型的启动子可以大幅度地提高基因的转录水平。例如，编码植物捕光叶绿素 a/b 蛋白复合体（chlorophyll a/b binding protein，CAB）的基因是一类典型的光诱导型基因，目前已经分离出 *CAB* 基因的启动子。编码热激蛋白（heat shock protein，Hsp）的基因是一类典型的高温诱导型基因，目前已经分离了玉米和大豆 *Hsp* 基因的启动子。此外，还有化学诱导型启动子、机械创伤诱导启动子、真菌诱导启动子和细菌诱导启动子等。

（二）中间表达载体的构建

将植物特异性启动子与外源基因连接在一起，即构成了嵌合基因（chimeric gene）。外源基因若想在植物中表达，首先必须要有完整的开放阅读框（open reading frame，ORF），将外源基因的 ORF 按 5′→3′ 方向置于植物特异性启动子之后，再辅以 3′ 端的终止子，即构成完整的嵌合基因。目前植物基因工程中常采用的终止子是胭脂碱合酶的 *nos* 终止子。将嵌合基因插入中间载体即构建成了完整的中间表达载体。

三、Ti 共整合载体的构建

中间表达载体是一种细菌质粒，不能直接侵染植物细胞，只有将中间表达载体导入改造后的 Ti 质粒中，构建成能侵染植物细胞的遗传转化载体，才能用于外源基因的转化。由于转化载体为两种以上质粒构成的复合型载体，故称为载体系统。目前常用的 Ti 质粒遗传转化载体系统有两种，分别是共整合载体（co-integrated vector）系统和双元载体（binary vector）系统。

（一）Ti 共整合载体的特点

共整合载体是指中间表达载体与改造后的受体 Ti 质粒之间，通过同源重组所产生的一种复合型载体。由于该载体的 T-DNA 区与 Ti 质粒的 Vir 区连锁，因此又称为顺式载体（cis-vector）。Ti 共整合载体具有以下特点：①Ti 共整合载体由两个质粒组成，分别是大肠杆菌质粒中间载体和卸甲 Ti 质粒；②大肠杆菌质粒进入根癌农杆菌后，以同源重组的方式与 Ti 质粒整合在一起，形成共整合质粒；③共整合质粒的形成频率与两个质粒的重组频率有关，相对较低；④必须用 Southern blotting 或 PCR 对共整合体质粒进行检测；⑤构建过程比较烦琐。

（二）Ti 共整合载体的构建策略

接受中间载体的 Ti 质粒称为受体 Ti 质粒（acceptor Ti plasmid），pGV3850 是共整合载体中常用的受体 Ti 卸甲质粒，由胭脂碱型 Ti 质粒 pTiC58 衍生而来，其特点是卸甲 Ti 质粒的 T-DNA 区及两侧边界序列均被大肠杆菌 pBR322 序列取代。常用的中间表达载体是 pBR322 衍生质粒 pLGV1103，pLGV1103 与卸甲 Ti 质粒 pGV3850 通过同源重组使外源基因整合到 T-DNA 区，进而以顺式方式将外源基因转化到植物细胞中去。

1. 中间载体导入农杆菌　　中间表达载体 pLGV1103 为接合缺陷型质粒，必须要有协助质粒（helper plasmid）的协助才能转移到农杆菌中。目前，中间载体转入农杆菌中采用的是三亲杂交法（tri-parent conjugation），即将含有中间表达载体、协助质粒及受体质粒的三种菌液混合培养，在混合培养过程中，通过杂交使协助质粒先转移到中间表达载体的菌株中，然后中间表达载体再被转移到农杆菌中。

2. 中间载体与受体 Ti 质粒的同源重组中间表达载体 pLGV1103 导入受体农杆菌Ti 质粒 pGV3850 后，由于两种质粒中均带有 pBR322 同源序列，部分质粒将发生重组和交换，少数 pLGV1103 中间载体整合到pGV3850 的 T-DNA 区域内，形成一个大的共整合载体（图 7-2）。共整合载体能够在农杆菌中不断复制和增殖，携带的抗生素抗性基因均能得到表达，因此含有共整合质粒的农杆菌在添加相应抗生素的培养基上能够正常生长，可用于植物的遗传转化。未被整合的 pLGV1103 由于不能在农杆菌中复制，将会随着农杆菌的增殖而自行消失。

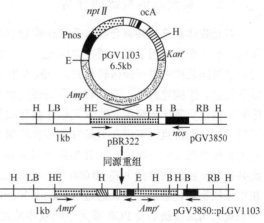

图 7-2　pGV3850 质粒共整合载体系统构建程序（巩振辉，2009）

四、Ti 双元载体的构建

双元载体系统是由两个分别含 T-DNA 和 Vir 区的相容性突变 Ti 质粒构成的双质粒系统。由于双元载体系统的 T-DNA 与 Vir 区位于两个独立的质粒上，*Vir* 基因通过反式激活 T-DNA 的转移，故称为反式载体（trans vector）。通常含有 T-DNA 序列的中间载体用于携带目的基因，而含 Vir 区的 Ti 质粒作为辅助质粒激活 T-DNA 的转移（二维码 7-2）。

7-2

（一）Ti 双元载体系统的构建原理

双元载体涉及两个 Ti 质粒的改造，其中大的 Ti 质粒主要是去除 T-DNA 区（卸甲过程），保留 Ti 质粒的 Vir 区及农杆菌复制起始位点。另一个小 Ti 质粒只带有 T-DNA 区的边界序列、大肠杆菌和农杆菌的复制起点与选择标记基因，以及植物选择标记基因，并在 T-DNA 区引入多克隆位点，这个小 Ti 质粒也称为微型 Ti 质粒或穿梭质粒。

构建双元转化载体时，首先将目的基因插入含有 T-DNA 边界序列的穿梭质粒中，构成中间表达载体，之后将其转化大肠杆菌，然后导入含卸甲 Ti 质粒（pGV3850）的农杆菌中，组成包含两个质粒的转化菌株。双元转化载体含有农杆菌复制起始点（*ori*），能够在任何农杆菌寄主中自发复制，所有农杆菌菌株均能导入中间表达载体而成为双元转化载体，寄主仅需要提供一套完整的 *Vir* 基因即可。

（二）Ti 双元载体系统的特点

Ti 双元载体系统是由两个彼此相容的 Ti 质粒组成，其中之一含有 Vir 区的 T-DNA 缺失质粒（卸甲质粒），另一个穿梭质粒分子量较小，易于进行分子操作。目前常用的双元载体有 pBI121、pBiN19、pCAMBIA 系列及 pPZP 系列等。其主要特点如下：①可以在大肠杆菌和根癌农杆菌中复制，并且与 Ti 质粒相容；②具有 Ti 质粒的左右边界序列，使外源基因可以整合到植物基因组中；③在 T-DNA 边缘区序列内具有多克隆位点，以方便外源基因的插入；④带有抗生素抗性基因，同时带有 *lacZ* 基因，可以利用 IPTG 和 X-gal 进行转化子筛选。

（三）双元载体系统的优势

双元载体系统与共整合载体系统在构建思路上，一个是应用了 *Vir* 基因对 T-DNA 的反式作用，另一个是应用了顺式调控，因此，二者之间存在着较大差异。目前，利用农杆菌侵染的方法对园艺植物进行遗传转化时，一般采用 Ti 双元载体系统，这是由于双元载体系统具有以下优点。①构建简单：双元载体不需要共整合过程，因此系统中的两个质粒不必含有同源序列，构建步骤比较简单。②双元载体具有双复制位点：双元载体具有大肠杆菌质粒及农杆菌质粒的复制位点，可以在大肠杆菌和农杆菌中复制。③双元载体的接合频率更高：双元载体的穿梭质粒（中间载体）和 Ti 质粒可以共存于同一个农杆菌细胞中，两个质粒接合的频率比共整合质粒的转移频率高 10 000 倍。④双元载体在鉴定上更为容易：通常一个共整合载体在用于植物转化之前，需要通过 Southern blotting 来鉴定 Ti 质粒的拷贝数和大小；而双元载体系统只需通过酶切及 PCR 鉴定中间载体是否导入即可。

第二节　发根农杆菌 Ri 质粒基因转化载体的构建

发根农杆菌（*Agrobacterium rhizogenes*）侵染植物后，会诱使植物细胞产生许多不定根，这些不定根生长迅速，不断分支成毛状，故称毛状根或者发状根，发根农杆菌由此得名。发根农杆菌寄主范围包括双子叶植物和裸子植物，但较少侵染单子叶植物。根据侵染植物后形成的冠瘿碱种类，发根农杆菌的 Ri 质粒（root inducing plasmid）可划分为农杆碱型（agropine type）、甘露碱型（mannopine type）和黄瓜碱型（cucumber type）。

Ri 质粒结构与 Ti 质粒相似，与转化相关的区域也是 T-DNA 区和 Vir 区。Ri 质粒的 T-DNA 区域内集中了与毛状根形成相关的基因和冠瘿碱合成基因。农杆碱型 Ri 质粒的 T-DNA 具有两段不连续的边界序列，即 TL-DNA 区和 TR-DNA 区。甘露碱型和黄瓜碱型 Ri 质粒只有单一的左边界，与农杆碱型 Ri 质粒的 TL-DNA 区同源。Ri 质粒 T-DNA 的左右边界可以分别介导基因的转移，但转移能力较弱，只有同时具备左右边界时，才有较高的基因转移能力。

与根癌农杆菌 Ti 质粒相比，发根农杆菌 Ri 质粒的转化具有以下优点：①Ri 质粒可以不经"卸甲"进行转化，转化产生的发状根能够再生植株；②发状根是一个单细胞克隆，可以避免嵌合体；③Ri 质粒可直接作为中间载体；④Ri 质粒可以和 Ti 质粒配合使用建立双元载体系统。

一、Ri 中间表达载体的构建

Ri 质粒 T-DNA 上的基因只是诱导植物产生不定根，并不影响植株再生，因此野生型 Ri 质粒可以直接作为转化载体，不需要"卸甲"过程。Ri 中间表达载体的构建与 Ti 中间表达载体的构建方法相同。

二、Ri 共整合转化载体的构建

在 Ri 共整合转化载体的构建中，中间载体常用 pBI121 及 pCAMBIA 系列。将外源基因插入中间载体的 T-DNA 区，构成中间表达载体。通过诱导菌株的协助质粒和野生型发根农杆菌直接进行三亲杂交，利用同源重组把中间表达载体整合到 Ri 质粒的 T-DNA 中，即构建成带有外源基因的共整合载体。

三、Ri 双元转化载体的构建

Ri 质粒双元转化载体的构建程序和 Ti 质粒基本相同。其原理主要是 Ri 质粒的 *Vir* 基因在反式条件下驱动 T-DNA 转移，即 *Vir* 基因和 T-DNA 分别在两个 Ri 质粒上同样能执行上述功能。有实验表明，Ri 质粒的 T-DNA 也可以在 Ti 质粒 *Vir* 基因的诱导下进行 T-DNA 的转化。

第三节　载体构建中常用的选择标记基因和报告基因

在植物遗传转化过程中，外源基因导入植物细胞的频率非常低，通常只有少部分的细胞导入了外源 DNA，而外源基因整合到植物基因组中并进行表达的转化细胞则更少。因此，为了高效筛选出真正的转化体，就需要使用携带标记基因（marker gene）的植物表达载体。作为标记基因必须具备以下 4 个条件：①编码一种不存在于正常植物细胞中的酶；②基因较小，可构成嵌合基因；③能在转化细胞中得到充分表达；④检测容易，并能定量分析。选择标记基因和报告基因均属于标记基因，其作用均为标记外源基因是否转化成功。

一、选择标记基因和报告基因的基本特点

（一）选择标记基因的特点

选择标记基因是一类编码可使抗生素、除草剂或其他有毒物质失活的蛋白酶基因，在含有这些选择剂的培养基中，转化植株由于具有抗性能够正常生长，非转化植株在选择压力下不能继续存活。选择标记基因种类较多，常用的大多属于抗生素抗性标记。

植物基因工程中应用的选择标记基因除带有上述标记基因的基本特点外，还具有以下特

征：①选择剂能抑制未转化植物细胞的正常生长，但不影响转化细胞再生植株的生长发育；②标记基因的表达产物可为转化细胞提供抵抗选择剂抑制作用的能力；③利用简便方法可以检测标记基因在转化细胞或植株中的表达。

（二）报告基因的特点

报告基因（reporter gene）是指编码一种可被快速测定的蛋白质或酶的基因，通过其表达来检测目的基因是否转化成功，起报告作用，故称为报告基因。植物基因工程中应用的报告基因应该具备以下特点：①表达产物在受体细胞中不存在，并对宿主植物细胞无毒性；②表达产物应具有较好的稳定性；③检测方法简单、灵敏并可以定量；④检测过程应不具有破坏性。

二、常用的选择标记基因

常用的选择标记基因主要有两大类：一类是编码抗生素抗性的基因，如新霉素磷酸转移酶基因Ⅱ（neomycin phosphotransferase Ⅱ gene，*npt Ⅱ*）、潮霉素磷酸转移酶基因（hygromycin phosphotransferase gene，*hpt*）等；另一类是编码除草剂抗性的基因，如草丁膦乙酰转移酶基因（phosphinothricin acetyltransferase gene，*bar*）等。此外，基于转基因安全性的考虑，又发展出了一些与植物代谢及次级代谢产物合成有关的标记基因，即生物安全的标记基因（二维码7-3）。

7-3

（一）编码抗生素抗性的选择标记基因

1. 新霉素磷酸转移酶Ⅱ基因　　新霉素磷酸转移酶Ⅱ基因（*npt Ⅱ*）又称为卡那霉素抗性基因（*Kan'*），是目前植物遗传转化中应用最广泛的选择标记基因。该基因编码产物氨基葡糖苷磷酸转移酶通过磷酸化使氨基糖苷类抗生素（卡那霉素、新霉素等）失活，从而解除卡那霉素毒性。转基因植物中携带的 *npt Ⅱ* 基因具有抑制卡那霉素的作用，因此通过在培养基中添加卡那霉素，转化体很容易从非转化体中筛选出来。目前在番茄、黄瓜等多种双子叶作物的遗传转化中，*npt Ⅱ* 作为选择标记基因均得到了广泛应用。但是，由于许多单子叶植物细胞天然具有抵抗卡那霉素的能力，*npt Ⅱ* 在单子叶植物中的筛选效果不够理想。

2. 潮霉素磷酸转移酶基因　　潮霉素对许多植物均会产生较强的毒性，而细菌中存在的潮霉素磷酸转移酶基因（*hpt*）产物——潮霉素磷酸转移酶通过使潮霉素发生磷酸化而失活，因此在含有潮霉素B（hygromycin B，hyg）的培养基中，含有 *hpt* 基因的转化植株能存活，而不含该标记基因的非转化植株死亡。

3. 氯霉素乙酰转移酶基因　　氯霉素乙酰转移酶基因（chloramphenicol acetyltransferase gene，*cat*）编码的氯霉素乙酰转移酶，通过使氯霉素发生乙酰化而失活。因此在含有氯霉素的培养基中，携带 *cat* 基因的转化植物能够正常生长。此外，该标记基因也常被用作报告基因。

4. 链霉素磷酸转移酶基因和壮观霉素抗性基因　　链霉素磷酸转移酶基因（streptomycin phosphotransferase gene，*spt*）和壮观霉素抗性基因（spectinomycin resistance gene，*spe*）赋予转化植株抗链霉素和壮观霉素的特性。链霉素和壮观霉素抗性可通过植物组织的颜色加以鉴别。在含有链霉素或壮观霉素的培养基中，敏感组织发生白化，而抗性组织则保持绿色。

5. 二氢叶酸还原酶基因　　氨甲蝶呤是一种抗代谢物，通过抑制二氢叶酸还原酶（DH-FR）的活性来干扰 DNA 合成。二氢叶酸还原酶突变基因 *dhfr* 的编码产物对氨甲蝶呤不敏感，将该基因与 CaMV 35S 启动子嵌合在一起，可以作为植物转化的氨甲蝶呤抗性标记。

（二）编码除草剂抗性的选择标记基因

1. 草丁膦乙酰转移酶基因 草丁膦（glufosinate ammonium）又称草铵膦（商品名为 Basta），是一种广谱性除草剂，通过抑制植物氮代谢途径中的谷氨酰胺合酶（glutamine synthetase，GS）的活性，导致植物体内氨积累，进而引起植物细胞死亡。草丁膦乙酰转移酶基因（*bar*）通过对草丁膦游离氨基的乙酰化，解除草丁膦的毒性。在含有草丁膦的培养基中，携带 *bar* 基因的转化组织对草丁膦具有抗性，能够正常分化生长，而不含 *bar* 基因的非转化组织死亡。一些单子叶作物对抗生素选择剂不敏感，利用 *bar* 基因筛选转化植株非常有效。

2. 烯醇丙酮莽草酸磷酸合酶基因 EPSP（5-enolpyruvyl-shikimate-3-phosphate）合酶催化磷酸烯醇丙酮酸与莽草酸-3-磷酸反应生成 5-烯醇丙酮莽草酸-3-磷酸，该反应是苯基丙氨酸、酪氨酸和色氨酸合成的基本步骤。草甘膦是一种广谱除草剂，它可以特异性抑制 EPSP 合酶的活性，阻断氨基酸的合成，造成氨基酸的缺乏，从而导致植株死亡。5-烯醇丙酮莽草酸-3-磷酸合酶基因（*aroA*）来自 EPSP 合酶的突变体，携带 *aroA* 基因的转化体可对草甘膦产生抗性。

3. 辛酰溴苯腈水解酶基因 辛酰溴苯腈属于腈类除草剂，对植物光系统Ⅱ有抑制作用。辛酰溴苯腈水解酶基因（bromoxynil nitrilase gene，*bxn*）的编码产物可将辛酰溴苯腈转变为 3,5-二溴-4-羟基苯甲酸，从而解除辛酰溴苯腈的毒性，携带 *bxn* 基因的转化体在含有辛酰溴苯腈的培养基中能够正常生长。

（三）生物安全的标记基因

生物安全的标记基因转化系统属于正向选择系统，与传统的负向选择系统不同，正向选择系统不是将非转化细胞杀死，而是导入特定基因使转化细胞具备特定的代谢优势或利用特定的物质，使之生长旺盛，从而达到筛选效果。其优点是选择剂无毒副作用，有利于转化植株的再生，转化率高。这类基因通常是利用植物自身的糖代谢、次级代谢及激素相关基因来对转基因植株进行标记。

1. 与糖代谢途径相关的基因 植物组织培养中愈伤组织的正常生长分化需要蔗糖、葡萄糖、麦芽糖、甘露糖和糖醇等碳源提供能量，其中甘露糖、木糖和核糖醇等不能直接为植物细胞所利用，需要关键酶的代谢转化。与糖代谢途径相关的 3 种非抗生素标记基因，即磷酸甘露糖异构酶基因（phosp-homannose isomerase gene，*pmi*）、木糖异构酶基因（xylose isomerase gene，*xylA*）和核糖醇操纵子（ribitol operon，*rtl*），分别能使转化细胞利用甘露糖、木糖和核糖醇为碳源，而非转化细胞由于不具有这些基因，会产生碳饥饿而不能正常生长，从而达到高效选择转化体的目的。

2. 与激素代谢途径相关的基因 与激素代谢途径相关的基因包括异戊烯基转移酶基因（*ipt*）和吲哚-3-乙酰胺水解酶基因（indole-3-acetamide hydrolyse gene，*iaah*），二者均从农杆菌的 T-DNA 中克隆而来。异戊烯基转移酶是细胞分裂素生物合成第一步的催化酶，也是限速酶，导入 *ipt* 基因的转化细胞可在未添加细胞分裂素的培养基上正常生长分化，形成不定芽，而未转化细胞在无细胞分裂素的培养基中不能正常分化而死亡。*iaah* 是控制合成植物生长素 IAA 的选择标记基因，在未添加 IAA 的培养基中，导入 *iaah* 基因的转化细胞与非转化细胞的生长与分化出现差异，从中可以筛选出真正的转化体。

三、常用的报告基因

在植物遗传转化中,常用的报告基因包括以下几种:β-葡糖苷酸酶基因(β-glucuronidase,*gus*)、绿色荧光蛋白基因(green fluorescent protein,*gfp*)、萤光素酶基因(luciferase,*luc*)、冠瘿碱合酶基因(opine synthase gene)、花青素合成相关基因等。其中 *gus* 和 *gfp* 是应用最为广泛的报告基因。

(一)β-葡糖苷酸酶基因

β-葡糖苷酸酶是水解酶,以 β-葡糖苷酸酯类物质为底物,其反应产物可用多种方法检测出来。由于绝大多数植物没有检测到葡糖苷酸酶的背景活性,因此 β-葡糖苷酸酶基因(*gus*)被广泛应用于转基因植物中外源基因的表达研究。*gus* 可以进行定量和定性分析。根据 *gus* 检测所用的底物不同,可以选择三种检测方法:组织化学法、分光光度法和荧光法。其中最为常用的是组织化学法检测,以 5-溴-4-氯-3-吲哚-β-葡糖苷酸(X-Gluc)作为反应底物,将转化材料用含有底物的缓冲液浸泡,转化组织中携带的 *gus* 表达出 β-葡糖苷酸酶,适宜的条件下,该酶可将 X-Gluc 水解生成蓝色产物,使具 GUS 活性的部位呈现蓝色,且在一定程度下根据蓝色深浅可反映 GUS 活性。因此利用该方法可观察到外源基因在特定器官、组织,甚至单个细胞内的表达情况。但是多种植物的果实、种皮、胚乳和胚中有着明显的内源 GUS 活性,在检测中应注意排除。

(二)绿色荧光蛋白基因

绿色荧光蛋白(GFP)基因也是研究植物基因表达最常用的报告基因。GFP 是 1962 年由下村修(Osamu Shimomura)等在维多利亚发光水母(*Aequorea victoria*)中发现的,是一个由约 238 个氨基酸组成的蛋白质,从蓝光到紫外线都能使其激发,用荧光显微镜可观察到 GFP 产生的绿色荧光。利用 GFP 作为报告基因的优越性在于,检测时不需要添加任何底物,对转化材料完全无损伤,可进行活体检测,因此,*gfp* 常用于启动子表达特性的评估及亚细胞定位的研究。但野生型 GFP 发光较弱,甚至在某些植物细胞中并不表达,因此目前所应用的GFP 多为荧光信号较强的突变体。

(三)萤光素酶基因

萤光素酶是能够催化不同底物氧化发光的一类酶,根据荧光的产生可以反映外源基因的活细胞分布状况。萤光素酶包括细菌萤光素酶和萤火虫萤光素酶。细菌萤光素酶对热敏感,因此,常用的是萤火虫萤光素酶,它能够催化 ATP 依赖的萤火虫萤光素氧化脱羧,并产生出黄绿色的激发光,利用照度计可定量检测。与 GUS 和 GFP 相比较,萤光素酶蛋白质的半衰期较短,检测难度较大,因此萤光素酶基因(*luc*)的应用并不广泛,但是由于它的灵敏度要高于 GUS 和 GFP,适合用于基因的瞬时表达分析。

(四)冠瘿碱合酶基因

冠瘿碱合酶基因包括胭脂碱合酶基因(*nos*)和章鱼碱合酶基因(*ocs*),二者均来自农杆菌的 T-DNA,植物细胞中未发现与冠瘿碱类似的物质,因此冠瘿碱合酶基因可以作为报告基因。根据植物材料中冠瘿碱的存在与否可判断植物细胞是否被转化。冠瘿碱的检测过程比较简单，酶活性稳定。值得注意的是，受伤的植物组织有时也会产生冠瘿碱，因此进行检测时必须设置对照以消除误差。

（五）花青素合成相关基因

利用与花青素合成有关基因作为报告基因，使转化体呈现出可用肉眼鉴别的特有颜色。目前已知至少有 10 个基因控制植物中花青素的显色作用，它们分别编码花青素生物合成途径中的调节蛋白或结构蛋白。例如，将玉米花青素合成的调节基因 *C1*、*B* 和 *R* 构成的嵌合基因转入植物细胞后，会在转化体的非种子组织中产生肉眼可见的红色斑点。

第四节　园艺植物常用的遗传转化载体类型

植物遗传转化载体负责将外源基因导入植物细胞中，根据外源基因的插入方向和转化目的，可将园艺植物遗传转化载体分为正义表达载体（sense expression vector）、反义表达载体（antisense expression vector）及 RNA 干涉载体（RNA interference vector）。此外，为了研究目的基因上游启动子的活性，还需要构建启动子缺失载体（promoter deletion vector）和瞬时表达载体（transient expression vector）。

一、正义表达载体

正义表达载体是遗传转化中最常构建的一种载体类型。其特点是外源基因以 5′→3′的正向方式连接于植物特异启动子下游，转化植物后，在启动子的驱动下，外源基因得以表达（图 7-3）。根据研究目的可以选用组成型表达的启动子，如双子叶植物中常用的 CaMV 35S，也可以选择诱导型表达的启动子，如温度诱导启动子及化学诱导启动子等。还可以选择一些组织特异性启动子，如番茄的果实发育特异性启动子 E8 等。

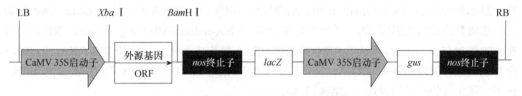

图 7-3　植物正义表达载体示意图

正义表达载体主要用于转基因植物的生产，使植物获得自身所没有的性状，如抗病、抗虫、优质等。目前，许多园艺植物基因组测序（genome sequencing）已经完成，并陆续开展了功能基因组学（functional genomics）的研究。在基因功能研究方面，正义表达载体可使植物超量表达（over expression）某个基因，进而验证该基因的功能。邱显钦等（2017）构建了月季抗白粉病基因 *RhMLO1* 的正义表达载体，通过农杆菌介导法对月季进行遗传转化，利用离体鉴定法和显微镜观察法对转基因植株进行白粉病菌抗性鉴定，结果显示，*RhMLO1* 基因正义载体的导入降低了转基因植株对白粉病的抗性。

二、反义表达载体

反义表达载体是将外源基因按照 3′→5′的方向反向连接到植物特异启动子下游，转化植物后，在启动子的驱动下，获得一个与目的基因 mRNA 完全互补的反义 RNA 序列，该序列与内源基因形成双链 mRNA，从而抑制内源基因的表达（图 7-4）。反义表达载体主要通过抑制基因的表达来研究基因的功能，其作用和反义 RNA 的数量有关。研究表明，反义 RNA 并不需要和内源基因 mRNA 等长，只要和内源基因 mRNA 的部分序列结合即可，因此在构建反义表达载体时，可以选择外源基因的 ORF 序列，也可选择外源基因的部分序列。值得注意的是，植物体内有许多基因家族（gene family），如果是研究某一基因家族的功能，可选用基因的保守区（conserved domain）作为外源片段构建反义载体，通过转基因来沉默整个家族的基因。如果想研究基因家族中某一特定基因的功能，可选择其非保守区构建反义载体，以避免对其他家族基因影响。

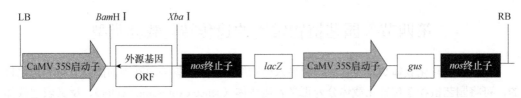

图 7-4　植物反义表达载体示意图

目前，反义技术已应用于园艺植物果蔬运输的保鲜及奇珍花卉的培育，如叶志彪等（1999）将乙烯形成酶反义基因导入番茄中，获得的转基因系与普通番茄品种杂交，选育出了耐储的番茄品种'华番一号'，该品种于 1998 年 2 月通过湖北省农作物品种审定委员会审定，成为我国第一个转基因作物品种。

三、RNA 干涉载体

RNA 干涉（RNA interference，RNAi）也称为 RNA 干扰，是指一些小的双链 RNA（double-stranded RNA，sRNA）能够高效、特异性降解与之序列同源的内源基因 mRNA，导致该基因表达的沉默。RNAi 作用原理是 dsRNA 被 RNAase Ⅲ核酸内切酶（Dicer）切割成 21~23bp 的小干扰 RNA（small interfering RNA，siRNA），siRNA 与含 Argonauto（Ago）蛋白的核酶复合物结合形成 RNA 诱导沉默复合体（RNA-induced silencing complex，RISC），并在 ATP 的参与下被激活。激活的 RISC 将双链 siRNA 解旋成为两个互补的单链 RNA，由 siRNA 介导识别互补的内源基因 mRNA，并在距离 siRNA 的 3′端 12 个碱基处靶向切割目的 mRNA 分子，阻止目的基因的表达（二维码 7-4）。

7-4

RNAi 载体区别于其他表达载体的一个典型特点是具有两段反向重复的 DNA 序列，在其转化到植物细胞中后，通过转录即可形成 dsRNA，进而形成 siRNA，并最终引发内源基因的降解，从而达到沉默基因的目的。研究表明，两段反向重复序列间如插入一段内含子，可极大地提高基因沉默的效率（图 7-5）。在插入外源片段大小的选择上，可以采用化学合成的方法获得 21~25nt 的小 DNA 片段，也可以使用基因自身长的 DNA 片段，一般适宜的双链 RNA 长度为 300~500nt。

图 7-5　RNA 干涉表达载体示意图

RNAi 广泛存在于生物界，是真核生物中一种普遍存在且非常保守的机制，植物中的 RNAi 主要用于基因功能分析。罗贺等（2020）为了研究赤霉素信号途径中抑制赤霉素介导反应核心蛋白基因 *RGA1* 的功能，构建了草莓 *RGA1* 基因的 RNAi 载体，通过农杆菌介导转化栽培草莓品种'晶玉'，获得了 *FaRGA1* 基因沉默的转基因株系，明确了 *FaRGA1* 基因在栽培草莓中对匍匐茎的形成具有抑制作用并促进开花。

四、其他载体

启动子作为基因工程表达载体的重要元件之一，调控着外源基因的表达水平。为了研究目的基因上游启动子的活性，在克隆到目的基因的 5′端上游序列后，首先用生物信息学方法预测序列中的启动子，分析、预测其结构元件及其功能，再用实验方法验证启动子的功能。通常是将含启动子的载体连接报告基因后转入受体细胞，检测转化细胞中报告基因的表达特征，来确定载体所含的启动子顺式作用元件的功能。常用的载体系统有启动子缺失载体和瞬时表达载体。

启动子缺失载体中具有特定的报告基因，一般将待测的启动子连接在报告基因上游，根据对细胞中报告基因产物的分析，就可确定待测启动子的功能与特性。应用这种报告基因技术，已经成功地鉴定出一批在特定组织或特定发育阶段表达的启动子。朱云娜等（2020）将菜薹铵转运蛋白基因 *BcAMT1; 4* 启动子连接到 pCAMBA1391 载体上（*gus* 无启动子驱动），构建了该启动子与 *gus* 的融合表达载体，并用农杆菌介导法转化拟南芥，通过对 T_3 代转基因拟南芥植株 GUS 活性分析发现，GUS 染色主要集中于叶片，在根、茎、花中染色较浅，表明该启动子为叶片中特异表达的启动子。

瞬时表达载体与启动子缺失载体类似，也是在报告基因上游插入某些推测的功能区段，然后根据植物特定组织中报告基因的表达情况，确定插入区段的功能。瞬时表达试验不要求将外源 DNA 整合到受体植物基因组中，因此构建瞬时表达载体时可直接利用克隆载体完成，不一定包含 T-DNA 序列的左右边界。李铮等（2021）构建海南杜鹃热诱导基因 *RhRCA1* 启动子与萤光素酶报告基因的融合表达载体，在烟草叶片中瞬时表达，荧光成像结果显示 *RhRCA1* 启动子能强烈响应高温胁迫；通过构建该启动子和 GUS 融合的植物表达载体并转化拟南芥，对 T_3 代转基因植株的 GUS 染色结果显示，高温能显著诱导 *RhRCA1* 启动子在拟南芥绿色组织中的表达。表明 *RhRCA1* 启动子是一个兼具高温诱导型和组织特异性的启动子，可应用于植物抗逆基因工程。

第五节　目的基因与载体的连接

目的基因与载体的体外重组技术，传统上主要是依赖于限制性内切核酸酶和 DNA 连接酶的作用，一般使用同样的限制性内切酶切割质粒载体和外源目的基因 DNA 分子，或者使用能够产生相同黏性末端的限制性内切酶进行切割，目的基因与质粒载体 DNA 的黏性末端在 DNA 连接酶作用下形成重组 DNA 分子。目的基因与载体的连接方法主要有插入灭活法和定向克隆法。为了更加简便、高效地进行目的基因与质粒载体的连接，一些新型的基因表达载体构建方法相继被开发，目前，载体构建方法已经进入无酶连接的新阶段。

一、插入灭活法

将外源目的基因插入选择性标记中使其失活的连接法称为插入失活法，也称为插入失活效应（insertional inactivation）。以大肠杆菌质粒载体 pBR322 为例，该载体具有氨苄青霉素（ampicillin，Amp）和四环素（tetracycline，Tet）抗性基因，因此，它可以在涂布有氨苄青霉素和四环素的培养基上正常生长。在两个抗生素抗性基因内均具有单克隆位点，在四环素抗性基因（*Tet*'）内部具有 *Bam*H Ⅰ、*Sal* Ⅰ 和 *Sph* Ⅰ 的酶切位点，在氨苄青霉素抗性基因（*Amp*'）内部具有 *Pst* Ⅰ 的酶切位点，当向其内部插入外源基因时，则原来的抗生素抗性基因失活。因此，在构建载体时，可利用 *Bam*H Ⅰ（或 *Sal* Ⅰ 和 *Sph* Ⅰ）消化载体和外源基因，当外源基因插入载体中，则载体仍保有氨苄青霉素抗性，但其四环素抗性会丧失，可以在涂布有四环素的培养基上鉴别出重组子（图 7-6）。但是该方法存在明显的缺点，首要问题是重组连接效率低，而且外源基因插入方向不稳定，因此该方法目前已经很少应用。

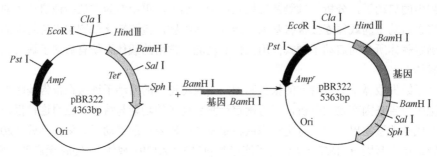

图 7-6　插入灭活法示意图

二、定向克隆法

将目的基因按正确方向插入载体的方法称为定向克隆法（directional cloning）。一般采用两种不同的限制酶同时消化载体分子和外源基因片段，分别产生具有两种不同黏性末端的 DNA 片段，可以使外源基因按一定的方向插入载体分子中。

载体分子和外源基因片段经不同的限制酶切割后，有时产生的是平末端和非互补的黏性末端。在一定条件下，平末端的 DNA 片段可以用 T4-DNA 连接酶进行连接；而具有非互补黏性末端的 DNA 片段，需要经单链 DNA 特异性的 S1 核酸酶处理变成平末端后，再使用 T4-DNA 连接酶进行连接。平末端 DNA 片段之间的连接效率一般明显低于黏性末端，因此可对平末端 DNA 进行适当操作，以提高其连接效率。常用的平末端 DNA 片段连接法主要有同聚物加尾法、衔接物连接法及 DNA 接头连接法。

（一）同聚物加尾法

同聚物加尾法主要是利用末端脱氧核苷酸转移酶（末端转移酶）转移核苷酸的功能，在载体 DNA 及外源基因 DNA 的 3'端分别加上不同的寡聚核苷酸，如 dA（dG）和 dT（dC），制成人工黏性末端，在 DNA 连接酶的作用下连接成为重组 DNA。同聚物加尾法的优点是不易自身环化，连接效率较高。但该方法也有明显的缺点：首先是方法烦琐；其次是外源片段难以回收；此外，由于添加了许多同聚物的尾巴，可能会影响外源基因的表达。

（二）衔接物连接法

衔接物（linker）是指用化学方法合成的一段由 10～12 个核苷酸组成、具有一个或数个限制性内切酶识别位点的平末端双链寡核苷酸。该连接方法的基本步骤：①用多核苷酸激酶处理衔接物和外源基因片段的 5′端，使之磷酸化后，用 T4-DNA 连接酶将二者连接；②用限制性内切酶消化具衔接物的外源基因片段和载体，使其产生彼此互补的黏性末端，之后用连接酶连接外源基因片段同载体分子。衔接物连接法操作较为简便，连接效率较高。但是如果外源基因片段内部含有与衔接物相同的限制性内切酶位点，在进行酶切时，会把外源基因切成两段或更多段，给后续操作造成很大困难。

（三）DNA 接头连接法

DNA 接头（adaptor）是一类人工合成的一端具有某种限制性内切酶的黏性末端、另一端具有平末端的双链寡核苷酸短片段，将 DNA 接头的平末端与外源基因片段的平末端连接，使外源基因片段带有新的黏性末端，用相应的限制性内切核酸酶消化载体后，使两者易于连接。该方法的缺点在于同一反应体系中的各个 DNA 接头的黏性末端之间，会通过碱基互补配对形成 DNA 的二聚体。克服方法是对 DNA 接头的黏性末端先进行去磷酸化修饰，使其 5′—P 端变成 5′—OH 端，导致两个接头分子的黏性末端无法形成磷酸二酯键，从而丧失了彼此连接的能力。但它们的平末端可以与外源基因片段的平末端正常连接，只是在连接之后，需要采用多核苷酸激酶处理，使 DNA 接头异常的 5′—OH 端恢复成正常的 5′—P 端，使其黏性末端与彼此互补的载体分子连接起来。

三、目的基因与载体连接的其他方法

传统的表达载体构建方法主要是双酶切法，利用限制性内切酶对表达载体进行酶切后，再用 DNA 连接酶将目的片段与载体进行连接。传统的双酶切法对酶切位点的选择有较多限制，首先需要选择两种限制性内切酶同时适用的缓冲液，否则会造成载体切割不完全，若用分步酶切法则耗时较长；其次在利用双酶切法构建表达载体前需对目的基因 DNA 序列进行酶切位点分析，若目的基因 DNA 序列上存在该载体的全部酶切位点，则无法应用双酶切法构建表达载体。此外，传统的载体构建方法为了与合适的启动子、选择性标记基因等序列元件连接，中间还需要转换多个载体和一系列的酶切、连接、转化、回收等工作，尤其是在构建多片段拼接的复杂载体时，通常需要构建多个中间载体，费时费力。因此，能够摆脱酶切位点的限制，省略酶切与连接的步骤，并且能够在载体的任意位置上插入目的基因序列是载体构建发展的新趋势。

（一）Gateway 技术

Gateway 技术是由 Invitrogen 公司开发的基于 λ 噬菌体位点特异性重组原理进行基因克隆的一项新技术。与传统的克隆方法相比，该技术不需要考虑目的基因是否有合适的酶切位点，不需要进行酶切和连接反应，而是借助位点特异性重组，只需 BP 和 LR 两个反应就可以完成载体的构建。BP 反应（attB×attP）主要是将目的基因重组进入供体载体（doner vector），供体载体两端具有 attP 位点，目的基因两端含有 attB 位点，目的基因与载体在 BP 酶催化下，重组形成带有目的基因及 attL 位点的入门克隆（entry clone）。LR 反应（attL×attR）可以将目的基因重组进入目标载体（destination vector），目标载体上具有 attR 位点，其与入门克隆在 LR 反应酶催化下重组成为新的 attB 位点，并将目的基因以正确方向连接到植物表达载体上（二维码 7-5）。

7-5

Gateway 技术的优势在于一旦拥有一个入门克隆，就可以快速、高效地将目的基因同时构建到多种与 Gateway 技术兼容的载体系统中。目前 Gateway 技术已广泛应用于园艺植物载体构建中，用于基因的功能分析。王惠玉等（2019）为了验证不结球白菜开花相关基因 *GIGANTEA*（*GI*）的功能，利用 Gateway 技术分别构建了表达载体 pEarleyGate101-*BcGI*-YFP 和 RNAi 载体 *BcGI*-RNAi，利用农杆菌介导法将表达载体注射入烟草中进行亚细胞定位，并将 RNAi 载体导入拟南芥中，明确了不结球白菜 *BcGI* 定位于细胞核，该基因参与正向调控下游 *CO*（*CONSTANS*）和 *FT*（*FLOWERING LOCUS T*）基因的表达，进而影响不结球白菜光周期开花途径。

（二）无缝克隆技术

无缝克隆（seamless cloning/In-Fusion cloning）技术与传统 PCR 产物克隆的区别在于，该技术在目的基因正/反扩增引物的 5′端添加了与线性载体末端同源的 15～20bp 序列，由此得到的 PCR 产物两端便分别带上了 15～20 个与载体序列同源的碱基，依靠碱基间互补配对成环，不需要连接酶即可直接用于转化。无缝克隆技术可以在质粒载体的任何位点进行一个或多个目标 DNA 片段的插入，不需要任何限制性内切酶和连接酶，只需要一步重组法，即可得到高效率克隆的重组载体。

7-6

利用 In-Fusion 试剂盒（In-Fusion HD cloning kit）能够对任何常用的载体进行修饰，使之成为一个不依赖序列和连接反应的高效基因克隆体系（二维码 7-6）。利用 In-Fusion 试剂盒构建表达载体的基本步骤：①采用单酶切或者利用反向 PCR 扩增的方法将载体线性化；②引物的 5′端添加与载体末端同源的 15bp 序列，对目的基因进行 In-Fusion 改造；③改造后的目的基因与线性载体在 In-Fusion 酶的作用下发生重组，使目的基因连接到载体上；④In-Fusion 产物的转化与检测；⑤提取阳性克隆质粒进行 PCR 和酶切验证。许建建等（2020）利用 In-Fusion 试剂盒，将线性化双元表达载体 pXT1 和柑橘脉突病毒（CVEV）全长 cDNA 进行重组连接。通过农杆菌介导的真空浸润将 CVEV1901 接种至 6 个不同的柑橘品种，发现该病毒可引起摩洛哥酸橙、邓肯葡萄柚和尤力克柠檬的 CVEV 侵染症。

小　结

载体构建是植物遗传转化的重要前提。常用的植物遗传转化载体系统是根癌农杆菌 Ti 质粒载体，野生型 Ti 质粒必须经过改造才能用于载体构建。目前常用的两种 Ti 质粒基因转化载体系统是共整合载体系统和双元载体系统，其中双元载体系统在应用上更为高效和简便。为了便于转化植物的筛选，必须使载体上携带相应的选择标记基因和报告基因。选择标记基因包括抗生素抗性基因、除草剂抗性基因及生物安全标记基因，通常用来检验重组 DNA 载体转化成功与否，而报告基因通过表达检测来确定外源基因是否在转化细胞中得到表达。根据目的基因插入的方向和转化目的，园艺植物表达载体分为正义表达载体、反义表达载体、RNA 干涉载体及瞬时表达载体等。外源基因与载体的连接方式有插入灭活法和定向克隆法。传统的表达载体构建方法主要是双酶切法，在构建多片段拼接的复杂载体时，通常需要构建多个中间载体，费时费力。利用 Gateway 技术和无缝克隆技术能够克服传统载体构建方法的缺点，无酶连接成为载体构建的新方法。

1. 天然 Ti 质粒存在哪些缺点？如何对其进行改造？

2．什么是中间表达载体？如何构建中间表达载体？

3．Ti 共整合转化载体有何特点？如何构建 Ti 共整合转化载体？

4．Ti 双元载体系统的特点是什么？相对于共整合载体系统具有哪些优点？

5．什么是选择标记基因？选择标记基因的特点是什么？常用的选择标记基因有哪些？

6．什么是报告基因？报告基因的功能是什么？常用的报告基因有哪些？

7．园艺植物常用的遗传转化载体类型包括哪些？其主要功能是什么？

8．目的基因与载体的连接方法有哪些？

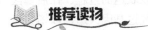 推荐读物

1．张献龙．2012．植物生物技术．2 版．北京：科学出版社

2．林顺权．2007．园艺植物生物技术．北京：中国农业出版社

3．朱延明．2009．植物生物技术．北京：中国农业出版社

植物遗传转化（plant genetic transformation）指通过某种基因递送技术，有目的地将外源基因或 DNA 片段插入受体植物基因组中，并使其在后代植株中得以表达的过程。在后基因组学时代，世界上越来越多种植的作物，特别是主粮和园艺作物都经过基因改造，以增强对主要病虫草害、非生物胁迫的抗性，或具有更好的质量与更长的保质期，或获得更高的产量，因而可靠的遗传转化方法对基因和功能的研究、不同植物生物学过程的基本洞察、具有优良农艺性状转基因品种的获得等均至关重要。

第一节　园艺植物遗传转化受体系统

植物遗传转化受体系统指通过组织培养途径或其他非组织培养途径，能够高效、稳定地获得再生无性系，并能接受外源 DNA 的整合，对用于筛选转化植株的筛选剂具备一定敏感性的再生系统。良好受体系统的建立是遗传转化成功的前体。

一、遗传转化对园艺植物受体系统的要求

一个优秀的园艺植物遗传转化受体系统必须同时满足以下要求：①高效稳定的再生效率、良好的实验稳定性和重复性；②较高的遗传稳定性，不仅能将接收的外源 DNA 稳定遗传给后代，而且不影响自身非遗传改造的稳定性；③稳定的外植体来源，能满足遗传转化效率低、实验重复多对外植体的需求，常用的转化外植体有无菌实生苗的子叶、胚轴、幼叶及可快速繁殖的材料等；④对遗传转化所用的筛选剂具备一定的敏感性，且筛选剂对受体没有严重的毒性。有的转化受体还需要对农杆菌的侵染敏感，以有利于农杆菌介导的遗传转化。

二、常用的园艺植物受体系统

自 1983 年第一例转基因获得成功以来，园艺植物基因转化受体系统受到广泛重视和研究，在满足不同转化目的、适应不同转化方法及提高转化效率等受体筛选上取得成功。

（一）组织受体系统

利用园艺植物的叶盘、幼茎段、子叶、胚轴等外植体培养获得再生植株的受体系统为组织受体系统。按照获得再生植株的途径，组织受体系统一般包括愈伤组织再生系统和直接分化再生系统。前者指外植体经过脱分化形成愈伤组织，再分化获得再生植株的受体系统，包括幼胚、芽尖、叶片、成熟胚、花药等，具有转化率高、试材广泛、容易扩繁、适用植物范围广等优点，但也存在再生植株嵌合体多、遗传稳定性差、实验周期长等缺点；后者不经过愈伤组织而直接分化出不定芽获得再生植株，具有操作简单、再生植株周期短、体细胞无性系变异小但转化率较低、嵌合体多等优缺点。

组织受体系统是园艺植物遗传转化最常用的受体系统，目前已成功建立的组织受体系统有百合花器、地上茎、茎尖、叶片、鳞片叶、珠芽，菊花叶片，葡萄叶片、下胚轴，柑橘成

年茎段，马铃薯试管薯切片、试管苗茎段，生菜叶盘，辣椒下胚轴等。

（二）原生质体受体系统

原生质体受体系统是指依赖原生质体进行单细胞水平遗传转化并通过原生质体培养再生植株的受体系统（Guruprasad et al.，2004）。由于失去了细胞壁的"阻挡"作用，原生质体可直接高效地摄取外源 DNA，因此此系统转化效率高；通过原生质体培养，细胞分裂可形成基因型一致的细胞克隆，因而由转化受体细胞获得的植株不会产生嵌合体。此外，原生质体受体还适合于农杆菌、基因枪、电击法等多种转化方法。然而多数植物原生质体组织培养技术尚不太成熟、遗传转化周期长、受体细胞遗传稳定性差、再生频率较低，限制了原生质体受体系统的广泛应用。

（三）生殖细胞受体系统

生殖细胞受体系统又称种质系统，是指利用植物自身的生殖过程，以生殖细胞如花粉粒、卵细胞或子房为受体细胞进行遗传转化的系统。该系统通过两种途径接收外源 DNA 并实现再生：一是通过小孢子和卵细胞培养，诱导出胚性细胞或愈伤组织细胞，在愈伤细胞分化成单倍体植株的过程中通过农杆菌介导的转化法导入外源基因；二是直接利用花粉和卵细胞受精过程进行遗传转化，如花粉管通道法、花粉粒浸泡法、子房微注射法、磁性纳米介导的花粉法，后随受精卵发育成种子而获得稳定表达外源 DNA。

生殖细胞受体系统不仅因利用了植物自身的授粉过程而使操作更加简单、方便，而且因受体生殖细胞的全能性和单倍性，因此具有更强的接受外源 DNA 的潜能，并使转化的基因不受显隐表现的影响，单倍体植株经过加倍后即可成为纯合的二倍体纯系，可大大缩短复杂的后代选育纯化过程。但该受体系统具有只能在短暂的开花期进行、无性繁殖的植物不宜采用等缺点。

第二节　园艺植物遗传转化方法

园艺植物的遗传转化方法可分为三类：一是外源裸露基因的直接导入法，指通过物理或化学方法直接将外源目的基因导入植物的基因组中，物理方法包括电穿孔、基因枪、激光微束穿孔、体内注射、超声波等转化法；化学方法有 PEG 和脂质体介导转化法等。二是载体介导的转化方法，指通过将目的基因装载到农杆菌质粒或病毒 DNA 等载体分子上，随着载体 DNA 的转移而将外源目的基因整合到植物基因组中的方法，该方法主要包括农杆菌介导和病毒介导的转化法。三是种质系统转化法，包括植物原位真空渗入法和花粉管通道法等。

一、外源裸露 DNA 的转化

（一）化学诱导转化法

1. 转化原理　　化学诱导法是借助特定的化学诱导剂以原生质体为受体直接将 DNA 导入植物细胞的方法。目前用于转化的化学物质有聚乙二醇（polyethylene glycol，PEG）、多聚鸟氨酸、磷酸钙等，其中最常用的是 PEG。PEG 是一种水溶性的细胞融合剂和渗透剂，可以改变细胞原生质膜通透性，并使细胞膜与 DNA 形成分子桥，促进相互接触和粘连，进而使外源 DNA 进入受体细胞。PEG 还通过引起膜表面电荷的紊乱，干扰细胞间的识别，从而有利于外源 DNA 进入原生质体。

2. 基本步骤及应用 PEG 介导的转化法由戴维（Davey）于 1980 年首创，Krens 等发展建立了 PEG 介导的外源基因转化原生质体的方法，该方法包括如下步骤：①外源目的基因的制备；②受体原生质体制备；③目的基因和原生质体的转化培养；④转化体的鉴定和再生植株的培养。利用 PEG 法，不仅在茄科、花椰菜、胡萝卜、向日葵、柑橘等园艺植物实现了外源 DNA 的吸收或质体转化，还在葡萄、芥蓝等上鉴定了基因的瞬时表达和功能（Wang et al.，2015；Sun et al.，2018）。

3. 优缺点 PEG 法利用原生质体本身具有摄取外来物质的特性来实现外源基因的导入，易获得高转化率的转化细胞，也可用于基因的瞬时表达分析；该方法获得的转化再生植株来自一个原生质体，可以避免嵌合转化体的产生；PEG 对细胞的毒害作用小，受体植物不受种类的限制，只要能建立原生质体再生系统的植物都可以采用此方法实现转化。但是对多数植物来说，建立原生质体再生系统十分困难，转化效率低，从原生质体再生的无性系植株变异较大。

（二）脂质体介导转化法

1. 转化原理 脂质体是利用磷脂酰胆碱或磷脂酰丝氨酸分子在水相中将亲水头部插入水中、疏水尾部伸向空的中心而形成的球形结构。脂质体介导法是将外源 DNA 包裹在人工制作的脂质体内，利用植物原生质体膜与脂质体融合作用把外源 DNA 转入受体细胞的一种方法。

2. 基本步骤及应用 脂质体法有两种具体方法：一是脂质体融合法（liposome fusion），先将脂质体与原生质体共培养，使脂质体与原生质体膜融合，而后通过细胞的内吞作用把脂质体内的外源 DNA 或 RNA 分子高效地转入植物的原生质体内。最后通过原生质体培养技术，再生出新的植株。二是脂质体注射法（liposome injection），通过显微注射把含有遗传物质的脂质体注射到植物细胞以获得转化。

3. 优缺点 脂质体法可避免 DNA 在导入受体细胞之前被核酸酶降解，保证了 DNA 的稳定；适用的植物种类广泛，能够制备原生质体并具有再生能力的受体细胞都能采用该方法。但是该方法在包装 DNA 时须有短时间的超声处理，超声会导致 DNA 断裂，加之原生质体培养和再生体系建立比较困难，因而脂质体法转化效率较低，用途不是很广泛。

（三）电穿孔转化法

1. 转化原理 电穿孔转化法（electroporation-mediated plant transformation，EPT）又称电击法，是在适当的外加高压电脉冲作用下，去壁的原生质体细胞膜通透性瞬时提高或形成可逆性的瞬间通道，从而吸收周围介质中的外源分子如核酸、蛋白质等的转化技术（二维码 8-1）。

8-1

2. 操作程序及应用 EPT 的一般操作程序：①分别制备含目的基因的质粒 DNA 及植物原生质体悬浮液；②将质粒 DNA 及原生质体混合后置于 200～600V/cm 的电场中处理若干秒；③原生质体培养和转化子筛选；④再生植株及进一步转化鉴定。该方法可用于原生质体的瞬时和稳定转化，也可用于植物带壁细胞的遗传转化，目前在胡萝卜、芦笋、芜菁、四季豆、黄瓜中均有成功的报道。

3.优缺点　　该方法具有转化效率较高、操作简单、特别适于瞬间表达研究等优点；利用电击法将 CRISPR/Cas9 RNP 导入甘蓝原生质体实现了高效基因组编辑（Lee et al.，2020）。但该方法也必须经过原生质体分离与培养，难度较大，且电穿孔易造成原生质体损伤，导致其再生率降低。若能将电穿孔与 PEG 介导转化、脂质体法等结合使用，转化效率可提高至1.2%。

（四）基因枪法

1.转化原理　　基因枪法，又称为微粒轰击法，是将外源 DNA 分子包裹在钨、金或其他金属微粒的表面，通过基因枪产生的驱动力将微粒射入受体细胞或组织，使外源 DNA 随机整合到受体基因组中（二维码 8-2），后通过细胞和组织培养再生出植株的技术。

8-2

2.基本步骤及应用　　尽管到目前为止产生了火药爆炸、高压气体和高压放电作为驱动力的三代基因枪，但不同基因枪遗传转化均具有如下步骤：①受体细胞或组织的准备和预处理；②DNA 微弹的制备；③受体材料的轰击；④轰击后外植体的培养和筛选。自 Klein 等于 1987 年建立了第一个植物细胞粒子轰击系统后，基因枪法分别在桃、番木瓜、蔓越橘（*Vaccinium macrocarpon*）、玫瑰、杜鹃、剑兰、大蒜、生菜、香蕉等园艺植物上成功实现了目的基因的转化，成为继农杆菌介导的第二常用的遗传转化法。德梅莎（de Mesa）等（2000）在草莓上、Singh 等（2022）在鹰嘴豆上建立了较农杆菌更高效的基因枪转化体系。

3.优缺点　　基因枪法具有受体类型广泛、无物种限制，操作简便快速、可控度高、转入组织的深度可用轰击压力和空间距离来控制，可同时用几个质粒进行共转化，递送大片段 DNA，可转化核基因组也可转化细胞器基因组等优点，特别是在需要快速分析和瞬时表达的实验如启动子分析、蛋白质定位、转录因子鉴定、通路阐明、基因激素调节和启动子成分证实中，基因枪法是首选的转化方法（Lenka et al.，2018）。但基因枪法多存在转化效率低、价格昂贵、非转化体和嵌合体的比例大、整合过程中易发生重排和高拷贝插入及后代遗传不稳定等不足。

（五）体内注射转化法

1.转化原理　　体内注射转化是指利用直径为 0.1～0.5μm 的显微注射针将外源 DNA 注射到已固定的植物细胞或组织中，从而实现基因转移并获得转基因再生植株的技术，包括微注射介导的植物转化法（microinjection-mediated plant transformation，PPT）和直接注射法（direct injection，DI），前者注射部位多是植物受体细胞的细胞核或细胞质（参见上页二维码8-1），后者外源 DNA 用量大，多注射子房、穗基、分蘖节等部位。

2.基本步骤及应用　　体内注射法的基本操作步骤：①制备具有良好表达活性的目的基因；②受体细胞或组织的固定；③通过体内注射导入已规定的受体细胞或组织；④转化子筛选、培养及转基因植株鉴定。显微注射的一个重要环节是固定受体细胞，目前，人工固定的方法主要有 3 种：琼脂糖包埋法、多聚-L-赖氨酸粘连法、吸管支持法。体内注射转化法在十字花科植物上应用较多，但在其他园艺植物上也有报道，如利用黄瓜的茎尖分生组织、番茄的花芽进行含目的基因的农杆菌的微注射，均获得了稳定的转化植株（Baskaran et al.，2016；Sharada et al.，2017）。

3.优缺点　　显微注射法具有注入受体细胞中的外源 DNA 数量可以随意控制，转化受体可以使叶肉细胞原生质体、花粉胚、子房和茎分生组织，且具有在线粒体和叶绿体中实现遗传物质的转化等优点。然而，该方法接受外源 DNA 的细胞往往为单细胞，固定受体细胞难度较高，对仪器设备和操作人员操作水平的要求都很高，且转化效率较低。

二、载体介导的 DNA 转化

（一）农杆菌介导法

8-3

1. 转化原理　　本书第七章详细介绍了农杆菌介导的遗传转化原理，这里不再赘述（二维码 8-3）。

2. 基本步骤及应用　　现已建立多种农杆菌 Ti 质粒介导的植物基因转化方法，如叶盘转化法、茎段转化法、原生质体共培养转化法、整株感染法等，这些方法的基本程序包括：①含重组 Ti 质粒的工程菌的培养及转化；②选择合适的外植体；③工程菌与外植体共培养；④外植体脱菌及筛选培养；⑤转化植株再生及鉴定。根癌农杆菌介导的遗传转化法在园艺植物上是应用最早、最多、最成功、效率最高的转化方法，利用该方法已在番茄、马铃薯、大白菜、小白菜、花椰菜、甘蓝、豇豆、豌豆、绿豆、鹰嘴豆、诸葛菜、黄瓜、西瓜、甜瓜、胡萝卜、萝卜、大蒜、苹果、梨、桃、葡萄、柑橘、美洲李、枇杷、甜橙、番木瓜、香蕉、百合、菊花、结缕草、海棠、兰花、矮牵牛、郁金香、玫瑰、康乃馨、鸢尾等园艺植物中获得了转基因植株。

3. 优缺点　　该方法具有节省成本、外源基因多以单拷贝或低拷贝整合到植物基因组中、插入染色体位点随机、外源基因不易发生沉默、能稳定遗传表达等优点。农杆菌转化法在经过不断优化与拓展以后，操作流程和注意事项已更加明确，不但基因转化的效率有所提高（二维码 8-4）（Du et al.，2022），转化的时间和劳动力有所减少（Nonaka et al.，2019），还与基因编辑等技术结合发挥出更重要的功能（González et al.，2021）。但大多数单子叶植物对农杆菌不敏感，且农杆菌侵染后外植体再生阶段脱菌比较困难，需长期使用抗生素，给实验带来麻烦。

8-4

（二）植物病毒介导法

1. 转化原理　　病毒是非细胞结构的生命体，按核酸类型可分为 RNA 病毒和 DNA 病毒。基因克隆载体常用 DNA 病毒。病毒具有侵染并把其 DNA 导入寄主细胞，以及利用寄主细胞进行复制和表达的功能，因而病毒本身就是一种潜在类似农杆菌 Ti 或 Ri 的基因转化载体系统。然而作为载体的病毒至少应具备以下几个条件：①病毒基因组要能插入一个有用的外源基因，并随病毒基因组进入受体植物细胞；②能在受体植物细胞中复制增殖，且病毒基因经修饰或改造后致病性减弱或消失，不影响宿主细胞的正常生理功能；③病毒接种的方法必须简便可行，以适合大规模的应用，如烟草花叶病毒只需喷洒并感染少数叶细胞后就可以很快地在细胞之间扩散，蔓延至整个植株；④病毒基因组能插入某些报告基因、目的基因等，能够借助这些基因实现对转化植株的筛选。

病毒介导的转化需要先将外源基因重组进病毒基因组，后随病毒侵染实现对受体细胞的转化。而病毒在侵染过程中，将优先黏附于受体细胞膜上，其遗传物质进入细胞质后脱去套膜和壳膜，释放出遗传物质（DNA）；此后，病毒 DNA 因含有启动子和复制起始位点，在核内利用宿主酶系统进行复制；mRNA 将病毒信息转运到细胞质后利用寄主细胞的蛋白质合成系统翻译病毒蛋白质。病毒蛋白质合成后一部分留在细胞质内，结合到在质膜上发育成熟的病毒颗粒，最终排到细胞外，再感染新的宿主细胞。

2. 基本步骤及应用　　已有 40 多种植物病毒被用于构建病毒载体，如苹果潜伏球形病毒（Apple latent spherical virus，ALSV）、豆荚斑驳病毒（Bean pod mottle virus，BPMV）、卷心菜卷叶病毒（Cabbage leaf curl virus，CLCV）、葡萄卷叶相关病毒-2（Grapevine leafroll-associated virus-2，GLV-2）、花椰菜花叶病毒（Cauliflower mosaic virus，CaMV）、黄瓜花叶病毒（Cucumber mosaic virus，CMV）、豌豆早期褐变病毒（Pea early browning virus，PEBV）、马铃薯病毒 X（Potato virus X，PVX）、番茄金色花叶病毒（Tomato golden mosaic virus，TGMV）、大豆黄叶普通花叶病毒（Soybean yellow common mosaic virus，SYCMV）等（Lim et al.，2016），其中较为成熟的病毒载体是 CaMV、TGMV 和 PVX。现以 CaMV 载体转化说明其基本步骤：①构建含目的基因的 CaMV 载体；②原生质体受体系统制备；③CaMV DNA 载体病毒感染原生质体；④感染细胞培养、植株再生和筛选；⑤转基因植株鉴定。例如，以 CaMV 为载体成功将卡那霉素抗性基因转移到芜菁细胞，将抗马铃薯 X 病毒的基因转移到马铃薯等。植物病毒载体也被修饰用于病毒诱导的基因沉默、病毒介导的植物蛋白的过量表达及宿主诱导的跨物种基因沉默，对植物基因进行功能的鉴定和异源蛋白的表达（Wang et al.，2020）。

3. 优缺点　　病毒载体转化有如下优点：①Ti 质粒载体转化时将外源基因整合到植物核 DNA 上，而植物病毒载体感染植物以后，不影响寄主细胞核基因组的结构，即病毒载体 DNA 一般不整合到植物细胞核 DNA 上，从而防止无限传代扩散，故比较安全可靠；②由于病毒载体感染植物细胞后只是利用寄主细胞的功能在细胞质中进行复制和表达，同时又由于病毒具有高效的自我复制能力，故在转化植物中可得到高拷贝的外源基因；③病毒能系统地侵染整株植物，避免了单细胞、原生质体或组织、器官的转化和再生培养，也无嵌合体，能够较快地获得转基因植物；④植物病毒的寄主范围较广，因而由某种病毒基因组构建的载体可用于多种不同植物的遗传操作。但其也存在如下缺点：①外源基因在转化植物中的遗传不稳定性，即通常病毒载体不能把携带的外源基因整合到寄主染色体上，也就不能按孟德尔规律传递给后代；②病毒载体仍然存在致病的可能性，即使改建的病毒载体也可能仍然具有致病能力，或者转化后的病毒基因发生变异恢复致病能力，可能会诱发植物产生病害；③由于病毒载体本身的不稳定性，病毒载体中的外源基因很容易丢失；④在病毒复制过程中，病毒基因组发生突变的频率很高，尤其是 RNA 病毒，其复制过程中涉及的 RNA 复制酶或反转录酶都没有校正功能，错误较多而丢失。此外，CaMV DNA 载体还存在两点不足：一是 CaMV 容纳外源基因的能力非常有限，即使是切除了非必需序列，也只能插入很小的片段；二是 CaMV 的寄主范围非常窄，主要是芸薹属植物如甘蓝、芜菁、花椰菜等。

三、种质转化法

种质转化法（germplasm line transformation）是指利用生物自身生殖系统的细胞或组织，如花粉粒、卵细胞、子房、幼胚等为媒体进行转化的方法，也称为生物媒体转化系统或原位转化（in planta transformation）。该技术具有如下特点：①目的 DNA 可以是裸露的 DNA，也可以是总 DNA 或重组质粒 DNA，还可以是某些 DNA 片段；②转化过程依靠植物自身的种质系统或细胞结构来实现，不需要细胞分离、组织培养和再生植株等复杂技术；③方法简便易行，并与常规育种紧密结合。种质转化法已发展成为一种颇有潜力的转化系统，主要包括原位真空渗入、花粉管通道、生殖细胞和萌发种子介导等转化法。

（一）植物原位真空渗入法

1. 转化原理　　植物原位真空渗入（vacuum infiltration）法是将适宜转化的健壮植株倒置浸于装有携带外源目的基因的农杆菌渗入培养基的容器中，经真空处理、造伤，使农杆菌通过伤口感染植株，在农杆菌的介导下发生遗传转化。

2. 基本步骤及应用　　该方法基本步骤包括：①培养生长到一定阶段的植物，一般是始花期；②制备含目的基因的农杆菌菌液；③将植物倒置浸泡于农杆菌菌液中，进行真空处理；④感染植物移植于土壤中，生长发育，直到收获种子；⑤种子在选择培养基上发芽，进行抗性筛选，获得转化后代。

植物原位真空渗入法早期在拟南芥、小白菜、菜薹、芥菜、菜豆、黄瓜、柑橘、香蕉上获得成功，主要用于基因的功能鉴定和瞬时表达。通过转化受体的选取和方法的改进，该方法在大白菜（Hu et al.，2019）、豇豆（Prasad et al.，2019）、鹰嘴豆（2017）等上的转化效率获得了较大的提高。

3. 优缺点　　该方法简便、快捷，实验可靠低廉，不需要经过组织培养阶段即可获得大量转化植株，转化率高。但需要真空装置，真空处理前后植株的拔取和重新栽培增加了工作量，同时该方法的应用范围有待进一步开发。

（二）花粉管通道转化法

1. 转化原理　　花粉管通道转化法（pollen tube-mediated transformation，PTT）是授粉时将外源 DNA 沿着花粉管渗入珠心通道进入胚囊，从而转化卵细胞、合子或早期胚胎细胞的方法。这一技术是由我国科学家周光宇率先发展起来的植物转化技术，其原理是外源 DNA 滴注在柱头上随着花粉管进入胚囊，花粉粒内的精核染色体附着在卵细胞核膜上，并与卵核 DNA 融合，外源 DNA 此时在胚囊中也被卵细胞吸收融合。由于在胚发育的初期，即原胚期的细胞壁很薄，胚细胞具有很强的分裂能力，并从胚囊中吸取营养物质，此时外源 DNA 也容易被吸入这些细胞参与核的融合。

2. 基本步骤及应用　　基本步骤：①外源 DNA（基因）的制备；②根据受体植物受精过程及时间，确定导入外源 DNA 的时间及方法；③将外源 DNA 导入受体植物；④转基因植株目标性状的鉴定及分子检测。利用花粉管通道转化法导入外源基因，通常采用花粉粒与外源 DNA 混合授粉法、花粉粒培养法、柱头滴柱法、花粉粒转化法和微注射法等几种方法。利用 PTT，王傲雪（2002）将抗病毒基因转入了番茄；Bibi 等（2013）通过将柱头从开花后的花朵上移除并将目的 DNA 片段应用于切面提高了 PTT 的效率（二维码 8-5）。到目前为止，花粉管通道法已经在茄子、番茄、辣椒、马铃薯、西甜瓜、黄瓜、油菜、白菜、甘蓝、青菜、睡莲、洋葱、豇豆、蚕豆、番木瓜等多种园艺植物上取得了成功。

8-5

3. 优缺点　　该方法利用整体植株的卵细胞、受精卵或早期胚细胞进行遗传转化，不需要细胞、原生质体等组织培养和诱导再生植株等过程，在大田、盆栽或温室中均可进行操作，技术简单，成本低，适宜普及。同时，该方法还保留了受体的优良性状，无须顾虑体细胞变异的问题，转化后可以直接获得种子，节省了育种时间，并能对后代的生产价值进行考察。但其仅局限于开花时期才能进行，受体植物的受精过程及时间规律难以掌握，成株转化率相对较低，而且外源 DNA 整合机制仍不清楚。

（三）浸泡转化法

1. 转化原理　　浸泡转化法（imbibition transformation）是指将供试外植体如种子、胚、胚珠、子房、幼穗甚至幼苗等直接浸泡在外源 DNA 溶液中，利用渗透作用可将外源基因导入受体细胞并得到整合与表达的一种转化方法。浸泡转化利用的是植物细胞自身的物质运转系统，通过三种可能的途径吸入外源 DNA：①通过细胞间隙与胞间连丝组成的网络化运输系统将外源 DNA 直接运输到每个细胞；②通过内吞作用将外源 DNA 摄入细胞内；③通过传递细胞的膜透性的改变为大分子物质透过细胞提供机会。

2. 基本步骤与应用　　浸泡转化法基本步骤：①外源 DNA 的制备；②具有生活能力的外植体的获得及浸泡处理；③在浸泡液中加入外源 DNA；④外植体的培养、发芽及抗性鉴定。

3. 优缺点　　浸泡转化法是植物转基因技术中最简单、快捷、便宜的一种转化方法，不需要昂贵的仪器设备和复杂的组织培养技术，容易推广普及，而且不受季节和发育期的限制，在室温下即可进行大批量的受体转化工作。但其转化率低，造成胚损伤的程度和位点难以掌握，易获得嵌合体，筛选和检测比较困难。因而人们发明了农杆菌侵染植物萌发种子转化法，大大提高了转化的效率。

除上述遗传转化方法外，气溶胶束注射、激光、低能粒子束、碳化硅晶须和磁性纳米颗粒介导的植物转化法也逐步兴起（Demirer et al.，2019），受体与转化方法及多种转化方法相结合的研究更加深入（Anjanappa，2021），使得遗传转化的操作越发便捷，效率大大提高，用途更加广泛。

第三节　园艺植物转化植株的鉴定

目的基因成功转入受体植物并稳定表达是转基因表达功能的前提，目前已研究出层次分明、目标多样的转基因筛选和鉴定方法。根据检测基因的功能分为调控基因（启动子和终止子）检测、选择标记或报告基因检测及目的基因直接检测法；根据检测的不同阶段分为整合水平检测和表达水平检测法，前者包括 Southern blotting、PCR、PCR-Southern 杂交、原位杂交和 DNA 分子标记技术等，后者又包括 RNA 水平和蛋白质水平检测，其中 RNA 水平检测有 Northern blotting、RT-PCR、qRT-PCR 等，蛋白质水平的检测有酶联免疫法（enzyme linked immunosorbent assay，ELISA）和 Western blotting 等方法。

一、利用选择标记基因和报告基因鉴定

一般在构建植物表达载体时插入选择标记基因或（和）报告基因，遗传转化时同目的基因和各种表达控制元件一起整合到受体植物基因组，可起到判断目的基因是否已经成功导入受体细胞并稳定表达的作用。

选择标记基因包括抗生素抗性选择标记基因和除草剂抗性选择标记基因，均已在第七章介绍，不再赘述。这里再增加对除草剂抗性选择标记基因 als、aroA 和 PsbA 等的介绍，这类基因能够赋予转化成功的个体具有抗除草剂的特性。als 基因编码乙酰乳酸合酶（acetolactate synthase，ALS），而磺酰脲类除草剂如氯磺隆（chlorsulfuron，CS）的除草作用机理是抑制植物体内的乙酰乳酸合酶，以影响支链氨基酸的合成，即在遗传转化中将除草剂抗性基因与目的基因一同转化受体植株，后在加有响应选择剂如氯磺隆（chlorsulfuron，CS）或甲嘧磺隆

（sulfometuron methyl，SM）的培养基上进行筛选，即可获得转基因植株。此外，还有两种选择标记基因鉴定介绍如下。

1. 化合物解毒酶选择标记基因鉴定　　这类标记基因的编码产物酶，可催化对细胞生长有毒的化合物转变成无毒的化合物，从而使得转化成功的细胞能在含有有毒化合物的培养基上生长，而没能转入相应选择标记基因的细胞则被杀死，如甜菜的碱醛脱氢酶（BADH）能催化有毒的甜菜碱醛转变成无毒的甜菜碱，因而已被作为安全的选择标记应用于植物基因工程。

2. 植物糖类代谢酶选择标记基因鉴定　　糖类代谢酶选择标记基因是根据植物细胞对不同糖类碳源的代谢能力差异而开发出的利用糖类作为筛选剂的筛选系统，其编码产物是某种糖类的分解代谢酶，若将其与目的基因一起转入受体植物，则转化成功的细胞能利用相应糖类作为主要碳源生长，而没能成功转入相应糖类代谢酶基因的细胞不能利用此糖类，处于饥饿状态，生长受到抑制。这样利用选择剂糖类作为主要碳源的筛选培养基就能将成功转化的细胞在众多细胞中分离出来。以糖类为筛选剂的筛选系统标记基因产物安全、筛选剂价格低廉、筛选程序简单、效果显著，而且转基因植株生长比较旺盛，并且不影响转化植物的代谢平衡等优点。目前已用于植物基因工程的此类选择标记基因有木糖异构酶基因、磷酸甘露糖异构酶基因和核糖醇操纵子，它们能分别使转化细胞利用木糖、6-磷酸甘露糖和核糖醇为碳源作为选择剂。

报告基因已在第七章介绍，这里不再赘述。

二、利用重组 DNA 分子特征鉴定

植物转基因操作中，除了利用选择标记基因排除非转化细胞而存留转化细胞，以及利用报告基因显示转基因成功外，更重要的是从分子水平上鉴别出阳性转化体，明确目的基因在转基因植株中的整合情况，包括整合位点及插入拷贝数等。

（一）重组 DNA 分子酶切图谱鉴定

利用外源 T-DNA 携带目的基因插入导致受体细胞基因组大小的变化，选用合适的限制性内切酶对转化与非转化植株基因组 DNA 进行酶切，电泳后酶切图谱差异，即可分析外源基因是否整合进植物基因组中。

（二）PCR 技术鉴定

根据外源基因序列设计出一对特异引物，通过 PCR 便可特异性地扩增出转化植株基因组内外源基因的片段，而非转化植株不被扩增，从而筛选出可能被转化的植株。PCR 检测因 DNA 用量少、纯度要求也不高，实验操作安全、简单，检测灵敏、效率高，成本低，而成为当今转基因植株检测最常用的方法。但 PCR 检测常因引物设计非特异、扩增时出现交叉污染等出现假阳性结果，因而其结果通常作为转基因植物初筛的依据。

（三）Southern blotting 鉴定

Southern blotting 指模板 DNA 经酶切、凝胶电泳分离、转膜等步骤后，再用标记的单链 DNA 探针杂交检测的一种技术。Southern blotting 是进行核酸序列分析、重组子鉴定和检测外源基因整合（如拷贝数、插入方式）及在转基因后代中稳定性的强有力手段。该方法还可清除

操作过程中的 DNA 污染和转化中的质粒残留所引起的假阳性信号,准确度高,特异性强,是目前检测转基因植株最权威、最可靠的方法,但程序复杂,成本高,且对实验技术条件要求较高。

（四）DNA 原位杂交技术鉴定

DNA 原位杂交技术（DNA *in situ* hybridization, ISH）是利用核酸分子单链之间有互补的碱基序列,将有放射性或非放射性的外源核酸（标记的探针）与组织、细胞或染色体上的待测 DNA 互补配对,结合成专一的核酸分子,经一定的检测手段将待测核酸在组织、细胞或染色体的位置显示出来的技术。DNA 原位杂交技术可以确定外源基因在染色体上的整合位置,对研究外源基因的遗传特性具有重要意义。目前主要使用荧光原位杂交技术（FISH）和原位 PCR 技术。

三、利用外源基因的转录或表达鉴定

DNA 水平检测能表明外源基因是否整合到植物基因组,但整合到基因组上的外源基因的表达仍受受体细胞生理环境、发育时期、调控序列等影响,因而从转录和翻译水平对外源基因进一步鉴定。

（一）mRNA 水平鉴定

1. Northern blotting 鉴定　　Northern blotting 是指转基因植株的总 RNA 或 mRNA 样品,经变性电泳分离后,将其转移到固相支持物（如尼龙膜）上,然后与依据外源基因合成的特异探针（DNA 或 RNA 探针）杂交,从而鉴定外源基因存在与否或转录量多少的技术,是研究转基因植株中外源基因表达及调控的重要手段。但 Northern blotting 的灵敏度有限,对细胞中低丰度的 mRNA 检出率较低。

2. 实时荧光定量 PCR　　实时荧光定量 PCR 是指在 PCR 反应中加入荧光基团,通过连续监测荧光信号出现的先后顺序及信号强弱的变化,即时分析目的基因的初始量技术。因与 Northern blotting 比较,不需要变性电泳、转膜和杂交等烦琐程序,且能检测出低丰度的 mRNA,所以 RT-qPCR 已成为当前检测园艺植物外源基因转录量的最常用的技术。

（二）蛋白质表达水平鉴定

1. Western blotting 鉴定　　Western blotting 已在第五章介绍,这里不再赘述。Western blotting 具有很高的灵敏性,可以从植物细胞总蛋白中检出 50ng 的特异蛋白质,若是提纯的蛋白质,可检至 1～5ng。

2. 利用蛋白质免疫测定技术鉴定

（1）酶联免疫法　　酶联免疫法（enzyme-linked immunosorbent assay, ELISA）指特殊的抗体被结合固定在固体表面如微孔板上,加入样品,未被结合的成分被洗掉,然后,通过加上标记的酶的抗体来检测抗原,未被结合的成分再次被洗掉,酶与底物反应的颜色与样品中抗原的含量成正比。由于酶的放大作用,ELISA 测定的灵敏度极高,可检测出 1pg 的目的物,同时酶反应还具有很强的特异性,缺点是易出现本底过高问题,重复性较差。在转基因植株中,含有抗体的均可采用此方法进行。

（2）免疫荧光技术　　免疫荧光（immunofluorescence）是以抗体为基础,一抗与结合有荧光色素的二抗结合,所发出的荧光可由免疫荧光显微镜进行检测。

第四节　改变外源基因在园艺植物体内表达水平的策略

园艺植物遗传转化的目的是获得外源基因能高效表达、稳定遗传的转基因株系，但对转基因植物广泛深入的研究发现，大量外源基因表达未达预期，或出现转基因沉默，或在个体中表达量较低，且个体间的表达存在较大差异。

一、转基因园艺植物中外源基因的沉默

（一）转基因沉默现象

转基因沉默是指整合到受体基因组中的外源基因在当代或后代中表达活性受到抑制的现象，甚至不表达的现象。转基因沉默的主要原因是转基因之间或是转基因与内源同源基因之间存在着序列同源性，故而又叫作同源性依赖的基因沉默（homology-dependent gene silencing）。那波利（Napoli）等（1990）首先在矮牵牛中发现了转基因沉默现象，即把与花色有关的查尔酮合酶基因导入矮牵牛时，发现 50%的矮牵牛转基因植株中导入的外源基因与同源的内源基因均发生了沉默。到目前为止，在马铃薯、番茄、黄瓜、大白菜、莴苣、葡萄、香石竹等园艺植物转基因中都发现了转基因沉默现象。

（二）引发转基因沉默的因素

引发转基因沉默的因素很多，既有转基因的拷贝数和构型、在植物上的整合位点、转基因的转录水平等内在因素，也有环境条件如高温、强光等外在原因，还有发育因子等影响，沉默往往是多个因素、机制共同作用的结果。

1. 位置效应　　位置效应（position effect）是指外源基因在植物基因组中整合的位置对其表达的影响，又称染色体 DNA 水平的基因沉默。位置效应引发转基因沉默的原因有两个：一是外源基因整合进植物基因组中高度甲基化的区域或者异染色质区和高度重复序列区，发生甲基化，使外源基因的表达下降或沉默；二是由于外源基因的碱基组成与整合区域的不同而被细胞的防御系统所识别，不进行转录（Fineggan，1994）。

2. 转录水平的基因沉默（transcriptional gene silencing，TGS）

（1）外源基因及启动子的甲基化　　DNA 甲基化（DNA methylation）是细胞中最常见的一种 DNA 共价修饰形式，在植物基因表达、细胞分化及系统发育中起重要的调节作用。从所报道的转基因沉默来看，几乎所有的转基因沉默现象都与转基因及其启动子的甲基化有关。研究表明，DNA 甲基化主要发生在基因 5′端启动子区域，阻碍转录因子与启动子的接触，也有人发现外源基因的甲基化可延伸至 3′端，李旭刚等（2001）发现导入外源 *uidA* 基因的植物发生基因失活现象，Northern blotting 证实，基因失活的植物体内检测不到外源 *uidA* 基因的转录产物，同时伴随着基因上游启动子区域的 DNA 甲基化。但 DNA 甲基化引起的外源基因失活可以逆转，去甲基化试剂可以恢复外源基因的表达。

（2）多拷贝重复基因诱导的沉默　　重复序列诱导的基因沉默（repeat induced gene silencing, RIGS）是指多拷贝的外源基因整合进植物基因组后，因正向或反向异位配对（ectopic pairing），引起基因组防御系统的识别而被甲基化或异染色质化而失活。它有两种作用方式：①顺式失活（cis-inactivation），即相互串联或紧密连锁的重复基因的失活；②反式失活

（trans-inactivation），指由于基因启动子间同源序列相互作用引发的基因失活现象，也指某一基因的失活状态引起同源的等位或非等位基因的失活。

（3）染色体包装　　当外源基因在整合的染色体区域的正常位点包装到另一区域位点时，其与转录因子均发生改变，常出现基因的镶嵌性失活，表现为细胞有丝分裂的不稳定性。

3. 转录后水平的基因沉默（post-transcriptional gene silencing, PTGS）　　PTGS 指转基因在细胞核里能稳定转录成 mRNA，但正常的 mRNA 不能积累，也就是说 mRNA 一经合成就被降解或被相应的反义 RNA 或蛋白质封闭，从而失去功能的现象。PTGS 是 RNA 水平基因调控的结果，比转录水平的基因沉默更普遍，其中共抑制（co-suppression）是 PTGS 研究的热点。

共抑制是外源基因的导入引起同源的内源基因沉默，或两者同时沉默的现象，是一种转录本过量引起的抑制。用 Run-on 转录实验和 RT-PCR 分析表明，出现共抑制表型的植株，在核中积累了高水平的 mRNA，细胞质中却检测不到特异的 mRNA 的积累，说明共抑制失活并非转录水平的抑制，而是属于转录后水平的调控。共抑制的发生是随机的，并受植物发育的调控，可以由基因的重组分离而逆转消失，在不同的转化植株中表现也不同，共抑制有时也会伴随有甲基化现象。人们提出了许多假设来解释共抑制现象，如 RNA 阈值模型、异常 RNA 模型、反义 RNA 模型、RNA 干扰（RNAi）等。

4. 其他因素

（1）后成修饰作用　　后成修饰作用（epigenetic effect）指转基因的序列和碱基组成不发生改变，但其功能却在个体发育的某一阶段受到细胞内因子的修饰作用而关闭，这可能与受体植物的染色体组型结构有关。

（2）环境因素　　特定的环境也可能对转基因的表达产生影响，这可能与启动子上存在的光诱导、低温响应、干旱胁迫诱导等顺式作用元件有关，环境不仅通过这些顺式元件影响本身调控的基因的表达，还可能影响反式作用因子结合的强弱从而影响基因的表达。

二、提高外源基因在园艺植物体内表达水平的策略

（一）采用合适的转化系统和方法

不同的转化系统影响外源基因的表达，叶绿体系统因叶绿体基因拷贝数大，易于实现外源基因的超量表达；若在外源 DNA 两侧连接一段叶绿体定位片段（targeting fragment），可实现外源基因的定点整合，从而消除位置效应和转基因沉默；可直接表达来自原核生物的基因，且能以多顺反子的形式表达多个基因，这些使叶绿体转化系统极具提高转基因表达的潜能。此外，以易碎的胚性愈伤组织（friable-embryogenic callus，FEC）为受体可减少转基因中嵌合体植株的产生。

外源基因的转化方法也对外源基因的表达水平存在影响。以常用的农杆菌介导法和基因枪法为例，基因枪法转入的外源基因易落于不活跃的异染色质区域，而农杆菌介导法导入的基因多进入常染色质区，所以为了能够使得外源基因正常表达，农杆菌介导法明显优于基因枪法。基因枪法导入的外源基因为多拷贝，而农杆菌介导法能够减少导入外源基因的拷贝数，减少多拷贝植株的数量，并且已经可以实现外源基因的单拷贝，从而避免重复序列产生的基因沉默现象。

（二）使用信号肽

采取措施保护外源蛋白不受降解是实现转基因成功的重要一环，以植物抗虫基因工程为

例,增加外源抗虫物质在植物细胞内的稳定性可有效提高转基因植物的抗虫效果。朱祯(2001)将大豆胰蛋白酶抑制剂(Skti)的信号肽和内质网定位信号 KDEL 的编码序列与豇豆的胰蛋白酶抑制剂基因 Cpti 耦联,得到融合基因 sck,其编码的蛋白质具有定位于内质网表达并滞留于内质网的特性,将其转入水稻后表现了良好的抗虫效果。同时,人们还发现有些定位信号可提高外源基因的表达。

(三)使用强启动子和诱导型启动子

启动子是决定外源基因转录效率的关键因素,在构建含外源基因表达载体时,选择强启动子和诱导型启动子可以增加转录活性,使基因转录产物增多。

强启动子(strong promoter)指对 RNA 聚合酶有很高亲和力,能指导合成大量 mRNA 的启动子,如乙醇脱氢酶,色氨酸合酶 β 亚基基因、植物光敏色素、花椰菜花叶病毒(CaMV)等基因启动子,其中双子叶植物遗传转化广泛使用的是来自花椰菜花叶病毒的启动子,单子叶植物常用的是水稻肌动蛋白基因(actinl, Actl)和玉米泛素基因(ubiquitin, Ubi)的启动子。但研究发现,CaMV 启动子等属于组成型启动子,其驱动外源基因在受体植物中非特异性持续、高效表达不仅造成表达浪费,还可能打破植物原有代谢平衡,阻碍植物正常生长,而往往需要该基因大量表达的时间或特定组织部位则因表达量过低又达不到预期效果。另外,重复使用同一种启动子驱动两个或两个以上的外源基因可能引起基因沉默或共抑制现象。

诱导型启动子(inducible promoter)是指在某些特定的物理或化学信号的刺激下,大幅度地诱导启动基因转录水平的启动子,如光、热诱导、创伤诱导、真菌诱导基因启动子和共生细菌诱导表达基因启动子等。根据诱导条件,诱导启动子分为 3 类:A 型启动子可以被生长素、脱落酸等植物生长物质及创伤诱发所产生的系统素所诱发;B 型由高温、低温、高盐、重金属等环境因子诱导;C 型是指能够对人工合成的化学诱导物如四环素、苯并噻二唑等发生反应的启动子。

实际应用中,人们通过对启动子进行改造,将来源不同启动子的功能性模块(组成性、时空性、诱导性,甚至组织特异性)进行组合,以实现启动子诱导基因的更高效和更特异性表达,如储成才等(2001)将细胞特异性表达启动子与可诱导系统彼此优势相结合,建立起可用于基因表达时、空、量三维调控的 alc 基因开关系统。因此,通过多种途径寻找某些具有增强子活性的调控序列将其运用于调控外源基因表达是今后努力的方向之一。

(四)使用增强子

利用具有组织与发育特异性调控作用的增强子构建嵌合基因,是提高外源基因的表达效果的有效措施之一。现已发现动物免疫球蛋白 K 链基因的增强子可在细胞发育的特定阶段指导该基因区段去甲基化,从而启动基因转录。桑德胡(Sandhu)等(2008)报道,豌豆质体蓝素基因(petE)启动子的富含 A/T 的负调控区域,在转基因烟草的叶片和转基因马铃薯的小块茎中增强了 gus 基因的表达水平。

(五)使用强终止子

终止子虽然不具有增强子的功能,但不同来源的植物基因终止子对外源基因的表达有着很大的影响。实验表明,分别用 35S 启动子、npt Ⅱ 结构基因和不同来源的 3′端控制区域(rbcs3′

端或 ocs3′端或 chs3′端，相当于终止子）连接构建成一组嵌合基因，转化烟草原生质体，检测 npt II 活性发现，连接 rbcs3′的活性是连接 ocs3′的 4 倍，而连接 ocs3′的 npt II 活性是连接 chs3′的 20 倍，说明在遗传转化中使用强终止子有利于外源基因表达。植物基因的终止密码子多用 UGA，在双子叶植物中，UAA 的使用频率比 UGA 高。

（六）使用植物偏爱的密码子

植物基因具有特有的 AT/GC 碱基偏爱性，即密码子偏爱性。在体外，应用 DNA 重组技术对外源基因做修饰改造，使其使用植物偏爱的密码子，是十分必要的。Elizabeth 等（1997）将抗生物素蛋白密码子进行优化设计，使用玉米偏好的密码子，使抗生物素蛋白在玉米种子中的表达量占可溶性总蛋白的 2%以上。

（七）防止甲基化

DNA 甲基化（methylation）现象广泛存在于动植物细胞中，它影响 DNA 的复制起始、突变、限制修饰系统、基因表达调控及组织分化等。研究表明在高等植物 DNA 中约 30%的胞嘧啶核苷酸被甲基化，DNA 甲基化具有抑制基因表达的作用，活化的基因往往处于未甲基化状态，通过改变 DNA 甲基化状态可以调控基因的表达。朱祯等（1991）在转基因烟草中发现，当外源 npt II 基因被甲基化后，其表达水平大幅度下降，以致根本不能检测出其活性，同时转化组织对卡那霉素的抗性也随之下降，使用 5-azaC（5-氮胞苷，一种去甲基剂）处理后，随着 npt II 活性的恢复，转化组织的抗性增强。

（八）使用 MAR 序列

基质结合区（matrix attachment region，MAR）又称为核骨架结合序列（scaffold attachment region，SAR），是存在于真核细胞染色质中的一段与核基质特异结合的 DNA 序列，大小为 300~2000bp，富含 AT 和保守结构域。研究发现，MAR 是一种新的顺式作用元件，将其置于所转基因的两侧，构建成 MAR-gene-MAR，可以创造一个独立的结构域。这样可克服基因组对外来基因的识别和抑制，并阻隔了周围染色质顺式作用元件的影响，减少位置效应，显著提高转基因的表达水平。例如，阿波洛尼亚（Apolonia）等（1997）研究菜豆（*Phaseolus vulgaris*）*β-phaseolin* 基因的 MAR 时发现，MAR 位于基的侧翼时，可以把其限定区域之外的调控因子与基因隔离开。在同一个转化子中都有基因的相同拷贝数或限定因子，减少了表达的差异，而且在同一转化子中基因的表达水平随拷贝数的增加而提高。目前已经从豌豆、番茄、玉米等中分离到 MAR，经研究表明，这些分离的 MAR 可使外源基因的表达水平提高数十倍，而且基因在后代中的差异降低为原来的 1/15。

（九）改造外源基因

基因结构组成 5′端序列、polyA 信号和内含子等对转化外源基因的表达具有调控作用。研究发现，真核生物 mRNA 起始密码子前约 100bp 的非转译序列是其正常转译所必需的，且这段 RNA 的碱基组成对转译活性有重要影响。例如，来自烟草花叶病毒（TMV）126kD 蛋白基因的 Ω 因子（63bp）可以使 Gus RNA 的转译活性提高数十倍，而来源于拟南芥的 H3 组蛋白内含子使转基因得到组织特异性提高（Chaubet-Gigot et al.，2001）。因此，通过基因修饰或将结构基因与功能片段重组是提高外源基因表达的有效途径。

第五节　基因沉默技术、基因敲除技术与插入/缺失突变技术

利用转基因中病毒载体介导的转化及转化株存在的外源基因出现沉默的原理，实现同源内源基因表达的调控成为基因功能鉴定及基因工程领域研究的热点。根据表达失活的原理，可将内源基因活性调控分为内源基因降解（如 RNAi、VIGS、CRISPR/Cas 编辑系统）、内源基因重组敲除（如 Cre/LoxP）、内源基因插入/缺失突变（如 Ac/Ds 转座系统、CRISPR/Cas 编辑系统）等技术。其中 CRISPR/Cas 编辑系统将在第九章介绍。

一、基因沉默技术

（一）RNAi

RNA 干扰（RNA interference，RNAi）是一种双链 RNA（double-stranded RNA，dsRNA）分子在 mRNA 水平上关闭相应序列基因的表达或使其沉默的技术，存在转录后和转译水平两种干扰基因表达的机制。

1. 原理　双链 RNA 进入细胞后，能够在 Dicer 酶的作用下裂解成小分子干扰 RNA（small interfering RNA，siRNA），而双链 RNA 还能在以 RNA 为模板指导 RNA 合成的聚合酶 RdRP（RNA-directed RNA polymerase，RdRP）作用下自身扩增后，再被 Dicer 酶裂解成 siRNA。siRNA 的双链解开变成单链，并与某些蛋白质如 Argonaute 形成 RNA 诱导的沉默复合物（RNA-induced silencing complex，RISC）。此复合物同与 siRNA 互补的 mRNA 结合，一方面使 mRNA 被 RNA 酶裂解，另一方面以 siRNA 作为引物，以 mRNA 为模板，在 RdRP 作用下合成 mRNA 的互补链。结果 mRNA 也变成了双链 RNA，它在 Dicer 酶的作用下也被裂解成 siRNA。这些新生成的 siRNA 也具有诱发 RNAi 的作用，通过这个聚合酶链反应，细胞内的 siRNA 大大增加，显著增加了对基因表达的抑制。从 21 个核苷酸的 siRNA 到几百个核苷酸的双链 RNA 都能诱发 RNAi，一般适宜的双链 RNA 长度为 300～500 个核苷酸。

2. 基本操作步骤及应用　RNAi 技术的基本操作步骤：①用特异引物 RT-PCR 法克隆靶基因 cDNA；②以 cDNA 为模板合成 dsRNA；③构建含靶基因 RNAi 片段的干涉载体，克隆进大肠杆菌和农杆菌；④农杆菌介导转化并筛选、鉴定获得转化植株；⑤对转化植株进行表型评价，确定靶基因的功能。自 RNAi 技术出现以来，已经应用于香石竹、矮牵牛、玫瑰、番茄、马铃薯、洋葱、咖啡等园艺植物。

3. 优缺点　RNAi 技术的显著优点：①对目的基因序列特异和高效干扰；②转化植物以孟德尔式遗传；③可在特定的发育阶段进行基因沉默。但该技术也存在需要繁重的遗传转化过程、耗费时间较长等不足，也可能会因为插入基因的多拷贝性或者插入位点的不同引起缺失表型的复杂性。

（二）病毒诱导的基因沉默技术

病毒诱导的基因沉默（virus induced gene silencing，VIGS）是指携带目的基因片段的病毒侵染植物后，可诱导植物内源基因沉默、引起表型变化的技术，是一种通过抑制基因转录水平研究植物基因功能的方法，来源于植物对外源病毒入侵的天然存在的防御反应，是 RNAi 技术应用中比较特殊的一种方法。

1.原理　　VIGS 技术原理是将目的基因片段构建到病毒载体中并将病毒侵染寄主植物，目的基因片段作为病毒的一部分同病毒一起复制并扩散到整株植物。病毒在植物寄主中进行大量复制并产生大量的双链 RNA（dsRNA）或 dsRNA 中间物。双链 RNA 能够在特异性的内切核酸酶 Dicer 的作用下被裂解成 21～24bp 的小分子干扰 RNA（small interfering RNA，siRNA），而双链 RNA 还能在以 RNA 为模板指导 RNA 合成的聚合酶 RdRP（RNA-directed RNA polymerase，RdRP）的作用下自身扩增后，再被 Dicer 酶裂解成 siRNA。siRNA 与 Argonaute 蛋白形成 RNA 诱导的沉默复合物（RNA-induced silencing complex，RISC），双链 siRNA 中的一条链指导并靶向病毒基因组序列或内源同源的 mRNA，导致靶向 RNA 特异性降解。因而 VIGS 诱导的目的基因的沉默属于一种转录后基因沉默（post-transcriptional gene silencing，PTGS）现象。

2.基本操作步骤及应用　　VIGS 技术的基本步骤包括：①克隆靶基因；②构建含靶基因核心序列的病毒遗传载体；③用病毒载体转化农杆菌，并将转化后的农杆菌通过使用牙签、真空渗透、注射渗透、灌根等方式感染幼嫩植株；④筛选目的表型突变体。

VIGS 技术应用最多的载体是来源于烟草的烟草脆裂病毒（Tobacco rattle virus，TRV），是抗病、生长发育、代谢调控等基因研究最强有力的工具。TRV 已广泛应用于番茄、辣椒、茄子等茄科植物，桃、樱桃、苹果、梨、草莓等蔷薇科植物，甜菜、菠菜等藜科植物，还有白菜、甘蓝、芜菁、萝卜等十字花科植物等。但葫芦科蔬菜中应用载体只有苹果潜隐球形病毒（Apple latent spherical virus，ALSV）和烟草环斑病毒（Tobacco ringspot virus，TRSV）。此外，园艺植物中也有以烟草花叶病毒（Tobacco mosaic virus，TMV）、番茄曲叶病毒（Tomato leaf curl virus，ToLCV）、番茄黄化曲叶病毒（Tomato yellow leaf curl virus，TYLCV）、马铃薯 X 病毒（Potato virus X，PVX）、苹果潜隐球形病毒（Apple latent spherical virus，ALSV）等为基础进行改造而获得 VIGS 载体沉默的报道。

3.优缺点　　VIGS 技术的优点：①仅用一个植株就能鉴定一个表型；②结果可被迅速放大和重复；③产生目的表型的基因序列可迅速通过检测 VIGS 载体来鉴定；④是一个转染过程，不需要遗传转化过程，所需时间短；⑤在植株幼苗期感染，可获得发育相关基因沉默的表型突变体，可克服基因家族功能冗余的缺点；⑥可迅速比较不同物种之间的基因功能。其不足之处：①很难得到完全抑制靶基因表达的结果，降低的转录水平仍然可以产生足够的功能蛋白，很可能遗漏沉默表型不明显的植株；②沉默水平因不同的植株和不同的实验有所差异；③沉默效率依赖病原体与宿主之间的关系，病毒感染植株可能会改变植株的发育尤其是株高及叶片形态；④沉默的微弱表型被病毒自身引起的表型所掩盖会遗漏一些目的植株。

二、基因敲除技术

基因敲除（gene knockout）是指用含有一定已知序列的 DNA 片段与受体细胞基因组中序列相同或相近的基因发生同源重组，从而整合至受体细胞基因组中并得到表达的一种外源 DNA 导入技术。它是利用内源基因序列两侧或外面的断裂点，用同源序列的目的基因整个置换内源基因，使特定内源基因的功能丧失，并进一步对生物体造成影响。常用的用于基因敲除和基因嵌入的技术有 Cre/LoxP 系统等，下文以 Cre/LoxP 为例进行介绍。

1.原理　　利用同源重组进行基因敲除主要分为条件性基因敲除和诱导性基因敲除，两者都是利用 Cre/LoxP 系统为基础实现基因敲除。Cre 重组酶全长 1029bp，能介导 2 个 loxp

位点间的基因敲除或者倒立；loxp 是一段回文序列，长约 34bp，包含 2 个 13bp 的反向重复序列和 1 个 8bp 的不对称间隔区，是 Cre 重组酶的特异性识别位点和重组位点，因而任何序列的 DNA，当其位于两个 loxp 位点之间的时候，在 Cre 重组酶的作用下将被重组敲除。赫尔曼（Herrmann）等（2012）对该系统进行了改进，将 2 个 loxp 位点通过单交换的方法整合到敲除基因两侧，依靠 Cre 重组酶使得敲除率达到了 100%（二维码 8-6）。

8-6

2. 基本操作步骤　　基本操作步骤包括：①构建含目的基因和标记基因的重组载体；②受体细胞的制备；③用电穿孔、显微注射等方法把重组 DNA 转入受体细胞核内，实现同源重组；④用选择培养基筛选已击中的细胞；⑤转化体培养、筛选及利用表型变化研究目的基因功能。

3. 优缺点　　Cre/LoxP 系统具有以下优点：①Cre 重组酶与具有 loxp 位点的 DNA 片段形成复合物后，可以提供足够的能量引发之后的 DNA 重组过程，因此该系统不需要细胞或者生物体提供其他的辅助因子；②loxp 位点是一段较短的 DNA 序列，因此非常容易合成；③Cre 重组酶是一种比较稳定的蛋白质，因此可以在生物体不同的组织、不同的生理条件下发挥作用；④Cre 重组酶的编码基因可以置于任何一种启动子的调控之下，从而使这种重组酶在生物体不同的细胞、组织、器官，以及不同的发育阶段或不同的生理条件下产生，进而发挥作用。但 Cre/LoxP 系统也有不足，如外源基因与靶 DNA 序列发生同源重组的概率非常低，为百万分之一，因此把基因敲除成功的细胞筛选出来比较困难。

三、插入/缺失突变技术

利用某些能随机插入基因序列的病毒、细菌或其他基因载体，在目标细胞基因组中进行随机插入突变，建立一个携带随机插入突变的细胞库，然后通过相应的标记进行筛选获得相应的基因敲除细胞。目前，植物中常用的随机插入突变分为农杆菌介导的 T-DNA 插入突变和转座子插入突变（Ac/Ds、En/Spm 转座系统），下文以 T-DNA 插入突变为例进行介绍。

1. 原理　　T-DNA 是根癌农杆菌 Ti 质粒的一段 DNA 序列，能携带外源基因稳定整合到植物基因组中并实现外源基因的表达，同时，研究发现以 T-DNA 作为插入元件，能破坏插入位点基因的功能，从而产生功能缺失突变体的表型及生化特征的变化，若进一步通过反向 PCR、TAIL-PCR 等技术克隆插入位点基因的序列，则可鉴定该序列的功能。

2. 基本操作步骤　　T-DNA 插入突变的基本步骤：①构建含目的基因的 T-DNA 载体；②农杆菌介导法转化植株；③转基因植株的鉴定；④插入失活突变植株筛选；⑤T-DNA 插入位点基因的克隆。

3. 优缺点　　T-DNA 插入突变的优点：①能直接在基因组 DNA 中产生稳定的插入突变，不需要额外的步骤来稳定 T-DNA 插入序列；②T-DNA 标签插入偏好不影响用 T-DNA 插入突变位点来饱和基因组。不足之处：①只适用于那些容易被 T-DNA 转化的植物；②T-DNA 整合会出现多个拷贝插入、染色体重排现象，难以对插入位点进行遗传学分析，以及难以证实多基因家族的功能。使用转座子进行插入突变的插入拷贝数只有一个，但插入造成突变性状的基因不稳定。

第六节　外源基因在园艺植物中的遗传

园艺植物转基因的目的是获得定向、高效及性状能稳定遗传的新种质和新品种，对转基因植株后代分子水平上进行外源基因整合位点（转基因传递）鉴定及转基因编码表型（转基因表达）分离规律分析表明，多数转基因植株能将外源 DNA 稳定地传递给后代，且后代中显性位点的遗传是真实的孟德尔式遗传。但考虑到外源基因插入植物基因组有单位点插入、同一染色体的多位点插入、不同染色体的多位点插入等情况，而且插入的拷贝数不同，插入基因数目也可能不同，因而外源基因在转化植株中也存在非孟德尔式遗传现象。

一、孟德尔式遗传

（一）单位点插入外源基因的遗传规律

研究发现，单位点插入无论是单拷贝还是多拷贝串联，在不超过一定长度时，大多数转基因植株中外源基因能稳定遗传并显示孟德尔单基因分离规律，即 R_1 代外源基因对应表型的分离系数为 3：1。穆恩（Moon）等（2007）研究外源基因 *hpt* 在辣椒转化植株中的遗传规律发现：①*hpt* 基因已经在转基因辣椒（T_0）中成功表达；②*hpt* 基因没有任何修饰地传递给子代（T_1）；③转基因植株自花授粉产生 T_1 代对潮霉素抗性出现 3：1 分离。

（二）多位点插入外源基因的遗传规律

多位点插入外源基因的遗传规律较为复杂，既有各位点单独呈现孟德尔式遗传规律，表现为多个独立显性位点的分离现象，如莫利尼耶（Molinier）等（2000）使用 GFP 为标记基因，发现株系‘145-4’中 T-DNA 插入两个位点的后代中，荧光：未发荧光的植株比例为 15：1，也有隐性致死突变存在。

二、非孟德尔式遗传

转基因后代分离也出现 10%～50% 的非孟德尔式分离现象。德罗斯（Deroles）等报道，带有多拷贝 T-DNA 的转基因矮牵牛表现出非孟德尔式遗传现象，后代的显性个体比例明显低于 3：1，少数转化体发生复杂的基因分离。目前的研究表明，非孟德尔式遗传现象的出现可能与受体植物基因组特性、外源基因特性、受体植物基因组与外源基因的相互作用有关。

（一）受体植物基因组引起的非孟德尔式遗传

（1）花粉致死（雄配子致死）　　利用转化体植株自交或者与非转基因植株回交时，后代皆呈 1：1 的显隐性分离。但是许多研究中观察到外源基因很难通过花粉进行传递，当以转化体为父本与非转化体回交时，只产生非转化体，分析很可能是花粉致死。也有一些研究结果表明，转基因通过花粉传递的能力要小于通过卵细胞传递的能力。杂交试验表明无论筛选基因还是非筛选基因，以转基因植株作为母本比作为父本对转基因表达的遗传传递能力要强。转基因通过花粉的传递能力很弱甚至不传递，原因可能是转基因植株花粉的发芽力、花粉管伸长能力与受精能力比非转基因植株的花粉要差，也可能是转基因插入到影响花粉活力的基因位点上而造成致死。

（2）转化方法　　不同的基因转化方法对整合的外源基因的结构、稳定性及其传递规律均有明显影响，一般而言，农杆菌转化的外源基因整合位点较稳定，常在 T-DNA 25bp 处与植物细胞整合，大多数是单位点整合；整合的外源 DNA 基本保持其结构的完整性，结构的变化很少；整合外源基因的拷贝数常以单或低拷贝 T-DNA 为主，也有少量多拷贝 T-DNA 以收尾串联形式存在单位点整合；整合的外源基因在转基因植株的显性表达率较高，即多数外源基因能有效表达，共抑制现象相对较少；外源基因在转基因植株中的分离符合孟德尔遗传定律，大多数 F_1 转基因植株以 3∶1 分离。

DNA 直接转化是利用物理或化学方法将裸露的 DNA 随机地导入植物受体细胞，其有序性和计量性都较差，整合机制也尚不清楚。因此它与农杆菌载体转化相比，外源 DNA 的整合位点较多，可以在一条染色体上或不同染色体上进行多位点整合；整合的外源 DNA 易发生结构变化和修饰，如 DNA 片段分离、丢失、环化、甲基化等；整合外源 DNA 的拷贝数也较多，多拷贝的比例相对较高；整合外源 DNA 的遗传效应比较复杂，基因间的位置效应、共抑制现象等表现明显；整合外源 DNA 的遗传特性多，转基因植株的表型丰富，F_1 植株分离比例比较复杂，但也基本符合孟德尔遗传定律，单位点的 3∶1 分离比较少，其遗传稳定性表现较差。无宿主范围是 DNA 直接转化的长处。

（二）外源基因特性导致的非孟德尔现象

（1）转基因沉默　　转基因沉默即转化体仍然保留着完好的转基因但不表达或表达活性降低，或者是转化体虽然保留着转基因但转基因已发生重排而不表达或表达活性降低，从而引起了转基因后代分离规律的异常，即非孟德尔现象。

（2）转基因逃逸 [transgene escape，或称基因漂移（gene flow）]　　转基因逃逸是指目的基因在生物个体、种群甚至物种之间的自发移动。一般通过种子传播和花粉传播两种方式实现。种子传播即转基因作物的种子通过传播在另一个品种或其野生近缘种的种群内建立能自我繁育的个体，通过种子传播导致基因逃逸的距离较近。花粉传播即转基因作物通过花粉传播与其他非转基因作物品种或其野生近缘种进行杂交和回交，而在非转基因品种或其野生近缘种的种群中建立可育的杂交和回交后代，花粉传播而导致的基因漂移可以是远距离的。无论是哪种转基因逃逸方式，都将导致非转基因而产生的转基因植株出现，从而导致非孟德尔式遗传比例的出现。因此，在开展转基因植物筛选时，要采用标记选择、表达分析和分子检测方法相结合的手段来检测转化体，避免逃逸现象的发生。

（三）植物基因组与外源基因相互作用引起的非孟德尔式遗传

（1）诱发隐性致死突变或转基因纯合致死　　控制致死的基因是隐性的，彭（Peng）等（1995）在转基因水稻品系 'IR54-1' 的 R_3 代中发现，所有含有转基因的 R_2 代都产生了分离的后代植株，也就是说 R_2 代中没有转基因的纯合体，分析是纯合致死现象导致了缺少阳性纯合后代。

（2）转基因丢失　　转基因丢失即在转基因植物中外源基因突然丢失的现象，一般在转基因植株的前几代能检测到外源基因，但后面几代检测不到。例如，斯利瓦斯塔瓦（Srivastava）等（1996）观察到在一个小麦转化株系 '2B-2' 中，转基因在自交一代中能表达，在自交二代中仅能检测到，在自交三代中发生了丢失，用 Southern blotting 没有检测到外源基因的存在。

小　结

园艺植物遗传转化指通过某种途径将外源基因导入园艺植物基因组，并使其成功实现表达、改变园艺植物性状的技术。园艺植物不仅受体种类多（有组织受体系统、原生质体受体系统和生殖细胞受体系统），而且转化方法多样，主要有农杆菌 Ti 质粒介导转化法和基因枪法，因此为获得最大转化率需要选择合适的受体系统和转化技术。对转基因植株进行鉴定需采用 PCR、酶切、Southern blotting、Northern blotting 和 Western blotting 等技术，以确定外源基因已成功整合进受体植株基因组，且实现稳定表达。为了克服转基因沉默，需要采用一定策略提高外源基因的表达量。此外，本章还介绍了基因沉默和基因敲除的技术原理、方法，并总结了外源基因在园艺植物中的遗传规律。

思考题

1. 园艺植物遗传受体系统和转化方法有哪些？各有哪些优缺点？
2. 什么叫选择标记基因和报告基因？试举例说明怎样使用这些基因进行转化株的筛选。
3. 什么叫转基因沉默？如何克服外源基因在转基因植株中的沉默？
4. 比较 RNAi 和 VIGS 的优缺点，举例说明 VIGS 技术在园艺植物上的应用方法和作用。
5. 比较 Cre/LoxP 系统、T-DNA 插入突变及 CRISPR/Cas 系统。

推荐读物

1. 林顺权. 2005. 园艺植物生物技术. 北京：高等教育出版社
2. 邓秀新，胡春根. 2005. 园艺植物生物技术. 北京：高等教育出版社
3. Srivastava D K, Thakur A K, Kumar P. 2021. Agricultural Biotechnology: Latest Research and Trends. New York: Springer Publishing Group

第九章　园艺植物基因组编辑技术

第一节　植物基因组编辑技术

一、基因组编辑的概念

基因组编辑（genome editing）是指在基因组水平上对生物体的核苷酸序列进行插入、删除、替换等改造和修饰的遗传操作技术，通常是利用序列特异性核酸酶（sequence-specific nuclease，SSN）实现的。其原理主要是利用 SSN 识别目标序列并在特定位点切断 DNA，产生 DNA 双链断裂（double-strand break，DSB），进而诱导细胞内的 DNA 修复系统对断裂的 DNA 进行修复。细胞内的 DNA 修复机制包括非同源末端连接（non-homologous end joining，NHEJ）和同源重组修复（homology-directed repair，HDR）。在 NHEJ 途径中，断裂的染色体被重新连接，这一过程通常是不精确的，因此在断裂位点常发生核苷酸变化，如插入、删除等，可对编码目的基因产生移码突变的效果；如果同时在染色体上引入两个 DSB，就可能会导致靶基因大片段的缺失或造成重排，通过 NHEJ 修复 DNA 显然是实现靶向 DNA 序列修饰的一种有力手段。而在 HDR 途径中，利用同源重组可将与断裂位点序列同源相似的 DNA 修复模板引入目标位点，由于修复模板可以人为指定序列类型，HDR 为精准操纵基因组提供了更多可能性。基因组编辑技术可以对植物基因组进行定向修改，具有简单、高效、准确等优点。

二、基因组编辑的原理与发展

基因组编辑基于"DNA 断裂-DNA 修复"过程，一直以来研究者致力于开发特异性识别并切割特定序列的 SSN。根据 SSN 的发展，基因组编辑技术主要有四类，即大范围核酸酶（meganuclease）技术、锌指核酸酶（zinc finger nuclease，ZFN）技术、转录激活因子样效应物核酸酶（transcription activator-like effector nuclease，TALEN）技术及成簇规律间隔短回文重复（clustered regulatory interspaced short palindromic repeat，CRISPR）技术（二维码 9-1）。

9-1

（一）大范围核酸酶技术

1985 年，一种大范围核酸酶 I-Sce I 被发现，它是由酵母线粒体核糖体 RNA 内含子编码的。I-Sce I 蛋白能在无内含子等位基因上的 I-Sce I 识别位点处切割产生 DSB，并以含有内含子的等位基因作为修复模板，通过 HDR 对 DSB 进行修复，从而将内含子复制到靶基因中，这一过程又可称为归巢（homing），因此大范围核酸酶也称为归巢核酸内切酶（homing endonucleases）。1988 年，科勒奥克斯（Colleaux）等又明确了 I-Sce I 识别位点为一段 18bp 的序列。随后十几年里，又陆续发现和确认了数百种大范围核酸酶。这些大范围核酸酶存在于原核生物和真核生物的线粒体或叶绿体等器官中，大部分由内含子编码，可特异识别并切割 12～40bp 的 DNA 序列，该长度远远大于传统限制性内切酶的识别位点（4～6bp），限制性内切酶由于识别序列过短，在基因组上有过多位点而无法应用于基因组编辑，而大范围核酸酶的出现可满足识别和切割位点的唯一性，足以在大多数真核生物基因组内进行编辑。利用大范围核酸酶进行基因组编辑原理就是模拟归巢过程，人工将大范围核酸酶和修复模板引入细胞，大范围核酸酶在目的基因序列处切割，根据修复模板的不同通过 HDR 实现基因插入或修正。在植物中，另一种大范围核酸酶 HO 也成功地用于诱导拟南芥染色体重组。

但是大范围核酸酶在基因组编辑的应用上存在着很多限制。首先，天然的大范围核酸酶种类有限，对于大部分基因找不到相应的核酸酶识别，如 I-Sce I 的使用往往依赖于在目的基因中预先引入 18bp 的目标序列，这大大限制了它的应用。尽管目前已发现数百个大范围核酸酶，但能识别的序列库仍然有限，无法解决基因组的复杂性。理论上，人工设计或改造特异性识别序列的大范围核酸酶可以突破这种限制，但由于大范围核酸酶的识别结合区域和切割区域重叠，改造识别结构域同时会影响酶的剪切活性，导致设计新的特异性序列具有很强的挑战性。因此，大范围核酸酶并没有被广泛应用于基因组编辑。

（二）ZFN 技术

1981 年，从海床黄杆菌（*Flavobacterium okeanokoites*）中分离了一种 II S 型限制性内切酶 *Fok* I。*Fok* I 可以识别双链 DNA 中非回文的 5′-GGATG-3′：5′-CATCC-3′序列，以二聚体的形式发挥剪切活性，在识别位点下游第 9~13 个核苷酸的位置进行切割。不同于一般的限制性内切酶，*Fok* I 具有独特的结构，它含有两个相对独立的蛋白结构域：一个为 N 端的结合结构域，特异性识别 DNA 序列；另一个为 C 端的剪切结构域，具有核酸内切酶活性，不具有序列特异性。这种特性为核酸酶的改造提供了良机。天然的 *Fok* I 酶由于识别序列太短也无法用于基因组编辑，但其相对独立的剪切结构域可以作为 DNA 切割工具与具有识别功能的其他结构域结合，从而构建具有新的序列特异性的嵌合核酸酶。

1985 年，Miller 等在非洲爪蟾卵母细胞的转录因子 TF IIIA 中发现了重复锌指结构域，后被命名为锌指（zinc finger，ZF）基序。ZF 在真核生物中非常普遍，每个 ZF 由约 30 个氨基酸残基组成，包含两对固定的半胱氨酸和组氨酸，并结合着一个锌离子，形成 ββα 结构的 Cys_2His_2ZF 折叠体。每个 ZF 通常可以识别 3~4bp 的 DNA 序列，3~6 个 ZF 串联在一起即成一个锌指蛋白（ZF protein，ZFP），每个 ZFP 可识别 9~18bp 的序列。晶体结构表明，ZF 的 α 螺旋中的氨基酸可以被改变，同时保留剩余的氨基酸作为共识骨架，可生成具有新的序列特异性的 ZF。ZFP 的这些特性为设计具有特定序列特异性的核酸酶提供了思路，即可将 ZFP 融合到 *Fok* I 剪切结构域，创建自定义设计的核酸酶，从而实现挑选的任意位点剪切 DNA 来基因组编辑。

1996 年，金（Kim）等将 3 个串联的锌指结构域与 *Fok* I 的 C 端剪切结构域通过连接蛋白融合，制造出第一个嵌合型核酸内切酶，即锌指核酸酶（ZFN），该酶可识别 9bp 序列，且在体外证明该酶可在预定位点切割 DNA。2002 年，利用 ZFN 首次在果蝇体内成功提高了基因编辑效率。2005 年，在烟草中利用 ZFN 产生染色体断裂，提高了局部同源重组的频率，证明了 ZFN 可有效用于植物基因组编辑。所以，锌指核酸酶（ZFN）是人工改造的限制性内切核酸酶，利用不同的锌指结构识别特异 DNA 序列，锌指结构中每一个 α 螺旋可以特异性识别 3~4 个碱基。利用 ZFN 进行基因组编辑需要构建两个 ZFN 分子，分别特异性识别并结合 DNA 的正反义链，长度在 18~24bp，并带有 5~7bp 的间隔区域，以确保两个 *Fok* I 形成二聚体发挥内切酶活性剪切 DNA，从而引发 DSB 和修复机制。ZFN 的发现和应用是基因组编辑技术的重大突破。ZFN 技术已经成功地应用于拟南芥、烟草、玉米等植物基因组编辑。

（三）TALEN 技术

2007 年，在植物病原菌黄单胞杆菌属（*Xanthomonas* sp.）中偶然发现一种植物毒力因子 avrBs3，能特异结合宿主基因启动子区域并激活相关基因的表达，因此被命名为转录激活因子类效应因子（transcription activator-like effector，TALE）。2009 年，莫斯克（Moscou）和波赫（Boch）等共同报道了 TALE 识别并激活基因表达的作用机制。TALE 通常由三部分构成，包括 DNA 识别结构域、核定位序列和靶基因转录激活结构域。其中，DNA 识别结构域由 13～28 个重复单体串联而成，每个单体一般含有 34 个氨基酸，在 12 和 13 位置上存在两个高度可变的氨基酸，称作重复可变双残基（repeat variable di-residue，RVD），这两个氨基酸决定了序列识别的特异性，除此之外的其余氨基酸序列高度一致。每 34 个氨基酸的单体折叠成一个发夹结构，其中 RVD 位于末端，第 12 个氨基酸向后延伸以稳定发夹结构，而第 13 个氨基酸与 DNA 进行碱基特异性结合。每个单体识别一个碱基，由 RVD 决定，常见的 RVD 为氨基酸残基 NI、HD、NG 和 NN，分别与腺嘌呤、胞嘧啶、胸腺嘧啶、鸟嘌呤或腺嘌呤结合。另外还有两种 RVD——NH 和 NK，比 NN 对鸟嘌呤的特异性更强，但包含 NK 的 TALE 相比 NN 对靶序列的亲和性更低，活性往往受到影响。

TALE 的 DNA 识别机制为研究人员提供了新的方向。基于 ZFN 的开发经验，研究人员思考是否也可以将根据靶 DNA 序列设计的 TALE 单体串联后与 *Fok* I 的 C 端剪切结构域融合。2010 年，克里斯汀（Christian）等首次将 TALE 与 *Fok* I 剪切结构域融合，构建出 TALE 核酸酶，即 TALEN。体内外试验表明，TALEN 可以有效地对靶 DNA 进行特异性切割。随后在多个物种中利用 TALEN 进行基因组编辑均获得了成功。与 ZFN 类似，TALEN 技术也需构建两个方向的 TALEN 分子，分别特异性识别 DNA 序列的正反义链，长度在 50～60bp，带有 14～18bp 的间隔，以确保两个 *Fok* I 形成二聚体剪切 DNA，从而引发 DSB 和 DNA 损伤修复机制（NHEL）。由于在此修复过程中总存在一定的错误率，因而就会出现敲除或插入等变异事件。TALEN 技术的出现也是基因组编辑技术的重大进展，但就在 TALEN 技术受到期待、即将进一步发展成熟之前，CRISPR 技术的出现迅速取代 TALEN 技术而成为基因组编辑的热点。

（四）CRISPR 技术

1987 年，石野良纯（Yoshizumi Ishino）等首次在大肠杆菌中发现一种特殊的重复序列，随后发现这个特殊结构在原核生物中普遍存在。2002 年弗朗西斯科（Francisco）首次将其命名为成簇规律间隔短回文重复序列（clustered regularly interspaced short palindromic repeat，CRISPR），其附近的编码基因命名为 CRISPR 相关因子（CRISPR-associated，Cas）。包括 Mojica 等在内的几个研究小组的研究揭示了 CRISPR/Cas 免疫的基本机制。2007 年，首次揭示了 CRISPR 是在原核生物中的一种 RNA 诱导的获得性免疫系统，用于降解入侵病毒和质粒 DNA 中的互补序列。2008 年，勃朗士（Brouns）和范德奥斯特（van der Oost）等发现 CRISPR/Cas 系统在发挥免疫功能时会转录出具有引导作用的 crRNA（CRISPR-related RNA），而 Cas 蛋白则具有核酸内切酶活性，特异性地剪切与 crRNA 互补的 DNA 序列。这两者涵盖了基因编辑的基本功能，为研究者探索基因编辑技术提供了新方向。2011 年，研究者在研究 II 型 CRISPR/Cas 系统发现，这类系统中 crRNA 识别 DNA 还需反式激活的 RNA（trans-activating crRNA，tracrRNA）协助。至此，CRISPR/Cas9 系统的三个必要元件——crRNA、tracrRNA 和 Cas9 全部被发现。

2012年，珍妮弗·杜德纳(Jennifer Doudna)和埃曼纽尔·卡朋蒂耶(Emmanuelle Charpentier)利用 crRNA 和 tracrRNA 的融合形成单链引导 RNA（single guide RNA，sgRNA），引导 Cas9 核酸酶特异性剪切靶 DNA。这大大简化了 CRISPR/Cas9 系统在基因组工程中的应用，CRISPR 作为一项在概念上被证明的基因编辑技术正式诞生。2013 年，张峰和哈佛大学丘奇(Church)等首先报道应用 CRISPR/Cas9 系统对人类细胞进行特定位点基因编辑，同时还证明该系统可以使用多个 sgRNA 进行多位点基因编辑（Mali et al.，2013）。这两项在真核细胞中的成果标志着 CRISPR 真正成为一项可操作的基因组编辑工具。随后更多的报道证明 CRISPR/Cas9 在各种模式动物和植物中均能适用。自此之后，CRISPR/Cas 系统不断改进、发展，如 Cas12a 系统、单碱基编辑器、CRISPRa 等，使基因组编辑成为一种被广泛采用、成本低、易于使用、功能丰富的技术。

三、基因组编辑技术的比较

三种基因编辑工具 ZFN、TALEN 和 CRISPR/Cas9 系统，目前均已广泛地用于真核生物的基因敲除、基因修复和基因插入等基因组编辑过程。无论是 ZFN、TALEN 还是 CRISPR/Cas9，都是由 DNA 识别域与核酸内切酶两部分组成。三者均是通过 DNA 识别模块对特异性的 DNA 位点识别并结合，然后在相关核酸内切酶的作用下完成特定位点的剪切，从而借助于细胞内固有的 HDR 或 NHEJ 途径修复过程完成特定序列的插入、删除、替换及基因融合。但三种基因编辑工具具有不同的特性与应用范围（表 9-1）。

表 9-1　三种不同基因编辑技术的比较

特性与应用	ZFN	TALEN	CRISPR 系统
识别模式	蛋白质-DNA	蛋白质-DNA	RNA-DNA
切割元件	Fok I 蛋白	Fok I 蛋白	Cas 蛋白
靶向元件	ZF array 蛋白	TALE array 蛋白	sgRNA 蛋白
切割末端	黏性末端	黏性末端	非黏性末端
识别长度	（3～6）×3×2bp	（12～20）×2bp	20bp
识别序列特点	以 3bp 为单位	5′端前一位为 T	3′端前为 NGG
能否编辑 RNA	不可以	不可以	可以
脱靶率	较高	低	高
有效性	低	中	高
难易度	设计难	模块组装烦琐	容易

（一）ZFN 技术

ZFN 以人工设计的序列特异性 ZFP 和非特异性 Fok I 核酸酶结合而成，通常以同源二聚体的形式发挥作用，尤其是 Fok I 需在两端 DNA 均完成识别的情况下进行剪切，这在很大程度上避免了脱靶效应。与大范围核酸酶相比，ZFN 技术是巨大的进步，可通过设计序列特异性的 ZFP 构建新的 ZFN 实现基因组编辑。ZFN 具有高效的靶向效率和特异性优势，但其在设计上具有很高的难度。每个编辑位点都必须构建新的 ZFN，为了获得高度序列特异性的 ZFP，则需设计数个 ZF，而每个 ZF 识别碱基时都会受到相邻 ZF 的影响，且 ZFP 结合 DNA

的特异性与特定氨基酸的变异有关，因此每个 ZF 的设计和选择必须考虑邻近碱基的组成，设计难度较大。构建 ZFN 的方法有模块组装法和寡聚体库工程化筛选构建法，这些方法对专业知识要求高，工作量巨大，虽已取得一定成功，但只有少数实验室掌握这一技术平台，很难普及。同时，仍旧有部分三联碱基对尚未发现对应的 ZF，目前还无法设计出可以识别任意一段 DNA 序列的 ZFN，因而其应用受到很大限制。此外，ZFN 还具有较强的细胞毒性，不适合体内试验。基于 ZFN 构建的复杂性、高成本和专业技能要求、靶点的有限可用性等缺点，ZFN 技术的应用存在很大瓶颈，但未来高通量筛选和基于结构设计蛋白技术的发展可能会使 ZFN 更容易构建。

（二）TALEN 技术

TALEN 和 ZFN 技术都是使用 *Fok* I 剪切结构域作为 DNA 裂解工具，许多实验室也证明靶向相同的基因组位点时，TALEN 与 ZFN 具有相同的切割效率。而 TALEN 的构建相比 ZFN 更简单、高效，与 ZFN 设计的复杂性不同，TALE 单体对 DNA 序列的识别基本是独立的，不受相邻单体的影响，这使得 TALE 的设计尤为容易。同时，4 种 DNA 碱基只需 4 种单体即可，利用不同的重复单体一一对应 DNA 碱基即可特异性识别一段 DNA 序列，因此几乎任何 DNA 序列都可以通过组装重复序列来创造特异性的 TALEN。这种简单的 DNA 识别设计和 TALE 基序的模块化特性使其成为构建定制核酸酶的理想选择，很好地解决了 ZFN 技术存在的构建困难、成本高的问题。但是 TALEN 技术也并非完美无缺，由于针对的靶点不同，每次都需构建新的 TALEN，工作烦琐。虽然 TALEN 比 ZFN 更容易产生，但编码 TALEN 的基因大约是 ZFN 的三倍大，这是因为 TALE 单体与 ZF 单体大小相似，但只识别单个碱基，而 ZF 基序可以识别 3～4bp 的序列。此外，由病毒介导的编码 TALEN 的大量高度重复基因进入细胞也可能存在问题，TALEN 也具有一定的毒性，但比 ZFN 毒性小。相对来说，TALEN 是效果较可靠、特异性较高的基因组编辑技术。

（三）CRISPR 技术

与 ZFN 和 TALEN 依靠蛋白质-DNA 识别不同的是，CRISPR 系统依赖于 RNA-DNA 识别，相对蛋白质设计工程来说，RNA 的设计要简单得多。CRISPR/Cas9 系统进行基因组编辑所需的核酸酶为单一恒定的 Cas9 蛋白，对于新的靶点只需设计新的 sgRNA，长度仅为 20nt，高效简便，极大地降低了基因编辑的操作门槛。同时，CRISPR 系统可利用多个 sgRNA 进行多位点编辑，而 ZFN 和 TALEN 仅能实现单一位点编辑；改进和发展的 CRISPR 系统还能实现单碱基编辑、定向突变、基因表达调控等功能，用途更为广泛。但 CRISPR 技术也存在缺陷，即 CRISPR 系统的脱靶问题，这使得 CRISPR 在应用上有了更多的顾虑。总的来说，尽管 CRISPR 技术的脱靶率高于 ZFN 与 TALEN，但 CRISPR 技术在设计的灵活性、简便性及高通量实验上仍占据巨大的优势。

第二节　CRISPR 技术的原理与方法

一、CRISPR 技术的原理

CRISPR/Cas 系统由 CRISPR 重复间隔序列和 Cas 核酸酶组成。根据它们的 *Cas* 基因和作用机制，CRISPR/Cas 系统可分为两大类，进一步可细分为 6 种类型。第一类 CRISPR/Cas 系统（Ⅰ型、Ⅲ型和Ⅳ型）在发挥功能时需要多个 Cas 蛋白共同作用；第二类系统（Ⅱ型、Ⅴ型和Ⅵ型）只需单一蛋白，与 crRNA 形成复合物共同作用。用于基因组编辑的 CRISPR 技术都是基于第二类系统发展的，其中Ⅱ型的 CRISPR/Cas9 系统是最早发现、也是应用最广泛的系统。另一个应用较多的是Ⅴ型的 Cpf1，后命名为 Cas12a。

（一）CRISPR/Cas 系统作用机制

以 CRISPR/Cas9 系统为例，在细菌中其作用分子机制主要可分三步。第一步，外源 DNA 序列的获取。病毒入侵细菌后，Cas1 和 Cas2 蛋白复合物靶向并将病毒 DNA 切割成短片段，称为原型间隔序列（protospacer），整合到自己基因组的 CRISPR 重复序列之间，作为"记忆"储存。第二步，crRNA 的形成。当病毒再次入侵时，protospacer 由 CRISPR 簇转录形成 pre-crRNA，与 tracrRNA 结合形成复合体，该复合体在 Cas 蛋白作用下切割形成成熟的 crRNA。第三步，CRISPR/Cas 系统对外源 DNA 的切割。crRNA、tracrRNA 与 Cas9 蛋白组成三元复合体，识别紧随 protospacer 后的前间隔序列邻近基序（protospacer adjacent motif，PAM），crRNA 能与外源核酸的特异性 protospacer 互补配对，引导 Cas9 蛋白的核酸酶结构域在特定位置对外源核酸进行切割，造成外源 DNA 在细菌体内的降解，这使得细菌具有对抗同类病毒再次入侵的能力（二维码 9-2）。

9-2

（二）CRISPR/Cas9 技术

根据 tracrRNA 与 crRNA 的结构特性，研究者已将 tracrRNA 和 crRNA 组合形成 sgRNA，使得 CRISPR/Cas9 系统进一步简化为只有 Cas9 蛋白和 sgRNA 两种组分的系统。在 CRISPR/Cas9 系统中，Cas9 蛋白和 sgRNA 形成一个 Cas9-sgRNA 复合体，由 sgRNA 5′端 20 个核苷酸通过碱基配对将该复合体引导到特定的 DNA 靶位点。靶序列的 3′端与 Cas9 蛋白识别的 NGG 序列即 PAM 毗连，Cas9 蛋白通常在 PAM 上游第 3 位核苷酸外侧切割 DNA 双链，其具有两个核酸酶结构域 RuvC 和 HNH，分别切割互补和非互补的 DNA 链，产生 DSB。利用这一系统只需要在靶位点的设计时注意最后位点的 PAM 序列应为 NGG，即可实现几乎所有基因组的定向编辑（二维码 9-3）。

9-3

（三）CRISPR/Cas12a 与 CRISPR/Cas13 技术

除 CRISPR/Cas9 系统外，Ⅴ型 Cas 蛋白 Cpf1（Cas12a）也是应用较多的一种基因组编辑系统。Cas12a 是在单链向导 RNA 引导下与靶 DNA 特定位点结合并切割的核酸内切酶，包括来源于不同菌株的 FnCpf1、AsCpf1 和 LbCpf1。CRISPR/Cas12a 的初级转录产物 pre-crRNA 由 Cas12a 自身加工，不需要 tracrRNA 的参与；加工成熟的 crRNA 与 Cas12a 形成 Cas12a-crRNA 核糖核蛋白二元复合体，即可实现对靶基因的识别和剪切。不同于 Cas9，Cas12a 使用富含"T"的 PAM 序列（TTTV，V＝A/C/G）进行目标 DNA 识别，这扩大了除 Cas9 富含"G"的 PAM 序列外的基因组编辑位点。针对 DNA 切割，Cas12a 仅具有 RuvC-like 核酸内切酶功能结构域，切割位点位于 PAM 序列下游第 23 位核苷酸和非靶 DNA 链的第 18 位核苷酸，以一种交错的方式切割 DNA，产生互补的黏性末端和较大的缺失。

Cas9 和 Cas12a 系统都主要以 DNA 编辑为目标，而后发现的Ⅵ型 Cas13 蛋白只靶向于 RNA，如 LwaCas13a 和 PspCas13b，可用于设计靶向 RNA 进行 RNA 编辑。Cas13 不包含 DNA

酶活性结构域，但包含 HEPN 结构域，具有核糖核酸酶活性。Cas13 蛋白只需 crRNA 便可实现对单链 RNA 的特异性剪切，需要一个类似 PAM 的识别位点 PFS(protospacer flanking site)。Cas13a 识别靶点 3'端的 PFS，而 Cas13b 发挥作用则需要靶 RNA 的两端均存在 PFS 结构。Cas13 蛋白最直接的应用是靶向沉默 RNA。目前 Cas13a、Cas13b 和 Cas13d 均被证实可以在哺乳动物细胞系中干扰 RNA，从而实现基因沉默。其中，2018 年由美国加利福尼亚州立大学伯克利分校帕特里克（Patrick Hsu）实验室发现的 Cas13d 家族蛋白 CasRx 由于体积小、效率高，被认为是在未来应用中最具有优势的 Cas13 蛋白（Konermann et al.，2018）。

二、CRISPR 技术的应用

（一）功能基因的敲除

利用 CRISPR/Cas 技术进行基因组编辑时，Cas 蛋白在目标位点处产生 DSB，通常细胞会采用 NHEJ 方式对断裂的 DNA 进行修复。而 NHEJ 修复过程往往是不精确的，会发生碱基插入或缺失的错配现象。功能基因的 DNA 序列由于碱基的插入或缺失会引起阅读框架的变化，造成之后的一系列密码子改变，使该基因原本编码的氨基酸变成完全不同的氨基酸，甚至导致翻译提前终止，不能产生有功能的蛋白质，从而实现基因敲除。相比于 HDR，NHEJ 的发生概率更高，且不需要引入外源供体 DNA，基于此原理进行功能基因敲除的应用十分广泛，也是用于作物改良的有效方法。

CRISPR 技术相对于 ZFN 和 TALEN 一个重要的优势是 CRISPR 系统可以较轻易地实现多靶点的敲除。针对一个目的基因同时设计两个或以上的 gRNA，不仅可以提高单个编辑的效率，也更容易创造大片段的缺失，对功能基因的敲除有更好的效果。此外，在很多研究中，由于基因之间的功能冗余和复杂的互作关系，单基因敲除往往不能满足研究和育种的需要，多基因敲除是解决这一问题的重要途径。在 CRISPR/Cas9 技术中，Cas9 蛋白可在多个 gRNA 引导下，靶向多个位点进行基因编辑。高效表达多个 gRNA 有两种方法：第一种是每个 gRNA 使用一个单独的启动子表达，向编辑细胞导入多个 gRNA 表达框；第二种方法是利用一个启动子表达多个 gRNA 序列，通过一个多顺反子基因构建来实现，每个 gRNA 可组装上 RNA 加工剪切工具，如核酶元件、Csy4 或 tRNA，转录后经加工剪切后形成多个单独的、成熟的 gRNA 以发挥作用。瑟马克（Cermak）等（2017）在番茄原生质体细胞中比较了这两种方法的多基因编辑效率，发现第二种的编辑效率为第一种的两倍，而且结构简单，构建更加方便。

在 CRISPR/Cas12a 系统中，Cas12a 蛋白兼具 DNA 剪切酶和 RNA 剪切酶的功能，自身负责 crRNA 的加工。利用这个特性可以把多个 crRNA 串联起来一起表达，转录后 Cas12a 蛋白将 crRNA 剪切分离，并靶向相应位点。这一过程不需要像 Cas9 多靶点编辑系统那样增加 RNA 处理元件，具有更明显的优势。例如，朱健康课题组利用 Cas12a 系统对水稻 RLK 和 CYP81A 家族的 4 个基因进行编辑，发现各靶点的敲除效率达到 40%～75%。Cas12a 系统为 CRISPR 在多基因敲除上提供了利器（Wang et al.，2017）。

（二）基因（片段）的定点插入或替换

NHEJ 介导的基因编辑非常高效，适合功能基因敲除研究，但对于一些复杂的基因组工程来说，它缺乏一定的精确度，HDR 介导的基因编辑就可以实现精准的基因修饰。当 DNA 双链断裂后，如果有 DNA 修复模板进入细胞中，基因组断裂部分会依据修复模板进行 HDR，从而实现基因片段的定点插入或替换，也可称作基因敲入（gene knockin）。在正常修复的过程中，HDR 以未受损的姐妹染色单体的同源序列作为模板进行修复，HDR 修复通路具有强烈的细胞周期依赖，HDR 的编辑效率非常低，体外研究通常占比低于 5%。发生在 S/G$_2$ 期，所以利用 HDR 来进行基因编辑，其效果受到很大限制。而在定向编辑过程中，人为提供了一个与断裂位点同源的修复模板，修复模板由需要导入的目的基因或片段和靶序列上下游的同源性序列（同源臂）组成，同源臂的长度和位置由编辑序列的大小决定。修复模板可以是单链或双链 DNA，也可以是双链 DNA 质粒。

　　DNA 的精确插入使得操纵基因功能和叠加多种作物性状成为可能。基因敲入可以通过在一个品种中叠加基因来改变多种优良性状，因此基因插入和替换在作物性状改良中具有重要价值。例如，利用 CRISPR/Cas9 技术在番茄中成功地将 *T317A* 替换入 *ALC* 基因创造了一个保质期较长的番茄株系（Yu et al.，2017）。

　　HDR 在植物细胞中的发生率非常低，且供体模板导入植物细胞有一定局限性，在植物中进行 HDR 介导的基因靶向仍具有很大的挑战性。为增加基因敲入的成功率，目前许多研究者致力于提高 HDR 的发生率，如人为操纵 DNA 修复途径。DNA 聚合酶 PolQ 是植物中 T-DNA 整合所必需的，在 DNA 断裂修复中有重要作用，利用该酶建立的体系可以避免供体 DNA 整合到基因组中，并提高 HDR 介导的基因组编辑效率。此外，HDR 途径中许多关键蛋白的异源表达可以提高 HDR 效率，如同源配对和 DNA 链交换蛋白 RAD52、RAD54 和 RPA，以及切除蛋白 RecQL4、Exo1 和 Spo11 等。另一个有效的方法是增加细胞中供体模板的数量，如利用双生病毒复制子增加供体模板的拷贝数，以提高 HDR 介导的基因插入频率，该方法在马铃薯、番茄和木薯中都可明显提高基因靶向效率。此外，使用 sgRNA 和修复模板序列构成的嵌合 sgRNA 分子，也能提高 HDR 的效率。

（三）单碱基编辑

　　除了 DSB 介导的基因组编辑外，CRISPR 系统衍生发展的碱基编辑器可以诱导特异性的碱基变化，为碱基编辑提供一种高效、简单的方法。碱基编辑器主要有胞嘧啶碱基编辑器（cytosine base-editor，CBE）和腺嘌呤碱基编辑器（adenine base-editor，ABE）两种。当 Cas9 蛋白两个结构域 RuvC 或 HNH 其中一个的催化区域受损时，即产生切口酶形式的 nCas9（nickase Cas9），仅能造成单链 DNA（single-strand DNA，ssDNA）断裂。碱基编辑器就是利用 nCas9 与单链 DNA 特异性脱氨酶融合实现的。CBE 系统由 nCas9、胞嘧啶脱氨酶和尿嘧啶糖基化酶抑制剂组成。其原理是 CBE 在 sgRNA 的引导下靶向基因组特定位点，胞嘧啶脱氨酶可结合到由 nCas9 蛋白、sgRNA 及基因组 DNA 形成的 R-loop 区的 ssDNA 处，将 ssDNA 上一定范围内的胞嘧啶（C）脱氨基形成尿嘧啶，然后在 DNA 复制过程中，尿嘧啶被胸腺嘧啶（T）取代，完成 C-T 的转换。在这一过程中，尿嘧啶糖基化酶抑制剂结合并抑制尿嘧啶 DNA 糖基化酶，从而阻断尿嘧啶切除和随之而来的碱基切除修复通路活性，提高碱基编辑效率。目前开发的 CBE 系统使用的胞嘧啶脱氨酶有大鼠 APOBEC1、八目鳗 PmCDA1、人类 AID 和 APOBEC3A。基于人类 APOBEC3A 改进的植物 CBE 已经在玉米和马铃薯上实现高效的 C-T 编辑。

　　与 CBE 原理类似，ABE 系统包含大肠杆菌 tRNA 腺嘌呤脱氨酶 TadA 和 nCas9，对腺嘌呤（A）脱氨可形成次黄嘌呤，次黄嘌呤在修复中被识别成鸟嘌呤（G），完成 A-G 的转换。针对编辑效率低的问题，ABE 系统经历了七代发展，对 TadA 不断筛选和突变改造，第七代

ABE（7.10）的编辑效率明显提高。ABE系统也在植物中进行了优化，在水稻和小麦中实现了高达60%的A-G转换效率。

随后研究者还开发出一种双碱基编辑器（dual base editor），将腺苷脱氨酶（TadA）、胞嘧啶脱氨酶（PmCDA1）分别融合到nCas9的N端和C端，可在同一个靶位点诱导C-T和A-G的变化，进一步拓宽了碱基编辑的范围。

然而，CBE和ABE仅能实现C-T和A-G碱基转换，不能实现任意碱基的转换及精准的碱基插入或删除。戴维·刘（David Liu）在2019年开发的先导编辑器（prime editor，PE）突破了这个限制。PE以CRISPR/Cas9系统为基础，由nCas9与反转录酶M-MLV相融合形成的效应蛋白，以及引导编辑器向导RNA（prime editing guide RNA，pegRNA）组成。pegRNA由sgRNA 3′端延伸增加一段RNA序列形成，包括引物结合位点（prime binding site，PBS）和含有目标编辑序列的反转录（reverse transcription，RT）模板。在pegRNA的引导下，nCas9识别靶序列，并在非靶标DNA链切割产生缺刻，释放与PBS配对的ssDNA，作为RT的引物，在RT模板指导下合成新的DNA，pegRNA上的目标编辑序列即被转移到非靶标DNA链上，随后通过DNA修复引入基因组，替换原来断裂的DNA序列。因此，PE可在不产生DSB和不引入供体DNA的情况下实现任意类型的碱基替换、多碱基替换、DNA小片段的精准插入和删除，极大地扩展了精准编辑的范围，具有更高的安全性和应用前景。2020年，高彩霞团队基于David Liu开发的PE2、PE3和PE3b系统，通过改造优化植物偏好密码子、启动子和编辑条件，建立了适用于植物的引导编辑器（plant PE，PPE）。随后又通过设计双pegRNA改进提高了引导编辑效率。目前PPE已在玉米、番茄、马铃薯和拟南芥等植物中成功应用，但其编辑效率普遍偏低，还需进一步优化提高。2021年，David Liu在先导编辑技术的基础上开发了一种双重先导编辑技术（twinPE），通过在人类细胞DNA两个邻近位点分别进行先导编辑，可以实现更长的DNA序列的插入，而且这种编辑产生有害副产物极少。TwinPE有望发展成为一种更安全、靶向更精准的基因编辑技术，具有巨大的应用前景。

由于农业上许多重要的性状是由编码区或非编码区的单核苷酸多态性赋予的，碱基编辑对于植物育种和作物改良非常有用。相较于单碱基编辑器，PE的编辑效率偏低，但PE的编辑范围更广，且能实现碱基插入、删除等小片段DNA的任意精确编辑，功能更为强大，其在基础研究和分子育种上具有十分广阔的前景，亟须提高其编辑效率或开发更高效精准的系统。

（四）基因表达调控

除了引起基因本身的突变外，CRISPR技术还可实现对基因表达的调控。利用CRISPR技术调控基因表达主要有两种方法：一类通过CRISPR/Cas系统编辑顺式作用元件实现；另一类是由CRISPR/dCas9（deactivated Cas9）介导的转录激活（CRISPR activation，CRISPRa）和转录抑制（CRISPR interference，CRISPRi）系统。

1. 编辑顺式作用元件　　基因表达可以在多个水平上受到影响，包括转录水平、mRNA加工和mRNA翻译。这些过程受到一系列顺式作用元件（cis-acting element，CRE）的控制，可以通过CRISPR/Cas系统对这些元件位点进行编辑。与改变蛋白质结构的编码序列突变相比，对顺式作用元件进行编辑发生多效性的情况更少，其可通过改变基因表达的时间、模式或水平对表型进行精细的调控。目前，利用CRISPR改变基因表达主要集中在启动子上，如替换启动子或敲除顺式作用元件。罗德里格斯-莱尔（Rodríguez-Leal）等（2017）利用

CRISPR/Cas9 系统对与数量性状相关的基因包括 *SlCLV3*（*CLAVATA*）、*SlS*（*Compound Inflorescence*）、*SlSP*（*Self Pruning*）的启动子区域进行多靶点敲除，创造了一系列不同敲除效果（包括大片段缺失、插入、转置等）的启动子突变体，产生的突变体基因表达水平和表型发生不同程度变化，为改善性状提供了连续变异的选择。但不足的一点是启动子区域的突变结果比较复杂，对基因表达的调控效果和相应的表型较难预测，这主要是由于启动子和其他调控区域的许多 CRE 可能存在冗余、互作、上位性、剂量补偿等多种复杂的机制，也有许多调控元件功能尚不清楚。尽管如此，这种方法仍对加强育种具有重要的价值，因为通过这种方法可以产生大量突变类型，其精确功能在育种中有时候并没有那么重要，只需看表型结果，可以为作物育种提供更多的选择。

2. CRISPR/dCas9 介导的转录激活和转录抑制　　核酸酶 Cas9 蛋白含有两个具有核酸切割活性的结构域——HNH 和 RuvC，其中 HNH 核酸酶结构域负责切割外源 DNA 与间隔序列互补的链，而 RuvC 结构域负责切割外源 DNA 的另一条链。在 RuvC 结构域引入 D10A 突变，在 HNH 结构域引入 H840A 突变，使得两个结构域丧失活性，就会产生失活的 Cas9 蛋白，它不能切割 DNA，但仍可以与 sgRNA 形成复合物靶向特定的基因组位点。因此，将 dCas9 靶向结合到基因的转录起始位点，可能会阻止 RNA 聚合酶和某些转录结合因子的识别，在空间上干扰转录的启动和延伸，从而抑制基因表达。同时，dCas9 的这个特性还可作为招募其他效应蛋白的功能支架，如与转录激活因子（VPR、VP64、p65AD 等）、转录抑制因子（KRAB、SRDX 等）融合，可以更有效地实现基因转录激活或抑制。与传统的 CRISPR/Cas 技术相比，dCas9 对基因转录水平的操控是可逆的，并不会对基因组 DNA 造成永久性的改变。

CRISPRa 技术在 dCas9 蛋白与 sgRNA 共表达靶向 DNA 位点时，dCas9 蛋白所携带的效应因子会通过招募 RNA 聚合酶或转录激活因子促进转录，从而达到激活靶基因的目的。目前，在植物中 CRISPRa 技术已经历一系列发展。第一代 CRISPRa 系统基于 dCas9-VP64，将 VP64 与 dCas9 直接串联结合，但发现其转录激活活性较低。为了提高激活水平，研究者又开发了第二代 CRISPRa 系统，旨在将更多激活因子融合到 dCas9 中，以放大激活效果，包括 dCas9-SunTag、dCas9-TV 和 dCasEV2.1 三种系统。在 dCas9-SunTag 系统中，dCas9 与一个串联阵列的 GCN4 多肽融合，该多肽可以招募 VP64 转录激活因子；在 dCas9-TV 系统中，dCas9 与结合了 VP128 的 6 个 TALE 的 TAL 激活结构域基序融合（6×TAL-VP128，即 TV）；而 dCasEV2.1 采用具有 VPR（VP64-p65-Rta）转录激活招募位点的 gRNA2.1 支架。这些新的激活系统通过将多个效应因子招募到单个 dCas9-gRNA 复合体上，具有比 dCas9-VP64 更强的转录激活能力。2021 年，潘（Pan）等开发了 CRISPR-Act3.0 系统（二维码 9-4），该系统由 dCas9-VP64、一个带有 2×MS2 茎环的 gR2.0 支架、融合 RNA 结合蛋白 MCP 的 10×GCN4 SunTag 及融合 scFv 的 2×TAD 激活子组成，在水稻中经测试验证比第二代系统具有更高的激活效率，且在拟南芥和番茄中也有效实现了基因表达的激活。同多基因敲除类似，CRISPRa 系统也可实现多基因的同时激活。CRISPRa 由于其 RNA 引导的特性，理论上可以实现基因组中任何靶基因的特异性激活；此外，如果涉及多个基因，CRISPRa 比传统的过表达系统更有优势。

9-4

CRISPRi 与 CRISPRa 原理类似，只是通过转录抑制因子抑制转录，从而达到抑制或沉默基因表达的效果。根据 gRNA 靶向位点的不同，抑制基因转录有两类机制：第一类靶向启动子区域，通过阻止 RNA 聚合酶与目的基因的启动子结合，从而抑制转录起始；第二类靶向基因开放阅读框，从而抑制其转录延伸。通过干扰基因转录的起始或延伸，抑制基因表达。

目前，CRISPRi 在植物中的应用并不多。与 CRISPRa 相比，CRISPRi 的抑制效率还是偏低，这限制了它的应用。CRISPRi 的成功很大程度上依赖于选择合适的转录抑制因子；靶基因和特定靶位点的选择也有差异，不同部位的 sgRNA 识别对转录抑制的效果会有所不同，需要通过筛选获得转录抑制作用更理想的 sgRNA；同时，已有的研究表明多个 sgRNA 共同作用于一个基因往往能增强抑制效果。

（五）表观修饰调控

表观遗传是在不改变 DNA 序列的情况下对基因表达产生的可遗传变化。表观遗传修饰主要包括 DNA 甲基化与去甲基化、组蛋白修饰、非编码 RNA 调控等，这些表观修饰过程对基因的表达起着重要作用。类似于 dCas9 融合转录因子，dCas9 进一步发展出招募表观遗传效应因子，如 DNA 去甲基化酶 TET1（甲基胞嘧啶双加氧酶）、组蛋白去甲基化酶 LSD1、组蛋白乙酰转移酶 p300 等，以修饰目标区域的表观遗传状态，从而改变基因表达、细胞分化和其他生物过程。利用 dCas9 靶向表观基因组调控基因表达，可以研究表观遗传修饰与基因调控之间的因果关系，有助于揭示表观遗传机制。

1. DNA 甲基化与去甲基化　　DNA 甲基化一般是指通过 DNA 甲基转移酶在胞嘧啶的第 5 个碳原子上共价结合一个甲基团生成 5-甲基胞嘧啶（5^mC）的过程。在植物中，5^mC DNA 甲基化主要发生在对称的 CG 和 CHG（H＝A、C 或 T）序列中，但在非对称的 CHH 序列中也存在一定程度的甲基化。根据胞嘧啶前后序列（CG、CHG 或 CHH），DNA 甲基化由不同类型的甲基转移酶介导，包括 MET1、CMT3、DRM2、CMT2。DNA 甲基化会阻碍转录因子与 DNA 的结合，基因调控区（通常包括启动子和终止子）周围的 DNA 甲基化与基因抑制有关；而启动子区域的去甲基化则会激活基因表达。帕皮基恩（Papikian）等（2019）应用 dCas9-SunTag 系统开发了一种靶向 DNA 甲基化的工具，通过将烟草 DRM 甲基转移酶催化结构域（*Nt*DRMcd）融合 dCas9-SunTag 系统，靶向拟南芥 *FWA*（*FLOWERING WAGENINGEN*）启动子引发有效的甲基化，导致植株提早开花。

DNA 甲基化是一个可逆的过程，可以由去甲基化酶逆转。在植物中，主动去甲基化主要是由 DNA 糖基化酶通过碱基切除-修复途径介导的，还有被动去甲基化或阻断从头甲基化途径等机制。加列戈·巴托洛姆（Gallego-Bartolome）等（2018）在拟南芥中开发了一个 DNA 去甲基化系统 dCas9-SunTag-TET1cd，该系统利用人类去甲基化酶 TET1 的催化结构域（TET1cd），与 dCas9-SunTag 系统融合，靶向拟南芥 *FWA* 启动子，实现了位点特异性 DNA 去甲基化，产生了晚花表型。

2. 组蛋白修饰　　组蛋白修饰可通过影响组蛋白与 DNA 双链的亲和性，从而改变染色质的疏松或凝集状态，或通过影响其他转录因子与结构基因启动子的亲和性来发挥基因调控作用。修饰通常位于组蛋白的 N 端，与各种基团共价结合发生作用；在某些情况下位于核小体核心区域。组蛋白修饰包括组蛋白甲基化、乙酰化、磷酸化和泛素化等，目前对组蛋白甲基化和乙酰化的研究比较透彻。组蛋白甲基化发生在赖氨酸和精氨酸残基上，由组蛋白甲基化转移酶和去甲基化酶调控。在植物中鉴定出的组蛋白甲基化转移酶主要包括 SDG 和 PRMT 家族蛋白，去甲基化酶则包括 LSD1 和 JMJ 家族蛋白。第二大类组蛋白修饰为乙酰化，是在赖氨酸残基上通过添加由乙酰辅酶 A 提供的乙酰基进行的。组蛋白乙酰化会导致染色质松弛，增加转录调控的可及性，也可招募其他识别蛋白进行染色质重塑，因此乙酰化与基因的转录激活有关。植物中主要的乙酰转移酶包括 HAC、HAF、HAG 和 HAM 四个家族；而乙酰基可以被去乙酰化酶 HDAC 去除,与转录抑制有关。目前,不少实例证明利用 CRISPR 可以对组蛋白修饰进行调控,如派克索(Paixão)等(2019)将拟南芥组蛋白乙酰转移酶 AtHAC1 的 p300 催化结构域直接融合到 dCas9 上,对 AREB1 基因成功实现了表观调控,提高了 AREB1 的表达,获得抗旱性增强的突变体。

3. 非编码 RNA 调控　　非编码 RNA(non-coding RNA,ncRNA)是指不具有编码蛋白质功能的一类 RNA,包括长链非编码 RNA(lncRNA)、小 RNA(microRNA)、环状 RNA(circRNA)等,这些非编码 RNA 在生物体内也具有一定的功能。目前对 microRNA 和 lncRNA 的功能研究较多,但利用 CRISPR 技术对它们进行编辑的报道还较少。lncRNA 是长度在 200nt 以上的非编码 RNA,microRNA 则是一类长约 22nt 的 RNA。由于 ncRNA 不编码 RNA,针对其 DNA 进行 CRISPR 基因编辑时,个别碱基的缺失可能并不会影响 ncRNA 的功能,因此一般可通过 2 个以上的 sgRNA 诱导大片段敲除实现 ncRNA 的敲除。牛(Niu)等(2021)利用 CRISPR/Cas9 技术,设计 2 个 sgRNA 诱导大豆 lncRNA77580 的大片段 DNA 缺失,获得 lncRNA 功能缺失突变体,且发现 lncRNA77580 中缺失的 DNA 片段越长,对 lncRNA77580 本身及邻近基因表达的影响越大。

(六)其他应用

除了基因编辑、基因表达调控和表观修饰之外,CRISPR 技术还能在染色体层面进行操作,可实现染色体重排。染色体重排能打破或固定连锁遗传,对作物育种有一定价值。当一对 DSB 同时被引入同一染色体时,两个断裂之间会产生缺失和倒位。例如,在拟南芥中利用 CRISPR/Cas 介导的染色体工程改变了拟南芥染色体的局部重组模式;在玉米中实现了 75.5Mb 的染色体片段反转。研究也表明通过这种方法可以恢复遗传杂交。而染色体间重排,如交叉、易位和序列交换,可由在不同染色体上引入两个或更多的 DSB 引发,如贝宁(Beying)等(2020)在拟南芥中利用 CRISPR/Cas9 创造了异染色体间的易位。这些易位在百万个碱基范围内,并且是可遗传的。在植物育种中靶向染色体重排具有巨大的潜力,目前的应用还很少,更有效的工具还有待开发、改进。

CRISPR 技术的应用并不局限于创建 DSB 进行编辑,如 dCas9 的特性可为基因组研究提供一个独特的平台。将 dCas9 与荧光蛋白(如 GFP)融合,可用于显示含有重复序列的 DNA 位点,并可用单个或多个 gRNA 标记内源性着丝粒、中心轴区和端粒,这种技术称作基因组成像(genome imaging),可被用来检查基因组结构特征,提供特定基因组区域的空间和时间信息。例如,将融合了 eGFP/mRuby 的 dCas9 转入烟草观察荧光信号,直接可视化活的烟草叶片细胞中端粒重复,揭示了动态端粒运动,还可检测体内 DNA-蛋白质的相互作用。

三、脱靶问题

CRISPR 技术发展迅速,但一直没有彻底解决脱靶(off-target)问题。脱靶效应是指 SSN 在目标位点之外的区域结合切割产生的突变。鉴于 TALEN 和 ZFN 以二聚体形式作用,识别错误率更低,CRISPR/Cas 系统比 TALEN 和 ZFN 更容易产生脱靶效应,这成为限制其应用的关键因素之一。

1. 影响脱靶的因素　　在 CRISPR/Cas9 系统中,Cas9 蛋白和 sgRNA 复合体首先识别目的基因中的 PAM 序列,从而完成与目的基因的结合。sgRNA 和 PAM 对目标区域的识别发挥非常重要的作用,脱靶效应很大程度上来自识别准确性的降低。首先,sgRNA 前 20 个负责互补配对的碱基中，其靠近 PAM 端的 8～12 个碱基在识别特异性上起重要作用，被认为是核心序列，决定了靶点特异性，而 sgRNA 在与目标序列互补配对过程中允许 1～5 个碱基的错配，从而导致目标以外的相似序列被编辑。最新研究发现当向导 RNA（gRNA）在第 18～20 个碱基错配时，这时的配对结构较为松散，但 Cas9 酶并没有放弃前进，而是通过一个手指状结构紧紧抓住了错配区，从而稳定了 RNA-DNA 双链，使其表现得像是正确配对，为 Cas9 对 DNA 的切割铺平道路（Bravo et al.，2022）。sgRNA 本身的结构和长度等特征对靶点专一性也有影响。因此脱靶通常发生在与 sgRNA 高度同源的区域。其次，由于 PAM 序列的影响，Cas9 蛋白有时识别错误或其他模式低频 PAM 序列也会导致脱靶。此外，还有一些因素如 Cas9-sgRNA 复合体的丰度、染色质结构、基因组背景等对脱靶概率也有一定影响。

2. 降低脱靶效应的方法　　首先，根据影响脱靶的因素，降低脱靶效应的最主要方法在于选择合适的 sgRNA。不合适的 sgRNA 会造成特异性降低、脱靶率升高。因此设计 sgRNA 最好最小化 sgRNA 与其他序列的相似性，且与潜在脱靶序列存在 3 个以上的错配，至少 2 个错配位于核心序列。在合理设计 sgRNA 的基础上，也有研究表明 sgRNA 的修饰可以提高特异性，如在 sgRNA 的 5′端加上 GG，将 sgRNA 减短到 17～18 个核苷酸。同时也要考虑 PAM 序列，在设计 sgRNA 时除比较 sgRNA 序列的特异性外，还要查看相似序列下游是否存在 NGG 及其他 NAG 和 NGC 等序列。

其次，CRISPR 系统的优化也有重要作用。根据 Cas9 的结构改造优化 Cas9 蛋白也能提高其识别和切割准确性，从而降低脱靶率。来源于酿脓链球菌（*Streptococcus pyogenes*）的 SpCas9 是目前研究和应用最广泛的 Cas9。突变 SpCas9 中与靶序列接触的关键氨基酸，获得高保真变体 SpCas9-HF1；突变 SpCas9 与非靶链结合的氨基酸获得增强型特异性变体 eSpCas9。这两种变体均显著降低了脱靶率，且保持着原有的编辑效率。进一步发展还获得了 HypaCas9、evoCas9、xCas9 等具有更高特异性的 Cas9 变体。nCas9 也是一个可以利用的突变 Cas9 蛋白。由于 nCas9 只能切割一条 DNA 链，如果 nCas9 在一个 sgRNA 的引导下切开一条链，又在相邻区域的另一个 sgRNA 处切开另一条链，那么同样可以造成 DNA 断裂，进行基因编辑。如果一个 sgRNA 错配，只形成一个切口，会被细胞修复正常；而两个 sgRNA 同时错配的概率很低，极大地降低了脱靶概率。但这种方法对靶序列的要求较高，不是任意位点都可设计两个方向的 sgRNA。同时，Cas12a 系统的脱靶率明显低于 Cas9，有望取代 Cas9 成为基因组编辑的主力。来自美国得克萨斯大学奥斯汀分校的泰勒（Taylor）等（2013）根据 CRISPR/Cas9 基因编辑系统中脱靶发生的结构机制，重新设计了 Cas9 蛋白——SuperFi-Cas9，其脱靶概率降低了数千倍，且编辑效率与原始版本的 Cas9 蛋白相同（Bravo et al.，2022），但该系统还需要在生物细胞中检测应用效果。

再次，在植物基因组编辑中，常用的方法是通过组织培养转化质粒，时间较长，意味着 Cas9 表达时间较长，这会增加脱靶突变积累的风险，缩短组培的时间也是减少不必要变异的关键。

最后，由于 Cas9 只要存在就会持续地发挥作用，因此，在完成目标位点编辑后要尽早地将 Cas9 分离出去，筛选出不含有 Cas9 和 sgRNA 的突变株保留，以避免 Cas9 不断切割造成脱靶效应。

3. 脱靶的检测及后果　　对于脱靶效应的检测，早期的检测技术即通过软件预测和测序完成，针对预测的潜在脱靶位点进行测序，如 Sanger、NGS、全外显子组测序等，主要问题是预测的位点不全面，容易造成脱靶位点的遗漏。第二类检测方法是跟踪 DSB，通过对

DSB 标记实现全基因组无偏脱靶检测，如 IDLVs、BLESS、GUIDE-seq 技术等，但只能检测断裂时期的 DSB，不能检测已经完成或未发生的 DSB。第三类方法是在体外检测，利用 Cas9 体外核酸酶特性，在体外对基因组 DNA 进行切割，产物经处理后通过测序等手段筛选脱靶位点，如 Digenome-seq、Circle-seq、SITE-seq 等技术，精准度较高，但 Cas9 在体内外发挥作用时可能存在差异。此外，脱靶检测还有 T7E1 酶切法、结合测序手段的 ChIP-seq 技术、基于染色体易位原理的 HTGTS 检测法、DISCOVER-seq 等。

　　CRISPR 技术在应用时的潜在脱靶效应是备受关注的问题。脱靶可能导致重要的功能基因活性丧失，研究表明，植物中的脱靶效应普遍低于动物。在基础研究中，脱靶可能会产生假表型或错误的解释，影响试验准确性。然而，脱靶效应更多的是一个学术问题，在实际育种中，可以通过表型的选择消除不良性状的脱靶突变或自发突变；有限数量的脱靶突变还可以通过回交消除；排除脱靶效应的时间仍比标准的杂交育种方法更短。此外，与传统的突变育种如诱变育种相比，基因组编辑已经具有很高的特异性了。随着技术的发展，CRISPR 技术带来的脱靶效应将不再是一个问题。

第三节 基因组编辑技术在园艺植物上的应用

一、基因组编辑技术在园艺植物上的发展

（一）ZFN 与 TALEN 技术在园艺植物中的应用

　　锌指核酸酶（ZFN）系统在园艺植物上没得到大规模应用。转录激活因子样效应物核酸酶（TALEN）是最早在园艺植物中使用的基因组编辑技术。2013 年，孙（Sun）等在甘蓝（*Brassica oleracea*）中构建了 TALEN 载体，最终产生调控春化的重要基因 *FRI* 基因突变体，证实了 TALEN 可以诱导芸薹属突变，也为其他十字花科植物的诱变提供了可能性。克拉森（Clasen）等（2015）的研究证明 TALEN 介导的基因组编辑序列可以切割靶基因的多个等位基因，在马铃薯中高效地创造有价值的性状。在这项研究中，通过靶向诱变产生一系列具有 1～4 个 *VInv* 等位基因敲除突变体，发现了野生型等位基因的数量与冷藏马铃薯块茎中的还原糖水平呈正相关。

（二）园艺植物 CRISPR 系统的发展与应用

　　2013 年 CRISPR 系统问世，迅速推广并应用于园艺植物，番茄作为果实发育生物学研究的模式作物，是最早建立 CRISPR/Cas9 系统的园艺植物。2014 年 Brooks 等针对 *SlAGO7* 基因设计带有两个 sgRNA 的载体，转化番茄叶片，在 T_0 代48%植株发生了突变。随后卢钢团队利用番茄茄红素脱氢酶基因（*SlPDS*）等证实了 CRISPR/Cas9 诱导的番茄突变频率可达83.56%，且 T_0 代中的目标突变可稳定遗传给后代（Pan et al.，2016）。钱德拉塞卡兰（Chandrasekaran）等（2016）利用 CRISPR/Cas9 技术敲除隐性真核翻译起始因子 *eIF4E* 基因，在 T_3 代可获得抗病毒病的非转基因黄瓜株系。随后在西瓜（Tian et al.，2017）、马铃薯（Andersson et al.，2017）和酸浆（Lemmon et al.，2018）等蔬菜作物上，均建立了通过农杆菌转化产生基因编辑植物的方法。

　　这种靶向诱变技术在果树中也迅速得到应用。2014 年美国佛罗里达大学贾（Jia）与王（Wang）首先报道了利用 Cas9-sgRNA 系统对柑橘进行靶向基因组修饰，Cas9-sgRNA 系统的

突变率为 3.2%～3.9%，未检测到番红花八氢番茄红素脱氢酶基因（*CsPDS*）相关 DNA 序列的脱靶诱变。随后的研究对该系统进行了改良，提高了在柑橘上的突变频率（Jia et al.，2017；Peng et al.，2017）。目前在苹果（Nishitani et al.，2016）、葡萄（Ren et al.，2016）、香蕉（胡春华等，2017）、猕猴桃（Wang et al.，2018）、梨（Charrier et al.，2019）等作物上均有报道。

CRISPR/Cas9 可以实现方便快捷的靶向突变。例如，使用多重 sgRNA 而不是单个 sgRNA 可以增加 CRISPR/Cas9 产生的番茄突变体大量缺失的概率。由于 Cas12a 蛋白切割产生黏性末端，且其 PAM 序列较为宽松，因此能够更好地适应园艺植物上的基因变异。伯纳贝-奥茨（Bernabé-Orts）等（2019）在番茄上比较了 AsCas12a、LbCas12a 和 SpCas9 的编辑活性，其中所有三种编辑结构都被设计为针对 *Solyc*01g079620（*MYB12*）同一个位点，发现 LbCas12a 和 SpCas9 系统都具有对该位点的编辑能力。

此外，CRISPR 系统的相关工具，如碱基编辑器（BE）和引物编辑器（PE），极大地扩展了基因组编辑的范围，为创建精确的核苷酸替换和靶向 DNA 删除与插入提供了更好的技术支持。碱基编辑器于 2017 年首次应用于番茄，高效编辑了番茄激素信号基因 *DELLA* 和 *ETR1*，碱基编辑效率为 26.2%～53.8%。Gao 等（2018）证实了基于人类 APOBEC3A 的植物胞苷碱基编辑器，可被用于有效地将马铃薯中的 Cs 转换为 Ts。但先导编辑器在园艺植物上的应用还需要进一步研究。

CRISPR/Cas9 作为一种稳定、高效、简单、广泛应用的基因编辑技术迅速地应用于园艺植物生长、营养或生殖阶段发育、生化代谢、合成生物学及抗逆生物学的研究。一个典型的例子是研究人员利用 CRISPR/Cas9 系统对一系列番茄成熟相关转录因子如 RIN、NOR 和 CNR 等进行了功能验证，重新评估了番茄果实成熟相关的转录因子生物学功能（Xia et al.，2021）。番茄是典型的呼吸跃变型果实，乙烯是其果实成熟的关键因素。番茄中有大量的自发突变体，其中一些突变体表现出明显的成熟缺陷表型，包括先前已经鉴定的三个重要的成熟缺陷突变体基因——成熟抑制因子基因（*RIN*）、不成熟基因（*NOR*）和无色不成熟基因（*CNR*）。RIN、NOR 和 CNR 长期以来被认为是番茄果实成熟的主要调控因子，通过转录调控下游果实成熟相关基因，如其他转录因子编码基因、乙烯生物合成基因和细胞壁修饰酶编码基因，调控果实成熟。利用 RNAi 诱导的突变，也揭示了一些来自番茄不同家族的其他转录因子，如 *AP2a*、*FUL1*、*FUL2*、*TAG1*、*HB1* 和 *MADS1*，是番茄果实成熟的重要调控因子。使用 CRISPR/Cas9 介导的靶向诱变重新评估了包括 *RIN*、*NOR*、*CNR*、*AP2a*、*FUL1* 和 *FUL2* 在内的 6 个转录调控因子在番茄果实成熟中的功能。三种主要调控因子（*RIN*、*NOR* 和 *CNR*）中，CRISPR/Cas9 诱导的突变与自发突变体表型并不完全一致。*rin* 自发突变体表现出几乎完全抑制成熟表型，且不产生红色色素沉着、软化。然而，CRISPR/Cas9 介导的 *RIN* 敲除突变仍然启动了部分成熟，并显示出中度的红色色素沉着，表明在番茄刚开始成熟过程中并不需要 RIN。此外，CRISPR/Cas9 产生的番茄 *NOR* 突变体也仅显示部分不成熟表型，与 *nor* 自发突变体不同。利用 CRISPR/Cas9 产生的 *NOR* 敲除突变，证明 NOR 通过与其他成熟相关转录因子相互作用，转录激活成熟相关靶基因（*SlACS2*、*SlGgpps2* 和 *SlPL*）。CRISPR/Cas9 产生的 *CNR* 突变体，只表现出 2～3d 的延迟成熟，其果实最终能够完全着色。推断出 CNR 并不是番茄果实成熟的主调控因子，其在番茄果实成熟中的作用有待进一步研究。与 *RIN*、*NOR* 和 *CNR* 不同，其他三个转录因子包括 *AP2a*、*FUL1* 和 *FUL2* 已被证明在 CRISPR/Cas9 介导的突变体和 RNAi 植物之间表现出一致的成熟表型。与野生型番茄植株相比，番茄 *AP2a* 突变体和 *AP2a*-RNAi 植株的果实成熟时间都较早，这证实了 *AP2a* 是番茄果实成熟启动的负调控因子。通过使用

CRISPR/Cas9 诱变 *FUL1* 和 *FUL2*，发现二者在调控番茄果实成熟上功能冗余。具体表现为，与野生型植物相比，*FUL1* 突变体和 *FUL2* 突变体最终整体果色没有明显的差异，但 *FUL1/FUL2* 双突变体表现为不能完全着色。此外，由 CRISPR/Cas9 产生的 *FUL2* 突变体显示了一种之前在 *FUL2*-RNAi 植物中没有描述过的果实发育表型，表明 FUL2 在果实发育中具有额外的作用。综上所述，番茄果实成熟过程中的转录调控网络复杂且高度冗余。

软化作为肉质水果成熟的一个重要特征，对水果的风味发展和整体适口性很重要。在过去的 30 年里，已经获得一系列与番茄编码细胞壁相关酶的基因沉默的植物，包括聚半乳糖醛酸酶（PG）、果胶甲基酯酶、半乳糖苷酶（TBG）、木葡聚糖内切转糖基酶、扩张素和果胶酸裂解酶（PL），以确定哪些基因参与调节水果软化。沉默这些基因通常对番茄果实软化没有或只有少量的影响，但抑制 PL 表达可显著抑制番茄果实软化。研究者使用 CRISPR/Cas9 介导的靶向诱变编辑了 3 个果胶降解酶编码基因，包括 PL、PG2a 和 TBG4，重新评估了它们对番茄果实软化的影响。由 CRISPR/Cas9 产生的 PL 突变体与 PL-RNAi 植物中表现出一致的成熟表型，并显著增强了果实的坚固性，这突出了 PL 在番茄果实软化中的关键作用。先前的研究表明，PG2a 和 TBG4 的突变对番茄果实成熟的其他方面也有影响，包括果实颜色和类胡萝卜素的形成（Brooks et al.，2014）。

二、利用基因组编辑技术进行园艺植物的遗传改良

自 1988 年第一次进行烟草原生质体基因靶向实验和 1993 年发现 DNA 双链断裂（DSB）可提高基因靶向效率以来，科学家一直在寻求开发用于植物基因组靶向编辑的工具。目前，通过基因组编辑方法改良作物性状包括产量、品质及生物和非生物胁迫抗性已经实现。

（一）病虫害抗性

1. 真菌性病害 由真菌侵染引起的作物病害种类最多，针对不同的真菌性病害采用了不同的基因编辑技术路线。通过基因组编辑使植物 S 基因失效是植物抗病遗传改良的一种新的育种策略。

CRISPR/Cas9 诱导病害易感性基因（S）的突变体已被用于培育白粉病抗性番茄（Zaidi et al.，2018）。*MILDEW-RESISTANT LOCUS O*（*Mlo*）作为一个保守的 S 基因，编码一个具有 7 个跨膜结构域的膜相关蛋白，在单子叶和双子叶植物中都具有对白粉病真菌的敏感性。番茄中共有 16 个 *Mlo* 基因（*SlMlo1*～*SlMlo16*），CRISPR/Cas9 诱导的 *SlMlo1* 突变显著降低了番茄对白粉病的易感性。涅克拉索夫（Nekrasov）等（2017）利用 CRISPR/Cas9 技术培育了抗白粉病的非转基因番茄品种 'Tomelo'。马尔诺伊（Malnoy）等（2016）利用 DNA-free 技术将纯化的 CRISPR/Cas9 核糖核蛋白和 sgRNA 直接转入 '霞多丽'（'Chardonnay'）葡萄的原生质体中对 *MLO-7* 进行突变，增强了葡萄对白粉病的抗性。

2020 年，一项发表在 *Cell* 上的研究揭示，CRISPR/Cas9 诱导的番茄乙酰化酶编码基因 *ACET1a* 和 *ACET1b* 的突变显示出番茄对灰霉病菌的抗性增强。对相关突变体进行致病性分析，发现该突变可使番茄中与法卡林二醇产生相关修饰的脂肪酸生物合成被中断，并导致番茄对一些病原菌的抗性增强。

基尤（Kieu）等（2021）首次利用 CRISPR/Cas9 系统，敲除马铃薯 *StDMR6-1*，产生 4 个等位基因缺失突变体，提高对晚疫病的抗性。miRNA 通过抑制其靶基因在植物抗病中发挥重要作用。Hong 等通过多重 CRISPR/Cas9 系统同时敲除了番茄中的 *miR482b* 和 *miR482c*，

与野生型植物相比，侵染后的病害症状有所减轻，所以同时编辑 *miR482b* 和 *miR482c* 是一种高效的番茄抗晚疫病策略。

此外，抗性基因（*R*）已被广泛应用于作物抗病育种中。核苷酸结合域和富含亮氨酸重复序列（NLR）类蛋白质参与了对多种病原体的防御，但单一种类的识别范围往往很窄。自然变异和自然选择会导致病原体效应子多样化，使它们能够演变出克服 *R* 基因的变种或生理小种。人工设计识别范围更广的 NLR 变体是改良作物抗病性的一种有效方法。变异的番茄 I2 免疫受体具有新的识别活性，其识别的效应子种类增加，提高了番茄对致病疫霉和尖孢镰刀菌等不同病原体的抗病性（Enciso-Rodriguez et al.，2019）。植物硫素（PSK）信号通路可减弱植物的免疫反应。Zhang 等（2020）利用 CRISPR/Cas9 系统敲除西瓜 PSK 前体 *Clpsk1* 基因，显著提高了西瓜对尖孢镰刀菌的抗性。随着对植物 *R* 基因功能和分子机理认识的不断深入，未来可以通过人工设计免疫受体以提高作物抗病性。

2. 细菌性病害　　细菌性病害发生普遍且防治困难，常常给园艺植物生产造成毁灭性的破坏。Wang 等（2019）以溃疡病的植物免疫应答相关基因 *CsWRKY22* 为靶点，通过 CRISPR/Cas9 技术提高橙子品种'万金城'对柑橘溃疡病的抗性，突变体植株对柑橘溃疡病的敏感性降低。Peng 等（2017）通对柑橘中 *CsLOB1* 基因的启动子序列进行敲除，突变植物对柑橘溃疡病的抗性明显增强，有的突变株系甚至可以完全抵抗入侵。利用 CRISPR/Cas12a 编辑柚子（*Citrus maxima*）*CsLOB1* 基因的启动子序列，突变株系也表现出对柑橘溃疡病具有较高的抗性。

对于其他细菌性病害的基因编辑抗性案例大多处于实验室试验阶段。例如，编辑番茄 *SlJAZ*（*JASMONATE ZIM DOMAIN*）生成缺乏 C 端 Jas 域的显性 JAZ2 抑制因子突变株系（*SlJAZ2Δjas*）。该株系对番茄细菌斑点病的致病因子 *Pto*DC3000 具有抗性（Ortigosa et al.，2019）。利用 CRISPR/Cas9 诱导番茄 *SlDMR6-1*（拟南芥 *S* 基因 *downy mildew resistant 6* 的同源基因）突变，获得缺失突变体，该突变体对黄单胞菌（*X. gardneri* Xg153）、穿孔黄单胞菌（*X. perforans* Xp4b）及丁香假单胞菌（*Pseudomonas syringae* DC3000）的抗性均有所提高（Daniela et al.，2019）。

3. 病毒病　　对于病毒病的基因编辑，在多个作物上以真核翻译起始因子 eIF4E 为靶标获得了抗病材料。钱德拉塞克兰（Chandrasekaran）等（2020）利用 CRISPR/Cas9 技术，定位于 *eIF4E* 基因的 N 端和 C 端干扰 *eIF4E* 基因。在 T_1 代转化的黄瓜植株中，*eIF4E* 基因的靶向位点出现了小片段的缺失和单核苷酸多态性（SNP），但在推测的脱靶位点中没有出现。选择非转基因杂合 *eif4e* 突变体植株生产非转基因纯合 T_3 代植株，以 *eIF4E* 两个位点为靶点的 Cas9-sgRNA 诱导 T_3 代对番木瓜黄花叶病毒（Zucchini yellow mosaic virus）和番木瓜环斑花叶病毒（Papaya ring spot mosaic virus-w）具有抗性，而杂合突变体和非突变体植株则对这些病毒高度敏感，在黄瓜中培育出了具有病毒抗性的突变体。在木薯（*Manihot esculenta*）中敲除 *eIF4E5* 异构体，获得的 *ncbp-1/ncbp-2* 突变体中根坏死的严重程度和发生率降低，证明在木薯中同时修饰多个基因可以实现对木薯褐条病（CBSD）的耐病性（Gomez et al.，2019）。

在番茄中已经产生一种通过靶向编码外壳蛋白（CP）或复制酶（Rep）的病毒基因而稳定编辑的 CRISPR/Cas9 系统，这些番茄转基因植株对番茄黄化曲叶病毒（TYLCV）感染的抗性也显著增强（Tashkandi et al.，2018）。同时利用 CRISPR/Cas12a 技术保护马铃薯植株免受马铃薯病毒 Y 的侵袭，马铃薯转基因株系表现出 PVY 积累和病症的抑制（Zhan，2019）。

（二）非生物胁迫抗性

与基因组编辑介导的园艺植物抗生物胁迫相比，基因组编辑对园艺植物抗非生物胁迫的遗传改良相对滞后，目前只是获得了一些抗性材料。低温、高温及干旱是最常见的非生物胁迫，是园艺植物生产的重要环境限制因子。CRISPR/Cas9 介导的番茄 LATERAL ORGAN BOUNDARIES DOMAIN（LBD）转录因子编码基因 SlLBD40 的突变显著增强了番茄的耐旱性（Konermann et al.，2018），凸显了基因组编辑在番茄耐旱性育种中的可用性（Liu et al.，2020）。敲除生长素响应因子基因 SlARF4 可提高番茄植物在胁迫条件下的盐分和渗透耐受性（Bouzroud et al.，2020）。Pan 等（2021）证实敲除光敏色素互作因子基因 SlPIF4 可提高番茄花药对低温与高温的抗性，从而提高坐果率，增加产量。

此外，由 CRISPR/Cas9 产生的番茄支链氨基酸合成基因 ALS1 的突变显示对磺酰脲类除草剂氯磺隆的抗性增强（Danilo et al.，2019）。维尔利特（Veillet）等（2019）对番茄和马铃薯的乙酰乳酸合酶（acetolactate synthase，ALS）基因进行了靶向转化，成功高效地编辑了目标胞苷碱基，在番茄中获得了精确碱基编辑效率高达71%的抗氯磺隆植物。Tian 等（2018）选择西瓜乙酰乳酸合酶基因作为碱基编辑的靶点，成功构建了高效的碱基编辑系统，培育出了非转基因抗除草剂西瓜品种。

（三）产品器官品质

马铃薯的大部分组织中都积累了甾体糖苷生物碱（steroidal glycoalkaloids，SGA）。由于 SGA 具有苦味并显示出对各种生物的毒性，因此降低块茎中的 SGA 含量是马铃薯育种的必要条件。仲安（Nakayasu）等（2018）研究表明在 SGA 生物合成的过程中敲除编码类固醇 16α-羟化酶的 St16DOX 会导致马铃薯根毛中 SGA 积累的完全消除。通过基于 CRISPR/Cas9 介导的基因组编辑多重靶向 St16DOX，在毛状根中，两个独立的株系没有显示出可检测到的 SGA，但积累了 St16DOX 的底物——22,26-二羟基胆固醇的糖苷，实现了四倍体马铃薯无 SGA 毛状根的产生。

多酚氧化酶（PPO）催化酚底物转化为醌，导致水果和蔬菜中深色沉淀的形成，这一过程被称为酶促褐变。在马铃薯中，PPO 由一个多基因家族编码并具有不同的表达模式。应用 CRISPR/Cas9 系统诱导 StPPO2 基因突变（Gonzalez et al.，2020）。与对照组相比，StPPO2 基因的 4 个等位基因的突变导致品系块茎 PPO 活性降低 69%，酶促褐变降低 73%。结果表明，基于 CRISPR/Cas9 系统的基因组编辑可以通过对 StPPO 基因家族的单个成员进行特异性编辑，来开发块茎酶促褐变率降低的马铃薯品种。此外，基于 CRISPR/Cas9 的诱变技术可同时敲除茄子中三个多酚氧化酶基因（SmelPPO4、SmelPPO5 和 SmelPPO6），可以有效减少茄子果实果肉褐变（Maioli et al.，2020）。

在亚洲，粉红番茄比红番茄更受欢迎，在不同的红番茄中，CRISPR/Cas9 介导的番茄 MYB12（番茄类黄酮生物合成的主要调节因子基因）的靶向破坏成功地获得了粉红番茄（Deng et al.，2018）。CRISPR/Cas9 介导的敲除类胡萝卜素生物合成途径中的番茄类胡萝卜素异构酶基因（CRTISO）和番茄红素合酶 1 基因（PSY1）分别产生橙色和黄色番茄（Dahan-Meir et al.，2018）。在红色番茄中，利用 CRISPR/Cas9 或 TALEN 将内源花青素生物合成基因 SlANT1 上游的强启动子定向插入，产生了紫色番茄（Čermák et al.，2015），这也是基因组编辑介导的目的基因插入在植物育种中的一个极好的案例研究。

Li 等（2018）利用 CRISPR/Cas9 对番茄类胡萝卜素代谢途径相关基因 *stay-green 1*（*SGR1*）、番茄红素 ε-环化酶基因（*LCY-E*）、β-番茄红素环化酶基因（*Blc*）、番茄红素 β-环化酶 1 基因（*LCY-B1*）和 *LCY-B2* 进行多重编辑，多重编辑番茄果实的番茄红素含量增加了约 5.1 倍。CBE 介导的其他三个负责类胡萝卜素积累的番茄基因的核苷酸替换，包括 DNA 损伤紫外线结合蛋白 1 基因（*SlDDB1*）、脱氧糖化酶 1 基因（*SlDET1*）和番茄红素 β-环化酶基因（*SlCYC-B*），也显示出类胡萝卜素、番茄红素和 β-胡萝卜素总量显著增加（Hunziker et al.，2020）。番茄果实中含有大量的 γ-氨基丁酸（GABA），这是一种抑制性神经递质。2021 年 9 月日本东京的 Sanatech Seed 公司推出了世界上第一款直接消费的基因编辑番茄，其 γ-氨基丁酸（GABA）是普通番茄的 4~5 倍。2022 年，英国科学家凯西·马丁（Cathie Martin）教授团队通过基因编辑敲除 7-DHC 还原酶（Sl7-DR2）增加 7-脱氢胆固醇（7-DHC，维生素 D_3）水平以进行番茄中维生素 D_3 生物强化合成维生素 D（Li et al.，2022）。这些结果表明，通过基因组编辑介导的敲除或核苷酸替换可以通过调控植物营养物质的合成和代谢途径来有效地改善植物营养物质。

单性结实受多种植物激素控制，尤其是生长素。利用 CRISPR/Cas9 系统编辑生长素/吲哚-3-乙酸基因 *SlIAA9*，或者生长素响应转录因子（ARF）编码基因 *SlARF7* 和 *SlARF5* 获得突变体，可以产生无籽番茄果实（Hu et al.，2018；Ueta et al.，2017）。值得注意的是，由 CRISPR/Cas9 产生的 MADS-box 基因 *SLAAGAMOUS-LIKE 6*（*SlAGL6*）的突变体也是单性结实的，甚至在高温下表现出更高的产量（Klap et al.，2017）。

保质期是影响水果质量的一个重要因素。从番茄突变体 *alcobaca*（*alc*）中鉴定出 CRISPR/Cas9 诱导的番茄 *ALC* 的突变和替换，并被证明是 *NOR* 基因的一个等位基因，通过基因型和表型鉴定进一步确定其优良的贮藏性能（Yu et al.，2017）。CRISPR/Cas9 诱导的番茄细胞壁修饰酶编码基因 *PL* 突变通过增强果实硬度显著提高了番茄果实的货架期（Uluisik et al.，2016）。值得注意的是，番茄果实其他特征没有显著改变，*alc* 自发突变体和 *PL*-RNAi 果实甚至显示出对植物病害的抵抗力增强。因此，转录因子编码基因 *ALC* 和果胶裂解酶基因 *PL* 是番茄遗传改良的重要基因资源。

（四）其他园艺性状的改良

要实现二倍体马铃薯杂交育种，需克服两个关键障碍：自交不亲和与自交衰退。大多数二倍体马铃薯无性系具有配子体自交不亲和性，这种自交不亲和性主要由一个被称为 S-locus 的多等位基因位点控制，该位点由紧密相连的基因、S-locus RNA 酶（S-locus RNase）和多个 SLF（S-locus F-box protein）组成，在花柱和花粉中表达。为了产生自交亲和的二倍体马铃薯株系，采用双 sgRNA 靶向 *S-locus RNase* 基因的保守外显子区域获得的突变体株系，表现为自交亲和性，并能够将自交亲和性传递给 T_1 后代（Enciso-Rodriguez et al.，2019）。该研究为马铃薯二倍体育种提供了一种通过 *S-locus RNase* 敲除实现稳定、一致的自交亲和性的有效途径。

利用 CRISPR/Cas9 诱导番茄信号肽基因 *CLV3* 启动子、番茄花序构型基因 *COMPOUND inflorecence*（*S*）或番茄结构基因 *SELF-PRUNING*（*SP*）发生突变。其中一些 CRISPR/Cas9 介导的顺式调控突变显示出花器官数量或果实大小的增加，从而提高了番茄果实的产量（Rodríguez-Leal et al.，2017）。番茄日长敏感开花特性是由成花原拟相似物和开花抑制物 *SP5G* 驱动的。由于顺式调控的变异，野生番茄在长时间内可诱导 *SP5G* 高水平表达，而栽培番茄则不能。CRISPR/Cas9 工程基因介导的 *SP5G* 突变导致了番茄的快速开花，并增强了番茄田间紧凑的生长习惯，从而实现了早期产量。此外，CRISPR/Cas9 介导的番茄开花抑制因子 *SELF-PRUNING 5G*（*SP5G*）、*SELF-PRUNING*（*SP*）、小肽编码基因 *CLV3*（*CLAVATA3*）、*WUS*、维生素 C 生物合酶编码基因 *SlGGP1* 的多重编辑也具有驯化表型，同时保留了番茄植株的亲本抗病和耐盐性（Li et al.，2018）。

三、基因组编辑技术在园艺植物上的应用前景

基因组编辑的安全性论述详见本书第十五章有关内容。

基因组编辑正在彻底改变植物的基础研究，因为它在创造植物基因组 DNA 突变方面非常简单和可用。然而，其他经典的研究方法，包括 RNAi 介导的基因沉默和自发突变基因的鉴定，仍被广泛用于植物尤其是非模式植物的基因功能表征。一系列研究表明，与之前的自发突变体或 RNAi 植物相比，番茄中几个果实成熟所需基因如 *RIN*、*Nor* 等的 CRISPR/Cas9 诱导突变显示出不一致的成熟表型，在水稻中也报道了类似的现象。这些结果显示了利用基因组编辑重新认识植物不同生理过程中所必需的基因的实际意义。

目前，基因组编辑技术已成功应用于从单子叶到双子叶的各类植物中，但部分园艺植物基因组编辑技术应用失败的主要原因是缺乏稳定的遗传转化系统。最新建立的纳米颗粒或病毒介导的植物基因组编辑分生组织的从头诱导等技术，避免了耗时的组织培养，为基因组编辑在转基因困难植物上的可用性带来了很大的希望。

由基因组编辑工具产生的精确的敲入和替代突变将进一步加快园艺植物的精确育种。ZFN 由于特异性不高、脱靶问题严重及获得 ZFN 蛋白非常困难，其广泛应用受到严重阻碍。TALEN 的优点是特异性高、脱靶效应低，但载体构建较烦琐、编辑效率不是很高且难以同时对多个基因进行编辑。CRISPR/Cas 系统的优点是编辑效率非常高，设计和构建极其简单，仅需设计、合成靶点识别序列，且也只需将 sgRNA 串联就能实现多基因编辑；但 CRISPR/Cas 系统的特异性稍差，存在较明显的脱靶效应，另受 PAM 识别位点限制。目前，ZFN 已基本被 TALEN 和 CRISPR/Cas 系统所取代，而 TALEN 在植物基因组编辑中也已逐渐失去优势。虽然基因组编辑技术在园艺植物育种中有大量的应用，用于提高产量、营养品质和胁迫反应等农艺性状，但是在园艺植物育种上仍然有很长的路要走。基因组编辑产生的突变体大多是通过敲除目的基因而产生的功能缺失突变体。功能缺失突变体在表征基因功能方面具有独特的优势，但大多数突变体通常无法产生农业上有用的表型。相反，通过碱基置换或定向转基因插入获得功能突变显示出在作物改良中直接应用的巨大潜力。据报道，DNA 碱基编辑器 CBE 介导的碱基替换和 CRISPR/Cas9 介导的外源有价值基因的靶向转基因插入可以提高番茄对非生物胁迫的抗性，并可培育紫色番茄。此外，最近的引物编辑系统，可以通过安装所需的替换和插入来实现精确的基因组编辑，在 CRISPR/Cas9 中使用化学修饰的 DNA 作为供体可以大大提高基因插入的效率。因此，基因组编辑介导的功能获得突变在植物精准育种中具有广阔应用前景。

尽管基因组编辑已被用于改善许多不同作物的农艺性状，主要包括产量、营养质量和胁迫反应，但在未来的基因组编辑介导的精确植物育种中，还需要探索以下有待深入的或新的育种方向：①基因组编辑介导的延长园艺产品货架期以减少采后损失；②基因组编辑植物生长基因，生产紧凑、同步成熟、很少脱落的水果和蔬菜，更适合机械收获；③基因组编辑介导的其他重要作物和半栽培或非栽培植物野生近缘种的从头驯化；④基因组编辑技术在植物

分子农业中的应用，通过对重组药物蛋白进行修饰或直接靶向插入外源药物蛋白编码基因来生产高价值的重组药物蛋白；⑤基因组编辑在植物多样化育种中的应用。

小　结

　　本章要求学生在了解植物基因组编辑技术的发展过程基础上，理解并掌握基因组编辑、锌指核酸酶（ZFN）、转录激活因子样效应物核酸酶（TALEN）、成簇规律间隔短回文重复（CRISPR）技术等基本概念，并掌握 CRISPR/Cas 基因编辑技术的基本原理，了解 CRISPRa 与 CRISPRi 技术原理与应用上的异同；掌握 CRISPR/Cas9 系统引物设计方法及载体构建技术。在了解不同基因编辑系统发展过程中，分析各系统的优缺点及适用范围，结合园艺植物上的应用实例，能够针对不同研究对象与目的选择适宜的 CRISPR/Cas 敲除或激活系统。了解国际上基因编辑技术的发展趋势，以及基因编辑产品监管的现状与动态，提出推动我国基因编辑等生物育种技术与产品的发展建议。

思考题

1. 简述植物基因组编辑技术、ZFN、TALEN、CRISPR/Cas、NHEJ 和 HDR 的概念与含义。
2. CRISPR/Cas9 技术的原理是什么？同其他基因组编辑技术相比较有什么优势？
3. 比较目前植物不同 CRISPR/Cas 系统的优缺点及适用范围。
4. CRISPRa 与 CRISPRi 技术原理与应用上有什么异同？
5. 基因编辑产品与转基因产品的异同？

推荐读物

1. 苏钺凯，邱镜仁，张晗，等. 2019. CRISPR/Cas9 系统在植物基因组编辑中技术改进与创新的研究进展. 植物学报，54: 385-395

2. Gao C. 2021. Genome engineering for crop improvement and future agriculture. Cell, 184(6): 1621-1635

3. Rehman F, Gong H, Bao Y. 2022. CRISPR gene editing of major domestication traits accelerating breeding for *Solanaceae* crops improvement. Plant Mol Biol, 108: 157-173

4. Xia X, Cheng X, Li R, et al. 2021. Advances in application of genome editing in tomato and recent development of genome editing technology. Theor Appl Genet, 134(9): 2727-2747

遗传标记（genetic marker）是指园艺植物基因型特殊的、易于识别的表现形式，包括外部形态、染色体结构与数目、生物大分子结构与序列等方面的变异，而所有的遗传标记则构成了园艺植物的遗传多态性。随着遗传学的发展，遗传标记已经从最初的植株整体水平发展到现代的 DNA 分子水平，形成了形态学标记、细胞学标记、蛋白质标记和 DNA 标记 4 种主要遗传标记类型，同时也体现了人类对基因从现象到本质的认知过程。在遗传标记中，DNA标记因为其丰富性所以是应用最广泛的标记。

第一节 园艺植物遗传标记的类型与发展

一、遗传标记的类型

（一）形态学标记

形态学标记是指能明确反映园艺植物遗传多态性的外部形态特征。典型的形态学标记用肉眼即可观察和识别，包括花色、叶形、株高、果形、种子形态等，如玫瑰花瓣的白色与黄色、桃果实的有毛与无毛、番茄植株的有限生长与无限生长等都属于形态学标记。广义的形态学标记还包括借助简单测试即可识别的性状，包括生理特性、生殖特性（育性）、抗病性、抗逆性等。形态学标记简单直观、容易观察记载。但有其明显的局限性，主要表现为：①可利用的形态学标记较少；②许多形态学标记为显隐性，无法区分纯合体与杂合体基因型；③有些形态学标记（如种子形态）到植物生育后期才能表现；④有些形态学标记（如产量）受环境影响较大；⑤有些形态学标记与不良性状连锁。

（二）细胞学标记

能明确显示遗传多态性的细胞学特征称为细胞学标记。染色体结构特征和数目特征是最常见的细胞学标记。荧光原位杂交技术（fluorescence *in situ* hybridization，FISH）及基因组原位杂交技术（genomic *in situ* hybridization，GISH）是新发展起来的染色体多态性检测方法，其基本原理是以特异 DNA 序列为探针，经荧光标记后同染色体进行原位杂交，根据荧光信号的位置检测易位系、代换系和附加系等染色体变异。染色体的核型、带型和数目具有物种稳定性，克服了形态学标记易受环境影响的缺点，并且利用易位系、非整倍体及 FISH 或 GISH可以实现基因的染色体定位。其缺点是：①筛选和创制具有细胞学标记的材料需要花费大量的人力与物力；②园艺植物多为二倍体植物，对染色体结构和数目变异的耐受性较差，标记材料难以保存或保持遗传稳定；③某些标记材料常伴随着对园艺植物有害的表现型效应，使观测和鉴定比较困难；④标记数目有限，不涉及染色体结构和数目变化的性状难以检测。

（三）蛋白质标记

植物体内许多蛋白质分子数量丰富、分析简单快捷，能够更好地反映遗传多态性，是一种有用而可靠的遗传标记。用于标记的蛋白质包括非酶蛋白和酶蛋白。血清学也可以用来研究蛋白质标记，根据抗原与抗体的特异性结合及沉淀反应的强度来判断蛋白质在不同物种间的同源性和相似性程度，从而探讨它们的进化关系。与形态学标记和细胞学标记相比，蛋白质标记具有多态性更高、受环境影响更小、表现共显性、可在植株生长早期检测、所需植物材料少、对主要性状无不良影响等优点。其不足：①可利用的标记数目有限，并且仅能反映基因组编码区的遗传信息；②蛋白质电泳的分辨率有限，并非所有的氨基酸变异都能检测，尤其是 DNA 序列的无义突变；③每一种同工酶标记都需要特定的显色方法；④某些酶的活性具有组织或发育特异性，有时候还受到环境因素和植物激素的影响。

（四）DNA 标记

DNA 标记是直接在 DNA 水平检测生物间的 DNA 核苷酸序列多态性差异，是 DNA 水平上遗传变异的反映。与其他几种遗传标记相比，分子标记具有以下优点：①多态性高，可检测整个基因组；②表现稳定，不受环境及植物组织器官、发育阶段和是否表达的影响；③许多分子标记表现为共显性，可区分纯合与杂合基因型；④表现中性，不影响目标性状的表达，与不良性状无必然连锁；⑤DNA 序列变异广泛存在，不需要创制特殊的遗传材料。目前，DNA 标记已经广泛应用于园艺植物的系统进化分析、遗传图谱构建、分子标记选择、品种纯度检测等。

二、园艺植物分子标记的发展历史及分子标记的类型

园艺植物 DNA 序列变异的存在是客观的，但这种变异能否成为遗传标记则要依赖于分子标记多态性检测技术的发展，目前常用的园艺植物分子标记大致可以分为基于 Southern blotting、基于 PCR 扩增和基于 DNA 序列测定三大类。

（一）园艺植物分子标记的发展历史

分子标记发展过程及最新进展是深入了解遗传学的重要工具，并极大地补充了育种策略。1974 年，格罗兹迪克（Grozdicker）等在鉴定温度敏感表型的腺病毒 DNA 突变体时，发现利用限制性内切酶酶解后得到的 DNA 片段有差异，因此首创了第一代 DNA 分子标记，将其命名为限制性片段长度多态性（restriction fragment length polymorphism，RFLP）标记。第一代分子标记主要是以分子杂交技术为基础的分子标记。1982 年，哈马德（Hamade）发现了简单序列重复（simple sequence repeat，SSR）标记。1990 年，威廉姆斯（Williams）和威尔士（Welsh）等发明了随机扩增多态性 DNA（randomly amplified polymorphic DNA，RAPD）标记和任意引物 PCR（arbitrary primer PCR，AP-PCR）。1991 年亚当斯（Adams）等建立了表达序列标签（expressed sequence tag，EST）标记技术，其相对简单、可以快速鉴定大批基因的表达。1993 年，扎博（Zabeau）和沃斯（Vos）合作发明了扩展片段长度多态性（amplified fragment length polymorphism，AFLP）标记。同年，帕朗（Paran）提出了序列特征化扩增区域（sequenced characterized amplified region，SCAR）标记。另外，克奈泽（Konieczny）和奥苏贝尔（Ausubel）也在 1993 年首次在拟南芥中开发出 CAPS（cleaved amplified polymorphic sequence）标记。1994 年，齐特基维茨（Zietkiewicz）等发明了简单重复间序列（inter-simple sequence repeat，ISSR）标记。1995 年，威尔克斯库（Velculescu）等发明了基因表达系列分析（serial analysis of gene expression，SAGE）技术。2001 年，Li 和奎罗斯（Quiros）提出了基于 PCR 的相关序列扩增多态性（sequence related amplified polymorphism，SRAP）标记。

2003 年，胡（Hu）和维克（Vick）又提出了基于 PCR 的靶位区域扩增多态性（target region amplified polymorphism，TRAP）。以上这些标记被称为第二代分子标记，它们以聚合酶链反应（PCR）为基础建立。第三代分子标记是在 1994 年被发现的单核苷酸多态性（single nucleotide polymorphism，SNP）标记。但是直到 1996 年，才由埃里克·兰德（Eric Lander）正式提出 SNP 为第三代分子标记，它是基于 DNA 芯片技术的一种分子标记技术。

（二）园艺植物分子标记的类型

1. 基于分子杂交的 DNA 标记　　基于 Southern blotting 的分子标记是第一代分子标记，主要包括 RFLP 标记和小卫星标记。这类标记是利用限制性内切酶切割不同生物体的 DNA 分子，然后用同位素（如 ^{32}P 等）或非同位素（如生物素等）标记的同源 DNA 或 cDNA 片段作探针进行 DNA 间杂交，通过放射自显影或非同位素显色技术来揭示 DNA 的多态性。

（1）RFLP 标记　　RFLP 是利用限制性内切酶切割不同生物个体的 DNA，根据含有与杂交探针同源序列的酶切片段的长度来检测 DNA 序列差异的技术。RFLP 是由 Grodzicker（1974）建立的，博斯坦（Bostein）于 1980 年首次将其作为遗传标记进行人类遗传连锁图谱构建。园艺植物在长期的进化过程中，如果其 DNA 序列在限制性内切酶酶切位点或酶切位点之间发生了单核苷酸突变或 DNA 序列的插入、缺失、重排等变异，就会造成酶切位点数目增加或减少，或酶切位点之间的 DNA 序列长度发生变化。这样，利用限制性内切酶切割 DNA 时，酶切产物的长度也相应地发生了变异，这就是 RFLP 多态性产生的分子基础。利用 RFLP 技术检测园艺植物 DNA 多态性的基本步骤（图 10-1）：①提取高纯度的植物基因组 DNA；②利用限制性内切酶切割 DNA，获得长度不同的 DNA 片段；③利用琼脂糖凝胶电泳分离这些片段，使不同长度的片段处于凝胶的不同位置，形成连续的电泳谱带；④将凝胶放入碱性缓冲液，使 DNA 分子由双链变性为单链；⑤利用毛细管作用将单链 DNA 分子由凝胶转移并固定到固相支持物上（硝酸纤维素膜或尼龙膜），称为转膜；⑥用 ^{32}P 或生物素标记准备好的同源探针（一般为单拷贝或低拷贝的 DNA 或 cDNA 克隆，长度为 500～3000bp），并将其变性为单链；⑦将标记好的探针与硝酸纤维素膜或尼龙膜上的 DNA 片段进行杂交，然后洗去未杂交上的单链探针；⑧利用放射自显影或免疫技术检测杂交信号、显示杂交带，如果杂交带的位置有差异，那么这种差异就是 RFLP。

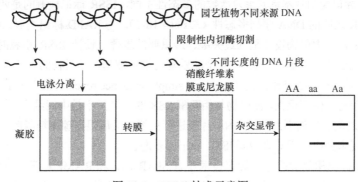

图 10-1　RFLP 技术示意图

（2）小卫星标记　　小卫星是指园艺植物基因组中广泛存在的串联重复序列，通常以 15～75 个核苷酸为 1 个基本单元。小卫星基本单元的数目在不同来源 DNA 中的变化很大，其长度表现出高度的多态性，因而小卫星标记也被称为可变数目串联重复（variable number tandem repeat，VNTR）标记。小卫星标记与 RFLP 标记的原理大致相同，只是对限制性内切酶和杂交探针有特殊要求。限制性内切酶的酶切位点必须在重复序列之外，以及保证小卫星序列的完整性；杂交探针必须是小卫星的重复单元序列，这样才能检测到众多小卫星位点，从而得到个体特异性的 DNA 指纹图谱。小卫星标记技术产生的带型丰富，但由于多态性分布比较集中，并且筛选、合成探针困难，所以其应用受到一定的限制。

2. 基于 PCR 扩增的 DNA 标记　　　PCR 技术发明之后，多种基于 PCR 的第二代分子标记技术便被开发出来，这类标记的主要特点是模板 DNA 用量少、分析简单、不需要制备杂交探针。根据多态性检测区域、PCR 反应引物等方面的不同，常用的基于 PCR 的分子标记主要有 RAPD、SSR、ISSR、STS、SCAR、AFLP、SRAP、TRAP、RTNs 和 CAPS 标记等。

（1）RAPD　　　RAPD 标记是由 Williams 和 Welsh（1990）同时提出，其操作步骤与常规 PCR 基本相似，只是所用引物不同。常规 PCR 使用双引物，通常为 18～30bp，且为特殊合成序列；而 RAPD 标记使用单引物，通常为 10bp 的随机序列，这种短引物使扩增条带更多，能显著提高检测 DNA 多态性的能力。由于园艺植物基因组中存在许多反向重复序列，因此在进行单引物 PCR 时，引物与分别位于两条单链上的反向重复序列结合，使重复序列之间的区域得以扩增。不同来源的 DNA 序列如果在引物结合位点存在差异，将会导致扩增片段数目的差异，从而产生表现显性的多态性条带；如果在引物结合位点之间的序列存在差异（如发生插入、缺失突变），将会导致扩增片段长度的差异，从而产生表现共显性的多态性条带，一般情况下以前者居多。这些扩增片段的多态性反映了不同个体基因组 DNA 相应区域的多态性，这便是 RAPD 标记形成的分子基础。

（2）SSR　　　园艺植物基因组中广泛存在着以 2～6 个核苷酸为 1 个基本单元的串联重复序列，如（GA）$_n$、（AT）$_n$、（A）$_n$ 等（n 为重复次数，一般为 10～50），这类重复序列称为微卫星（microsatellite）或 SSR。SSR 基本单元的重复次数在同一物种不同基因型间的差异很大，但 SSR 两侧却是高度保守的单拷贝序列，因此根据 SSR 两侧序列设计一对引物，利用 PCR 技术对 SSR 本身进行特异性扩增，经聚丙烯酰胺凝胶电泳分离后，扩增片段长短的变化可以显示该物种不同基因型 DNA 在每个 SSR 位点上的多态性，即 SSR 标记（二维码 10-1）。

10-1

（3）ISSR　　　ISSR 也是一种以 SSR 为基础的分子标记技术，由 Zietkiewicz 等（1994）提出，与 SSR 标记检测基本单元重复次数的多态性不同，ISSR 标记检测的是两个距离较近、方向相反的 SSR 之间的 DNA 序列多态性（二维码 10-2）。与 RAPD 标记类似，ISSR 也属于随机引物分子标记，其中引物设计是其最关键、最重要的步骤。设计 ISSR 引物时，常在 4～8 个 SSR 基本单元的 3′端或 5′端添加 1～4 个非重复的锚定碱基，使引物的总长度达到 16～18bp，ISSR 标记也因此称为 ASSR 标记（anchored simple sequence repeat，锚定 SSR）。添加锚定碱基的目的是引起特定位点退火，使引物与相匹配 SSR 的一端而不是中间结合，从而对位于两个反向排列 SSR 之间、间隔不太大的 DNA 片段进行扩增，最后根据琼脂糖凝胶电泳分离谱带的有无及相对位置来分析不同基因型间 ISSR 标记的多态性。

10-2

与 ISSR 标记相类似的分子标记技术还有 SPAR 标记和 RAMP 标记。SPAR（single primer amplification reaction，单引物扩增反应）标记也使用单引物，但并不是随机引物，而是 SSR 的重复序列，如（TA）$_{10}$ 或（CGA）$_6$ 等，检测的也是 SSR 之间的 DNA 序列多态性，多数为显性遗传，但有些也为共显性遗传，其原理及步骤与 RAPD 极为相似。RAMP（random amplified microsatellite polymorphism，随机扩增微卫星多态性）标记则将 ISSR 和 RAPD 结合起来，使用 1 条 5'端加锚的 ISSR 引物和 1 条 RAPD 随机引物组成的引物对，可对基因组中的 SSR 序列进行随机扩增，并检测其多态性。

（4）STS 和 SCAR　　为了利用早期 RFLP 标记的研究成果，避免其放射性同位素危害，需要将 RFLP 转化成以 PCR 为基础的标记，STS（sequence-tagged site，序列标志位点）就是由此提出的，通常采用的办法是将与目的性状基因连锁的 RFLP 标记的两端测序，并根据测序结果分别合成 20bp 左右的特异引物，通过 PCR 扩增产生一段 200～500bp 的特异序列，然后通过凝胶电泳检测其多态性。由于扩增序列在园艺植物基因组中往往只出现一次，因此能够据此界定基因组的特异位点。STS 标记的检测只包括 PCR 扩增和凝胶电泳两个步骤，实验操作简单，STS 标记呈共显性遗传，产生的遗传信息可靠，因此可作为共同位标在不同组合的遗传图谱间进行标记转移，但将 RFLP 标记转化成 STS 标记以后，多态性会降低。

SCAR 标记是在 RAPD 标记基础上发展起来的，其基本流程是首先回收、克隆目标 RAPD 片段，并对其末端测序，然后根据 RAPD 片段两端序列分别设计长度为 20～24bp 的特异引物（含原 RAPD 引物序列），对基因组 DNA 再进行 PCR 特异扩增，得到与原 RAPD 片段相同的特异条带，这种经过转化的特异 DNA 分子标记称为 SCAR 标记。SCAR 标记一般为显性遗传，有时也表现为共显性遗传，不同来源 DNA 间的差异可通过扩增产物的有无来显示。由于 SCAR 标记使用的引物较长，因而实验的重复性和稳定性比 RAPD 标记大大提高。现在的园艺植物研究者大多先进行 RAPD 分析，获得与目的性状相连锁的标记，然后再转化为稳定的 SCAR 标记，从而在植株生长早期可对园艺植物分离群体进行大规模筛选来提高选择效率。AFLP 标记由于操作烦琐，在进行分离群体筛选时也常转化为 SCAR 标记。

此外，SRAP 和 TRAP 标记也常用于园艺植物的遗传图谱构建、重要性状基因标记、种质资源的多样性研究及分子标记辅助育种等方面。

3. 基于限制性酶切和 PCR 扩增的 DNA 标记

（1）AFLP 标记　　AFLP 是 Zabeau 和 Vos 等（1993）提出的，其原理是选择性扩增园艺植物基因组 DNA 的双酶切片段，检测的多态性是酶切位点的变化或酶切片段间 DNA 序列的插入与缺失，实质是 RFLP 和 PCR 两项技术的结合，既有 RFLP 的可靠性，也有 PCR 的灵敏性。

AFLP 标记操作的主要步骤为用两种限制性内切酶（识别位点分别为 6 碱基和 4 碱基，如 *Eco*R I 和 *Mse* I）共同切割园艺植物基因组 DNA，产生 3 种具有黏性末端的酶切片段：第一种两端均为 *Eco*R I 酶切位点，第二种两端均为 *Mse* I 酶切位点，第三种一端为 *Eco*R I 酶切位点，另一端为 *Mse* I 酶切位点。在 DNA 连接酶作用下，将两种分别具有 *Eco*R I 和 *Mse* I 酶切位点黏性末端的接头（adapter）连接到酶切片段的两端，由于第一种和第二种类型酶切片段的黏性末端会发生自我配对而形成环状 DNA，所以只有第三种类型的酶切片段能连上接头。以连接产物为模板，用预扩增引物进行第一次 PCR 扩增（预扩增），再以预扩增产物为模板，用选择性引物进行第二次 PCR 扩增（选择性扩增）。最后利用变性聚丙烯酰胺凝胶电泳分离选择性扩增片段，通过银染或荧光显带可检测其多态性（二维码 10-3）。AFLP 标记的主要不足包括：①对基因组 DNA 和内切酶的质量要求高，酶切不完全可能会出现假阳性；②操作步骤较多，对实验技能要求较高，成本也较高；③大多数为显性标记，并且很难鉴别等位基因；④该技术已申请专利，只能用于非营利性的科学研究。

10-3

（2）CAPS 标记　　CAPS（酶切扩增多态性序列）又称为 PCR-RFLP，是特异引物 PCR 与限制性酶切相结合而产生的一种 DNA 标记，其基本原理是先根据已知位点的 DNA 序列

（序列信息可来自基因数据库、基因组克隆或 cDNA 克隆及克隆的 RAPD 条带）设计特异性引物（19～27bp）进行 PCR 扩增，然后利用限制性内切酶切割扩增产物，最后通过凝胶电泳检测酶切片段的多态性。CAPS 标记实际上可看作 STS 和 SCAR 等特异引物 PCR 标记的一种延伸，当特异引物扩增产物的电泳谱带不表现多态时，用限制性内切酶对扩增产物进行酶切，然后再经电泳检测其多态性。与传统 RFLP 技术一样，CAPS 标记结果稳定可靠，为共显性，并且避免了 RFLP 分析中转膜、杂交等烦琐步骤，使实验过程大大简化，同时引物与限制酶的组合非常多，增加了揭示多态性的机会，所以说 CAPS 是一种较理想的分子标记技术。

此外，RTNs、SSAP、RIVP、IRAP、REMAP、RBIP、iPBS 等标记分别在不同园艺植物上有应用的报道，限于篇幅，这里不再赘述。

4. 其他 DNA 标记

（1）基于序列测定的分子标记　　基于 Southern blotting 和基于 PCR 扩增的分子标记技术都是以 DNA 片段的长度来表示园艺植物基因组 DNA 的多态性，但最彻底、最精确的方法是直接测定不同来源基因组特定区域的核苷酸序列，通过相互比较后可以检测出由单个核苷酸变异而引起的 DNA 序列多态性，这种多态性称为基于序列测定的分子标记，最主要的代表是 SNP 标记。

SNP 标记是指园艺植物基因组由于单个核苷酸变异而引起 DNA 序列多态性，包括单碱基的转换、颠换及单碱基的插入或缺失。理论上 SNP 在同一个核苷酸位置可以有 4 种碱基形式，也就是说 SNP 具有 4 个等位基因，但实际上 SNP 多表现为双等位基因，称为双等位基因标记。这样，单个 SNP 所提供的遗传信息就会少于 RFLP 和 SSR 等多等位基因标记，但 SNP 在基因组中存在的频率较高，所以 SNP 的多态性实际上要高得多，而且双等位基因的特点使得 SNP 在检测时能通过简单的"＋/－"方式进行表型分析，而无须测定基因片段的长度，检测结果易于自动化。

目前获得 SNP 标记的途径主要有：①利用 EST 等数据库中的基因序列信息；②基于全基因组序列开发，对于已经完成全基因组测序的园艺植物，可通过对不同生态型或种质的全基因组序列进行比对挖掘其 SNP 位点；③基于测序技术开发。作为分子标记，SNP 具有以下优点：①双等位基因标记，便于自动化分析；②分布广泛、数量丰富、遗传稳定；③共显性遗传；④某些 SNP 位于基因编码区，直接影响蛋白质结构与功能，可能直接控制重要性状的变异；⑤检测技术已实现半自动化或全自动化。

（2）KASP 标记　　KASP（kompetitive allele-specific PCR）为竞争性等位基因特异性PCR 技术。它是近些年来发展起来的一种主要基于 SNP 的高通量基因分型技术，它能够在复杂的基因组 DNA 样品中对特定位点上的 SNP 和插入缺失（insertion-deletion, InDel）序列进行精准的双等位基因检测。其具体步骤：①含有 SNP 的等位基因-1 和等位基因-2 作为模板，针对等位基因 SNP 位点设计 2 个正向引物和一个通用反向引物，每条正向引物 3′ 端有特异性序列，可与荧光标记结合。②第一轮 PCR，能够和模板互补的正向引物得到延伸，无法和模板互补的正向引物无法延伸；第二轮 PCR，正向引物互补的特异性序列得以延伸，这步完成把通用标签序列引入与 SNP 对应的 PCR 产物。③随着 PCR 循环数增加，扩增子数量呈指数增长，荧光探针更多地退火到新合成的互补链上，发出荧光。不同颜色荧光即反映不同 SNP类型，使用酶标仪对试验结果进行检测。利用 KASP 技术，96 孔板、384 孔板和 1536 孔板可用于基因分型。KASP 中试验设计的成功率为 98%～100%。KASP 方法节省时间，且成本较低，已成功应用于园艺植物中。目前，已经开发了 70 种 KASP 分析方法。

三、园艺植物主要分子标记的技术特点比较

不同类型的园艺植物分子标记技术既有相同之处又有各自的特点，表 10-1 对几种常用分子标记技术的特点进行了总结和比较。

表 10-1　常用分子标记技术的特点比较

标记类型	RFLP	RAPD	SSR	ISSR	AFLP	SRAP	SNP	KASP
遗传特点	共显性	多数显性	共显性	显性/共显性	显性/共显性	显性/共显性	共显性	共显性
检测区域	低拷贝编码序列	全基因组	全基因组	全基因组	全基因组	开放阅读框	全基因组	开放阅读框
检测基因位点数	1～3	1～10	多数为1	1～10	20～200	20～50	2	2
多态性程度	中	较高	高	较高	较高	较高	非常高	非常高
探针/引物类型	基因组 DNA 或 cDNA 特异性低拷贝探针	9～10bp 随机引物	14～16bp 特异引物	16～18bp 特异引物	16～20bp 特异引物	17～18bp 特异引物	等位基因 特异引物	等位基因 特异引物
同位素标记	常用	不用	可不用	不用	可不用	可不用	不用	不用
DNA 质量	高	低	中	低	高	高	高	中
DNA 用量	5～10μg	10～25ng	25～50ng	25～50ng	1～100ng	25～50ng	≥50ng	25～50ng
可靠性	高	低/中	高	高	高	高	高	高
技术难度	高	低	低	低	中	低	高	低
自动化程度	低	中	较高	较高	较高	中	高	低
所需时间	多	少	少	少	中	少	多	中
实验成本	高	较低	中	较低	较高	中	高	低

第二节　常用的园艺植物 DNA 标记的种类及其原理

在园艺植物研究中，能反映遗传变异、提供系统学信息的 DNA 序列多态性位点，以及与目标性状连锁的 DNA 序列多态性位点均称为分子标记。

一、理想的 DNA 标记应具备的特点

DNA 分子标记是 DNA 水平上的遗传多态性，简称分子标记。理想的分子标记具有以下特点：①直接以 DNA 的形式表现，在植物体的各个组织、各发育时期均可检测到，而且不受环境限制，不存在是否表达的问题；②多态性高，自然界存在着许多等位变异，不需要专门创造特殊的遗传材料；③共显性遗传、遗传信息完整，由于分子标记通常是通过电泳凝胶上的条带显现，因而可通过条带在父本、母本及 F_1 代中的表现来判别是显性还是共显性；④数

量多，遍及整个基因组，检测位点近乎无限；⑤在基因组中分布均匀；⑥表现为"中性"，即不影响目标性状的表达，与不良性状无必然的连锁；⑦稳定性和重复性好；⑧容易获得且可快速分析；⑨开发成本和使用成本低。目前，还没有开发出一种分子标记技术能完全具备上述特点，所以利用分子标记技术进行园艺植物的科学研究时，科研工作者要根据需要解决的实际问题和所研究物种的遗传背景选择合适的分子标记技术。

二、SSR 分子标记的原理及应用

SSR 标记的基本原理：根据微卫星序列两端互补序列设计引物，通过 PCR 反应扩增微卫星片段，由于核心序列串联重复数目不同，因而能够用 PCR 的方法扩增出不同长度的 PCR 产物，将扩增产物进行凝胶电泳，根据分离片段的大小决定基因型并计算等位基因频率。

SSR 标记有以下特点：①检测到的一般是一个单一的多等位基因位点；②共显性遗传，符合孟德尔遗传定律，所以可以用来鉴别杂合子和纯合子；③数量丰富，覆盖整个基因组，而且分布均匀，多态性高；④SSR 序列的两侧序列常较保守，在同种而不同遗传型间相同；⑤重复性好，结果可靠；⑥SSR 标记需要大量的劳动力，特别是对富含 1 或 2 个重复基元的基因组 DNA 文库进行筛选时，并且自动化分析时起始费用高。

SSR 引物的来源：①首先要确定研究的园艺植物是否有可供参考的 SSR 序列，可以利用在线的 SSR 标记开发数据库。例如，PSSRD 数据库（http://www.pssrd.info/），该数据库是通过对白菜等园艺植物及代表性模式植物（共 112 种）进行了全基因组范围内所有基因的 SSR 分子标记的开发，并进行了系统深入的比较分析，最终搭建了植物 SSR 数据共享及分析平台 PSSRD（Song et al.，2021）。PMDBase 数据库（https://ngdc.cncb.ac.cn/databasecommons/database/id/1877），该数据库对已经测序的 110 个植物进行了鉴定，已发掘微卫星 DNA 位点超过 2600 万个，并为每个位点开发了 3 对引物。用户可获取目标物种有用的微卫星 DNA 位点和引物信息，以及每个位点所属物种、位置、起止、类型、大小及序列信息（Yu et al.，2017）。SSRome 数据库（http://mggm-lab.easyomics.org），该数据库整合了所有物种 SSR 在线数据资源的专业 SSR 数据库（Mokhtar et al.，2019）。另外，2020 年 3 月，杜贝（Dubey）等学者利用发表的 3 个茶树基因组数据及公布的 RNA-seq/GSS 序列、EST 和细胞器基因组中鉴定了茶树的 SSR 标记，并开发了茶树的 SSR 数据库 TeaMiD（http://indianteagenome.in:8080/teamid/）。②如果所研究的园艺植物没有可利用的序列，可以根据需要开发 SSR 引物。方法是借鉴其他近缘种引物序列，或者从该物种基因组序列中利用 SSRIT 或 SSR-Hunter 软件筛选 SSR 位点；或者通过筛选文库、测序开发自己的 SSR 引物。通过实验验证，最终筛出的位点需要符合不连锁、多态性好、易扩增的要求。

SSR 分子标记作为遗传标记具有很大的优越性，多应用于基因定位、亲缘关系分析、遗传图谱构建、品种分类鉴定和纯度鉴定等。例如，褚云霞等（2022）利用已公布的 SSR 引物，对 173 份花椰菜品种进行纯度验证，发现 SSR 引物可以很好地区分花椰菜和青花菜，说明 SSR 分子标记可以用于花椰菜品种鉴定。在牡丹中，利用 SSR 分子标记对 9 个牡丹野生种进行遗传多样性和亲缘关系分析，将 9 个野生种分为两类（Xue et al.，2021）。在黄瓜中，研究人员利用新开发的 SSR 分子标记对黄瓜白粉病 *pm-s* 基因进行遗传定位，共发现 17 个 SSR 标记与 *pm-s* 基因连锁。近侧标记 pmssr27 和 pmSSR17 分别与 *pm-s* 相距 0.1cM 和 0.7cM，并初步锁定到目的基因（Liu et al.，2017）。

三、基于单个核苷酸多态性的 DNA 标记（SNP 标记）

　　SNP 是美国学者 Eric（1996）提出的新一代分子标记技术，为第三代分子标记的代表。SNP 因其数量多、分布广泛、易于精准鉴定等优点被广泛应用于动植物各项遗传学研究，如经济性状关联分析、生物遗传连锁图谱构建、遗传多样性和亲缘关系研究、基因精细定位、分子标记辅助选择等领域。在园艺植物育种领域，检测 SNP 可实现对所需性状的早期选择。这种选择具有准确性高的特点，能够有效避免形态学和环境因素的干扰，从而极大地缩短育种进程。因此，SNP 在园艺植物基础研究领域发挥着巨大作用。

　　对于一个变异，被确认为是 SNP 标记，它必须至少在该群体中发生 1% 的变异才被认可。在植物中，典型的 SNP 频率是每 100~300bp 有 1 个（Edwards et al.，2007）。SNP 可能出现在基因的编码区、非编码区及两个基因之间的区域。因为遗传密码的冗余性，位于编码区的 SNP 未必改变生成的蛋白质氨基酸序列。未改变氨基酸序列的 SNP 称为同义 SNP，产生不同氨基酸序列的 SNP 称为非同义 SNP。总体来说，位于编码区内的 SNP 比较少。处于非编码区的 SNP 仍可对基因的拼接、转录因子结合点或非编码 RNA 序列产生作用。

　　目前在园艺植物中产生新 SNP 的方法主要有两类：①基于全基因组测序，直接获取核苷酸的信息。例如，哈斯拉（Hazra）等（2021）利用全基因组测序，对 23 个优良茶树品种进行全基因组测序，开发了 54 206 个高质量的 SNP 标记，覆盖了茶树参考基因组的 15 条染色体。②依赖已知序列分析。检测 SNP 的方法有直接测序方法和基于 PCR 检测技术，包括 TaqMan 探针法、ARMS-PCR 法、KASP 法、SNaPshot 法、质谱法等。TaqMan 探针法是基于探针的特异性识别来区分检测 SNP 位点的，ARMS-PCR 和 KASP 法则是基于引物特异性识别 SNP 位点的检测方法，SNaPshot 法和质谱法则均使用了单碱基延伸技术。在实际的分子育种过程中，常常是多种检测方法结合使用。例如，如果 SNP 刚好位于酶切位点上，可以将其转化为 CAPS 标记，通过对位于酶切位点的 SNP 位点设计引物，经 PCR 后获得的相应产物片段经酶切、电泳等步骤，最终通过观察不同的条带判断样本的多态性（二维码 10-4）。如果 SNP 不在酶切位点上，可以将其转化为 dCAPS（derived cleaved amplified polymorphic sequence）标记，其使用存在几个碱基错配的 PCR 引物对目标区间进行扩增，从而引入酶切位点或者破坏酶切位点，之后根据条带长度来鉴定基因型（二维码 10-5）。dCAPS 标记拥有 CAPS 标记同样的优点，但相较于 CAPS 标记对于 SNP 位点的严格要求，dCAPS 标记的开发更加灵活。dCAPS 的缺点：①需要已知突变位点的序列情况才可选择合适的内切酶；②有些内切酶可能不常见。

10-4

10-5

四、基于基因组学的 InDel 标记

　　InDel 插入缺失标记，相对另一个亲本而言，其中一个亲本的基因组中有一定数量的核苷酸插入或缺失，根据基因组中的插入/缺失位点，设计一些扩增这些插入缺失位点的 PCR 引物，这就是 InDel 标记。InDel 标记的开发可以通过对遗传群体及亲本基因组进行重测序，并与参考基因组进行序列比对，筛选基因组的 InDel 位点，在位点的上游和下游利用 Primer5 等软件设计引物。

　　InDel 在基因组中分布广泛，并且具有多等位性和共显性的特点。InDel 不仅弥补了 SSR 数量少的缺点，而且比 SNP 更容易通过凝胶电泳进行检验，同时它对蛋白质的结构和功能会产生更大的影响。与此同时，InDel 标记具有密度大、准确性高、重演性好及易操作等特点，

可应用于各类作物的遗传多样性分析、基因定位及遗传图谱构建等研究中。胡陶铸等（2019）基于 InDel 标记对 139 份种质资源进行遗传多样性分析，并构建了上海地区主要番茄栽培品种的 InDel 指纹图谱，从而有利于快速进行品种鉴定，减少假冒伪劣种子的危害。邹剑锋等（2020）结合 SSR 标记和 InDel 标记对南瓜进行遗传多样性分析，基于 SSR 与 InDel 标记聚类结果能较为准确地将 208 份供试材料区分开。王梦梦等（2021）基于花椰菜亲本材料 'FH-2' 和 'C-8' 重测序数据，开发 InDel 标记鉴定花椰菜 '津品 70' 种子真实性与纯度。

第三节　分子标记数据的处理与分析

在利用分子标记技术进行园艺植物相关研究时，研究结果以凝胶电泳谱带的形式显示，而许多分子标记统计软件的分析对象是数字，所以必须将电泳谱带数字化。

一、数据的获得

分子标记凝胶电泳谱带的变化体现在条带的有无，代表了酶切片段（如 RFLP）或扩增片段（如 RAPD）的有无，反映了研究对象基因组中相应位置酶切位点或引物结合位点的有无或拷贝数的差异。条带的有无可按二元性状来记录，即用 "1" 表示条带 "有"，用 "0" 表示条带 "无"，这样得到的数据称为二元数据。二元数据可直接利用统计软件进行运算而无须标准化处理，将这些数据组成原始数据阵列，然后根据研究目的选择不同的软件进行数据分析。

目前，许多实验室对电泳谱带的记录仍以人工读带为主。人工记录电泳谱带时应注意遵循以下原则：①只记录可明确辨认的条带，而排除模糊不清的条带；②在所要比较的泳道中无法准确标识的带应予以排除；③迁移率相同、强度不同的两条带，当强带的强度超过弱带的 2 倍时，不应该将它们记录为相同的带。同时，一些图像自动分析系统和相应的分析软件被开发出来，实现了数据记录和分析的自动化，把科研人员从烦琐枯燥的记录工作中解放出来，降低了人工读带的误差，但要注意凝胶表面的干净，避免分析系统不能正确识别电泳条带。

二、统计学处理

（一）多态性的计算

园艺植物类群间或类群内的多态性计算公式为：多态性＝（总条带数－共有条带数）/总条带数。共有条带一般是指所研究的类群都具有的条带，通常存在于不同的分类级别，如居群共有条带、种共有条带和组共有条带等。某一特定类群有而别的类群没有的条带称为特征带，相应地也有居群特征条带、种特征条带、组特征条带甚至个体特征条带等。

很多情况下共有条带和特征条带是一致的，如果某一个种的共有条带在别的种中不存在，这个种的共有条带也是该种的特征条带。特征条带在园艺植物的分类研究中有很重要的作用，研究者可以根据特征条带很容易地把一个类群与其他类群区分开来。

（二）相似性系数与遗传距离

不同分类单位之间的相似性关系称为相似性，相似性的程度用相似性系数表示。通常有 3 种类型的相似性系数：相关系数（correlation coefficient）、距离系数（distance coefficient）

和联合系数（association coefficient）。

1. 相关系数　　两个分类单位 i 和 j 的相关性通常用相关系数表示，其计算方法与生物统计学中的计算方法相似。

$$C_{ij}=\frac{\sum_{k=1}^{n}(x_{ik}-\overline{x}_i)(x_{jk}-\overline{x}_j)}{\sqrt{\sum_{k=1}^{n}(x_{ik}-\overline{x}_i)^2\times\sum_{k=1}^{n}(x_{jk}-\overline{x}_j)^2}}\qquad\left(\overline{x}_i=\frac{1}{n}\sum_{k=1}^{n}x_{ik}\ ,\quad \overline{x}_j=\frac{1}{n}\sum_{k=1}^{n}x_{jk}\right)$$

式中，n 为所研究分类单位的总数。C_{ij} 的取值为 $[-1，1]$，其绝对值大小与所比较的两个分类单位之间的相似性程度呈正相关，即 C_{ij} 绝对值越大，两个分类单位之间的相似性程度越大；C_{ij} 的正负号表示相关的性质，正号为正相关，负号为负相关。当 $C_{ij}=\pm1$ 时，达到完全正相关或完全负相关，这时两个分类单位的数据成正比或反比，仅相差一个比例常数；当 $C_{ij}=0$ 时，表示两个分类单位的数据不相关。

2. 距离系数　　距离系数也是一种非常常见的度量分类单位之间相似性关系的指数，但与相关系数不同的是，距离系数的数值越大，表示分类单位间的相似程度越低。因此，有时分类单位间的距离系数 d_{ij} 也可用相关系数来表示：$d_{ij}^2=1-C_{ij}^2$ 或 $d_{ij}=1-|C_{ij}|$。常用的距离系数如下。

（1）平均欧氏距离系数

$$d_{ij}=\sqrt{\frac{1}{n}\sum_{k=1}^{n}(x_{ik}-x_{jk})^2}$$

（2）平均绝对距离系数

$$d_{ij}=\frac{1}{n}\sum_{k=1}^{n}|x_{ik}-x_{jk}|$$

（3）明考斯基（Minkowski）距离系数

$$d_{ij}=\left[\frac{1}{n}\sum_{k=1}^{n}|x_{ik}-x_{jk}|^q\right]^{1/q}$$

明考斯基距离系数中的 $q>0$。可以看出，平均欧氏距离系数和平均绝对距离系数是明考斯基距离系数的两种特例：当 $q=2$ 时，为平均欧氏距离系数；当 $q=1$ 时，为平均绝对距离系数。其他常用的距离系数还有切比雪夫（Chebyshev）和堪培拉（Canberra）距离系数等。

3. 联合系数　　联合系数也称为结合系数或关联系数，通常用 S 表示，是在整个二元性状或多元性状数据基础上，对运算分类单位（operational taxonomic unit，OTU）之间的一致性进行度量的配对函数。联合系数的种类非常多，由于在很多情况下它以二元数据出现，故在分子标记的数据分析中有广泛的应用。常用的联合系数如下。

（1）简单匹配系数（SM 系数）

$$S_{SM}=\frac{a+d}{a+b+c+d}$$

式中，a 为两个 OTU 都有的条带数；b 和 c 分别为一个 OTU 有而另一个 OTU 无的条带数；d 则为两个 OTU 均无的条带数。SM 系数表示了共有（都有和均无）的条带数在总条带数中所占的比例。

（2）Jaccard 系数（J 系数）

$$S_J = \frac{a}{a+b+c}$$

与 SM 系数相比，J 系数只考虑了都有条带数 a，而排除了均无条带数 d。由于造成均无条带的原因比较复杂，排除均无条带可能会给 OTU 之间的相似性分析带来误差，但也有人认为 J 系数和 SM 系数并无太大差异。

其他常用联合系数还有 Czekanowski 系数（也叫 Dice 或 Nei-Li 系数）、Ochiai 系数、Kulczynski 系数、Phi 系数、Russell & Rao 系数和 Sokal & Sneath 系数等。大多数联合系数的取值为 [0，1]，也可将它们转换为距离系数：$d=\sqrt{1-S}$ 或 $d=1-S$。

第四节　分子标记在园艺植物上的应用

一、品种鉴别与分类

为了保护育种者对新品种的合法权益和防止使用混杂、错误或者不合格的种子或苗木，在申请新品种保护或销售种子苗木时，都要求对园艺植物品种进行 DUS 测试，即对品种的特异性（distinctness）、一致性（uniformity）和稳定性（stability）进行测定。然而，为了在较短时间内培育出高产优质的园艺植物新品种，少数骨干亲本或优良自交系经常被重复利用，这就使得所选育的新品种具有更多的相似性状，传统的形态学鉴定已经很难完全区分这些品种，发生混杂时种子纯度检测也非常困难。分子标记由于能直接反映基因型差异，并且不受环境影响，所以被广泛应用于园艺植物的品种鉴定和分类分析，已成为利用高技术手段进行育种者和种植者合法权益保护的技术基础。

黄其椿等（2020）的研究结果显示 3 对 SSR 分子标记可以准确有效地从广西、重庆、四川种植的 16 个柑橘品种中鉴定出沃柑和无核沃柑。2019 年，Yang 等开发了一种名为 Target SSR-seq 的新技术，该技术将 X-Ten 平台高通量测序方法与基因组范围内的完美 SSR 相结合，该 SSR 具有稳定的基序和侧翼序列，是从黄瓜核心品系的 182 个重新测序数据库中获得的。该技术在我国 382 个黄瓜品种中发现 111 个全基因组 SSR，并成功鉴定了 382 个黄瓜品种中的 42 个核心或骨干品种（Yang et al.，2019）。SNP 比其他分子标记具有更丰富和稳定的基因组变异，随着 SNP 鉴定技术的发展，越来越多的研究探讨了将 SNP 标记应用于重要农作物的差异性、一致性和稳定性（DUS）检测（Gao et al.，2016；Annicchiarico et al.，2016）。研究人员通过 48 个 SNP 区分了几千个葡萄品种（Cabezas et al.，2011）。在菲律宾，已从栽培草莓的 *Anthocyanidin reductase*（*ANR*）基因中开发出 11 个 SNP 标记，用于检测菲律宾本格特省栽培草莓品种之间的错误识别。从分析结果来看，SNP 标记分为 5 个基因型簇，具有 7 个不同的基因型身份，其中包括 4 个 Sweet Charlie 基因型簇和三个单独的 Strawberry Festival 品种簇（Ledesma et al.，2020）。

二、生物多样性保护

生物多样性是生物（动物、植物、微生物）与环境形成的生态复合体及与此相关的各种生态过程的总和，由遗传（基因）多样性、物种多样性、生态系统多样性三个层次组成。对园艺植物而言，生物多样性也有着重要意义。首先，生物多样性与人类生活休戚相关，不同园艺植物为人们提供了食物、纤维、木材、鲜切花、药材和多种工业原料。人们日常生活所需要的食物如蔬菜、水果、粮食等均来源于自然界。通过维持生物多样性，人们餐桌上的食品及原材料会不断丰富，能够满足人类及自然界其他物种对不同作物及其品质的需求。其次，园艺植物生物多样性在保护园艺植物种质资源等方面发挥了重要作用。我国是蔬菜大国，同时我们有特有的果树品种及日益繁荣的花卉产业。因此，保证园艺种质资源品类的多样性，丰富园艺鲜蔬食品、水果及其加工产品的品类，培育不同观赏价值的花卉品种，不仅能够满足当下育种目标，同时顺应时代发展趋势，满足了消费者在日常衣食住行等各方面的需求。最后，维持生物多样性，将有益于一些珍稀濒危物种的保存。珍稀濒危物种是地球的珍贵资源，也是人类进化过程中的宝贵财富，因此为了减缓一个物种的灭绝，应保护生物多样性，这对于人类后代的繁衍，对保护园艺植物优良种质资源及对科学事业都具有重大的战略意义。

三、亲缘关系及系谱分析

遗传多样性既是物种进化、分化研究的基础，又是育种亲本选配的参考，所以以园艺植物遗传多样性及亲缘关系的研究受到越来越多的重视。法国国家科学研究中心 Leandro Quadrana 团队利用 602 份野生和栽培番茄重测序数据鉴定了 6906 个转座子插入多态性（TE insertion polymorphism，TIP），TIP-based GWAS（依赖 TIP 的全基因组关联分析）表明，40 个 TIP 与果实颜色等农艺性状和次生代谢物表型变异显著关联。该研究突出了转座子在番茄转录和表型多样化中的独特作用，这些 TIP 位点有望改善番茄特色性状形成（Domínguez et al.，2020）。中国早期引种的蓝花楹稀少珍贵，有的城市仅有独株，由于查证不到其种质资源的详细来源，目前市场上蓝花楹品种良莠不齐，种源关系混乱。2021 年，刘学峰等利用 ISSR 分子标记技术对 21 份蓝花楹种质资源进行遗传多样性分析，结果发现 21 份蓝花楹可以分为两大类，且具有丰富的遗传多样性，其亲缘关系与栽培区地理来源相关性不强。孙楠等（2022）利用 ISSR 和 SRAP 分子标记方法揭示了 24 个高抗耐寒的韭菜品种亲缘关系较近。我国学者还利用高质量的桂花基因组，对收集的 122 个桂花样本资源（包括 119 个桂花品种和 3 个木犀属其他物种）进行了重测序，通过基因组遗传多样性分析发现，这 119 个桂花品种形成了明显的区域集群，且橙红花色的丹桂品种群经历了更明显的人工定向选择。通过全基因组关联分析（GWAS），研究者进一步确定了与橙红花色性状相关的 SNP 位点和候选基因。此外，研究还发现丹桂品种群的类胡萝卜素裂解双加氧酶 4 基因（*CCD4*）的第一个编码区中出现了 34bp 缺失，该移码突变也可能与丹桂的进化有关（Chen et al.，2021）。

四、分子遗传图谱构建和基因定位

随着分子标记技术的应用，大量的遗传标记被开发出来，为园艺植物高密度遗传图谱的构建和基因定位奠定了坚实的基础。以分子标记所构建的遗传图谱称为分子遗传图谱（molecular genetic map），而随着二代测序技术（next generation sequencing，NGS）及基因组学的发展，陆续出现了很多新的研究方法及手段，如 BSA、GWAS 等极大地促进了群体遗传学的发展。

（一）分子遗传图谱的构建和基因定位方法

与传统遗传图谱一样，分子遗传图谱的构建一般也要经过选择合适的分子标记、选配合适的作图杂交亲本、创建作图分离群体、测定单株标记基因型和标记连锁分析等步骤。

1. 分子标记的选择 理论上所有的分子标记都可用来构建园艺植物分子遗传图谱，

但在具体操作时应尽量选择覆盖整个基因组，共显性遗传，多态性、自动化程度高，成本低的分子标记，也可多种标记类型同时使用。

2. 杂交亲本的选配　　杂交亲本的选配直接影响分子遗传图谱构建的难易和适用的范围。根据不同的研究目的和不同的物种，选取的杂交亲本不同，一般要注意以下几个方面：①亲本间的多态性。亲缘关系远的多态性高，亲缘关系近的多态性低；异交物种多态性高，自交物种多态性低。②亲本基因型应有高的纯合度，但对于多年生的果树植物比较困难。③双亲的杂交后代必须是可育的。④双亲及其 F_1 如果出现染色体异常，则不宜用来构建遗传图谱。

3. 分离群体的创建　　用于构建园艺植物分子遗传图谱的分离群体按其遗传稳定性可分为暂时性分离群体和永久性分离群体两大类。暂时性分离群体的分离单位是单株，单株自交后遗传组成会发生变化，无法永久保存和使用，主要有 F_1、F_2、BC 等分离群体，而永久性分离群体的分离单位是株系，不同株系之间具有基因型差异，而株系内部的基因型是相同且纯合的，自交时不会分离，可通过自交或近交永久保存和使用。

（1）F_2 分离群体　　F_2 是最常用的作图群体，其最大的优点是分离群体构建比较容易，并且一个位点的所有 3 种基因型（A_1A_1、A_1A_2 和 A_2A_2）会发生分离；缺点是存在杂合基因型，对于显性标记，将无法辨别显性纯合和杂合基因型，更重要的是群体不能长久保存。

（2）BC_1 分离群体　　BC_1 也是一种常用的作图群体，群体中每个位点只有两种基因型（A_1A_2 和 A_1A_1 或 A_2A_2），它直接反映了 F_1 代配子的分离比例，因而 BC_1 群体的作图效率要高于 F_2 群体；其缺点与 F_2 群体一样，即分离群体不能长期保存。

（3）F_1 分离群体　　理论上 F_1 群体中只有一种基因型（A_1A_2），并不属于分离群体，但对于自花结实率低、基因杂合度较高的果树植物和木本花卉来说，很难培育基因型纯合的亲本，因此在构建果树分子遗传图谱时，常将两个杂合的亲本进行杂交，获得 F_1 分离群体（类似于常规的 F_2 群体）。由于果树多为无性繁殖，所以 F_1 分离群体可长久使用。

（4）DH 分离群体　　DH（double haploid，双单倍体）群体产生的途径主要是 F_1 植株的花药离体培养，诱导产生单倍体植株，将其染色体加倍产生双单倍体植株。DH 植株的基因型是纯合的，因此 DH 群体可以稳定繁殖，是一种永久性分离群体。DH 群体与 BC_1 群体一样，直接反映了 F_1 代配子的分离比例，因而作图效率较高。不足之处是利用花药培养技术建立 DH 群体时，有些植物的花药培养非常困难或者具有基因型依赖性，从而破坏 DH 群体的遗传结构，造成偏分离现象，最终影响遗传作图的准确性。因此，如果是以构建分子标记连锁图为主要目的的，DH 群体并不是一种理想的作图群体。

（5）RIL 分离群体　　RIL（recombinant inbred line，重组自交系）群体是 F_2 代采用单粒传代法（single seed descent，SSD）经过多代自交而建立的一种作图群体。由于自交的作用是使基因型纯合化，因此，RIL 群体的每个株系都是纯合的，因而是一种永久性分离群体。RIL群体的遗传结构与 BC_1 相似，每一分离座位上只存在两种基因型（A_1A_1 和 A_2A_2），也反映了 F_1 配子的分离比例。RIL 分离群体的缺点是构建周期长，仅用来构建分子标记连锁图时显得有些浪费；另外，果树和十字花科蔬菜等异花授粉植物由于存在自交衰退和自交不亲和现象，建立 RIL 群体比较困难。

4. 测定单株标记基因型　　选择合适的分子标记和分离群体后，要对群体中每个单株的标记基因型进行测定，并将分子标记带型数字化，其基本原则是必须区分所有可能的类型和情况，并赋予相应的数字或符号。

当标记为共显性时（如 SSR），如果 F_2 分离群体中的单株带型与第 1 个亲本相同，可记为"A"，如果与第 2 个亲本相同，可记为"B"，如果与 F_1 相同，可记为"H"，如果数据缺失则记为"—"；当标记为显性时（如 RAPD），F_2 分离群体中的单株带型与第 1 个亲本相同（有带），记为"D"，无带记为"B"，与第 2 个亲本相同（有带），记为"C"，无带记为"A"。应该注意的是，对亲本基因型的赋值（如 P_1 型为"A"，P_2 型为"B"），在所有的分子标记位点上必须统一，千万不能混淆。

5. 标记连锁分析 获得分离群体分子标记的多态性数据后，要根据交换重组率确定分子标记在染色体（或连锁群）上的位置及相互之间的距离，最后完成园艺植物分子遗传图谱的构建工作。由于利用分子标记获得的多态性比较高，所以遗传图谱构建工作都由作图软件来完成，常用的有 Mapmaker 和 Joinmap 等。

6. 重要基因在分子遗传图谱上的定位 将园艺植物的重要农艺性状在作图群体的分离情况也数字化，并与多态性分子标记一起进行连锁分析，则可将控制农艺性状的基因定位到分子遗传图谱上，为基因的克隆和辅助选择奠定基础。

（二）园艺植物分子遗传图谱的构建及基因定位研究与应用

遗传图谱又称为连锁图谱、遗传连锁图谱，可表示基因或 DNA 分子标记在染色体上的排列顺序，根据选定的基因或分子标记，以及这些标记之间的重组率为"图距"，确定不同多态性标记位点在每条连锁群上排列的顺序和遗传距离所得到的图谱就称为遗传图谱。构建分子遗传图谱主要包括：①构建合适的遗传群体，包括亲本的选择、分离群体类型的选择及群体大小的确定等；②利用合适的分子标记进行分析；③利用计算机软件进行图谱构建，建立标记间的连锁排序和遗传距离；④利用计算机软件绘出遗传图谱。在园艺植物分子生物学研究中，基于我们对不同性状调控机制的研究需求，针对不同物种构建遗传图谱，通过重测序技术分析候选基因在染色体上的位置，并通过分子标记辅助育种等方法定位调控目标性状的候选基因。例如，2020 年，戴思兰将 CTMD 和 RNRF 差异较大的菊花亲本杂交获得 305 个 F_1 后代。利用 SLAF-seq 技术，构建了一张平均图距为 0.76cM 的菊花高密度遗传连锁图谱。基于这一图谱，经过连续两年检测共获得 123 个与花型性状相关的 QTL，其中包括控制 CTMD 的 3 个主效 QTL 和控制 RNRF 的 4 个主效 QTL（Song et al.，2020）。2022 年，我国学者采用全基因组测序方法对枇杷 2 个亲本和 130 个 F_1 子代进行测序，共开发出 2 184 538 个 SNP 标记；利用 HighMap 软件构建图谱，总图距为 1988.12cM，平均图距仅为 0.52cM；基于高密度连锁图谱和表型数据，进行果重 QTL 的挖掘，结果共在 8 条染色体上检测到 17 个 QTL，表明果实性状的复杂性和多基因控制特点。其中，在 Chr8、Chr12 和 Chr15 上鉴定到 3 个主效 QTL，解释表型变异率在 20.0%~49.7%（Peng et al.，2022）。

五、核心种质构建

为了对种质资源进行有效管理和高效利用，弗兰克尔（Frankel，1984）提出了"核心种质"（core collection）的概念。核心种质是指能最大限度地代表种质资源遗传多样性的最小数量种质资源，从而提高种质的保存、评价与利用效率，而核心种质以外的种质资源则作为保留种质（reserve collection）保存。

（一）核心种质构建的原理

核心种质一般应具备以下特征。①异质性：核心种质彼此间的相似性要尽可能小，应最大限度地避免遗传重复。②代表性：核心种质应代表本物种及其近缘种尽可能多的生态和遗传多样性，而不是全部种质资源的简单压缩。③实用性：核心种质的规模急剧减小，应极大地提高对其保存、评价与利用的效率，使符合需要的资源能更容易地被筛选出来。④动态性：随着研究的深入、对资源认识的加深及应用需求的变化，核心种质与保留种质之间应保持材料上的动态交流与调整，使整个种质资源的管理和利用更方便。

构建核心种质包含以下 4 个基本步骤。①数据收集：收集所有种质资源的现有数据资料。②数据分组：把具有相似数据的种质资源分为一组，如可根据分类学、地理起源、生态分布、遗传标记和农艺性状等。③样品选择：把所有种质资源科学地分组后，以合理的取样方法及取样比例（10%～30%）选取核心种质。④核心种质管理：建立完善的核心种质繁种、供种及管理体制，以保证核心种质的有效利用。

构建核心种质时主要收集以下 3 种类型的数据。①基本数据：指种质资源的来源地，来源地的生态环境、选育体系、分类体系等有关信息。②特征数据：指包括形态、生化、分子标记在内的表示各种质特征的数据。③评价鉴定数据：包括产量、品质及抗性等的鉴定评价数据。在核心种质的构建中对基本数据的应用最为广泛，如果与其他数据结合则更为有效；生化水平上的同工酶、储藏蛋白质及 DNA 分子标记等特征数据受环境影响较小、多态性高、检验迅速，而且评价遗传多样性时更直接。

（二）园艺植物核心种质的构建

由于分子标记可以在 DNA 水平上直接反映种质资源的基因型和遗传结构，具有受环境影响较小、检测快速、多态性高等优点，所以这类特征数据在园艺植物核心种质构建中得到了越来越多的应用。随着高通量测序技术的不断发展，更有效的方法是基于基因型鉴定来筛选核心种质，利用高分辨率的分子标记类型，可以提高遗传材料内及材料间遗传相似度和杂合度的鉴别能力，更加有利于核心种质的构建。Sa 等（2021）利用 22 个 SSR 标记和 8 个形态性状评估紫苏遗传多样性和群体结构，筛选韩国 RDA-Genebank 中保存的 400 份紫苏种质资源。利用 PowerCore，从 400 份种质资源中筛选 44 份核心种质。郑福顺等（2022）对 480份番茄种质资源的 20 个表型性状在宁夏地区进行田间调查，并通过相关性分析、主成分分析和聚类分析，发现该 480 份番茄种质资源具有丰富的遗传多样性。首次成功构建出宁夏地区 3 组番茄种质资源核心种质，分别为 R1、P1 和 D1。

六、系统发育分析

DNA 是遗传信息的载体，直接对 DNA 碱基序列的分析和比较是研究系统发育学最理想的办法。分子标记在一切生物的所有发育阶段均可检测，不受季节和环境等的限制，数量多、多态性高、表现为中性，而且多种标记为共显性，可区分纯合体和杂合体，因此分子标记系统发育关系重建、起源和进化研究等方面得到广泛应用。例如，刘磊等（2013）开发了 129 个EPIC 标记，并用其中的 EPIC-1 标记重建中华猕猴桃、美味猕猴桃、毛花猕猴桃、绵毛猕猴桃和金花猕猴桃的系统发育关系，显示其跨种间扩增的实用性并获得分辨率较高的系统发育树。袁录霞（2012）利用 cPDNA PCR-RLFP 和 IRAP 对完全雄性柿种质的系统发育学进行分析，两种方法获得的聚类图表明完全雄性柿种质属于柿种，并且与中国柿品种系统发育关系紧密。'雄株 1 号''雄株 2 号''雄株 3 号''雄株 9 号'与'罗田甜柿'和'宝盖甜柿'等中国完全甜柿的系统发育关系较近，'雄株 8 号'与'磨盘柿''铜盆柿'等中国完全涩柿的关系很近，'雄株 10 号'则和'日本柿'品种关系近，这说明完全雄性柿种质间具有不同的遗传背景，其起源与进化途径不同。另外，君迁子与柿种内材料的遗传关系较浙江柿、老鸦柿和美洲柿更近。

七、分子标记辅助选择育种

分子标记的开发为实现对基因型的直接选择提供了可能，因为分子标记的基因型是可以识别的。如果目的基因与某个分子标记紧密连锁，那么通过对分子标记基因型的检测，就能获知目的基因的基因型。因此，我们能够借助分子标记对目标性状的基因型进行选择，这一方法称为分子标记辅助选择（molecular assistant selection，MAS）。

（一）与目的基因连锁分子标记的获得

近等基因系法和集团混合分离分析法是常用的筛选与园艺植物目的基因连锁分子标记的方法。等基因系（isogenic line，IL）是指基因或遗传背景完全相同的品系，而近等基因系（near-isogenic line，NIL）则是指只有个别基因或性状差异的一系列品系。两个具有不同性状的亲本杂交之后，杂交后代与其中一个亲本进行饱和回交，这样所得的材料与轮回亲本只有一个性状的差异，就构成一对 NIL。NIL 的培育至少需要回交 5 代，费工又费时，对于果树等生长周期长的园艺植物尤为困难。集团混合分离分析法（bulked segregant analysis，BSA）是米安德（Michelmore）等于 1991 年发明的一种快速获得与目标性状连锁分子标记的方法，突破了许多园艺植物难以创建近等基因系的限制，得到了广泛应用。BSA 的主要原理是将分离群体按目标性状分为两组（如抗病组和感病组），然后从两组中各选出性状表现极端的 5～10 个单株（如高抗和高感），分别将每组的单株 DNA 等量混合后，构建一对近等基因池（如抗病池和感病池）。这对基因池除了在目标性状区域存在差异外，其余区域的遗传背景都相同。

在没有完整遗传图谱的条件下，利用 NIL 或 BSA 可以获得与园艺植物目标性状连锁的分子标记，然后根据分离群体中分子标记和目标性状的共分离情况，可以计算标记和性状间的遗传距离。如果能够获得与目标性状紧密连锁的分子标记，就可以通过对标记的选择而实现对目标性状基因型的选择，从而大大提高选择效率，加快育种进程。

许多重要的作物性状是由数量性状位点（quantitative trait loci，QTL）控制的，分为主效基因和微效基因。相比质量性状和主效基因，微效基因对表型的影响较小，基因定位难度较大。2012 年，亚伯（Abe）等开发了基于甲基磺酸乙酯（EMS）诱变突变体候选基因定位的 MutMap 方法及其扩展的 MutMap$^+$、MutMap-Gap、QTL-seq 等方法。这些方法与传统图位克隆相比，不需要构建复杂的遗传群体，不依赖遗传连锁图谱和大量分子标记，定位基因的周期短、效率高、成本低。

MutMap 方法针对经 EMS 诱变获得稳定表型的纯合高代自交突变体（$M_3 \sim M_5$ 代）。突变体与用于诱变的亲本回交后得到 F_1 代，F_1 代自交得到 F_2 代群体。通过对 F_2 群体进行遗传分析，其中发生野生型和突变表型的分离，分离比约为 3∶1，表明目的性状由隐性单基因控制。为了进一步鉴定目标表型基因，将 F_2 群体突变表型个体的 DNA 等量混合获得突变体 DNA 池，进行深度的全基因组重测序（测序深度 >10×）。并将测序获得的短的读长（read，被测基因组序列的 DNA 片段）比对到诱变亲本的基因组上，以获得目的基因所在基因组区域的位置。但是，由于 EMS 诱变后会导致某些致死表型，无法应用 MutMap 方法进行。因此，科学家开发了 MutMap$^+$方法。该方法不需与诱变亲本杂交，只通过自交产生的杂合 M_1 代来保存变异信息。M_1 代自交产生 M_2 代，杂合的 M_2 代自交后获得的 M_3 代群体用于混池重测序研究。经遗传分析后，根据 M_3 代群体的表型将其分为两组，一组为突变体表型 DNA 池，另一组为野生型表型 DNA 池，并进行全基因组重测序（Fekih et al.，2013）。

QTL-seq 方法利用来自遗传背景不同品种杂交获得的后代，在 F_2 子代中构建极端表型，以获得两个极端库的 SNP 指数，并将其与参考基因组比对；通过这种方式，其他基因和表型的不确定性大大降低（Takagi et al.，2013）。随着各种蔬菜作物参考基因组的发布，QTL-seq 技术已被成功地用于鉴定蔬菜作物后代分离群体中表现出连续表型变异的几个数量性状，它还被用于识别连锁标记。

特定长度扩增片段测序（SLAF-seq）是另一种通过简化基因组来进行全基因组重测序的方法。SLAF-seq 的应用需要已知参考基因组和生物信息学基础。SLAF-seq 还可以通过简化基因组和生物信息学来分析物种的遗传多样性，为理解物种在进化过程中的基因组变化提供了新的视角，并在园艺植物和其他植物品种中得到了广泛的应用。

GWAS 是一种基于群体个体基因型和表型之间的相关性来筛选参考基因组序列中比较复杂性状遗传变异的有效方法。它可以通过收集多种栽培材料或杂交系进行测序，比较这些材料特别是易受多因素影响性状的基因组多样性。然而，GWAS 也存在一定的局限性：GWAS 所鉴定的标记可能会产生假阳性，而且某些标记在其他品种中不具有高度的可重复性。因此，GWAS 鉴定的分子标记需要进一步的基因分型或多态性扩增，才能在作物中进一步验证。

GS（基因组选择）是一种高级形式的标记辅助选择，最早由梅维森（Meuwissen）等（2010）开发。这是一种能够利用覆盖全基因组的高密度分子标记进行选择育种的方法，可通过构建预测模型，根据基因组估计育种值（GEBV）进行早期个体的预测和选择的技术。GEBV 是一种结合表型数据、标记和系谱数据以提高预测准确性的预测模型。与 MAS 相比，GEBV 依赖于所有标记，包括主要和次要标记效应。在这项技术中，选择和利用能够覆盖整个基因组的遗传标记的方式是，所有 QTL 在连锁不平衡（linkage disequilibrium，LD）状态中至少有一个标记。复杂性状的基因组选择和高通量表型分析通过提高选择的准确性水平，给育种带来了一场革命。GS 中的重要步骤包括：①利用不同的种质资源开发目标性状种群；②鉴定群体的表型和基因型；③根据基因型数据选择 GEBV 较高的个体；④将测试群体中用作研究材料的基因型后代作为 GS 模型的输入，并给出 GEBV；⑤再次选择具有最大 GEBV 的个体；⑥选定的个体被用作下一个后代的父母本，以进行连续选择和扩繁。

（二）园艺植物的分子标记辅助选择

在园艺植物中，BSA 重测序技术已广泛应用。BSA-seq 已被用于确定几个重要性状的基因或候选区域。例如，番茄的节间长度（Schrager-Lavelle et al.，2019；Sun et al.，2019）、甜瓜的条纹皮和白粉病抗性（Li et al.，2017；Liu et al.，2019）、辣椒的雄性不育性（Cheng et al.，2018）及西瓜的果实形状和果皮颜色（Dou et al.，2018）。此外，BSA-seq 还衍生了其他方法，包括用于数量性状的 QTL-seq 和用于 EMS 突变体的 MutMap，并已应用于多种园艺植物。

目前，MutMap 及 Mutmap$^+$ 的方法已在园艺植物中得到了广泛应用。在蔬菜作物中，鉴定出了黄瓜胚珠发育（Liu et al.，2019）和萌芽致死候选基因（Wang et al.，2020）及番茄黄色果实基因（Fu et al.，2019）。此外，MutMap 也成功地鉴定了与植物高度和叶片形态相关的候选基因，如矮秆和卷曲叶片突变体（Xu et al.，2018；Rong et al.，2019）。

随着各种园艺植物参考基因组的公布，QTL-seq 已广泛应用于园艺植物数量性状的基因鉴定。例如，*Ef2.1* 与花椰菜和卷心菜的开花时间有关（Shu et al.，2018）、辣椒对黄瓜花叶病毒的抗性基因（Guo et al.，2017）、番茄叶霉病抗性基因（Liu et al.，2019）、观赏羽衣甘蓝的裂叶基因(Ren et al.，2019)、西瓜的种皮颜色和黄瓜的雌雄同花表型等基因(Win et al.，2019)。

SLAF-seq 可用于测定黄瓜果实厚度、抗蚜虫性的基因（Liang et al.，2016；Zhu et al.，2016）。此外，SLAF-seq 与其他基于基因组的测序方法的结合也可以实现精准和平均的连锁作图，如 SLAF-seq 和 BSA-seq 已被用于表征与辣椒首花节位和疫病抗性相关的基因(Xu et al.，2016；Zhang et al.，2018)，以及甜瓜中的风味相关基因（Zhang et al.，2016）。

GWAS 可用于鉴定与番茄果实风味相关物质的合成基因，包括果糖和有机酸挥发物（Zhao et al.，2016）。辣椒素含量是影响辣椒风味的重要因素。例如，在一个包含 208 个辣椒分枝的 GWAS 群体中，已经鉴定出调控辣椒素含量的候选基因或 QTL，并通过高密度 SNP 定位鉴定出 69 个 QTL 区域和 5 个候选基因（Han et al.，2018）。

小　结

　　相对于形态学标记、细胞学标记、生化标记等传统标记技术，园艺植物分子标记技术由于直接反映基因型、多态性高、在基因组中分布广泛、不受环境和发育阶段影响、与不良性状无必然连锁等优点，在园艺植物研究中得到了广泛应用。园艺植物分子标记产生的分子基础有 3 种，即酶切位点（或 PCR 引物结合位点）突变、酶切位点（或 PCR 引物结合位点）之间缺失或插入一段核苷酸序列、单核苷酸突变。园艺植物分子标记根据检测技术可以分为基于 Southern blotting、基于 PCR 扩增和基于 DNA 序列测定的三大类：第一类主要包括 RFLP 和 VNTR 标记，第二类主要包括 RAPD、SSR、ISSR、AFLP、SRAP 和 TRAP、RTNs、STS、SCAR 和 CAPS 标记等，第三类则主要以 SNP 为主要代表。园艺植物分子标记数据的记录主要按二元性状进行，数据处理主要包括多态性计算及相似性系数计算。分子标记在园艺植物研究中的应用主要包括品种鉴别与分类、生物多样性保护、亲缘关系及系谱分析、分子遗传图谱构建和基因定位、核心种质构建、系统发育分析、分子标记辅助选择育种等。分子遗传图谱构建常用的分离群体有 F_2、BC_1、F_1、DH 和 RIL 等；获得与园艺植物目标性状紧密连锁分子标记的方法有 NIL 法、BSA 法和 GWAS 法等；核心种质构建的基本步骤包括数据收集、数据分组、样品选择和核心种质管理。

 **思考题**

1. 园艺植物研究中常用的遗传标记有哪几类？各有何优缺点？
2. 园艺植物常用的分子标记有哪些？产生的原理是什么？
3. 园艺植物分子标记数据收集过程中应注意哪些问题？
4. 分子标记在园艺植物研究中的应用主要体现在哪些方面？
5. 构建园艺植物分子遗传图谱时常用的分离群体有哪些？各有何优缺点？
6. 利用 BSA 法获得与园艺植物目标性状紧密连锁分子标记的原理是什么？
7. 园艺植物核心种质构建的基本步骤有哪些？

推荐读物

1. 方宣钧，吴为人，唐纪良. 2002. 作物 DNA 标记辅助育种. 北京：科学出版社
2. 周延清. 2005. DNA 分子标记技术在植物研究中的应用. 北京：化学工业出版社
3. Horst L, Gerhard W. 2007. Molecular Marker Systems in Plant Breeding and Crop Improvement. Berlin: Springer

蛋白质与核酸同属于生物大分子，共同构成生命体的物质基础。蛋白质的基本结构单位是氨基酸，氨基酸之间通过肽键连接形成多肽链，一条或者多条多肽链构成蛋白质。蛋白质是生命活动的主要载体和功能执行者，生物体的各种生命现象及生物体的多样性，都是通过蛋白质来实现的。几乎所有的园艺植物器官组织中都含有蛋白质。蛋白质功能的发挥是由它的构象决定的，蛋白质构象发生改变，功能也会随之发生改变。不同蛋白质都具有其特定的结构和功能。

第一节　蛋白质分离纯化概述

园艺植物的生长、发育、繁殖、遗传等活动都是通过不同的蛋白质来完成的。植物体蛋白质种类多，功能各异，分布广泛。不同蛋白质具有不同的理化性质，因此蛋白质分离和纯化需要依据其特定的理化性质来选择合适的方法。

一、蛋白质的基本性质与分子组成

（一）蛋白质的组成

氨基酸是蛋白质的基本组成单位，蛋白质在酸、碱或者蛋白酶的作用下，最终可水解为氨基酸。蛋白质可结合铁、铜、锌、锰、钴、钼等金属离子或磷、硒、碘等无机离子，也可以结合维生素及其衍生物、卟啉等小分子有机化合物和核酸、多糖、脂类等大分子有机化合物。蛋白质的元素组成主要包括碳、氢、氧、氮和硫。蛋白质是生物体内主要的含氮物质，平均含氮量在13%~19%。虽然自然界中存在的氨基酸有300多种，但是蛋白质中常见的氨基酸只有20种，这20种氨基酸都具有特定的密码子（表11-1）。

（二）氨基酸的分类

根据氨基酸侧链基团的化学结构和理化性质，组成蛋白质的20种氨基酸可分为以下几种。

1. 非极性脂肪族侧链氨基酸　这类氨基酸有甘氨酸、丙氨酸、缬氨酸、脯氨酸、亮氨酸、异亮氨酸、甲硫氨酸。在水中的溶解度小，其侧链为疏水的脂肪烃基。

2. 极性不带电荷侧链氨基酸　这类氨基酸有丝氨酸、苏氨酸、半胱氨酸、天冬酰胺、谷氨酰胺。相比非极性脂肪族侧链氨基酸更易溶于水，其侧链上含有亲水性的羟基、巯基或酰胺基等极性基团。

3. 芳香族侧链氨基酸　这类氨基酸有苯丙氨酸、酪氨酸、色氨酸，包含苯环，其疏水性较强。

4. 带正电荷侧链氨基酸　这类氨基酸有赖氨酸、精氨酸、组氨酸。含有氨基、胍基、咪唑基，在水溶液中能结合氢离子而带正电荷。

5. 带负电荷侧链氨基酸　这类氨基酸有天冬氨酸、谷氨酸。它们均含有羧基，在水溶液中能释放出氢离子而带负电荷。

表 11-1 组成蛋白质的 20 种氨基酸

英文名	中文名	三字母缩写	单字母缩写	结构式	等电点 pI	密码子
alanine	丙氨酸	Ala	A	$CH_3-CH(NH_2)-COOH$	6.00	GCU/GCC/GCA/GCG
arginine	精氨酸	Arg	R	$HN=C(NH_2)-NH-(CH_2)_3-CH(NH_2)-COOH$	10.76	CGU/CGC/CGA/CGG
asparagine	天冬酰胺	Asn	N	$H_2N-CO-CH_2-CH(NH_2)-COOH$	5.41	AAU/AAC
aspartic acid	天冬氨酸	Asp	D	$HOOC-CH_2-CH(NH_2)-COOH$	2.77	GAU/GAC
cysteine	半胱氨酸	Cys	C	$HS-CH_2-CH(NH_2)-COOH$	5.05	UGU/UGC
glutamine	谷氨酰胺	Gln	Q	$H_2N-CO-(CH_2)_2-CH(NH_2)-COOH$	5.41	CAA/CAG
glutamic acid	谷氨酸	Glu	E	$HOOC-(CH_2)_2-CH(NH_2)-COOH$	3.22	GAA/GAG
glycine	甘氨酸	Gly	G	NH_2-CH_2-COOH	5.97	GGU/GGC/GGA/GGG
histidine	组氨酸	His	H	$*NH-CH=N-*C=CH_2-CH_2-CH(NH_2)-COOH$	7.59	CAU/CAC
isoleucine	异亮氨酸	Ile	I	$CH_3-CH_2-CH(CH_3)-CH(NH_2)-COOH$	6.02	AUU/AUC/AUA
leucine	亮氨酸	Leu	L	$(CH_3)_2CH-CH_2-CH(NH_2)-COOH$	5.98	UUA/UUG
lysine	赖氨酸	Lys	K	$H_2N-(CH_2)_4-CH(NH_2)-COOH$	9.74	AAA/AAG
methionine	甲硫氨酸	Met	M	$CH_3-S-(CH_2)_2-CH(NH_2)-COOH$	5.74	AUG
phenylalanine	苯丙氨酸	Phe	F	$Ph-CH_2-CH(NH_2)-COOH$	5.48	UUU/UUC
proline	脯氨酸	Pro	P	$*NH-(CH_2)_3-*CH-COOH$	6.30	CCU/CCC/CCA/CCG
serine	丝氨酸	Ser	S	$HO-CH_2-CH(NH_2)-COOH$	5.68	AGU/AGC
threonine	苏氨酸	Thr	T	$CH_3-CH(OH)-CH(NH_2)-COOH$	6.16	ACU/ACC/ACA/ACG
tryptophan	色氨酸	Trp	W	$*Ph-NH-CH=*C-CH_2-CH(NH_2)-COOH$	5.89	UGG
tyrosine	酪氨酸	Tyr	Y	$HO-P-Ph-CH_2-CH(NH_2)-COOH$	5.66	UAU/UAC
valine	缬氨酸	Val	V	$(CH_3)_2CH-CH(NH_2)-COOH$	5.96	GUU/GUC/GUA/GUG

* 表示两个原子或基团相连成环

除以上分类方法以外，氨基酸还有其他分类方式。

1）根据氨基酸营养需求：氨基酸分为营养必需氨基酸（色氨酸、赖氨酸、甲硫氨酸、苏氨酸、缬氨酸、苯丙氨酸、异亮氨酸、亮氨酸）和营养非必需氨基酸（丙氨酸、精氨酸、天冬酰胺、天冬氨酸、丝氨酸、半胱氨酸、谷氨酰胺、谷氨酸、甘氨酸、组氨酸、脯氨酸、酪氨酸）。

2）根据氨基酸侧链基团结构：氨基酸分为脂肪族氨基酸（丙氨酸、缬氨酸、亮氨酸、异亮氨酸、甲硫氨酸、天冬氨酸、谷氨酸、赖氨酸、精氨酸、甘氨酸、丝氨酸、苏氨酸、半胱氨酸、天冬酰胺、谷氨酰胺）、芳香族氨基酸（苯丙氨酸、酪氨酸、色氨酸）和杂环氨基酸（组氨酸、脯氨酸）。

3）根据氨基酸侧链极性：氨基酸分为非极性氨基酸（甘氨酸、丙氨酸、缬氨酸、亮氨酸、异亮氨酸、甲硫氨酸、苯丙氨酸、色氨酸、脯氨酸）和极性氨基酸（丝氨酸、苏氨酸、半胱氨酸、酪氨酸、天冬酰胺、谷氨酰胺、天冬氨酸、谷氨酸、赖氨酸、精氨酸、组氨酸）。

除上述 20 种编码氨基酸外，人们还发现了第 21 种编码的氨基酸——硒代半胱氨酸（selenocysteine），密码子为 UGA，以及第 22 种编码氨基酸——吡咯赖氨酸（pyrrolysine），密码子为 UAG。此外，某些蛋白质中还存在一些非编码氨基酸。它们都是在蛋白质生物合成中或者合成后，由相应的氨基酸修饰而成，还有一些氨基酸是物质代谢过程中产生的。

（三）氨基酸的理化性质

1. 两性解离与等电点　　氨基酸的碱性氨基（—NH$_2$）在酸性溶液中与质子（H$^+$）结合成带正电荷的阳离子氨基（—NH$_3^+$），氨基酸的酸性羧基（—COOH）在碱性溶液中与 OH$^-$ 结合，失去质子变成带负电荷的阴离子。因此，氨基酸具有两性解离的特性。在一定的 pH 环境下，某种氨基酸解离成阴阳离子的程度相同，所带的正负电荷相等，呈电中性，此时溶液的 pH 称为该种氨基酸的等电点（isoelectric point，pI）。酸性氨基酸的等电点低于 4，碱性氨基酸等电点高于 7.5。20 种氨基酸的等电点见表 11-1。

2. 紫外吸收性质　　芳香族氨基酸分子中含有共轭双键，因此具有吸收紫外线的特性，如色氨酸、酪氨酸和苯丙氨酸，在 280nm 波长处有最大吸收峰。

3. 茚三酮反应　　在加热及弱酸环境下，氨基酸与茚三酮反应产生蓝紫色化合物，这种化合物在 570nm 波长处具有最大吸收峰，它的峰值与氨基酸释放出的氨量成正比。因此，茚三酮反应可以用于氨基酸的定性、定量分析。

二、蛋白质分子量

蛋白质是生物大分子，分子量在 10 000～1 000 000。测定蛋白质分子量的主要方法有凝胶过滤层析、聚丙烯酰胺凝胶电泳（SDS-PAGE）、生物质谱、沉降速度法。

1. 凝胶过滤层析　　其原理是在一定范围内，蛋白质分子量的对数和洗脱体积之间呈线性关系。因此在测定蛋白质的分子量时，用几种已知分子量的标准蛋白质进行层析，通过分析已知分子量的标准蛋白质的洗脱体积，对它们分子量的对数作图绘制出标准曲线。未知蛋白质在相同条件下进行层析，根据其所用的洗脱体积，从标准曲线上就可以求出此未知蛋白质的分子量。在分离柱中填充如葡聚糖、树脂等不溶的基质颗粒，这些凝胶颗粒组成细微的多孔网状结构，形成分子筛效应，如同过筛那样把不同的蛋白质按照不同的分子大小进行分离。

2. 聚丙烯酰胺凝胶电泳　其是一种利用人工合成的凝胶作为支持介质的电泳。以十二烷基硫酸钠（sodium dodecyl sulfate，SDS）作为变性剂，使得蛋白质变性，变性蛋白与 SDS 结合，形成 SDS-蛋白复合物。由于 SDS 带负电荷，因此不同蛋白质分子均带负电荷，以此消除各蛋白之间的电荷差异，变性蛋白质的形状趋于一致，在一定范围内蛋白质的迁移率只与其分子量的对数呈线性关系。采用该方法进行蛋白质分子量测定时，将已知分子量的标准蛋白质与待测蛋白质在相同条件下进行聚丙烯酰胺凝胶电泳，一般用小分子染料为前沿物质，蛋白质在凝胶中的迁移距离和前沿小分子染料迁移距离的比值称为相对迁移率。依据蛋白质的分子量为 15～200 时蛋白质的相对迁移率与其分子量的对数呈线性关系的原理，以标准蛋白质分子量的对数对其相对迁移率作图得到标准曲线，根据待测蛋白质在同样条件下测定到的相对迁移率，根据标准曲线求出其分子量。

3. 生物质谱　其原理是通过电离源将蛋白质分子转化为离子，然后利用质谱分析仪的电场、磁场将具有特定质量与电荷比值（m/z）的蛋白质离子分离开来，经过离子检测器收集分离的离子，确定离子的 m/z 值，分析鉴定未知蛋白。通常结合相应的处理及其他技术，能够比较准确、快速地鉴定蛋白质。基质辅助激光解析电离飞行时间质谱（MALDI-TOF-MS）是将多肽成分转换成离子信号，并依据 m/z 来对该多肽进行分析，以判断该多肽源自哪一个蛋白质。

4. 沉降速度法　沉降速度法又称为超速离心法，蛋白质溶液在受到强大的离心作用时，蛋白质分子趋于下沉，沉降速度与蛋白质分子的大小、密度和分子形状有关，也与溶剂的密度和黏度有关。蛋白质颗粒在离心场中的沉降速度用每单位时间内颗粒下沉的距离表示。

三、蛋白质的理化性质

（一）蛋白质的两性电离

由于蛋白质分子中既含有能解离出氢离子的酸性基团（R—COOH），又含有能结合氢离子的碱性基团（R—NH$_2$），因此与氨基酸一样，蛋白质分子也是两性电解质。蛋白质在溶液中的解离状态，受溶液 pH 的影响。当蛋白质溶液处于某一 pH 时，蛋白质分子解离成阳离子和阴离子的趋势相等，静电荷为零，此时溶液的 pH 称为该蛋白质的等电点（pI）。当溶液 pH 大于蛋白质的等电点时，蛋白质带负电荷，反之蛋白质带正电荷。等电点偏酸性的蛋白质称为酸性蛋白质，等电点偏碱性的蛋白质称为碱性蛋白质。

（二）蛋白质的胶体性质

蛋白质分子量多在 10 000～1 000 000，其分子大小已达 1～100nm，因此蛋白质具有胶体性质。蛋白质形成稳定亲水性胶体溶液（colloidal solution）的主要因素是分子表面的水化层和电荷层。蛋白质颗粒表面存在很多亲水基团（—NH$_2$、—COOH、—OH），与水有高度亲和性，可吸引水分子，使其表面形成一层比较稳定的水化膜，使得蛋白质不能彼此靠近，防止其相互聚集沉淀，增加蛋白质溶液的稳定性。此外，蛋白质表面的亲水基团大多能解离，因此蛋白质分子表面带有一定量的相同电荷而出现相互排斥，防止蛋白质颗粒聚沉。蛋白质分子之间相同电荷的排斥作用和水化膜的相互隔离作用是维持蛋白质胶体溶液稳定的两大因素。当去掉其水化膜、中和其电荷时，蛋白质就可从溶液中沉淀出来。

（三）蛋白质的沉淀

蛋白质的沉淀作用（precipitation）是指向蛋白质溶液中加入适当试剂，破坏了蛋白质的水化膜或者中和了蛋白质分子表面的电荷，从而使蛋白质胶体溶液变得不稳定而发生沉淀的现象。蛋白质沉淀可以有效地用于蛋白质的分离和纯化，下文为几种沉淀蛋白质的方法。

1. 等电点沉淀　　蛋白质分子具有两性电解质特点，其电荷性质及数量因所处环境 pH 的不同而变化。当蛋白质处于等电点时，其净电荷为 0，相邻蛋白质分子之间没有静电斥力，趋于聚集沉淀，此时溶解度达到最低。

2. 盐析沉淀　　向蛋白质溶液中添加大量的中性盐，造成蛋白质溶解度降低而沉淀析出的现象，称为盐析（salting out）。由于盐离子与水的亲和性大于蛋白质与水的亲和性，因此盐离子可以与蛋白质争夺水分子，导致蛋白质表面的水化膜破坏，蛋白质析出。此外，盐离子也可以大量中和蛋白质分子上的电荷，使蛋白质成为不含水化膜、不带电荷的分子，发生聚集沉淀。盐析时常用的中性盐包括硫酸铵、硫酸镁、氯化钠等。由于不同蛋白质分子表面极性基团的种类、数目及排布不同，对应的水化膜厚度存在差异，所以盐析所需的中性盐浓度也不同，此外不同蛋白质等电点不同，因此盐析时所需的 pH 也不同。因此，可以通过调节中性盐的浓度和溶液 pH（蛋白质等电点附近），使蛋白质溶液中的不同蛋白质分批沉淀，这种方法称为分段盐析（fractional salting out）。当蛋白质溶液中存在少量中性盐时，蛋白质溶解度出现增加的现象，称为蛋白质的盐溶解。

3. 有机溶剂沉淀　　当蛋白质溶液中含有一定量的极性有机溶剂时，可引起蛋白质脱去水化膜、降低介电常数，增加带电质点间的相互作用，使蛋白质分子相互吸引导致聚集沉淀。利用不同蛋白质在不同有机溶剂（如乙醇、丙酮、正丁醇）及相同有机溶剂不同浓度中的溶解度存在差异这一原理，可以对蛋白质进行分批沉淀，这种方法称为有机溶剂分段沉淀法，一般将溶液 pH 控制在等电点附近效果好。高浓度有机溶剂会导致蛋白质发生变性，操作中要注意低温快速操作，避免局部有机溶剂浓度过大，添加中性盐及沉淀后尽快去除有机溶剂以避免蛋白质变性。

4. 加热沉淀　　蛋白质加热会变性而发生凝固。加热能够破坏蛋白质次级键，使天然结构解体、肽链伸展、疏水基团暴露，破坏蛋白质分子表面的水化膜。在溶液中加入少量盐，可促进蛋白质的加热凝固；在蛋白质等电点时加热，也可促进凝固。

5. 生物碱试剂和某些酸类沉淀　　当蛋白质溶液 pH 小于等电点时，蛋白质分子带正电荷，容易与生物碱试剂和酸类物质的酸根负离子发生反应，形成不溶性盐而发生沉淀。

6. 重金属盐沉淀　　当蛋白质溶液 pH 大于其等电点时，蛋白质带负电荷，容易与重金属离子结合，形成不溶性的蛋白盐而沉淀。

（四）蛋白质的变性与复性

1. 蛋白质的变性　　蛋白质分子受到某些物理和化学因素的作用，导致蛋白质分子内部的非共价键和二硫键断裂，高级结构被破坏，生物学活性随之部分或者完全丧失的现象，称为蛋白质的变性现象。蛋白质的变性主要是二硫键和非共价键的破坏，不涉及氨基酸序列的改变。引起蛋白质变性的因素很多，如高温、高压、紫外线、X 射线、超声波、剧烈搅拌或者振荡等物理因素，以及强酸、强碱、尿素、去污剂、重金属盐、有机溶剂等化学因素。

蛋白质变性之后，许多性质都发生了变化，生物学活性丧失。蛋白质变性的主要特征，是指蛋白质丧失所具有的酶、激素、毒素、抗原与抗体、载氧能力和收缩能力等。蛋白质变性之后，肽链伸展、肽键外露，蛋白质变得更为伸展和松弛，因此更容易受到酸碱和蛋白酶的水解；变性会导致疏水基团外露，蛋白质的溶解度会降低；变性蛋白质空间结构发生改变，分子不对称性增大，导致黏度增大；变性之后蛋白质丧失结晶能力；蛋白质分子中各基团的正常排布发生变化，导致吸收光谱改变。

2. 蛋白质的复性　在蛋白质变性程度较轻的情况下，除去变性因素后，在适当条件下变性的蛋白质发生恢复其天然构象和生物学活性的现象，称为蛋白质的复性。蛋白质的变性反应分为可逆和不可逆两类。若蛋白质分子结构尚未发生显著变化，除去引起变性的因素后，变性的蛋白质能够恢复或者部分恢复原有的蛋白质构象和功能的现象，称为可逆的变性作用。在园艺植物蛋白质分离纯化的过程中，多采用此类反应将蛋白质沉淀，之后通过解除引起蛋白质沉淀的因素，使得蛋白质复性并溶解于原来的溶剂当中，保持天然性质而不变性。不可逆沉淀作用是指蛋白质分子内部结构发生重大变化，变性后的蛋白质沉淀不能溶于原来溶剂当中。

3. 蛋白质的凝固　蛋白质经强酸、强碱作用发生变性后，仍能溶解于强酸或者强碱中，当 pH 调至等电点，蛋白质立即结成絮状的不溶解物。该絮状物仍能溶解于强酸或强碱中，如果再加热，则絮状物变成比较坚固的凝块，不再溶于强酸或强碱中，这种现象称为蛋白质的凝固作用，凝固是蛋白质变性后进一步发展的不可逆结果。在近于等电点的条件下加热，也可使蛋白质凝固，温度因蛋白质不同而有区别。

（五）蛋白质的紫外吸收性质

由于大多数蛋白质都含有酪氨酸、色氨酸、苯丙氨酸残基，其侧链基团在 280nm 处吸收峰，具有紫外线吸收能力，因此分析溶液中蛋白质含量时，往往采用测定蛋白质溶液在 280nm 处吸光度的方法。

（六）蛋白质的颜色反应

1. 双缩脲反应　蛋白质及多肽分子中的肽键在稀碱溶液中与铜离子作用形成紫红色的内络盐，呈现紫色或者红色，我们将这一反应称为双缩脲反应。由于氨基酸不发生双缩脲反应，因此氨基酸浓度上升，其双缩脲呈现的颜色深度逐渐下降。这一特性可用于检查蛋白质的水解程度。

2. 茚三酮反应　蛋白质水解后产生的氨基酸可以发生茚三酮反应，形成蓝紫色的化合物。

3. Folin-酚试剂反应　蛋白质分子中含有的酪氨酸残基和色氨酸残基能与 Folin-酚试剂（磷钼酸和磷钨酸）发生氧化还原反应，生成蓝色的化合物。该化合物在 540nm 波长处有最大吸收峰，常用来测定蛋白质的含量。

4. 考马斯亮蓝染料结合法　考马斯亮蓝 G-250 在游离状态下呈红色，最大吸光度在 488nm，当它与蛋白质结合之后变为蓝色，蛋白质染料结合物在 595nm 波长处有最大吸光度，其吸光度与蛋白质含量成正比，因此常用于蛋白质的定量分析。

四、蛋白质混合物的分离方法

蛋白质混合物分离纯化步骤包括材料的预处理、细胞破碎、蛋白质提取。材料的预处理目标是将蛋白质从组织或细胞中释放出来，并且保持其原有的生物活性。需要采用适当的方法将组织和细胞进行破碎。园艺植物组织和细胞通常采用机械法进行破碎，这种方法是利用机械力的剪切作用使细胞破碎，常见的设备有高速组织捣碎机、匀浆器、研钵等。对于园艺植物，通常将植物组织（如叶片）进行液氮速冻，快速研磨，对于分子量较大、含量不高的蛋白质要通过多次加入液氮进行充分研磨，必要时可以在研磨以后加入蛋白质提取液，低温下用匀浆器再次研磨，以提高蛋白质产量。

其他的细胞破碎方法有：①渗透压冲击法，这种方法将细胞放在高渗透压的溶液当中，细胞水分向外渗出发生收缩，当达到平衡后，将细胞转入水或缓冲液当中，由于渗透压的突然变化，细胞快速膨胀而破裂。②反复冻融法，将细胞放在低温下冷冻，破坏细胞膜的疏水结构，增加细胞的亲水性，细胞内水分结晶形成冰晶粒，引起细胞膨胀而破裂，在室温下融化，反复多次达到破碎细胞的目的。③超声波法，依据超声波在液体中的空穴化作用和剧烈的扰动作用，使细胞膜上所受的张力不均，导致细胞破碎。④酶破碎细胞，细胞壁结构是细胞破碎的主要阻力，因此采用溶菌酶、几丁质酶、纤维素酶等破碎不同类型细胞的细胞壁。

将园艺植物组织或细胞采用液氮冷冻研磨，或者使用组织细胞破碎仪进行破碎，低温下加入预冷过的、含有蛋白酶抑制剂的蛋白质提取缓冲液中（合适的 pH），将蛋白质溶解，此过程在冰上静置 30min 左右，进而低温高速离心以去除组织残渣，获得的上清液就是蛋白质混合物。

第二节　蛋白质的分离纯化

一、蛋白质分离纯化的原则

为了从园艺植物中分离纯化纯度和活性理想的单一蛋白质产物，应遵循以下原则：①选取来源方便、成本低、容易操作的组织或者细胞作为材料，并且目的蛋白在该组织或细胞中的含量和活性高、可溶性和稳定性好，有利于蛋白质分离纯化；而那些取材困难、难以操作、含量低的植物组织、细胞，相对难以分离和纯化。②建立一个快速准确并且特异性和重现性良好的蛋白质活性检测方法。③分离纯化蛋白质时，先粗分离再细分离，通过多步纯化得到目的蛋白。

二、蛋白质分离纯化的原理与方法

1. 原理　　要根据目的蛋白的理化性质来选择抽提蛋白质所用缓冲液的 pH、离子强度、组成成分等条件。例如，针对膜蛋白进行抽提，抽提缓冲液中，一般要加入阴离子去污剂或表面活性剂，如十二烷基硫酸钠、TritonX-100 等，使膜结构破坏、利于蛋白质与膜分离。园艺植物中各类蛋白质种类繁多，无法找到一个适用于不同蛋白质的、统一的分离蛋白质的标准化程序。因此要根据目的蛋白的理化性质及生物学特性来制订适用于该特定蛋白的分离纯化程序。对于那些性质及结构未知的蛋白质，往往需要经过各种方法的优劣比较和条件摸索，才能获得预期结果。

2．方法　　根据蛋白质溶解度的差异可以选取盐析、萃取、溶剂抽提、选择性沉淀、层析、结晶、逆流分配等方法；根据蛋白质分子大小与形状的差异，可以采取超滤、透析、差速离心、凝胶电泳及分子筛层析等方法；根据蛋白质所带电荷的差异，一般选取电泳、等电点沉淀、聚焦层析、离子交换层析、吸附层析等方法；根据蛋白质功能专一性的差异，可以采用亲和层析；根据蛋白质疏水性的差异，可以采用疏水作用层析、反向高效液相层析。

三、蛋白质分离纯化的注意事项

蛋白质分离纯化的过程中，必须注意保持蛋白质结构的完整性，以避免蛋白质发生变性、降解现象。一些通用的注意事项有：①简化分离纯化的步骤，缩短操作时间，使用温和的溶剂，避免剧烈振动等操作，有助于保持目标蛋白的活性；②提取液用量不能太多或者太少，将蛋白质浓度维持在一定水平，有助于保持蛋白质活力，一般采用2～3倍体积的提取液效果较好；③使用蛋白酶抑制剂防止蛋白酶对待分离蛋白的降解；④选择合适的缓冲液和pH，避免缓冲液pH与目标蛋白的等电点相同，防止蛋白质沉淀；⑤在纯化园艺植物细胞中的蛋白质时，可以加入DNA酶降解DNA，去除DNA污染；⑥在溶液中加入二硫苏糖醇（dithiothreitol，DTT）或者β-巯基乙醇（β-mercaptoethanol），防止含巯基的蛋白质发生氧化；⑦避免植物样品反复冻融，避免剧烈搅动蛋白质；⑧使用灭菌溶液，避免微生物生长对蛋白质产生影响；⑨所有操作在低温下进行，有助于防止蛋白质降解。

第三节　蛋白质的粗分离

蛋白质粗分离的目的是除去样品中大量的杂蛋白，最常用的粗分离方法（二维码11-1）是沉淀法，该方法根据蛋白质溶解度的差异进行分离。

11-1

一、盐析沉淀法

盐析沉淀法是指使用高浓度的中性盐，将蛋白质从溶液中析出的方法，常用的中性盐有硫酸铵、硫酸钠、氯化钠等。其中硫酸铵最常用，它溶解度大，受温度影响小。不同离子沉淀蛋白质的能力不同，各阳离子沉淀能力从高到低为钾＞钠＞锂＞铵。不同蛋白质盐析所需要的盐饱和度和pH不同，因此可以通过调节盐浓度及溶液的pH，将目的蛋白析出。盐析时选择蛋白质等电点附近的pH有利于蛋白质析出。被盐析沉淀下来的蛋白质仍保持其天然性质，并且能再度溶解而不变性。盐析法只能将蛋白质初分离。如果要进一步细化得到纯蛋白需要用其他方法。

二、有机溶剂沉淀法

有机溶剂可以显著降低溶液的介电常数，使蛋白质分子之间相互吸引而沉淀。与水互溶的有机溶剂有丙酮、正丁醇、乙醇和甲醇等。常温下有机溶剂沉淀蛋白质或者有机溶剂长时间作用于蛋白质，都会引起蛋白质变性。因此，有机溶剂沉淀蛋白质应在0～4℃低温下进行，以减少和避免蛋白质变性。低温不仅降低蛋白质的溶解度，而且可以减少蛋白质变性的机会。通常预先将有机溶剂冷却，并且在加入有机溶剂后不断搅拌，可以防止有机溶剂局部浓度过高，避免蛋白质变性。如果使用丙酮沉淀蛋白质，丙酮用量要求是蛋白质体积的10倍，并且蛋白质被丙酮沉淀后要立即分离以避免蛋白质变性。

三、等电点沉淀法

当溶液的 pH 达到待分离蛋白的等电点时，这时该蛋白质更容易沉淀下来。而那些等电点高于或者低于该 pH 的蛋白质仍留在溶液当中。通过等电点沉淀得到的蛋白质，保持天然的构象，能够重新溶于适当的 pH 和一定浓度的盐溶液当中，具有生物活性。

第四节　蛋白质的细分离

粗分离得到的蛋白质样品，往往含有其他的杂质，要进一步分离纯化才能获得纯度较高的蛋白质。蛋白质的细分离一般会依据蛋白质分子量大小、荷电性质、与配体特异性结合、疏水性质进行分离纯化，常用的方法有以下几种。

一、根据蛋白质分子量大小进行蛋白质细分离

1. 透析　　利用蛋白质等生物大分子不能透过半透膜的性质，将大分子蛋白质与小分子化合物分离的方法称为透析。透析袋是用具有超小微孔的膜（如硝酸纤维素）制成，一般只允许分子量在 10 000 以下的化合物通过，蛋白质不能通过透析袋。因此，可以将一些混有无机盐的蛋白质溶液装入透析袋内，将透析袋放入无离子水的大容器当中，通过搅拌使小分子物质不断地透过半透膜而进入无离子水中，通过更换几次无离子水可以将透析袋内的小分子物质降低到最小值。该方法常用于蛋白质盐析之后的脱盐。有时将装有分子量较大的蛋白质溶液的透析袋包埋进入吸水剂（如聚乙二醇）内，袋内的水与小分子物质可被析出透析袋，达到浓缩蛋白质的目的。

2. 超滤　　利用压力或者离心力，使水分子和其他小的溶质分子通过微孔滤膜，而蛋白质停留在膜上，达到分离蛋白质的目的。可以通过选择不同孔径的滤膜来截留不同分子量的蛋白质，从而根据蛋白质的分子量对蛋白质进行分离。该方法既可以纯化蛋白质，又能浓缩蛋白质。

3. 凝胶过滤层析　　凝胶过滤层析也称为分子筛层析或凝胶排阻层析，其原理是根据蛋白质分子大小不同而进行分离的层析技术。凝胶过滤层析以一些具有多孔网状结构的凝胶颗粒作为介质，其凝胶网孔大小决定了可分离蛋白质混合物的分子量范围。分离蛋白质常用的凝胶有交联葡聚糖凝胶、聚丙烯酰胺凝胶和琼脂糖凝胶。当蛋白质混合样品中各组分随着流动相流经多孔的凝胶时，由于蛋白质各组分分子大小的不同，在凝胶上受阻滞的程度也不同，因此得以分离。凝胶过滤层析操作简单、快速，广泛应用于蛋白质的脱盐和分离提纯。当利用分子量已知的几种标准蛋白质作为参照时，该方法可用于测定未知蛋白质的分子量。

二、根据蛋白质荷电性质进行蛋白质细分离

同一蛋白质在不同的 pH 环境中所带有的电荷性质和电荷数量不同，在电场中的迁移率也不同，因此可以根据蛋白质的电荷性质进行蛋白质细分离。

1. 等电聚焦电泳（IEF）　　IEF 是利用特殊的电泳缓冲液（两性电解质）在聚丙烯酰胺凝胶内制造一个 pH 梯度，电泳时待分离的蛋白在此 pH 梯度中进行迁移，当蛋白质迁移到等于其等电点的 pH 处时不再带有净的正、负电荷，因此蛋白质不再迁移并且开始聚集形成

一个很窄的区带，这种电泳技术称为等电聚焦电泳。等电聚焦电泳的原理：具有 pH 梯度的介质按照 pH 从阳极到阴极逐渐增大进行分布，当蛋白质分子在大于其等电点的 pH 环境中，该蛋白质可以解离形成带负电荷的阴离子，在电泳过程中向正极泳动；当蛋白质分子在小于其等电点的 pH 环境中，该蛋白质会解离成带正电荷的阳离子，在电泳过程中向负极泳动；当蛋白质在等于其等电点的 pH 环境中，其所带的净电荷为零，停止迁移发生聚集。因此，如果在一个有 pH 梯度的环境中对蛋白质混合样品进行电泳，那么各种蛋白质分子将按照它们各自的等电点大小，在 pH 梯度中相对应的位置处聚集，最终形成不同等电点的蛋白质分子分别聚集于不同的位置，从而按照等电点的差异分离蛋白质混合物。

等电聚焦电泳技术具有分辨率高、灵敏度高、重复性好等优点，可以用于准确测定多肽、蛋白质等两性电解质的等电点。在进行多种蛋白质的等电聚焦电泳时，无论是将蛋白质样品置于阳极还是阴极，在等电聚焦电泳结束的时候，蛋白质会分别聚集于相应的等电点位置，形成很窄的一个区带。因此，在进行蛋白质等电聚焦时，可以将样品置于任何位置；蛋白质进行等电聚焦，不仅能进行不同种类蛋白质的分离纯化，同时也能得到浓缩的蛋白质。该技术存在的缺点：不适用于一些在等电点时溶解度低甚至变性的蛋白质；要求使用无盐溶液，因此不适用于不能溶解于无盐溶液的蛋白质。

2. 双向聚丙烯酰胺凝胶电泳（2D-PAGE）　　该技术由奥法雷尔（O'Farrell）于 1975 年建立，是等电聚焦电泳和 SDS-PAGE 电泳的组合，即先进行等电聚焦电泳（按照 pH 分离），使各蛋白质聚集到各自等电点处，然后再进行 SDS-PAGE（按照分子大小）分离，经染色得到的电泳图是一个二维分布的蛋白质图。双向聚丙烯酰胺凝胶电泳的作用原理：第一向通过等电聚焦电泳，将蛋白质按照 pH 梯度进行分离，聚集至各自的等电点，将不同等电点的蛋白质分离；第二向通过聚丙烯酰胺凝胶根据蛋白质分子量的不同进行再次分离。因此，蛋白质混合物在两个维度上进行了分离，最后凝胶经染色、成像，用软件进行对比，即可实现对蛋白质的定量研究。双向电泳有较高的分离能力，兼容性强，适用于不同生物样本的蛋白质组研究，如与质谱鉴定结合，还可实现蛋白质的定性分析，是蛋白质组学研究的经典方法。该技术具有高灵敏度、高分辨率且产生的图像便于进行计算机分析等优点。

三、根据蛋白质-配体特异性结合进行蛋白质细分离

亲和层析（affinity chromatography）是利用共价键结合有特异配体的层析介质，分离蛋白质混合物中能特异结合配体的目的蛋白的一种层析技术。其分离原理是许多蛋白质对特定的化学基团具有专一性结合的生物学特性。这些能被生物大分子如蛋白质所识别并与之特异结合的化学基团称为配体。园艺植物中许多蛋白质具有与某些化合物发生特异性、可逆性结合的特征，如酶与辅酶、酶与其竞争性的抑制剂、抗原与抗体等。具有这些特征的蛋白质均可采用亲和层析进行分离纯化。在园艺植物蛋白质分离纯化中，常对目的蛋白连接标签（如 GFP、Myc、His、Flag 等），分离纯化的时候通过使用共价结合有对应标签抗体的层析介质，从而特异分离目的蛋白。

四、根据蛋白质的疏水性质进行蛋白质细分离

疏水作用层析（hydrophobic interaction chromatography）是利用待分离蛋白质组分中的疏水基团与固定相的疏水配基之间吸附力的差异，根据流动相洗脱时各组分在介质中的迁移率不同而分离不同蛋白质的层析技术。该方法依据蛋白质分子表面疏水性差别来分离蛋白质、

多肽等生物大分子。蛋白质分子表面分布着一些疏水基团，这些疏水基团可以与疏水性层析介质发生相互作用而结合。由于不同蛋白质表面暴露的疏水基团数目不同，因此表现出不同强弱的疏水性，那些疏水基团多的蛋白质与固定相疏水配基的结合能力强，而疏水性弱的蛋白质与固定相的吸附能力弱。在进行疏水作用层析时，根据蛋白质在高盐溶液中疏水能力增强、在低盐溶液中疏水性降低的原理，使用高盐溶液使得蛋白质疏水性增大、结合到介质上，再通过逐步降低盐浓度的方式逐步降低蛋白质疏水性，从而逐步将蛋白质从介质上洗脱下来，达到蛋白质的细分离效果。

第五节　蛋白质的鉴定

一、蛋白质纯度鉴定

　　蛋白质纯度是衡量蛋白质纯化方案的一个重要指标，是指在一定条件下目的蛋白的相对均一性及检测是否包含其他杂蛋白。目前常采用的鉴定蛋白质纯度的方法有电泳法、高压液相色谱法和末端分析法等。

　　1. 电泳法　　纯蛋白质在不同 pH 下进行电泳时都以单一速度移动，在电泳图谱上显示一条谱带。如果预期杂质与目的蛋白分子量有差异，在 SDS-PAGE 电泳上可以呈现出多条带，如果已知目的蛋白的分子量就可以分辨出杂蛋白；但是研究中往往存在分子量相近、氨基酸组成不同的蛋白质，此时 SDS-PAGE 电泳不能区分杂蛋白，这种情况下可以采用非变性凝胶电泳，依据不同蛋白质迁移率不同的原理进行分离，还可以通过等电聚焦法分离蛋白质，鉴定蛋白质纯度。

　　2. 高压液相色谱法　　用目的蛋白的峰面积/峰高除以所有峰的峰面积/峰高的总和，可以得出目的蛋白的纯度。

　　3. 末端分析法　　纯蛋白质应该具有恒定的 N 端和 C 端组成。通常要依据两种不同的方法来鉴定蛋白质的纯度。

二、蛋白质组学

　　蛋白质组学（proteomics）是以蛋白质组为研究对象，从整体角度研究细胞、组织或生物体所表达的全部蛋白质的组成、表达、修饰、互作、功能等变化规律的科学。蛋白质组学的概念是马克·维金斯（Marc Wikins）首先提出的（Wasinger et al., 1995），与以往研究单一蛋白的功能不同，蛋白质组学应用双向电泳、质谱、生物信息学等技术，研究植物全套蛋白质组在复杂的环境、细胞中的功能。蛋白质组学主要的研究技术包括蛋白质的分离技术和鉴定技术，其中蛋白质双向聚丙烯酰胺凝胶电泳-质谱技术是常用于蛋白质组学的核心技术和研究路线。蛋白质组学主要分为表达蛋白质组学和细胞图谱蛋白质组学，前者主要研究不同环境、状态下植物细胞、组织中的全部蛋白质及其表达水平情况，后者主要研究蛋白质之间的相互作用，可以明确细胞间信号转导通路。

　　基因组内各个基因的表达具有时空特异性，不仅在同一植物体不同发育阶段显著不同，在同一植物同一发育阶段中的不同组织细胞内、不同生理和逆境状态下也显著不同。由于蛋白质多肽链存在复杂的修饰过程，同一蛋白质发生不同的蛋白质修饰可能发挥不同的作用，因此可以简单理解为一个基因可能编码不止一个蛋白质。并且蛋白质之间存在复杂的相互作用，仅从基因组水平进行研究不足以阐明植物体生命活动的规律，因此蛋白质组学补充和延伸了基因组学的研究。

蛋白质组学常用的技术有双向电泳、蛋白质谱技术、酵母双杂交技术、蛋白质芯片、激光捕获显微切割等。上节已讨论双向聚丙烯酰胺凝胶电泳技术，这里不再赘述。

1. 蛋白质谱技术　　蛋白质谱技术是指将质谱（mass spectrometry，MS）仪用于研究蛋白质的技术。它的基本原理是将经过蛋白酶酶切消化后的肽段混合物置于质谱仪中，肽段混合物经过电离形成带电离子，质谱分析器将具有不同的质量与电荷比值（m/z）的肽段在电场、磁场的作用下分离开来，经过检测器收集分离的离子，确定每个离子的 m/z。经过质量分析器可分析出每个肽段的 m/z，得到蛋白质所有肽段的 m/z 图谱，从而鉴定蛋白质。二维色谱-串联质谱（2D-HPLC/MS）技术的发展有助于大规模地分离和鉴定蛋白质。特别是在鉴定低丰度蛋白、膜蛋白及大分子蛋白质等难以研究的蛋白质方面显示出显著优势，但该技术后续结果分析难度较大。

根据样品是否进行同位素标记分为有标定量和无标定量两种方法。有标定量常用的有同种同位素标签标记法（ITRAQ）和串联质量标签（TMT）等。ITRAQ 主要通过对氨基酸 N 端和赖氨酸残基进行酶解之后进行同位素标记。串联质量标签是一种多肽体外标记技术，将园艺植物组织中提取的蛋白质进行胰蛋白酶酶解成肽段，通过将 6 标、10 标或者 16 标同位素标签标记肽段特异氨基酸位点，然后进行串联质谱分析，通过检测碎裂下来的标签定量肽段。ITRAQ 与 TMT 具有准确性高、系统误差低、分离能力强、自动化高等优点。质谱无标记定量的蛋白质组学包括基于离子流色谱峰（extracted ion current，XIC）的定量和基于色谱峰面积的定量法。无标定量具有成本低、对样品操作少、省时省力、不受样品条件限制等优点，但是存在结果精确度和重复性较差的问题。此外，随着蛋白质谱技术的不断发展，产生了单细胞超灵敏蛋白质谱（Mund et al.，2022），该方法可以对少数细胞进行蛋白质谱分析，有助于比较不同细胞中蛋白质表达的差异。

2. 酵母双杂交技术　　该技术的产生推动了蛋白质之间相互作用的研究。其原理是利用真核生物转录激活因子由 DNA 结合结构域（DNA binding domain，BD）和转录激活结构域（activation domain，AD）两个独立的结构域组成，因此将蛋白质 A 连接 BD，蛋白质 B 连接 AD，当 A-BD 和 B-AD 同时在酵母细胞中进行表达时，如果 A 蛋白与 B 蛋白在酵母细胞中发生相互作用，则转录激活结构域 AD 与 BD 相互靠近，通过形成转录激活因子 Gal4 激活下游报告基因（*HIS3*，营养缺陷型选择标记基因；*LacZ*，通过 β-Gal 活性进行显色筛选的基因）的表达，因此在缺陷型培养基上可以观测到酵母菌落的生长，由此判定蛋白质之间的相互作用。该方法可以用于两个蛋白质之间相互作用的鉴定，也可以用于筛选文库，寻找互作蛋白。将已知蛋白构建到 BD 载体，用作"诱饵"，将园艺植物某生长阶段或者某特殊处理下产生的总 mRNA 反转录形成 cDNA，构建到 AD 载体上，形成"猎物"文库，将表达"诱饵"蛋白的酵母与"猎物"文库酵母发生结合，通过在缺陷营养的培养基上进行筛选，从而鉴定已知蛋白质的互作蛋白。基于该方法还衍生出酵母单杂交，原理是将已知基因的启动子区域连接到特定载体并在酵母中表达，将其与"猎物"文库酵母发生结合，用于筛选调控已知基因的转录因子。酵母双杂交体系具有迅速、易操作的优点，适合于直接互作的蛋白质，不适用间接互作的蛋白质。另外，该方法也存在一定的假阳性结果，因此需要其他蛋白互作技术进行验证。真核细胞中大约 1/3 的蛋白质与膜相关，由于膜蛋白具有疏水性，发生在膜蛋白之间的互作一般不能采用常规酵母双杂交体系进行鉴定。对于定位于细胞膜的蛋白质进行酵母双杂交筛选需要使用膜蛋白酵母双杂交体系,该方法称为基于分离的泛素(split-ubiquitin)介导的膜蛋白酵母双杂交系统。适用于膜蛋白与膜蛋白,以及膜蛋白与可溶性蛋白之间的互作检测和文库筛选。

3. 蛋白质芯片　　蛋白质芯片是一种高通量分析蛋白质功能的技术,该技术在固相支持物表面高密度地结合探针蛋白,通过抗原-抗体专一性结合,从而特异地捕捉样品中的靶蛋白,进而对靶蛋白进行定性和定量分析的技术。该技术可以同时对上千种蛋白质的变化情况进行分析研究,具有高通量、高灵敏度、操作自动化和重复性好的优点。结合靶蛋白的抗体特异性是保证该技术成功的关键。蛋白质芯片技术为在特定条件下分析整个植物蛋白质组提供了可能,其工作原理是利用芯片上的探针检测多种蛋白质,将能特异识别单个蛋白质的化合物或者蛋白质设计为探针(通常把抗体设计为探针),在玻璃载玻片芯片、3-D 胶芯片或者微孔芯片上将不同蛋白质探针进行排布,形成一种小型蛋白质探针阵列,用于快速检测大量未知蛋白质。其作用原理与 DNA 芯片相似,在芯片上点上大量已知蛋白质(如单克隆抗体),然后让其与未知蛋白质样品接触发生抗原与抗体间的特异性结合,最后进行检测。蛋白质芯片的优点是在不破坏蛋白质的生化特性和作用的条件下,简便、快速、灵敏、准确、高通量地测定大量未知蛋白质的种类和含量,并且适用于微量样品的测定。蛋白质芯片技术在园艺植物研究中主要用于检测园艺植物在病原菌侵染或逆境条件下的蛋白质表达量、蛋白质功能研究等。

4. 激光捕获显微切割(LCM)　　激光捕获显微切割是一种可以精确地从组织中取出研究者感兴趣的特定细胞的原位显微切割技术,主要应用于组织和细胞样品的挑取。通过 LCM 获得的目的细胞,经过蛋白质提取及与蛋白质芯片杂交,可以应用于比较不同样品或者不同细胞中蛋白质表达的差异。目前该技术在园艺植物发育生物学和逆境生物学的研究中应用越来越多。

三、蛋白质定性定量检测

1. 免疫组织化学　　组织化学是指以常用的组织化学技术,对细胞内主要化学成分和活性进行定性、定位和定量的研究。将免疫学与组织学相结合形成了免疫组织化学的分支学科,该分支学科以免疫学的抗原-抗体反应为基础理论,可作为园艺植物蛋白质定位、定性和半定量检测的方法之一。其简要的作用步骤:首先分离和提取园艺植物组织中的蛋白质,将其作为抗原注入动物体内以产生相应的特异性抗体,之后从被免疫动物的血清中提取抗体,用酶或者生物素、荧光等标记抗体,在适宜的条件下将标记后的抗体与组织或者细胞中的蛋白质(抗原)共孵育,促使抗原与抗体的特异性结合,通过染色使得标记抗体上的酶、生物素等显示出来。该方法可以在显微镜下观察待测蛋白在细胞和组织中的分布特点,也可以对待测蛋白进行定位及半定量。因此免疫组织化学理论包括抗原-抗体反应、免疫标记化学反应、显色化学反应等内容。

(1)抗原-抗体反应　　抗原-抗体反应是指抗原和其特异抗体在体内或者体外发生结合反应的过程。抗原与抗体均为蛋白质,其含有的氨基、羧基和肽链等极性基团,由于物理和化学特性相互吻合而相互吸引和结合;此外,抗原抗体还可以因为空间构象的吻合、分子间所带电荷或者疏水作用而相互吸引。因此抗原与抗体反应具有特异性、可逆性及最适比例性等特点。抗原-抗体反应分为特异性结合阶段和可见阶段两个阶段。第一阶段是特异性结合阶段,抗原决定簇与相应抗体 IgG Fab 的高变区相互吸引并特异性结合,大多在数分钟内完成。第二阶段是抗原-抗体反应的可见阶段,在抗原抗体相互吸引的基础上,继续发生凝集反应、沉淀反应、细胞溶解反应或者中和反应等经典的抗原-抗体反应，该阶段所需时间较长，并且容易受到环境条件的影响，如电解质、温度、pH 等因素都会影响抗原-抗体反应。利用抗原-抗体反应在体外特异结合的特点，可以对各种生物活性物质进行分离检测。

（2）免疫标记化学反应　　　利用荧光素和放射性核素等发光剂或者酶等显色物作为示踪物标记抗体，在适宜的温度和 pH 下，标记抗体与抗原特异结合。

（3）显色化学反应　　　显色化学反应是指酶等显色物与一定底物结合后，形成具有特殊颜色的化合物，因此将酶标记在抗体上，通过添加底物，可以研究酶标记的抗体与相应抗原相互作用的情况；荧光素通过高压汞灯的激发可以发出特定荧光，从而在荧光显微镜下被捕捉到；放射性同位素通过使胶片感光，经显影可以研究标记抗体与抗原的反应情况。

（4）亲和素-生物素-过氧化物酶技术　　　亲和素-生物素-过氧化物酶技术也称为 ABC（avidin-biotin-peroxidase complex）法。该方法最先由 Hus 在 1981 年被报道，原理为以卵白素（avidin，一种糖蛋白，其上有 4 个与生物素相结合的位点）作为媒介，把生物素化的抗体（二抗）与生物素结合酶辣根过氧化物酶（HRP）标记的生物素连接起来，从而使卵白素上三个生物素结合位点被酶标记的生物素占据，只空下一个结合位点，形成卵白素-生物素酶标复合物，也称为 ABC 复合物。具体操作方法是将一抗与植物组织切片共孵育，使得一抗结合到植物组织切片中相应抗原的位置，之后加上被生物素标记的能结合一抗的二抗，最后加入卵白素和生物素复合物，形成 ABC 复合物。HRP 在酶的作用下通过显色可以观察到抗原的存在。ABC 在抗原处引物的酶分子数量增加，因此敏感性较高。该方法还具有特异性强、背景小、操作方便快速、可用于多重免疫染色等优点。

（5）链霉菌抗生物素蛋白-过氧化物酶连接法（streptavidin-peroxidase，SP）　　　其是 ABC 法的改良方法，用与生物素亲和性更高的链霉卵白素代替卵白素，在体外制成抗生物素蛋白-过氧化物酶标记的生物素-链霉卵白素的复合物。标记生物素-抗生物素技术（labelled avidin-biotin technique，LAB）是以生物素标记抗体作第一抗体，酶标记抗生物素作为第二抗体，方法简便但灵敏度较 ABC 法低。

（6）桥抗生物素-生物素技术（bridged avidin-biotin technique，BRAB）　　　其为用生物素分别标记抗体和酶，然后以抗生物素为桥，把两者连接起来。

根据抗原-抗体反应原理，我们可以制备园艺植物功能蛋白的抗体，进行植物组织显微切片并结合标记的抗体，利用透射电镜观察该功能蛋白的亚细胞定位。此外，依据该原理，通过酶联免疫吸附测定（ELISA）方法可以鉴定园艺植物中是否含有某种病毒，作为脱毒种苗的脱毒效果鉴定及植物特定病害的检疫。ELISA 方法是常见的抗原-抗体测定方法，通过相关联的酶对抗原-抗体复合物发生催化反应，产生有色产物，依据待测抗体的量与有色产物成正比的原理，最后利用酶标仪通过测定吸光度计算抗体的量。

2. 蛋白质定量检测　　　蛋白质的定量检测对蛋白质的分离、纯化、结构和功能研究非常重要，是园艺植物蛋白功能研究中经常涉及的分析方法。

（1）凯氏定氮法　　　其是测定化合物或混合物中总氮量的一种方法。该方法于 1883 年建立，其原理是蛋白质中的含氮量通常为其总重量的 16%左右，因此通过测定物质中的含氮量，就可以估算出蛋白质的含量。用浓硫酸消化样品，将有机氮都转变成无机铵盐，然后在碱性条件下将铵盐转化为氨，随水蒸气蒸馏出来并为过量的硼酸液吸收，再以标准盐酸滴定，就可计算出样品中的含氮量，从而依据含氮量/0.16＝蛋白质含量，估算出蛋白质的含量。

（2）双缩脲法　　　分子中含有两个肽键（—CO—NH—）的化合物与碱性溶液相互作用

生成紫色、蓝紫色络合物，该反应称为双缩脲反应，是肽和蛋白质所特有的一种颜色反应，颜色深浅与蛋白质含量呈正相关，而与蛋白质的氨基酸组成及分子量无关，因此是一种用于鉴定蛋白质含量的方法。该方法可测定 1～10mg 的蛋白质，适用于精度要求不高的蛋白质含量的测定。双缩脲反应的优点是受蛋白质特异性影响小、使用试剂价廉易得、操作简便。该方法的缺点是精确度低、所需样品量大。Tris 缓冲液会干扰双缩脲反应测定，因为其会导致阳性呈色反应，铜离子易被还原出现红色沉淀。

（3）Folin-酚试剂法　　其是劳里（Lowry）于 1951 年建立的最灵敏的蛋白质测定方法之一，Folin-酚试剂法显色原理与双缩脲法相同，是双缩脲方法的发展。该方法在双缩脲法中铜盐反应生成复合物的基础上，加入第二种试剂 Folin-酚试剂，以增加显色量，蛋白质中的酪氨酸和色氨酸残基可以还原 Folin-酚试剂的磷钼酸盐-磷钨酸盐，从而产生深蓝色混合物，在一定条件和范围内，蓝色深浅与蛋白质含量呈线性关系。Folin-酚试剂法的优点在于灵敏度高，缺点是耗时较长，标准曲线专一性差，也并非严格的直线形式，且受到多种物质的干扰，如干扰双缩脲反应的离子、酚类、柠檬酸、Tris 缓冲液、糖类、甘氨酸、甘油等，还存在试剂配制困难、操作费时，且对酪氨酸和色氨酸含量差异大的蛋白质测定误差大等缺点。

（4）紫外分光光度法　　蛋白质中一些氨基酸残基（如酪氨酸、色氨酸、苯丙氨酸）中的苯环因为包含共轭双键，因此蛋白质溶液在 280nm 处有一处紫外线吸收高峰。在一定的浓度范围内，蛋白质的 OD_{280} 与其浓度成正比，因此可以通过测定蛋白质溶液在 280nm 处的 OD 值，从而对蛋白质含量进行定量。紫外分光光度法是所有蛋白质定量方法中最快速的方法，并且在测定蛋白质浓度的时候样本不会遭到损害。

（5）考马斯亮蓝 G-250 染色法　　考马斯亮蓝染色法是布拉德福德（Bradford）于 1976 年建立的。考马斯亮蓝 G-250 在游离状态下呈现红色，最大吸收值在 488nm 处，当其通过疏水作用结合蛋白质后呈现蓝色，最大光吸收值转移到 595nm 处。蛋白质与考马斯亮蓝结合非常迅速，且结合物在室温下一小时以内保持稳定，在蛋白质含量为 0.01～1.00mg/mL 时，蛋白质的含量与其在 595nm 处的 OD 值呈正相关。该方法具有试剂配制简单、操作便捷、反应灵敏等优点，是常用的微量蛋白质含量的快速测定方法。该方法不适用于小分子碱性多肽的含量测定。考马斯亮蓝分为 G-250 和 R-250 两种，其中前者与蛋白质的结合反应迅速，通常用于蛋白质含量的测定；后者与蛋白质反应相对缓慢，但是反应可逆、可以被洗脱，常用来对电泳条带染色。

（6）BCA（bicinchoninic acid）法　　BCA 是一种对铜离子敏感的水溶性复合物，在碱性溶液中，蛋白质将 Cu^{2+} 还原成 Cu^+，Cu^+ 与测定试剂中的 BCA 形成一种在 562nm 处有最大光吸收峰的紫色复合物，该复合物的光吸收强度与蛋白质浓度成正比。BCA 法灵敏度高，试剂稳定不易受影响。

3. 免疫印迹分析蛋白质的相对含量　　印迹技术最初用于核酸分子的检测，随着 Western blotting 方法（二维码 11-2）的建立，开始应用于蛋白质的检测。免疫印迹（immunoblotting）是可以用于检测蛋白质混合溶液中某种特定蛋白质的定性方法，也是可用于检测同一种蛋白质在不同处理条件下或者在不同细胞中相对含量的半定量方法。检测方法是首先从园艺植物特定组织中分离包含待测蛋白的总蛋白，将待测蛋白质混合液在变性的聚丙烯酰胺凝胶上通过电泳进行分离，蛋白质将按照分子量大小分布在凝胶中，之后通过电转移将蛋白质从凝胶中对应的位置转印到硝酸纤维素膜上。硝酸纤维素膜以非共价键形式吸附蛋白质，以被吸附的蛋白质作为抗原，与特异抗体发生免疫反应，再与酶标记的第二抗体发生反应，经过底物

11-2

显色以检测电泳分离的特异性目的蛋白。该技术广泛应用于检测蛋白质表达的水平。

小 结

　　蛋白质的基本结构单位是氨基酸，氨基酸之间通过肽键连接形成多肽链，一条或者多条多肽链构成蛋白质。蛋白质是生命活动的主要载体和功能执行者，生物体的各种生命现象及生物体的多样性，都是通过蛋白质来实现的。几乎所有的园艺植物器官组织中都含有蛋白质。蛋白质是两性电解质，具有高分子化合物的胶体性质和两性解离性质，还有变性、复性、沉淀、凝固、显色反应及紫外吸收等性质，蛋白质在波长 280nm 处有最大吸收峰。蛋白质粗分离得到的蛋白质样品，往往含有其他的杂蛋白。要进一步通过分离纯化才能获得纯度较高的蛋白质。蛋白质的细分离一般会依据蛋白质的大小、荷电性质、疏水性质及生物学特性进行分离纯化。在分离纯化的过程中，必须注意保持蛋白质结构的完整性，以避免蛋白质发生变性、降解现象。蛋白质的纯度是衡量蛋白质纯化方案的一个重要指标，是指在一定条件下目的蛋白的相对均一性及检测是否包含其他杂蛋白。目前常采用的鉴定蛋白质纯度的方法有电泳法、高压液相色谱法、末端分析法及质谱法等。常用的蛋白质定量检测方法有凯氏定氮法、双缩脲法、Folin-酚试剂法、紫外分光光度法、考马斯亮蓝 G-250 染色法、BCA 法。免疫印迹可以用于检测蛋白质混合溶液中某种特定蛋白质的定性方法，也可以用于检测同一种蛋白质在不同处理条件下或者在不同细胞中相对含量的半定量方法。

思考题

1. 什么是蛋白质的等电点？简述蛋白质的理化性质。
2. 简述蛋白质分离纯化的原理及其原则和注意事项。
3. 如何进行蛋白质的粗分离和细分离？
4. 简述蛋白质纯度鉴定的常用方法及其原理。
5. 什么是蛋白质芯片技术？该技术的原理是什么？
6. 何为蛋白质组学？进行园艺植物蛋白质组学研究的意义是什么？
7. 什么是抗原-抗体反应？简述抗原-抗体反应的原理。

推荐读物

1. 马灵筠，扈瑞平，徐世明. 2019. 生物化学与分子生物学. 武汉：华中科技大学出版社
2. 王冬梅，吕淑霞. 2018. 生物化学. 2 版. 北京：科学出版社
3. 解军，侯筱宇. 2020. 生物化学. 北京：高等教育出版社

蛋白质是构成生物体的基本组成物，也是生物体生命活动过程中最重要的物质基础。蛋白质的复杂结构与组成是生物学功能多样性的基础。蛋白质由 20 种氨基酸通过肽键连接而成，各氨基酸的侧链 R 基团决定了氨基酸的类别与特性。多个氨基酸在一起形成稳定的复合物后通过折叠或螺旋构成具有一定空间结构和特定功能的蛋白质。蛋白质的结构及空间构象的形成基于多肽链的生物合成与折叠，并最终决定了每种蛋白质不同的生物学功能。

第一节　概　　述

蛋白质是生物体内重要的生物大分子，是活细胞内含量最丰富和功能最复杂的物质，承担着绝大多数生物的生命活动，其结构与功能是生命科学研究的基本命题。

一、蛋白质结构概述

蛋白质结构的基本组件是氨基酸，组成蛋白质的主要氨基酸有 20 种。氨基酸脱水缩合形成线性多聚体肽链，肽链中氨基酸通过肽键或二硫键连接，肽链是蛋白质结构形成的基础。蛋白质的一级结构（primary structure）是指多肽链中氨基酸的排列顺序，包含了决定蛋白质分子所有高级结构和生物功能的全部信息。蛋白质的二级结构（secondary structure）是肽链的主链不同肽段自身相互作用形成氢键，沿着某一主轴盘旋折叠形成的局部空间结构，是蛋白质复杂三维结构的结构基础和构象单元（朱圣庚，2017），主要有 α 螺旋（α-helix）、β 折叠（β-pleated sheet）、β 转角（β-turn）和无规则卷曲（random coil）。蛋白质的三级结构（tertiary structure）是多肽链在二级结构的基础上，通过侧链基团的相互作用进一步卷曲折叠形成的特定空间结构。在蛋白质的二级结构与三级结构之间还有超二级结构与结构域两个层次：超二级结构（super secondary structure）是多肽链上的若干相邻构象单元彼此折叠、相互作用形成的有规律的组合体，是三级结构的组件，超二级结构有 3 种基本形式，分别是 α 螺旋组合（αα）、β 折叠组合（ββ）和 α 螺旋 β 折叠组合（βαβ），其中 βαβ 组合最普遍；结构域是在二级结构与超二级结构基础上形成的相对独立的三级结构局部折叠区。蛋白质的四级结构（quaternary structure）是数条具有三级结构的独立多肽链——亚基（subunit），通过非共价键相互作用形成的聚合体结构（陈惠，2014）。单独存在的亚基没有活性，只有形成特定的四级结构才具有生物活性（郭蔼光等，2018）。

二、蛋白质功能概述

参与生物体生命活动的蛋白质具有多种功能，其具体功能如下。①结构组成：某些蛋白质会参与细胞与组织的构建，包括核糖体、内质网、叶绿体等组织结构，如组成核糖体的核糖蛋白（马红悦等，2021）。②催化作用：生命体的物质代谢过程几乎都需要酶作为催化物，大多数酶的化学本质就是蛋白质，如参与植物光呼吸生化过程的过氧化氢酶（饶泽来，2020）、柠檬酸合酶（王忠，2008）和 1,5-二磷酸核酮糖羧化酶（陈候鸣等，2016）等。

③运输作用：某些蛋白质会参与物质的转运过程，如糖转运蛋白（耿艳秋等，2021）等。
④贮藏作用：某些蛋白质具有贮藏营养物质的作用，如小麦种子中的麦醇溶蛋白和谷蛋白
（陈惠，2014）、种胚贮藏蛋白（孟晶晶，2020）与植物铁蛋白等（付晓苹等，2014）等。
⑤信号传递与识别作用：某些蛋白质具有接收、传递信息与调控的作用，如类受体蛋白（孙
雅娜等，2021）和类受体激酶（张林琳，2021）等。⑥保护作用：某些蛋白质会提高植物
的抗性，起到保护作用，如糖蛋白、超氧化物歧化酶（魏婧等，2020）和扩展蛋白（赵美
荣等，2012）等。

如表 12-1 所示，植物蛋白质的生物学功能十分丰富。

表 12-1 植物蛋白质的生物学功能多样性

蛋白质	生物学功能
核糖蛋白	核糖体的主组成成分，参与蛋白质合成与细胞代谢
过氧化氢酶	植物光呼吸的重要催化物质
柠檬酸合酶	三羧酸循环的重要催化物质
1,5-二磷酸核酮糖羧化酶	参与植物光合作用与抗逆反应
糖转运蛋白	参与糖的长距离运输与抗逆反应
种胚贮藏蛋白	贮藏种子中的营养物质和保持生理活性
植物铁蛋白	植物体内专门的贮铁蛋白，为植物光合作用等生化反应提供铁源
类受体蛋白	植物细胞间接收信号、传递信号，并起调控作用
扩展蛋白	在植物对干旱、盐碱和病虫害等胁迫响应中起重要的调节作用

第二节 蛋白质的结构与组成

蛋白质是生物执行各种功能的载体，其基本组件是氨基酸，氨基酸的线性聚合物为肽
（peptide）。蛋白质的结构分为一级结构和高级结构，高级结构包括二级结构、三级结构、四
级结构及超二级结构与结构域。蛋白质种类繁多且功能各异，可分别根据蛋白质组成、功能
和分子形状不同将其进行分类。

一、蛋白质结构的基本组件

蛋白质结构的基本组件有氨基酸和肽，氨基酸的分类、特性及理化性质第十一章已描述，
这里不再赘述。以下简述肽、肽链的结构及活性肽。

1. 肽和肽链的结构 蛋白质是氨基酸通过肽键（peptide bond）连接形成的线性序列。
肽键（—CO—NH—）又称为酰胺键，是由氨基酸的 α-羧基与另一个氨基酸的 α-氨基脱水缩
合而成，这种由氨基酸通过肽键脱水形成的化合物称为肽。最简单的肽为二肽（dipeptide）
由两个氨基酸连接而成，只含一个肽键。随着所含氨基酸数目的增加，依次称为三肽
（tripeptide）、四肽（tetrapeptide）、五肽（pentapeptide）等。一般将 10 个及以下氨基酸组成
的肽称为寡肽（oligopeptide），多于 10 个氨基酸组成的肽称为多肽（polypeptide）。图 12-1
为一条多肽链的骨架，肽链的左端含有一个游离的 α-氨基，右端有一个游离的 α-羧基。通常
认为氨基酸的排列顺序是从其氨基端（N 端）开始，到羧基端（C 端）结束。

关于肽的描述要注意以下内容：由于氨基酸参与了肽键的构成，所以肽链中氨基酸已不

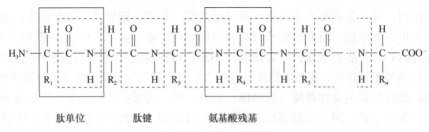

肽单位　　　　　肽键　　　　　氨基酸残基

图 12-1　多肽链的骨架（郭蔼光，2009）

是完整的分子，因而称为氨基酸残基（residue）。由肽键连接各氨基酸残基形成多肽链的主链，即—N—C_α—C—序列的重复，连接于 C_α 上的各氨基酸残基的 R 基团，称为多肽链的侧链。

2. 几种重要的活性肽　　活性肽指具有活性的多肽，又称为生物活性肽。

（1）谷胱甘肽　　谷胱甘肽（glutathione，GSH）是生物体中广泛存在的一种三肽，由谷氨酸（Glu）、半胱氨酸（Cys）和甘氨酸（Gly）组成，由于它的 Cys 含有游离的—SH 残基，所以常用 GSH 表示。还原性谷胱甘肽（GSH）的谷氨酸为 γ-谷氨酸。GSH 是一种抗氧化剂，可保护蛋白质分子中的—SH 免遭氧化，保护巯基蛋白和酶的活性。在谷胱甘肽过氧化物酶的作用下，GSH 变成氧化性谷胱甘肽（GSSG）。在植物抗氧化系统中，谷胱甘肽过氧化物酶可与自由基结合，保护膜上巯基酶的活性不受损害，并提高植物的抗氧化能力（贾秀峰等，2021）。

（2）植物蛋白肽　　植物含有各种各样的蛋白质，这为制备抗氧化肽提供了来源。目前，植物中的抗氧化肽有大豆肽、花生肽和玉米肽等（李敏等，2021）。其中，大豆肽属于植物蛋白肽，具有高营养、易吸收、清澈度高和溶解度好等优点（文雯等，2021）。花生肽具有抗氧化、抗菌、提高免疫力和预防肿瘤等功能（张小庆等，2019），此类物质还能抑制血管紧张素转换酶的活性，被认为是一种具有广泛发展前景的植物蛋白肽（谢秋涛等，2012）。另外，燕麦低聚肽、人参低聚肽和苦瓜多肽等植物内源生物活性肽都具有降血糖的功效（刘欣然等，2021）。

（3）肽类激素　　植物肽类激素参与植物的防御反应、细胞增殖和自交不亲和等的调控（周杰等，2021）。系统素是首个在植物中发现的肽类激素，它能在植物受到外界伤害时产生信号分子，从而诱导植物的自身防卫反应、提高植物的抗性（孙翔等，2021）。植物磺肽类激素（PSK）是植物细胞中能够从胞内分泌到胞外的磺化五肽，它可以参与植物对灰霉病抗性的调控，还能调节植物细胞的伸长过程（刘云涛，2020）。

二、蛋白质结构的组成和主要类型

（一）蛋白质结构的组成

12-1

1. 一级结构　　一级结构是指蛋白质多肽链中氨基酸的排列顺序及二硫键的位置，也称为基本结构。蛋白质的空间结构就是在一级结构基础上形成的。维持一级结构的主要化学键是肽键，有些蛋白质的一级结构还包括二硫键（二维码 12-1）。

2. 二级结构　　二级结构是指蛋白质多肽链借助氢键排列成沿一维方向形成周期性结构的构象，包括 α 螺旋、β 折叠、β 转角和无规则卷曲。

（1）α 螺旋　　肽链由于氨基酸残基的羧基氧和其后第四个氨基酸的氨基氢之间形成氢键，氢键方向与螺旋轴大致平行，所以呈现螺旋状构象。含较多数量氢键的 α 螺旋结构，整体紧凑且没有空腔，每圈螺旋包括 3.6 个氨基酸残基，螺距约 0.54nm，α 螺旋为右手螺旋，各氨基酸残基的侧链 R 基团均分布在螺旋外侧。α 螺旋是最早提出来的一种蛋白质构象（二维码12-2），除了在纤维状蛋白中存在外，还广泛存在于功能性球状蛋白中（张韵晨等，2021）。

（2）β 折叠　　两条或两条以上充分伸展成锯齿状折叠构象的肽链侧向聚集，沿肽链的长轴方向平行并列，形成的折扇状构象称为 β 折叠（二维码 12-2）。这种构象最初在纤维状蛋白蚕丝的丝心蛋白（β-角蛋白）中发现，故名为 β 折叠，丝心蛋白中只有这一种构象。通常 β 折叠处于蛋白质内部折叠区域，当其数量增加时，会改变蛋白质的二级结构，使蛋白质结构变得疏松（杜文琪，2021）。β 折叠构象依靠相邻肽链之间形成有规律的氢键维系稳定。按照肽链的排列方向，可将 β 折叠分为平行式和反平行式两种。平行式 β 折叠的肽链都按同一方向排列，反平行式 β 折叠的肽链一顺一反地排列。蚕丝纤维的丝心蛋白结构是由反平行β 折叠片组成，且富含 Ala 和 Gly 残基。

（3）β 转角　　β 转角指球状蛋白质多肽链在折叠过程中发生 180°回折，在回折角上形成的结构又称发夹结构。该结构由 4 个连续的氨基酸残基组成，其中第一个残基的羧基氧与第四个残基的亚氨基氢键结合形成紧密的环，使 β 转角成为较稳定的结构（二维码 12-2）。

（4）无规则卷曲　　无规则卷曲又称为自由回转，是一种多肽链主链呈现不确定规律的结构，其结构松散，受侧链 R 基团互相影响较大（二维码 12-2）。

3. 超二级结构和结构域　　在蛋白质分子中，由若干个多肽链顺序上相邻的构象单元在空间上相互折叠靠近，组合成的有规则的结构聚集体被称为超二级结构。常见的超二级结构的三种基本组合形式有 αα、ββ 和 βαβ（二维码 12-3）。蛋白质的超二级结构是存在于二级结构和三级结构之间的一种构象。结构域（structure domain）是由两个或两个以上相邻的超二级结构组成的可区分区域（靳浩，2021），是围绕单个疏水核心构成的蛋白质结构（路晶晶，2020）。在较大的蛋白质分子中，结构域存在于三级结构的局部折叠区，它是相对独立的，在空间上可以明显将其与其他蛋白质亚基结构区分（何欣蓉，2021）。结构域一般由 100～200 个氨基酸残基组成。对于较小的球状蛋白质分子或亚基来说，通常是单结构域。对于较大的球状蛋白质或亚基，其三级结构往往由两个或多个结构域缔合而成（二维码 12-4）。

4. 三级结构　　蛋白质的三级结构是指多肽链在二级结构的基础上，进一步盘绕、折叠所形成的特定三维结构（二维码 12-5）。三级结构包括蛋白质分子主链和侧链的空间排布关系。维持蛋白质三级结构的作用力主要为疏水作用，除此之外，离子键、氢键、范德瓦耳斯力及二硫键等也是稳定三级结构的重要作用力（张恒，2017）。

5. 四级结构　　蛋白质的四级结构指数条具有独立的三级结构的多肽链通过非共价键相互连接而成的聚合体结构（二维码 12-6）。在具有四级结构的蛋白质中，每一条具有三级结构的多肽链称为亚基，缺少一个亚基的蛋白质或亚基单独存在时都不具有活性。

（二）蛋白质主要类型

1. 按组成分类　　依据蛋白质分子组成特点的不同，可将蛋白质分为以下两类。

（1）单纯蛋白质　　单纯蛋白质是指蛋白质分子组成中，除氨基酸外再无其他组成成分的蛋白质。植物中的单纯蛋白质按理化性质的差别可分为清蛋白、球蛋白、谷蛋白和醇溶谷蛋白（表 12-2）。

表 12-2　植物中单纯蛋白质的分类

名称	溶解度	举例
清蛋白	溶于水和稀碱溶液，不溶于饱和硫酸铵溶液	小麦清蛋白、豆清蛋白
球蛋白	溶于稀盐溶液，不溶于水和半饱和硫酸铵溶液	豆球蛋白
谷蛋白	溶于稀酸、稀碱溶液，不溶于水，受热不凝固	麦谷蛋白、米谷蛋白
醇溶谷蛋白	溶于乙醇、稀酸和稀碱溶液，不溶于水及中性盐溶液	麦醇溶蛋白、玉米醇溶蛋白

（2）结合蛋白质　　结合蛋白质又称为复合蛋白质，它由单纯蛋白质和非蛋白质组分构成。存在于植物中的结合蛋白质有 6 类（表 12-3）。

表 12-3　植物中结合蛋白质的分类

名称	结合形式	举例
糖蛋白	蛋白质与糖类结合	玉竹糖蛋白
核蛋白	蛋白质与核酸（DNA、RNA）结合	核糖体、染色质、病毒
磷蛋白	蛋白质与磷酸基团结合	酪蛋白、糖原磷酸化酶
金属蛋白	蛋白质与金属离子结合，如 Fe、Mo、Cu 等	铁硫蛋白、细胞色素氧化酶
黄素蛋白	蛋白质与黄素单核苷酸（FMN）或黄素腺嘌呤二核苷酸（FAD）结合	琥珀酸脱氢酶、D-氨基酸氧化酶
色素蛋白	蛋白质与色素辅基结合	细胞色素 c

2. 按功能分类　　详见第十二章第一节"蛋白质功能概述"内容。

3. 按分子形状分类　　依据蛋白质分子的形状可将其分为三大类（图 12-2）。

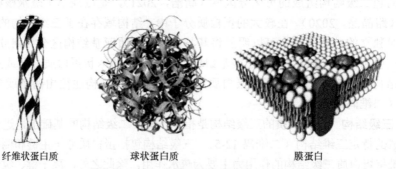

纤维状蛋白质　　　　　　　球状蛋白质　　　　　　　膜蛋白

图 12-2　蛋白质分子形状（陈惠，2013）

（1）纤维状蛋白质（fibrous protein）　　纤维状蛋白质是多肽链通过伸展卷曲聚集起来，外形似纤维状或细丝状的结构，维持它的作用力主要为氢键。植物中典型的纤维状蛋白质是植物拉丝蛋白，它是由植物蛋白质通过生产加工而形成的类似纤维状的蛋白。

（2）球状蛋白质（globular protein）　　形状似球形或椭圆形，其溶于水，生物体中多数可溶性蛋白属于此类，如豌豆球蛋白和豆球蛋白等。

（3）膜蛋白（membrane protein）　　通过与细胞的各种膜系统相结合而发挥作用。膜蛋白的疏水氨基酸侧链位于细胞膜外侧，导致膜蛋白不溶于水。

三、蛋白质结构的形成——多肽链的生物合成与折叠

蛋白质作为生命活动的主要承担者，其结构的形成基于多肽链的生物合成与折叠。多肽

链的生物合成大致可分为 5 个阶段：①氨基酸的活化；②多肽链合成的起始；③多肽链的延伸；④多肽链合成的终止与释放；⑤多肽链合成后的折叠、修饰及加工。

（一）氨基酸的活化

氨基酸的活化在细胞质基质中进行，氨基酸作为蛋白质的基本组成单位，由特定的 tRNA 携带，通过其反密码子对 mRNA 密码子进行识别，使氨基酸掺入多肽链的指定位置。这个过程由氨酰 tRNA 合成酶（aminoacyl tRNA synthetase）催化完成，且活化一个氨基酸需要消耗 2 分子 ATP。氨酰 tRNA 合成酶转移性强，并且能够识别特定的氨基酸，其催化反应包括三步：①酶-氨基酸-ATP 络合物的形成；②酶-氨酰-AMP 络合物的形成；③氨酰 tRNA 的形成。通过以上反应，氨基酸被活化。并且在合成蛋白质前，氨基酸都要被转移到氨酰 tRNA 分子的 3′—OH 上。

（二）多肽链合成的过程

1. 多肽链合成的起始 多肽链的生物合成过程是蛋白质翻译的中心环节。合成的起始是指 mRNA 和起始氨酰 tRNA 分别与核蛋白体结合形成翻译起始复合物的过程。通常从 mRNA 的起始密码子 AUG 开始，按 5′→3′方向逐一读码，直至终止密码子，因此多肽链的合成从甲硫氨酸开始。但是在细菌中，有时也以 GUG（偶尔用 UUG）为起始密码子。在原核生物中，起始 tRNA 所携带甲硫氨酸的氨基由于甲酰化导致其无法参与多肽链的延伸，从而防止起始 tRNA 误读框架内部密码子。真核细胞起始 tRNA 在辅因子帮助下严格识别起始密码子 AUG，故无甲酰化。甲酰化反应由特异的甲酰化酶催化，甲酰基来自 N^{10}-甲酰四氢叶酸，反应式为：N^{10}-甲酰四氢叶酸＋Met-tRNA$_f$ —→四氢叶酸＋fMet-tRNA$_f$。

原核生物的蛋白质合成起始复合物需要蛋白质起始因子（IF）的参与，并按下列步骤进行：①非功能性的 70S 核糖体解离，并在 IF3 的参与下生成 IF3·30S 复合物和游离的 50S 大亚基；②IF3·30S 与 IF1 结合后再与 mRNA 结合成 IF1·IF3·30S·mRNA 复合物，在此过程中 IF3 可阻止 50S 大亚基过早结合，有助于 mRNA 正确定位，并在翻译启动区形成使起始信号易被起始氨酰 tRNA（fMet-tRNA^{fMet}）识别的结构；③在 IF2·GTP 的帮助下，fMet-tRNA^{fMet} 与上述复合物结合，形成 30S 起始复合物 30S·IF1·IF2·IF3·GTP·fMet-tRNA^{fMet}·mRNA，其中 IF2 具有 GTP 酶活性，IF2·GTP 可促进 fMet-tRNA^{fMet} 与 30S 的结合；④最后，30S 起始复合物与 50S 大亚基结合成 70S 起始复合物 70S·mRNA·fMet-tRNA^{fMet}，释放 IF1、IF2 和 IF3，并把 GTP 水解成 GDP 和 P。这时，大、小亚基组装成完全的 70S 核糖体，同时 fMet-tRNA^{fMet} 占据 P 位，其反密码子恰好与起始密码子 AUG 相匹配，空着的 A 位则准备接受另一个氨酰 tRNA，以便进行多肽链的延伸。

2. 多肽链的延伸 70S 起始复合物组装完毕后，多肽链的合成进入延伸阶段。延伸循环包括进位、转肽和易位三步，每步都是在相应的蛋白质延伸因子（elongation factor，EF）催化下完成，同时需要 GTP、Mg^{2+} 的参与，具体步骤如下。

（1）进位（positioning） 在延伸因子 EF-Tu·GTP 的帮助下，一个新的氨酰 tRNA 按照 mRNA 的指令进入核糖体的 A 位，此 A 位上 mRNA 的密码子与氨酰 tRNA 的反密码子相匹配。不稳定蛋白质（EF-Tu）能与 GTP 和氨酰 tRNA 结合，将氨酰 tRNA 送入 A 位，同时 GTP 水解成 GDP 和 P。稳定蛋白质（EF-Ts）催化 GDP-GTP 交换，使 EF-Tu·GDP 变成 EF-Tu·GTP 才能重新参与下一轮反应：EF-Tu·GDP＋EF-Ts —→ EF-Tu·Ts＋GDP；EF-Tu·Ts＋GTP —→

EF-Tu·GTP＋EF-Ts。

（2）转肽（peptide bond formation）　　在转肽酶的催化下，P 位上的 fMet-tRNA^{fMet} 活化的羧基从相应的 tRNA 上解离下来，并转移到 A 位氨酰 tRNA 氨基酸的氨基上形成肽键，在 A 位产生肽酰 tRNA，把无负荷的 tRNA 留在 P 位。

（3）易位（translocation）　　在 EF-G（易位因子与核糖体结合需要 GTP）的参与下，肽酰 tRNA 从 A 位移到 P 位，卸载原 P 位上的无负荷 tRNA，并使 mRNA 正好沿 5′→3′方向移动 3 个核苷酸的距离，使一个新的密码子进入空的 A 位。EF-G 对 GTP 有很强的亲和力，结合水解 1 分子的 GTP 释放的能量可促进移位的进行。

以上三步反应构成一个延伸循环，每轮循环使多肽链增加一个氨基酸残基，多肽链从氨基端（N 端）向羧基端（C 端）延伸，并且总是前面一个氨基酸的羧基与后面氨基酸的氨基形成肽键。

3. 多肽链合成的终止与释放　　当 mRNA 的任何一个终止密码子（UAA、UAG 或 UGA）出现在核糖体 A 位，没有相应的氨酰 tRNA 能与之匹配时，释放（终止）因子（release factor，RF）便会与之结合：RF1 识别 UAA 和 UAG；RF2 识别 UAA 和 UGA；RF3 具有 GTP 酶活性，负责激活 RF1 和 RF2。释放因子的结合使得核糖体的转肽酶变为水解酶，可将肽酰 tRNA 水解，并释放核糖体和 tRNA 上新合成的多肽链，无负荷的 tRNA 随即从核糖体上脱落，该核糖体离开 mRNA 后，由 IF3 作用解离成 30S 小亚基和 50S 大亚基，以便参与另一条多肽链的合成。

多肽链的生物合成是一个高耗能过程，每个氨基酸在活化成氨酰 tRNA 时要消耗两个高能磷酸键（ATP——→AMP＋PPi），氨酰 tRNA 进入核糖体 A 位时要水解一个 GTP，形成肽键后核糖体沿 mRNA 易位时又要水解一个 GTP，即每掺入一个氨基酸至少需要消耗 4 个高能磷酸键。

4. 多肽链合成后的折叠、修饰及加工　　多肽链合成后得到的通常是没有生物活性的初级产物，必须经过折叠、修饰及加工，才能获得具有生物活性的最终产物。多肽链的折叠发生在核糖体合成时期，而修饰则贯穿于折叠过程的前中后期。

（1）折叠　　折叠是指具有特定一级结构的蛋白质分子形成正确的三维空间结构的过程。新合成的多肽链在合成过程中期或者后期，通过自身主链与侧链间形成的氢键、范德瓦耳斯力、离子键及疏水相互作用发生折叠，并不断调整自身已折叠的结构，最终获得天然构象（朱圣庚等，2016）。蛋白质在体内折叠的环境很复杂，参与的酶和因子比较多。目前证明，至少有两类蛋白质参与体内的折叠过程，统称为助折叠蛋白（folding helper）：①酶，如蛋白质二硫键异构酶（PDI）及肽基脯氨酰基顺反异构酶（PPIase），前者是位于真核生物内质网中的一类蛋白质，具有催化蛋白质二硫键氧化还原反应与协助蛋白质发生构型变化、类似分子伴侣的功能，参与生长发育、生物或非生物胁迫应答等方面的调控，后者通过催化肽脯氨酰之间肽键的旋转反应，加速蛋白质的折叠过程。②分子伴侣（molecular chaperone），是一类序列上没有相关性但有共同功能的蛋白质，在细胞内帮助新生多肽链正确地折叠、组装及跨膜运输。在新生多肽链的折叠过程中，分子伴侣通过防止或消除多肽链的错误折叠来增加功能性蛋白质折叠产率，其本身不参与最终产物的形成，并在组装完毕后脱离。例如，应激蛋白 70（heat-shock protein 70）家族参与蛋白质的从头折叠、跨膜运输、错误折叠多肽的降解及其调控过程。

（2）修饰及加工　　新生多肽链合成后与最终产物在一级结构上存在相当大的差异，只有经过细胞内各种加工修饰处理后才能成为具有生物活性的成熟蛋白质，主要的加工修饰有以下几类。

1）N 端修饰。新生蛋白质的 N 端都有一个甲硫氨酸残基，其中原核生物中的甲硫氨酸残基是甲酰化的。原核生物由肽甲酰基酶除去甲酰基，多数情况下甲硫氨酸也被氨肽酶除去，如大肠杆菌中约有 30%的蛋白质 N 端还保留甲硫氨酸。真核生物中甲硫氨酸则全部被切除。

2）多肽链的剪切。许多新合成的酶和蛋白质是以酶原或其他无活性的"前体"形式存在。活化时切除其中多余的肽段，使之折叠成有活性的酶或蛋白质，如酶原的激活。

3）氨基酸侧链的修饰。氨基酸侧链的修饰包括酰基化、磷酸化、羟基化、甲基化、泛素化和类泛素化及二硫键的形成等。例如，多肽链 N 端的乙酰化和 C 端的酰胺化，脯氨酸和赖氨酸的羟基化，赖氨酸和精氨酸的甲基化及丝氨酸、苏氨酸和酪氨酸的磷酸化等。该过程也参与了蛋白质活性调节。

4）糖基化修饰。糖蛋白作为细胞蛋白质重要的组成成分，在翻译中或翻译后的多肽链上以共价键与单糖或寡糖连接而成，如以 N-糖苷键连接在天冬酰胺的酰胺氮上。蛋白质的糖基化可以使蛋白质抵抗消化酶的作用，赋予蛋白质传递信号的功能，并且某些蛋白质只有在糖基化修饰之后才能正确折叠。

5）二硫键的形成。多肽链折叠形成天然构象后，链内或链间的半胱氨酸残基间有时会产生保护蛋白质天然构象的二硫键。二硫键会避免因为分子内外条件的改变及凝聚力降低而引起的蛋白质变性。

四、蛋白质结构与功能的关系

（一）蛋白质一级结构与功能的关系

蛋白质的一级结构就是多肽链中氨基酸残基的排列顺序，由遗传密码的排列顺序决定。多肽链一旦合成后，即可根据一级结构的特点进行自然折叠和盘曲，形成一定的空间构象，其通过蛋白质分子中多肽链和侧链 R 基团形成的次级键来维持。蛋白质的一级结构是其高级结构的基础，因此也最终决定了蛋白质的生物学功能，并且一级结构相似的蛋白质具有相似的生物学功能。其中由较短肽链组成的蛋白质一级结构，其结构不同，生物功能也不同，而由较长肽链组成的蛋白质一级结构的功能随"关键"部分结构的改变而改变。由此可见，一级结构提供生物大分子高级结构的组装信息。目前已有 1000 余种蛋白质的一级结构被研究确定，如细胞色素 c、胰岛素、胰核糖核酸酶等，其中细胞色素 c 是动植物细胞中普遍存在的含有血红素辅基的单链蛋白质，植物中的细胞色素 c 由 112 个氨基酸残基组成，在生物氧化时，细胞色素 c 在呼吸链的电子传递系统中传递电子，使血红素上铁原子的价数发生变化。

（二）蛋白质空间构象与功能活性的关系

蛋白质是经折叠和盘曲构成特有的较为稳定的三维空间结构。蛋白质的生物学活性和理化性质主要取决于空间结构的完整，因此仅测定蛋白质分子的氨基酸组成和排列顺序并不能完全了解蛋白质分子的生物学活性和理化性质。例如，铁蛋白是一类由 24 个亚基组成的球状蛋白质，是广泛存在于动物、植物及微生物细胞中的一种铁贮藏蛋白；球状蛋白和纤维状蛋白质，前者溶于水，后者不溶于水，显而易见，此种性质不能仅用蛋白质的一级结构氨基酸排列顺序来解释。

蛋白质的二级、三级和四级结构，统称为高级结构或空间构象，蛋白质的空间结构是其功能活性的基础，空间构象发生变化，其功能活性也随之改变。蛋白质变性导致其空间构象被破坏，遂引起其功能活性的丧失，变性蛋白质在复性后，构象复原，活性恢复。在生物体内，当一些特殊物质与蛋白质分子的某个部位结合时，就会引起该蛋白质的构象发生变化，从而改变其功能活性，这种现象称为蛋白质的别构效应（allosteric effect）。该效应在生物体内普遍存在，发挥调节物质代谢与改变生理功能的作用。

热激蛋白（heat shock protein，HSP）普遍存在于原核和真核生物中，是一类在有机体受到高温等逆境刺激后大量表达的蛋白，它不仅作为分子伴侣参加蛋白和蛋白复合物的组装、稳定和成熟，而且在植物发育及对非生物和生物胁迫的响应过程中发挥重要作用。在有机体受到逆境胁迫后，体内变性蛋白急剧增加，热激蛋白可以与变性蛋白结合，维持它们的可溶状态，在有 Mg^{2+} 和 ATP 的存在下使解开折叠的蛋白质重新折叠成有活性的构象。

第三节　蛋白质的结构测定与预测

明确蛋白质的组成与结构之后，一方面需要掌握几种测定蛋白质分子空间结构的方法，包括 X 射线衍射（X-ray diffraction，XRD）法和核磁共振（nuclear magnetic resonance，NMR）波谱法两种传统测定方法，以及其他几种前沿的测定方法；另一方面还需要掌握蛋白质预测的意义、原理及蛋白质二级结构的预测方法。

一、X 射线衍射蛋白质晶体结构分析测定

X 射线衍射法是利用 X 射线在晶体、非晶体中的衍射和散射效应，进行物相定性与定量分析的方法。当 X 射线通过蛋白质晶体后，X 射线衍射图可以给出几百到上万个原子的相对坐标，由此便可获得蛋白质晶体的原子结构。1960 年，肯德鲁（Kendrew）和佩鲁茨（Perutz）首次利用此方法得到低分辨率的蛋白质晶体结构。此后，人们不断完善 X 射线衍射法在蛋白质结构测定中的技术（熊强等，2019；Alderson et al.，2020；Kim et al.，2020），迄今为止，科学家已经研制出各种高分辨率的、用于蛋白质结构分析的 X 射线衍射工具。未来，X 射线衍射法的发展将以获得更高分辨率的蛋白质结构为目标。

（一）X 射线衍射法测定蛋白质晶体结构的原理

在测定蛋白质三维结构时通常使用波长在 1Å（1Å＝10^{-10}m）左右的 X 射线，由于该波长与蛋白质晶体内原子间距离的数量级相同，且晶体结构内分子排列规律，因此当 X 射线经过蛋白质晶体时，晶体中的每一个原子都会发射出次生的 X 射线，这些射线之间会相互干扰且迭加，最终产生强 X 射线衍射图像。这个过程类似于光学显微镜成像：显微镜物镜通过汇聚被观测物体表面的散射光而成像。

蛋白质晶体衍射图谱中衍射线的分布位置和强度有着特征性规律。通过分析蛋白质晶体内衍射点的排列方式及这些点之间的距离大小来判断分子在蛋白质晶体结构中的排列方式和周期重复的长短；通过测量衍射强度，借助电子计算机，结合一系列数学方法，能够计算出分子内每个原子的空间坐标，从而测定整个分子的晶体结构（熊强等，2019）。

（二）X 射线衍射法测定蛋白质晶体结构的流程

利用 X 射线衍射法测定蛋白质晶体结构可分为以下 4 个步骤。

1. 蛋白质结晶的制备　　精确的蛋白质结构测定需要一个高度有序的晶体，这样的晶体能够使 X 射线产生强烈的衍射。因此，在开展测定工作之前需要制备待测蛋白质的结晶。蛋白质结晶的方法有很多，通常可分为以下 4 种。

（1）分批结晶法　　该方法最简单，是在蛋白质溶液中加入沉淀剂，立即使溶液达到一个过饱和的状态，有些蛋白质不需进一步处理即可在过饱和溶液中逐渐长出晶体。

（2）气相扩散法　　该方法最普遍，包括悬滴法（hanging drop method）与坐滴法（sitting drop method）。其原理是将一滴含有沉淀剂的蛋白质溶液，置于含有更高浓度沉淀剂溶液的密闭容器内，为使两者浓度平衡，蛋白质溶液内的水分子不断从低浓度的液滴向高浓度的池液扩散，逐渐使蛋白质溶液达到过饱和状态，最终便可形成蛋白质结晶。

（3）透析法　　此方法是利用在溶液中小分子物质如水分子、离子、缓冲液等可自由通过半透膜，而大分子物质如蛋白质不能通过半透膜的性质，使水分子能够通过半透膜扩散到沉淀剂中，最终蛋白质溶液缓慢趋向过饱和状态从而形成结晶。

（4）油浴法　　该方法是将混有沉淀剂的蛋白质混合液滴置于油层下，即用低密度硅油或液体石蜡封住结晶池液，但由于不能完全密封，这便会导致水分子快速蒸发，而沉淀剂的挥发较为缓慢，这样蛋白质溶液便会慢慢趋于过饱和状态，最终形成结晶。

2. 捕获衍射图案　　记录 X 射线衍射下的蛋白质晶体图案。当 X 射线照射在一个大分子晶体上时，分子中的原子会产生散射的 X 射线波，将这些波整合在一起后，会形成一个包含不同振幅的衍射图案。而在实验中需要测定的指标就是来自蛋白质晶体散射 X 射线波的振幅和位置（Petsko et al.，2009）。

3. 计算电子密度图　　通过整合 X 射线波，可以重建蛋白质的晶体结构，但是每个波必须以其他波为参照，才能够正确地定位（correct registration），换言之，就是每一波的原点必须被测定，这样利于它们相加生成图案而非海量的噪声，这被称为相位问题（phase problem）。所有记录下的数据都必须指定相位值，这可通过计算得到，也可利用重原子标记蛋白实验得到，即单独测定一个或多个原子在晶体中的位置。随后，这些相位波在三维上叠加，产生晶体中分子的电子密度分布图像（二维码 12-7），这一步能通过半自动或手动的方式在计算机图像系统上实现（Petsko et al.，2009）。

12-7

测定相位值常见的方法有以下三种。

（1）分子置换法　　从已经解析的、存放在蛋白质数据库中的相关结构来"借"相位，通常还需要进一步的实验来测定衍射相位。

（2）同晶置换法　　首先制备包含重金属原子的同形晶体，也就是在相同总体结构的晶体中结合分子量较大的原子，这样可以产生另外一种不同的衍射图案，可通过将晶体浸泡在重金属盐溶液中来制备。通过浸泡，重金属原子能够扩散到原先由溶剂分子占据的空间，并与蛋白质分子中某些确定的位置相结合。重金属原子比那些蛋白质分子中正常出现的原子在 X 射线发生衍射时表现得更为强烈，这样便可确定这些重金属原子的位置，从而推导出未置换晶体中衍射的相位。

（3）异常散射法　　当蛋白质分子中的重金属原子在遇到波长接近天然吸收边限的 X 射线照射时，就会导致这些原子以附加 X 射线的形式重新发射出其中的部分能量，也就是异常散射现象。异常散射的幅度随着入射 X 射线的波长而变化，因此一种含有重金属原子的晶体可以被几种不同波长的 X 射线所照射，从而产生多种不同的衍射图案，散射的相位便能够从这些衍射图案中计算出来。

4. 拟合原子模型　分子的一部分化学模型被载入电子密度图中，这样便能拟合成一张完整的蛋白质结构图像。接下来通过反复修正，可使整个模型被优化，在修正的过程中模型的原子位置也被轻微调整，直至通过模型计算得到的衍射图案与之相符，且与通过实验测出的实际蛋白质的衍射图案一致时，即可停止修正，最终获得一个完整的蛋白质三维结构模型（岳俊杰等，2010）。

二、核磁共振波谱蛋白质溶液结构解析测定

核磁共振波谱（HMR）法是利用核磁共振波谱对各种有机物或无机物的成分、结构进行定性和定量解析的方法。1978 年，该方法首次应用于蛋白质结构的解析，获得了高分辨率的番茄丛矮病毒衣壳蛋白的空间结构。起初 HMR 法只能测定分子质量较小（<25kDa）的蛋白质结构，但随着核磁共振设备的不断更新，以及新的核磁脉冲与蛋白质标定技术的发明，目前 HMR 法已经可以测定大分子量的，甚至超大蛋白质的静态结构。在未来，HMR 法将会向测定更大分子量及动态蛋白质的空间结构方向迈进（Mandala et al.，2019；徐颢溪等，2020）。

（一）核磁共振波谱法测定蛋白质溶液结构的原理

核磁共振可以认为是亚原子（subatom）的微粒绕着某一轴旋转。在很多原子中，这些旋转彼此平衡抵消，所以原子核本身没有旋转。但在质子（^1H）和某些天然存在的碳、氮的同位素（^{13}C、^{15}N）中，这些旋转是不能抵消的，因此这类原子核便会拥有一个磁矩。这样的原子核可以采取其中一种可能的取向，在正常情况下，这两种取向都具有相同的能量，但是在一个外加的磁场中，这些能级会分裂，这是因为原子核磁矩的一个取向与外加磁场是平行的，而另外一个取向则不是。如果这种能量间隔存在，且原子核暴露在某一特定频率的电磁辐射中，这个原子核便会从低能量的旋转状态跃迁到能量较高的旋转状态。当原子核回到它们的初始定向时，就会发射可以被检测到的电磁波。质子（^1H）能够给出最强的信号，这也正是利用 HMR 谱进行蛋白质结构解析的基础（尹林等，2022）。

（二）核磁共振波谱法测定蛋白质溶液结构的流程

利用 HMR 法测定蛋白质溶液结构可分为以下 4 个步骤。

1. 蛋白质溶液的同位素标记与纯化　在利用 HMR 法测定蛋白质溶液结构前，首先需要通过同位素对蛋白质样品进行标记，主要是在培养基中分别利用 ^{13}C 和 ^{15}N 对碳源、氮源进行标记，被标记的碳源或氮源为唯一碳素或氮素的来源（徐颢溪等，2020）。只有高纯度的蛋白质溶液才能利用 HMR 法测定其结构，因此需要利用生化技术分离提纯被同位素标记的蛋白质溶液以获得高纯度的蛋白质样品，主要过程有层析色谱法分离提纯、蛋白质的浓缩及纯度鉴定等。其中层析色谱法分离是最重要的一步，它直接决定同位素标记蛋白质样品的纯度和产率。根据同位素标记蛋白不同的物理性质（如等电点、溶解度、电荷性质等），也可采用多种层析色谱法分离技术，如亲和层析色谱法、离子交换色谱法或体积排阻色谱法等。

2. 获得二维 HMR 谱　通过核磁共振波谱仪来获取二维 HMR 谱。一维 HMR 谱可以检测到化学位移及其他类似于自旋-自旋耦合（spin-spincoupling）这样的屏蔽效应，但通常这

些不足以用来描述像蛋白质这样复杂的分子，需要采用一些由不同时间间隔区分的系列脉冲代替使用单个脉冲，这样便可得到一个二维 HMR 谱。这种谱自身携带了额外的峰，能够用来显示具有相互作用的原子核对（Petsko et al.，2009）。

3. 测量核间距离与化学位移　　由于原子核对之间存在某种相互作用，因此核磁共振波谱解析的结果就是一些距离制约的组合，通过这些距离约束，可以推算出某些特定原子对（成键电子对与未成键电子对）之间的距离。在测定核间距时通常选择 ^1H 的 NMR 谱进行分析，但若该谱过于密集，也可以扩展到其他的原子核（如 ^{13}C 及 ^{15}N）以产生多维和异核的 NMR 谱，这样便能够降低数据密度（岳俊杰等，2010）。核间距离测量完毕后，还需要指认 HMR 谱中的化学位移，即得到蛋白质结构中能够形成核磁共振记号的每个原子化学位移的数值，包括主链上及侧链上每个原子的化学位移。化学位移指认可通过主链试验 HNCA、HN（CO）CA 等或侧链特殊实验（HB）CB（CGCD）HD 等确认（徐颢溪等，2020）。

4. 获得蛋白质结构　　通过一些自动化软件，如 CYANA 中的 CANDID 软件包，或 ARIA 等进行分析，最终确认其核间距离与化学位移而获得粗糙的蛋白原始折叠空间构象。在此基础上，通过 ANSO、SANE、Xplor-NIH 或 CYANA 等软件计算其结构，再使用 AMBER、CHARMM 及 INSIGHT 等模拟分子动力学的软件对蛋白质结构进行精修，最终获得完整的蛋白质空间结构（徐颢溪等，2020）。

三、其他蛋白质结构测定的方法

随着科学技术的发展，除 X 射线衍射法与核磁共振波谱法外，一些更加便捷、准确的测定蛋白质结构的新方法涌现了出来。这些方法能够为解析的结构提供补充信息，或者得到那些无法通过以上两种方法测定的蛋白质结构，如化学交联结合质谱法（CXMS）、荧光共振能量转移法（FRET）及冷冻电镜法（CEM）等。

1. 化学交联结合质谱法　　其是一种获得松散距离约束（sparse distance restraint）的方法。此方法需采用特定长度（10~30Å）的化学交联剂，将每个蛋白质之间的官能团通过共价键连接起来，再对其进行酶切，采用质谱法（mass spectrometry，MS）分析小分子产物的化学结构，利用专业的交联数据处理软件得出交联位点的氨基酸残基及其距离约束参数，最终可获得蛋白质的三维结构。利用此方法测试的蛋白质样品不受分子量的限制，因此可作为核磁共振波谱法的补充，用以解析核磁共振波谱法难以获得的高分子量蛋白质的三维结构（尹林等，2022）。

2. 荧光共振能量转移法　　其是基于偶极-偶极相互作用原理，若蛋白质分子内或分子间的两个荧光生色团之间有一定的距离约束（20~80Å），且荧光供体基团的荧光发射波与荧光受体基团的吸收波长会有一定的重叠，这使得供体基团把能量转移给受体基团，导致受体基团被激发，从而产生次级荧光。上述两个波长重叠的程度越大，荧光共振能量转移的效率就越高。因此，可根据荧光共振能量转移效率计算出它们之间的距离。接下来单分子 FRET（single-molecule FRET，smFRET）根据得到的距离约束参数并结合分子动力学模拟计算法，能够捕捉到运动时间尺度在毫秒范围的蛋白质构象动态变化，从而获得动态的蛋白质三维结构模型（尹林等，2022）。荧光共振能量转移法是近年来发展的一项新技术，其不仅能够测定动态的蛋白质三维结构，还可为在活细胞生理条件下对蛋白质-蛋白质间的相互作用进行实时的动态研究提供便利。

3. 冷冻电镜法　　其是将样品迅速冷冻固定于玻璃态不定型溶液里，用透射电镜在低温条件下成像，再通过图形处理及后期计算解析样品的空间结构。利用此方法测定蛋白质的空间结构时，蛋白质无须结晶，所需的样品量较少，且被测样品的分辨率已至原子水平，因此成为当下科学家普遍采用的蛋白质结构测定方法之一。冷冻电镜法测定可以与 X 射线衍射法和核磁共振波谱法相结合，用以构建复杂的、高分辨率的蛋白质的结构模型（徐颢溪等，2020）。

四、蛋白质的结构预测

（一）蛋白质结构预测概述

近年来蛋白质序列数据库的数据积累速度非常快，而蛋白质结构数据库的数据积累速度远不及序列数据库。尽管蛋白质结构测定技术有了较为显著的进展，但是通过实验方法确定蛋白质结构的过程仍然非常复杂，实验周期很长。另外，随着 DNA 测序技术的发展，人类基因组及大量生物基因组已经或将要完全测序，DNA 序列数量将会激增。由于 DNA 序列分析技术和基因识别方法的进步，人们可以从 DNA 序列直接推导出大量的蛋白质序列，导致蛋白质序列数量急剧增加，这意味着已知序列的蛋白质数量和已测定结构的蛋白质数量的差距将会越来越大。人们希望产生蛋白质结构的速度能够跟上产生蛋白质序列的速度，或者减小两者的差距，缩小这种差距不能完全依赖现有的结构测定技术，需要发展理论分析方法，这对蛋白质结构预测提出了极大的挑战。

1. 蛋白质结构预测的意义　　生命遗传信息存储、传递及表达的认识是 20 世纪生物学取得的重要突破，其中关键问题是由 3 个相连的核苷酸顺序决定蛋白质分子肽链中的 1 个氨基酸，即"三联遗传密码"的破译。蛋白质必须有特定的三维空间结构，才能表现其特定的生物学功能，国际上将蛋白质的氨基酸序列与其空间结构的对应关系称为"第二遗传密码"（岳俊杰等，2010），蛋白质结构预测实际上是从理论的角度最直接地解决了蛋白质的折叠问题，即破译"第二遗传密码"。分析蛋白质结构、功能及其关系是蛋白质组计划中的一个重要组成部分。研究蛋白质的结构和功能，有助于认识蛋白质与蛋白质或其他分子之间的相互作用。通过对未知功能或者新发现的蛋白质分子进行结构分析，达到功能注释的目的，从而指导设计进行功能确认的生物学实验。蛋白质结构预测是目前了解蛋白质结构信息的有效手段，随着基因组和蛋白质组计划的研究，大量的具有特殊功能的蛋白质将被发现，对蛋白质空间结构预测的要求也越来越迫切。

2. 蛋白质结构预测的原理　　蛋白质结构预测的问题从数学上讲，是寻找一种从蛋白质的氨基酸线性序列到蛋白质所有原子三维坐标的一种映射。典型的蛋白质含有几百个氨基酸，而大蛋白质的氨基酸个数超过 4500 个。所有可能的序列到结构的映射数随蛋白质氨基酸残基个数呈指数增长。然而幸运的是，自然界实际存在的蛋白质有限且存在大量的同源序列，可能的结构类型也不多，序列到结构的关系有一定的规律可循，因此蛋白质结构预测是可行的（张贵军等，2021）。

3. 蛋白质结构预测的基本方法　　随着生物学的发展，解析的蛋白质结构越来越多，这为研究和总结蛋白质结构的规律奠定基础，也为蛋白质的结构预测提供了参考。另外，计算机科学与技术的快速进步也大大地促进了蛋白质结构预测的发展。归纳起来，可以将蛋白质结构预测方法分为两类。

（1）蛋白质分子特性理论分析方法　　蛋白质分子特性理论分析方法是从蛋白质的一级结构出发，通过分子力学、分子动力学等理论，计算出蛋白质肽链所有可能构象的能量，然后从中找到能量最低的构象进行结构预测。该类方法假设折叠后的蛋白质取能量最低的构象,从原则上来说人们可以通过计算来进行结构预测,并且这种方法不需要已知结构信息,就能够产生全新结构,但是这种方法可操作性很差,主要是因为自然的蛋白质结构和未折叠的蛋白质结构之间的能量差非常小(1kcal/mol 数量级),且蛋白质可能的构象空间庞大,导致蛋白质折叠的计算量非常大,因此无法证明某蛋白质分子的构象是全局自由能最小的构象。现在从头预测主要用作其他预测方法的补充或作为一种优化结构的手段。

(2)统计学方法　　统计学方法是对已知结构的蛋白质进行统计分析,建立序列到结构的映射模型,根据映射模型对未知结构蛋白质的氨基酸序列结构进行预测。该类方法进行蛋白质结构预测较成功,包括经验性方法、结构规律提取方法和同源模型方法等,统计学方法本身是不确定性方法,目前虽然还不能完全替代蛋白质分子特性理论分析方法,但是发展前景很广阔。

1)经验性方法。经验性方法是指根据序列形成一定结构的倾向进行结构预测。例如,根据不同氨基酸形成的特定二级结构倾向进行结构预测,对已知的蛋白质结构预测数据库(二维码 12-8)进行统计分析,发现各种氨基酸形成不同的二级结构倾向,形成一系列关于二级结构预测的规则(孙向东等,2008)。

12-8

2)结构规律提取方法。结构规律提取方法是从蛋白质结构数据库中提取关于蛋白质结构形成的一般性规则,指导建立未知结构蛋白模型。目前有许多提取结构规律的方法,如视觉观察方法、统计分析和序列的多重比对方法及人工神经网络提取规律方法(岳俊杰等,2010)。

3)同源建模方法。同源建模方法是根据蛋白质的三维结构进行结构比较的方法。序列长度达到一定程度且序列相似性超过30%的蛋白质,可以保证它们具有相似的三维结构。因此,对于一个未知结构的蛋白质,如果找到一个已知结构的同源蛋白质,就能以该蛋白质的结构为模板,为未知结构的蛋白质建立结构模型。

(二)蛋白质二级结构预测

科学家通过对已知空间结构蛋白质分子的研究和分析发现,尽管蛋白质的构象多样,但由蛋白质三级结构组装成特定空间结构的方式有限,蛋白质二级结构是这种组装的基本单位。蛋白质二级结构的预测始于 20 世纪 60 年代中期,到目前为止人们已经提出几十种预测蛋白质二级结构的方法,这些方法大体分为三代,以下是每一代的代表方法。

1. Chou-Fasman 方法　　第一代的代表方法是 Chou-Fasman 方法,是由 Chou 和 Fasman 在 20 世纪 70 年代提出的一种基于单个氨基酸残基统计的经验参数方法,是从有限的数据集中提取各种残基形成特定二级结构的倾向,以此作为二级结构预测的依据。其原理是通过统计分析,获得每个残基出现于特定二级结构构象的倾向性因子,进而利用这些倾向性因子预测蛋白质的二级结构,这种预测方法的准确率约为50%(Petsko et al.,2009)。

2. GOR 方法　　第二代的代表方法是 GOR 方法,是一种基于信息论和贝叶斯统计学的方法,其名称是以三个发明人姓氏 Garnier、Osguthorpe 和 Robson 的首字母组合而成。该方法建立在对已知的氨基酸残基构象进行分析统计的基础上,使用大量的数据对氨基酸片段进行统计分析,统计的对象不是单个氨基酸残基而是氨基酸片段,其片段长度通常为11~21个氨基酸。GOR 方法给出了 20 种氨基酸残基出现在不同位置时的直接信息表,假定相邻阶段所含的信息可以近似表示为若干个直接信息的简单加和,根据这一公式和相应的直接信息表,就可以对一条肽链中任意位置氨基酸的构象进行预测,这种方法预测结构的准确率约为

63%（Petsko and Ringe，2009）。

3. 人工神经网络方法　　第三代的代表方法是人工神经网络方法，是一种处理复杂信息的机器学习模型。这种模型最早在 20 世纪 80 年代末用于蛋白质二级结构的预测、蛋白质结构的分类、折叠方式的预测及基因序列的分析等。Qian 和 Sejnowskit 首次提出将神经网络用于二级结构预测，他们受到神经网络在文字语言处理方面应用的启发，将蛋白质序列看作由各种氨基酸字符组成的序列，并将氨基酸残基片段作为输入的一串语言字符，其输出结果为二级结构。神经网络方法利用多序列比对提取到的大量信息可以有效地认识蛋白质二级结构形成的复杂规律或模式，该方法可以将二级结构预测的准确率提高到超过 70%（孙向东等，2008；Petsko and Ringe，2009）。

小　结

　　蛋白质在生物体内具有重要的作用。本章介绍了蛋白质的基本结构、变化过程及生物学功能。氨基酸是蛋白质的基本组成单位，其线性聚合物称为肽链。由于氨基酸残基数、排列顺序及肽链数的不同，可将蛋白质结构分成一级、二级、三级和四级 4 个结构层次。另外，在二级、三级结构之间又分出了超二级结构和结构域两个水平。自然界中蛋白质多种多样，功能复杂，其类型常依据组成、功能和分子形状进行分类。蛋白质一级结构及空间构象的形成基于多肽链的生物合成与折叠，并且其功能是通过空间构象的变化来实现的，因此蛋白质的结构决定功能。本章还介绍了 X 射线衍射法与核磁共振波谱法测定蛋白质结构的原理与操作步骤，以及其他几种较新测定方法。另外，认识蛋白质结构及二级结构的预测方法也十分重要，这不仅有利于认识氨基酸残基序列与空间结构的关系，也有利于认识蛋白质的结构与其生物学功能的关系。

 **思考题**

1. 简述蛋白质的功能并举例说明。
2. 试比较蛋白质二级结构、超二级结构和三级结构之间的差异。
3. 新生多肽链的修饰包括哪几类？
4. 多肽链形成具有生物活性的构象需要哪几种加工过程？
5. 请简述利用 X 射线测定蛋白质晶体结构的步骤。
6. 利用核磁共振波谱测定蛋白质溶液结构的原理是什么？
7. 蛋白质结构预测的基本方法有哪些？它们的不同点是什么？

推荐读物

1. 郭蔼光，范三红．2018. 基础生物化学．3 版．北京：高等教育出版社
2. 德伟，张一鸣．2018. 生物化学与分子生物学．南京：东南大学出版社
3. 特怀曼．2007. 蛋白质组学原理．王恒梁，译．北京：化学工业出版社

蛋白质是生命活动的直接执行者，蛋白质由 DNA 转录翻译，再进一步经过剪切、折叠加工及翻译后修饰等过程，形成具有功能的成熟蛋白质。蛋白质除结构蛋白和功能蛋白外，还有调节蛋白，如转录因子等，这些调节蛋白在调控基因表达中起到了重要作用，因此也衍生出了一系列研究蛋白质功能相关的分子生物学技术，包括蛋白质功能解析、蛋白质翻译后修饰及分子改造与表达。

第一节　蛋白质修饰的化学途径

蛋白质翻译后修饰（protein post-translational modification，PTM）在生命体中具有十分重要的调控作用。常见的蛋白质翻译后修饰种类包括磷酸化、糖基化、泛素化和乙酰化等。蛋白质翻译后修饰进一步增加了从基因水平到蛋白质水平调控的复杂性。蛋白质翻译后修饰是一种化学修饰，在调控蛋白质功能中发挥了关键作用，例如，蛋白质磷酸化参与调控细胞信号转导、细胞增殖、发育和分化等生理过程；糖基化在许多生物过程中如免疫保护、病毒的复制、细胞生长等起着重要的作用；泛素化往往能介导蛋白质降解；乙酰化参与调控基因表达、蛋白质活性或生理过程。在植物体内，各种翻译后修饰过程不是孤立存在的，它们之间也存在相互作用。

一、蛋白质修饰概述

植物细胞主要通过蛋白质行使其复杂的生理功能，而蛋白质的翻译后修饰是调节植物蛋白质功能多样性的关键机制。蛋白质翻译后修饰主要通过在氨基酸侧链、蛋白质的 C 端或 N 端共价结合一些化学小分子基团，通过现有的官能团或新官能团引入可被用于修饰蛋白质，以扩展 20 个标准氨基酸的化学组成，从而精细调控蛋白质的结构、功能、定位、活性和蛋白质间的相互作用（Millar et al., 2019）。PTM 的发生赋予了同一种蛋白质多种生物学功能，导致即使蛋白质的表达水平没有发生改变，但经过翻译后修饰的蛋白质功能却发生显著变化。

真核生物中存在着磷酸化、糖基化、乙酰化、泛素化、羧基化、核糖基化及二硫键的配对等多种蛋白质翻译后修饰形式（二维码 13-1）。此外还有多种类泛素小分子多肽参与翻译后修饰，如类泛素化（SUMO）、组蛋白单泛素化（HUB）、NEDD8 蛋白参与类泛素化修饰（RUB/1Nedd8）、自噬相关基因（ATG）等。这些翻译后修饰共同调控真核生物复杂的生理生化反应，调节蛋白质的功能，灵敏地适应内外环境的变化。对植物响应非生物胁迫的 ABA 信号调节过程的研究表明，激酶蛋白的磷酸化修饰可以激活介导气孔开闭或胁迫应激相关靶蛋白的功能，从而广泛参与 ABA 受体信号转导；而泛素化修饰则通过泛素-蛋白酶体对一些关键转录因子的降解来调控 ABA 信号转导中关键组分的时空表达（Zhu, 2016）。植物面对病原体的胁迫时，植物免疫信号转导很大程度上依赖于 PTM 来诱导信号转导途径的快速改变，以实现适合病原体类型的抗病反应（Withers et al., 2017）。植物病原微生物互作过程中，多种病原微生物通过干扰宿主蛋白的磷酸化状态来攻击免疫系统，以提高其致病性。近年来，

13-1

随着蛋白质分离技术和新型质谱技术的不断发展，蛋白质修饰组学研究取得了较大突破，越来越多 PTM 类型的发现极大地丰富了人们对植物生物学过程和调控机制的认识。

二、蛋白质磷酸化

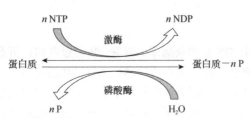

图 13-1 蛋白质磷酸化反应示意图（张彩霞，2016）

蛋白质磷酸化是通过蛋白质激酶将 ATP 或 GTP 上的磷酸基团转移到蛋白质特定氨基酸上的过程（图 13-1）。在真核细胞中，磷酸化的作用位点为丝氨酸（Ser）、苏氨酸（Thr）、酪氨酸（Tyr）残基侧链的羟基，蛋白质去磷酸化则是在磷酸酶的作用下使氨基酸残基上的磷酸基团脱去。蛋白质磷酸化修饰能改变蛋白质的结构和功能，一个蛋白质可具有一个或多个磷酸化位点，某些特定的磷酸化位点是调节某个蛋白质激活或失活的动态开关，并且磷酸化蛋白质发挥其功能的途径是多样的，可以广泛参与细胞代谢过程（Lametsch et al., 2011）。

在植物中，磷酸化介导的信号转导在激素信号转导和胁迫反应在内的各种生理反应过程中具有重要意义。例如，在正常条件下，逆境相关转录因子 DREB2A 的负调控域 NRD（negative regulatory domain）在酪蛋白激酶 CK1 的催化下发生磷酸化修饰，这种磷酸化修饰会促进 DREB2A 的快速降解；而热胁迫会阻止 DREB2A 发生磷酸化，磷酸化水平的降低会减缓 DREB2A 的降解，DREB2A 蛋白大量积累会强烈激活下游基因的表达，抵抗胁迫（Mizoi et al., 2019）（二维码 13-2）。蛋白质磷酸化修饰是一个可逆的过程，蛋白质磷酸化修饰也能被去掉。在植物中发现一类新型丝/苏氨酸蛋白质磷酸酶 PP6（protein phosphatase 6），它能够拮抗性地调控蛋白质的磷酸化修饰，从而以去磷酸化修饰的形式调节生长素的极性运输，并能抑制植物的光形态建成（Yu et al., 2019）。

13-2

磷酸化蛋白质组学技术主要针对样本中发生磷酸化修饰的蛋白质进行全面分析，包括磷酸化修饰的鉴定、定位及定量，可以大规模地检测植物在发育与逆境响应中的磷酸化修饰变化。例如，对干旱处理的葡萄、草莓叶片进行生理、生化和转录组分析，发现 MAPK 和磷酸化（FLS2 和 MEKK1）级联反应在干旱胁迫后上调表达，表明这些基因可能参与干旱调控（Haider et al., 2017）。

三、蛋白质泛素化

泛素（ubiquitin，Ub）是一种由 76 个氨基酸组成的小分子蛋白质，在进化过程中序列高度保守。泛素上的 8 个氨基酸位点，包括泛素 N 端甲硫氨酸（M1）和 7 个赖氨酸（K6、K11、K27、K29、K33、K48、K63），都可以与另一个泛素分子的 C 端结合，形成多种拓扑形式的泛素链，介导不同的生物学功能。泛素化是指泛素在一系列酶的催化作用下共价结合到靶蛋白上的过程。泛素化级联反应过程通常需要 3 种酶的协同作用：E1 泛素激活酶（ubiquitinactivating enzyme）、E2 泛素偶联酶（ubiquitinconjugating enzyme）和 E3 泛素连接酶（ubiquitin-ligase enzyme）。泛素化途径的具体过程如下：首先，E1 利用 ATP 提供的能量活化泛素分子生成 Ub-E1 复合体，Ub-E1 复合体通过转酯作用将 Ub 转移到 E2 上形成 Ub-E2 复合体，随后 Ub-E2 复合体将 Ub 转移到靶蛋白上。该转移有两种途径：第一种是通过 E3 特异性识别靶蛋白后直接将 Ub 的 C 端连接到靶蛋白赖氨酸残基的 C-氨基上；第二种是先将

Ub 通过转酯作用转移到 E3 上，再由 E3 特异性识别靶蛋白后将 Ub 的 C 端连接到靶蛋白赖氨酸残基的 ε-氨基上（Stone，2019）（二维码 13-3）。除此之外，泛素化修饰还可以发生在蛋白质 N 端和一些其他氨基酸（如半胱氨酸、丝氨酸、苏氨酸）上。

13-3

　　研究表明苹果中泛素相关蛋白 MdBT2 可与苹果干旱正调控因子 MdNAC143 互作，MdNAC143 作为 MdBT2 的靶蛋白被泛素化修饰后，进而被 26S 蛋白酶体所降解，因此，MdBT2 作为 MdNAC143 的上游调控因子通过泛素化途径降解 MdNAC143 蛋白来负调控苹果的抗旱性（Ji et al.，2020）。并且 MdBT2 可通过与 MdTCP46 互作，促进 MdTCP46 蛋白的泛素化降解，动态参与干旱胁迫、机械损伤和低温介导的花青苷积累过程，进而抑制 MdTCP46 调控的花青苷积累过程（安建平，2020）。低磷胁迫下，泛素化修饰可以调控植物根系磷转运蛋白 PHT1 和 PHO1 的活性、稳定性和亚细胞定位，从而调控植物根系在不同磷浓度下的磷转运活动，还可以通过对磷信号通路关键转录因子及其互作蛋白的泛素化修饰来启动或关闭下游磷饥饿诱导相关基因的表达，并通过泛素化或 SUMO 化修饰来调控植物低磷胁迫下的糖代谢、氮代谢或者激素代谢等过程（Pan et al.，2019）（二维码 13-4）。

13-4

　　蛋白质翻译后修饰在生命体中具有十分重要的作用，除了泛素化修饰，细胞内还有一些与泛素化修饰相似的反应，称为类泛素化修饰，如 SUMO 化修饰。SUMO 与泛素之间具有 18% 的同源性，并且两者都具有典型的蛋白质折叠结构，SUMO 化修饰与泛素介导的蛋白质降解不同，它可以阻碍泛素对底物蛋白的共价修饰，提高底物蛋白的稳定性，进而调节植物的逆境反应、病菌防御、脱落酸信号转导、成花诱导、细胞生长和发育及氮素同化等多种过程，是植物正常生长发育过程中必不可少的蛋白质修饰方式之一（Miura et al.，2007）。例如，MdSIZ1 是一种 SUMO E3 连接酶，促进 SUMO 与底物蛋白的结合，在苹果中沉默 MdSIZ1 后，一系列抗旱生理指标表明转基因植株的抗旱性增强，说明该基因负调控苹果对干旱的响应（Cheng et al.，2018）。

四、蛋白质乙酰化

　　蛋白质的乙酰化修饰过程由蛋白质乙酰化酶和去乙酰化酶催化。最开始人们鉴定到了负责组蛋白乙酰化修饰的组蛋白乙酰转移酶（HAT）和组蛋白乙酰化酶（HDAC），后来发现这些酶类也可以调控非组蛋白的乙酰化，因此它们也被命名为赖氨酸乙酰化转移酶（KAT）和赖氨酸去乙酰化酶（KDAC）。通过序列比较分析，植物中的 HAT/KAT 可分为 4 类：MYST（MOZ、YBF2/SAS3 和 SAS2/TIP60）、CBP（cAMP-responsive element-binding protein）、GNAT（GCN5-related N-acetyl transferase）和 TAF1（TATA-binding protein associated factor 1）家族（Ritu et al.，2002）。而 HDAC/KDAC 也可分为 4 类：RPD3（reduced potassium dependency 3）、HDA1（histone deacetylase 1）、SIR2（silent information regulator 2）和 HD2（the plant-specific histone deacetylase 2）（Pandey et al.，2002）。其中 HDAC/KDAC 的 SIR2 家族蛋白，也被称为 sirtuins，它与 HDAC/KDAC 的其他类型酶类不同，它依赖于 NAD+ 催化去乙酰化反应（图 13-2）。

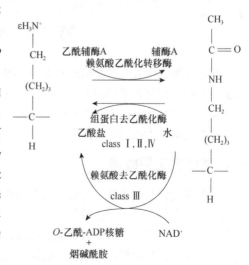

图 13-2　赖氨酸的乙酰化和去乙酰化过程

　　植物在蛋白质乙酰化修饰研究方面滞后于高等动物及原核生物的研究水平，但已有一些研究表明蛋白质乙酰化对植物生长发育、逆境胁迫及激素信号应答等也起着重要的作用。Finkemerier 等（2011）在拟南芥中发现参与卡尔文循环（光合碳循环）的 4 个酶发生乙酰化修饰，使用去乙酰化酶抑制剂 hSIRT3 影响其卡尔文循环，发现 Rubiso、磷酸甘油酸激酶、甘油醛-3-磷酸脱氢酶和苹果酸脱氢酶活性均受到显著影响。此外，蛋白质乙酰化修饰还参与细胞信号转导、蛋白质合成、植物发育（Smith- Hammond et al.，2014）等。

五、其他蛋白质修饰

　　糖基化是蛋白质分子在特定的糖苷转移酶作用下，以共价键（N-糖苷键或 O-糖苷键）形式连接糖基分子形成糖蛋白的过程。糖基化修饰在植物中参与了信号传递、光合作用、花期调控、细胞壁合成、抗病防御等多种生物学过程。研究表明拟南芥 O-GlcNAc 糖基化可介导表观遗传修饰调控开花过程，O-GlcNAc 转移酶 SEC 可以直接催化组蛋白甲基转移酶 ATX1，使其获得 O-GlcNAc 修饰，揭示了组蛋白甲基转移酶的 O-GlcNAc 修饰参与调控植物发育新机制（Xing et al.，2018）。

　　目前，对植物 PTM 的研究还发现了丁酰化、丙酰化、丙二酸化、羰基化、肉豆蔻酰化等新型修饰类型，但这些新型修饰类型在植物上的研究还极少。例如，丁酰化是一种新型的四碳链组蛋白酰化修饰，研究发现水稻在黑暗和淹水条件下，可被鉴定到 4 个丁酰化位点（H3K14、H4K12、H2BK42 和 H2BK134），该修饰可能为植物逆境诱导提供基因平衡，并为乙酰化基因激活提供平台（Lu et al.，2018）。

　　由于植物体内同时存在各种不同类型 PTM，且 PTM 可能具有定位效应，导致功能的激活或失活。因此，无法直接从大规模定量 PTM 数据集推断每个 PTM 事件的功能相关性。所以，目前主要通过进行大规模的定量蛋白质组质谱数据获得修饰图谱，再从蛋白质修饰图谱中选取关键调控蛋白进行功能验证。开发新型的蛋白质修饰位点检测和纯化方法，并将定量蛋白质组学技术和靶向蛋白质组学分析等多种技术结合起来，从而快速准确地鉴定出更多 PTM 位点，并建立健全不同物种 PTM 位点数据库和功能信息库，这对深入揭示 PTM 在植物蛋白调控中的关键功能和作用机制具有重要意义。

第二节　蛋白质工程技术

　　通过替换、插入或删除编码基因中的核苷酸来修饰蛋白质序列，借此获得发挥特定功能的蛋白质的过程称为蛋白质工程。蛋白质工程技术是探索蛋白质序列与功能关系的强大技术，相关操作手段目前已被用于设计植物来源的蛋白质和在植物中异源表达外源蛋白质，以此来改变植物性状，为植物育种提供新思路。

一、蛋白质工程概述

　　虽然经过漫长的进化，自然界已经筛选出数量众多、种类各异的蛋白质，但这些天然蛋白质只有在自然条件下才能最好地发挥作用，在人工条件下往往会失去活性，如工业生产中常见的高温高压条件。因此人类需要对蛋白质进行改造，使其能够在特定条件下发挥特定功能。蛋白质工程是指根据对蛋白质已知结构和功能的了解，借助计算机辅助设计，利用基因定点诱变等技术，特异性地对现有蛋白质的结构或序列进行改造，以改进蛋白质的物理和化学性质，如提高蛋白质的热稳定性、酶的专一性等；或者利用化学和物理手段，对目的基因按预期设计进行修饰和改造，合成新的蛋白质的技术手段，并借此对蛋白质的结构与功能的关系进行更加深入的研究，满足不同行业的各种需求。

二、蛋白质工程研究策略

蛋白质的分子设计及改造是蛋白质工程的一个重要方面。改造策略是通过严格的分子设计，把原始蛋白质改造成一个具有预期新特性的蛋白质。目前改造策略有两种：一种是对天然蛋白质进行改造；另一种是从头开始重建一个全新蛋白质。

（一）改变现有蛋白质结构

蛋白质改造的生物技术基础仍然是 DNA 重组技术，改变氨基酸序列常通过操纵来自原始蛋白质分子的基因实现，构建具有不同结构的特异蛋白质，从而提高或改变性能。改造方式包括小范围改造和较大程度改造。

1. 小范围改造　　替换已知结构的天然蛋白质序列中的少数几个氨基酸残基，进而改良蛋白质的性质和功能被定义为小范围改造。定点突变是目前小范围改造中的主要技术手段。现有的研究通常是改变某个位置的氨基酸，以研究蛋白质的结构、稳定性或催化特性。

2. 较大程度改造　　对天然蛋白质中少数氨基酸残基进行分子裁剪、局部重建，或将来源于不同蛋白质的结构域进行拼接组装，以期转移相应的功能，被定义为较大程度改造。例如，蛋白质融合，其大致过程是将编码一种蛋白质的部分基因重组到另一种蛋白质基因上或将不同蛋白质基因的片段组合在一起，经基因克隆和表达，产生新的融合蛋白质。这种方法可以将不同蛋白质的特性集中在一种蛋白质上，显著地改变蛋白质的功能。现在研究较多的所谓"嵌合抗体"和"人源化抗体"等，就是通过蛋白质融合技术实现的。

（二）构建全新的蛋白质

构建全新蛋白质的过程被称为蛋白质的从头设计。首先要建立所研究对象的结构模型，在此基础上进行结构与功能关系的研究，找出与已知序列无明显同源且能折叠成目标结构的氨基酸序列，提出设计方案，通过实验验证后进一步修正设计，这个过程往往需要几次循环才能实现预期目标。蛋白质从头设计的目的是人为创造出自然界中不存在的蛋白质分子，使之具有所需要的特殊结构和功能。成功地从头设计一个蛋白质或活性位点需要正确理解所有与之相关的相互作用，理论的正确与否直接关系是否能成功地实现预期目标。

常见的蛋白质工程改造包括提高蛋白质的热稳定性、酸稳定性、增加活性、降低副作用、提高专一性及进行结构与功能关系的研究等。由于目前对蛋白质结构与功能关系的了解不够深入，蛋白质从头设计成功的实例较少，因此更需要在蛋白质分子设计的方法上深入探索。目前蛋白质从头设计技术仍处于实验初级阶段，蛋白质工程研究中主要进行的还是对现有蛋白质的改造。

三、蛋白质工程主要技术

13-5

经过 40 多年的研究，蛋白质工程的相关技术日趋成熟。大多数蛋白质工程改造的方法需要对蛋白质序列、空间结构和结构功能关系有详细的了解。总体来看，蛋白质工程经历了从初级理性设计、定向进化、半理性设计，再到计算设计的发展历程（二维码 13-5 和 13-6）。

13-6

到目前为止，蛋白质工程主要通过三种技术手段对蛋白质进行改造，分别是定向进化、理性设计和半理性设计。

（一）定向进化

定向进化又称为非理性进化，是指在实验室中模拟自然进化机制，通过分子生物学及高通量筛选技术筛选得到所需性质的突变蛋白。在缺少蛋白质结构及功能信息的情况下，蛋白质的定向进化提供了一种便捷的改造方式。定向进化技术的关键是在保证突变质量的前提下，尽可能地缩小突变体库容量、降低筛选成本、减少工作量。使用定向进化的一个经典案例是荧光蛋白的改造，这项技术已经在多种酶的研究中获得成功，如枯草杆菌蛋白酶、植酸酶、淀粉酶等（Bessler et al.，2010）。

常用的定向进化技术包括易错 PCR（error-prone PCR）、DNA 改组（DNA shuffling）、外显子改组（exon shuffling）、家族改组（family shuffling）技术及杂交酶递增切断（ITCHY）等。前两种方法是通过在目的基因序列中引入随机突变的方法使目的蛋白质的氨基酸发生随机位点的突变，即小范围改造，是蛋白质分子改造中最具普适性的方法。

1. 易错 PCR 技术　　易错 PCR 技术是在体外扩增基因时使用适当条件，使扩增的基因出现少量碱基误配而引起突变的技术。利用 DNA 聚合酶不具有 $3'\rightarrow 5'$校对功能的特性，在 PCR 扩增目的基因的过程中，使用低保真聚合酶，改变 4 种 dNTP 的比例，加入锰离子并增加镁离子的浓度，使 DNA 聚合酶以较低的比例向目的基因中随机引入突变，并构建突变库。以易错 PCR 为基础的体外分子定向进化可以以最小的序列变化产生较大的表型差异，定向筛选出目标菌株，很大程度上简化了序列的比较分析工作，如对枯草-大肠游离型重组表达质粒中的启动子 P43 进行易错 PCR 操作，枯草芽孢杆菌中 L-天冬酰胺酶的表达水平增加。过度表达亚磷酸脱氢酶（PtxD）的转基因植物可以利用亚磷酸作为唯一的磷源，研究通过定向进化提高罗尔斯通氏菌属（*Ralstonia* sp.）菌株 4506（$PtxD_{R4506}$）中 PtxD 的催化效率，产生高催化效率的 $PtxD_Q$，在拟南芥和水稻中过量表达 $PtxD_Q$，可提高亚磷酸酯的利用效率，高效的 PtxD 转基因植株是今后以亚磷酸酯为磷肥进行农业生产的必要前提（Liu et al.，2021）。

2. DNA 改组技术　　DNA 改组克服了随机突变中随机性较大的限制，能够将多条基因的有利突变直接重组到一起，它的原理是使用 DNase I 酶切或超声波断裂多条具有一定同源关系的蛋白质编码基因，这些小片段随机出现部分片段的重叠，产生的片段在不加引物的情况下进行几轮 PCR，通过随机的自身引导或在组装 PCR 过程中重新组装成全长的基因。由于存在不同的模板，得到的全长基因具有不同谱系之间的重组，再进行最后一轮 PCR，加入全长引物，扩增得到改造过的全长基因。这项技术在 1994 年首次提出并成功运用（Stemmer，1994）。利用 DNA 改组 4 种头孢菌素酶基因，酶活增加了 270~540 倍，而单基因改组只增加了 8 倍（Crameri et al.，1998）。又如，谷胱甘肽转移酶 GST 对有毒化合物的解毒和降解至关重要。目前开发了一种合成 GST 的新方法，对菜豆和大豆植株的非生物胁迫处理诱导总的 GST 活性表达，利用变性的 GST 特异性引物和反转录 PCR 技术建立一个富集 GST 的 cDNA 文库，文库通过定向进化的方式进一步多样化，并对进化文库的活性筛选鉴定出一种新的 tau 类 GST 酶（PvGmGSTUG）（Chronopoulou et al.，2018）。

3. 外显子改组和家族改组技术　　外显子改组和家族改组技术由 DNA 改组技术发展而来。类似于 DNA 改组，两者都是在各自含突变的片段之间进行交换。外显子改组是靠同一种分子间内含子的同源性带动，从而使 DNA 改组不受任何限制，发生在整个基因片段上，更适用于真核生物，并可获得各种大小的随机文库。家族改组技术是一种将来自不同种属的同源基因进行 DNA 改组的技术。该技术可以突破不同物种和属之间的界限，并凭借亲本基因组的同源序列进行重组，增加了亲本基因的组合频率和后代的杂合性，从而提高突变文库的多样性来得到所需的突变体（Crameri et al.，1998）。与其他改组技术相比，家族改组技术能进一步加速有益突变的积累，促进靶蛋白多个性质的协同进化。例如，以 6 种 *ompA* 基因为亲本模板构建家族改组文库，获得了 7 种对溶藻弧菌和迟发性大肠杆菌感染均有效的潜在多价疫苗。

4. 杂交酶递增切断技术　　通过同源重组或随机突变产生的蛋白突变体一定程度上都是依照模板蛋白进行的，它们与模板蛋白的相似程度较大，而非同源重组（nonhomologous recombination）能够产生完全不同于模板的新蛋白质，新蛋白质可能在自然界中并不存在，为研究进化蛋白提供了潜在的可能性。而很多种方法可以进行非同源重组，如杂交酶递增切断技术（Ostermeier et al.，1999）。该技术可以产生由基因氨基端和羧基端杂交形成的嵌合体基因库，该方法首先用核酸外切酶 III 代替 DNase I 分别消化两种基因建立 ITCHY 库（ITL），对靶序列末端基因完全删除，并通过降低切断温度、改变消化缓冲液浓度和加入酶抑制剂等方法改变外切酶在 37℃消化过快的问题。最后将两种 ITL 混合后进行 DNA 改组，建立 SCRATCHY 库（shuffled ITCHY libraries）。这项技术降低了家族改组对同源性的要求，使家族 DNA 改组的应用得到了进一步的深化和延伸，并在其他领域得到了有效的运用。例如，将序列同源性仅 54.3%且对底物的专一性不同的人类和大白鼠 θ 类 GST 酶进行家族改组，利用 ITCHY 技术对两者的同源编码基因进行融合重组，获得的重组表达蛋白 SCR23 活性是人类 θ 类 GST 酶的 300 倍（Griswold et al.，2005）。

此外，在以上基本方法的基础上又不断地发展出一些新的方法，如交错延伸重组、过渡模板随机嵌合、增长截短、非同源蛋白质重组、模块组装、体外区室化等。

（二）理性设计

蛋白质的理性设计能让研究者更好地理解蛋白质功能与结构的关系。基于计算机的蛋白质设计方法又称为计算蛋白质设计（CPD），蛋白质具有的特殊预期功能，如特异性、稳定性、溶解性等，使得氨基酸结构构象的识别和改变成为现实，其设计效率高且普适性好（Corey et al.，2014）。理性设计提供了氨基酸序列的替换、缺失和插入的详尽可能性，可以准确地推断蛋白质结构靶向性改变的影响，从而尽可能控制改造后蛋白质的功能。

蛋白质理性设计具体的技术手段十分复杂，涉及不同靶点产生目标蛋白质的分辨率，目标产物的大小可能为小片段至大蛋白分子，不同靶点最终可能会导致蛋白质结构、生物活性或功能发生变化，从随机突变到 DNA 改组，甚至到"亲和力成熟"（蛋白质与蛋白质的相互作用），理性设计的程度不同。理性设计最常用定点突变技术、活性位点组合饱和测试、结构导向法等，通过对同源蛋白序列、晶体结构等的比对选择相关的氨基酸残基来突变获得所需性能的蛋白（Bansal et al.，2012）。

通过定点突变的理性设计改造蛋白质被广泛采用并验证。例如，利用理性设计提高来源于土曲霉（*Aspergillus terreus*）的脂肪酶的催化活力，突变体 ATL-Lid 和 ATL-V218W 的酶活性分别比野生型提高了 2.26 倍和 3.38 倍。使用在线预测软件 PoPMuSiC-2.1 预测源自 *Streptomyces kathirae* SC-1 的酪氨酸酶的自由能变化，进行单点突变，证明了点突变 Arg95Tyr 和 Gly123Trp 在 60℃下的半衰期分别比野生型提高了 1.35 倍和 1.82 倍。实践证明，蛋白质分子内作用力种类和数量的改变对酶分子的催化活性和稳定性会有重要影响。通过点突变可理性设计改变酶分子局部区域氨基酸残基之间、酶与环境之间的相互作用，或提高酶的活性或稳定性。

（三）半理性设计

定向进化在构建突变体文库和筛选潜在变异时耗时较长，蛋白质的理性设计需要初步的三维结构信息，这增加了设计过程的难度和复杂性。这两种技术融合形成了一种更有前景的蛋白质工程技术，即借助蛋白质保守位点及晶体结构分析，通过非随机的方式选取若干个氨基酸位点作为改造靶点，并结合有效密码子的理性选用，构建"小而精"的突变体文库的方式被称为半理性设计。半理性设计介于理性设计和定向进化之间，可以快速、高效地实现对酶分子的改造。可通过分析定向进化等非理性设计操作后得到的突变体，选择关键靶位点进行定点饱和突变，以期获得更加优异的突变株（Bommarius et al.，2006）。

影响手性选择的氨基酸位点主要集中在底物结合口袋区域，以此为基础开发了组合活性中心饱和突变策略（combinatorial active-site saturation test，CAST）及迭代饱和突变技术（iterative saturation mutagenesis，ISM），广泛应用于酶的立体/区域选择性、催化活力、热稳定性等酶参数的改造。例如，通过 CAST/ISM 策略对 P450-BM3 单加氧酶进行改造，并与醇脱氢酶或过氧化物酶偶联，使其成功应用于高附加值手性二醇及衍生物的对称催化合成（Yu et al.，2019）。随后，以改进有效密码子的选取为基础提出了聚焦理性迭代定点突变（focused rational iterative site-specific mutagenesis，FRISM）策略，并将其应用于南极假丝酵母脂肪酶 B（CALB）的不对称催化，成功获得了双手性中心底物所对应的全部 4 种异构体，且选择性均在 90%以上（Xu et al.，2019）。通过定向进化和半理性设计结合的方法对来源于嗜热脂肪地衣芽孢杆菌的耐热木聚糖酶 XT6 进行分子改造，经过几轮易错 PCR 和家族改组后观测氨基酸突变情况，对关键氨基酸进行定点突变，最终得到热稳定性和催化活性同时改善的突变体（Zhang et al.，2010）。

四、植物蛋白质工程应用及存在问题

植物中的蛋白质工程技术因应用领域的不同而存在较大差异，根据筛选蛋白质变异体的宿主将其分为两类：第一类是利用异源宿主筛选蛋白质变异体，后续在植物中进行应用；第二类是利用植物筛选蛋白质变异体。

（一）利用异源宿主筛选蛋白质变异体

工程蛋白质在植物中的应用是植物生物技术中的一种关键方法。然而，这项工程的很大一部分都集中在改善少数植物性状上，如改善草甘膦抗性或抗虫性上，且通常在异源宿主体内进行，以便利用已建立的微生物方法。草甘膦是常用除草剂，其抑制 5-烯醇丙酮基莽草酸-3-磷酸合酶（EPSPS），导致植物死亡。培育耐草甘膦转基因植物有两个主要策略：①改造 EPSPS，使其不受草甘膦抑制；②导入编码分解草甘膦的酶基因，通过分解草甘膦去除抑制作用。改造 EPSPS 活性常涉及筛选大型基因变异体文库。在植物中，这种方法受到有限的转化效率的阻碍。因此，由 DNA 改组或易错 PCR 产生的 EPSPS 变异体的初始文库通常要进行测试（Tian et al.，2013）。在抑制浓度的草甘膦存在下，选择大肠杆菌菌落，然后通过产生转基因植物来表征和验证改进的蛋白质变异体。此外，分解草甘膦的一个例子是细菌甘氨酸氧化酶的使用和改造。甘氨酸氧化酶切断了草甘膦中的碳氮键，使易错 PCR、定点突变和 DNA 改组产生的文库能够在大肠杆菌中以草甘膦为唯一氮源进行筛选。该方法得到的酶变体对底物的亲和力提高了 160 倍，对草甘膦的催化效率提高了 326 倍。采用理性设计，利用位点饱和与定点突变，证明转基因苜蓿植株在表达优化的甘氨酸氧化酶变异体时对草甘膦的耐受性增强（Nicolia et al.，2014）。另外，研究发现，给棉铃虫幼虫取食表达 Cry1Aabc 蛋白的鹰嘴豆叶片导致的死亡率显著高于不表达该蛋白的对照叶片（Das et al.，2017）。在这项研究中，转化效率只有 0.076%，所以在植物外进行初步研究以寻找有前途的候选蛋白十分必要。并不是所有携带新基因的转基因植物都表达相应的蛋白质，如在抗 Cyr1Ac 棉铃虫保护下的转基因烟草中，只有 13%～38% 的再生植株表达了目的蛋白（Li et al.，2018）。

（二）利用植物筛选蛋白质变异体

通过直接在植物中筛选序列库而不是使用异源宿主来构建蛋白质，这种方法目前仅适用于少数特定情况，植物具有评估工程蛋白性能所需的某些特性，而这种特性在体外或异源宿主中无法复刻。

调节植物天然免疫反应是近年来的研究热点，细胞内免疫受体是抵御病原体的分子系统的关键部分，属于核苷酸结合型富含亮氨酸重复序列的蛋白质家族。富含亮氨酸重复序列的核苷酸结合蛋白与病原体中发现的特定效应物结合，并引发防御反应。这些蛋白质的随机突变可以改变或拓宽被检测到的潜在病原体的光谱，通过易错 PCR（Sueldo et al.，2015）或位点饱和突变（Laura et al.，2016）及根癌农杆菌对基因的初步多样化证明了这一点。此类研究只能在植物宿主系统内部进行，因为植物天然免疫反应只能在植物体内观察到。

植物蛋白质工程的一个主要困难是转化率低。改进目前的转化方法或开发新的转化方法将是扩大植物用于蛋白质工程的关键。体内诱变也可以为转化率较低的物种提供新的选择。这种方法基于序列多样性直接在目标生物体内产生，从而消除了对转化效率的限制。目前体内诱变方法的一个缺点是突变不能针对特定的位点，需要新的方法在植物中进行有针对性的体内诱变。

第三节　重组蛋白的表达

重组蛋白（recombinant protein）的表达是指用模式生物如细菌、酵母、动物细胞或植物细胞表达外源蛋白的一种分子生物学技术。重组蛋白表达系统由宿主、外源基因、载体和辅助成分组成，通过这个体系可以实现外源基因在宿主中表达的目的。无论何种表达系统，其基本要素都是载体和表达宿主。

一、原核表达系统

原核表达是指通过基因克隆技术将外源目的基因通过构建表达载体导入表达菌株使其进行特定表达。特殊的诱导表达还包括诱导剂，如果是融合表达还包括蛋白质标签（protein tag）检测等。常见的原核表达系统包括大肠杆菌表达系统、芽孢杆菌表达系统、链霉菌表达系统等。其中，大肠杆菌表达系统是当今研究最深入也是最完善的原核表达系统，在很多领域都有着广泛的应用。

（一）表达载体

通常一个完整的表达载体质粒上的元件包括启动子、多克隆位点、终止密码、复制子、筛选标记或报告基因，有的载体可能还需要标签与融合蛋白来提高重组蛋白的正确折叠率、增强蛋白质的溶解性等。此外，大肠杆菌表达载体还需要操纵子元件及相应的调控序列和 SD 序列（二维码 13-7），一般 SD 序列与起始密码子之间间隔 7～13bp 时翻译效率最高。

已知的大肠杆菌表达载体可分为非融合型和融合型两种。非融合表达是将外源基因插入表达载体强启动子和有效核糖体结合位点序列下游，以外源基因 mRNA 的 AUG 为起始翻译密码子，表达产物在序列上与天然目的蛋白一致。融合表达是将目的蛋白或多肽与另一个蛋白质或多肽片段的 DNA 序列融合并在菌体内表达。目前构建成功的融合表达载体包括谷胱甘肽转移酶（GST）系统、半乳糖苷酶系统、麦芽糖结合蛋白（MBP）系统、蛋白 A 系统、纯化标签融合系统等。近年来在科研上被广泛应用的高效表达载体是 pET 系列，它最初是利用与启动子配套并且能高效转录特定基因的外源 RNA 聚合酶组成的 T7 RNA 聚合酶-启动子系统，不受大肠杆菌 RNA 聚合酶识别，可用乳糖类似物（IPTG）诱导表达。目前它是在大肠杆菌中表达外源蛋白最高效、产量最高、成功率最高的表达载体。

（二）表达菌株

重组质粒的构建一般选择遗传稳定、转化效率高、质粒产量高的菌株作为受体菌。作为表达菌株必须具备几个基本特点：遗传稳定、生长速度快、表达蛋白稳定。具体操作过程中，根据所使用表达载体的特点和目的基因密码子的组成等选择特定的表达宿主菌。以下简述了几种实验室常用的表达宿主。

1. DH5α 菌株　　其是一种常用于质粒克隆的菌株。*E. coli* DH5α 在使用 pUC 系列质粒载体转化时，可与载体编码的 β-半乳糖苷酶氨基端实现 α-互补，是可用于蓝白斑筛选鉴别重组的菌株。

2. BL21（DE3）菌株　　该菌株用于高效表达克隆于含有噬菌体 T7 启动子的表达载体（如 pET 系列）的基因，T7 噬菌体 RNA 聚合酶位于噬菌体 DE3 区，该区整合于 BL21 的染色体上，该菌株适合表达非毒性蛋白。菌株内源的蛋白酶过多，可能会造成外源表达产物的不稳定，所以一些蛋白酶缺陷型菌株往往成为理想的起始表达菌株。lon 和 ompT 蛋白酶缺陷型菌株 BL21 系列是大家非常熟悉的表达菌株，其中 BL21（DE3）菌株也是实验室最常用的。

3. BL21（DE3）pLysS 菌株　　该菌株含有 pLysS 质粒，因此具有氯霉素抗性。pLysS 含有表达 T7 溶菌酶的基因，能够降低目的基因的背景表达水平，但不干扰目的蛋白的表达。该菌适合表达毒性蛋白和非毒性蛋白。

此外，常用的菌株还有 JM109、TOP10、HB101、M110 和 SCS110 等。

（三）蛋白质标签

根据功能，蛋白质标签大致可以分为检测标签、表达纯化标签和示踪标签三类。目前已经开发出的一些比较成熟的检测标签有 HA、His、c-Myc、Flag、3×Flag、S、T7、V5 等。科学研究中常用的表达纯化标签有 His、GST、MBP、CBD、Strep、Halo、SNAP、SUMO、NusA、TrxA、DsbA 等，其中 Strep 标签因为在生理纯化条件下具有极高的蛋白质纯度已成为亲和纯化蛋白质组学的黄金标准（Liu et al., 2018）。示踪标签主要是指利用标签本身的荧光或者催化底物发射荧光或可见光，来检测目的蛋白在生物体内定位、转移、互作的情况，可与检测标签联用，用于目的蛋白的检测分析，也可与纯化标签联用在后续的纯化过程中发挥作用。常用的示踪标签有 GFP、EGFP、YFP、GUS 等。

检测标签、纯化标签、示踪标签三者在功能上没有绝对的界限，所有的检测标签也可以用于纯化，只不过需要先制备对应的抗体固定到纯化基质上，如 S 标签需要 S 蛋白固定到纯化树脂上，但成本较高并且纯化效率可能较低。

二、酵母表达系统

酵母表达系统是真核表达系统中最常用的表达系统，主要分为酿酒酵母表达系统和甲醇营养型酵母表达系统两种。酿酒酵母在酿酒业和面包业中的使用已有数千年历史，是公认安全（generally recognized as safe，GRAS）的生物，不产生毒素。但酿酒酵母难以高密度培养，分泌效率低，也不能使所表达的外源蛋白质正确糖基化，而且表达蛋白质的 C 端往往被截短。因此，一般不用酿酒酵母作重组蛋白质表达的宿主菌。甲醇酵母表达系统是应用最广泛的酵母表达系统，主要有汉逊酵母属（*Hansenula*）、毕赤酵母属（*Pichia*）、球拟酵母属（*Torulopsis*）等，以毕赤酵母属应用最多。

（一）表达载体

甲醇酵母中没有稳定的质粒，其表达载体为整合型质粒，利用醇氧化酶基因（*AOX1*）的启动子（*PAOX1*）和转录终止子（*3'AOX1*）构建成整合型表达载体。*PAOX1* 是一个极强的启动子，醇氧化酶的产量最高可占甲醇酵母中可溶性蛋白质的 30%，所以能使外源蛋白质在它的控制下高效产生。此外，使多拷贝目的基因整合入甲醇酵母染色体，形成多个表达单元，可以产生高产的菌株，此类载体有 pAO815、pPIC3.5、pPIC9 等。甲醇酵母中应用最多的毕赤酵母表达载体涉及以下元件：多克隆位点（MCS）、*PAOX1*、分泌信号序列（SIG）[包括 SUC2（转化酶）和 PHO5（酸性磷酸酶）]、pGKL 杀伤蛋白和 αMF（酿酒酵母前导肽序列 α 因子）、转录终止位点（TTS）、Amp（用于氨苄的选择）、HIS4（羟基组氨酸酶选择标记）及大肠杆菌中质粒增殖的复制元件 ColB1（Ahmad et al.，2014）。

（二）表达菌株

常用的甲醇酵母菌株按营养缺陷类型分为四类：Ⅰ类营养缺陷型，如 JC254（Ura3）、GS115（His4）、GS190（Arg4）；Ⅱ类营养缺陷型，如 GS200（Arg4、His4）和 Jc227（Ade1、Arg4）；Ⅲ类营养缺陷型，如 Jc300（Ade1、Arg4、His4）；Ⅳ类营养缺陷型，如 Jc308（Ade1、Arg4、His4、Ura3）。所有的毕赤酵母表达菌株都由野生型菌株 NR-RL-Y11430 衍生而来，营养缺陷型的突变体（如 GS115、KM71）和蛋白酶缺陷菌株（如 SMD1163、SMD1165、SMD1168）是比较常用的。根据对甲醇的利用情况，巴斯德毕赤酵母分为三种表型：Mut⁺（甲醇利用正常型，有完好的 *AOX1* 和 *AOX2*），Muts（甲醇利用缓慢型，*AOX1* 启动子中断，*AOX2* 完好），Mut⁻（甲醇不能利用型，中断 *AOX1* 和 *AOX2*）。GS115、KM71、SMD1168 是组氨酸缺陷型，如果表达载体上携带有组氨酸基因，可补偿宿主菌的组氨酸缺陷，因此可以在不含组氨酸的培养基上筛选转化子。GS115 表型为 Mut⁺，重组表达载体转化 GS115 后，长出的转化子可能是 Mut⁺，也可能是 Muts，可以在基本培养基（minimal medium，MM）和基础葡萄糖培养基（minimal dextrase medium，MD）上鉴定表型。SMD1168 和 GS115 类似，但 SMD1168 是蛋白酶缺陷型，可降低蛋白酶对外源蛋白的降解作用。KM71 没有 *AOX1* 基因，本身就是 Muts。因此转化后所有的转化子都是 Muts，不必鉴定表型。在以葡萄糖或甘油为碳源的培养基上将毕赤酵母培养生长至高浓度，其 *AOX1* 基因的表达受到抑制，再以甲醇为唯一碳源时，诱导重组蛋白表达，可以提高表达产量。受体菌采用蛋白水解酶缺陷型，可以大大降低产物的降解。

三、转基因植物表达系统

在园艺植物功能基因的研究中，一般都会用到转基因植物材料。而转基因植物有两大表达系统，即稳定表达系统和瞬时表达系统。目前稳定表达系统已经在绝大部分园艺植物上得到科研应用。植物转基因系统的成功建立包括两部分：选择合适的植物受体系统及使用合适的目的基因遗传转化方法。该部分内容在本教材第八章第二、三节均有详细介绍，此处不再赘述。

四、表达系统的选择

表达蛋白在活性和应用方法方面均有所不同。选择表达系统通常要根据研究目的来考虑，如表达量高低、目的蛋白的活性、表达产物的纯化方法等。对于重组蛋白的过量生产，使用真核和原核表达系统。选择正确的系统取决于宿主细胞的生长速度和培养方式、靶基因表达水平和合成蛋白质的翻译后加工等。

在科学研究中，最广泛使用的蛋白质过量生产系统是原核系统。该系统主要基于大肠杆菌，该系统允许在短时间内获得大量重组蛋白，简单且廉价的细菌细胞培养物和众所周知的转录和翻译机制促进了这些微生物的使用，遗传修饰的简单性和许多细菌突变体的可用性是原核系统的额外优势。缺点主要是蛋白质翻译后缺乏加工机制，如二硫键的形成、蛋白质糖基化和正确折叠，得到具有生物活性蛋白质的概率较小。尽管如此，大肠杆菌表达系统仍以其细胞繁殖快速产量高、IPTG 诱导表达相对简便等优点成为生产重组蛋白的最常用的系统。

酵母表达系统以甲醇毕赤酵母为代表，具有表达量高、可诱导、糖基化机制接近高等真核生物、分泌蛋白易纯化、易实现高密发酵等优点。缺点为部分蛋白产物易降解，表达量不可控。

植物表达系统在科学研究中是必不可少的。植物能够表达来自动物、细菌、病毒及植物本身的蛋白质，易于大规模培养和生产，且在基因表达与修饰及安全性方面有特别的优势，因此除了应用于科学研究的转基因植物之外，利用植物生产外源蛋白的研究很有前景。多种抗体、酶、激素、血浆蛋白和疫苗等都已通过基因工程的手段在植物的叶、茎、根、果实、种子及植物细胞和器官中得到表达。虽然利用植物表达生产外源蛋白起步较晚，但已经能够利用植物生产多种医用、食用及工业用蛋白及酶制剂。

总之，不同表达系统各有优缺点，选择表达系统时，应充分综合考虑各种因素，如要表达蛋白质的性质、生产成本、表达水平、安全性、表达周期等。

第四节 蛋白质互作研究技术

蛋白质与核酸、蛋白质与蛋白质的相互作用是分子生物学中重要的调控机制。蛋白质复合物参与生物体系中诸多重要的生物学过程，如 DNA 合成、基因的转录调控、蛋白质的翻译、修饰、定位及信息转导等。因此，发现并验证在生物体中相互作用的蛋白质与核酸、蛋白质与蛋白质是认识并理解它们生物学功能的第一步。

一、蛋白质与蛋白质互作技术

生物体内的蛋白质分子常常通过与其他蛋白质分子发生相互作用来发挥其生物学功能，

蛋白质与蛋白质之间的相互作用是构成细胞生化反应网络的重要组成部分。蛋白质-蛋白质互作网络与转录调控网络对调控细胞及其信号转导有重要意义。

（一）酵母双杂交系统

酵母双杂交系统（yeast two-hybrid system，Y2H）是在真核模式生物酵母中进行的研究活细胞内蛋白质与蛋白质相互作用的技术。该技术操作便捷，且具有较高的灵敏度，能够通过报告基因的表达产物灵敏地检测到蛋白质之间微弱的、瞬时的相互作用。但该技术假阳性较高，并且需要融合蛋白转运至细胞核内才能够被活化转录。

Y2H 的原理：细胞起始基因转录需要反式转录因子的激活，转录激活因子在结构上是组件式的，即这些因子往往由两个或两个以上相互独立的结构域组成，其中有 DNA 结合结构域（binding domain，BD）和转录激活结构域（activation domain，AD），它们是转录激活因子发挥功能所必需的。单独的 BD 虽然能和启动子结合，但不能激活转录，而不同转录激活因子 BD 和 AD 形成的杂合蛋白仍然具有正常的转录激活功能。因此，该技术是利用基因重组技术将需要验证互作的两个蛋白质的基因序列分别与两个转录所需的结构域 AD 和 BD 结合，然后导入酵母细胞使之表达，如果这两个蛋白质之间存在相互作用，那么转录因子的两个结构域就能结合到一起，诱导报告基因表达。通过检测是否有报告基因产物形成，就能判断待检测的两种蛋白质之间是否存在相互作用（二维码 13-8）。

13-8

（二）免疫共沉淀法

免疫共沉淀（co-immunoprecipitation，Co-IP）是以抗体和抗原之间的专一性作用为基础的用于研究蛋白质相互作用的经典方法。该方法能够利用抗体从样品中特异性地富集目的蛋白的互作蛋白。在实验操作过程中使用的是非变性条件。因此，细胞中蛋白质互作及复合物的原始状态能够得以保留（Fedosejevs et al.，2017）。相对于酵母双杂交，该技术的特点是捕获的蛋白质互作发生在所研究的特定组织细胞内，并保存了互作蛋白质及复合体的"内源"状态，反映的是生物体内的实际情况，检测可信度较高。该技术的不足有两点：一是两种蛋白质的结合可能不是直接结合，可能存在第三种蛋白质在中间起桥梁作用，所以这种蛋白质的相互作用是直接互作还是间接互作无法判断；二是该实验在进行操作前需要对目的蛋白的互作蛋白进行预测，若预测的互作蛋白不正确，实验就得不到结果，因此该方法通常需要在一定的研究基础上进行预测蛋白的推测。

Co-IP 技术的实验过程是首先要在非变性的细胞裂解液中加入目的蛋白的抗体，孵育后再加入与抗体特异结合的磁珠（bead），若细胞中有与目的蛋白结合的互作蛋白，就可以形成这样一种复合物——"互作蛋白-目的蛋白-抗目的蛋白抗体-磁珠"，之后通过磁力架（能够吸附磁珠）将复合物富集出来。随后通过变性聚丙烯酰胺凝胶电泳，复合物的这 4 种组分又被分开，然后通过免疫印迹（Western blotting）的方法检测互作蛋白是否为预测的蛋白质（二维码 13-9）。

13-9

（三）Pull-down 技术

Pull-down 技术是一种体外验证蛋白质互作关系的技术，其目的是研究与已知诱饵蛋白结合的蛋白质或配体，旨在证明两种蛋白质之间的相互作用或筛选可与目的蛋白结合的未知蛋白。其原理是将一种诱饵蛋白固定在某种基质上，当细胞抽提液经过该基质时，与该诱饵蛋白相互作用的配体蛋白会被吸附在基质上，而未被吸附的"杂质"则随洗脱液流出。被吸附的蛋白质可通过改变洗脱条件被回收。为了更有效地利用 Pull-down 技术，可将待纯化的蛋白以融合蛋白的形式表达，即将诱饵蛋白与一种易于纯化的配体蛋白相融合。目前所用的配体标签蛋白有很多，包括 GST、His、MBP 及 Flag 等。最早且最广泛使用的是 GST-Pull down技术，即将靶蛋白-GST 融合蛋白亲和固化在谷胱甘肽标记的珠子上，作为与目的蛋白亲和的支撑物，充当诱饵蛋白；将细胞抽提液与之孵育，从中捕获可能与之相互作用的蛋白，随后洗脱结合物后通过 SDS-PAGE 电泳分析，从而证实蛋白质间的相互作用或筛选与目的蛋白互作的蛋白质（二维码 13-10）。在 Pull-down 实验中，设计恰当的对照实验非常重要，对照可以是表达有 GST（非诱饵融合蛋白）的转化细胞裂解物，也可以将 GST 加到非转化细胞的裂解物中。GST 融合蛋白 Pull-down 方法可以用于鉴定能与已知融合蛋白相互作用的未知蛋白质，以及两个已知蛋白质之间是否存在相互作用，且方法简单易行、操作方便。但是Pull-down 的结果并不能真实地反映蛋白质之间的相互作用，即不意味着在生理活体条件下一定能结合，因为在活体内它们在亚细胞空间上不一定能相遇。

13-10

（四）蛋白质片段互补分析

蛋白质片段互补分析（protein-fragment complementation assay，PCA）技术是近年来发展起来的一种研究蛋白质-蛋白质相互作用的技术，可以在体内外动态地观察活细胞、器官，甚至个体水平蛋白质间的相互作用。其原理是将某个功能蛋白质（如绿色荧光蛋白、萤光素酶等）切成两段，分别与两种待测蛋白相连形成两个融合蛋白质，若两个待测蛋白存在相互作用，便可以使两个功能蛋白质片段相互靠近、互补并重建功能蛋白质的活性，通过检测功能蛋白质的活性进而判断待测蛋白质间的相互作用关系（二维码 13-11）。

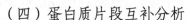

13-11

在 PCA 体系中，功能蛋白质的两个片段相互融合即形成报告蛋白。目前，PCA 所使用的报告蛋白包括二氢叶酸还原酶（dihydrofolate reductase，DHFR）、β-内酰胺酶（β-lactamase）、绿色荧光蛋白 GFP 和萤光素酶等。基于荧光蛋白的 PCA 方法也称为双分子荧光互补技术（BiFC），由于发光基团的形成不可逆，该方法更有利于捕获蛋白质间较弱的相互作用，并且能够在高空间分辨率的条件下直接观察到生物体和各种细胞类型的任何亚细胞区室中的蛋白质-蛋白质相互作用，但是与其他报告蛋白相比，荧光蛋白的 PCA 不适用于定量化研究，仅能作为定性研究。BiFC 技术最大的缺陷是对温度敏感，当温度高时，片段间不易互补形成完整的荧光蛋白。

除以上 4 种技术外，还有其他研究蛋白质与蛋白质相互作用的技术，如表面等离子共振（SPR）技术、荧光共振能量转移（FRET）及噬菌体展示技术等（Song et al.，2011）。①表面等离子体共振是一种利用纳米级薄膜吸附诱饵蛋白的技术：当蛋白质与诱饵蛋白结合时，薄膜的共振性质会发生变化，此时通过检测便可知这两种蛋白质的结合情况。②荧光共振能量转移广泛应用于研究分子间的距离及其相互作用，该技术与荧光显微镜结合，可定量获取有关生物活体内蛋白质、脂类、DNA 和 RNA 的时空信息。③噬菌体展示技术是将单克隆抗体的 DNA 序列连接到编码噬菌体外壳蛋白的基因上，当噬菌体生长时，相应的单克隆抗体会在表面表达，然后让噬菌体通过吸附柱，若吸附柱中含有目标蛋白，则会特异性地与相应的抗体特异性结合。此技术主要用于研究蛋白质间的相互作用，不仅有高通量及简便的特点，还具有直接得到基因、高选择性地筛选复杂混合物、在筛选过程中通过适当改变条件可以直接评价相互结合的特异性等优点。

二、蛋白质与 DNA 互作技术

植物体内许多细胞生命活动如 DNA 的复制、转录与修饰等都涉及 DNA 与蛋白质之间的相互作用。随着重组 DNA 技术的发展，人们虽已分离出许多重要的基因，但环境因子和发育信号对基因转录活性的调控作用却还有待进一步深入研究。因此，一方面需要鉴定和分析参与基因表达调控的 DNA 元件；另一方面需要对与这些顺式元件特异性结合的蛋白质因子进行分离和鉴定。研究这些问题都需要解析蛋白质与 DNA 之间的相互作用。蛋白质与 DNA 的相互作用十分重要，它们的结合能够影响基因的转录调控进而影响各种生命过程。

（一）凝胶阻滞实验

凝胶阻滞实验(gel retardation assay)，也叫电泳迁移率变动试验(electrophoretic mobility shift assay，EMSA）或条带阻滞实验（band retardation assay），该技术出现于 20 世纪 80 年代初期，是用于在体外研究 DNA 与蛋白质相互作用的一种特殊凝胶电泳技术，可用于定性和定量分析（Karns et al.，2014）。这一技术最初用于研究 DNA 结合蛋白，目前也用于研究 RNA 结合蛋白和特定 RNA 序列的相互作用。其主要原理是裸露的 DNA 分子在凝胶电泳中，因电场力的作用而向正极移动，其移动距离的大小与其分子量的对数成反比。若某种 DNA 分子可以与一种特殊的蛋白质结合，那么它在凝胶中的迁移会因分子量的增加而受阻滞，因此朝正极移动的距离也就相应地缩短，最终会在凝胶中出现滞后的条带。操作过程是首先需要制备含有某种特殊转录因子的细胞蛋白质提取物，再对待测的含有转录因子结合位点的 DNA 片段进行放射性同位素标记，然后将这种被标记的探针 DNA 同细胞蛋白质提取物一起进行孵育。如果两者存在相互作用，就会产生 DNA-蛋白质复合物，之后在 DNA-蛋白质保持结合状态的条件下进行非变性聚丙烯酰胺凝胶电泳，最后进行放射自显影，分析电泳结果。如果放射性标记条带均集中在凝胶底部，说明细胞提取物中不存在能与探针 DNA 结合的转录因子蛋白；如果放射性标记条带出现在凝胶的顶部，表明细胞提取物存在可与探针 DNA 结合的转录因子蛋白质（二维码 13-12）。

13-12

此外，近几年在传统 EMSA 实验的基础上建立了 DNA 竞争实验(DNA competitive assay)，它的原理是在 DNA-蛋白质结合的反应体系中加入过量的非标记竞争 DNA（competitor DNA），如果它同探针 DNA 结合的是同一种转录因子蛋白质，那么由于竞争 DNA 与探针 DNA 相比是过量的，这样绝大部分转录因子蛋白会被竞争 DNA 结合掉，而使探针 DNA 仍然处于自由的非结合状态，这样在电泳凝胶的放射自显影图像上就不会出现阻滞的条带；如果反应体系中加入的竞争 DNA 并不能同探针 DNA 竞争结合同一种转录因子，则电泳凝胶的放射自显像上就会出现一条阻断带。另外，通过设计一系列引入突变碱基的标记探针，也可以运用 EMSA 对这些突变探针与蛋白质的结合强弱进行评估，进而确定该探针 DNA 分子中与蛋白质直接发生相互作用的关键碱基。例如，苹果 MdMYB88 转录因子可以体外直接结合 AACCG 基序，而在添加了竞争探针后，二者的结合变弱，并随着竞争探针浓度的增大，二者的结合越来越弱（Xie et al.，2018）（二维码 13-13）。

13-13

（二）染色质免疫沉淀技术

染色质免疫沉淀（chromatin immunoprecipitation assay，ChIP）技术是研究体内蛋白质与 DNA 相互作用的技术，可用于转录因子与 DNA 结合位点的序列信息研究，也可用于组蛋白特异性修饰位点的研究。其原理是在活细胞状态下，通过甲醛固定 DNA-蛋白质复合物后，将其

13-14

随机打断为一定长度范围内的染色质小片段，随后通过目的蛋白的特异抗体富集与目的蛋白结合的 DNA 片段，从而获得蛋白质与 DNA 相互作用的信息（二维码 13-14）。ChIP 的具体操作步骤可分为五步：①1%甲醛处理组织样品使蛋白质与 DNA 交联；②细胞裂解，提取细胞核；③采用超声破碎或微球菌核酸酶消化的方法形成染色质小片段；④加入目的蛋白的抗体进行孵育，富集靶蛋白-DNA 复合物，并对免疫下来的复合物进行洗脱，除去一些非特异性结合的 DNA；⑤最后进行解交联，纯化富集的 DNA 片段，并对其进行定量检测或高通量测序。

在实验过程中，抗体的选择主要取决于实验目的，如果用于分析转录因子的结合位点，则需要使用转录因子本身的特异性抗体或与转录因子融合的标记抗体；若进行表观遗传修饰的分析，则可以根据实验需要选取表观修饰位点的特异抗体，如 H3K4me3、H3K27me3 等。因此，ChIP 不仅可以检测体内反式作用因子与 DNA 的动态作用，还可以用来研究组蛋白的各种共价修饰与基因表达的关系。此外，ChIP 与其他技术结合也扩大了其应用范围，如 ChIP 与基因芯片相结合形成 ChIP-on-ChIP 技术，与高通量测序技术结合形成 ChIP-seq 技术，这两种技术广泛用于特定反式作用因子靶基因的高通量筛选；ChIP 与体内足迹法相结合，用于寻找反式作用因子在体内的结合位点；RNA-ChIP 也可以用于研究 RNA 在基因表达调控中的作用。

（三）CUT & Tag 技术

13-15

CUT & Tag（cleavage under target and tagmentation）是研究蛋白质-DNA 互作关系的新方法，是一种超微量的研究技术，适用于无 ChIP 级别抗体的蛋白质研究。其原理是 A 蛋白与 Tn5 转座酶融合形成 ChiTag 蛋白，当目的蛋白如转录因子或组蛋白与相应的特异性抗体结合后，ChiTag 蛋白中的 A 蛋白可直接结合抗体，其携带的 Tn5 转座酶可特异性地切割目的蛋白附近的 DNA 片段，进一步将 DNA 片段连上接头，构建文库后进行高通量测序（Kaya-Okur et al.，2019）（二维码 13-15）。与传统 ChIP-seq 技术相比，CUT & Tag 无须交联、超声打断等一系列实验操作，因此操作更简单高效，周期快；并且所需的样品起始量较少、不需要 ChIP 级别的抗体，背景信号低、可重复性好，甚至可用于单细胞水平测序。CUT & Tag 有望将蛋白质-DNA 互作的研究变成一种类似 PCR 反应的常规操作，对基因调控、表观遗传等领域的研究具有革命性意义。由于植物样本提取细胞核相对较难，目前该技术在植物上的应用相对较少，但在园艺植物上的开发应用有望成为焦点。

（四）足迹实验

足迹实验（foot-printing assay）是一种测定 DNA-蛋白质专一性结合的方法，不仅能够检测目的蛋白特异性结合的 DNA 序列位置，而且能反映目的蛋白结合在哪些位置的碱基上。其原理是蛋白质结合在 DNA 片段上，能保护结合部位不被脱氧核糖核酸酶 DNase I 切割，DNA 分子经酶切作用后会遗留下该片段。因此，在凝胶电泳的放射自显影图像上便出现一段无 DNA 序列的空白区，即蛋白质结合区，亦称为"足迹"，从而了解与蛋白质结合部位的核苷酸数目及其核苷酸序列。

目前，除了 DNase I 足迹实验外，还开发出了若干种其他类型的足迹实验，如菲咯啉铜足迹实验、自由羟基足迹实验及 DMS（硫酸二甲酯）足迹实验等，其中 DMS 足迹实验的原理是 DMS 能够使 DNA 分子中裸露的鸟嘌呤（G）残基甲基化，而六氢吡啶又会对甲基化的 G 残基进行特异性的化学切割。如果 DNA 分子中的某一区段同蛋白质结合，就可以避免发生 G 残基的甲基化而免受六氢吡啶的切割作用。

（五）甲基化干扰实验

甲基化干扰实验（methylation interference assay）是基于 DMS（硫酸二甲酯）可以将 DNA 分子中裸露的鸟嘌呤（G）残基甲基化，而六氢吡啶则会对甲基化的 G 残基进行特异性化学切割的原理设计的。应用该技术可以检测靶 DNA 中 G 残基的优先甲基化修饰，以及它对后续蛋白质结合的影响，从而更加详细地揭示 DNA 与蛋白质之间的相互作用模式。其大致操作流程是用 DMS 处理靶 DNA 使之局部甲基化（平均每条 DNA 只发生一个 G 碱基甲基化作用），同细胞蛋白质提取物一起进行温育，使 DNA 与蛋白质结合，然后进行凝胶电泳形成两种靶 DNA 条带（一种是没有同蛋白质结合的 DNA 正常电泳条带；另一种是同特异蛋白质结合而呈现滞后的 DNA 电泳条带），将这两种 DNA 电泳条带分别从凝胶中切出，并用六氢吡啶进行切割，形成两种结果：①甲基化的 G 残基被切割，因为转录因子蛋白只能结合未发生甲基化的结合位点，所以在 DNA 结合位点中的 G 残基被 DMS 甲基化后，转录因子就无法与结合位点（顺势作用元件）结合，从而使结合位点中的 G 残基同样也被六氢吡啶切割；②不具有甲基化 G 残基的靶 DNA 序列则不会被切割，将结合蛋白质的 DNA 条带和不结合蛋白质的 DNA 条带，经六氢吡啶切割后，再进行凝胶电泳和放射自显影。最终结果表明，与转录因子蛋白结合的靶 DNA 序列经六氢吡啶切割后，出现两个条带和一个空白区，而不与转录因子蛋白结合的目的 DNA 序列经六氢吡啶切割后电泳显示三条条带，无空白区。甲基化干扰实验可以用来研究转录因子与 DNA 结合位点中 G 残基之间的联系，也是足迹实验的一种有效的补充手段，可以鉴定足迹实验中蛋白质与 DNA 相互作用的精确位置。但该技术的不足是 DMS 只能使 DNA 序列中的 G 和 A 残基甲基化，而不能使 T 和 C 残基甲基化。

除以上常用的研究蛋白质与 DNA 相互作用的技术外，一些研究蛋白质与蛋白质相互作用的技术也被开发应用于 DNA 与蛋白质相互作用的研究中，如表面等离子共振、荧光共振能量转移及 Pull-down 实验等。此外，酵母单杂交（yeast one hybrid system，Y1H）、Southwestern 印迹杂交也是常用的研究蛋白质与 DNA 相互作用的技术。Y1H 实验原理与 Y2H 类似，而 Southwestern 则是将蛋白提取物经 SDS-PAGE 电泳分析后转膜，与同位素标记的特异 DNA 序列探针结合，位点特异性 DNA 结合蛋白借助氢键、离子键和疏水键与 DNA 探针结合，从而通过放射自显影对 DNA 结合蛋白进行定性、定量分析。

三、蛋白质与 RNA 互作技术

植物体内普遍存在着能与 RNA 结合的蛋白质，这些蛋白质被称为 RNA 结合蛋白（RNA binding protein，RBP），RBP 通过与 RNA 特异性结合形成 RNA-蛋白质复合物，驱动了几乎所有细胞过程中基因表达的转录后调控，包括剪接（splicing）、出核转运（nuclear export）、mRNA 稳定性及蛋白质转译等过程。因此，研究 RNA 与 RNA 结合蛋白的相互作用可以更好地了解植物体内生物学功能发生的分子机制，以下介绍部分 RNA-蛋白质研究技术。

（一）酵母三杂交系统

酵母三杂交技术是在酵母双杂交系统的基础上发展而来的一项技术。该技术简单易行，准确率高，适用于在体内环境中检测 RNA 和蛋白质的相互作用。与酵母双杂交系统不同，三杂交是研究两个蛋白质和第三个成分间的相互作用，通过第三个成分使两个杂合蛋白相互靠近。第三个成分可以是蛋白质、RNA 或小分子。在以 RNA 为基础的三杂交系统中，DNA 结合域（Lex-BD 或 Gal4-BD）与 RNA 结合蛋白（如 MS2 外壳蛋白）融合成第一个杂合蛋白；转录激活域（Gal4-AD）与感兴趣的 RNA 结合蛋白 Y 融合成第二个杂合蛋白。第三个杂合 RNA 分子包含与第一个 RNA 结合蛋白（MS2）结合的位点及与 RNA 结合蛋白 Y 结合的位点 X。蛋白 Y 与 RNA 结合位点 X 结合形成具有功能的转录激活子，从而激活下游报告基因的表达，通过检测报告基因的产物，就能判断待检测的目的蛋白与 RNA 之间是否存在相互作用（二维码 13-16）。酵母三杂交系统具有比双杂交更广阔的应用范围，不仅能用于研究蛋白质-蛋白质之间的相互作用，还为研究 RNA-蛋白质、小分子-蛋白质的相互作用提供了新手段。但三杂交的缺点同双杂交一样，其结果只能反映在酵母细胞内的相互作用关系，易出现假阳性，还必须经过其他试验加以验证。

13-16

（二）紫外交联免疫沉淀技术

紫外交联免疫沉淀（UV cross-linking and immunoprecipitation，UV CLIP）是研究 RNA 分子与 RNA 结合蛋白在体内相互作用的一项革命性技术，可用于研究 RNA 结合蛋白在体内与众多 RNA 靶标的结合模式。UV CLIP 的原理与 ChIP 类似，是基于 RNA 与其相应的 RNA 结合蛋白会在紫外线照射下发生共价结合，以提高 RNA 结合蛋白与相应 RNA 靶标的结合强度（Wang et al.，2009）。同时利用 RNA 结合蛋白的特异性抗体将 RNA-蛋白质复合物沉淀，回收其中的 RNA 片段，进行 qRT-PCR 检测或测序分析。基于 UV CLIP 技术可以在整个转录组水平上检测 RNA 结合蛋白的结合位点或 RNA 修饰（如 m6A）位点。目前 UV CLIP 根据细胞处理方式和检测方式的不同，分为三种形式，即高通量 UV CLIP 测序技术、光激活核糖核酸增强型 UV CLIP 及单个核苷酸分辨率 CLIP。该技术的优势在于交联是从活细胞开始的，能够真实反映植物体内的分子间互作情况，具有较高的准确性。此外，由于紫外辐射不会造成蛋白质和蛋白质之间的交联，因此该技术能鉴定靶蛋白和 RNA 之间的直接相互作用，特异性较强，特别适用于研究剪接因子 RNA 结合图谱、miRNA 作用靶点等研究。

（三）RNA 免疫共沉淀技术

RNA 免疫共沉淀（RNA immunoprecipitation，RIP）是一种研究细胞内蛋白质与 RNA 结合的技术。其原理是在已知蛋白质的情况下，利用目的蛋白的特异性抗体，将蛋白质和 RNA 复合物一起沉淀下来，然后经过分离纯化获得结合在复合物上的 RNA，最后通过 RIP 技术下游结合 microarray（微阵列）技术（RIP-ChIP）、定量 RT-PCR 或高通量测序（RIP-seq）技术进行鉴定。RIP 与 UV CLIP 相比，其优势是不需要进行紫外交联，操作更简单，成功率更高（Gagliardi et al.，2016）。

（四）RNA-蛋白免疫荧光原位杂交技术

RNA-蛋白免疫荧光原位杂交技术是一种结合 RNA-FISH 和蛋白质-FISH 技术的用于追踪体内 RNA 结合蛋白与 RNA 相互作用的新技术。其原理是以已知荧光标记的单链核酸为探针，根据碱基互补原则，与待检材料中未知的单链核酸进行特异性结合，形成可被检测的杂交双链核酸；然后用目的蛋白抗体与细胞进行孵育，接着用带荧光标记的二抗孵育，以检测细胞内 RNA 和蛋白质的表达和互作定位。例如，Guo 等（2016）检测 LncRNA OLA1P2 与磷酸化了的转录因子 STAT3 的互作关系，结果表明两者均位于细胞质中并且出现位置重合，说明

13-17

两者之间有互作关系（二维码 13-17）。

（五）RNA Pull-down 技术

RNA Pull-down 技术是在体外检测 RNA 结合蛋白与靶 RNA 之间的相互作用。RNA Pull-down 使用体外转录法对已知序列的 RNA 进行生物素标记，并利用这个标记将 RNA 固定到特定磁珠上，再与胞质蛋白提取液共孵育形成 RNA-蛋白质复合物，该复合物可与链亲和素标记的磁珠结合，从而与孵育液中的其他成分分离。RNA-蛋白质复合物洗脱后，如果蛋白质是未知的，则需要结合质谱来筛选与 RNA 结合的位置蛋白；如果需要验证某已知蛋白，则需要通过 Western blotting 实验进行鉴定（Barnes et al.，2016）。

小 结

本章依据蛋白质的结构与功能，详细介绍了蛋白质翻译后所发生的一些主要化学修饰及蛋白质改造的分子生物学途径；重点阐述了重组蛋白的多种表达系统及蛋白质互作的研究技术。植物细胞主要通过蛋白质行使其复杂的生理功能。通常蛋白质在表达以后需要经过不同程度的修饰才能发挥所需要的功能。研究表明植物细胞中存在着各种各样的蛋白质修饰过程，包括磷酸化、泛素化、乙酰化及糖基化等。这些翻译后修饰参与了植物蛋白质合成降解、转录调控、信号识别转导、代谢调控、生物与非生物胁迫响应等各种代谢过程。蛋白质的分子生物学改造是指依据基因工程对蛋白质分子结构和功能进行不同程度的改造，它包括定向进化、理性设计和半理性设计三种方式，它们既相互区别又相互联系，从而为研究蛋白质的分子生物学提供一定的技术基础。重组蛋白也是分子生物学改造的一部分，因此选择合适的重组蛋白表达系统将有助于重组蛋白的表达。当前重组蛋白的表达主要应用的生产系统包括原核表达系统、酵母表达系统及转基因植物表达系统。此外，随着生物技术的不断发展，蛋白质互作技术得到了极大改善，试验过程变得简化，试验结果更加准确。本章还介绍了蛋白质-蛋白质互作、蛋白质-DNA 互作及蛋白质-RNA 互作的一些技术原理，为进一步探究蛋白质在植物生命过程中的作用及发挥功能的机制提供了技术支持。

思考题

1. 蛋白质翻译后修饰有哪些？它们分别有什么作用？
2. 定向进化、理性设计、半理性设计这三种蛋白质改造技术的区别及联系是什么？
3. 在哪些情况下会用到融合表达载体？
4. 瞬时表达系统和稳定表达系统的区别是什么？
5. 简述 ChIP 的原理和过程。
6. 研究蛋白质与 DNA 相互作用的技术有哪些？原理是什么？

推荐读物

1. Kaur J, Kumar A, Kaur J. 2017. Strategies for optimization of heterologous protein expression in *E. coli*: Roadblocks and reinforcements. International Journal of Biological Macromolecules, 12: 803

2. Ramanathan M, Porter D F, Khavari P A, et al. 2019. Methods to study RNA-protein interactions. Nature Methods, 16(3): 225-234

3. Xiong W, Liu B, Shen Y, et al. 2021. Protein engineering design from directed evolution to *de novo* synthesis. Biochemical Engineering Journal, 174: 108096

3. RNA Pol-dep……生成……和非核酸编码 RNA 的合成过程中起催化作用，如介导 DNA，RNA，
Pol-denm…………RNA 参与编码 DNA 的合成 U.S.1972. 辅助编码序列的合成 U.8……过程。

生物信息学（bioinformatics）是一门交叉科学，它包含了生物信息的获取、加工、存储、分配、分析、解释等在内的所有方面，综合运用数学、计算机科学和生物学的各种工具，来阐明和理解大量生物数据所包含的生物学意义。20世纪末，第一个开花植物拟南芥全基因组序列的测定完成，标志着植物基因组时代的开始。近10年来，高通量和低成本的测序技术，特别是第三代测序技术的出现，大大推动了园艺植物基因组、转录组、变异组等组学大数据的积累，生物信息学作为大数据处理必不可少的手段，在园艺植物上的应用越来越广泛，极大地推动了园艺植物功能基因的挖掘和利用。

第一节　测序技术

14-1

测序技术是指获得生物个体基因组分子序列（如核苷酸和蛋白质）排列顺序的技术，纵观测序技术的发展史（二维码14-1），每一项测序技术的诞生和推广，都在一定意义上推进了人类对于生命自然规律和特征的探索与理解。

一、第一代测序技术

1977年，马克西姆（Maxam）和吉尔伯特（Gilbert）发明DNA化学降解测序法（chemical degradation sequencing），同时期Sanger发明DNA双脱氧核苷酸末端终止测序法（chain terminator sequencing），两项技术的出现标志着第一代测序技术的诞生。2001年完成的人类基因组框架图，采用的就是第一代Sanger测序方法。

（一）化学降解法

14-2

化学降解法测序的原理见二维码14-2，其基本步骤包括：①DNA片段5′端进行放射性同位素标记；限制性内切酶酶切特定DNA片段；DNA双链变性单链。②在4或5组化学反应体系中各自独立进行降解，反应特异地针对一或多种碱基进行切割（表14-1），因此产生4或5组不同碱基切割位点经放射性标记的长短不一的DNA片段。③各组反应体系内的DNA片段通过凝胶电泳进行分离，再通过放射自显影来检测末端标记的分子，直接读取待测DNA片段的核苷酸序列。

表 14-1　化学降解法相关的化学反应

碱基体系	G	A+G	C+T	C	A+C（可选）
化学修饰试剂	硫酸二甲酯	哌啶甲酸，pH 2.0	肼	肼＋NaCl（1.5mol/L）	90℃，NaOH（1.2mol/L）
化学反应	甲基化	脱嘌呤	打开嘧啶环	打开胞嘧啶环	断裂反应

（二）双脱氧链终止法

Sanger等提出的双脱氧链终止法是最主要的一代测序技术，其核心原理是双脱氧核苷酸

（ddNTP）相较脱氧核苷酸（dNTP）在 3′ 端不含羟基（二维码 14-3），因此 ddNTP 在 DNA 的合成过程中不能形成磷酸二酯键，从而导致 DNA 的合成反应中断，在 4 个 DNA 合成反应体系中分别加入一定比例的带有放射性同位素标记的 ddNTP，然后通过凝胶电泳和放射自显影后可根据电泳条带的位置确定待测分子的 DNA 序列（二维码 14-4）（https://www.illumina.com）。Sanger 法测序的步骤包括：①每一次序列测定由 4 个单独的合成反应体系构成，每个反应体系包含模板、引物、DNA 聚合酶、4 种脱氧核苷三磷酸及 4 种带有放射性同位素标记的双脱氧核苷三磷酸的一种。②用变性聚丙烯酰胺凝胶电泳同时分离 4 支反应管中的 DNA 合成产物，由于每一反应管中只加一种 ddNTP，则每个反应体系内不同长度的 DNA 都终止于各自 ddNTP 的碱基处。③根据 4 个反应体系各自泳道的编号和每个泳道中 DNA 带的位置直接从自显影图谱上读出与模板链互补的新链序列。

14-3

14-4

二、第二代测序技术

第二代测序技术又称下一代测序（next generation sequencing，NGS）技术，其原理基于边合成边测序（sequencing by synthesis，SBS）。1996 年，Ronaghi 和 Uhlen 发明了焦磷酸测序。2005 年 454 Life Sciences 公司基于焦磷酸测序原理推出第一台第二代测序系统 Genome Sequencer 20 System，标志着第二代测序技术的正式商用。2006 年和 2007 年 Solexa 公司和 ABI 公司相继推出 GA 和 Solid 高通量测序平台。2010 年 Ion PGM 高通量测序系统被 Life Technologies 收购。2014 年华大基因在收购 Complete Genomics 公司后，基于其核心测序技术推出了 BGISEQ-1000 高通量测序平台。454 和 Solid 测序平台因测序通量和成本等局限性，渐渐退出了二代测序的舞台。

（一）Illumina/Solexa 测序平台

2006 年，Illumina 宣布收购 Solexa，获得新一代高通量测序技术并开始进军大规模测序市场。当前应用最广泛的二代测序平台就是 Illumina 公司的 HiSeq 系列和 NovaSeq 系列。Illumina 所有测序平台的核心原理均是采用边合成边测序（SBS）的方法（二维码 14-5）。Illumina 测序的流程如下。

14-5

1）DNA 文库的制备：利用超声波把待测的 DNA 样本打断成 200～500bp 长的碱基片段，并在其两端加上特异性接头，从而构建单链 DNA 文库。

2）流动槽杂交：流动槽是用于吸附流动 DNA 片段的槽道，其表面结合着一层 oligo 接头。文库中的 DNA 在通过流动槽的时候会与流动槽上的 oligo 引物杂交结合，结合后 oligo 引物就会在 DNA 聚合酶的作用下延伸形成 DNA 双链。

3）将双链 DNA 分子变性分开，其中的模板链被洗掉，新合成的单链 DNA 分子以共价键的形式紧紧连接在流动槽表面，接着新合成的单链弯曲杂交在相邻的 oligo 引物上形成一个桥式结构。随后引物在 DNA 聚合酶的作用下延伸，形成双链的桥式结构。双链的桥式结构变性打开，形成 2 个以共价键结合在流动槽表面的单链模板。单链再弯曲杂交在相邻的 oligo 引物上形成桥式结构，杂交之后再延伸。由此，桥式扩增一直循环重复，直至形成大量拷贝，这一过程称为桥式 PCR 扩增。当拷贝数目足够多之后，将 DNA 反链被剪切后洗掉，仅留下由正链组成的短的 DNA 分子簇，并且游离的 3′ 端被封闭，防止不必要的 DNA 延伸。最后，测序引物被杂交到接头序列上，进行后续的测序。

4）采用边合成边测序（SBS）的方法：向反应体系中同时添加 DNA 聚合酶、接头引物和带有碱基特异荧光标记的 4 种 dNTP。dNTP 被添加到合成链上后，所有未使用的游离 dNTP 和 DNA 聚合酶会被洗脱掉。接着，再加入激发荧光所需的缓冲液，用激光激发荧光信号，并用光学设备完成荧光信号的记录，最后利用计算机分析将光学信号转化为测序碱基。这样荧光信号记录完成后，再加入化学试剂猝灭荧光信号并去除 dNTP 的 3′端羟基保护基团，以便能进行下一轮的测序反应。

（二）Ion Torrent 测序系统

Ion Torrent 基于半导体芯片测序原理，是第一个没有光学感应的高通量测序平台（Rothberg et al.，2011），使用了高密度半导体小孔芯片，该芯片置于一个离子敏感层和离子感受器之上，每当有核苷酸分子被掺入时就会释放出质子，而离子感受器就会感受到这种信号，知道是哪一个核苷酸被掺入，从而读出 DNA 序列。

Ion Torrent 最初属于美国 Ion Torrent 公司，由罗斯伯格于 2007 年创办。2010 年被 Life Technologies 收购，并推出了 Ion PGM，该平台能以 500 万个碱基每小时的速度来读取测序数据且当时仪器价格较其他测序仪价格低很多。2013 年 Life Technologies 被 Thermo fisher 收购，并在 2015 年发布了 Ion S5 系列测序平台，从样本到数据产出仅需 24h，数据产出更加高效，但存在测序通量不够大的缺点。Ion Torrent 测序流程如下。

1）建库：在样本 DNA 片段的两端加上标准的接头，Ion Torrent 的建库接头不同于 Illumina 建库接头，它的接头不是 3′端带有突出的 T 碱基黏性末端，而是平齐的。

2）把文库种到测序珠子上去，进行油包水 PCR 及扩增。油包水 PCR 包括两个相，即油相和水相。其中水相是核心，油相起到分隔作用。油包水 PCR 完成之后，通过用链霉亲和素的磁珠和之前经过 PCR 扩增反应的磁珠进行混合，对所有测序磁珠进行纯化，接下来用磁铁进行吸附，磁铁吸附磁珠，磁珠会把带有生物素同时带有扩增了的 DNA 链的那些测序磁珠给富集起来，即可上机测序。

14-6

3）通过半导体芯片直接将化学信号转换为数字信号（二维码 14-6），在半导体的芯片上有很多的小孔，这些小孔可以感受微环境的 pH 变化。在测序过程中，DNA 模板链已被固定在这些微球上，然后按顺序投递 4 种核苷酸，DNA 聚合酶以 DNA 模板链为模板，遵循核苷酸互补配对规则，若核苷酸掺入并且发生结合，就会产生 H^+（氢离子），而在每个孔的底端都有一些传感器，这些感应器能够检测到不同的 H^+ 浓度并将其转换成数字信号，实时解读核苷酸序列。

（三）MGI/Complete Genomics（华大智造）测序系统

华大基因 DNBSEQ 测序平台采用的是 DNA Nanoball 核心测序技术（Drmanac et al.，2010），其中 DNBSEQ-T7 测序平台可在 24h 内进行通量高达 7Tb 的双端长度为 150bp 的测序，是目前测序通量最大的测序平台之一，有着独特的线性扩增模式。DNB（DNA 纳米球）技术是基于滚环复制，不仅有效增加了待测 DNA 的拷贝数，大大增强了信号强度，且同一个模板进行滚环复制，即使复制过程中引入单个碱基的复制错误，错误也不会像 PCR 扩增一样把信号放大。完成模板扩增后，DNB 将转载到规则阵列芯片（patterned array）上。规则阵列芯片采用纳米硅半导体精密加工工艺，使用率高，单位测序成本更低。DNB 测序流程如下。

1）DNB 制备技术包括 DNA 单链环化及 DNB 制备。首先将 DNA 的两端带上接头通过高温变性使得 DNA 双链解离形成单链，环化引物与单链 DNA 的两端互补，再通过连接酶将两端连接，形成单链环状 DNA。接着以单链环状 DNA 为模板，在 DNA 聚合酶作用下进行滚环复制（RCA），使得拷贝数达到 100～1000，就形成了 DNB（图 14-1A）。

　　2）接着将 DNB 加载到规则的阵列芯片中，规则阵列芯片采用先进的半导体紧密加工工艺，DNB 按照硅片表面的阵列排列，这样能够最大限度地利用位点，并且又不互相干扰信号。DNA 在酸性条件下带负电，通过表面活化剂辅助正负电荷相互作用而被加载到芯片中有正电荷修饰的活化位点（图 14-1B）。

　　3）在 DNA 聚合酶催化下，通过不同的荧光探针对 DNB 进行锚定（图 14-1C），随后洗脱未结合的探针后，在激光作用下激发荧光信号，随后高分辨率成像系统采集光信号（图 14-1D），光信号在经数字化处理获得测序碱基序列后再加入再生洗脱试剂去除荧光基团，进行下一轮检测，这一测序过程称为 cPAS 测序。

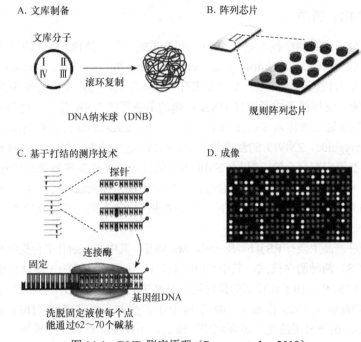

图 14-1　DNB 测序原理（Porreca et al.，2010）

　　4）在完成一链测序后，加入具有链置换功能的 DNA 聚合酶进行 DNA 二链合成，在延伸过程中，DNA 聚合酶会将遇到的双链进行解螺旋，实现边解螺旋边复制的反应，形成大量的 DNA 单链作为后续测序的模板，随后杂交测序引物，进行上一步骤的 cPAS 测序。

　　5）根据每个碱基的信号特征输出预估的错误率进行碱基识别，建立信号的特征和测序错误的对应关系。依据 Phred-33 质量得分标准对测序碱基进行评分，华大智造自主开发的 Sub-pixel Registration 算法使图像配准精确度达到亚像素级别，大大提高了碱基识别的准确度。

三、第三代测序技术

　　第三代测序技术是基于单分子信号而对每一条 DNA 序列实现单独测序，无须进行 PCR 扩增，避免了由于扩增偏好性而引起的测序误差，且一次可读取长达数万乃至数百万碱基的片段。第三代测序技术以 Helicos 公司的 Heliscope 测序、Pacific Biosciences（PacBio）公司的 SMRT（single molecule real-time）测序和英国的 Oxford Nanopore Technology（ONT）公司的纳米孔（nanopore）测序为代表，其中 PacBio 和 ONT 公司是目前主流的三代测序平台。

（一）Heliscope 单分子测序

14-7

Helicos 公司是研发第三代测序仪的先驱，生产了第一台单分子测序仪 Heliscope，它使用了一种高灵敏度的荧光探测仪直接对单链的 DNA 模板进行合成法测序，真正实现了单分子测序。该技术的测序原理见二维码 14-7（http://www.helicosbio.com）。Heliscope 测序的特点可概括为两点：一是测序过程耗时较长，带有荧光标记的反应体系需要反复添加、结合、识别，且清洗的过程耗时较长；二是测序读长较短，仅 30～35nt，虽然实现了"一次一个碱基"的单分子测序，但并未解决二代测序短读长的根本技术短板。

（二）SMRT 测序

14-8

SMRT 单分子实时测序技术是 PacBio 公司开发的，它以 SMRT Cell 为测序载体进行测序反应，其原理见二维码 14-8（https://pacbio.cn/technology/hifi-sequencing/how-it-works/），在随机打断的 DNA 片段两端各加上一个"发夹环"接头序列，然后加上与接头互补的测序引物及 DNA 聚合酶，这样就形成了连接 DNA 两端的单链环状 DNA 分子，也称为 SMRTbell 模板。当 SMRTbell 通过被称为 SMRT cell 的芯片上时，SMRTbell 会扩散到被称为零模式波导（zero-mode waveguide，ZMW）的测序单元中，ZMW 是一种直径仅为几十纳米的纳米孔，每个 ZMW 底部都固定有聚合酶，可以与 SMRTbell 的任一发夹接头序列结合并开始复制。SMRT cell 中添加有 4 种不同荧光基团的核苷酸，不同荧光基团被激活时会产生不同的发射光谱，当一个碱基与聚合酶结合时，便会产生一个光脉冲被记录下来，根据光的波长和峰值便能够识别这个单分子碱基。

14-9

14-10

PacBio 测序产品主要有 RSⅡb、Sequel、SequelⅡ，其中 SequelⅡ平台提供长读长（CLR）和高精度（CCS）两种测序模式，其中 CLR 模式（二维码 14-9）的平均读长能够超过 20kb，但是准确率仅约 87.0%，由于此模式的错误是随机产生的，所以通过增加测序深度来进行纠正，能大幅提升其准确率；CCS 技术（二维码 14-10）产生的高保真序列（HiFi read）的平均读长为 10～20kb，由于采用的是"滚环测序"模式，不仅增加对每一个模板分子的测序轮数，并且能够对测序产生的随机错误进行一致性纠正，极大地保证了测序准确性，准确率能超过 99%，较大程度地兼顾了三代测序长读长和高准确率的优势，已被广泛应用于基因组组装。

（三）ONT 单分子纳米孔测序

14-11

ONT 的纳米孔单分子测序技术是第二个商业化的三代测序平台，与上述两种技术不同，Nanopore 测序是基于电信号而非光信号。该技术的关键是通过设计一种特殊纳米孔，该纳米孔内有共价结合的分子接头，在 DNA 分子通过纳米孔的过程中，马达蛋白和解旋酶会将 DNA 或者 RNA 双链解旋为单链（二维码 14-11），由于核酸本身带负电，当单个碱基或 DNA 分子通过纳米孔的通道时，会使电荷发生变化，从而短暂地影响通过纳米孔的电流强度，鉴于 A、T、C 和 G 这 4 种碱基的化学结构存在差异，其通过纳米孔时会产生不同强度的电流，因此通过灵敏的电子设备检测电流变化，即可识别出 DNA 链上的碱基信息完成测序。在此过程中，由于核酸序列移动速率过快和电流变化幅度较小会给测序造成误差，而马达蛋白则可以通过控制核酸序列通过纳米孔的速度（每秒通过 400～

500 个碱基），实现更高的准确度（https://www.nanoporetech.net/）。

ONT 测序的优势在于：①无须 PCR 扩增，可直接对原始 DNA 或 RNA 进行测序；②读长很长，平均读长在几十至数百 kb，适用于大型基因组的组装；③通过增加测序深度进行纠正后，一致性准确率最高能达 99.999%；④测序速度快，单个样品常规 DNA 建库时间为 1h，特有的建库方法可短至 10min；⑤测序仪器便携经济，建库的芯片可反复使用数次；⑥测序信息可实时读取检测、实时分析；⑦测序通量较为弹性，可根据不同需求而变化，单平台最高通量可达 7T～9T。

四、不同测序技术的特点比较

第一代测序技术（以 Sanger 测序为代表）的诞生使得基因组序列得以呈现，从而加速了人们在全基因组水平研究生物学问题的探索；而第二代测序（以 Illumina 测序为代表）则实现了高通量，极大地降低了测序成本，因此带动了大量组学数据的涌现和其他基于高通量测序新技术的迅猛发展；第三代测序（以 PacBio 和 ONT 测序为代表）在高通量的基础上进一步延长读取长度且避免了 PCR 扩增，进一步实现了长读长和单分子，推动了高质量基因组序列的解析。总之，从第一代测序到第三代测序平台的有关参数和优缺点各有差异（表 14-2）。虽然目前仍没有一种绝对完美的测序技术，但是上述的测序技术平台在不同的应用领域中仍然发挥着各自的优势，因此只有根据不同的需求使用不同的测序平台，才能确定最优化的测序方案。

第二节　生物信息学常用综合数据库

数据库（database）是建立在计算机存储设备上的、长期储存的、有组织的、可共享的、统一管理大量数据的集合，其存储形式有利于数据信息的检索与调用。为了方便管理各种生物数据，科学家构建了各式各样的生物数据库。

一、国际主要生物信息中心

目前，国际上有 4 个主要的生物信息中心，包括美国国家生物技术信息中心（National Center for Biotechnology Information，NCBI）、欧洲生物信息学研究所（European Bioinformatics Institute，EBI）、日本 DNA 数据库（DNA Data Bank of Japan，DDBJ）和中国国家生物信息中心（China National Center for Bioinformation，CNCB)-国家基因组科学数据中心（National Genomics Data Center，NGDC）。其中前三个数据库共同成立国际核酸序列数据库联盟（International Nucleotide Sequence Database Collaboration，INSDC），每天交换更新数据和信息，它们几乎享有相同的数据。与上述国际生物信息中心相比，我国的生物大数据中心起步较晚，2019 年国家批准成立国家基因组科学数据中心和国家生物信息中心。CNCB-NGDC 积极开展与 INSDC 的合作交流，推进生物大数据国际合作共享，连续 5 年被生物数据库顶级期刊《核酸研究》（*Nucleic Acids Research*）评为与 NCBI 和 EBI 并列的全球主要生物数据中心。

（一）美国国家生物技术信息中心

NCBI（https://www.ncbi.nlm.nih.gov/）建立于 1988 年，隶属于美国国立卫生研究院

表 14-2　不同测序技术的特点比较

测序技术	测序平台	测序化学方式	检测方法	平均读长	优势	局限性
一代	无	化学降解法	光学	200~250bp	①重复性高，化学试剂和实验条件较为简单，易掌握；②无须进行酶催化反应，避免了由酶催化反应而带来的误差；③可直接对未克隆的DNA进行测序，可进行表观遗传学的研究	①操作烦琐；②化学试剂毒性较大；③人工读取数据时费力
	Applied Biosystems·ABI	双脱氧链终止法	光学	600~1000bp	①测序准确性高；②读取长度长	①通量低；②测序成本高；③耗时长
二代	Illumina/Solexa	边合成边测序	光学	75~250bp	①双端测序，测序通量高；②广泛的应用活性；③测序准确性高，无同源物错误问题；④测序成本低	①读长较短；②测序仪器较为昂贵，更新换代成本高；③建库较为复杂，耗时较长；④存在扩增偏好性，高 GC 或 AT 含量
	Ion Torrent	边合成边测序	pH	200~600bp	①测序流程简单；②测序速度快；③所需样本量少	①单端测序，通量较低，读长短；②难以处理同种碱基多聚区域
	MGI/Complete Genomics	探针锚定聚合技术	光学	50~200bp	①单双端测序兼有，测序通量高；②测序准确性较高；③广泛的应用活性；④测序成本低	①读长较短，仪器昂贵，更新换代成本高；②多样品共同上机测序所需时间较长
三代	Heliscope	边合成边测序	光学	30~35nt	①整个测序过程无须 PCR 扩增，避免了扩增步骤带来的测序误差；②真正实现了"一次一个碱基"的单分子测序	①测序过程耗时较长；②测序读长较短
	SMRT	边合成边测序	电信号	10~30kb	①读长较长；②测序所需样本量较少（10~100ng）；③运行灵活	①仪器昂贵，更新换代成本高；②建库复杂且耗时较高；③对安装环境要求高
	Nanopore	纳米孔	光学	20~50kb	①超长读长，可直接 DNA/RNA 测序，测序设备稳定便携；②建库操作简单，测序芯片可反复利用，成本低；③可实时捕获数据，实时分析；④测序速度快，通量高	测序准确度较低，仍在发展中，对在同聚物错误，对测序深度的要求较高

（National Institutes of Health，NIH）。其主要任务为建立关于分子生物学、生物化学和遗传学知识的存储和分析的自动系统；研究基于计算机信息处理分析生物学重要分子和化合物结构和功能的先进方法；加强生物技术研究者和医疗人员对数据库和软件的使用；开展全世界范围内的生物技术信息收集和合作。NCBI 维护的常用数据库如下。

1. 核酸序列数据库（GenBank） 包含所有已知的核酸序列和蛋白质序列及与它们相关的文献著作和生物学注释。NCBI 于 1992 年开始负责维护。GenBank 数据来源有三种：①直接来源于测序工作者提交的序列；②与其他数据机构协作交换的数据；③美国专利局提供的专利数据。GenBank 工作人员收到数据后分配唯一的登录号。该库与 EBI 和 DDBJ 每日进行数据交换，确保了该库具有全球覆盖范围。

2. 参考序列数据库（RefSeq） 提供全面、完整、非冗余、注释良好的参考序列，包括基因组、转录本和蛋白质。

3. 基因组数据库（Genome） 提供基因组的信息，包括序列、图谱、染色体、组装和注释。

4. 序列读段归档库（Sequence Read Archive, SRA） 存储原始高通量测序数据，是目前最大的高通量测序数据公共存储库。

5. 高通量基因表达库（Gene Expression Omnibus, GEO） 存储高通量芯片和高通量功能基因组数据集。支持对原始数据和处理后数据的归档。GEO 还提供了一些帮助用户进行查询、分析和可视化数据的工具。

6. 单核苷酸多态性库（Single Nucleotide Polymorphism Database, dbSNP） 也称为物种 SNP 位点信息数据库。该数据库收录已识别的遗传变异，包括 SNP、短插入缺失多态性、微卫星标记和短重复序列等数据，以及它们的来源、检测和验证方法、基因型信息等信息。

7. 物种分类数据库（Taxonomy） 包含 NCBI 所有序列数据库中每条序列对应的物种名称与分类学信息，目前包括地球上约 10% 的物种。

8. 生物医学文献库（PubMed） 提供生物医学文献搜索服务，来源包括 MEDLINE、生命科学期刊和在线书籍。

NCBI 也开发了许多有用的分析工具，其中最有名的就是 BLAST（Basic Local Alignment Search Tool）。BLAST 是生命科学研究中常用的一套进行序列相似性比对的分析工具。该软件将核酸或者蛋白质序列与公开数据库中的所有序列进行匹配比对，从而找到相似序列，用于推断序列之间的功能和演化关系。

（二）欧洲生物信息学研究所

EBI（https://www.ebi.ac.uk/）是隶属于欧洲分子生物学实验室（European Molecular Biology Laboratory，EMBL）的一个非营利性的学术机构。该所建立于 1994 年，其主要任务包括为科学界建立和维护生物学数据库，提供免费的数据和生物信息服务；通过生物信息学的基础研究促进生物学发展；提供优质的研究环境、跨学科的合作机会及高级生物信息学培训课程；传播行业尖端技术，帮助向工业界发布最新技术。EMBL-EBI 在数据规模和承担的任务方面与 NCBI 相当。EMBL-EBI 同样维护着多个大型生物信息公共数据库，也创建了多种分析工具。常用的数据库如下。

1. 核酸序列数据库（ENA） 包括原始测序数据、序列组装信息和功能注释。在原

EMBL-Bank 核酸序列数据库基础上发展起来，与 GenBank 和 DDBJ 每天进行数据交换。

2. 基因组数据库（Ensembl Genomes）　　其提供了大量物种参考基因组及相关注释，可以方便地浏览和下载基因组序列和注释。

3. 蛋白质序列数据库（Swiss-Prot 和 TrEMBL）　　Swiss-Prot 主要包含高质量的、经过人工审阅和手工注释的非冗余数据集，注释主要来自文献中的研究成果和 E-value 校验过的计算分析结果，由瑞士生物信息学研究所（Swiss Institute for Bioinformatics，SIB）和 EBI 共同协作维护。TrEMBL 主要包含未校验的、计算机自动注释的数据集，源于所有 EMBL 中的核酸序列数据库中编码序列翻译所得的蛋白质序列，也有来自 PDB 数据库的序列，以及 Ensembl、Refeq 和 CCDS 基因预测的序列。

4. 分子相互作用数据库（IntAct）　　来源于文献收集或直接实验数据证明。

5. 蛋白质家族数据库（Protein Families Database，PFAM）　　提供保守蛋白质家族和结构域信息，根据多序列比对和隐马尔可夫模型进行蛋白质家族分类。

6. 非编码 RNA 家族数据库（RNA Families Database，RFAM）　　根据人工多序列比对、二级结构一致性、协方差模型对 RNA 及顺式作用元件分类。

7. 基因表达数据库（Expression Altas）　　提供了不同细胞类型、有机体部分、发育阶段、疾病和其他条件下动植物样本中基因表达的信息。

8. 生物医学文献库（Europe PMC）　　基于 PubMed 数据库的一个学术文献资源库，提供全球生命科学文章、预印本、缩微出版物、书籍、专利和临床指南。

EMBL-EBI 同样开发了许多生物信息学分析工具，例如，Clustal Omega，对 DNA 或者蛋白质进行多序列比对；HMMER，基于隐马尔可夫模型快速搜索同源蛋白序列；InterProScan，通过蛋白质结构域和功能位点数据库，进行蛋白质家族分类和功能预测。

（三）日本 DNA 数据库

DDBJ（https://www.ddbj.nig.ac.jp/index-e.html）于 1984 年建立，1987 年正式服务，由日本国立遗传学研究所（National Institute of Genetics，NIG）维护更新。DDBJ 主要收集来自日本研究者的序列数据，也收集来自其他国家呈递的序列数据，赋予数据国际认证的序列编号。DDBJ 作为 INSDC 的成员，与 GenBank 和 EMBL-Bank 数据库每日交换更新数据和信息。DDBJ 数据库包含数据检索、数据提交、数据分析等功能。

（四）中国国家生物信息中心-国家基因组科学数据中心

2016 年，中国科学院北京基因组研究所成立生命与健康大数据中心（BIG Data Center，BIGD）。2019 年 6 月 5 日成立中国国家生物信息中心-国家基因组科学数据中心（CNCB-NGDC，https://ngdc.cncb.ac.cn/）。其主要致力于：①完善建立中国人群基因组遗传变异图谱，形成中国人群精准医学信息库；②建立符合国际标准的原始组学数据归档库，形成中国原始组学数据的共享平台；③建立海量组学数据的整合、挖掘与应用体系，形成综合性的多组学数据库系统。CNCB-NGDC 常用资源如下。

1. 组学原始数据归档库（Genome Sequence Archive，GSA）　　其是我国最早及最大的组学原始数据汇交、存储、管理和共享平台。目前已整合国际核酸序列数据库联盟（INSDC）组学数据，提供统一检索、数据下载及数据导向服务。

2. 人类组学原始数据归档库（Genome Sequence Archive for Human，GSA-Human）

其是 GSA 的一部分,专用于归档生物医学研究中的人类遗传资源数据。该数据库提供受控访问数据管理服务,保障数据的安全性。

3. 多元数据归档库(Open Archive for Miscellaneous Data, OMIX) 是上述两个库的补充,存储非原始测序数据,如影像、Excel 等,数据涵盖环境组、表型组、代谢组等。

4. 生物项目库(BioProject) 收集与共享生物学研究项目信息的资源库,涵盖的项目类型包括常规组学研究的基因组、转录组、表观组和宏基因组等,并针对大型项目提供高效、安全、专业化的项目分级管理。

5. 生物样本库(BioSample) 收集与共享生物样品信息的资源库,提供生物样品的结构化描述信息递交和发布,涵盖的样品类型包括人、动物、植物、微生物(含环境微生物)、病毒等,提供批量数据上传及离线数据递交服务。

6. 基因组序列库(Genome WareHouse, GWH) 用于存储各种物种的基因组规模数据(如基因组拼接组装完的数据),并提供一系列用于基因组数据提交、存储、发布和共享的网络服务。

7. 基因组变异库(Genome Variation Map, GVM) 存储基因组变异数据,包括单核苷酸多态性和小的插入或缺失。

8. 基因表达数据库(Gene Expression Nebulas, GEN) 存储各种条件下基因表达的数据,来自 RNA-seq 数据分析。

9. 甲基化数据库(MethBank) 各种物种的 DNA 甲基化综合数据库。

10. 生物数据库目录(Database Commons) 全球生物数据库的查询系统,方便检索和访问感兴趣的特定数据库集合,提供各个数据库的关键信息和分类,根据引用(平均年引用)评价数据库。

11. 生物工具软件(Biocode) 为开源项目归档生物信息学代码。

12. 生物信息在线分析平台(Bioinformatics Toolkit, BiT) 提供多种生物信息分析工具,包括序列比对、RNA 表达、表观基因组分析等。

CNCB-NGDC 为国内外用户提供一站式数据递交的中英文服务,被 Springer Nature、Elsevier、Wiley、Taylor & Francis、Cell 等全球主要出版集团列为其生命组学数据存储的推荐数据库,连续 5 年被《核酸研究》称为与 NCBI、EBI 并列的全球主要生物数据中心,这标志着 CNCB-NGDC 的数据库体系逐渐被国际认可。

二、其他重要数据库资源

一般而言,生物信息学数据库根据存储的内容可以分为一级数据库和二级数据库。一级数据库存储的数据主要是通过实验直接获得的原始数据,如测序获得的核酸序列,或者经过 X 射线晶体衍射获得的蛋白质三维结构数据。这些数据只经过简单的归类整理和注释,如序列所属物种、类型、出处等,注释非常有限。例如,三大核酸数据库 GenBank、ENA、DDBJ 都属于典型的一级数据库。二级数据库则是在一级数据库信息基础上对实验数据进行了计算分析,增加了许多人为注释,对生物学知识和信息进一步整理和归纳,最终构成的具有特殊生物学意义和专门用途的数据库。例如,RefSeq 数据库的 mRNA 序列综合了 GenBank 中来源于同一物种相同基因所有 mRNA 序列的一致性序列,UniProtKB 中的 TrEMBL 存储了由计算预测得到的蛋白质序列,它们都属于二级数据库。二级数据库中的注释在分析中的作用更加突出,但是二级数据库中一些程序自动计算所得的结果信息有时也会产生误导。除了一级数据库和二级数据库外，用户针对性更强的专用数据库不断被开发出来，以满足不同生物学研究团队对特定类型信息的需求。根据存放数据类型的不同，专用数据库可分为核酸数据库、蛋白质相关数据库、转录调控相关数据库等，以及专门为某一物种研究提供各类信息的物种基因组数据库。由于各个领域的专家更注重这些专用数据库提供的相应注释，这些数据库为公共核酸和蛋白序列数据库提供了非常有价值的补充。

（一）核酸数据库

1. 植物参考基因组数据库 植物综合性的基因组数据库除了上文介绍的 NCBI 维护的 Genome、EBI 维护的 Ensembl Genomes 外，还有 Phytozome（https://phytozome-next.jgi.doe.gov/）、PlantGDB（http://plantgdb.org）和 Gramene（https://www.gramene.org）等数据库。这些数据库基本囊括了目前已发表的大部分植物基因组信息，包括基因组序列和注释信息，BLAST 等在线工具和可视化浏览等。其中，由美国能源部联合基因组研究中心（Joint Genome Institute，JGI）维护的 Phytozome 将大量植物基因组整合，并进行全面、统一的注释和分析。Phytozome 中的所有基因集均已用蛋白质分析工具进行了 KOG、KEGG、代谢通路和 InterPro 家族等注释，是目前较为全面的植物参考基因组数据库。

2. 非编码 RNA 数据库 真核植物基因组中除了基因序列还存在对基因的转录和转录后的调控具有重要作用的非编码 RNA（non-coding RNA，ncRNA）。非编码 RNA 不翻译成蛋白质，在 RNA 水平上行使功能。非编码 RNA 包括 microRNA（miRNA）、rRNA、tRNA、snRNA、snoRNA、长链非编码 RNA（lncRNA）等。以下是一些常用的非编码 RNA 数据库（二维码 14-12）。

14-12

（1）**综合性非编码 RNA 数据库** RNAcentral 数据库是综合性的非编码 RNA 数据库，由 EBI 维护，提供全面的非编码 RNA 序列和二级结构信息，整合了包括 Ensembl、snoRNA Database、RefSeq、miRBase、piRBase、snoDB、RDP、GENCODE、Rfam、NONCODE、TAIR 等 40 多个具有不同类型的非编码 RNA 数据库，该数据库也为用户提供了便捷的搜索和比对功能。

（2）**microRNA 数据库** 目前使用最广泛的 microRNA 数据库是由曼彻斯特大学的研究人员开发的 miRBase，它存储了 microRNA 前体序列和成熟序列、位置、注释等信息。PMRD（plant microRNA database）是由中国农业大学开发的专门存储植物 microRNA 的数据库，存储植物 microRNA 序列及靶基因、二级结构、表达信息等。2014 年该团队开发了升级版 PNRD（plant non-coding RNA database），更新了 miRNA 序列和物种的数量，也收集了其他类型的 ncRNA，包括 lncRNA、tRNA、rRNA、tasiRNA、snRNA 和 snoRNA 等，是致力于植物 ncRNA 研究的综合平台。由北京市农林科学院和北京大学共同开发的植物 microRNA 百科全书数据库（PmiREN）也是专门针对植物的 microRNA 数据库，其使用 miRDeep-P2 对测序的小 RNA 文库进行统一处理，随后使用最新的植物 microRNA 鉴定标准进行人工整理，并进行全面注释。

（3）**lncRNA 数据库** NONCODE 数据库于 2005 年由陈润生院士团队创建，是一个综合的非编码 RNA 数据库，该数据库中包含了除 tRNA 和 rRNA 之外的其他类型的非编码 RNA，尤其侧重于动植物 lncRNA 的注释和分析。数据来源于文献挖掘和其他相关公共数据库整合。该数据库包含序列、染色体位置、表达水平、功能注释、与疾病的关系、序列保守性等信息，提供了 BLAST 搜索功能，支持数据下载，是业内认可的综合性 lncRNA 注释的数据库。研究人员也建立了针对植物的 lncRNA 数据库，如 CANTATAdb、PlncRNADB 和 GreeNC 数据库。

（4）tRNA 数据库　　tRNAdb 数据库收录了 tRNA 基因和 tRNA 序列，并根据反密码子三联体定义的氨基酸特异性分为多个家族，同时提供 tRNA 相关服务，包括 tRNA 二级结构图形化展示、为 tRNA 集合构建一致序列等。GtRNAdb 数据库收录了不同物种的 tRNA 序列信息，这些 tRNA 通过 tRNAscan-SE 软件对完整或接近完整的基因组预测得到。

（5）环状 RNA（circRNA）数据库　　circBase 发表于 2014 年，是最早公布的 circRNA 相关数据库，主要收录了人类和动物的 circRNA。plantcircBase 是针对植物的 circRNA 数据库，存储了通过大规模分析获得的植物 circRNA 全长序列、保守性和功能预测等结果。

（二）转录调控相关数据库

真核生物基因表达调控是控制生物体有条不紊生长发育的重要因素。大多数基因在时间和空间上选择性表达，基因的表达在多个层次上受到严格的控制。为了促进转录调控的研究，转录因子、顺式作用元件、表观遗传修饰相关的数据库应运而生（二维码 14-13）。

14-13

1．转录因子数据库　　目前植物领域两个主要的转录因子数据库有 PlnTFDB 和 PlantTFDB。PlnTFDB 由德国波茨坦大学创立，提供了植物转录因子（transcription factor，TF）和转录调控因子（transcriptional regulator，TR）信息，对每个家族提供描述及参考文献。PlantTFDB 由北京大学创立，对每个识别的 TF 进行全面注释，包括功能注释、功能域、三维结构、表达信息、结合的基序（motif）等。2019 年该团队建立 plantTFDB 的升级版 PlantRegMap，整合了 PlantTFDB 和 ATRM 等多个数据库，除了转录因子的更新，还收录了调控元件及其相互作用的数据资源，同时提供转录因子预测、转录因子结合位点预测、转录因子富集分析等工具。PlantPAN 提供了植物启动子中的转录因子结合位点（TFB）、相应的 TF 和其他重要调控元件（CpG 岛和串联重复）的信息资源。该数据库不仅可以对植物启动子中关键调控元件进行预测，还可重建转录因子-靶基因之间高度置信的调控网络。

2．顺式作用元件数据库　　JASPAR 数据库收录非冗余的转录因子结合位点信息，包括动物和植物的数据，并提供转录因子结合位点富集分析的工具。PLACE 数据库是存储植物 DNA 顺式作用元件基序的数据库，这些基序是从以前发表的文献中收集的。CIS-BP 是转录因子 DNA 结合 motif 的数据库，同时包括用于扫描 DNA 序列以寻找 TF 结合位点，预测给定 TF 的 DNA 结合 motif 等在线工具。

3．表观遗传修饰数据库　　ChromDB 数据库收录了多个物种的染色质互作蛋白，包括表观遗传修饰因子。植物染色质状态数据库（PCSD）通过整合拟南芥、水稻、玉米 3 个植物表观遗传修饰和转录因子的数据集，定义植物基因组的染色质状态。Plant Regulomics 数据库整合了拟南芥、水稻、玉米、大豆、番茄和小麦 6 个物种的转录组和表观组数据集，蛋白质与蛋白质相互作用数据等信息，用于挖掘植物基因及基因组位点的功能及调控网络。FruitENCODE 数据库存储了 11 种肉质果实的多种功能基因组数据，包括基因表达数据、DNA 甲基化数据、组蛋白修饰数据、染色质开放区域数据、转录因子结合位点数据等。

（三）蛋白质相关数据库

1．蛋白质序列数据库　　2002 年，EMBL-EBI、SIB 与 PIR（protein information resource，1984 年由美国国家生物医学研究基金会 NBRF 创建的蛋白质信息资源部）三个国际上主要的蛋白质序列数据库共享数据资源，建立了蛋白质资源数据库 UniProt（The Universal Protein Resource）。UniProt 统一收集、管理、注释、发布蛋白质序列数据，是目前国际上序列数据最完

14-14

整、注释信息最丰富的蛋白质序列数据库（二维码 14-14）。

　　UniProt 数据库的主要子库包括蛋白质知识库（UniProtKB）、蛋白质序列归档库（UniParc）和蛋白质序列参考集（UniRef）。UniProtKB 包括 Swiss-Prot 和 TrEMBL 两个子库。Swiss-Prot 中的序列均由人工审阅和注释，TrEMBL 由计算机程序翻译和注释。UniParc 存储公共蛋白质序列数据库的所有蛋白质序列的非冗余数据集。为避免冗余，将存放于不同数据库中的相同序列归并到一个记录中，并赋予序列唯一标识符（UPI）。UniRef 按相似性程度将 UniProtKB 和 UniParc 中的序列分为 UniRef100、UniRef90 和 UniRef50 三个数据集，分别包括了相似度为 100%、90% 和 50% 的序列的总和，以加快搜索速度。此外，除了 UniProtKB、UniRef 和 UniParc 外，UniProt 还有蛋白质组数据，为全基因组测序物种提供蛋白质组信息。

　　2．蛋白质结构数据库　　蛋白质结构数据库主要包括收录实验测定的蛋白质结构数据库 PDB 和蛋白质结构分类数据库 SCOP 与 CATH。

　　1）PDB（Protein Data Bank）数据库由美国纽约 Brookhaven 国家实验室于 1971 年创建。1998 年由结构生物学合作研究协会（Research Collaboratory for Structural Bioinformatics，RCSB）负责管理。PDB 主要收集通过 X 射线晶体衍射和核磁共振（NMR）测得的生物大分子三维结构数据。PDB 数据库可以通过网络直接向 PDB 数据库提交数据。

　　2）SCOP（Structural Classification of Proteins）由英国医学研究委员会（Medical Research Council，MRC）的分子生物学实验室和蛋白质工程研究中心开发和维护。SCOP 将蛋白质结构分为 4 个层次，分别为结构类型（class）、折叠模式（fold）、超家族（superfamily）和家族（family）。SCOP 主要由人工检查创建，同时也由一系列自动化方法支持，对已知三维结构的蛋白质进行分类，提供它们之间的结构和演化关系的详细的描述。

　　3）CATH 由英国伦敦大学开发和维护。CATH 中蛋白质结构分为 4 个层次，分别为类型（class）、构架（architecture）、拓扑结构（topology）和同源性（homology），其首字母即 CATH 的名字来源。CATH 将来源于 PDB 数据库中的蛋白质按照结构分类，主要分类方式为计算机自动程序，同时也进行了人工检查。

　　3．蛋白质互作数据库　　除了前文介绍的 EBI 管理的 InAct 数据库，STRING、BioGRID、DIP 也是常用的蛋白质互作数据库。

　　1）STRING 是用来检索已知蛋白质和预测蛋白质之间相互作用的数据库，可通过感兴趣的单个或多个蛋白质的名字和序列去搜索。搜索结果将蛋白质-蛋白质互相作用（PPI）可视化为互作网络，还提供了输入蛋白的富集分析。数据库内的互作数据来源于实验数据、计算机预测、文本挖掘及其他数据库数据，是目前覆盖物种最多、互作信息最大的蛋白质互作数据库之一。

　　2）BioGRID（Biological General Repository for Interaction Datasets）致力于所有主要模式生物物种和人类的蛋白质、遗传和化学物质的相互作用的管理和存储。通过搜索基因 ID、基因名或关键词，选择物种后即可查询互作关系，并提供多种标准格式下载。

　　3）DIP（Database of Interacting Protein）收录实验确定的蛋白质之间的相互作用信息。存储在 DIP 数据库中的数据由专业管理者手动管理，也使用计算方法自动管理。DIP 提供了利用基因名字等关键词进行查询的功能，还提供了 BLAST 等工具。

　　4．蛋白质功能注释数据库　　蛋白质功能注释最常使用的有基因本体论（Gene Ontology，GO）和 KEGG（Kyoto Encyclopedia of Genes and Genomes，京都基因与基因组百科全书）数据库。

1）GO 数据库是对所有基因的功能进行描述的本体数据库，由基因本体联合会（Gene Ontology Consortium）建立，是世界上最大的基因功能信息来源，是生物医学研究中大规模分子生物学和遗传学实验计算分析的基础。GO 术语（term）的设计与物种无关，适用于原核生物、真核生物，以及单细胞和多细胞生物。每个 GO 术语用一个唯一的 GO 编号表示，前缀为 GO，后面是 6 位数字。按照术语描述的内容不同，将所有 GO 分为三大类：①生物过程（biological process，BP），描述了由一个或多个分子功能有组织地共同完成的一系列事件；②分子功能（molecular function，MF），描述分子水平的活性；③细胞组分（cellular component，CC），描述某些大分子在执行某项分子功能时占据细胞的结构和位置。GO 的结构为有向无环图（directed acyclic graph，DAG），其中术语作为图中的节点，术语之间的关系有 is_a、part_of、has part 和 regulates 等（二维码 14-15）。"子"术语比"父"术语更具体，一个术语可能有多个父术语。GO 注释有助于用户快速地认识未知蛋白的分子功能，参与的生物过程，以及蛋白质在细胞中所处的亚细胞结构。

14-15

2）KEGG 数据库由日本京都大学和东京大学联合开发，是一个整合了基因组、生物化学和系统功能信息的综合性数据库，利用强大的图形功能介绍众多代谢途径及各个途径之间的关系，用于从分子水平信息，特别是基因组测序和其他高通量技术生成的大规模分子数据集，了解生物系统的高级功能和效用，如细胞、生物体和生态系统。用户可以从数据库查询代谢途径、酶、产物等，也可以通过序列相似性比对查询未知序列的相关代谢信息，是进行代谢分析研究的强有力工具之一。KEGG 主要由 16 个数据库组成，分为系统信息、基因组信息、化学信息和健康信息四大类，这些信息通过不同的颜色编码来区分。KEGG PATHWAY 是最核心的数据库之一，该数据库是一个手工绘制的代谢通路的集合，主要包含代谢、遗传信息处理、环境信息处理、细胞过程、有机系统、人类疾病、药物开发等分子相互作用、反应和关系网络。

5. 蛋白质生物信息学综合分析平台 为了分析蛋白质相关数据，一些蛋白质分析平台也相继建立，其中最著名的当属蛋白质分析专家系统（expert protein analysis system，ExPASy），由 SIB 创建并维护。它提供了 160 多个数据库和软件工具，并支持一系列生命科学和临床研究领域，从基因组学、蛋白质组学和结构生物学，到演化和系统发育学、系统生物学和医学化学。ExPASy 包含的数据库除了前文介绍的 Swiss-Prot 和 STRING，还有著名的蛋白质结构域数据库 PROSITE（https://prosite.expasy.org），收录有生物学意义的蛋白质位点和序列模式，可用于鉴定一个未知的蛋白序列属于哪个家族。ExPASy 包含重要的蛋白分析工具 SWISS-MODEL（https://swissmodel.expasy.org），它是一个自动化的蛋白质结构同源性建模平台，利用同源建模法预测蛋白质的三级结构。

三、常用园艺植物数据库

为了促进园艺植物功能基因组学研究，科研人员构建开发了大量针对园艺植物的生物信息学数据库，包括葫芦科作物基因组数据库（CuGenDB）、十字花科数据库（BRAD）、茄科基因组学数据库（SGN）、蔷薇科基因组数据库（GDR）和茶树数据库（TPIA）等。

（一）葫芦科作物基因组数据库

葫芦科包括黄瓜、甜瓜、西瓜、南瓜等许多具有重要经济和科研价值的瓜果蔬菜，其中黄瓜是世界上首个完成全基因组测序的蔬菜作物，随后一系列葫芦科作物的基因组被破译，基因组、转录组和遗传学等数据快速积累。2018 年美国康奈尔大学博伊斯（Boyce）研究所的费章君团队联合多家科研单位，使用 Tripal 工具构建了葫芦科作物基因组数据库（Cucurbit Genomics Database，CuGenDB，http://www.cucurbitgenomics.org/，首次发布于 2007 年）（Zheng et al.，2019），并于 2022 年 4 月将数据库升级到 2.0 版本。

1. 数据库的内容和特征　　葫芦科作物基因组数据库整合了 10 个葫芦科物种的共计 16 个已发布的基因组版本，包括 4 个栽培黄瓜、1 个野生黄瓜、2 个栽培甜瓜、3 个栽培西瓜、3 个栽培南瓜属（印度南瓜、中国南瓜和墨西哥南瓜）、1 个栽培瓠瓜、1 个冬瓜和 1 个西葫芦的基因组序列（截至 2022 年 8 月）。开发人员采用统一的标准流程对所有物种的蛋白质编码基因进行功能注释，利用 Tripal 扩展模块将基因的最优 BLAST 比对、GO 条目和 InterPro 结构域导入数据库，并通过 Perl 脚本将 AHRD 获得的功能描述加载进数据库。在数据库中，每个基因都拥有一个详细的特征页面，页面包含其序列和注释等信息，并根据功能进行了页面分区（http://www.cucurbitgenomics.org/feature/gene/Csa5G157380）。

开发人员鉴定了葫芦科物种两两基因组间和基因组内的所有共线性块及共线性块中的同源基因对，并存储于数据库中。开发者收集了甜瓜、黄瓜、西瓜和西葫芦 4 个物种的 EST 序列并组装得到 unigene，确定了 unigene 与基因的对应关系，对 unigene 进行了全面的功能注释。并从 NCBI 的 SRA 数据库收集了已公布参考基因组的葫芦科物种的 RNA-seq 数据，利用统一的数据分析流程对数据重新分析，开发了 Tripal 扩展模块"SRA"和"RNA-Seq"，用于导入和管理表达数据。截至目前，数据库整合了 21 个已发表的葫芦科物种的遗传图谱，其中包括 15 个甜瓜图谱、4 个黄瓜图谱和 2 个西瓜图谱。开发人员预测了葫芦科物种的生化途径，并利用 PathwayTools 网络服务器将葫芦科生化途径数据库（CucurbitCyc）整合到数据库中。

2. 数据库功能

（1）检索　　开发者利用 Apache Solr 搜索引擎对 AHRD 的描述、同源基因、GO 条目、InterPro 结构域等构建了搜索索引。用户可以通过输入基因或 unigene 的 ID 号，对各个基因组或 unigene 数据集进行基本检索以获得相应的信息，也可以通过关键词搜索获得一系列基因。另外，用户可以在葫芦科数据库网站的主菜单进行全局搜索，同时检索数据库中存储的所有数据。葫芦科数据库也支持多个基因的批量检索，批量检索功能是由 Tripal 工具中的"Sequence Retrieval"页面修改而来，当用户提交基因列表后，可以批量检索序列、AHRD 功能描述和转录因子等信息。

（2）基因组浏览器　　开发者利用 Jbrowse 加入了基因组浏览器，用于展示基因组序列、基因模型、unigene 和 EST 的序列比对及表达模式等。在基因特征页面中，开发者嵌入了参考基因组和基因的轨迹（http://www.cucurbitgenomics.org/feature/gene/Csa5G157380），用于基因结构的图形化和信息化展示。此外，通过数据库的基因组浏览器还可以查看基因表达丰度，以及 EST 和 unigene 的比对情况。

（3）BLAST 比对　　利用 Tripal 的 BLAST UI 扩展模块，开发者将 NCBI BLAST 工具加入数据库网站中，通过对 BLAST UI 的页面进行修改，将 BLAST 程序选择和 BLAST 数据库选择页面整合到同一个搜索页面。存储于数据库中的所有基因组、mRNA、CDS、蛋白质序列，以及 EST 和 unigene 都可以用于 BLAST 比对，为防止用户选取的 BLAST 程序与 BLAST 数据库不匹配，BLAST 的数据库选项会根据用户所选择的程序进行自动更新，BLAST UI 模块提供了 HTML、TSV 和 XML 三种 BLAST 结果文件的输出格式。

（4）富集分析和基因功能分类　　数据库中开发了"GO enrichment"和"Pathway

enrichment"两个扩展模块，分别用于鉴定显著富集的 GO 条目和代谢途径。同时，数据库也开发了"Gene classification"模块，基于植物特异的 GO slims 对一系列基因进行功能分类。

（5）共线性可视化　　数据库开发了"SyntenyViewer"扩展模块用于展示葫芦科基因组间的共线性和同源基因对。用户通过选择一个参考序列和一个或多个目的基因组，或者直接提供共线性块的名称，即可获得共线性块的信息。"SyntenyViewer"通过绘制 circos 图展示参考序列和目的基因组间的共线性块（二维码 14-16）。对于指定的共线性块，通过"SyntenyViewer"工具会生成用于展示该共线性块中的同源基因对的图片，并提供同源基因对的全部基因列表，并且每一个基因都会链接到其基因特征页面。

14-16

（6）差异表达基因分析　　数据库网站的"RNA-Seq"模块提供了差异表达基因鉴定和表达模式可视化的功能。用户可以通过设置基因表达倍数和 P-value 的阈值鉴定差异表达基因，差异分析的结果页面包含了"RNA-Seq"项目描述、统计分析参数和最显著的前 100 个差异表达基因，以及差异表达基因列表的下载链接。同时，该页面也包含 GO 和代谢通路富集分析、基因功能分类和批量搜索等功能的链接。用户除了能够通过基因特征页面查看单个基因的表达模式外，"RNA-Seq"模块还提供了两个基因表达模式可视化方式：通过热图功能展示多个基因的表达模式，以及利用 JBrowse 展示单碱基分辨率的基因表达丰度（二维码 14-17）。

14-17

（二）十字花科数据库

十字花科植物包含模式植物拟南芥，以及白菜、甘蓝、油菜、芥菜等蔬菜和油料作物。2011 年，中国农业科学院蔬菜花卉研究所王晓武团队在完成白菜基因组测序的基础上，建立了十字花科芸薹属作物基因组数据库网站（*Brassica* Database，BRAD），2015 年将 BRAD 数据库升级到 2.0 版本，2021 年对数据库进行了重建，升级为 BRAD V3.0（http://brassicadb.cn）。BRAD V3.0 收录整合了 36 个物种的基因组、308 份样品的转录组和 3 个作物（白菜、甘蓝和油菜）群体的基因组变异数据，主要提供十字花科基因组资源的访问、下载和在线分析等功能（Chen et al.，2022）。该数据库提供了共线性分析、系统发育树构建、基因序列比对和引物设计等特色功能，研究人员通过十字花科物种与拟南芥的共线性基因分析功能，能够更加有效地利用拟南芥基因功能信息进行十字花科作物的相关研究。BRAD 的构建和更新有助于十字花科物种组学数据的利用和挖掘，为十字花科作物功能基因组研究提供了信息平台和数据支撑。

（三）茄科基因组学数据库

茄科植物包含许多重要的蔬菜作物（如番茄、马铃薯、茄子、辣椒等）、观赏植物（如矮牵牛）和药用植物，具有重要的经济价值和科研价值。Boyce Thompson 研究所的卢卡斯（Lukas）团队开发了茄科基因组学数据库（Solanaceae Genomics Network，SGN，https://solgenomics.net/），该数据库是一个整合了茄科及其近缘物种基因组信息、表型数据和分析工具的门户网站，为茄科研究人员提供了全面的生信分析平台（Fernandez-Pozo et al.，2015）。目前茄科数据库中包含栽培番茄、野生番茄、马铃薯、辣椒、茄子、烟草、矮牵牛等物种的基因组，以及多个番茄基因组重测序项目的数据，并存储了多个茄科物种的转录组、遗传图谱、遗传位点和表型数据。根据分析工具的功能，开发人员将数据库中的工具分为"Sequence Analysis""Mapping""Molecular Biology""Systems Biology""Breeder Tools""Bulk Query"等模块。

（四）蔷薇科基因组数据库

蔷薇科植物包括许多重要的水果、坚果、观赏植物和木材，为人类提供了丰富的食品、艺术品和工业产品。蔷薇科基因组数据库（Genome Database for Rosaceae，GDR，https://www.rosaceae.org/）构建于 2003 年，用于蔷薇科基因组学、遗传学和育种数据的存储和挖掘。随着大量基因组序列、大规模的表型和基因型数据的释放，以及数据类型的增多，蔷薇科基因组数据库分别在 2013 年和 2018 年进行了两次重要的更新升级（Jung et al.，2014；2019）。目前该数据库拥有草莓属、苹果属、李属、梨属、蔷薇属、悬钩子属多个植物的基因组序列、主要蔷薇科作物的参考转录组数据、RNA-seq 数据和 EST 数据集。更新后的数据库整合了更多的数量性状位点（QTL）、遗传图谱和分子标记信息，并开发了新的代谢途径分析数据库"GDRCyc"和共线性分析的新工具"SynView"，并将已发表的育种数据集中的 SNP 和表型数据与其他相关数据进行了整合。另外，育种工作者可以通过数据库中的育种信息管理系统（BIMS）对个人的育种数据进行管理和分析。

（五）茶树数据库

2019 年安徽农业大学宛晓春团队发布了茶树基因组学与生物信息学平台（Tea Plant Information Archive，TPIA，http://tpdb.shengxin.ren/）（Xia et al.，2019）。该平台以'舒茶早'基因组图谱为框架，整合了转录组、代谢组、甲基化组和种质资源等数据，集成了功能富集分析、直系同源基因鉴定、相关性分析、引物设计等生物信息学分析工具，并通过基因表达和代谢物分布模式的相关性建立起了数据间的相互联系，有助于用户检索和挖掘数据库中丰富的组学数据，并实现数据可视化。此外，2020 年南京农业大学房婉萍团队整合了已完成测序组装的茶树基因组数据，构建了茶树基因组数据库（Tea Plant Genome Database，TeaPGDB，http://eplant.njau.edu.cn/tea/）（Lei et al.，2021）。茶树基因组共享和分析平台的构建有助于推动茶树的功能基因组学等研究，指导茶树遗传育种和品种改良。

14-18

除了上述的数据库外，国内外园艺植物研究人员还开发了大量数据库（二维码 14-18），涵盖了果树、蔬菜、花卉和茶树的多个物种，极大地促进了园艺植物组学数据的存储、检索和挖掘。

第三节　生物信息学在园艺植物上的应用

随着 DNA、RNA、蛋白质和代谢产物等分子或代谢数据的迅速积累，园艺植物研究也进入了组学大数据时代，生物信息学在利用大数据推动园艺植物起源、演化、功能基因挖掘与利用等方面起到了极大的推动作用。

一、生物信息学中的多"组学"大数据

近年来，新的高通量测序和检测技术不断涌现，基因组学、表观基因组学、转录组学、蛋白质组学和代谢组学等数据呈指数级增长，国内外研究者开发了一些先进有效的多组学数据整合方法，从大量而繁杂的大数据中找到多源数据间的内在关联，帮助研究者全面地认识生命系统。目前，组学技术在园艺植物中的研究也越来越多，通过多组学联合分析可以从不同的维度阐明细胞生命过程，进而研究影响园艺植物生长发育、产量、品质和环境适应性等

重要性状的复杂调控网络，提高育种效率和准确性（二维码14-19）。

14-19

（一）基因组学

基因组（genome）是指一个生物体所有遗传信息的总和，是德国汉堡大学的汉斯（Hans）于1920年将"gene"与"choromosome"两词组合而成的，意为所有染色体上的全部基因。基因组学（genomics）是基于"基因组"这个词派生出来的，最早于1986年由美国遗传学家托马斯（Thomas）提出。基因组学是以生物信息学分析为手段研究基因组的组成、结构、表达调控机制和演化规律的一门学科，研究对象是基因组结构特征、演化规律和生物学意义。与分子生物学或遗传学学科的研究对象为单个或一组基因不同，基因组学研究的对象是相关物种的全部遗传信息。基因组学与分子生物学、遗传学、生物信息学学科关系密切：一方面，基因组学的发展需要传统生物学提供理论基础和生物信息学的技术支撑；另一方面，基因组学促进了分子遗传方向的发展和新认识，基因组大数据的不断生成也促进了生物信息学的蓬勃发展。

基因组学有许多自身的技术方法，如DNA测序技术、基因组组装技术、单细胞基因组技术、三维基因组技术等，由此基因组学也演化出许多不同分支，如结构基因组学（structural genomics）、比较基因组学（comparative genomics）、功能基因组学（functional genomics）、系统发育基因组学（phylogenomics）和合成基因组学（synthetic genomics）等，基因组学技术的飞速发展为园艺植物研究注入了新的活力。近些年，第三代长读长测序技术逐渐成熟，生物信息学分析方法也在不断改进和升级，这对于一些复杂园艺植物基因组组装帮助很大。Sun等（2020）通过最新的测序技术组装了第一个染色体级别的大蒜（*Allium sativum*）参考基因组，基因组大小为16.24Gb；Hu等（2022）通过优化基因组组装策略首次破译高杂合（杂合度2.27%）木本果树荔枝基因组，并揭示其群体独立驯化和杂种优势。

（二）转录组学

转录组（transcriptome）主要是指从生物体的细胞或者组织的基因组转录出来的全部RNA，包括信使RNA（mRNA）和非编码RNA（ncRNA）。转录组学（transcriptomics）是功能基因组学研究过程中的主要组分，是一门可以在生物体的整体水平上去研究细胞内的所有基因转录调控的学科。转录组学的研究内容大部分是以基因的结构和功能为研究目的，是后基因组时代最先发展起来的一门科学，而且其应用的范围也相当广泛。转录组测序技术（RNA-seq）能够在单核苷酸水平对任意物种的整体转录活动进行检测，在分析转录本的结构和表达水平的同时，还能发现未知转录本和稀有转录本，精确地识别可变剪切位点及编码序列单核苷酸多态性，可提供更为全面的转录组信息。相对于传统的芯片杂交平台，RNA-seq无须预先针对已知序列设计探针，即可对任意物种的整体转录活动进行检测，提供更精确的数字化信号、更高的检测通量及更广泛的检测范围，是目前深入研究转录组复杂性的强大工具。对转录组信息的深入了解不仅可以揭示各物种细胞中基因表达模式的异同，还能够进一步解读基因组内的功能基因及调控元件，对生物体生长发育和环境胁迫过程的研究至关重要。

（三）蛋白质组学

蛋白质组（proteome）是指某一物种、个体、器官、组织或者细胞内的全部蛋白质产物的表达谱，蛋白质组学（proteomics）是一门从蛋白质的整体表达水平来阐明生命现象、研究生命活动规律的新学科，即研究包括翻译水平变化、翻译后修饰及蛋白质间互作的整体综合信息的学科。蛋白质组学研究技术包括：①分离技术，如双向聚丙烯酰胺凝胶电泳（two-dimensional electrophoresis，2-DE）等；②鉴定技术，主要是质谱鉴定技术（mass spectrometry，MS）、同位素标记相对和绝对定量技术（isobaric tags for relative and absolute quantitation，iTRAQ）；③各种生物信息学蛋白质分析数据库，如国际蛋白质序列数据库（protein information resource，PIR）、NCBI等。利用蛋白质组学可以识别特定的蛋白质种类与功能，明确蛋白质之间及与其他分子互作网络，描绘蛋白质翻译后修饰、靶位点等。单独的转录组学分析只能提供给我们转录水平上的片面信息，而转录组和蛋白质组的关联分析则能让我们对遗传物质的转录和翻译进行全面研究。蛋白质组学在园艺植物研究的多个领域得到了初步应用，包括果实发育、生物和非生物胁迫、抗病性等。例如，Ji 等（2019）从转录组和蛋白质组水平上揭示巴西蕉响应盐胁迫环境的分子机制；Jia 等（2020）通过对草莓和番茄果实的转录组和蛋白质组分析揭示了甲基化在果实成熟中的作用。同时，因质谱技术的高敏感性，蛋白质组的纯化问题仍是制约蛋白质组学研究的关键问题，低丰度蛋白质的获取是一个巨大的挑战。对于未进行基因组测序的物种来说，蛋白质鉴定也是一个亟待解决的问题。

（四）代谢组学

代谢组学（metabolomics）是指生物体内源性代谢物质的动态整体。传统的代谢概念包括生物合成与生物分解，因此理论上代谢物应包括核酸、蛋白质、脂类生物大分子及其他小分子代谢物质。植物细胞转录表达后，经过转录后修饰、蛋白质翻译、翻译后修饰的过程，转录结果才能在代谢水平上呈现。转录组是基因表达的媒介，而代谢组反映细胞表型和功能的变化。结合转录组和代谢组，能实现对时序表达的差异基因与差异代谢物进行共表达分析，探究基因和代谢物间的联系，锁定代谢途径、找出关键调控因子及结构基因，探索潜在的生物学意义。代谢组学在园艺植物的研究中应用较晚，但发展速度迅速，应用范围广泛，其中番茄风味品质的代谢组研究引领了植物领域代谢组的研究（Zhu et al.，2018）。应用代谢组学技术定量细胞的代谢，可以明确代谢网络中各种复杂的相互作用，了解内、外环境对细胞的生理效应，甚至可以发现新的代谢途径，从而应用于代谢途径和代谢网络研究。代谢组学也是研究园艺植物对环境胁迫（如病害、干旱、高盐等）响应原理的有力方法，通过代谢组学的研究了解园艺植物遭受环境胁迫情况下其代谢途径与网络的变化，寻找代谢途径中的关键基因，为提高植物抗性、解析基因功能等提供依据。利用代谢组学对果实品质形成过程进行研究，如将基因组、转录组、代谢组和表型相结合可进一步揭示代谢网络的调控机制，具有通量高、灵敏度高等优势。代谢组学也适合用来研究不同园艺技术、采后处理方法及生长环境对植物代谢的影响，从而评价园艺技术效果、采后处理方法，在植物分类、亲缘关系评估与产地鉴定也有一定的应用。

（五）表型组学

表型（phenotype）是指基因型和环境决定的形状、结构、大小、颜色等生物体的外在性状。表型组（phenome）是指某一生物的全部性状特征，不仅局限于农艺性状，还应更加关注植株所表现出来的生理状态。随着多数代表植物全基因组测序的结束，科研人员越来越认识到植物表型研究的重要性，并将其提到"组学"的高度。表型组学（phenomics）是研究植物的生长、表现和组成的科学，其研究可以从小至核苷酸序列、细胞，大至组织、器官、种属群体的表型来研究分析，并且可以进一步整合到基因组学研究中。从系统生物学角度来看，从基因组到转录组、蛋白质组、代谢组，表型组是各种组的表现形式。因此，表型组学的研究将涉及植物各个方面的研究领域。植物表型信息采集通常是采用自动化平台，可获取植物整个生命周期与表型相关的数据。根据使用环境不同，高通量植物表型平台分为面向温室和面向田间两种；按照搭载方式不同，植物表型采集平台按可分为台式、传送带式、车载式、自走式、门架式、悬索式及无人机式植物表型平台。随着图像采集、网络传输技术、图像处理等技术的发展，利用合适的植物表型监测系统辅助基因组学研究有助于缩短育种周期、研发新的作物品种、监测作物生长情况、客观评价作物非生物胁迫及抗病虫害的能力等。研究人员将这些数据与特定植物的已知遗传数据对比，将基因型和表型进行关联分析，从而达到高级遗传育种与基因改良的目的。

二、园艺植物基因注释

基因注释一般是指采用生物信息学的方法获得已组装好的基因组中基因位置、结构和功能等信息。基因注释包括基因结构注释和基因功能注释，准确注释基因组序列中的蛋白质编码基因是整个基因组分析中的核心之一。

（一）基因的结构注释

基因结构注释包括预测基因组中的基因转录起始位点、开放阅读框、翻译起始位点和终止位点、内含子和外显子区域、启动子、可变剪切位点及蛋白质编码序列等，一般采用从头（*de novo*）预测、同源预测和基于转录组预测三种策略。基于转录组预测需要本物种转录组或蛋白质组的数据，其中转录组数据一直是基因结构注释及验证的最重要信息。但受限于不可能获得所有时空下的转录组或蛋白质组，所以有必要用 *de novo* 预测和同源比对预测的结果进行补充。基因结构注释是分子生物学研究的基础，若注释结果不正确或不完整，则以此为基础的后续研究也会受到影响。

1. *de novo* 预测　　*de novo* 预测是指通过分析基因组内编码区与非编码区的结构特征，如外显子长度、核苷酸频率、密码子偏好性、GC 含量等，从基因组内识别编码区和非编码区。这种方法通常需要将一些已知基因作为训练集，然后根据训练好的模型去预测基因。

原核生物基因的各种信号位点（如启动子和终止子信号位点）特异性较强且容易识别，因此相应的基因预测方法已经基本成熟，Glimmer 是应用较为广泛的原核生物基因结构预测软件。真核生物的基因结构预测工作的难度较大，表现在：①真核生物中的启动子和终止子等信号位点更为复杂，难以识别；②真核生物中广泛存在可变剪切现象，使外显子和内含子的定位更为困难；③真核生物基因中可能存在超长内含子。因此，预测真核生物的基因结构需要运用更为复杂的算法，目前常用的有动态规划法、线性判别分析法、语言学方法、隐马尔可夫模型和神经网络等。基于这些模型，已经开发一系列 *de novo* 预测程序，常用的有SNAP、Fgenesh、Augustus、GlimmerM、Genscan 等。

2. 同源预测　　同源预测是基于近缘物种之间有相当数量的相似序列这一假设，根据已知近缘物种的 EST 序列、全长 cDNA 序列或氨基酸序列，与待测物种的基因组序列进行比对、聚类分析，来推断待测物种基因组中对应的基因结构，比对常用的工具有 BLAT、Exonerate、Gmap、Magic-BLAST 和 minimap2 等。同源比对有助于提高基因注释的准确性，但由于不同物种之间基因组上存在差异，在基因结构及是否表达上还需要本物种转录水平的证据支持。

3. 基于转录组预测　　转录组预测是指将不同来源的转录本比对至基因组上，然后根据转录本的位置进行基因结构注释，比对常用的软件与上述同源转录本的比对所用的软件一致。转录本序列一般来自 EST 序列、全长 cDNA 序列、高通量测序获得的转录组数据。为了获得基因的方向、更精确的转录起始位点和终止位点等信息，如链特异性转录组测序、聚腺苷化测序等技术也被加入基因组注释流程中。相比转录组来说，目前高通量蛋白质组技术还存在一定的局限，核糖体印迹测序（Ribo-seq）可在一定程度上代替高通量蛋白质组技术，该技术能够获得正在翻译过程中的 mRNA 片段，提高注释的准确性。

为提高基因注释的准确性和完整性，现在更多的是将上述三种基因注释方法综合起来使用。目前有一些软件将这三个方面的注释方法整合到一个流程当中，如 Maker、PASA、EVM等，以及一些综合性的生物数据库网站也会开发一套自己的注释流程，如 Ensembl gene annotation system 和 NCBI Eukaryotic Genome Annotation Pipeline 等。总体来说，这种将不同注释方法整合起来的生物信息方法极大简化了基因注释的流程，在此基础之上可辅以人工校正来纠正仍然可能出现的错误，如 IGV、Apollo 等软件可以让研究者进行人工校正变得更加便捷。

（二）基因的功能注释

基因的功能注释是指利用生物信息学方法和工具，根据数据库中已知编码基因的注释信息对新预测基因的生物学功能进行高通量注释，包括蛋白质分类、结构域、参与的代谢途径等。NR、Swissprot、Pfam、TrEMBL、GO 和 KEGG 是目前被广泛使用的蛋白质功能数据库，通过比对工具 BLAST 对蛋白质的生物学功能和通路进行注释。Interpro 是一个集成了蛋白质结构域和功能位点的综合性数据库，可以在线运行进行功能注释，也可以利用本地化工具 Interproscan 来提高注释工作的效率。Blast2go 也是一个集成多种功能的基因功能注释软件，可进行 NR、GO 和 KEGG 注释。

目前基因功能注释面临一些问题，注释工作是建立在相似性比对的基础上，所以非常依赖外部数据，对于某些研究较少的类群，可用的同源序列功能信息少，很多基因无法被注释。另外，序列相似并不能完全代表生物学功能相似，需要引入序列比对之外的算法，进一步增加基因功能注释的准确性。近年来，生物信息学家不断提出机器学习方法用于基因功能的从头注释，如随机森林、神经网络、马尔可夫随机场、贝叶斯分类器等算法，意在高效、快速、准确地进行基因功能预测，但无论哪种方法最终都需要实验来对其准确性进行验证。

三、解析驯化和育种的基因组演化历史

野生植物被成功驯化为农作物，很大程度上是由于持续的人工驯化和育种选择。近年来，随着 DNA 测序成本的大幅下降及相关软件、统计方法和模型的开发，多个个体和位点的基因分型成为可能，以群体基因组学为基础的遗传变异、基因表达变异、表观遗传变异和蛋白质的研究，推进了我们对驯化和育种的基因组演化历史的理解。

14-20

解析驯化和育种的基因组演化历史包括群体遗传多态性估计、群体遗传结构分析、自然选择检验、群体历史的溯祖分析及驯化和育种改良分析。限于篇幅，本节只讨论驯化和育种改良分析，其他详见二维码 14-20。

高通量测序技术和基因组数据分析方法的不断发展，为探索作物的起源、驯化、育种改良过程及农艺性状的遗传基础提供了前所未有的机会。群体基因组扫描方法因其范围广、分辨率高、效率高而受到广泛的欢迎。泛基因组的发展，减少了单一参考基因组的偏差，覆盖了更多的变异信息，对于充分挖掘遗传变异资源、鉴定品系特有性状调控基因，培育适应不同环境气候变化的作物提供了重要的基础。这些方法与 QTL 定位、GWAS、多组学和比较基因组学等方法相结合，将有助于加速作物驯化的研究进程。

1. 园艺植物的驯化与育种改良历史　　作物起源地是野生植物最先被人类栽培利用或产生大量栽培变异类型的较独立的农业地理中心。起源中心区域有较高的遗传多样性，各种遗传类型的分布较为集中，具有地区特有的变种、近亲野生种或栽培类型。了解作物的起源和祖先，有助于指导特异种质资源的收集，利用起源中心的抗性材料与恢复基因指导育种，提高驯化作物的适应性。

黄瓜起源于印度，果实小、味极苦，经过人类驯化选择逐渐成为人们喜欢的不苦蔬菜，随后传播到不同地域。Qi 等（2013）利用从世界范围内 3342 份黄瓜种质中筛选出的 115 份核心种质进行全基因组重测序，构建包括 3 305 010 个 SNP、336 081 个小 InDel（小于 5bp）和 594 个 PAV 的变异组图谱。系统发育树和群体结构分析将黄瓜分为欧亚黄瓜、东亚黄瓜、西双版纳黄瓜和印度黄瓜 4 个主要类型，其中我国的黄瓜被认为是由张骞出使西域引入驯化培育而来（Sebastian et al.，2010）。

甜瓜（*Cucumis melo*）起源于非洲，有研究表明栽培甜瓜最近的野生种位于印度。Zhao 等（2019）对全世界范围内的 1175 份甜瓜种质资源进行重测序和遗传变异分析，得到了一张包括 5 678 165 个 SNP 和 957 421 个 InDel 的甜瓜变异图谱。系统演化分析可分为 3 个明显的分支：非洲甜瓜（Clade Ⅰ）、厚皮甜瓜（Clade Ⅱ）和薄皮甜瓜（Clade Ⅲ）分支。PCA 和聚类分析表明厚皮甜瓜和薄皮甜瓜又各自有两个亚分支，分别包括厚皮野生（Clade Ⅱ-1）、厚皮栽培（Clade Ⅱ-2）和薄皮野生（Clade Ⅲ-1）、薄皮栽培（Clade Ⅲ-2）。结合形态学和遗传学数据分析，发现甜瓜经历多次驯化事件（一次发生在非洲，两次发生在印度），并且厚皮甜瓜和薄皮甜瓜两个类群独立驯化（Liu et al.，2020）。

2. 园艺植物驯化与改良基因的挖掘　　作物驯化的过程本质上是一个作物中基因改变的过程，其中，决定野生种与地方种性状差别的基因一般称为驯化基因，而地方种与现代育成种差别的基因则称为改良基因。了解驯化背后控制性状的基因和分子机制，将为我们理解作物微观演化的一般机制、未来育种的实质性目标及新作物的重新驯化提供重要参考信息。

园艺植物主要为人类提供营养、风味物质，是提高生活品质的食物，通常具有与谷类作物相似的驯化特征，包括变大的可食用器官（果实或叶片）、健壮的植株、增强的顶端优势、减弱的光周期敏感性、降低的逆境耐受性等。同时，也具有一些特有的驯化特征，有益风味物质的提高和不良风味物质的降低。例如，桃、葡萄、苹果等中的芳香物质和糖含量的提高；番茄、茄子等茄科蔬菜中苦味物质茄碱含量的降低；黄瓜、西瓜和甜瓜中苦味物质葫芦素的消失。同时园艺植物因为用途的不同产生了更多的分化，如芸薹属植物形成了用于菜用和油料的不同类型，桃也分化成观赏和食用的不同类型。Shang 等（2014）利用野生型材料'XY-2'（叶苦）和两份同一基因不同突变类型的材料'XY-3'（叶不苦）和'E3-231'（叶不苦），克隆了黄瓜叶片苦味调控基因 *Bl*；继而利用遗传定位、驯化和基因共表达分析，解析了黄瓜果实葫芦素 C 生物合成基因 *Bt*（二维码 14-21）。研究发现野生黄瓜向栽培黄瓜驯化过程中，*Bt* 基因受到选择，在其基因启动子区−3171bp 位置的结构变异 SV-2195 的插入，使得 *Bt* 基因不表达，从而导致黄瓜由苦变得不苦。其启动子区域存在两处变异 SV-2195 和 SNP-1601，其中栽培材料中无 SV-2195 的插入，*Bt* 基因不表达，从而导致栽培黄瓜苦味的丢失。然而黄瓜果实苦味的驯化并不完全，当栽培黄瓜处于逆境条件下，SNP-1601 处 G 基因型突变成 A 后，果实仍然变苦。通过比较基因组分析发现，*Bt* 和 *Br* 分别控制甜瓜和西瓜果实苦味的葫芦素 B 和葫芦素 E 合成基因（Qi et al.，2013；Shang et al.，2014）。与黄瓜比较基因组学分析发现，甜瓜 *CmBt* 和西瓜 *ClBt* 基因在物种驯化过程中同样受到了选择，并分别导致甜瓜和西瓜果实在演化

14-21

过程中苦味的丢失（Guo et al.，2019；Zhao et al.，2019）。同样发现了西双版纳类群黄瓜橙色果肉基因 *CsBCH1*、西瓜甜蜜基因 *ClAGA2*、番茄风味脱辅基类胡萝卜素基因 *TomLoxC* 是非常重要的风味物质相关的物种适应性演化中受选择的基因（Guo et al.，2019；Qi et al.，2013）。

四、分析园艺植物系统演化关系

（一）系统发育基因组学

系统发育（phylogeny），也叫系统发生，是指任何实体（基因、个体、种群、物种等）的起源和演化关系。系统发育学（phylogenetics）是一门追溯生物类群起源与演化，并通过重建系统发育树来研究生命类群之间演化关系的学科，是演化生物学研究的重要领域之一。系统发育基因组学（phylogenomics）是一种将基因组学和系统发育学相结合的学科，旨在利用基因组级别的分子数据重建生物类群的系统演化关系、研究生物的起源与演化过程。基于高通量测序技术的系统发育基因组学数据获取方法包括全基因组重测序、扩增子测序、转录组测序、简化基因组测序、目标序列捕获和低覆盖度的全基因组测序，研究者可以依据不同方法的优缺点与适用范围，选择合适的方法来开展相关研究工作。

葡萄（*Vitis vinifera*）是最早完成基因组测序工作的园艺植物，研究者通过基因组序列分析，发现了核心双子叶植物祖先六倍化事件，为双子叶植物基因组演化研究提供了关键参考信息。随着 DNA 测序技术及生物信息学软件的不断发展，陆续完成了几十种重要园艺植物全基因组精细序列的图谱绘制。Zhang 等（2020）构建了蓝星睡莲的高质量基因组，通过系统发育组分析显示睡莲和无油樟属于早期被子植物类群，支持无油樟是最早的被子植物类群。

研究者已经破译了 18 种不同葫芦科作物的基因组，大大促进了葫芦科作物的基因组演化、遗传变异、基因鉴定和分子育种研究（Ma et al.，2022）。Guo 等（2020）通过分析葫芦科 15 个族的 136 个物种的转录组与基因组数据，获得了葫芦科族水平可靠的系统发育关系。该研究结果支持葫芦科 15 个族的单系性，解析了盒子草族和锥形果族形成姐妹支为最早分化，解决了一直以来葫芦科基部分支争议的问题。分子钟分析揭示了葫芦科起源于白垩纪晚期，并发现在葫芦科的演化历史中经历了至少 4 次全基因组加倍（WGD）事件，这或许是促使葫芦科植物起源后快速分化的原因之一。关于葫芦科关键形态性状的演化分析表明，该科植物从分歧卷须到不分歧卷须、木质茎到草质茎、干果到肉质瓠果、花瓣颜色变化等一系列性状的状态转变，可能导致它们迅速适应新环境并占领更多的生态位（二维码 14-22）。

14-22

（二）系统演化树构建方法

14-23

系统演化树（phylogenetic tree）是用一种类似树状分支图形来概括各节点之间的演化关系，节点可以是不同物种、同一物种不同样本、不同基因等（二维码 14-23）。可体现物种演化关系和演化历程，群体内部样本亲缘关系，基因家族成员分类和演化关系等。将演化论的原理拓展到 DNA 水平和蛋白质序列水平，通过多重序列比对，研究一组相关的基因或蛋白质，推断和评估不同基因间的演化关系，其中包括分子演化（基因树）和物种演化（物种树）。基因树是根据 DNA 或蛋白质序列数据构建的系统树，物种树是表达生物类群真实演化路径的系统树。基因树某些情况下与物种树一致，但二者也存在差异：来自两个不同物种两个基因的分化时间可能早于物种的分化；基因树的拓扑结构可能与物种树不完全一致。

系统演化树构建的步骤包括：数据准备、多序列比对和校正、模型选择、建树方法选择和演化树的可视化，每一步操作都有相应的生物信息学工具来实现。多序列比对是为了保证序列的同源性，软件包括 Clustal X、Muscle、Mafft 等，校正序列的软件有 Trimal、Bioedit、Gblock 等。比对校正后要对序列矩阵进行模型评估，常用软件有 Modeltest、Jmodeltest、PAUP 等。当前最常用的建树方法有 4 种：邻接法（neighbor-joining，NJ）、最大似然法（maximum likelihood，ML）、最大简约法（maximum parsimony，MP）和贝叶斯法（Bayesian）。这几种方法各有优缺点，需要针对具体的数据集特点进行选择。为避免由于建树方法选择造成的错误，在建树过程中通常会综合多种方法的结果来提高准确性。MEGA 是最经典且使用最广泛的建树软件，除此之外 Phylip、IQ-tree、MrBayes 也都可以进行演化树构建。演化树通常以二维拓扑结构的形式展示，包括经典形式（traditional）、环形（circular）和辐射形（radiation），可视化软件有 FigTree、TreeView、TreeGraph 等，一些在线的网站如 iTOL、Evolview、ChiPlot 等也可进行演化树的美观。

相比于传统的基于单个或少量基因的演化分析，系统发育基因组学研究中产生的高通量测序数据增加了数据分析的难度和复杂度。目前系统发育基因组学数据分析流程一般分为基因组数据的获取、直系同源基因的鉴定、多序列比对和矫正、多基因建树。全基因组范围内通常使用单拷贝直系同源基因联合建树，同源基因鉴定软件有 OrthoMCL 和 Orthofinder。多基因联合建树方法包括数据不区分建树，即基因首尾串联，合并后的数据集视为一体，只计算整体的核苷酸替换模型及参数，操作方法如单基因的系统发育树重建；数据分区建树，即针对每个基因分别对应的核苷酸替换模型及相关参数单独建树，然后将所有基因的建树结果进行合并，目前支持分区的软件有 RaxML、Mrbayes 和 BEAST 等。

小　结

生物信息学是当今生命科学和自然科学的重大前沿领域之一，是一门由生物学、计算机科学、数学等学科互相结合而产生的新兴学科。生物信息学包括基因组学等大数据研究相关信息的获取、加工、储存、分配、分析和解释等领域，依赖计算机科学、工程和应用数学的基础，依赖实验和衍生数据的大量存储。生物信息学作为大数据处理必不可少的手段，大大推动了园艺植物基因组学的发展，可广泛应用于园艺植物新基因发现、基因的结构和功能注释、基因调控网络的构建、系统演化分析等领域。

思考题

1. 当前主流的测序技术有哪些？请简述其测序技术原理。
2. 如何从数据库中查询获得感兴趣基因的核苷酸序列和蛋白的氨基酸序列？
3. 简述葫芦科作物基因组数据库的主要功能。
4. 生物信息学中组学大数据有哪些？
5. 生物信息学在园艺植物上有哪些应用？

推荐读物

1. 陈连福，赵韩生. 2019. 最新 NGS 生物信息学分析与实践. 北京：中国林业出版社
2. 樊龙江. 2020. 植物基因组学. 北京：科学出版社
3. 樊龙江. 2021. 生物信息学. 2 版. 北京：科学出版社
4. Pevsner J. 2006. 生物信息学与功能基因组学. 孙之荣，译. 北京：化学工业出版社

自 1983 年第一例转基因植物培育成功，植物转基因技术研究发展迅速，大量基因修饰生物品种问世。至 2014 年，我国批准转基因农作物和林木品种 22 个，其中，超过 40% 的转基因植物以导入抗除草剂性状为培育目标，其余转基因植物以获得抗病毒、抗虫和抗逆性等性状为培育目标。目前，转基因木瓜、油菜、大豆、杨树、云杉、棉花、烟草等已经大面积种植。中国转基因棉花和木瓜的种植面积达 290 万 hm^2，居世界第 7 位。2021 年，农业农村部对转基因大豆、玉米开展了产业化试点，标志着中国的转基因大豆、玉米产业化试种迈开了历史性的一步。人类在利用生物技术改变作物特性的同时，可能会对生物多样性、生态环境及人体健康产生潜在的危害。因此，生物安全问题已成为各国政府、科技界、社会公众关注的焦点问题。

第一节　园艺植物生物技术对生态环境的安全性评价

从自然科学角度考察转基因植物及其产品的风险，主要包括两个方面的内容，即转基因植物及其产品是否危害人类健康和生态环境。

一、我国转基因植物安全评价主要内容

1. 转基因植物安全评价的总体要求　　按照《农业转基因生物安全评价管理办法》规定，转基因植物安全性评价的内容包括受体植物的安全性评价、基因操作的安全性评价、转基因植物的安全性评价、转基因植物产品的安全性评价。受体植物的安全性评价从受体植物的背景资料、生物学特性、生态环境、遗传变异等方面进行评价。基因操作的安全性评价包括以下三方面：一是从转基因植物中引入或修饰性状和特性、实际插入或删除序列、目的基因与载体构建的图谱、载体中插入区域各片段的资料、转基因方法、插入序列表达的资料等方面进行评价；二是从转基因植物的遗传稳定性、转基因植物与受体或亲本植物在环境安全性方面的差异、转基因植物与受体或亲本植物在对人类健康影响方面的差异等方面进行评价；三是从生产及加工活动对转基因植物安全性的影响、转基因植物产品的稳定性、转基因植物产品与转基因植物在环境安全性方面的差异、转基因植物产品与转基因植物在对人类健康影响方面的差异等方面进行评价。

2. 转基因植物安全评价的阶段要求　　按照《农业转基因生物安全评价管理办法》规定，我国对农业转基因生物实行分级分阶段安全评价制度。转基因植物安全评价按照试验研究、中间试验、环境释放、生产性试验和申请安全证书 5 个阶段进行。中间试验是在控制系统内或者控制条件下进行的小规模试验，目的是获得转基因生物外源基因表达及其遗传稳定性等基本资料。环境释放是在自然条件下采取相应安全措施所进行的中规模的试验，目的是进一步掌握转基因生物基本资料及其释放环境的影响。生产性试验是在生产和应用前进行的较大规模的试验，目的是对转基因生物及其食品安全、环境安全等进行全面了解，对是否批准转基因生物进行生产和应用进行科学而准确的评价。转基因植物安全评价在完成中间试验、

环境释放、生产性试验后可申请安全证书，获得安全证书是进入品种审定与种子管理程序的必要条件。转基因产品在每个省推广种植均需要申请安全证书，安全证书有效期一般为 5 年。此外，针对某一具体转基因植物对人类健康和环境的影响，应当采取个案分析的原则，具体问题具体分析。

二、转基因植物本身的潜在风险

转基因作物本身可能演化为杂草。"杂草"是指对人类行为和利益有害或有干扰的任何植物，杂草危害使世界农作物的产量及农业生产蒙受巨大经济损失。一个物种可能通过两种方式转变为杂草：一是它能在引入地持续存在；二是它能入侵和改变其他植物栖息地。

理论上来讲许多性状的改变都可能增加转基因植物杂草化趋势。例如，对有害生物和逆境的耐性提高、种子休眠期的改变、种子萌发率的提高等都可能促进转基因植物的生存和繁殖能力。如果某基因可使作物在春季较低的温度下萌发，带有该基因的转基因作物与无此基因的作物相比，在外界温度较低时就具有竞争优势。转基因植物具有一些竞争优势，就有可能入侵其他植物栖息地，并可能杂草化。由于杂草可引起经济和生态上的严重后果，因而，转基因作物转变为杂草的可能性便成为最主要的风险之一。判断一种植物是不是有杂草化趋势，主要分析这种植物有无杂草特征。现今主要栽培植物都是经人类长期驯化培育而成，已失去了杂草的遗传特性，仅用一两个或几个基因就使它们转变为杂草的可能性非常小。但随着更多基因的导入，不能排除引起转基因作物杂草化的可能性。那些具有杂草特性的作物，尤其是在特定的条件下本身就是杂草的那些作物，如曾引起过严重杂草问题的向日葵、草莓、嫩茎花椰菜等。这类作物遗传转化后，应密切监测以防杂草化出现。

三、转基因植物基因流与转基因逃逸及其对近缘物种的潜在威胁

基因流（或基因漂移）原是群体遗传学中的概念，是指一个孟德尔遗传群体的遗传物质（基因）向另一个孟德尔遗传群体移动的现象。基因流可以发生在一个群体的个体之间、同一地域相邻近的不同群体之间、不同地域的群体之间和具有不同亲缘关系的物种之间。基因流是自然过程，其自身并没有风险，生物进化就是由于基因流和生殖隔离的相互作用才得以产生。因为基因流可以导致同一物种内的不同个体间或不同物种之间遗传物质的交换，所以基因流会引起基因逃逸，转基因植物与非转基因植物一样，可与近缘植物种杂交，产生杂种。因而，随着转基因作物的释放，转入的外源基因可能流向其近缘植物，引起转基因逃逸。这种基因流流动可使一些转基因作物逐渐在野生种群中建立多成员家族，使得作物的野生亲缘种具有选择优势的可能。如果转基因流向有亲缘关系的杂草，则可能形成更难控制的杂草。如果转基因流向生物多样性中心的近缘野生种并在野生种群中固定，将会导致野生等位基因的丢失，进而造成遗传多样性丧失。因此，转基因作物与其野生亲缘种间的基因流动可能会成为转基因作物释放后的一个重要风险因素。

1. 转基因花粉的传播　　通常，转基因植物花粉的传播是转基因在空间逃逸的主要方式，也是转基因作物与其野生亲缘种间基因流动的主要渠道。影响花粉引起基因流的主要因素有以下几个方面：一是作物与其近缘物种或杂草之间种植或生长的距离不能超出有活力的花粉所能传播的范围；二是作物与其近缘种或杂草杂交后能产生可育的杂种，且转基因在杂种中能得到表达；三是转基因在近缘物种或杂草种群中能得到稳定的保持。

2. 转基因作物与其野生亲缘种间杂种的形成　　栽培作物大多由野生植物驯化而来，

在自然界都存在着其野生近缘种。多数重要作物中都具有同属的野生种。一些作物与其野生种间基因流发生频率较高，如向日葵为38%，草莓则高达50%。因此，转基因作物可通过与其野生亲缘种间杂交形成杂种使转基因流向野生种。这种可能性的大小依赖于诸多因素，如转基因作物和野生亲缘种必须有亲和性，必须生长在同一地点，需要在同一时间开花和有传粉途径，其中有亲和性是一个重要的因素。例如，马铃薯在其原产地南美洲可与茄属的野生双倍体种类杂交；但在欧洲，没有发现它与两种普遍分布的杂草龙葵和蜀羊泉杂交的证据。相反，甘蓝型油菜可与很多的近缘种，如芜菁、芥菜、野欧白菜、野生小萝卜等进行杂交。

转基因作物与其野生亲缘种杂交后，若能形成杂交种，转基因就可能在自然界获得存留机会。如果杂交种的母本是野生种，那么母本效应更有利于转基因在种子库中的保存。如果在适合的条件下，转基因作物与其野生近缘种的杂交种可以与其野生亲本不断回交，转基因进入野生亲本的遗传背景，完成了其在时间上的逃逸。由于种属间远缘杂交困难，杂种植株生活力低下，杂种后代易丧失有性繁殖能力等因素，转基因植物与近缘物种形成杂种的可能性并不大。例如，转基因甘蓝型油菜与其近缘种的杂种具有较低的存活力和较高的不育性，其杂种和后代难以在农田或自然生境存活。转抗除草剂基因的甘蓝型油菜（母本，染色体数目 $2n=38$）与野生小萝卜（父本，染色体数目 $2n=18$）的杂交种，在随后4个世代中，染色体数目逐渐降低，接近父本的染色体数目。在这过程中，每一世代的可育性不断增加，而转基因的传递频率却在第一世代以后的几个世代中降低。由此认为，这种属间的基因流动可在合适的条件下缓慢地降低，若转基因甘蓝型油菜作为父本时，转基因流动的发生就更加罕见。

四、转基因植物对非目标生物的危害及对生物多样性的影响

（一）抗虫转基因作物

1. 转 *Bt* 基因作物有可能使害虫对 *Bt* 产生抗性 苏云金芽孢杆菌（*Bt*）是在1913年被发现的，随后作为商品化生物农药。1995年美国环保局（EPA）批准了首个转 *Bt* 基因作物在美国应用。我国于1998年开始商品化生产 *Bt* 抗虫棉。由于植物体内的 *Bt* 基因持续表达，害虫在整个生长周期受到 *Bt* 毒蛋白的选择，促使害虫对 *Bt* 毒蛋白产生相应抗性。随着 *Bt* 抗虫作物和 *Bt* 杀虫剂的广泛应用，害虫对转基因 *Bt* 作物的抗性适应问题已引起广泛关注。害虫对 *Bt* 杀虫蛋白产生抗性的报道首次现于1985年。1994年塔巴什尼克（Tabashnik）等报道，有些转基因作物商业释放之前，在实验室或是田间试验中就观察到某些昆虫产生一定水平的 *Bt* 抗性。但是，国内外研究显示目前在田间还未发现对 *Bt* 毒蛋白产生强抗性的害虫类型。相比之下，害虫更容易对化学杀虫剂产生抗性。自然界已发现抗化学农药的抗性昆虫达500多种，而迄今仅发现少量对 *Bt* 微生物农药有抗性的昆虫类型。1996年夏威夷大学的昆虫学家 Tabashnik 发现，昆虫的单个基因可抗多个 *Bt* 菌种，包括该昆虫以前从来没有接触过的 *Bt* 菌种，即存在交互抗性。

2. 转 *Bt* 基因作物对昆虫群落的影响 作物栽培生态区域内，益虫和害虫并存，益虫以害虫为食或作为寄主，害虫的幼虫、卵或蛹数量的减少，必然会影响这些益虫的生存与繁衍。例如，*Bt* 转基因马铃薯地块中的节肢动物生物多样性就显著低于非转基因马铃薯地块。以取食非转基因玉米的欧洲钻心虫为饲料的草铃虫死亡率在40%以下；而用取食转基因 *Bt* 玉米的欧洲钻心虫饲喂草铃虫，草铃虫死亡率在60%以上。类似的试验中，以转基因马铃薯为食的蚜虫对瓢虫进行饲喂，雌瓢虫存活时间比对照组少一半。这些实验室结果如果在大田

试验中能够重复，那么大规模种植转基因抗虫作物很可能会减少有益昆虫的种群。将 *Bt* 玉米花粉撒到马利筋（一种生长在玉米地周围的杂草）叶片上，饲喂黑脉金斑蝶的幼虫后，其死亡率达44%，而对照组无一死亡。对河北、河南抗虫棉田内害虫的种群数量调研发现，蜘蛛类、草蛉类、瓢虫类捕食天敌的数量在抗虫棉田中大幅度增加，有效控制了蕾铃期棉蚜种群的发展。天敌控制作用较弱的盲蝽象及红蜘蛛则在 *Bt* 棉田中表现为主要害虫。抗虫转基因作物的大量种植，引发害虫寄主转移现象。除 *Bt* 基因外，凝集素（如雪花莲凝集素）和蛋白酶抑制剂（CpTI）等抗虫基因也在作物抗虫基因工程中获得应用。目前尚无这些抗虫基因对非靶生物有害影响的详尽报道。

（二）抗除草剂转基因作物

1. 抗除草剂转基因作物自身"杂草化"　　抗除草剂转基因作物自身"杂草化"是指抗性作物演生成杂草和自身苗的危害。这种可能性的大小取决于该作物本身的特性和作物种植制度。在使用除草剂的情况下，对那些具有自身"杂草化"特性的作物来说，抗性基因的导入可增加它们自身"杂草化"的风险。这是因为在除草剂的选择下，抗性植物具有竞争优势。在一定的条件下，种植抗除草剂转基因作物可能加重自身苗的为害。

2. 抗除草剂基因"漂移"到杂草上导致抗药性杂草产生　　在许多农业生态系统中，作物与其野生杂草近缘种同时存在。大面积种植抗除草剂转基因作物，其抗性基因有可能"漂移"到可交配的杂草上，使杂草获得除草剂抗性，产生超级杂草。特别是在同一地区推广具有不同除草剂抗性的作物时，这种风险性可能更大。若这些除草剂抗性基因都转到同一杂草上，则会使所有除草剂都失效。尽管许多作物能和它们的近缘杂草杂交，从而使得抗除草剂基因从作物"漂移"到杂草上。但"漂移"的概率则因作物的种类不同而有差别，如从高粱到假高粱、从水稻到红稻、从燕麦到野燕麦、从芥菜型油菜到油菜的基因"漂移"概率为100%，从甘蓝型油菜到野油菜的概率则较小。抗除草剂转基因作物抗性基因"漂移"到杂草上的风险，还取决于可交配的杂草与作物在发生地及生长时间上的一致性。一种作物即使和某种杂草可进行杂交，但如果它们在发生地及生长时间上不一致，在田间实际也不可能发生杂交，也就不存在基因的"漂移"问题。同时也要看到这种不一致性不是一成不变的。作物种植地域的扩展、远距离传播、杂草在新环境发生等也可影响抗性基因"漂移"成功可能性。

3. 抗除草剂转基因作物对野生植物群落及非靶生物的影响　　种植抗除草剂转基因作物，转基因逸生后有可能替代当地某些植物，改变植物群落结构。若抗性基因"漂移"到其他野生植物上，则会改变它们的适应性，导致植物群落结构的改变。抗除草剂作物也有可能影响昆虫、鸟、微生物等非靶标生物。然而在没有除草剂选择压下的非农作物区，作物或野生植物获得抗除草剂特性并不改变它们在环境中的适应性。因此，抗除草剂转基因作物对生态潜在影响的可能性极小。如果管理不当，种植抗除草剂作物后，只依赖除草剂来防治杂草，将会导致除草剂施用量的增加，从而加重农业环境污染，必然影响生态平衡，进而对其他非靶生物构成威胁。

五、转基因植物中外源非目的基因序列的潜在风险

转基因植物中，除含有外源目的基因序列外，还具有启动子、载体骨架序列和抗生素标记基因等非目的基因 DNA 片段。随着对转基因植物生物安全研究的深入，非目的基因序列的生物安全问题也受到广泛关注。植物基因工程中常应用的启动子是来自 CaMV 的 35S 启动

子，它属于组成型启动子，已被引入多种转基因植物中。有关 35S 启动子的潜在风险源于该启动子内部存在着重组热点。主要包含以下潜在风险：①35S 启动子若插入植物基因组编码毒蛋白基因的上游，可能提高该毒素基因的表达。②35S 启动子可能会插入原来整合进植物基因组中的隐性病毒基因组旁，可能会重新活化病毒基因。③当转基因植物被动物或人类食用时，35S 启动子可能会通过基因的水平转移插入某一致癌基因上游，活化其表达导致癌症发生。但是，35S 启动子对植物进行转化的应用至今，尚未发现 35S 启动子中存在重组热点，也没有任何关于转基因植物中 35S 启动子移动的报道。另外，植物基因组中天然存在着大量可移动的转座子因子，它们都有较强的启动子。这些启动子并没有引起许多隐性病毒基因的活化。因此，转基因植物 35S 启动子可能会激活动物和人体癌基因表达的风险极小，35S 启动子插入植物基因组所导致的风险也远小于自然的转座子风险。

载体骨架序列包括 T-DNA 边界片段、报告基因、多克隆位点等，这些序列也整合在转基因植物基因组中，它们可能会逃逸到环境中。有关载体骨架序列所导致的安全问题尚不清楚。人们较多关注的是抗生素抗性标记基因的安全问题，即抗性基因转移可能导致其在环境中传播的潜在风险。一些研究发现，田间的转基因植物 DNA 在不同土壤中的存活时间有的可以达数月至两年。这样就为来自转基因植物的抗生素抗性基因转入土壤细菌中提供了时间上的机会。在自然土壤条件下，从植物向细菌的 DNA 转移发生频率为 $10^{-11}\sim10^{-10}$。然而，在长期的进化过程中，滥用抗生素是细菌形成对多种抗生素抗性的重要原因，还没有关于来自转基因植物的抗性基因转入土壤细菌的研究报道。转基因植物作为食物，其中的抗生素抗性基因是否会在肠道中水平转移至微生物，进而影响抗生素治疗效果也是一个潜在风险问题。目前尚无基因从植物转移至肠道微生物的证据，也无在人类消化系统中细菌转化的研究报道。

第二节　园艺转基因产品对人类健康的安全性评价

一、转基因产品对人类健康可能存在的影响

（一）毒性问题

尽管迄今还没有具有说服力的研究报告表明转基因食品的毒性，但由于转基因作物可能产生"非预期后果"，因此其加工成的食品可能存在潜藏的健康风险。从理论上来说，转基因食品来源于转基因生物。在转基因过程中，外源基因的导入或是本身基因组的重组，都会导致具有新的遗传性状的蛋白质产生，这种蛋白质是否有毒，由于转基因技术的不确定性，目前的技术还无法准确鉴定。抗生素抗性基因常作为标记基因去辨别转基因细胞，标记这些基因的转基因食物可促使肠道和口腔细菌对抗生素产生抗性。另外有人认为遗传修饰在表达目的基因的同时，也可能会无意中提高天然的植物毒素，如马铃薯的茄碱、木薯和利马豆的氰化物、豆科的蛋白酶抑制剂等，给消费者造成伤害。例如，某种转基因大豆接受了一种巴西核桃基因，而此核桃容易导致变态反应，这一危险在转基因大豆进入市场之前就已被证明。此后，遗传学家就注意不采用来自容易产生变态反应的生物的基因作为外源性基因。又如，马铃薯中含有已知毒素如茄碱（绿马铃薯中含有茄碱可引起疾病），转基因马铃薯中茄碱是消除还是增加就是疑问。马铃薯毒性物质（脱氧甘油碱）的含量变化完全取决于插入外源性基因的类型。虽然目前还不能确定转基因食品是否有毒性，但是一旦存在毒性，转基因食品可能导致人体的慢性或急性中毒，导致人体器官异常、发育畸形，甚至还可能致癌。

（二）过敏反应问题

过敏性风险即医学上的变应原性风险，它同免疫系统有密切关系。过敏性反应也称为变应原反应，是人体的免疫系统受到外界刺激后产生过激反应的表现。一般而言，人和动物的变应原性风险是非常低的，只有少数人会有严重症状。通常情况下，来自外界的抗原会刺激机体，使机体产生反应生成抗体，并建立起一定的防御体系，最终达到消灭抗原的目的。但是在过敏性反应中，引起反应的变应原，一般来说并非有害物质，但是免疫系统仍然会当作有害物质来处理，从而产生过激反应，类似于"不分敌友，一律消灭"。而转基因作物可能诱发或加重变应原性风险。这是由于农作物中引入外源性目的基因后，会使转基因生物带上新的遗传密码而产生一种新的蛋白质，这些新蛋白质可能使食用者或接触者出现过敏性反应。

食物过敏是一个世界性的公共卫生问题，据估计，有近 2%的成年人和 4%~6%的儿童患有食物过敏，过敏的症状不会随年龄的增长而减轻。食物的过敏性反应通常通过食物的摄入引起，有时单纯的接触也能引起。最常见的一个例子就是花粉过敏，当出现过敏反应时，人往往会有哮喘、湿疹等症状的出现，严重者会出现休克甚至危及生命安全。根据资料统计，几乎所有的食物都能引起过敏，但是只有很少的人会产生严重的过敏反应。人类在自然环境中发育进化形成的人体免疫系统可能难以或无法适应转基因生成的新型蛋白质而诱发过敏症。这是因为在人类发育成长史上未曾接触过这类影响制作的转基因新蛋白质，于是就可引发过敏症以对抗外来因素的不适应影响。在基因工程中，如果将控制过敏原形成的基因转入新的植物中，则会对过敏人群造成不利的影响。近年来转基因食物引起过敏时有发生，特别是转 *Bt* 基因玉米和 RR 大豆（抗草甘膦转基因大豆）导致过敏症发生的频率增大。例如，美国的种子公司为提高动物饲料的蛋白质含量，曾经把巴西坚果中的 2S 清蛋白基因转入大豆，以使大豆的含硫氨基酸增加，结果使一些对巴西坚果过敏的人对转基因大豆产生了过敏反应，该公司已及时将产品收回。虽然转基因食品带来的过敏性反应案例不多，但也足以提醒我们采取一定措施预防转基因食品的安全性问题。

（三）对抗生素的抵抗作用

抗药性问题由于技术限制，外来基因转化进入生物体的成功率很低，必须有一套检测转基因试验是否成功的方法。为此，在转化靶标基因的同时转入特定抗生素抗性基因作为标记基因，然后将处理过的细胞在培养基中培养，存活下来的细胞就一定含有抗生素抗性基因。标记基因和靶标基因的位置很近，存活的细胞就认为是转基因成功的个体，可继续培养至成熟。因此，抗生素基因标记在商业转基因作物中大量使用。在基因转移与食品安全性的讨论中，最关切的问题是在遗传工程体中引入的基因是否有可能转移到胃肠道的微生物或上皮细胞中，并成功地结合和表达，从而对抗生素产生抗性，影响人或动物的安全。

抗生素是用来治疗各种非常严重疾病的药物，如氨苄青霉素常用于治疗肺炎、支气管炎、白喉等。已有几种转基因作物是用卡那霉素抗性基因作为标记基因，这种基因只要有单一突变也可产生氨基丁卡霉素抗性。而氨基丁卡霉素被认为是人类医药中的"保留"或"急救"抗生素，是国际医药界储备的应急"救危"药物，而现在却被滥用于多种转基因植物中作为标记基因，广泛在环境中释放，在各种动物机体内产生抗性。氨基丁卡霉素还未为世界医药界启用，而转基因植物的滥用抗生素，使得其抗性已广为传布，这是无法接受的风险，因为这对人畜抗病是灾难性的，很可能今后一旦患病却无药可用。

近年来，不少学者声称采用转基因技术可建立动物药库或植物药库，如饮用一杯转基因奶可以治疗某些疾病，吃某种转基因番茄可预防乙肝。如果从转基因技术层面上说这是完全可能实现的，并具有诱惑力，但由此可能引起的不确定性风险是难以预测的。为此，应该执行科学严谨的监管审批制度。转基因生物对生态环境和人体健康的影响可能需要 10 年、20 年甚至 40～50 年才能观察出结果，因此需要谨慎对待。

（四）营养问题

外来基因会以一种人们目前还不甚了解的方式破坏食物中的有益成分。有人认为，人为地改变蛋白质组成的食物，极有可能会因为外源基因的来源、导入位点的不同，而产生基因的缺失、移码等突变，使所表达的蛋白质产物的性状及部位与期望值不符，引起营养失衡，从而降低食品的营养价值。英国伦理与毒性中心的实验报告称，与一般天然大豆相比，在两种耐除锈剂或抗除草剂的转基因大豆中具有防肿瘤功能的异黄酮成分分别减少了 12%和14%。至于这种降低是如何产生的，我们还不得而知。但是食物的营养价值与利用及加工方式密切相关。例如，同样是耐除草剂的转基因大豆，用来榨油和加工成豆制品对人体的影响就各不相同。转基因油菜中的维生素 E、类胡萝卜素、叶绿素等的含量也都发生了不利的变化；与一般的天然大豆相比，转基因大豆中生长激素的含量降低了13%左右。例如，转基因油菜中类胡萝卜素、维生素 E、叶绿素均发生变化；油菜籽中芥子酸胆碱也有变化；转基因玉米中胰岛素抑制剂和肌醇六磷酸（均为破坏营养成分）也有变化。其实外源基因的导入本身就是一种入侵，这种入侵改变了受体生物自身的新陈代谢，并且由于环境条件的变化，有可能导致受体生物自身的基因变异，其产生的后果是难以预料的。

二、转基因产品对人类健康的安全性评价体系

1. 转基因食品特性分析　　对转基因食品本身进行特性分析，有利于判断某种新食品与现有食品是否存在显著差异。内容主要包括以下方面。①供体：包括外源基因供体的来源、学名、分类；与其他物种的关系；作为食品的食用历史；是否含有毒物质及含毒历史；是否存在生理活性物质和抗营养因子；关键性营养成分等。②基因修饰及插入 DNA：主要分析介导载体及基因构成；基因成分描述，包括来源、转移方法；助催化剂活性等。③受体：主要分析与供体相比的表型特征；引入基因表型水平及稳定性；新基因拷贝数；引入基因移动的可能性；插入片段的特征等。

2. 加强转基因食品的检测与安全性评价　　在《现代生物技术安全性评价：概念和原则》的报告中提出了"实质等同性"的概念，即转基因食品及成分是否与目前市场上销售的传统食品具有实质等同性，这是基因工程食品安全性评价最为实际的途径。其概念是，如果某种新食品或食品成分与已经存在的某一食品或成分在实质上相同，那么在安全性方面，前者可以与后者等同处理。实质等同性原则被建议适用于所有转基因生物的安全性评价。此原则是目前国际上公认的安全性评价准则，它将转基因食品分为 3 类：①转基因食品或食品成分与市场销售的传统食品具有实质等同性。②除某些特定的差异外，与传统食品具有实质等同性。③某一食品没有比较的基础，即与传统食品没有实质等同性。转基因食品与传统食品的实质等同性分析包括表型比较、成分比较、插入性状及过敏性分析、标记性状安全性等。我国加入世界贸易组织（WTO）后，国外越来越多的转基因产品涌入我国市

场。因此，国家应进一步完善进口产品的检验和监督管理制度，特别要加强转基因产品的安全性检测，应在 WTO 规则允许的范围内控制未经相关试验的转基因品种及其产品进入国内市场。

3．加强食品安全管理、实行标签制度　虽然严格的安全评估制度被用于转基因食品的审批，但由于转基因食品含有同类天然食品所没有的异体物质，的确有可能引起个别的过敏反应。因此，有必要实行标签标示制度，使消费者了解食品性质。例如，欧洲食品安全管理委员会对转基因食品和饲料进行标识和追踪管理；瑞士联邦政府要求如果食品中转基因物质超过 1%的界限须在商品标签上做出说明；俄罗斯、新西兰、日本等虽没有明令禁止转基因食品上市销售，但现在已要求上市转基因食品应在包装上做出提醒性标记。我国为了加强对农业转基因生物的标识管理，规范转基因生物的销售行为，引导生产和消费，保护消费者的知情权，农业部于 2002 年 1 月 5 日颁布了《农业转基因生物标识管理办法》，对所有进口的农业转基因生物进行标识管理。

4．加强关于转基因食品知识的宣传和引导　食品的"安全"与"危险"只是相对的概念，世上没有绝对安全的食物。例如，长期食用人参、何首乌可能引发高血压，并伴有神经过敏和出现皮疹等。过量服用维生素 C、维生素 E 容易产生胃肠功能紊乱、口角发炎。到目前为止，还没有食用转基因食品造成人体伤害的实际证据。因此，我们应该用理性的眼光看待转基因食品，加强相关科学知识的宣传，进行正确的舆论引导，让公众了解转基因技术和转基因食品，把选择权交到公众手中。

第三节　园艺转基因植物生物安全管理

一、转基因植物生物安全控制措施

为了对转基因植物进行科学、量化的生物安全性评价，首先要对转基因植物各个方面的安全性进行等级划分，再根据各方面的安全等级对转基因作物的安全等级形成综合评价。

1．安全评价的原理　准确评估转基因作物对环境可能造成的危害及产生危害或危险性的概率，是进行转基因安全性评价的主要途径。转基因安全性评价主要是对转基因作物对生态环境或人类健康可能带来的风险进行评价。风险和危险性是有区别的，具有如下关系：风险（%）＝危险性×暴露率。式中，危险性是指转基因植物可能导致的环境安全性问题，暴露率是指产生这些问题的概率，如转基因逃逸的概率等。只有在对危险性及其产生的概率进行有效鉴别和研究的基础上，才能有效地对转基因作物的环境风险进行合理评价。

2．安全等级划分　划分转基因作物安全等级的依据时，需要全面考虑受体植物、目的基因（含报告基因和标记基因）和基因操作方式等系列因素，要对每一个因素进行科学的安全等级划分。农业农村部发布的《农业转基因生物安全评价管理办法》中，对转基因植物安全等级有具体的划分。总体来讲可将转基因生物安全划分为 4 个等级：安全等级Ⅰ，尚不存在危险；安全等级Ⅱ，具有低度危险；安全等级Ⅲ，具有中度危险；安全等级Ⅳ，具有高度危险。这些安全等级的划分要根据各个不同方面的综合指标来划分。

（1）受体植物的 4 个安全等级　受体生物安全等级Ⅰ：对人类健康和生态环境未发生过不利的影响；演化成有害生物的可能性极小；用于特殊研究的短存活期的受体生物，实验结束后在自然环境中存活的可能性极小的受体生物。受体生物安全等级Ⅱ：对人类健康和生态环境可能产生低度危险,但是通过采取安全控制措施能完全避免其危险的受体生物。受体生物安全等级Ⅲ:对人类健康和生态环境可能产生中度危险,但是通过采取安全控制措施,基本上可以避免其危险的受体生物。受体生物安全等级Ⅳ:对人类健康和生态环境可能产生高度危险,而且在封闭设施之外尚无适当的安全控制措施避免其发生危险的受体生物,如可能与其他生物发生高频率遗传物质交换的有害生物;尚无有效技术防止其本身或其产物逃逸、扩散的有害生物;尚无有效技术保证其逃逸后,在对人类健康和生态环境产生不利影响之前,将其捕获或消灭的有害生物。

（2）基因操作对其安全性影响的类型　　根据转入基因的类型和基因操作的方式,将其划分为3种类型。基因操作安全类型Ⅰ:增加受体生物安全性的基因操作,包括去除某个(些)已知具有危险的基因或抑制某个(些)已知具有危险的基因表达的基因操作。基因操作安全类型Ⅱ:不影响受体生物安全性的基因操作,包括改变受体生物的表型或基因型而对人类健康和生态环境没有影响的基因操作,改变受体生物的表型或基因型而对人类健康和生态环境没有不利影响的基因操作。基因操作安全类型Ⅲ:降低受体生物安全性的基因操作,包括改变受体生物的表型或基因型,并可能对人类健康或生态环境产生不利影响的基因操作;改变受体生物的表型或基因型,但不能确定对人类健康或生态环境影响的基因操作。

3. 中国转基因植物的管理办法　　我国是接受生物和基因改良活生物体(living modified organism, LMO)进入的大国,同时也是拥有较强生物技术开发能力,并积极开拓 LMO 输出和输入的国家。我国对基因改良及其产品的安全性管理十分重视,相继出台了有关管理条例和管理办法。1993 年 12 月 24 日,国家科学技术委员会颁布了《基因工程安全管理办法》,1996 年 7 月 10 日农业部颁布了《农业生物基因工程安全管理实施办法》,1998 年 3 月 26 日国家烟草专卖局相应地发布了《烟草基因工程研究及其应用管理办法》,2001 年 5 月 23 日国务院颁布了《农业转基因生物安全管理条例》。为了配合该条例的贯彻实施,加强农业转基因生物安全评价管理,进口安全管理,标识管理,保护人类健康和动植物、微生物安全,保护生态环境,保护消费者的知情权和选择权,2002 年 1 月 15 日农业部同时发布了《农业转基因生物安全评价管理办法》《农业转基因生物进口安全管理办法》《农业转基因生物标识管理办法》。依据这些法规,含有转基因成分的大豆、番茄、棉花、玉米、油菜 5 种农作物及其产品(如大豆油)需标明转基因成分才能加工和销售。考虑到转基因生物有可能存在的危害及公众的疑虑。同时对农业转基因生物进行安全分级管理。另外规定,对安全等级高的转基因生物必须严格控制,如果发现转基因生物对人类、动植物和生态环境存在危险时,农业农村部有权宣布禁止生产、加工和进口,收回农业转基因生物安全证书,货主销毁有关存在危险的转基因生物。在出台的管理办法中,有关部门对转基因生物防范甚严。不仅对产销环节严加监控,甚至要求从事转基因实验和研究的部门也需事先向有关部门申请登记。这些法规的公布对促进我国遗传工程体及产品的健康和安全发展,以及规范管理起到了重要作用。我国将加强转基因生物的安全管理,建立起科学的农业转基因生物安全评价技术规范和监控体系,保护生态环境,保障人类健康。

二、转基因植物生物安全管理体系及实施原则

生物安全管理的总体目标是通过制定政策和法律法规,确立相关的技术准则,建立健全管理机构并完善监测和监督机制,切实加强生物安全的科学技术研究,有效地将生物技术可能产生的风险降到最低限度,以最大限度地保护人类健康和生态环境安全,促进国家经济发

展和社会进步。生物安全管理体制体现国家意志、展示国家形象、关系国家综合国力的增长。我国生物安全管理实施原则如下。

1. 研究开发与安全防范并重的原则　　生物技术在解决人口、健康、环境和能源等诸多社会经济重大问题中将发挥重要作用，并成为 21 世纪的经济支柱产业之一。对此，我们将一方面采取一系列政策措施，积极支持、促进生物技术的研究和产业化发展，另一方面对生物技术安全问题的广泛性、潜在性、复杂性和严重性予以高度重视。同时充分考虑伦理、宗教等诸多社会经济因素，以对全人类和子孙后代长远利益负责的态度开展生物安全管理工作。坚持在保障人体健康和环境安全的前提下，发展生物技术及其相关产业，促进生物技术产品应用到国内外经济发展中。

2. 贯彻预防为主的原则　　不同生物技术产品的受体生物、基因来源、基因操作及商品化生产和商业营销等环节在技术和条件上存在多种差异，要按照生物技术产品的生命周期，在试验研究、中间试验、释放环节、商品化生产，以及加工、储运、使用和废弃物处理等诸多环节上防止其对生态环境的不利影响和对人体健康的潜在隐患。特别是在最初的立项研究和中试阶段一定要严格履行安全性评价和相应的检测工作，做到防患于未然。

3. 有关部门协同合作的原则　　生物技术产品分属于农林、医药卫生和食品等行业。这些产品的研制和生产面向全社会，关系全国人民生活质量的改善和提高，也关系国家高新技术产业的发展。生物安全性管理涉及人体健康和生态环境保护，也涉及出入境管理及国际经贸活动。因此，必须坚持行业部门间的分工与协作，协同一致各司其职。

4. 公正与科学的原则　　生物安全性评价必须以科学为依据，站在公正的立场上予以正确评价，对其操作技术、检测程序、检测方法和检测结果必须以先进的科学水平为准绳。对所有释放的生物技术产品要根据规定进行定期或长期的监测，根据监测数据和结果，确定采取相应的安全管理措施。国家生物安全性评价标准与检测技术不仅在本国应具备科学技术的权威性，而且在国际上也应具有技术的先进性，其科学水平应获得国际社会的认可。由此涉及的国家应大力支持与生物安全有关的科学研究和技术开发工作，对评估程序、实验技术、检测标准、监测方法、监控技术及有关专用设备等的研究应优先支持。对生物安全的科研工作和能力建设应列入有关部门的规划和计划，积极组织实施。

5. 公众参与的原则　　提高社会公众的生物安全意识是开展生物安全工作的重要课题。必须给予广大消费者以知情权，使公众能了解所接触、使用的生物技术产品与传统产品的等同性和差异性，对某些特异新产品应授以消费者使用或不使用的选择权。同时在定位普及科学技术知识的基础上，提高社会公众生物安全的知识水平。通过宣传教育，建立适宜的机制，使公众成为生物安全的重要监督力量。在生物安全的管理上对产品的储运、加工、废弃物处理等方面，要充分考虑社会公众对生物安全的认识差异和实际情况，借鉴国外的经验，实事求是地采取一切行之有效的必要措施，积极保护社会公众的利益，促进生物技术工作在我国迅速健康发展。

6. 个案处理和逐步完善的原则　　基因工程使基因在不同生物个体之间，甚至不同生物种属之间的转移及表达变为可能。但是就当前的科学水平而言，人们还不能精确地控制每种基因在生物有机体中遗传信息的具体交换及其影响。为此，必须针对每种基因产品的特异性，根据科学的程序进行具体分析和评价。在此基础上，有关部门将实事求是地根据基因工程工作进展的时段采取相应的安全措施。这些技术措施，随着科学技术的进步、经验的积累，结合公众舆论和意愿可接受程度，将逐步改进并不断完善。

三、基因编辑植物的安全性评价

1. 基因编辑植物安全性评价方法　　对于基因编辑植物的安全性评价，主要是检测基因编辑产生的编辑方式。由于基因编辑植物是定点地产生突变，包括碱基的缺失、插入和替换，对突变结果的检测目前主要有以下几种方法。

（1）PCR-RE 分析　　这是早期检测基因编辑突变的主要方法之一。该技术的原理是基于在设计靶位点时，在切割位点包含某一种特定的限制性内切酶切割位点，当该位点未发生突变时，通过对目标区段进行 PCR 扩增，该位点可以被特定的限制性内切酶识别并且切割；但是当发生突变之后，基因组序列发生变化，失去了这种限制性内切酶的识别位点，将不能被识别和切割。通过这种方法可以区分基因编辑的位点和未发生编辑的位点。已报道可利用该技术成功检测到水稻中编辑 *OsPDS* 的植株，经 Sanger 测序验证，结果与本方法得到的结果一致。

（2）*T7E* I 分析　　*T7E* I 核酸内切酶识别并切割不完全配对 DNA、发夹结构的 DNA、Holliday 结构或交叉 DNA、异源双链 DNA。该酶切割错配碱基 5′ 端的磷酸二酯键，产生 DNA 双链的断裂。基因编辑后的产物在高温变性之后，进行梯度降温复性时，突变之后的位点会进行不完全互补配对，形成的结构会被 *T7E* I 核酸酶切割，当未发生突变时，则会正常复性，形成正确的配对，该酶不会识别这样的位点，该技术就是通过这种原理来检测。利用该技术检测 CRISPR 造成的拟南芥突变，发现该技术对不同编辑基因的检出率在 12.5%～100.0%。

（3）Surveyor 核酸酶分析　　Surveyor 核酸酶分析技术是 DNA 突变检测的一种有效方法。这种技术的关键为 Surveyor 酶，该酶能准确切割异源的双链 DNA 错配位点。该技术如同 *T7E* I 分析，基本能够检测 PCR 产物内所有类型的碱基替换及插入/缺失。

（4）ACT-PCR 技术　　该技术通过设计基因编辑靶基因位点的特异引物，首先以未突变作物的基因组为模板进行一次梯度 PCR 扩增，筛选出特异引物的临界退火温度，记为可以实现成功扩增的临界温度。再在临界退火温度下对突变体进行 PCR 扩增。由于该特异引物和突变体 DNA 不能严格互补匹配，突变体中目标区段的序列将不能有效扩增。因此该技术只需进行一次常规 PCR 反应，便可以灵敏地检测出成功编辑的突变体，实现高效快速的突变体筛选。

（5）PCR-sequencing 技术　　将突变的目的区段进行 PCR 扩增，直接对 PCR 混合液测序，对测序结果的峰图进行分析，如果峰图单一且和靶序列完全一致，则说明基因组未发生突变，否则，该基因组位点发生突变。该技术是目前主要的突变检测技术。

2. 基因编辑植物潜在风险评价方法　　基因编辑植物的潜在风险，主要是由脱靶效应引起。对基因编辑的脱靶检测，目前主要是进行脱靶位点的预测，通过 PCR 扩增，结合测序验证的方式。利用 CRISPR-P 算法可以设计 CRISPR/Cas9 系统的 sgRNA，同时可以预测出可能的脱靶位点，并且按照评分高低排序，是目前植物领域的一个很方便的 sgRNA 设计和脱靶预测网站。在此基础上进行改进，科学家开发出 CRISPR-P2.0 数据库，该数据库整合了 *Cpf1* 等基因编辑技术，也提供了脱靶位点的预测。除此之外，CRISPR-GE 网站也可以进行靶点设计和载体构建中的引物设计，同时也提供有参考基因组的物种的脱靶位点预测。但该方法仅适用于有参考基因组的物种。

随着近年来高通量测序技术的发展，越来越多的植物基因组序列被解析。对基因组编辑之后的植物进行高通量测序，比对目的区域和受体的基因组序列，可以检测出基因编辑的具体状态和潜在脱靶位点。例如，利用高通量测序的方法检测 *BIN2* 基因的突变和脱靶情况，发现在潜在的 91 个脱靶位点未发现脱靶效应。高通量测序成为检测基因潜在脱靶位点的一种有效方法，但是这种技术的使用受到参考基因组的限制，同时，由于高通量测序的步骤烦琐和费用相比较贵，这种方式还不是主流的方法。

3. 基因编辑作物的监管　美国农业部已经批准几个基因编辑作物品种不受监管，但基因编辑植物要彻底商业化，还受到美国食品药品安全局和环保署的监管，只有当这两个机构通过检测，发现这种作物和传统的育种技术产生的作物可以同等对待时，才会颁布安全证书，并商业化种植。欧盟对基因编辑作物仍处在争论中。我国在转基因监管上采取保守的态度，截至目前，我国没有任何官方机构对基因编辑作物给出具体的监管态度。科学家在 2016 年提出的基因编辑作物的监管框架中指出，基因编辑作物和传统育种技术点突变产生的结果是一致的，不应该以任何理由阻碍该技术的发展，但是在监管方面应该做到以下几点：①基因编辑作物在实验室和大田试验阶段，应该严格管理，避免通过这些途径流向市场。②基因编辑作物研发过程中，如果部分元件以 DNA 载体的形式插入目标作物基因组，必须保证基因组编辑作物中的外源 DNA 完全消除。③对靶位点的 DNA 序列变化信息，应该准确地记录。如果通过同源重组（HR）的方式引入新的外源 DNA 片段，需追踪供体和受体的亲缘关系，分析外源序列与遗传背景是否有新的相互作用的可能。如果通过 HR 引入的外源基因与受体亲缘关系相距甚远，需要采取个案分析的方式。④确保作物中的主要靶点在基因编辑后不会成为二次靶点，并参考其参考基因组信息，利用全基因组重测序技术，对其脱靶效应和安全性进行评价。⑤以上 4 点应该在新品种审定中详细备案基因组编辑的信息。只有在满足以上 5 个条件的基础上，基因组编辑作物产品在进入市场之前才能和常规育种作物同等对待。

基于我国目前的转基因监管相关法规，科学家又提出了 4 点建议：①基因编辑作物属于农业转基因产品，但是无外源 DNA 整合的应该按特殊的农业转基因产品监管；②明确基因编辑作物安全评价的内容，包括分子特征评价、环境释放安全评价和食用安全评价；③建立分子检测新方法；④参考国际上主要的监管法规，完善配套的安全管理法律法规。

四、我国转基因生物安全评价内容与各阶段要求及方法

安全评价主要包括分子特征、遗传稳定性、食用安全、环境安全 4 个方面。①分子特征：是指从基因水平、转录水平和翻译水平，考察外源插入序列的整合与表达情况，主要包括表达载体相关资料、目的基因在宿主基因组中的整合情况和外源插入序列的表达情况，该部分需要对转基因的操作方式和插入片段进行考量。②遗传稳定性：主要考察转基因生物世代之间目的基因整合与表达情况，包括目的基因整合的稳定性、目的基因表达的稳定性、目标性状表现的稳定性，关注插入的外源片段能否稳定遗传，世代间的传递是否稳定。③食用安全：包括转基因生物的新表达物质毒理学、致敏性、营养学、关键成分和全食品安全性评价，生产加工对安全性影响等，此部分更关注于转基因食物与常规食物的差异及食用安全的风险。④环境安全：是评价转基因生物的生存竞争能力、基因漂移的环境影响、功能效率评价等方面的内容，对于转基因植物的监管更关注于有害生物抗性、转基因植物对非靶标生物的影响、对植物生态系统群落结构和有害生物地位演化的影响等。

《农业转基因生物安全评价管理办法》规定，我国的转基因生物安全评价分为 5 个阶段，即试验研究、中间试验、环境释放、生产性试验、安全证书。当在任何一个阶段出现问题时研究都将会被终止。其中，从事Ⅲ、Ⅳ级转基因生物研究的单位在开展研究之前，应向农业

农村部相关主管部门报告。试验研究是指在分子生物学试验场所内展开的非应用性质的基础研究；中间试验是指在可控制的条件或系统中进行的小规模试验；环境释放是指在相对封闭的自然条件下所进行的试验，必须采取相应的安全监管措施；生产性试验是指在应用或者上市之前所开展的试验，规模相较于之前更大，安全监管措施更为严格。

上述的转基因安全评价内容并非需要在监管时一次性完成，应根据转基因安全评价所处的阶段，针对性地完成相对应的安全评价内容。农业农村部在《农业转基因生物（植物、动物、动物用微生物）安全评价指南》中对各生物在不同安全评价阶段所需要完成的评价内容进行统一与完善，如在植物的安全评价中考虑转基因对植物群落的影响及抗性效率等内容。针对不同的生物类型，安全评价目的相同，说法各异。因此，对于动物、植物及微生物的安全评价考核的主要内容相同（均考察分子特征、遗传稳定性、食用安全、环境安全 4 个方面）。

五、加强转基因植物生物安全工作的对策

生物安全问题涉及生物资源保护、劳动保护、环境保护、工农业生产、医药食品、进出口贸易等诸多方面，相关法律法规多，管理部门多，而技术支撑极为薄弱。因此，为加强生物安全管理，应采取以下对策。

1. 树立生物安全法律意识　　2020 年 10 月 17 日第十三届全国人民代表大会常务委员会第二十二次会议通过了《中华人民共和国生物安全法》。这部法律明确了生物安全是国家安全的重要组成部分。树立生物安全法律意识，对于维护生物安全，贯彻总体国家安全观，统筹发展和安全，坚持以人为本、风险预防、分类管理、协同配合的生物安全原则具有重大意义。

2. 加强转基因植物及其产品的安全性评价　　从人类健康角度考虑，主要评价转基因产品对人类有无毒性及对食物链的影响。在考虑危险或危害时，也应考虑其可能带来的巨大经济效益的有利一面。由于对新的转基因食品缺乏了解，也由于转基因生物种类复杂及其生长环境的多样性，因此对其安全性评价应遵循以下 3 条原则：①个案分析原则，找出安全性上最敏感最关键的因素并做综合比较分析；②逐步完善原则，以植物生态遗传和毒性实验为依据，对影响安全性的各种因素和条件进行系统综合分析；③在积累数据和经验的基础上，使监控规律趋向程序化和简约化原则。

3. 建立健全的生物安全监管机制　　我国对生物安全的监管应实行统一监督与部门分工负责相结合、中央监督与地方管理相结合、政府监管与公众监督相结合的原则。国家应建立专门机构，统一协调各有关部门和各级政府的生物安全管理工作。例如，对外来生物的监管，国家应加强检验检疫监测体系和执法队伍建设，提高监督管理水平；对引进物种进行跟踪监测和信息交流，收集国外疫情信息，编制外来有害生物入侵名录，严格控制新物种的引进；引进外来生物必须经过科研部门和专家充分研究、论证和实验后，经政府正式批准，颁发引进许可证方可引进；对引进物种实行分类管理，编制引进物种名录；组织对已引进物种的调查，实行从计划、生产、运输、销售、选种、检疫等全过程监控制度。

4. 建立生物安全防治的相关制度　　例如，建立生物引进风险评价制度，通过风险评价，采取不同的降低风险的管理措施，防止外来有害生物的传入，保证正常品种资源的引进。此外，还需要建立相关制度，例如，转基因产品标签制度、生物技术风险评价制度、生物工程环境影响评价制度、转基因技术及产品越境转移检查制度、生物技术开发许可制度等。

5. 积极开展生物安全事务的国际合作与交流　　我国加入 WTO 后，国内市场同世界市

场接轨，国际经贸交往更加频繁。通过开展积极、广泛、卓有成效的国际合作与交流，不仅可以借鉴国外在评审、监测、评价、监督及技术支撑能力等方面的经验和教训，全面提高我国生物安全管理的水平和效能，并且有助于加强对外宣传，树立我国生物安全管理的良好形象，保障我国生物技术从研究开发到商业化生产及对外经贸工作的顺利开展，同时为全球生物安全管理体系的建立和完善做出贡献。

6. 重视生物安全的信息情报工作 有必要建设好有关信息中心，做到及时高效地将有关生物安全信息进行综合分析和评估判别并实时发布，向广大公众传播有关生物安全的科学信息，提高公众生物安全意识，积极动员社会公众关注和参与，使公众在市场活动中真正拥有知情权和选择权，为生物技术产业的发展创造一个良好的社会和市场环境。

小 结

生物安全问题是人类社会高度发展所引发的新的环境忧患，它是一个系统的概念，即从实验室研究到产业化生产、从技术研发到经济活动、从个人安全到国家安全，都涉及生物安全问题，它又是一个动态的概念，它所涉及的具体内容有一定的时空范围，又随自然界的演进、社会和经济活动的变化及科学技术的发展而变化。生物安全问题的种类主要包括转基因技术引起的生物安全问题和生物入侵导致的生物安全问题。对转基因技术引起的生物安全问题评价包括两个方面：一方面是转基因植物的环境安全性评价；另一方面是转基因食品对人类健康的安全性评价。由于转基因技术开辟了一个新领域，目前的科学技术水平还难以完全准确地预测外源基因在受体生物遗传背景中的全部表现，人们对转基因食品的潜在危险性和安全性还缺乏足够的预见能力。因此，必须采取一系列严格的措施对转基因生物从实验室研究到商品化生产进行全程安全性评价和监控管理，以保障人类和环境的安全。我国生物安全管理实施的原则：①研究开发与安全防范并重的原则；②贯彻预防为主的原则；③有关部门协同合作的原则；④公正与科学的原则；⑤公众参与的原则；⑥个案处理和逐步完善的原则。

思考题

1. 为什么要对基因修饰植物的商业化应用进行安全评价？
2. 转基因植物对环境存在哪些风险？
3. 转基因植物对人体健康存在哪些风险？
4. 基因编辑植物与转基因植物在安全性上的差异是什么？
5. 基因编辑植物如何进行安全性评价？
6. 我国生物安全管理的实施原则与对策是什么？

推荐读物

1. 彭于发，杨晓光. 2020. 转基因安全. 北京：中国农业科学技术出版社
2. 薛达元. 2006. 转基因生物环境影响与安全管理. 北京：中国环境科学出版社
3. 王立铭. 2017. 上帝的手术刀：基因编辑简史. 浙江：浙江人民出版社

参考文献

安建平. 2020. 激素和环境信号调控苹果花青苷生物合成的机理研究. 泰安：山东农业大学博士学位论文

陈候鸣，陈跃，王盾，等. 2016. 核酮糖-1,5-二磷酸羧化酶/加氧酶活化酶在植物抗逆性中的作用. 植物生理学报，52（11）：1637-1648

陈惠. 2014. 基础生物化学. 北京：中国农业出版社

陈劲枫，雷春，钱春桃，等. 2004. 黄瓜多倍体育种中同源四倍体的合成和鉴定. 植物生理学通讯，（2）：149-152

陈劲枫，罗向东，钱春桃，等. 2003. 黄瓜单体异附加系的筛选与观察. 园艺学报，30（6）：725-727

陈圣栋，杨建平，曹德航，等. 2007. 秋水仙碱诱导番茄多倍体的研究. 山东农业科学，（3）：22-24

储成才，司丽珍，陈帅. 2001. 基因表达的三维调控. 中国科学院院刊，（5）：358-360

褚云霞，邓姗，李寿国，等. 2022. 花菜类 SSR 分子标记筛选及其在品种鉴定上的应用. 分子植物育种，20（1）：163-175

杜文琪，谭毅，董冬丽，等. 2021. 高温热处理对鲭鱼异尖线虫基因和蛋白质的影响. 食品与生物技术学报，40（12）：44-51

付晓苹，云少君，赵广华. 2014. 植物铁蛋白的铁氧化沉淀与还原释放机理. 农业生物技术学报，22（2）：239-248

耿艳秋，董肖昌，张春梅. 2021. 园艺作物糖转运蛋白研究进展. 园艺学报，48（4）：676-688

巩振辉. 2009. 园艺植物生物技术. 北京：科学出版社

巩振辉，陈儒钢. 2021. 园艺植物种子学. 北京：科学出版社

巩振辉，申书兴. 2022. 植物组织培养. 北京：化学工业出版社

郭蔼光，范三红. 2018. 基础生物化学. 3 版. 北京：高等教育出版社

郭欢欢，陈钰辉，杨锦坤，等. 2019. 野生茄子原生质体制备及电融合条件研究. 中国蔬菜，（7）：51-55

国际农业生物技术应用服务组织. 2019. 2018 年全球生物技术/转基因作物商业化发展态势. 中国生物工程杂志，39（8）：1-6

韩毅科，杜胜利，张桂华，等. 2006. 利用抗微管除草剂胺磺灵诱导黄瓜四倍体. 华北农学报，21（4）：27-30

何欣蓉，杨阳，张永霞，等. 2021. 拟穴青蟹细丝蛋白 C 的生物信息学分析及重组表达. 集美大学学报（自然科学版），26（1）：14-21

胡春华，邓贵明，孙晓玄，等. 2017. 香蕉 CRISPR/Cas9 基因编辑技术体系的建立. 中国农业科学，50（7）：1294-1301

胡姣. 2010. 油茶 AACT 基因和 FAD6 基因的全长 cDNA 克隆及原核表达. 长沙：中南林业科技大学硕士学位论文

胡陶铸. 2019. 基于 InDel 标记的番茄种质资源的遗传多样性分析. 上海：上海交通大学硕士学位论文

胡玉林，谢江辉，郭启高，等. 2006. 秋水仙素诱导 GCTCV-119 香蕉多倍体. 果树学报，23（3）：462-464

黄其椿，卢东长城，陈东奎，等. 2020. 沃柑 SSR 分子标记筛选及其在品种鉴定上的应用. 江苏农业科学，48（1）：75-79

贾秀峰，李波. 2021. $NaHCO_3+Na_2CO_3$ 复合盐碱胁迫对苜蓿幼苗生理代谢的影响. 黑龙江畜牧兽医，（23）：99-103

靳浩，崔敏. 2021. 白花蛇舌草有效成分 2-羟基-3-甲基蒽醌作用于胆囊癌细胞的蛋白组学分析. 华南国防医学杂志，35（5）：315-322，333

匡全，梁国鲁，郭启高，等. 2004. 秋水仙素诱导牛蒡多倍体. 植物生理学通讯，（2）：157-158

李涵，郑思乡，龙春林. 2005. 齿瓣石斛多倍体的诱导初报. 云南植物研究，（5）：106-110

李继侗，沈同. 1934. 泛酸对酵母及银杏胚在培养基中生长的影响. 清华大学科学报告 B 辑，（2）：53

李娟，程智慧，张国裕. 2004. 马铃薯耐盐突变体的离体筛选. 西北农林科技大学学报，32（8）：43-48

李俊强，林利华，张帆. 2016. 枇杷花药培养愈伤组织诱导研究. 现代农业科技，（10）：64

李敏, 岳晓华, 薛慧清, 等. 2021. 响应面法优化黄芪蛋白水解工艺及其抗氧化活性研究. 食品安全质量检测学报, 12（14）: 5758-5765

李培夫. 2000. 细胞工程技术在作物上育种上的应用新进展. 新疆农垦科学, （3）: 1-4

李旭刚, 朱祯, 冯德江, 等. 2001. DNA甲基化对转基因表达的影响. 科学通报, 48（4）: 322-326

李一琨. 1998. BAC克隆及复杂基因组文库技术. 生物技术, 8（6）: 5

李铮, 刘冰, 周泓, 等. 2021. 海南杜鹃热诱导基因 RhRCA1 启动子的克隆与功能分析. 园艺学报, 48（3）: 566-576

李正红, 孙振元, 彭镇华. 2005. 秋水仙素诱导地锦多倍体研究. 核农学报, 19（6）: 430-435

梁宝萍, 宋佳静, 原玉香, 等. 2015. 大白菜 2 个 DH 系群体遗传多样性分析. 安徽农业科学, 43（27）: 27-28, 57

林春晶, 韦正乙, 蔡勤安, 等. 2008. 几种植物转基因表达载体的构建方法. 生物技术, 18（5）: 84-87

林顺权. 2007. 园艺植物生物技术. 北京: 中国农业出版社

刘好霞, 高启国, 夏永久, 等. 2006. 白魔芋多倍体诱导研究初报. 中国农学通报, 22（11）: 83-85

刘俊峰, 张斌, 李梅, 等. 2015. 利用 DH 群体构建大白菜分子遗传图谱. 华北农学报, 30（2）: 156-160

刘磊, 姚小洪, 黄宏文. 2013. 猕猴桃 EPIC 标记开发及其在猕猴桃属植物系统发育分析中的应用. 园艺学报, 40（6）: 1162-1168

刘庆昌, 吴国良. 2009. 植物细胞培养. 北京: 中国农业大学出版社

刘庆忠, 赵红军, 刘鹏, 等. 2001. 秋水仙素处理离体叶片获得皇家嘎啦苹果四倍体植株. 果树学报, 18（1）: 7-10

刘晓, 王慧媛, 熊燕, 等. 2019. 基因合成与基因组编辑. 中国细胞生物学学报, 41（11）: 2072-2082

刘欣然, 康家伟, 王天星, 等. 2021. 菠萝蜜低聚肽对 db/db 糖尿病小鼠血糖的影响. 科技导报, 39（18）: 94-100

刘学锋, 刘果, 李小梅, 等. 2021. 基于 ISSR 分子标记技术的蓝花楹遗传多样性和亲缘关系分析. 分子植物育种, 19（21）: 7146-7153

刘洋. 2013. 基于 DH 群体的大白菜产量相关性状 QTL 分析. 沈阳: 沈阳农业大学硕士学位论文

刘云涛. 2020. 转 CrSMT 基因棉花的鉴定与表型分析. 南昌: 江西农业大学硕士学位论文

路晶晶. 2020. LC-MS 辅助 NMR 信号归属的蛋白质高级结构表征方法研究. 烟台: 烟台大学博士学位论文

罗贺, 李伟佳, 李贺, 等. 2020. 草莓 FaRGA1 基因沉默改变开花和匍匐茎抽生特性. 园艺学报, 47（12）: 2331-2339

马爱红, 范培格, 孙建设, 等. 2005. 四倍体葡萄诱导技术的研究. 中国农业科学, 38（8）: 1645-1651

马红悦, 李玲, 乌亚汗, 等. 2021. 沙葱萤叶甲核糖体蛋白基因 GdRpS3a 的克隆、分子特性及表达分析. 环境昆虫学报, 43（5）: 1220-1228

孟晶晶. 2020. 种胚贮藏蛋白对玉米种子活力影响的研究. 济南: 山东农业大学硕士学位论文

莫锡君, 桂敏, 瞿素萍, 等. 2005. 大花香石竹多倍体育种研究. 中国农学通报, 21（11）: 262

邱显钦, 王其刚, 蹇洪英, 等. 2017. 月季抗白粉病基因 RhMLO 的亚细胞定位及功能分析. 园艺学报, 44（5）: 933-943

饶泽来. 2020. 在马铃薯中融合表达 GLO-CAT 构建光呼吸支路的研究. 荆州: 长江大学硕士学位论文

舒群芳, 孙勇如, 徐锦堂. 1995. 编码天麻抗真菌蛋白 cDNA 的分子克隆. 植物学报, （9）: 685-690

孙海宏, 王芳, 叶广继. 2018. 马铃薯野生种 Solanum pinnatisectmumgn 与栽培种'下寨65'原生质体融合与培养研究. 江苏农业科学, 46（18）: 21-23

孙楠, 王宇欣, 王平智, 等. 2022. SRAP 和 ISSR 分子标记技术在久星系列韭菜遗传多样性的应用. 分子植物育种, 3: 1-20

孙翔, 程丽军, 刘志文, 等. 2021. 小肽激素调控植物生殖发育的研究进展. 自然杂志, 43（2）: 105-111

孙向东, 刘拥军, 黄保续, 等. 2008. 蛋白质结构预测: 支持向量机的应用. 北京: 科学出版社

孙雅娜, 何子玮, 曹向宇, 等. 2021. 类受体蛋白激酶 PBL28 参与 N-癸酰基高丝氨酸内酯对拟南芥根生长的调控. 植物生理学报, 57（6）: 1271-1280

王蒂. 2004. 植物组织培养. 北京: 中国农业出版社

王焕, 郑日如, 曹声海, 等. 2020. 月季花瓣特异表达启动子的筛选和鉴定. 园艺学报, 47（4）: 686-698

王惠玉, 任海波, 李林, 等. 2019. 不结球白菜开花相关基因 *BcGI* 的克隆、亚细胞定位及基因沉默功能验证. 南京农业大学学报, 42 (4): 648-656

王梦梦, 杨迎霞, 谢添羽, 等. 2021. 利用 InDel 标记鉴定花椰菜 '津品70' 种子真实性与纯度. 分子植物育种, 20 (9): 3002-3010

王娜, 刘孟军, 代丽, 等. 2005. 秋水仙素离体诱导冬枣和酸枣四倍体. 园艺学报, 32 (6): 1008-1012

王晓红, 谭晓风. 2005. 用秋水仙碱诱导非洲菊多倍体的研究. 中南林学院学报, 25 (4): 57-61

王忠. 2008. 植物生理学. 2版. 北京: 中国农业出版社

魏婧, 徐畅, 李可欣, 等. 2020. 超氧化物歧化酶的研究进展与植物抗逆性. 植物生理学报, 56 (12): 2571-2584

魏育国, 蒋菊芳. 2006. 氟乐灵诱导甜瓜四倍体研究初探. 华北农学报, 21 (1): 73-76

文雯, 胡家栋, 郝乾坤, 等. 2021. 浅谈小分子大豆肽的生物活性与制备工艺. 科技风, (3): 183-184

吴殿星, 胡繁荣. 2004. 植物组织培养. 上海: 上海交通大学出版社

肖亚琼, 郑思乡, 赵雁, 等. 2006. 马利筋多倍体诱导研究初报. 云南农业大学学报, 21 (2): 263-266

谢从华, 柳俊. 2004. 植物细胞工程. 北京: 高等教育出版社

谢秋涛, 单杨, 李高阳. 2012. 花生饼粕中活性成分的提取及其综合利用. 食品工业科技, 33 (14): 417-420

邢宇俊, 程智慧. 2006. 培养条件对马铃薯晚疫病菌粗毒素产生的影响. 西北农林科技大学学报, 34 (3): 89-92

熊强, 丁立新, 姜晓燕, 等. 2019. X 射线测定蛋白质结构的技术进展与研究现状. 癌变·畸变·突变, 31 (1): 82-85

徐颢溪, 刘磊. 2020. 蛋白质结构解析技术研究现状与方向. 铜陵学院学报, 19 (5): 107

许建建, 王艳娇, 段玉, 等. 2020. 柑橘脉突病毒基因组全长 cDNA 克隆及其侵染性鉴定. 中国农业科学, 53 (18): 3707-3715

姚文兵, 杨红. 2011. 生物化学. 7版. 北京: 人民卫生出版社

叶志彪, 李汉霞, 刘勋甲, 等. 1999. 利用转基因技术育成耐贮藏番茄: '华番1号'. 中国蔬菜, (1): 6-10

尹林, 申峻丞, 杨立群. 2022. 核磁共振波谱法在蛋白质三维结构解析中的应用. 生物化学与生物物理进展, 49(7): 1273-1290

尹延海, 王敬驹. 1991. 芦笋抗 *S*-(2-氨乙基)-L-半胱氨酸 (AEC) 变异体的筛选. 遗传学报, 18 (1): 33-38

袁录霞. 2012. 基于分子标记和 DNA 条形码的大别山特产柿种质的遗传多样性和系统发育学. 武汉: 华中农业大学博士学位论文

岳俊杰, 冯华, 梁龙. 2010. 蛋白质结构预测实验指南. 北京: 化学工业出版社

张彩霞. 2016. 食盐腌制对肌肉蛋白质磷酸化的影响. 北京: 中国农业科学院硕士学位论文

张贵军, 刘俊, 赵凯龙. 2021. 基于片段组装的蛋白质结构预测方法综述. 数据采集与处理, 36 (4): 629-638

张恒. 2017. 应用生物化学. 南京: 南京大学出版社

张林琳. 2021. 类受体激酶 FERONIA 调控植物耐缺铁的作用机制研究. 杭州: 浙江大学硕士学位论文

张楠楠, 孙晓梅. 2007. 秋水仙碱诱导紫花地丁多倍体. 安徽农业科学, 35 (7): 2012-2013

张琴. 2001. 利用染色体工程培育多倍体西番莲 (*Passiflora edulis*) 的技术研究. 重庆: 西南农业大学硕士学位论文

张数鑫, 谢芝馨, 于元杰, 等. 2005. 秋水仙素组合组织培养技术诱导大葱多倍体的研究. 生物技术, 15 (4): 67-70

张文轩. 2015. 蛋白质结构预测模型优化方法研究. 武汉: 华中科技大学硕士学位论文

张献龙. 2012. 植物生物技术. 2版. 北京: 科学出版社

张小庆, 张萱, 史小峰. 2019. 植物源新食品原料在特殊医学用途配方食品应用研究进展. 现代食品, 20: 76-81

张韵晨, 方旭波, 李莹, 等. 2021. 铁蛋白-AHLL 纳米颗粒的稳定性及肠吸收研究. 江苏农业科学, 49 (20): 194-200

张振超, 张蜀宁, 张伟, 等. 2007. 四倍体不结球白菜的诱导及染色体倍性鉴定. 西北植物学报, 27 (1): 28-32

张志胜, 谢利, 萧爱兴, 等. 2005. 秋水仙素处理兰花原球茎对其生长和诱变效应的影响. 核农学报, 19 (1): 19-23

赵美荣, 李永春, 王玮. 2012. 扩展蛋白与植物抗逆性关系研究进展. 植物生理学报, 48 (7): 637-642

郑福顺, 王晓敏, 李国花, 等. 2021. 基于表型性状的宁夏番茄种质资源核心种质构建. 浙江大学学报 (农业与生命科学

版），47（2）：171-181

郑君强，陈露薇，罗筱玉，等．2005．金柑多倍体诱导初探．亚热带农业研究，（4）：19-22

郑思乡，向仕华，章海龙，等．2005．东方百合 2n 雌配子诱导及三倍体多样性研究．云南农业大学学报，20（3）：309-312

郑云飞，徐维杰，廖飞雄．2018．秋水仙素处理白掌组培苗的效应与多倍体诱导．现代园艺，（17）：16-18

周杰，夏晓剑，胡璋健，等．2021．"十三五"我国设施蔬菜生产和科技进展及其展望．中国蔬菜，（10）：20-34

朱祯．2001．高效抗虫转基因水稻的研究与开发．中国科学院院刊，（5）：353-356

朱祯，李向辉．1991．植物遗传工程研究进展．生物工程进展，（5）：35-43

朱军．2018．遗传学．北京：中国农业出版社

朱圣庚，徐长法．2017．生物化学．4 版．北京：高等教育出版社

朱延明．2009．植物生物技术．北京：中国农业出版社

朱云娜，周晓霞，梁雯雯，等．2020．菜薹 BcAMT1：4 启动子的克隆及活性分析．园艺学报，47（4）：675-685

邹剑锋．2020．中国南瓜种质资源遗传多样性 SSR 和 InDel 标记分析．佛山：佛山科学技术学院硕士学位论文

Abe A, Kosugi S, Yoshida K, et al. 2012. Genome sequencing reveals agronomically important loci in rice using MutMap. Nature Biotechnol, 30(2): 174-178

Adams M D, Kelley J M, Gocayne J D, et al. 1991. Complementary DNA sequencing: expressed sequence tags and human genome project. Science, 252(5013):1651-1656

Ahmad M, Hirz M, Pichler H, et al. 2014. Protein expression in pichia pastoris: recent achievements and perspectives for heterologous protein production. Appl Microbiol Biotechnol, (98): 5301-5317

Alderson T R, Kay L E. 2020. Unveiling invisible protein states with NMR spectroscopy. Current Opinion in Structural Biology, 60: 39-49

Andersson M, Turesson H, Nicolia A, et al. 2017. Efficient targeted multiallelic mutagenesis in tetraploid potato (Solanum tuberosum) by transient CRISPR/Cas9 expression in protoplasts. Plant Cell Rep, 36: 117-128

Anjanappa R B, Gruissem W. 2021.Current progress and challenges in crop genetic transformation. Journal of Plant Physiology, 261: 1-13

Annicchiarico P, Nazzicari N, Ananta A, et al. 2016. Assessment of cultivar distinctness in Alfalfa: a comparison of genotyping-by-sequencing, simple-sequence repeat marker, and morphophysiological observations. Plant Genome, 9: 1-12

Avery O T, Macleod C M, McCarty M. 1944. Studies on the chemical nature of the substance inducing transformation of pneumococcal types: induction of transformation by a desoxyribonucleic acid fraction isolated from pneumococcus type Ⅲ. The Journal of Experimental Medicine, 79(2): 137-158

Bansal S, Srivastava A, Mukherjee G, et al. 2012. Hyperthermophilic asparaginase mutants with enhanced substrate affinity and antineoplastic activity: structural insights on their mechanism of action. FASEB J, 26: 1161-1171

Barnes C, Kanhere A. 2016. Identification of RNA-protein interactions through in vitro RNA pull-down assays. Methods Mol Biol, 1480: 99-113

Barnes W M. 1994. Methods and reagents-tips and tricks for long and accurate pcr-reply. Trends in Biochemical Sciences, 19(8): 342

Baskaran P, Soo's V, Bala'zs E, et al. 2016. Shoot apical meristem injection: a novel and efficient method to obtain transformed cucumber plants. South Afr J Bot, 103: 210-215

Beckwith J R, Signer E R.1966.Transposition of the lac region of Escherichia coli. Ⅰ. Inversion of the lac operon and transduction of lac by phi80. Journal of Molecular Biology, 19(2): 254-265

Beckwith J R. 1967. Regulation of the lac operon. Recent studies on the regulation of lactose metabolism in Escherichia coli support the operon model. Science, 156(3775): 597-604

Bedell V M, Wang Y, Campbell J M, et al. 2012. *In vivo* genome editing using a high-efficiency TALEN system. Nature, 491(7422): 114-133

Benson D A, Cavanaugh M, Clark K, et al. 2018. GenBank. Nucleic Acids Res, 46: 41-47

Bernabé-Orts J M, Casas-Rodrigo I, Minguet E G, et al. 2019. Assessment of *Cas12a*-mediated gene editing efficiency in plants. Plant Biotechnology Journal, 17(10): 1971-1984

Bertani G, Weigle J J. 1953. Host controlled variation in bacterial viruses. Journal of Bacteriology, 65(2): 113-121

Bessler C, Schmitt J, Maurer K H, et al. 2010. Directed evolution of a bacterial α-amylase: toward enhanced pH-performance and higher specific activity. Protein Science, 12: 2141-2149

Bessman M J, Kornberg A, Lehman I R, et al. 1956. Enzymic synthesis of deoxyribonucleic acid. Biochimica et Biophysica Acta, 21(1): 197-198

Beying N, Schmidt C, Pacher M, et al. 2020. CRISPR-Cas9-mediated induction of heritable chromosomal translocations in *Arabidopsis*. Nat Plants, 6(6): 638-645

Bibi N, Fan K, Yuan S, et al. 2013. An efficient and highly reproducible approach for the selection of upland transgenic cotton produced by pollen tube pathway method. Aust J Crop Sci, 7: 1714

Binding H.1974. The isolation, regeneration and fusion of *Phycomyces* protoplasts. Molecular & General Genetics, 135(3): 273-276

Boch J, Scholze H, Schornack S, et al. 2009. Breaking the code of DNA binding specificity of TAL-type III effectors. Science, 326(5959): 1509-1512

Bomhoff G. 1976. Octopine and nopalinesis and break-down is regulated by Ti plasmid. Molecular and General Genetics, 145: 177-178

Bommarius A S, Broering J M, Chaparro-Riggers J F, et al. 2006. High-throughput screening for enhanced protein stability. Curr Opin Biotechnol, 17: 606-610

Borovsky Y, Oren-Shamir M, Ovadia R, et al. 2004. The A locus that controls anthocyanin accumulation in pepper encodes a MYB transcription factor homologous to anthocyanin 2 of petunia. Theor Appl Genet, 109(1): 23-29

Botstein D, White R L, Skolnick M, et al. 1980. Construction of a genetic linkage map in man using restriction fragment length polymorphisms. Am J Hum Genet, 32(3): 314-331

Bouzroud S, Gasparini K, Zsögön A, et al. 2020. Down regulation and loss of auxin response factor 4 function using CRISPR/Cas9 alters plant growth, stomatal function and improves tomato tolerance to salinity and osmotic stress. Genes, 11: 272-297

Bradford M M. 1976. A rapid and sensitive method for the quantitation of microgram quantities of protein utilizing the principle of protein-dye binding. Anal Biochem, 72: 248-254

Brenner S, Jacob F, Meselson M. 1961. An unstable intermediate carrying information from genes to ribosomes for protein synthesis. Nature, 190: 576-581

Brock T D, Freeze H. 1969. *Thermus aquaticus* gen.n.and sp.n., a nonsporulating extreme thermophile. Journal of Bacteriology, 98(1): 289-297

Brodelius P, Deus B, Mosbach K, et al. 1979. Immobilized plant cells for the production and transformation of natural products. FEBS Letters, 103(1): 93-97

Brooks C, Nekrasov V, Lippman Z B, et al. 2014. Efficient gene editing in tomato in the first generation using the clustered regularly interspaced short palindromic repeats/CRISPR associated 9 system. Plant Physiol, 166: 1292-1297

Cabezas J A, Ibáñez J, Lijavetzky D, et al. 2011. 48 SNP set for grapevine cultivar identification. BMC Plant Biol, 11: 153

Cantelli G, Bateman A, Brooksbank C, et al. 2022. The European bioinformatics institute (EMBL-EBI) in 2021. Nucleic Acids Res, 50: 11-19

Carlson P S. 1972. Parasexual interspecific plant hybridization. Proc Natl Acad Sci USA, 69(8): 2292-2294

Carlson P S. 1970. Induction and isolation of auxotrophic mutants in somatic cell cultures of *Nicotiana tabacum*. Science, 168(3930): 487-489

Čermák T, Baltes N J, Čegan R, et al. 2015. High-frequency, precise modification of the tomato genome. Genome Biology, 16: 232

Cermak T, Curtin S J, Gil-Humanes J, et al. 2017. A multipurpose toolkit to enable advanced genome engineering in plants. Plant Cell, 29: 1196-1217

Chamberlin M, Berg P. 1962. Deoxyribo ucleic acid-directed synthesis of ribonucleic acid by an enzyme from *Escherichia coli*. Proc Natl Acad Sci USA, 48: 81-94

Chan M T, Chang H H, Ho S L, et al. 1993. Agrobacterium-mediated production of transgenic rice plants expressing a chimeric alpha-amylase promoter beta-glucuronidase gene. Plant Molecular Biology, 22(3): 491-506

Chandrasekaran J, Brumin M, Wolf D, et al. 2016. Development of broad virus resistance in non-transgenic cucumber using CRISPR/Cas9 technology. Mol Plant Pathol, 17(7): 1140-1153

Charrier A, Vergne E, Dousset N, et al. 2019. Efficient targeted mutagenesis in apple and first-time edition of pear using the CRISPR-Cas9 system. Front Plant Sci, 10: 40

Chaubet-Gigot N, Kapros T, Flenet M, et al. 2001. Tissue-dependent enhancement of transgene expression by introns of replacement histone H3 genes of *Arabidopsis*. Plant Molecular Biology, 45: 17-30

Chen H X, Wang T P, He X N, et al. 2022. BRAD V3.0: an upgraded Brassicaceae database. Nucleic Acids Res, 50: 1432-1441

Chen H, Zeng X, Yang J, et al. 2021.Whole-genome resequencing of *Osmanthus fragrans* provides insights into flower color evolution. Hortic Res, 8(1): 98

Chen Y, Kim P, Kong L, et al. 2022. A dual-function transcription factor *SlJAF13* promotes anthocyanin biosynthesis in tomato. J Exp Bot, 209: 20-24

Cheng M, Mishutkina Y V, Timoshenko A A. et al. 1997. Genetic transformation of wheat mediated by *Agrobacterium tumefaciens*. Plant Physiol, 115(3): 971-980

Cheng Q, Wang P, Liu J, et al. 2018. Identification of candidate genes underlying genic male-sterile msc-1 locus via genome resequencing in *Capsicum annuum* L. Theor Appl Genet, 131: 1861-1872

Chiu L W, Zhou X, Burke S, et al. 2010. The purple cauliflower arises from activation of a MYB transcription factor. Plant Physiol, 154: 1470-1480

Christian M, Cermak T, Doyle E L, et al. 2010. Targeting DNA double-strand breaks with TAL effector nucleases. Genetics, 186(2): 757-761

Chronopoulou E G, Papageorgiou A C, Ataya F, et al. 2018. Expanding the plant GSTome through directed evolution: DNA shuffling for the generation of new synthetic enzymes with engineered catalytic and binding properties. Front Plant Sci, 9: 1737

Chu B H, Sun J, Dang H, et al. 2021. Apple SUMO E3 ligase MdSIZ1 negatively regulates drought tolerance. Front Agr Sci Eng, 8(2): 247-261

Clarke L, Carbon J. 1975. Biochemical construction and selection of hybrid plasmids containing specific segments of the *Escherichia coli* genome. Proc Natl Acad Sci USA, 72(11): 4361-4365

Clasen B M, Stoddard T J, Luo S, et al. 2015. Improving cold storage and processing traits in potato through targeted gene knockout. Plant Biotechnol J, 14(1): 169-176

CNCB-NGDC Members and Partners. 2022. Database resources of the national genomics data center, China National Center for Bioinformation in 2022. Nucleic Acids Res, 50: 27-38

Cocking E C.1960. Enzymatic degradation of cell wall for protoplast formation. Nature, 187: 927-929

Cohen S N, Chang A C Y, Hsu L. 1972. Nonchromosomal antibiotic resistance in bacteria: genetic transformation of *E. coli* by R-factor DNA. Proc Natl Acad Sci USA, 69: 2110-2114

Colleaux L, D'Auriol L, Galibert F, et al. 1988. Recognition and cleavage site of the intron-encoded omega transposase. Proc Natl Acad Sci USA, 85(16): 6022-6026

Collin H A, Edwaads S. 1998. Plant Cell Culture. Oxford : BIOS Scientific Publishers

Collins J, Hohn B. 1978. Cosmids: a type of plasmid gene-cloning vector that is packageable *in vitro* in bacteriophage lambda heads. Proc Natl Acad Sci USA, 75(9): 4242-4246

Corey J W. 2014. Rational protein design: developing next-generation biological therapeutics and nanobiotechnological tools. Wiley Interdisciplinary Reviews: Nanomedicine and Nanobiotechnology, 7(3): 330-341

Crameri A, Raillard S A, Bermudez E, et al. 1998. DNA shuffling of a family of genes from diverse species accelerates directed evolution. Nature, 391: 288-291

Crick F H, Barnett L, Brenner S, et al. 1961. General nature of the genetic code for proteins. Nature, 192: 1227-1232

Crick F H, Griffith J S, Orgel L E. 1957. Codes without commas. Proc Natl Acad Sci USA, 43(5): 416-421

Cunningham F J, Goh N S, Demirer G S, et al. 2018. Nanoparticlemediated delivery towards advancing plant genetic engineering. Trends Biotechnol, 36: 882-897

Danilo B, Perrot L, Mara K, et al. 2019. Efficient and transgene-free gene targeting using agrobacterium-mediated delivery of the CRISPR/Cas9 system in tomato. Plant Cell Reports, 38(4): 459-462

Das A, Datta S, Thakur S, et al. 2017. Expression of a chimeric gene encoding insecticidal crystal protein Cry1Aabc of *Bacillus thuringiensis* in chickpea (*Cicer arietinum* L.) confers resistance to gram pod borer (*Helicoverpa armigera* Hubner.). Front Plant Sci, 8: 1423

Davey M R, Cocking E C, Freeman J, et al. 1980. Transformation of petunia protoplasts by isolated *Agrobacterium* plasmids. Plant Science Letters, 18(3): 307-313

de Mesa MC, Jiménez-Bermúdez S, Pliego-Alfaro F, et al. 2000. *Agrobacterium* cells as microprojectile coating: a novel approach to enhance stable transformation rates in strawberry. Funct Plant Biol, 27: 1093-1100

Demirer G S, Zhang H, Matos J L, et al. 2019. High aspect ratio nanomaterials enable delivery of functional genetic material without DNA integration in mature plants. Nat Nanotechnol, 14: 456-464

Deng L, Wang H, Sun C, et al. 2018. Efficient generation of pink-fruited tomatoes using CRISPR/Cas9 system. Journal of Genetics and Genomics, 45(1): 51-54

Domínguez M, Dugas E, Benchouaia M, et al. 2020.The impact of transposable elements on tomato diversity. Nat Commun, 11(1): 4058

Dommes A B, Gross T, Herbert D B, et al. 2019. Virus-induced gene silencing: empowering genetics in non-model organisms. J Exp Bot, 70(3): 757-770

Dou J, Lu X, Ali A, et al. 2018. Genetic mapping reveals a marker for yellow skin in watermelon (*Citrullus lanatus* L.). Plos One, 13: e0200617

Drmanac R, Sparks A B, Callow M J, et al. 2010. Human genome sequencing using unchained base reads on self-assembling DNA nanoarrays. Science, 327: 78-81

Du C, Chai L, Liu C, et al. 2022. Improved *Agrobacterium tumefaciens*-mediated transformation using antibiotics and acetosyringone selection in cucumber. Plant Biotechnology Reports, 16: 17-27

Dubey H, Rawal H C, Rohilla M, et al. 2020. TeaMiD: a comprehensive database of simple sequence repeat markers of tea. Database J. Biol. Databases Curation , 13: 25-28

Duvaud S, Gabella C, Lisacek F, et al. 2021. Expasy, the Swiss bioinformatics resource portal, as designed by its users. Nucleic

Acids Res, 49: 216-227

Edwards D, Forster J W, Chagné D, et al. 2007. What are SNPs//Oraguzie N. Association Mapping in Plants. New York: Springer

Eid J, Fehr A, Gray J, et al. 2009. Real-time DNA sequencing from single polymerase molecules. Science, 323: 133-138

Elizabeth E H, Derrick R W, Sheila M, et al. 1997. Commercial production of avidin from transgenic maize: characterization of transformation, production, processing, extraction and purification. Mol Breed, 3: 291-306

Enciso-Rodriguez F, Manrique-Carpintero N C, Nadakuduti S S, et al. 2019. Overcoming self-incompatibility in diploid potato using CRISPR-Cas9. Front in Plant Sci, 10: 376

Fedoroff N V, Furtek D B, Nelson O E. 1984. Cloning of the bronze locus in maize by a simple and generalizable procedure using the transposable controlling element activator (Ac). Proc Natl Acad Sci USA, 81(12): 3825-3829

Fedosejevs E T, Liu L N C, Abergel M, et al. 2017. Coimmunoprecipitation of reversibly glycosylated polypeptide with sucrose synthase from developing castor oilseeds. FEBS Lett, 591: 3872-3880

Fekih R, Takagi H, Tamiru M, et al. 2013. MutMap$^+$: genetic mapping and mutant identification without crossing in rice. Plos One, 8(7): e68529

Fernandez-Pozo N, Menda N, Edwards J D, et al. 2015. The Sol Genomics Network (SGN): from genotype to phenotype to breeding. Nucleic Acids Res, 43: 1036-1041

Finnegan J, McElroy D. 1994. Transgene inactivation: plants fight back. Biotechnology, 12: 883-888

Fukuda A, Kodama Y, Mashima J, et al. 2021. DDBJ update: streamlining submission and access of human data. Nucleic Acids Res, 49: 71-75

Furuya T, Kojima H, Syono K, et al. 1973. Isolation of saponins and sapogenins from callus tissue of *Panax ginseng*. Chemical & Pharmaceutical Bulletin, 21(1): 98-101

Gao C. 2021. Genome engineering for crop improvement and future agriculture. Cell, 184(6): 1621-1635

Gao L, Gonda I, Sun H H, et al. 2019. The tomato pan-genome uncovers new genes and a rare allele regulating fruit flavor. Nature Genetics, 51: 1044-1051

Gao M, Hu L, Li Y, et al. 2016. The chlorophyll-deficient golden leaf mutation in cucumber is due to a single nucleotide substitution in CsChl I for magnesium chelatase I subunit. Theor Appl Gene, 129(10): 1961-1973

Gautheret R J. 1939. Successful continuously growing cambial cultures of carrot and tobacco. Comptes Rendus de l"Académie des Sciences (Paris), 208: 118-120

Gautheret R J. 1942. Observation of secondary metabolites in plant callus cultures. Bulletin de la Société de Chimie Biologique, 41: 13

Gautheret R J. 1985. In Cell culture and Somatic Cell Genetics of Plants. London: Academic Press

Gengenbach B G, Green C E. 1975. Positive selection of maize callus culture resistant to *Gelinthosporium maydis*. Crop Science, 15: 645-649

Gentzel I N, Ohlson E W, Redinbaugh M G, et al. 2022. VIGE: virus-induced genome editing for improving abiotic and biotic stress traits in plants. Stress Biology, 2: 2

Gomez M A, Lin Z D, Moll T, et al. 2019. Simultaneous CRISPR/Cas9-mediated editing of cassava EIF4E isoforms NCBP-1 and NCBP-2 reduces cassava brown streak disease symptom severity and incidence. Plant Biotechnol J, 17(2): 421-434

González M N, Alejandra M G, Andersson M, et al. 2020. Reduced enzymatic browning in potato tubers by specific editing of a polyphenol oxidase gene via ribonucleoprotein complexes delivery of the CRISPR/Cas9 system. Front Plant Sci, 10: 1649

González M N, Alejandra M G, Andersson M, et al. 2021. Comparative potato genome editing: *Agrobacterium tumefaciens*-mediated transformation and protoplasts transfection delivery of CRISPR/Cas9 components directed to StPPO2 gene. Plant Cell Tissue Organ Cult, 145: 291-305

Gould J, Devey M, Hasegawa O, et al. 1991. Transformation of *Zea mays* L. using *Agrobacterium tumefaciens* and the Shoot Apex. Plant Physiol, 95(2): 426-434

Greisman H A, Pabo C O. 1997. A general strategy for selecting high-affinity zinc finger proteins for diverse DNA target sites. Science, 275(5300): 657-661

Griswold K E, Kawarasaki Y, Ghoneim N, et al. 2005. Evolution of highly active enzymes by homology-independent recombination. Proc Natl Acad Sci USA, 102: 10082-10087

Grodzicker T, Williams J, Sharp P. 1974. Physical mapping of temperature sensitive mutations of adenovirus. Cold Spring Harbor Symp Quant Biol, 34: 439-446

Grunberg-Manago M, Oritz P J, Ochoa S. 1955. Enzymatic synthesis of nucleic acidlike polynucleotides. Science, 122(3176): 907-910

Grunstein M, Hogness D S. 1975. Colony hybridization: a method for the isolation of cloned DNAs that contain a specific gene. Proc Natl Acad Sci USA, 72(10): 3961-3965

Guha S, Maheshwari S C. 1964. *In vitro* production of embryos from anthers in *Datura*. Nature, 204: 497

Guo C L, Yang X Q, Wang Y L, et al. 2018. Identification and mapping ofts (tender spines), a gene involved in soft spine development in *Cucumis sativus*. Theor Appl Genet, 131(1): 1-12

Guo G, Wang S, Liu J, et al. 2017. Rapid identification of QTLs underlying resistance to Cucumber mosaic virus in pepper (*Capsicum frutescens*). Theor Appl Genet, 130: 41-52

Guo H, Liu J, Ben Q, et al. 2016. The aspirin-induced long non-coding RNA OLA1P2 blocks phosphorylated STAT3 homodimer formation. Genome Biol, 17: 24

Guo J, Xu W B, Hu Y, et al. 2020. Phylotranscriptomics in Cucurbitaceae reveal multiple whole-genome duplications and key morphological and molecular innovations. Molecular Plant, 13: 1117-1133

Guo S G, Zhao S J, Sun H H, et al. 2019. Resequencing of 414 cultivated and wild watermelon accessions identifies selection for fruit quality traits. Nature Genetics, 51: 1616-1623

Haberlandt S. 1902. First but unsuccessful attempt of tissue culture using monocots. Sitzungsber Akad. Wiss. Wien, Math-Naturwiss. KI, 111: 69-92

Haider M S, Kurjogi M M, Khalil-Ur-Rehman M, et al. 2017. Grapevine immune signaling network in response to drought stress as revealed by transcriptomic analysis. Plant Physiol Biochem, 121: 187-195

Hain R, Stabel P, Czernilofsky A P, et al. 1985. Uptake, integration, expression and genetic transmission of a selectable chimaeric gene by plant protoplasts. Molecular and General Genetics, 199: 161-168

Hamada H, Kakunaga T. 1982. Potential Z-DNA forming sequences are highly dispersed in the human genome. Nature, 298(5872): 396-398

Hamada H, Petrino M G, Kakunaga T A. 1982. Novel repeated element with Z-DNA-forming potential is widely found in evolutionarily diverse eukaryotic genomes. Proc Natl Acad Sci USA, 79(21): 6465-6469

Han K, Lee H Y, Ro N Y, et al. 2018. QTL mapping and GWAS reveal candidate genes controlling capsaicinoid content in *Capsicum*. Plant Biotechnol J, 16(9): 1546-1558

Harris T D, Buzby P R, Babcock H, et al. 2008. Single-molecule DNA sequencing of a viral genome. Science, 5872: 106-109

Hazra A, Kumar R, Sengupta C, et al. 2021. Genome-wide SNP discovery from Darjeeling tea cultivars - their functional impacts and application toward population structure and trait associations. Genomics, 113(1): 66-78

Hiei Y, Ohta S, Komari T, et al. 1994. Efficient transformation of rice (*Oryza sativa* L.) mediated by *Agrobacterium* and sequence-analysis of the boundaries of the tDNA. Plant J, 6(2): 271-282

Horsch R B, Fry J E, Hoffmann N L, et al. 1985. A simple and general method for transferring genes into plants. Science, 227(4691): 1229-1231

Hou S, Niu H, Tao Q, et al. 2017. A mutant in the *CsDET2* gene leads to a systemic brassinosteriod deficiency and super compact phenotype in cucumber (*Cucumis sativus* L.). Theor Appl Genet, 130(8): 1693-1703

Hsu S M, Raine L, Fanger H. 1981. Use of avidin-biotin-peroxidase complex (ABC) in immunoperoxidase techniques: a comparison between ABC and unlabeled antibody (PAP) procedures. J Histochem Cytochem, 29: 577-580

Hu D, Bent A F, Hou X, et al. 2019. *Agrobacterium*-mediated vacuum infiltration and floral dip transformation of rapid-cycling *Brassica rapa*. Plant Biology, 19: 246

Hu G B, Feng J T, Xiang X, et al. 2022. Two divergent haplotypes from a highly heterozygous lychee genome suggest independent domestication events for early and late-maturing cultivars. Nature Genetics, 54: 73-83

Hu J, Israeli A, Ori N, et al. 2018. The interaction between DELLA and ARF/IAA mediates crosstalk between gibberellin and auxin signaling to control fruit initiation in tomato. Plant Cell, 30(8): 1710-1728

Hu J, Vick B A. 2003. Target region amplification polymorphism: a novel marker technique for plant genotyping. Plant Molecular Biology Reporter, 21: 289-294

Huang S, Gao Y, Xue M, et al. 2022. *BrKAO2* mutations disrupt leafy head formation in Chinese cabbage (*Brassica rapa* L. ssp. *pekinensis*). Theor Appl Genet, 135: 2453-2468

Huang X H, Huang S W, Han B, et al. 2022. The integrated genomics of crop domestication and breeding. Cell, 185: 2828-2839

Ishida Y, Saito H, Ohta S, et al. 1996. High efficiency transformation of maize (*Zea mays* L.) mediated by *Agrobacterium tumefaciens*. Nature Biotechnology, 14(6):745-750

Jacob F, Monod J. 1961. Genetic regulatory mechanisms in the synthesis of proteins. Journal of Molecular Biology, 3: 318-356

Jain M, Olsen H E, Paten B, et al. 2016. The Oxford Nanopore MinION: delivery of nanopore sequencing to the genomics community. Genome Biology, 17: 239

Ji F S, Tang L, Li Y Y, et al. 2019. Differential proteomic analysis reveals the mechanism of *Musa paradisiaca* responding to salt stress. Molecular Biology Reports, 46: 1057-1068

Ji X L, Li H L, Qiao Z W, et al. 2020. The BTB-TAZ protein MdBT2 negatively regulates the drought stress response by interacting with the transcription factor MdNAC143 in apple. Plant Sci, 301: 110689

Jia H R, Jia H F, Lu S W, et al. 2022. DNA and histone methylation regulates different types of fruit ripening by transcriptome and proteome analyses. Journal of Agricultural and Food Chemistry, 70: 3541-3556

Jia H, Wang N. 2014. Targeted genome editing of sweet orange using Cas9/sgrna. PLOS One, 9(4): e93806

Jia H, Zhang Y, Orbović V, et al. 2017. Genome editing of the disease susceptibility gene *cslob1* in citrus confers resistance to citrus canker. Plant Biotechnol J, 15(7): 817-823

Jian W, Cao H, Yuan S, et al. 2019. *SlMYB75*, an MYB-type transcription factor, promotes anthocyanin accumulation and enhances volatile aroma production in tomato fruits. Hortic Res, 6: 22

Jiang X H, Zhang W Y, Fernie A R, et al. 2022. Combining novel technologies with interdisciplinary basic research to enhance horticultural crops. Plant Journal, 109: 35-46

Jinek M, Chylinski K, Fonfara I, et al. 2012. A programmable dual-RNA-guided DNA endonuclease in adaptive bacterial immunity. Science, 337(6096): 816-821

Jones L E, Hildebrandt A C, Riker A J .1960. Growth of somatic tobacco cells in microculture. Am J Bot, 47: 468-475

Jung S, Ficklin S P, Lee T, et al. 2014. The Genome Database for Rosaceae (GDR): year 10 update. Nucleic Acids Res, 42: 1237-1244

Kanehisa M, Furumichi M, Tanabe M. 2017. KEGG: new perspectives on genomes, pathways, diseases and drugs. Nucleic Acids Res, 45: 353-361

Kao K N, Michayluk M R. 1975. Nutritional requirements for growth of *Vicia hajastana* cells and protoplasts at a very low population density in liquid media. Planta, 126(2): 105-110

Kao K N, Michayluk M R. 1974. A method for high-frequency intergeneric fusion of plant protoplasts. Planta, 115(4): 355-367

Karns P H. 2014. Microfluidic electrophoretic mobility shift assays for quantitative biochemical analysis. Electrophoresis: The Official Journal of the International Electrophoresis Society, 35: 2078-2090

Kasha K J, Kao K N. 1970. High frequency haploid production in barley (*Hordeum vulgare* L.). Nature, 225(5235): 874-876

Kaya-Okur H S, Wu S J, Codomo C A, et al. 2019. CUT&Tag for efficient epigenomic profiling of small samples and single cells. Nat Commun, 10: 1930

Keller W A, Melchers G. 1973. The effect of high pH and calcium on tobacco leaf protoplast fusion. Zeitschrift fur Naturforschung, 28(11): 737-741

Kendrew J C, Dickerson R E, Strandberg B E, et al. 1960. Structure of myoglobin: a three-dimensional fourier synthesis at resolution. Nature, 185(4711): 422-427

Khoury G, Byrne J C, Martin M A. 1972. Patterns of simian virus 40 DNA transcription after acute infection of permissive and nonpermissive cells. Proc Natl Acad Sci USA, 69(7): 1925-1928

Kieu N P, Lenman M, Wang E S, et al. 2021. Mutations introduced in susceptibility genes through CRISPR/Cas9 Genome editing confer increased late blight resistance in potatoes. Sci Rep, 11(1): 4487

Kim T W, Lee S J, Jo J, et al. 2020. Protein folding from heteroge-neous unfolded state revealed by time-resolved X-ray solution scattering. Proc Natl Acad Sci USA, 26: 14996-15005

Kim Y G, Cha J, Chandrasegaran S. 1996. Hybrid restriction enzymes: zinc finger fusions to *Fok* I cleavage domain. Proc Natl Acad Sci USA, 93(3): 1156-1160

Klap C, Yeshayahou E, Bolger A M, et al. 2017. Tomato facultative parthenocarpy results from slagamous-like 6 loss of function. Plant Biotech J, 15(5): 634-647

Klein T M, Wolf E D, Wu R, et al. 1987. High-velocity microprojectiles for delivering nucleic acids into living cells. Nature, 327: 70-73

Knudson L. 1922. Asymbiotic germination of orchid seeds. Bot. Gaz, 73: 1-25

Kondo H, Emori Y, Abe K, et al. 1989. Cloning and sequence analysis of the genomic DNA fragment encoding oryzacystatin. Gene, 81(2): 259-265

Konermann S, Lotfy P, Brideau D, et al. 2018. transcriptome engineering with RNA-targeting type Ⅵ-D CRISPR effectors. Cell, 173: 665-676

Konieczny A, Ausubel F M A. 1993. Procedure for mapping *Arabidopsis* mutations using co-dominant ecotype-specific PCR-based markers. Plant J, 4(2): 403-410

Krens F A, Molendijk L, Wullems G J, et al. 1982. *In vitro* transformation of plant protoplasmid DNA. Nature, 296: 72-74

Kutney J P. 1995. In Current Issues in Plant Molecular and Cellular Biology. Dordrecht: Kluwer Pcademic Publishers

Laibach F Z. 1925. Embryo culture for interspecific crosses in *Linum* spp.. Botany, 17: 417-459

Lametsch R, Larsen M R, Essén-Gustavsson B, et al. 2011. Postmortem changes in pork muscle protein phosphorylation in relation to the RN genotype. J Agric Food Chem, 59: 11608-11615

Lander E S. 1996. The new genomics: global views of biology. Science, 274: 536-539

Langaee T, Ronaghi M. 2005. Genetic variation analyses by pyrosequencing. Mutation Research/Fundamental and Molecular

Mechanisms of Mutagenesis, 573(1-2): 96-102

Laura H, Mikayla T, Bent A F, et al. 2016. Directed evolution of FLS2 towards novel flagellin peptide recognition. Plos One, 11: e0157155

Lederberg J, Tatum E L. 1946. Gene recombination in *Escherichia coli*. Nature, 158(4016): 558

Lee M H, Lee J, Choi S A, et al. 2020. Efficient genome editing using CRISPR-Cas9 RNP delivery into cabbage protoplasts via electro-transfection. Plant Biotechnol Rep, 14: 695-702

Lei X G, Wang Y, Zhou Y H, et al. 2021. TeaPGDB: tea plant genome database. Beverage Plant Research, 1: 1-12

Lemmon Z H, Reem N T, Soyk S, et al. 2018. Rapid improvement of domestication traits in an orphan crop by genome editing. Nat Plant, 4(10):766-770

Lenka S K, Muthusamy S K, Chinnusamy V, et al. 2018. Ectopic expression of rice PYL3 enhances cold and drought tolerance in *Arabidopsis thaliana*. Mol Biotechnol, 60: 350-361

Li B, Zhao Y, Zhu Q, et al. 2017. Mapping of powdery mildew resistance genes in melon (*Cucumis melo* L.) by bulked segregant analysis. Sci Hortic, 220: 160-167

Li C, Dong S, Beckles D M, et al. 2022. The *qLTG1.1* candidate gene *CsGAI* regulates low temperature seed germination in cucumber. Theor Appl Genet, 135: 2593-2607

Li G, Quiros C F. 2001. Sequence-related amplified polymorphism (SRAP): a new marker system based on a simple PCR reaction: its application to mapping and gene tagging in *Brassica*. Theor Appl Genet, 103: 455-461

Li H T, Luo Y, Gan L, et al. 2021. Plastid phylogenomic insights into relationships of all flowering plant families. BMC Biology, 19: 232

Li J, Scarano A, Nestor G M, et al. 2022. Biofortified tomatoes provide a new route to vitamin D sufficiency. Nat Plants, 8: 611-616

Li R, Li R, Li X, et al. 2018. Multiplexed CRISPR/Cas9-Mediated metabolic engineering of γ-aminobutyric acid levels in *Solanum lycopersicum*. Plant Biotechnol J, 16(2): 415-427

Li S, Wang Z, Zhou Y, et al. 2018. Expression of cry2Ah1 and two domain Ⅱ mutants in transgenic tobacco confers high resistance to susceptible and Cry1Ac-resistant cotton bollworm. Sci Rep, 8: 508

Li X, Wang Y, Chen S, et al. 2018. Lycopene is enriched in tomato fruit by CRISPR/Cas9-mediated multiplex genome editing. Front Plant Sci, 9: 559

Liang D, Chen M, Qi X, et al. 2016. QTL mapping by SLAF-seq and expression analysis of candidate genes for aphid resistance in cucumber. Front Plant Sci, 7: 1000

Lim S, Nam M, Kim K, et al. 2016. Development of a new vector using Soybean yellow common mosaic virus for gene function study or heterologous protein expression in soybeans. Journal of Virological Methods, 228: 1-9

Liu G, Zhao T, You X, et al. 2019. Molecular mapping of the Cf-10 gene by combining SNP/InDel-index and linkage analysis in tomato (*Solanum lycopersicum*). BMC Plant Biol, 19: 15

Liu L, Sun T, Liu X, et al. 2019. Genetic analysis and mapping of a striped rind gene (st3) in melon (*Cucumis melo* L.). Euphytica, 215: 20

Liu L, Zhang J, Xu J, et al. 2020. CRISPR/Cas9 Targeted mutagenesis of sllbd40, a lateral organ boundaries domain transcription factor, enhances drought tolerance in tomato. Plant Sci, 301: 110683

Liu P N, Miao H, Lu H W, et al. 2017. Molecular mapping and candidate gene analysis for resistance to powdery mildew in *Cucumis sativus* stem. Genet Mol Res, 31: 16

Liu S, Gao P, Zhu Q L, et al. 2020. Resequencing of 297 melon accessions reveals the genomic history of improvement and loci related to fruit traits in melon. Plant Biotechnol J, 18: 2545-2558

Liu T, Yuan L, Deng S, et al. 2021. Improved the activity of phosphite dehydrogenase and its application in plant biotechnology.

Front Bioeng Biotechnol, 9: 764188

Liu X, Hao N, Li H, et al. 2019. PINOID is required for lateral organ morphogenesis and ovule development in cucumber. J Exp Bot, 70(20): 5715-5730

Liu X, Salokas K, Tamene F, et al. 2018. An AP-MS- and BioID-compatible MAC-tag enables comprehensive mapping of protein interactions and subcellular localizations. Nat Commun, 9: 1188

Lo K H. 1997. Factors affecting shoot organogenesis in leaf disc culture of African violet. Sci Hortic, 72: 49-57

Lowry O H, Rosebrough N J, Farr A L, et al. 1951. Protein measurement with the Folin phenol reagent. J Biol Chem, 193: 265-275

Lu Y, Xu Q, Liu Y, et al. 2018. Dynamics and functional interplay of histone lysine butyrylation, crotonylation, and acetylation in rice under starvation and submergence. Genome Biol, 19: 144

Ma L L, Wang Q, Zheng Y Y, et al. 2022. Cucurbitaceae genome evolution, gene function, and molecular breeding. Hortic Res, 9: 57

Maioli A, Gianoglio S, Moglia A, et al. 2020. Simultaneous CRISPR/Cas9 editing of three PPO genes reduces fruit flesh browning in *Solanum melongena* L. Front Plant Sci, 11: 607161

Mali P, Yang L, Esvelt K M, et al. 2013. RNA-guided human genome engineering via Cas9. Science, 339(6121): 823-826

Malnoy M, Viola R, Jung M H, et al. 2016. DNA-Free genetically edited grapevine and apple protoplast using CRISPR/Cas9 ribonucleoproteins. Front Plant Sci, 7: 1904

Mandala V S, Hong M. 2019. High-sensitivity protein solid state NMR spectroscopy. Current Opinion in Structural Biology, 58: 183-190

Martin C, Carpenter R, Sommer H, et al. 1985. Molecular analysis of instability in flower pigmentation of *Antirrhinum majus*, following isolation of the pallida locus by transposon tagging. EMBO J, 4:1625-1630

Martin G B. 1993. High-resolution linkage analysis and physical characterization of the Pto bacterial resistance locus in tomato. Molecular Plant-Microbe Interactions MPMI(USA), 6(1): 26-34

Marton L, Wullems G J, Molendijk L. 1979. *In vitro* transformation of cultured cells from *Nicotiana tabacum* by *Agrobacterium tumefaciens*. Nature, 277: 129-131

Maruyama K, Sugano S. 1994. Oligo-capping: a simple method to replace the cap structure of eukaryotic mRNAs with oligoribonucleotides. Gene, 138(1): 171-174

McClintock R S. 1947. Medical treatment of perforated peptic ulcer; report of a case. Journal-Michigan State Medical Society, 46(11): 1282

Melchers G, Sacristán M D, Holder A A. 1978. Somatic hybridization of tomato and potato. Carlsburg Res. Comm, 43: 203-218

Meuwissen T, Goddard M. 2010. Accurate prediction of genetic values for complex traits by whole-genome resequencing. Genetics, 185(2): 623-631

Michelmore R W, Paran I, Kesseli R V. 1991. Identification of markers linked to disease-resistance genes by bulked segregant analysis: a rapid method to detect markers in specific genomic regions by using segregating populations. Proc Natl Acad Sci USA, 88: 9828-9832

Millar A H, Heazlewood J L, Giglione C, et al. 2019. The scope, functions, and dynamics of posttranslational protein modifications. Annu Rev Plant Biol, 70: 119-151

Miller C O, Skoog F, von Saltza M H, et al. 1955. Kinetin, a cell division factor from deoxyribonucleic acid. Jour Amer Chem Soc, 77: 1392

Miller W G, Parker C T, Rubenfield M, et al. 2007. The complete genome sequence and analysis of the epsilonproteo bacterium *Arcobacter butzleri*. Plos One, 2(12): e1358

Miura K, Jin J B, Lee J, et al. 2007. SIZ1-mediated sumoylation of ICE1 controls CBF3/DREB1A expression and freezing tolerance in *Arabidopsis*. Plant Cell, 19: 1403-1414

Mizoi J, Kanazawa N, Kidokoro S, et al. 2019. Heat-induced inhibition of phosphorylation of the stress-protective transcription factor DREB2A promotes thermotolerance of *Arabidopsis thaliana*. J Biol Chem, 294: 902-917

Mokhtar M M, Atia M A M. 2019. SSRome: an integrated database and pipelines for exploring microsatellites in all organisms. Nucleic Acids Res, 47(1): 244-252

Molinier J, Himber C, Hahne G. 2000. Use of green fluorescent protein for detection of transformed shoots and homozygous offspring. Plant Cell Reports, 19: 219-223

Moon K K, Soh H, Kim K M, et al. 2007. Stable production of transgenic pepper plants mediated by *Agrobacterium tumefaciens*. HortScience, 42(6): 1425-1430

Morel G, Martin C. 1952. First successful micro-grafts. Comptes Rendus de l"Académie des Sciences (Paris), 235: 1324-1325

Morgan T H. 1901. Regeneration and liability to injury. Science, 14(346): 235-248

Moscou M J, Bogdanove A J. 2009. A simple cipher governs DNA recognition by TAL effectors. Science, 326(5959): 1501

Muir R M, Hansch C. 1953. On the mechanism of action of growth regulators. Plant Physiol, 28(2): 218-232

Muir W H, Hildebrandt A C, Riker A J. 1958. The preparation, isolation, and growth in culture of single cells from higher plants. Am J Bot, 45: 589-597

Mullis K B, Smith M. 1993. Nobel-prizes for chemistry. Chemie in Unserer Zeit, 27(6): 287

Mund A, Brunner A D, Mann M. 2022. Unbiased spatial proteomics with single-cell resolution in tissues. Molecular Cell, 82: 2335-2349

Murashige T, Skoog F. 1962. Development of MS medium. Plant Physiol, 15: 473-497

Nakayasu M, Akiyama R, Lee H J, et al. 2018. Generation of α-solanine-free hairy roots of potato by CRISPR/cas9 mediated genome editing of the *st16dox* gene. Plant Physiol Biochem, 131: 70-77

Napoli C, Lemieux C, Jorgensen R. 1990. Introduction of a chalcone synthase gene into *Petunia* results in reversible co-suppression of homologous genes in trans. Plant Cell, (2):279-289

Nathans D, Notani G, Schwartz J H, et al. 1962. Biosynthesis of the coat protein of coliphage f2 by *E. coli* extracts. Proc Natl Acad Sci USA, 48: 1424-1431

Nekrasov V, Wang C, Win J, et al. 2017. Rapid generation of a transgene-free powdery mildew resistant tomato by genome deletion. Sci Rep, 7(1): 482

Nester E W, Merlo D J, Drummond M H, et al. 1997. The incorporation and expression of *Agrobacterium* plasmid genes in crown gall tumors. Basic Life Sciences, 9: 181-196

Nicolia A, Ferradini N, Molla G, et al. 2014. Expression of an evolved engineered variant of a bacterial glycine oxidase leads to glyphosate resistance in alfalfa. J Biotechnol, 184: 201-208

Nirenberg M W, Matthaei J H. 1961. The dependence of cell-free protein synthesis in *E. coli* upon naturally occurring or synthetic polyribonucleotides. Proc Natl Acad Sci USA, 47: 1588-1602

Nitsch J T, Nitsch C. 1967. Haploid plants from pollen grains. Science, 163(3862): 85-87

Nobecourt P. 1947. Apparition de pousses feuillees sur des cultures de tissus de carotte. Comptes Rendus des Seances de la Societe de Biologie et de ses Filiales, 141(6): 590

Noguchi M, Vogelmann H. 1977. Plant Tissue Culture & Its Biotechnological Application. Berlin: Springer Verlag

Nonaka S, Someya T, Kadota Y, et al. 2019. Super-Agrobacterium ver. 4: improving the transformation frequencies and genetic engineering possibilities for crop plants. Front. Plant Sci, 10: 1204

O'Farrell P H. 1975. High resolution two-dimensional electrophoresis of proteins. J Biol Chem, 250: 4007-4021

Ortigosa A, Gimenez-Ibanez S, Leonhardt N, et al. 2018. Design of a bacterial speck resistant tomato by CRISPR/Cas9-mediated editing of SlJAZ2. Plant Biotechn J, 17(3): 665-673

Ostermeier M, Shim J H, Benkovic S J. 1999. A combinatorial approach to hybrid enzymes independent of DNA homology. Nat Biotechnol, 17: 1205-1209

Paixão J F R, Gillet F X, Ribeiro T P, et al. 2019. Improved drought stress tolerance in *Arabidopsis* by CRISPR/dCas9 fusion with a histone acetyltransferase. Sci Rep, 9: 8080

Pan C, Wu X, Markel K, et al. 2021. CRISPR-Act3.0 for highly efficient multiplexed gene activation in plants. Nat Plants, 7(7): 942-953

Pan C, Yang D, Zhao X, et al. 2021. PIF4 negatively modulates cold tolerance in tomato anthers via temperature dependent regulation of tapetal cell death. Plant Cell, 33: 2320-2339

Pan C, Ye L, Qin L, et al. 2016. CRISPR/Cas9-mediated efficient and heritable targeted mutagenesis in tomato plants in the first and later generations. Sci Rep, 6(1): 24765

Pan W, Wu Y, Xie Q. 2019. Regulation of ubiquitination is central to the phosphate starvation response. Trends Plant Sci, 24: 755-769

Pandey R, Müller A, Napoli C A, et al. 2002. Analysis of histone acetyltransferase and histone deacetylase families of *Arabidopsis thaliana* suggests functional diversification of chromatin modification among multicellular eukaryotes. Nucleic Acids Res, 30: 5036-5055

Paran I, Michelmore R W. 1993. Development of reliable PCR based markers linked to downy mildew resistance genes in lettuce. Theor Appl Genet, 85: 985-993

Pauling L, Itano H A. 1949. Sickle cell anemia, a molecular disease. Science, 109(2835): 443

Peng A, Chen S, Lei T, et al. 2017. Engineering canker-resistant plants through CRISPR/Cas9-targeted editing of the susceptibility gene cslob1 promoter in citrus. Plant Biotechnol J, 15(12): 1509-1519

Peng J, Wen F, Lister R L, et al. 1995. Inheritance of *gusA* and neo genes in transgenic rice. Plant Molecular Biology, 27: 91-104

Peng Z, Zhao C, Li S, et al. 2022. Integration of genomics, transcriptomics and metabolomics identifies candidate loci underlying fruit weight in loquat. Hortic Res, 7: uhac037

Perutz M F, Rossmann M G, Cullis A, et al. 1960. Structure of haemoglobin: a three-dimensional Fourier synthesis at 55-A resolution. Nature, 185(4711): 416-422

Pierik R L M. 1987. *In Vitro* Culture of Higher Plants. Dordrecht: Martinus Nijhoff Publishers

Porreca F, Gregory J. 2010. Genome sequencing on nanoballs. Nature Biotechnology, 28: 43-44

Power J B, Cummins S E, Cocking E C. 1970. Fusion of isolated plant protoplasts. Nature, 225(5237): 1016-1018

Power J B, Frearson E, Hayward C. et al. 1976. Protoplast fusion of *Petunis hybrida* with *P. parodii*. Nature, 263: 500-502

Prasad B K, Maligeppagol M, Asokan R, et al. 2019. Screening of a multi-virus resistant RNAi construct in cowpea through transient vacuum infiltration method. Virus Dis, 30(2): 269-278

Prasad V V, Naik G R. 2000. Plant protoplast isolation-a practical approach. Biochemical Education, 28(1): 39-40

Preil W, Florek P, Wix U, et al. 1988. Towards mass propagation by use of bioreactors. Acts Hort, 226: 99-105

Qi J J, Liu X, Shen D, et al. 2013. A genomic variation map provides insights into the genetic basis of cucumber domestication and diversity. Nature Genetics, 45: 1510-1515

Reinert J, Steward F C. 1958. Pro-embryo formtion in callus clumps and cell suspension of carrot. Naturwiss, 45: 344-345

Ren C, Liu X J, Zhang Z, et al. 2016. CRISPR/Cas9-mediated efficient targeted mutagenesis in Chardonnay (*Vitis vinifera* L.). Sci Rep, 6: 32289

Ren J, Liu Z Y, Du J T, et al. 2019. Fine-mapping of a gene for the lobed leaf, BoLl, in ornamental kale (*Brassica oleracea* L. var.

acephala). Mol Breed, 39: 40

Rick C M. 1966. Abortion of male and female gametes in the tomato determined by allelic interaction. Genetics, 53(1): 85-96

Ritu P, Andreas M, Napoli C A, et al. 2002. Analysis of histone acetyltransferase and histone deacetylase families of *Arabidopsis thaliana* suggests functional diversification of chromatin modification among multicellular eukaryotes. Nucleic Acids Res, 30: 5036-5055

Rodríguez-Leal D, Lemmon Z H, Man J, et al. 2017. Engineering quantitative trait variation for crop improvement by genome editing. Cell, 171(2): 470-480

Ronaghi M, Uhlén M, Nyrén P. 1998. A sequencing method based on real-time pyrophosphate. Science, 281: 363-365

Rong F, Chen F, Huang L, et al. 2019. A mutation in class Ⅲ homeodomain-leucine zipper (HD-ZIP Ⅲ) transcription factor results in curly leaf (cul) in cucumber (*Cucumis sativus* L.). Theor Appl Genet, 132: 113-123

Rothberg J, Hinz W, Rearick T, et al. 2011. An integrated semiconductor device enabling non-optical genome sequencing. Nature, 475: 348-352

Sa K J, Kim D M, Oh J S, et al. 2021. Construction of a core collection of native *Perilla* germplasm collected from South Korea based on SSR markers and morphological characteristics. Sci Rep, 11(1): 23891

Sanford J C, Devit M J, Russell J A. 1991. An improved helium driven biolistic device. Technique, 3: 3-16

Sanger F, Nicklen S, Coulson A R. 1977. DNA sequencing with chain-terminating inhibitors. Proc Natl Acad Sci USA, 74(12): 5463-5467

Sayers E W, Beck J, Bolton E E, et al. 2021. Database resources of the National Center for Biotechnology Information. Nucleic Acids Res, 49: 10-17

Schleiden M J. 1838. Cell theory, suggesting totipotentiality of cells. Arch Anat Physiol U Wiss Med, 25: 137-176

Schrager-Lavelle A, Gath N N, Devisetty U K, et al. 2019. The role of a class Ⅲ gibberellin 2-oxidase in tomato internode elongation. Plant J, 97: 603-615

Sebastian P, Schaefer H, Telford I, et al. 2010. Cucumber (*Cucumis sativus*) and melon (*C. melo*) have numerous wild relatives in Asia and Australia, and the sister species of melon is from Australia. Proc Natl Acad Sci USA, 107: 14269-14273

Seibert M. 1976. Shoot initiation from *Carnation* shoot apices frozen to −196℃. Science, 191(4232): 1178-1179

Shang Y, Ma Y S, Zhou Y, et al. 2014. Plant science. biosynthesis, regulation, and domestication of bitterness in cucumber. Science, 346: 1084-1088

Sharada M S, Kumari A, Pandey A K, et al. 2017. Generation of genetically stable transformants by *Agrobacterium* using tomato floral buds. Plant Cell Tissue Organ Cult,129: 299-312

Shu J, Liu Y, Zhang L, et al. 2018. QTL-seq for rapid identification of candidate genes for flowering time in broccoli×cabbage. Theor Appl Genet, 131: 917-928

Silver P, Wickner W. 1983. Genetic mapping of the *Escherichia coli* leader (signal) peptidase gene (lep): a new approach for determining the map position of a cloned gene. Journal of Bacteriology, 154: 569-572

Singh P, Shukla A, Tiwari N N, et al. 2022. Routine and efcient *in vitro* regeneration system amenable to biolistic particle delivery in chickpea (*Cicer arietinum* L.). Plant Cell Tissue Organ Cult, 148: 699-711

Singh V K, Khan A W, Jaganathan D, et al. 2016. QTL-seq for rapid identification of candidate genes for 100-seed weight and root/total plant dry weight ratio under rainfed conditions in chickpea. Plant Biotechnology J, 14(11): 2110-2119

Skoog F, Miller C O. 1957. Discovery that root or shoot formation in culture depends on auxin: Cytokinin ratio *in vitro*. Symp Soc Exp Biol, 11: 118-131

Skoog F. 1951. Chemical control of growth and organ formation in culture demonstrated. Annee Biologique, 29: 545-562

Smith H O, Wilcox K W. 1970. A restriction enzyme from *Hemophilus influenzae*. Ⅰ. Purification and general properties. Journal of Molecular Biology, 51(2): 379-391

Smith-Hammond C L, Swatek K N, Johnston M L, et al. 2014. Initial description of the developing soybean seed protein Lys-N(ε)-acetylome. J Proteomics, 96: 56-66

Song J, Zhang S, Wang X, et al. 2020. Variations in both FTL1 and SP5G, two tomato FT paralogs, control day-neutral flowering. Molecular Plant, 13(7): 939-942

Song X, Yang Q, Bai Y, et al. 2021. Comprehensive analysis of SSRs and database construction using all complete gene-coding sequences in major horticultural and representative plants. Hortic Res, 8(1): 122

Song Y, Madahar V, Liao J. 2011. Development of FRET assay into quantitative and high-throughput screening technology platforms for protein-protein interactions. Ann Biomed Eng, 39: 1224-1234

Southern E M. 1975. Detection of specific sequences among DNA fragments separated by gel electrophoresis. Journal of Molecular Biology, 98(3): 503-517

Srivastava V, Vasil V, Vasil I K. 1996. Molecular characterization of the fate of transgenes in transformed wheat (*Triticum aestivum* L.). Theor Appl Genet, 92(8): 1031-1037

Steward F C, Caplin S M. 1951. A tissue culture from potato tuber; the synergistic action of 2,4-D and of coconut milk. Science, 113(2940): 518-520

Steward F C, Mapes M O, Mears K. 1958. Organization in cultures grown from freely suspended cell. American Journal of Botany, 45(10): 705-708

Stone S L. 2019. Role of the ubiquitin proteasome system in plant response to abiotic stress. Int Rev Cell Mol Biol, 343: 65-110

Sueldo D J, Shimels M, Spiridon L N, et al. 2015. Random mutagenesis of the nucleotide-binding domain of NRC1 (NB-LRR required for hypersensitive response-associated cell death-1), a downstream signaling nucleotide-binding, leucine-rich repeat (NB-LRR) protein, identifies gain-of-function mutations in the nucleotide-binding pocket. New Phytol, 208: 210-223

Sugihara Y, Young L, Yaegashi H, et al. 2020. High-performance pipeline for MutMap and QTL-seq. Peer J, 10: e13170

Summers W C, Szybalski W. 1967. Gamma-irradiation of deoxyribonucleic acid in dilute solutions. Ⅰ. A sensitive method for detection of single-strand breaks in polydisperse DNA samples. Journal of Molecular Biology, 26(1): 107-123

Sun B, Zhang F, Xiao N, et al. 2018. An efficient mesophyll protoplast isolation, purification and PEG-mediated transient gene expression for subcellular localization in Chinese kale. Sci Hortic, 21: 187-193

Sun X D, Zhu S Y, Li N Y, et al. 2020. A chromosome-level genome assembly of garlic (*Allium sativum*) provides insights into genome evolution and allicin biosynthesis. Molecular Plant, 13: 1328-1339

Sun X, Shu J, Ali M A M, et al. 2019. Identification and characterization of EI (Elongated Internode) gene in tomato (*Solanum lycopersicum*). Int J Mol Sci, 20: 2204

Sun Z, Li N, Huang G, et al. 2013. Site-specific gene targeting using transcription activator-like effector (tale)-based nuclease in *Brassica Oleracea*. J Integr Plant Biol, 55(11): 1092-1103

Tabashnik B E, Groeters F R, Finson N, et al. 1994. Instability of resistance to *Bacillus thuringiensis*. Biocontrol Science and Technology, 4(4): 419-426

Takagi H, Abe A, Yoshida K, et al. 2013. QTL-seq: rapid mapping of quantitative trait loci in rice by whole genome resequencing of DNA from two bulked populations. The Plant J, 74(1): 174-183

Takagi H, Tamiru M, Abe A, et al. 2015. MutMap accelerates breeding of a salt-tolerant rice cultivar. Nature Biotechnology, 33: 445-449

Takebe I, Labib G, Melchers G. 1971. Plant regeneration from mesophyll protoplasts of tobacco. Naturwissenschaften, 58: 318-320

Tashkandi M, Ali Z, Aljedaani F, et al. 2018. Engineering resistance against Tomato yellow leaf curl virus via the CRISPR/Cas9 system in tomato. Plant Signal Behav, 13(10): e1525996

Taylor S C, Berkelman T, Yadav G, et al. 2013. A defined methodology for reliable quantification of Western blot data. Molecular Biotechnology, 55: 217-226

The French–Italian Public Consortium for Grapevine Genome Characterization. 2007. The grapevine genome sequence suggests ancestral hexaploidization in major angiosperm phyla. Nature, 449: 463-467

The Gene Ontology Consortium. 2019. The Gene Ontology Resource: 20 years and still GOing strong. Nucleic Acids Res, 47: 330-338

Thomazella D, Seong K, Mackelprang R, et al. 2021. Loss of function of a DMR6 ortholog in tomato confers broad-spectrum disease resistance. Proc Natl Acad Sci USA, 118(27): e2026152118

Tian L, Chen Z J. 2001. Blocking histone deacetylation in *Arabidopsis* induces pleiotropic effects on plant gene regulation and development. Proc Natl Acad Sci USA, 98: 200-205

Tian S, Jiang L, Cui X, et al. 2018. Engineering herbicide-resistant watermelon variety through CRISPR/Cas9-mediated base-editing. Plant Cell Rep, 37(9): 1353-1356

Tian S, Jiang L, Gao Q, et al. 2017. Efficient CRISPR/Cas9-based gene knockout in watermelon. Plant Cell Rep, 36(3): 399-406

Tian Y S, Xu J, Peng R H, et al. 2013. Mutation by DNA shuffling of 5-enolpyruvylshikimate-3-phosphate synthase from *Malus domestica* for improved glyphosate resistance. Plant Biotechnol J, 11: 829-838

Tillault A S, Yevtushenko D P. 2019. Simple sequence repeat analysis of new potato varieties developed in Alberta, Canada. Plant Direct, 3:e00140.

Tingay S, Mcelroy D, Kalla R, et al. 1997. *Agrobacterium tumefaciens*-mediated barley transformation. The Plant J, 11(6): 1369-1376

Travers A A. 1969. Cyclic re-use of the RNA polymerase sigma factor. Nature, 222(5193): 537-540

Tulecke R. 1953. Haploid callus from pollen grain of *Ginkgo biloba*. Science, 177: 599-600

Turcatti G, Romieu A, Fedurco M, et al. 2008. A new class of cleavable fluorescent nucleotides: synthesis and optimization as reversible terminators for DNA sequencing by synthesis. Nucleic Acids Res, 36(4): e25

Ueta R, Abe C, Watanabe T, et al. 2017. Rapid breeding of parthenocarpic tomato plants using CRISPR/Cas9. Sci Rep, 7: 507

Uluisik S, Chapman N H, Smith R, et al. 2016. Genetic improvement of tomato by targeted control of fruit softening. Nat Biotechnol, 34(9): 950-952

UniProt Consortium. 2021. UniProt: the universal protein knowledgebase in 2021. Nucleic Acids Res, 49: 480-489

van Overbeek J, Conklin M E, Blakeslee A F. 1941. Factors in coconut milk essential for growth and development of very young datura embryos. Science, 94(2441): 350-351

Vasil I K, Vasil V. 1990.In Plant Tissue Culture Manual-Fundamentals and Applications. Amsterdam: Kluwer Academic Pubishers

Velculescu V E, Zhang L, Vogelstein B, et al. 1995. Serial analysis of gene expression. Science, 270(5235): 484-487

Virchow A. 1858. The pathology of miners' lung. Edinburgh Medical Journal, 4(3): 204-213

Wang C, Hao N, Xia Y, et al. 2020. *CsKDO* is a candidate gene regulating seed germination lethality in cucumber. Breed Sci, 71(4): 417-425

Wang D, Samsulrizal N H, Yan C, et al. 2019. Characterization of CRISPR mutants targeting genes modulating pectin degradation in ripening tomato. Plant Physiol, 179(2): 544-557

Wang H, Wang W, Zhan J, et al. 2015. An efficient PEG-mediated transient gene expression system in grape protoplasts and its application in subcellular localization studies of flavonoids biosynthesis enzymes. Sci Hortic, 191: 82-89

Wang M, Gao S, Zeng W, et al. 2020. Plant virology delivers diverse toolsets for biotechnology. Viruses, 12(11): 1338

Wang M, Mao Y, Lu Y, et al. 2017. Multiplex gene editing in rice using the CRISPR-Cpf1 system. Mol Plant, 10: 1011-1013

Wang X, Tu M, Wang D, et al. 2018. CRIPSR/Cas9- mediated efficient targeted mutagenesis in grape in the first generation. Plant Biotechnol J, 16: 844-855

Wang Z, Tollervey J, Briese M, et al. 2009. CLIP: construction of cDNA libraries for high-throughput sequencing from RNAs cross-linked to proteins *in vivo*. Methods, 48: 287-293

Wasinger V C, Cordwell S J, Cerpa-Poljak A, et al. 1995. Progress with gene-product mapping of the mollicutes: *Mycoplasma genitalium*. Electrophoresis, 16: 1090-1094

Watson J D, Crick F H. 1953. The structure of DNA. Cold Spring Harbor Symposia on Quantitative Biology, 18: 123-131

Wei Q, Wang J, Wang W, et al. 2020. A high-quality chromosome-level genome assembly reveals genetics for important traits in eggplant. Hortic Res, 7(1): 153

Welsh J, McClelland M. 1990. Fingerprinting genomes using PCR with arbitrary primers. Nucleic Acids Res, 18(24): 7213-7218

Wenger A M, Peluso P, Rowell W J, et al. 2019. Accurate circular consensus long-read sequencing improves variant detection and assembly of a human genome. Nature Biotechnology, 37: 1152-1162

White P R.1937. Amino acids in the nutrition of excised tomato roots. Plant Physiol,12(3): 793-802

White P R.1934. Potentially unlimited growth of excised tomato root tips in a liquid medium. Plant Physiol, 9(3): 585-600

Williams J G, Kubelik A R, Livak K J, et al. 1990. DNA polymorphisms amplified by arbitrary primers are useful as genetic markers. Nucleic Acids Res, 18(22): 6531-6535

Win K T, Zhang C, Silva R R, et al. 2019. Identification of quantitative trait loci governing subgynoecy in cucumber. Theor Appl Genet, 132: 1505-1521

Withers J, Dong X. 2017. Post-translational regulation of plant immunity. Curr Opin Plant Biol, 38: 124-132

Xia E H, Li F D, Tong W, et al. 2019. Tea Plant Information Archive: a comprehensive genomics and bioinformatics platform for tea plant. Plant Biotechnol J, 17: 1938-1953

Xia X, Cheng X, Li R, et al. 2021. Advances in application of genome editing in tomato and recent development of genome editing technology. Theor Appl Genet, 134(9): 2727-2747

Xie Q, Liu P N, Shi L X, et al. 2018. Combined fine mapping, genetic diversity, and transcriptome profiling reveals that the auxin transporter genens plays an important role in cucumber fruit spine development. Theor Appl Genet, 131(6): 1239-1252

Xie Y, Chen P, Yan Y, et al. 2018. An atypical R2R3 MYB transcription factor increases cold hardiness by CBF-dependent and CBF-independent pathways in apple. New Phytol, 218: 201-218

Xing L, Liu Y, Xu S, et al. 2018. *Arabidopsis* O-GlcNAc transferase SEC activates histone methyltransferase ATX1 to regulate flowering. EMBO J, 37: 23-35

Xu J, Cen Y, Singh W, et al. 2019. Stereodivergent protein engineering of a lipaseto access all possible stereoisomers of chiral esters with two stereocenters. J Am Chem Soc, 141: 7934-7945

Xu L, Wang C, Cao W, et al. 2018. CLAVATA1-type receptor-like kinase *CsCLAVATA1* is a putative candidate gene for dwarf mutation in cucumber. Mol Genet Genom, 293: 1393-1405

Xu X, Chao J, Cheng X, et al. 2016. Mapping of a novel race specific resistance gene to phytophthora root rot of pepper (*Capsicum annuum*) using bulked segregant analysis combined with specific length amplified fragment sequencing strategy. Plos One, 11: e0151401

Xu X, Wei C, Liu Q, et al. 2020.The major-effect quantitative trait locus Fnl7.1 encodes a late embryogenesis abundant protein associated with fruit neck length in cucumber. Plant Biotechnology Journal, 18(7): 1598-1609

Yamakawa H, Haque E, Tanaka M, et al. 2021. Polyploid QTL-seq towards rapid development of tightly linked DNA markers for potato and sweetpotato breeding through whole-genome resequencing. Plant Biotechnol J, 19(10): 2040-2051

Yang D U, Kim M K, Mohanan P, et al. 2017. Development of a singlenucleotide-polymorphism marker for specific authentication of Korean ginseng (Pana×ginseng Meyer) new cultivar 'G-1'. J Ginseng Res, 41: 31-35

Yang J, Zhang J, Han R, et al. 2019. Target SSR-seq: a novel SSR genotyping technology associate with perfect SSRs in genetic analysis of cucumber varieties. Front Plant Sci, 10531: 20-25

Yang S, Zhang K, Zhu H, et al. 2020. Melon short internode (CmSi) encodes an ERECTA-like receptor kinase regulating stem elongation through auxin signaling. Hortic Res, 7(1): 202

Yang Z M, Li G X, Tieman D, et al. 2019. Genomics approaches to domestication studies of horticultural crops. Horticultural Plant Journal, 5: 240-246

Yazaki K, Fukui H, Kikuma M, et al. 1987. Regulation of shikonin production by glutamine in *Lithospermum erythrorhizon* cell cultures. Plant Cell Reports, 6(2): 131-134

Yu J, Dossa K, Wang L, et al. 2017. PMDBase: a database for studying microsatellite DNA and marker development in plants. Nucleic Acids Res, 45(1): 1046-1053

Yu Q H, Wang B, Li N, et al. 2017. CRISPR/Cas9-induced targeted mutagenesis and gene replacement to generate long-shelf life tomato lines. Sci Rep, 7: 11874

Yu X, Dong J, Deng Z, et al. 2019. *Arabidopsis* PP6 phosphatases dephosphorylate PIF proteins to repress photomorphogenesis. Proc Natl Acad Sci USA, 116: 20218-20225

Yuan Y, Chiu L W, Li L. 2009. Transcriptional regulation of anthocyanin biosynthesis in red cabbage. Planta, 230: 1141-1153

Yuqian X, Rong L, Jingqi X, et al. 2021. Genetic diversity and relatedness analysis of nine wild species of tree peony based on simple sequence repeats markers. Horticultural Plant Journal, 7(6): 579-588

Zaidi S S A, Mukhtar M S, Mansoor S. 2018. Genome editing: targeting susceptibility genes for plant disease resistance. Trends Biotechnol, 36(9): 898-906

Zambryski P, Joos H, Genetello C, et al. 1983. Ti plasmid vector for the introduction of DNA into plant cells without alteration of their normal regeneration capacity. EMBO Journal, 2: 2143-2150

Zeng Y, Xiong T, Liu B, et al. 2021. Genetic diversity and population structure of *Phyllosticta citriasiana* in China. Phytopathology, 111(5): 850-861

Zhan X, Zhang F, Zhong Z, et al. 2019. Generation of virus-resistant potato plants by RNA genome targeting. Plant Biotechnol J, 17(9): 1814-1822

Zhang H, Yi H, Wu M, et al. 2016. Mapping the flavor contributing traits on 'Fengwei Melon' (*Cucumis melo* L.) chromosomes using parent resequencing and super bulked-segregant analysis. Plos One, 11: e0148150

Zhang L S, Chen F, Zhang X T, et al. 2020. The water lily genome and the early evolution of flowering plants. Nature, 577: 79-84

Zhang R, Chang J, Li J, et al. 2021. Disruption of the bHLH transcription factor Abnormal Tapetum 1 causes male sterility in watermelon. Hortic Res, 8(1): 258

Zhang R, Wang Y H, Jin J J, et al. 2020. Exploration of plastid phylogenomic conflict yields new insights into the deep relationships of Leguminosae. Systematic Biology, 69: 613-622

Zhang X, Wang G, Chen B, et al. 2018. Candidate genes for first flower node identified in pepper using combined SLAF-seq and BSA. PloS One, 13: e0194071

Zhang Z G, Yi Z L, Pei X Q, et al. 2010. Improving the thermostability of *Geobacillus stearothermophilus* xylanase XT6 by directed evolution and site-directed mutagenesis. Bioresour Technol, 101: 9272-9278

Zhao G W, Lian Q, Zhang Z H, et al. 2019. A comprehensive genome variation map of melon identifies multiple domestication events and loci influencing agronomic traits. Nature Genetics, 51: 1607-1615

Zhao J, Xu Y, Ding Q, et al. 2016. Association mapping of main tomato fruit sugars and organic acids. Front Plant Sci, 7: 1286

Zhao X, Meng Z, Wang Y, et al. 2017. Pollen magnetofection for genetic modification with magnetic nanoparticles as gene carriers. Nat Plants, 3: 956-964

Zhao Y, Wang Y, Liu Q, et al. 2017. Cloning of a new *LEA1* gene promoter from soybean and functional analysis in transgenic tobacco. Plant Cell Tissue & Organ Culture, (4): 1-13

Zheng Y, Wu S, Bai Y, et al. 2019. Cucurbit Genomics Database (CuGenDB): a central portal for comparative and functional genomics of cucurbit crops. Nucleic Acids Res, 47: 1128-1136

Zhong Y, Chen B, Wang D, et al. 2022. *In vivo* maternal haploid induction in tomato. Plant Biotechnology Journal, 20(2): 250-252

Zhu G, Wang S, Huang Z, et al. 2018. Rewiring of the fruit metabolome in tomato breeding. Cell, 172(1-2): 249-261

Zhu J K. 2016. Abiotic stress signaling and responses in plants. Cell, 167: 313-324

Zhu W Y, Huang L, Chen L, et al. 2016. A highdensity genetic linkage map for cucumber (*Cucumis sativus* L.): based on specific length amplified fragment (SLAF) sequencing and QTL analysis of fruit traits in cucumber. Front Plant Sci, 7: 437

Zietkiewicz E, Rafalski A, Labuda D. 1994. Genome fingerprinting by simple sequence repeat (SSR)-anchored polymerase chain reaction amplification. Genomics, 20(2): 176-183

Zimmermann U. 1982. Electrofusion of protoplasts. Biochimica et Biophysica Acta, 694: 227-277

Zsögön A, Čermák T, Naves E R, et al. 2018. *De novo* domestication of wild tomato using genome editing. Nat Biotechnol, 36(12): 1211-1216